深入浅出西门子自动化产品系列丛书

深入浅出

西门子 S7－200 SMART PLC

（第2版）

西门子（中国）有限公司　编著

北京航空航天大学出版社

内 容 简 介

本书是“深入浅出西门子自动化产品系列丛书”之一，本着“深入浅出”的原则，系统地讲解 S7-200 SMART PLC 的硬件/软件原理和应用方法、基本编程、通信功能、PC Access SMART 以及工艺功能，同时结合西门子工程师丰富的经验解答工程实践中最常见的问题。本书附光盘 1 张，内容包括 S7-200 SMART 产品选型样本、系统技术手册、CAD 图形、免费的最新版全功能编程调试软件 STEP 7 Micro/WIN SMART，以及“S7-200 SMART PLC 技术大参考”等资料。

本书可作为高等院校本/专科相关专业师生、电气设计及调试编程人员的自学参考书。

图书在版编目(CIP)数据

深入浅出西门子 S7-200 SMART PLC / 西门子(中国) 有限公司编著. -- 2 版. -- 北京 : 北京航空航天大学出版社，2018. 8

ISBN 978-7-5124-2804-1

Ⅰ. ①深… Ⅱ. ①西… Ⅲ. ①PLC 技术－高等教育－教材 Ⅳ. ①TM571.61

中国版本图书馆 CIP 数据核字(2018)第 187143 号

深入浅出西门子 S7-200 SMART PLC(第 2 版)

西门子(中国)有限公司 编著

责任编辑 胡 敏

*

北京航空航天大学出版社出版发行

北京市海淀区学院路 37 号(邮编 100191) http://www.buaapress.com.cn

发行部电话:(010)82317024 传真:(010)82328026

读者信箱:bhpress@263.net 邮购电话:(010)82316936

北京时代华都印刷有限公司印装 各地书店经销

*

开本:787×1 092 1/16 印张:26 字数:666 千字

2018 年 8 月第 2 版 2018 年 8 月第 1 次印刷 印数:4 000 册

ISBN 978-7-5124-2804-1 定价:79.00 元(含光盘)

深入浅出西门子自动化产品系列丛书
本书编委会

主　编：李　娟

副主编：黄文钰　王广辉　朱　玮

编　委：周芸芸　徐善海　张　雪　毛　东

序　　言/Preface

近年来,工业4.0的概念引起了业界对未来工业发展广泛深入的讨论。作为继以蒸汽机、大规模流水线生产、电气自动化为标志的三次工业革命之后的第四次工业革命,工业4.0以数字化制造为核心理念,将推动互联网技术深度参与生产过程,优化生产成本,缩短产品上市时间,提高生产灵活性,继而全面提升制造业的竞争力。在这个过程中,自动化控制器仍扮演着至关重要的角色。

Recently, the concept of Industrie 4.0 has caused a deep and intensive discussion regarding the future industry development. As the fourth industrial revolution following the three revolution featuring application of steam turbines, large scale production lines and electric automation, Industrie 4.0 based on Digital Manufacturing will drive networking technology to get deeply involved in production process, to optimize production cost, to reduce time-to-market, to increase flexibility and finally to enhance comprehensive competitiveness of manufacturing industry. The automation controllers will still play an important role in that process.

作为一种典型的自动化控制器,PLC在工厂自动化领域有着非常广泛的应用。在PLC发展史上,西门子SIMATIC系列是一颗耀眼的明星。SIMATIC品牌诞生于1958年,历经半个多世纪的发展,已经形成了完善的、领先的PLC系统门类,能够轻松应对从小型自动化到大型高端控制的应用场合。其中,S7-200 SMART小型PLC是SIMATIC家族中的重要成员,也是S7-200系列PLC的未来。

As one kind of typical automation controller, the PLC has a wide range of applications in the field of factory automation. Siemens SIMATIC PLC is a shining star along the PLC development history. Born in 1958, SIMATIC has developed into a comprehensive and leading portfolio from micro automation applications up to high-end and large-scale applications. S7-200 SMART micro PLC is one of the key SIMATIC family member and the future of S7-200 series PLC.

S7-200 SMART是西门子公司针对中国小型自动化OEM(Original Equipment Manufacture,原始设备制造商)客户需求进行本地化研发、本地化生产、本地化服务的战略性产品。同时,SMART也代表了经济型自动化解决方案,它的寓意在于简单(Simple)、易维护(Maintenance-friendly)、高性价比(Affordable)、可靠(Reliable),以及上市时间(Time to market)短。虽然S7-200 SMART凭借简单易用的特点能帮助客户缩短设备开发周期,但它也充分考虑了客户未来发展的需要。

S7-200 SMART is the Siemens product tailored for local micro automation OEM customer. Meanwhile, SMART represents economical micro automation solution, “S” for Simple, “M” for Maintenance-friendly, “A” for Affordable, “R” for Reliable and “T” for

Time to market. Although S7 - 200 SMART is equipped with easy-to-use features to help customers reduce machine development time, it also takes customers' future needs into consideration.

在过去,大部分小型自动化 OEM 市场的机器属于单机设备,有时候作为生产线的一部分,只需独立执行特定的工艺,实现功能即可。但随着技术的进步、产业的升级,越来越多的单机设备涌现出联网的需求。而 S7 - 200 SMART 本体集成的以太网接口为机器设备之间的通信以及接入互联网提供了坚实的基础,为迈向新的通信时代铺平了道路。

Previously, most of machines in micro automation OEM market were standalone, sometimes working as an independent part of production line to implement dedicated function or process. More and more standalone machines demand for networking as technology advances and industry upgrades. The onboard Ethernet port of S7 - 200 SMART provides a solid foundation for machine communication and connection to the Internet to pave the way of a new communication era.

为了帮助大家更深入地了解 S7 - 200 SMART 的功能,快速掌握 S7 - 200 SMART 的编程方法,我们特别邀请西门子客户服务部的工程师编写了《深入浅出西门子 S7 - 200 SMART PLC》。他们对产品的功能特点进行了深入剖析,并融入自己的工程经验,使内容简单易学,为大家开辟了一条学习 S7 - 200 SMART 的捷径。在此,我对他们的辛勤付出表示由衷的谢意。

In order to help you further know S7 - 200 SMART capabilities, functions and the easy programming, we invited Siemens engineers from customer service department to edit S7 - 200 SMART Easy Textbook. They did in-depth analysis on product features and combined their own engineering experience to give you a very easy entrance and fast implementation success for the S7 - 200 SMART. I would like to show my appreciation to their great efforts.

希望借助于本书,大家能够学好 S7 - 200 SMART,用好 S7 - 200 SMART,喜欢 S7 - 200 SMART。因为 S7 - 200 SMART,不仅仅是 SMART。

Wish you enjoy the programming and usage of S7 - 200 SMART with the support of this book because S7 - 200 SMART is more than SMART.

西门子(中国)有限公司　数字化工厂集团　工厂自动化部　产品总监

Siemens Ltd., China　Digital Factory Division　Factory Automation

Head of Product & Portfolio Management

莫瑞茨/Moritz Mauer

2018 年 7 月

前　言

人类社会正处于前所未有的快速而深刻的变革之中。科学技术日新月异。自动化控制和网络通信技术取得了长足的进步，并得到越来越广泛的应用。在新一代工业革命的前夜，无论是企业还是个人，都面临着巨大的挑战和机遇。值此关键时刻，我们何去何从？

西门子，世界上产品线超齐全的高技术、高质量电子电气设备制造商，选择和极富创意的中国自动化人才一起，致力于最具活力、最有前途的中国自动化事业。

正值传奇的 SIMATIC S7－200/S7－200 CN 可编程控制器如日中天之际，西门子开始了新一代小型自动化控制器的研发。2012 年 7 月 30 日，西门子正式发布 SIMATIC S7－200 SMART 可编程控制器。西门子把 S7－200 SMART 定位于超越 S7－200/S7－200 CN 的高性价比的下一代产品。作为自动化领域的先行者，西门子在 S7－200 SMART 体系中融入了小型自动化系统的发展理念和设想。理解和掌握了 S7－200 SMART，就能把握小型自动化的未来发展趋势。

S7－200 SMART 在继承 S7－200/S7－200 CN 优越特性的基础上，全面提升了性能，增添了新的亮点。通过选用 SIMATIC S7－1200 系列产品所用的中央处理器芯片，S7－200 SMART 的运算能力，程序和数据存储、保持能力得以大幅提高；S7－200 SMART 扩展能力强大，模块种类丰富，优化设计了点数和尺寸以提高经济性；使用标准的 Micro SD 存储卡，可以方便地升级固件，还能传递用户程序，扩展数据存储能力；S7－200 SMART 在保持 S7－200 优异通信能力的基础上，在 CPU 模块上集成了以太网口以便于进行高速可靠的网络通信，编程调试、与其他控制器通信、连接 HMI（Human Machine Interface，人机界面）设备，以及接入上位生产监控与管理系统；S7－200 SMART 还引入了附加信号板以扩展通信能力和特殊 I/O 点数，或者容纳标准纽扣电池以保持时钟和数据；S7－200 SMART 还能支持多至三轴的高速脉冲输出功能，无需 S7－200 那样的特殊模块就能实现更高性能的运动控制；在优秀的 S7－200 编程软件的基础上，S7－200 SMART 编程软件吸收了西门子 TIA Portal（博途）的优点，融入了更多的人性化设计，简单易用，使项目开发更加高效。

S7－200 SMART 是西门子新一代小型自动化体系的核心，可以和其他西门子自动化设备无缝集成，相得益彰。S7－200 SMART 的绝佳搭档包括 SMARTLINE 系列 HMI 面板、V20 变频器、V90 伺服控制器等。西门子将全集成自动化理念贯彻于大、中、小型自动化系统，在小型自动化领域也能提供全面的自动化和驱动技术解决方案。许多工程技术人员也正是从小型自动化系统入门，进入西门子全集成自动化体系的殿堂。

为了帮助有经验的自动化工程师快速了解、掌握 S7－200 SMART，帮助初学者快速入门，我们组织编写了《深入浅出西门子 S7－200 SMART》一书。本书基于 S7－200 SMART 系统的设计理念，按照认知与学习规律精心编排内容，简明而不简单，浅易而不浅薄。本书作者都是具有多年产品应用和技术支持经验的资深西门子工程师，他们既与

S7 - 200 SMART 产品经理和研发部门保持密切的联系，深刻理解设计理念和研发思路，又作为西门子小型自动化亚太区技术中心的成员，协助全国乃至亚太地区的工程师解决产品应用中的实际问题，对学习、应用 S7 - 200 SMART 过程中的要点、难点和疑点了如指掌。

S7 - 200 SMART 从面世至今进行了多个固件版本的更新，2017 年 7 月 S7 - 200 SMART 最新固件版本 V2.3 发布，随着版本的更替，S7 - 200 SMART 增加了新模块与新功能。为了将最新的产品信息及时传递到每位读者手中，我们再次组织编写人员基于最新 CPU 固件版本 V2.3 以及编程软件 STEP 7 - Micro/WIN SMART V2.3 版本对本书进行了更新。

第 2 版与第 1 版相比，第 1 章 S7 - 200 SMART 系统概述，新增了 S7 - 200 SMART 紧凑型 CPU 以及 EM DP01、EM AM03、EM AR04、EM AE08、SB AE01 等硬件的介绍；第 5 章 S7 - 200 SMART 通信功能，新增了开放式以太网通信以及 PROFIBUS DP 通信的内容；第 7 章 OPC 通信，新增了 SIMATIC NET 的内容；第 8 章工艺功能，新增了脉冲输出指令 PLS 指令的介绍；所有章节的内容都依据版本更替带来的变化进行了更新。

本书附赠超值光盘。在编写第 2 版的同时，我们还对该书附带的光盘进行了更新。光盘内容包括 S7 - 200 SMART 产品选型样本、系统技术手册、CAD 图库以及免费提供的最新版编程调试软件 STEP7 Micro/WIN SMART，还有包罗万象的“S7 - 200 SMART PLC 技术参考”等资料，堪称学习、应用 S7 - 200 SMART 的宝库。

再次感谢广大读者对西门子 SIMATIC S7 - 200 SMART 系列产品的大力支持，以及对西门子“深入浅出西门子自动化产品系列丛书”的厚爱！下面，就让我们一起体验轻松学习 S7 - 200 SMART 的乐趣吧！

蔡行健
2018 年 7 月

目　　录

第 1 章　S7 - 200 SMART 系统概述

1.1　S7 - 200 SMART 特性

S7 - 200 SMART CPU 是继 S7 - 200 CPU 系列产品之后西门子推出的小型 CPU 家族的新成员，CPU 本体集成了一定数量的数字量 I/O 点，其中标准型 CPU 集成一个 RJ45 以太网接口和一个 RS485 接口，紧凑型 CPU 仅集成一个 RS485 接口。S7 - 200 SMART 系列 CPU 不仅提供了多种型号 CPU 和扩展模块，能够满足各种配置要求，CPU 内部还集成了高速计数、PID 和运动控制等功能，以满足各种控制要求。

1. 亮点一：机型丰富，更多选择

S7 - 200 SMART 系列 CPU 提供了多种不同类型、I/O 点数的机型（如图 1.1 所示），用户可以根据需要选择相应类型的 CPU。本体集成数字量 I/O 点数从 20 点、30 点、40 点到 60 点，可满足大多数小型自动化设备的需求。

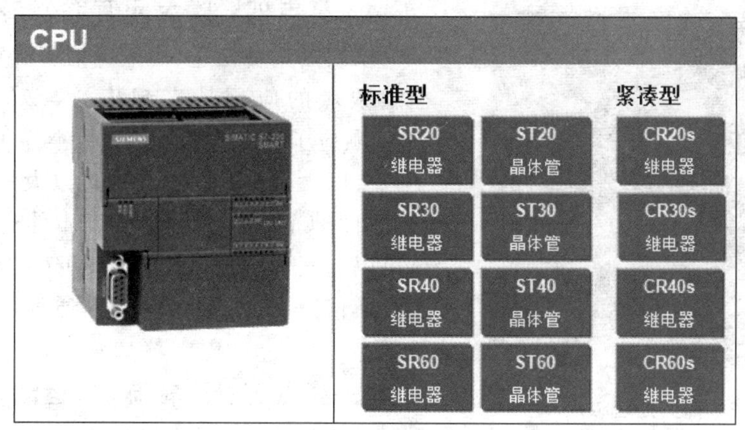

图 1.1　CPU 总览

2. 亮点二：选件扩展，精确定制

S7 - 200 SMART CPU 为标准型 CPU 提供的扩展选件包括扩展模块和信号板两种。扩展模块使用插针连接到 CPU 后面，包括 DI、DO、DI/DO 数字量模块，以及 AI、AO、AI/AO、RTD、TC 模拟量模块。信号板插在 CPU 前面板的插槽里，包括 CM 通信信号板、DI/DO 信号板、AI 信号板、AO 信号板和电池板。扩展模块总览如图 1.2 所示。

3. 亮点三：高速芯片，性能卓越

S7 - 200 SMART CPU 配备了西门子专用的高速处理芯片（如图 1.3 所示），布尔运算指令的处理时间仅需 0.15 μs，其性能在同级别小型 PLC 产品中处于领先地位，完全能够胜任各种复杂的控制任务。

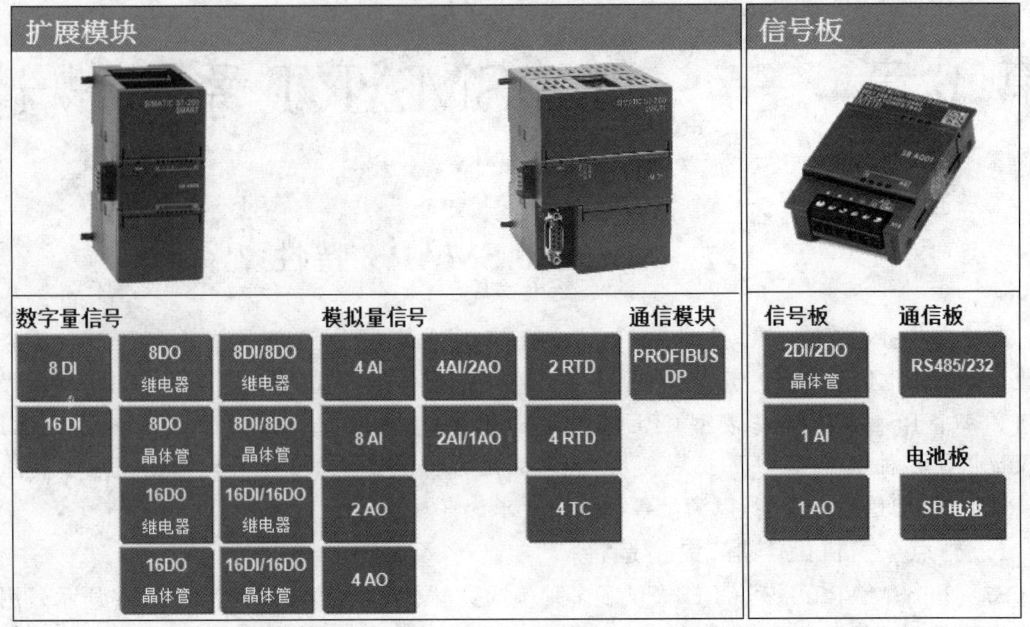

图 1.2　扩展模块总览

图 1.3　高速处理芯片

4. 亮点四：以太网互联，经济便捷

以太网具备快速、稳定等诸多优点，使其在工业控制领域的应用越来越广泛，S7－200 SMART CPU 顺应了这一发展趋势，标准型 CPU 本体集成了一个以太网接口。用户通过以太网网线即可完成计算机与 CPU 的连接。CPU 本体通过以太网接口还可以与其他 S7－200 SMART CPU、HMI、计算机进行通信，轻松组网。以太网通信示意图如图 1.4 所示。

5. 亮点五：三轴脉冲，运动自如

随着自动化的发展，越来越多的自动化设备代替人工操作，相关运动控制的应用也越来越多。S7－200 SMART CPU 不需要添加扩展模块，本体就集成了多个轴的控制功能(如图 1.5 所示的三轴控制)，可以通过高速脉冲输出实现轴的点动、速度、位置控制。

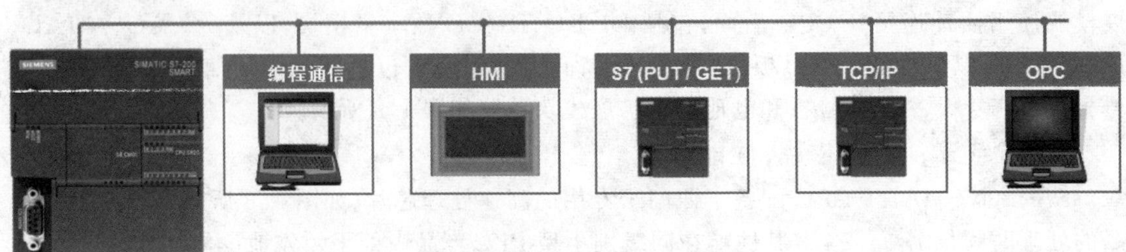

图 1.4　以太网通信

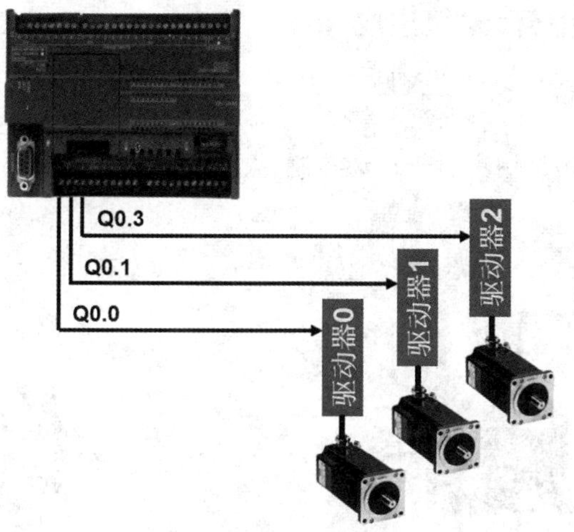

图 1.5　三轴控制

6. 亮点六：通用 SD 卡，快速更新

标准型 CPU 本体集成了 Micro SD 卡插槽，使用市面上通用的 Micro SD 卡即可实现 CPU 传递程序、升级固件、恢复出厂设置功能，操作步骤简单，极大地方便了用户，也省去了因 PLC 固件升级返厂服务的环节。

7. 亮点七：软件友好，编程高效

STEP 7－Micro/WIN SMART 在继承西门子编程软件强大功能的基础上，融入了更多的人性化设计，如新颖的带状式菜单、全移动式界面窗口、方便的程序注释功能、强大的密码保护功能等，在体验强大功能的同时，大幅度提高了开发效率，缩短了产品上市时间。STEP 7－Micro/WIN SMART 软件界面如图 1.6 所示。

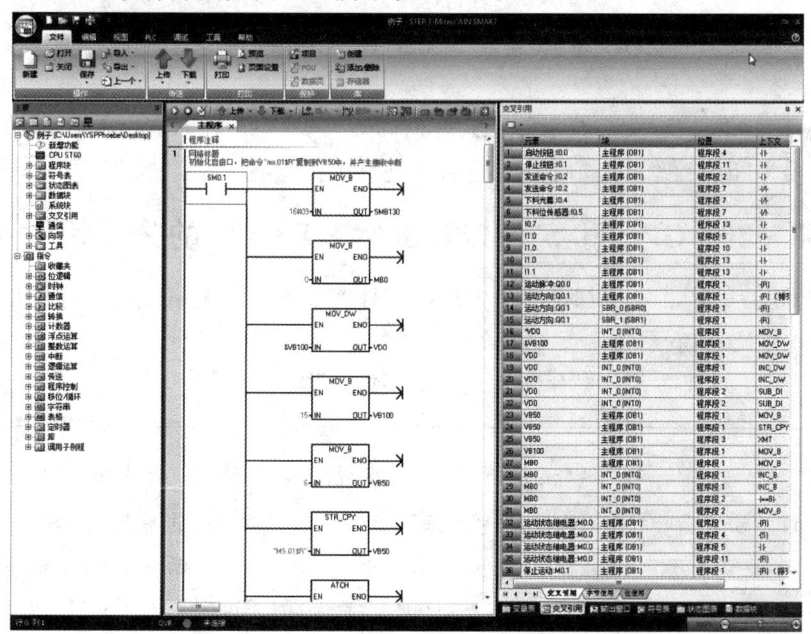

图 1.6　STEP 7－Micro/WIN SMART 软件界面

8. 亮点八：完美整合，无缝集成

SIMATIC S7－200 SMART 可编程控制器、SMART LINE 触摸屏、SINAMICS V90 伺服控制器和 SINAMICS V20 变频器完美整合，为 OEM 客户带来高性价比的小型自动化解决方案(如图 1.7 所示)，以满足用户对于自动控制、人机交互、伺服定位、变频调速的全方位需求。

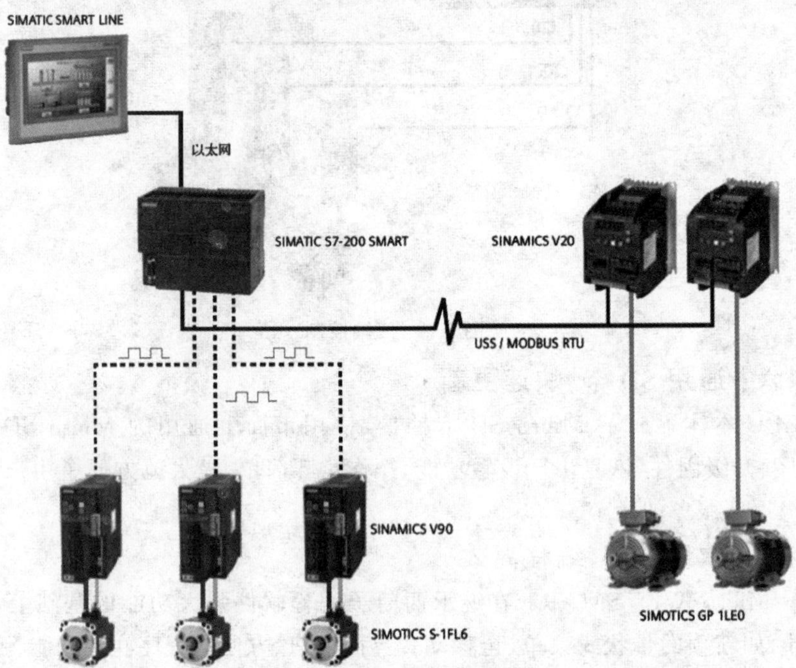

图 1.7　小型自动化解决方案

1.2　S7－200 SMART CPU 与 S7－200 CPU 比较

S7－200 SMART CPU 与原来的经典系列的 S7－200 CPU 有着继承性，保留了 S7－200 CPU 的使用习惯和编程思路，同时对某些功能进行了优化。

1.2.1　S7－200 CPU 和 S7－200 SMART CPU 的主要相似点

① 两种 CPU 的产品定位都是小型 CPU，本体都集成了一些 I/O 点，都可以添加扩展模块来扩展 I/O 以及通信接口。

② 两种 CPU 的程序和数据存储区大小都不能扩展。

⚠ **注意：** 两种 CPU 都可以使用存储卡来实现一些功能，但是存储卡都不是用来扩展 CPU 存储区的。S7－200 CPU 的存储卡用来做配方、数据归档、传输程序；S7－200 SMART 标准型 CPU 的存储卡用来传输程序、升级固件、恢复出厂设置。两种存储卡的功能和外形都不一样，不能混用。S7－200 和 S7－200 SMART 标准型 CPU 的存储卡(Micro SD)及插卡位置如图 1.8 所示。

(a) S7–200的存储卡及插卡位置　　(b) S7–200 SMART标准型CPU的存储卡(Micro SD)及插卡位置

图 1.8　S7－200 和 S7－200 SMART 标准型 CPU 存储卡及插卡位置

③ 两种 CPU 都有密码保护功能。保护功能分成两种：对 CPU 程序读/写的保护和程序块加密的保护。两种 CPU 都有这两种功能，其中对 CPU 程序读/写的保护在 CPU 的系统块里进行设置。CPU 程序块的加密设置在相应程序块的属性中进行设置，图 1.9 是 S7－200 CPU 密码保护设置。

如图 1.10 所示，S7－200 SMART CPU 的密码保护有四个等级，与 S7－200 CPU 的四个密码保护等级功能一一对应。

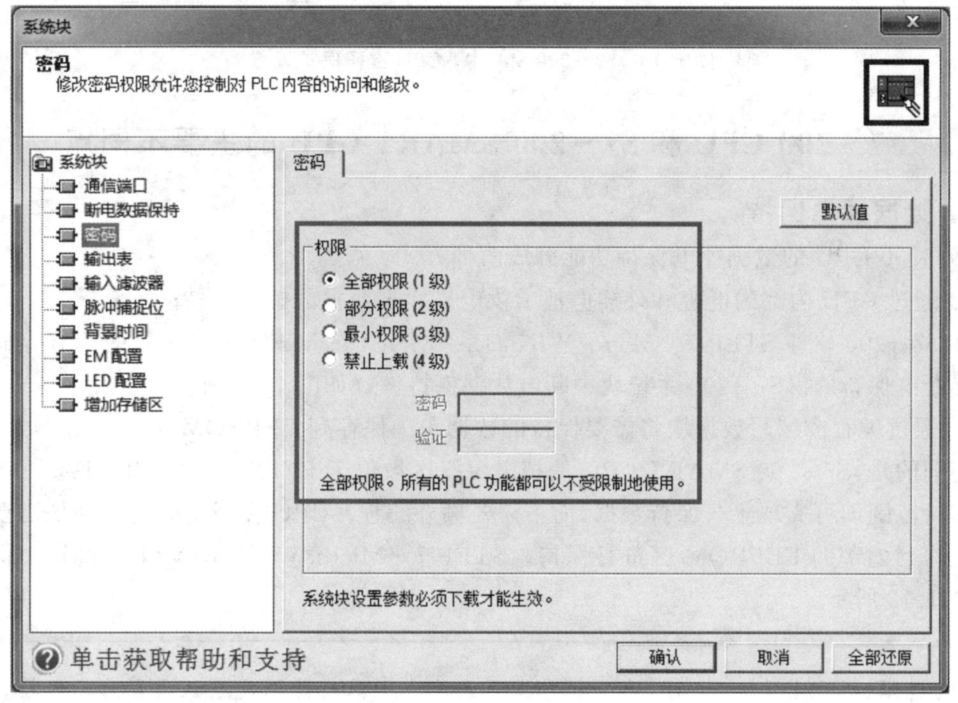

图 1.9　S7－200 CPU 密码保护设置

④ 两个系列的 CPU 都支持自由口、Modbus RTU、USS 等串口通信协议。

⑤ 两个系列中拥有扩展能力的 CPU 都可以通过扩展 DP 从站模块来实现 PROFIBUS DP 通信。

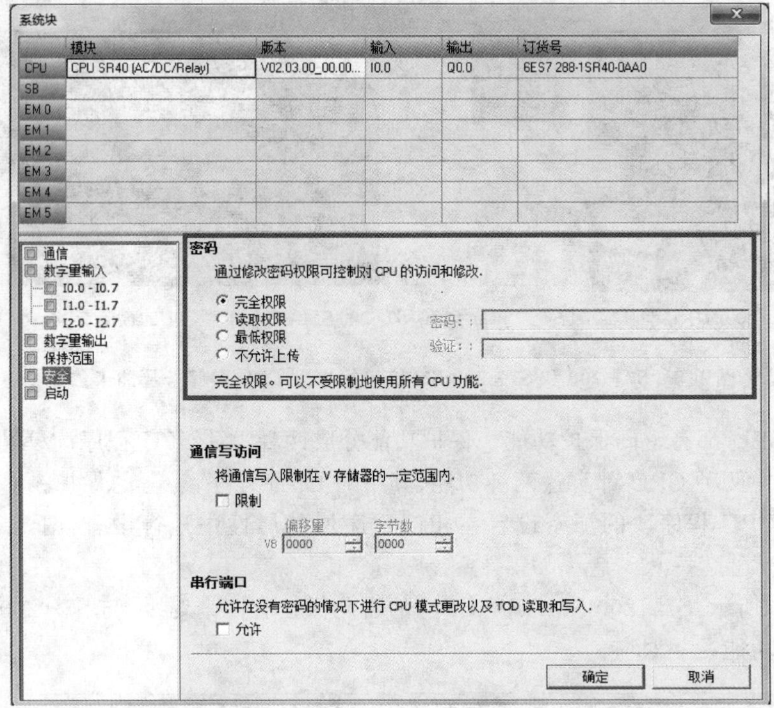

图 1.10　S7-200 SMART CPU 密码保护设置

1.2.2　S7-200 CPU 和 S7-200 SMART CPU 的主要不同点

1. 数据掉电保持

S7-200 CPU 的数据掉电保持功能分成两种方式：

1）通过 CPU 内部的电容和外插电池卡供电来实现数据的掉电保持。

在 S7-200 软件 STEP 7-Micro/WIN 的系统块中，除 MB0～MB13 外的所有存储区默认都是断电保持的。S7-200 系统块中断电数据保持设置如图 1.11 所示。

2）通过编程或编写数据块将需要保持的数据永久保存到 EEPROM 中。

不同的是，S7-200 SMART CPU 的掉电保持区域位于 EEPROM 区，用户只要在系统块设定保持范围即可实现永久保持数据，而不需要额外编程。CPU 在断电时会自动把需要保持的数据写到内部的 EEPROM 区进行保持。STEP 7-Micro/WIN SMART 系统块中保持范围如图 1.12 所示。

⚠ **注意：** STEP 7-Micro/WIN SMART 系统块中保持范围的默认设置为不保持。用户必须根据实际需要手动修改保持范围。

---

2. 程序容量

S7-200 CPU 和 S7-200 SMART CPU 程序容量都是不能扩展的。S7-200 SMART CPU 的程序容量要大于 S7-200 CPU 的。S7-200 和 S7-200 SMART CPU 的程序容量如表 1.1 所列。

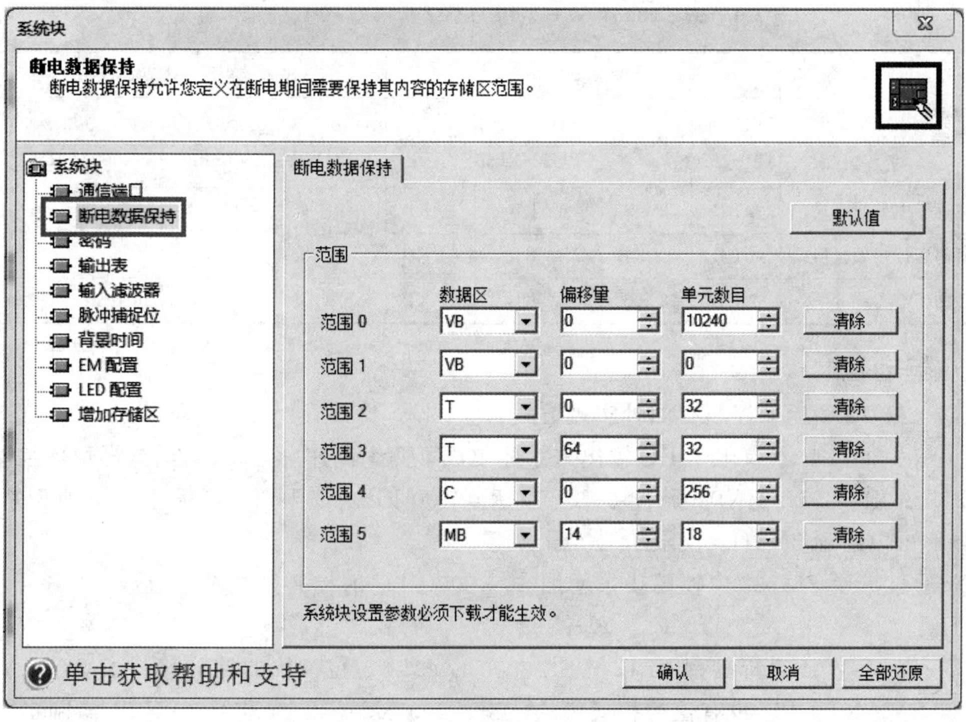

图 1.11　S7 - 200 系统块中断电数据保持设置

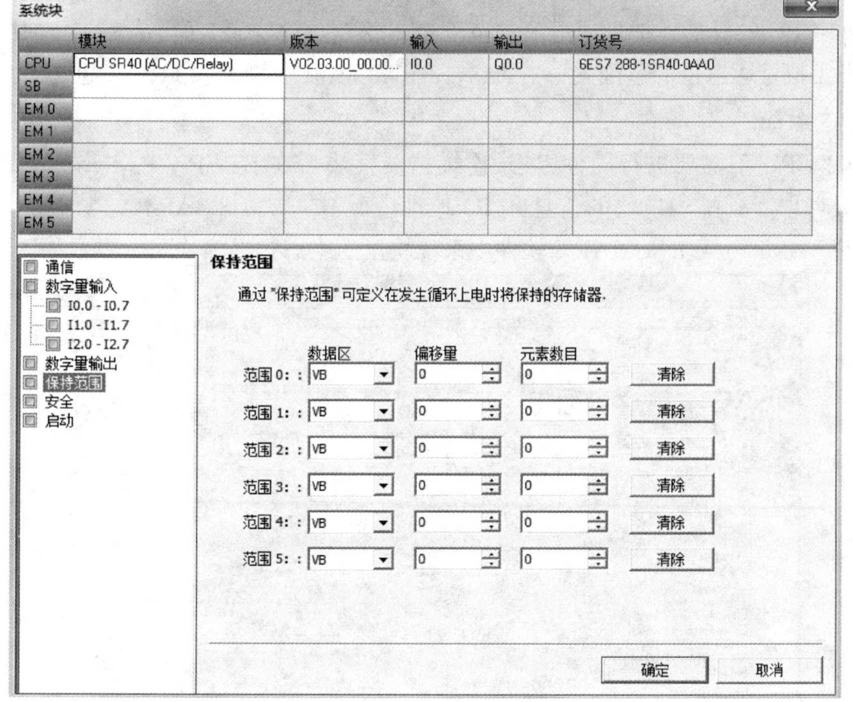

图 1.12　STEP 7 - Micro/WIN SMART 系统块中保持范围

表 1.1　S7－200 和 S7－200 SMART 标准型 CPU 的程序容量

<table>
<tr><td colspan="2" rowspan="2">型号
程序和数据区大小
项目</td><td colspan="4">S7－200 CPU</td><td colspan="5">S7－200 SMART 标准型 CPU</td></tr>
<tr><td>CPU221/
CPU222</td><td>CPU224</td><td>CPU224XP/
CPU224XPsi</td><td>CPU226</td><td>ST20/
SR20</td><td>ST30/
SR30</td><td>ST40/
SR40</td><td>ST60/
SR60</td><td>CR20s/CR30s、
CR40s/CR60s</td></tr>
<tr><td rowspan="2">程序
大小</td><td>运行中编辑模式</td><td>4 KB</td><td>8 KB</td><td>12 KB</td><td>16 KB</td><td rowspan="2">12 KB</td><td rowspan="2">18 KB</td><td rowspan="2">24 KB</td><td rowspan="2">30 KB</td><td rowspan="2">12 KB</td></tr>
<tr><td>非运行中编辑模式</td><td>4 KB</td><td>12 KB</td><td>16 KB</td><td>24 KB</td></tr>
<tr><td colspan="2">数据大小(V 区)</td><td>2 KB</td><td>8 KB</td><td>10 KB</td><td>10 KB</td><td>8 KB</td><td>12 KB</td><td>16 KB</td><td>20 KB</td><td>8 KB</td></tr>
</table>

3. 运动控制

S7－200 PLC 运动控制有两种实现方式：

1) S7－200 CPU(仅限于 DC 输出)，本体集成了两个高速脉冲输出点，这样可以控制两个轴；CPU224XP/CPU224XPsi 脉冲频率可以达到 100 kHz(仅限于 DC 输出)，其他型号 CPU 脉冲频率可以达到 20 kHz(仅限于 DC 输出)。

2) 通过扩展 EM253 位控模块来增加 S7－200 PLC 的控制轴的个数，脉冲频率可以达到 200 kHz。

S7－200 SMART 标准型 CPU 把 S7－200 EM253 定位模块的功能移到了 CPU 的内部，S7－200 SMART CPU 没有位控扩展模块。S7－200 SMART 标准型 CPU 根据不同型号，分别具有 2 个或 3 个轴的控制能力，频率都可达到 100 kHz。

4. 模拟量通道值

S7－200 CPU 的标准模拟量通道值的范围是－32 000～32 000，而 S7－200 SMART 标准型 CPU 的标准模拟量通道值的范围是－27 648～27 648，该值与 S7－1200、S7－300/400 的一致。

5. 硬件组态

S7－200 CPU 不需要进行硬件组态，连接扩展模块后在 STEP 7－Micro/WIN 软件中的 CPU 信息里可以看到扩展模块的信息和 IO 地址。而 S7－200 SMART CPU 需要根据实际硬件，在 STEP 7－Micro/WIN SMART 软件中系统块里的组态扩展模块及其参数如图 1.13 所示。

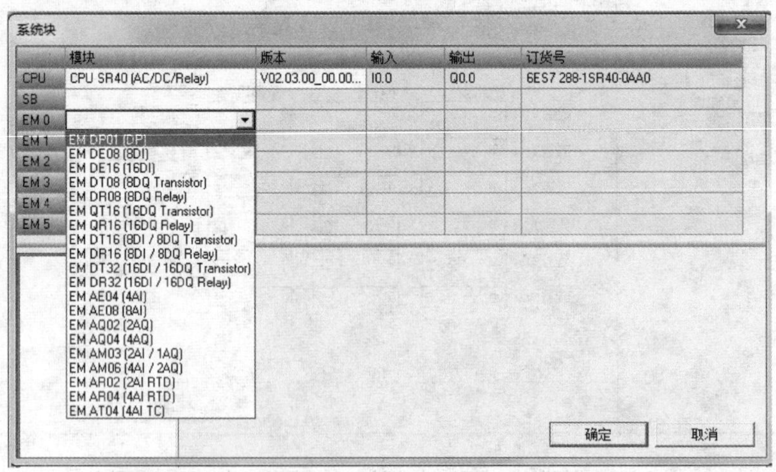

图 1.13　S7－200 SMART CPU 硬件组态

6. 编程电缆

S7-200 CPU 有专门的编程电缆 PC/PPI 电缆，根据连接计算机的接口不同又分成 USB 和 RS232 两种电缆。PC Adapter USB A2 电缆也可以作为 S7-200 CPU 的编程电缆使用。

S7-200 SMART 标准型 CPU 可通过以太网和 USB/PPI 编程电缆(6ES7901-3DB30-0XA0)来进行上载、下载、在线调试程序。S7-200 SMART 紧凑型 CPU 未集成以太网接口，因此仅支持使用 USB/ PPI 编程电缆。

7. CPU 本体集成的 DI/DO 接线端子

S7-200 本体集成的 I/O 分布方式是：上面的端子排是 DO，下面的端子排是 DI；S7-200 SMART 本体集成的 I/O 分布方式与 S7-200 相反，上面的端子排是 DI，下面的端子排是 DO。

8. 编程软件

S7-200 CPU 的编程软件是 STEP 7-Micro/WIN，S7-200 SMART CPU 的编程软件是 STEP 7-Micro/WIN SMART。

⚠ **注意：** STEP 7-Micro/WIN SMART 可以打开用 STEP 7-Micro/WIN 编写的项目程序，但是不保证所有内容都能够被顺利移植，例如不再支持的指令等必须手动修改。

---

9. S7-200 SMART CPU 的 HSC 组态时需要设置 DI 滤波时间

S7-200 CPU 的高速计数器 HSC 在硬件上不经过 CPU 的 DI 滤波，而 S7-200 SMART CPU 的 HSC 在硬件上经过 CPU 的 DI 滤波。S7-200 SMART CPU 除了编程组态外，还需要结合 HSC 信号的频率在系统块里设置合适的 DI 滤波时间，否则无法正确计数。DI 滤波时间的设置如图 1.14 所示。

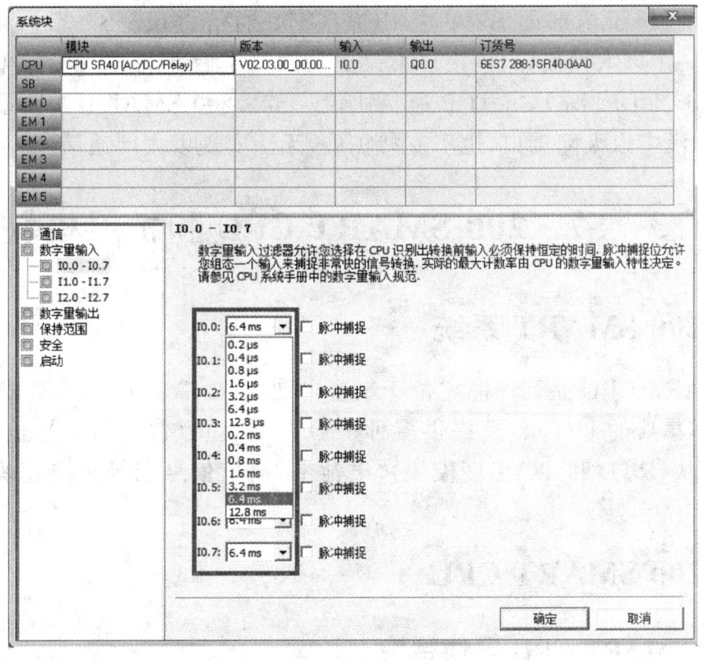

图 1.14　设置 DI 滤波时间

10. S7－200 SMART CPU 没有运行模式开关

S7－200 CPU 在模块的右侧有一个运行模式开关,可以改变 CPU 的运行模式。S7－200 SMART CPU 没有运行模式开关,只能在组态软件的系统块里更改 CPU 上电后的运行模式。S7－200 SMART CPU 启动模式如图 1.15 所示。

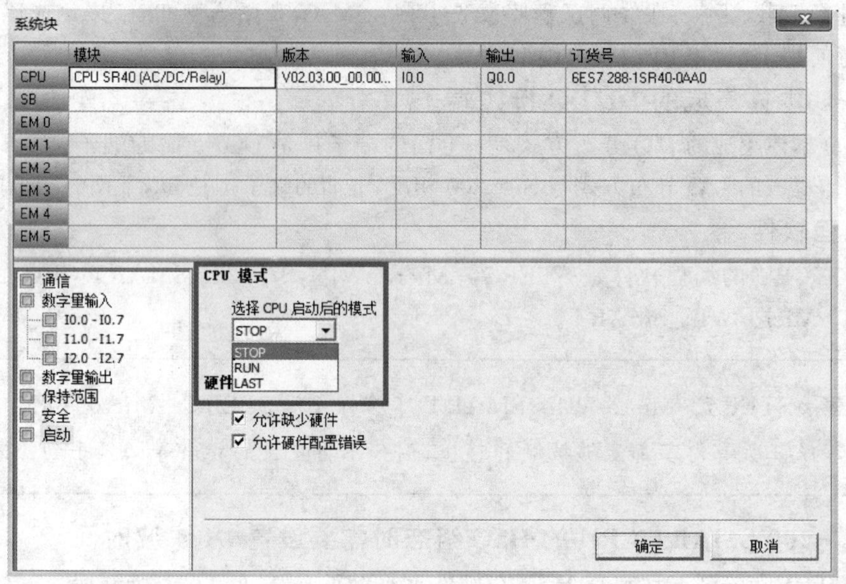

图 1.15　S7－200 SMART CPU 启动模式

11. 以太网通信

S7－200 CPU 本体不集成以太网接口,需要通过扩展 CP243－1 添加一个以太网接口,CP243－1 仅支持西门子内部的 S7 单边 PUT/GET 通信协议。S7－200 SMART 标准型 CPU 本体集成了一个以太网接口,该接口不仅支持西门子内部的 S7 单边 PUT/GET 通信协议,还支持 TCP/IP、UDP、ISO-on-TCP 通信协议。S7－200 SMART 紧凑型 CPU 本体仅有一个 RS485 接口,没有以太网接口,也不支持扩展,无法实现以太网通信。

1.3　S7－200 SMART CPU 和扩展模块

1.3.1　S7－200 SMART 系统

S7－200 SMART CPU 系列产品定位于小型自动化 PLC,CPU 本体集成了一些数字量的 I/O 点。除了本体集成的 I/O 点,还提供多种 I/O 扩展模块(包括数字量输入/输出模块、模拟量输入/输出模块、RTD 和 TC 温度模块),电池卡、通信信号卡等扩展模块,以满足不同配置的需求。

1.3.2　S7－200 SMART CPU

1. S7－200 SMART CPU 硬件结构

S7－200 SMART 标准型 CPU 的硬件结构如图 1.16 所示,包括通信接口和 I/O 接线端

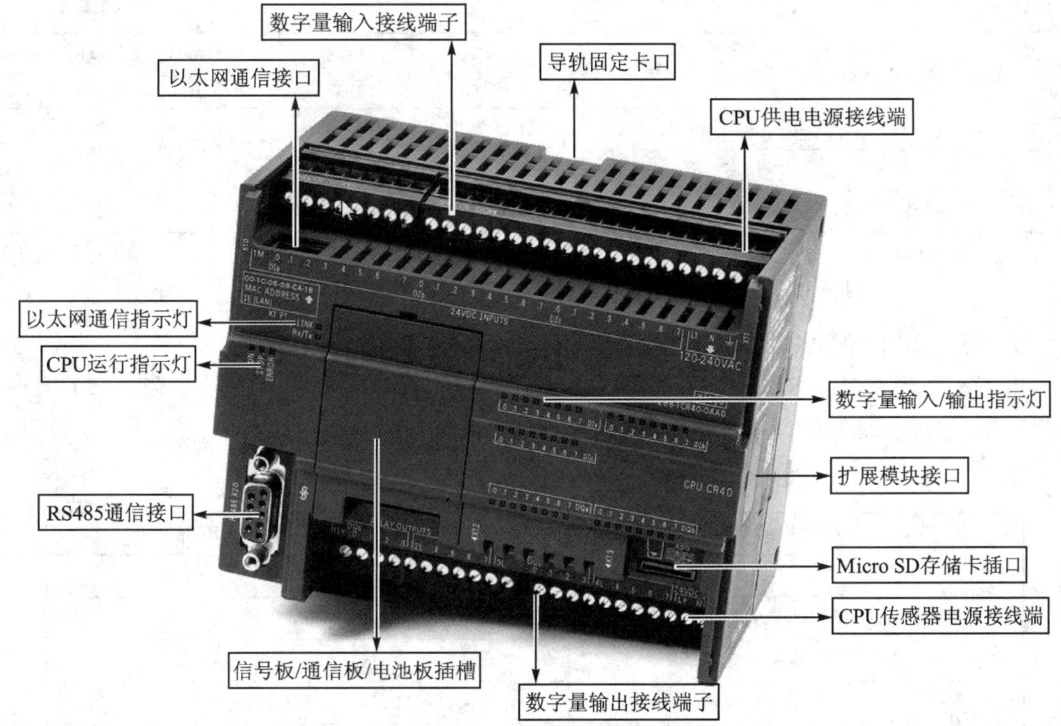

图 1.16　S7 - 200 SMART 标准型 CPU 硬件结构

子等组件。

2. S7 - 200 SMART CPU 类型

S7 - 200 SMART CPU 按照是否具有扩展功能分成两种：一种是紧凑型 CPU，不能扩展任何模块；另外一种是标准型 CPU，可以根据需要扩展模块。S7 - 200 SMART CPU 按照数字量输出类型又分成晶体管输出和继电器输出两种类型。表 1.2 列出了 S7 - 200 SMART CPU 的型号和尺寸信息，其中，C 是英文 Compact 的首字母，S 表示 Standard，T 表示 Transistor，R 表示 Relay。

表 1.2　S7 - 200 SMART CPU I/O 点数和外形尺寸

CPU 类型		供电/I/O	数字量输入点类型和数量	数字量输出点类型和数量	外形尺寸 W×H×D/(mm×mm×mm)
20 I/O	CPU SR20	AC/DC/RLY	12 DI	8 DO	90×100×81
	CPU ST20	DC/DC/DC			
	CPU CR20s	AC/DC/RLY			
30 I/O	CPU SR30	AC/DC/RLY	18 DI	12 DO	110×100×81
	CPU ST30	DC/DC/DC			
	CPU CR30s	AC/DC/RLY			
40 I/O	CPU SR40	AC/DC/RLY	24 DI	16 DO	125×100×81
	CPU ST40	DC/DC/DC			
	CPU CR40s	AC/DC/RLY			

续表 1.2

CPU 类型		供电/I/O	数字量输入点类型和数量	数字量输出点类型和数量	外形尺寸 W×H×D/(mm×mm×mm)
60 I/O	CPU SR60	AC/DC/RLY	36 DI	24 DO	175×100×81
	CPU ST60	DC/DC/DC			
	CPU CR60s	AC/DC/RLY			

注：1. AC/DC/RLY：表示 CPU 是交流供电，直流数字量输入，继电器数字量输出。

2. DC/DC/DC：表示 CPU 是直流 24 V 供电，直流数字量输入，晶体管数字量输出。

3. S7－200 SMART PLC 技术规范

下面按照紧凑型和标准型分类介绍 S7－200 SMART CPU 的技术规范。紧凑型 CPU 的用户存储器、过程映像区等技术规范如表 1.3 所列。

表 1.3　紧凑型 CPU 技术规范 1

技术规范		CR20s/CR30s/CR40s/CR60s
用户存储器大小	程序	12 KB
	用户数据	8 KB
	保持性	最大 2 KB
过程映像区大小	数字量映像区	256 位输入(I) / 256 位输出(Q)
	模拟量映像区	—
存储器大小或数量	位存储器	256 位
	临时(局部)存储器(L)	主程序中 64 字节和每个子例程和中断例程中 64 字节
	顺序控制继电器(S)	256 位
	累加器	4 个
	定时器	非保持性(TON、TOF)：192 个 保持性(TONR)：64 个
	计数器	256 个
	扩展模块	0
	信号板	0
功　能	高速计数器	最多 4 个 • 针对单相，4 个 100 kHz • 针对 A/B 相，2 个 50 kHz
	脉冲输出	—
	PID	8 个回路
脉冲捕捉输入		—
中断事件	循环中断	2 个，分辨率为 1 ms
	沿中断	4 个上升沿和 4 个下降沿
存储卡		—
实时时钟		—

紧凑型 CPU 的输入电压、数字量输入和数字量输出的技术规范如表 1.4 所列。

表 1.4　紧凑型 CPU 技术规范 2

技术规范		CR20s/CR30s/CR40s/CR60s
CPU 输入电压	范围	85～264 V AC
	电源频率	47～63 Hz
	CPU 传感器电源	不提供
数字量输入	类型	漏型/源型(IEC 1 类漏型)
	允许的连续电压	最大 30 V DC
	逻辑 1 信号(最小)	2.5 mA 时 15 V DC
	逻辑 0 信号(最大)	1 mA 时 5 V DC
	隔离(现场侧与逻辑侧)	500 V AC，持续 1 min
	电缆长度(最大值)	屏蔽:500 m 屏蔽 HSC:50 m 非屏蔽:300 m
数字量输出	类型	继电器，干触点
	电压范围	5～30 V DC/5～250 V AC
	每点额定电流(最大)	2.0 A
	电缆长度(最大值)	屏蔽:500 m 非屏蔽:150 m

标准型 CPU 的用户存储器大小、映像区大小等技术规范如表 1.5 所列。

表 1.5　标准型 CPU 技术规范 1

技术规范		SR20/ST20	SR30/ST30	SR40/ST40	SR60/ST60
用户存储器大小	程序	12 KB	18 KB	24 KB	30 KB
	用户数据(V)	8 KB	12 KB	16 KB	20 KB
	保持性	最大 10 KB			
过程映像区大小	数字量映像区	256 位输入(I)/ 256 位输出(Q)			
	模拟量映像区	56 个字的输入(AI)/ 56 个字的输出(AQ)			
存储器大小或数量	位存储器(M)	256 位			
	临时(局部)存储器(L)	主程序中 64 字节和每个子例程和中断例程中 64 字节			
	顺序控制继电器(S)	256 位			
	累加器	4 个			
	定时器	非保持性(TON、TOF):192 个 保持性(TONR):64 个			
	计数器	256 个			
扩展	信号模块扩展	最多 6 个			
	信号板扩展	最多 1 个			

续表 1.5

<table>
<tr><th colspan="2">技术规范</th><th>SR20/ST20</th><th>SR30/ST30</th><th>SR40/ST40</th><th>SR60/ST60</th></tr>
<tr><td rowspan="3">功能</td><td>高速计数器</td><td colspan="4">最多 6 个
除 SR30/ST30 外，其他 CPU
• 单相：4 个 200 kHz，2 个 30 kHz
• 双相、A/B 相：2 个 100 kHz，2 个 20 kHz
SR30/ST30
• 单相：5 个 200 kHz，1 个 30 kHz
• 双相、A/B 相：3 个 100 kHz，1 个 20 kHz</td></tr>
<tr><td>脉冲输出</td><td>SR20：—
ST20：2×100 kHz</td><td colspan="3">SR30/SR40/SR60：—
ST30/ST40/ST60：3×100 kHz</td></tr>
<tr><td>PID</td><td colspan="4">8 个回路</td></tr>
<tr><td rowspan="2">中断事件</td><td>循环中断</td><td colspan="4">2 个，分辨率为 1 ms</td></tr>
<tr><td>沿中断</td><td colspan="4">4 个上升沿和 4 个下降沿(使用可选信号板时，各为 6 个)</td></tr>
<tr><td colspan="2">存储卡</td><td colspan="4">Micro SD HC 卡(可选)</td></tr>
<tr><td rowspan="2">实时时钟</td><td>实时时钟保持时间</td><td colspan="4">通常为 7 天，25 ℃时最少为 6 天</td></tr>
<tr><td>实时时钟精度</td><td colspan="4">±120 s/月</td></tr>
</table>

标准型 CPU 的输入电压、数字量输入和数字量输出的技术规范如表 1.6 所列。

表 1.6 标准型 CPU 技术规范 2

<table>
<tr><th colspan="2" rowspan="2">技术规范</th><th>继电器输出 CPU</th><th colspan="2">晶体管输出 CPU</th></tr>
<tr><th>SR20/SR30/SR40/SR60</th><th>ST20/ST30</th><th>ST40/ST60</th></tr>
<tr><td rowspan="3">CPU 输入电压</td><td>范围</td><td>85～264 V AC</td><td colspan="2">20.4～28.8 V DC</td></tr>
<tr><td>电源频率</td><td>47～63 Hz</td><td colspan="2">—</td></tr>
<tr><td>CPU 逻辑侧与传感器电源</td><td colspan="3">非隔离</td></tr>
<tr><td rowspan="6">数字量输入</td><td>类型</td><td>漏型/源型(IEC 1 类漏型)</td><td>漏型/源型(IEC 1 类漏型，I0.0～I0.3，I0.6，I0.7 除外)</td><td>漏型/源型(IEC 1 类漏型，I0.0～I0.3 除外)</td></tr>
<tr><td>允许的连续电压</td><td colspan="3">最大 30 V DC</td></tr>
<tr><td>逻辑 1 信号(最小)</td><td>2.5 mA 时 15 V DC</td><td>I0.0～I0.3，I0.6，I0.7：8 mA 时 4 V DC
其他输入：2.5mA 时 15 V DC</td><td>I0.0～I0.3：8 mA 时 4 V DC
其他输入：2.5 mA 时 15 V DC</td></tr>
<tr><td>逻辑 0 信号(最大)</td><td>1 mA 时 5 V DC</td><td>I0.0～I0.3，I0.6，I0.7：1 mA 时 1 V DC
其他输入：1 mA 时 5 V DC</td><td>I0.0～I0.3：1 mA 时 1 V DC
其他输入：1 mA 时 5 V DC</td></tr>
<tr><td>隔离(现场侧与逻辑侧)</td><td colspan="3">500 V AC，持续 1 min</td></tr>
<tr><td>电缆长度(最大值)</td><td colspan="3">屏蔽：500 m
屏蔽 HSC：50 m
非屏蔽：300 m</td></tr>
</table>

续表 1.6

技术规范		继电器输出 CPU	晶体管输出 CPU	
		SR20/SR30/SR40/SR60	ST20/ST30	ST40/ST60
数字量输出	类型	继电器，干触点	固态 MOSFET(源型)	
	电压范围	5～30 V DC/5～250 V AC	20.4～28.8 V DC	
	每点额定电流(最大)	2.0 A	0.5 A	
	电缆长度(最大值)	屏蔽：500 m 非屏蔽：150 m		

标准型 CPU 与紧凑型 CPU 常用参数对比如表 1.7 所列。

表 1.7　标准型 CPU 与紧凑型 CPU 常用参数对比

技术规范		标准型 CPU	紧凑型 CPU
用户存储器保持性		最大 10 KB 永久保持	最大 2 KB 永久保持
过程映像区大小	数字量映像区	256 位输入(I)/ 256 位输出(Q)	
	模拟量映像区	56 个字的输入(AI)/ 56 个字的输出(AQ)	—
扩展	信号模块扩展	最多 6 个	—
	信号板扩展	最多 1 个	—
中断事件	循环中断	2 个，分辨率为 1 ms	2 个，分辨率为 1 ms
	沿中断	4 个上升沿和 4 个下降沿(使用可选信号板时，各为 6 个)	4 个上升沿和 4 个下降沿
实时时钟	实时时钟保持时间	通常为 7 天，25℃ 时最少为 6 天	—
	实时时钟精度	± 120 s/月	—
存储卡		Micro SD HC 卡(可选)	—
数据日志		支持	—
功能	高速计数器	最多 6 个	最多 4 个
	运动控制	SR20/SR30/SR40/SR60：— ST20：2×100 kHz ST30/ST40/ST60：3×100 kHz	—
	PWM	3(继电器输出不建议用于高频信号输出)	
	PID	8 个回路	8 个回路
通信端口	以太网口	CPU 本体集成 1 个 支持 PUT/GET、开放式用户通信等协议	—
	RS485 接口	CPU 本体集成 1 个，支持自由口、Modbus RTU 主/从、USS 等协议	
	RS232 接口	通过 CM01 信号板扩展	—
	PROFIBUS DP	通过 EM DP01 扩展，仅支持 DP 从站模式	—
CPU 可提供的电源电流值	5V DC 电源电流	1400 mA	—
	传感器 24V DC 电源电流	300 mA	300 mA

1.3.3 S7-200 SMART 扩展模块

扩展模块分成两大类：EM 扩展模块和 SB 信号板，只有标准型 CPU 可以连接扩展模块。EM 扩展模块按照类型可分为：数字量模块、模拟量模块、温度采集模块。SB 信号板包括 5 种：数字量输入/输出板、模拟量输入板、模拟量输出板、RS485/RS232 通信板以及电池板。

EM 扩展模块是安装在 CPU 右侧的扩展模块，用来扩展 CPU 的 I/O 点。其硬件结构如图 1.17 所示。不同类型的扩展模块其信号指示灯和接线端子不同，在使用时务必参考《S7-200 SMART 系统手册》(该参考资料可在随书附带的光盘中查阅)。

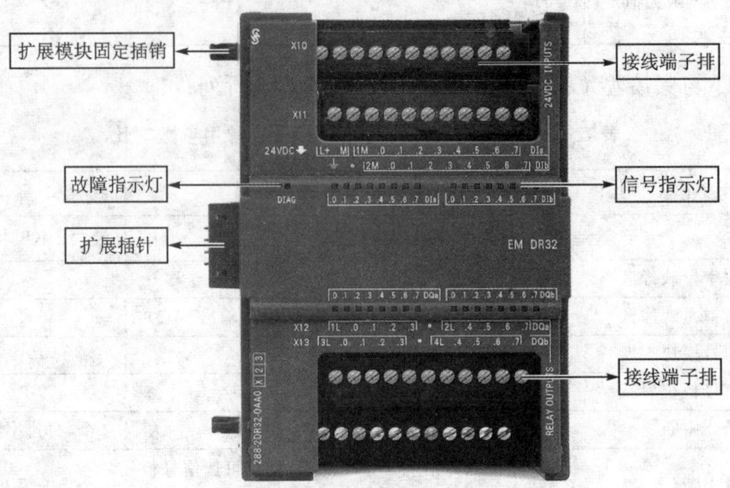

图 1.17 EM 扩展模块硬件结构

SB 是 Signal Board 的简写，中文称为信号板。SB 信号板是安装在标准型 CPU 的正面插槽里的，用来扩展少量的 I/O 点、通信接口以及电池接口板。SB 信号板的扩展给用户提供了更多的选择。当前 SB 信号板有 5 个型号，用户可以查阅 S7-200 SMART 的样本以及系统手册。SB 信号板的安装位置如图 1.18 所示。

SB 信号板的硬件结构如图 1.19 所示。不同型号的信号板其硬件结构不同，在使用时务必参考《S7-200 SMART 系统手册》。

图 1.18 SB 信号板的安装位置

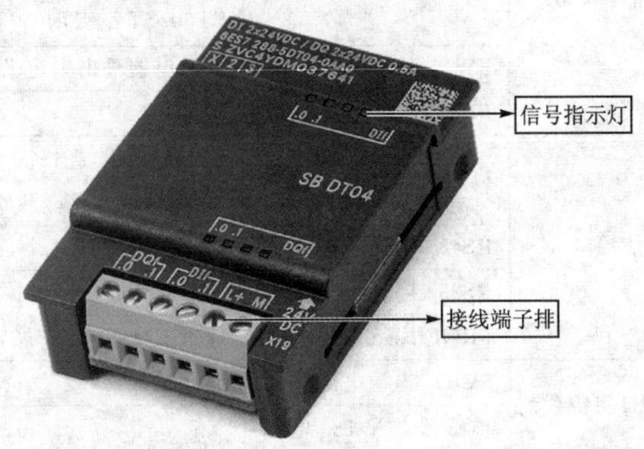

图 1.19 SB 信号板硬件结构

表 1.8 列出了 EM 数字量扩展模块的 I/O 数量。

表 1.8　EM 数字量扩展模块 I/O 数量

项　目		EM 数字量扩展模块 I/O 数量									
EM 数字量扩展模块		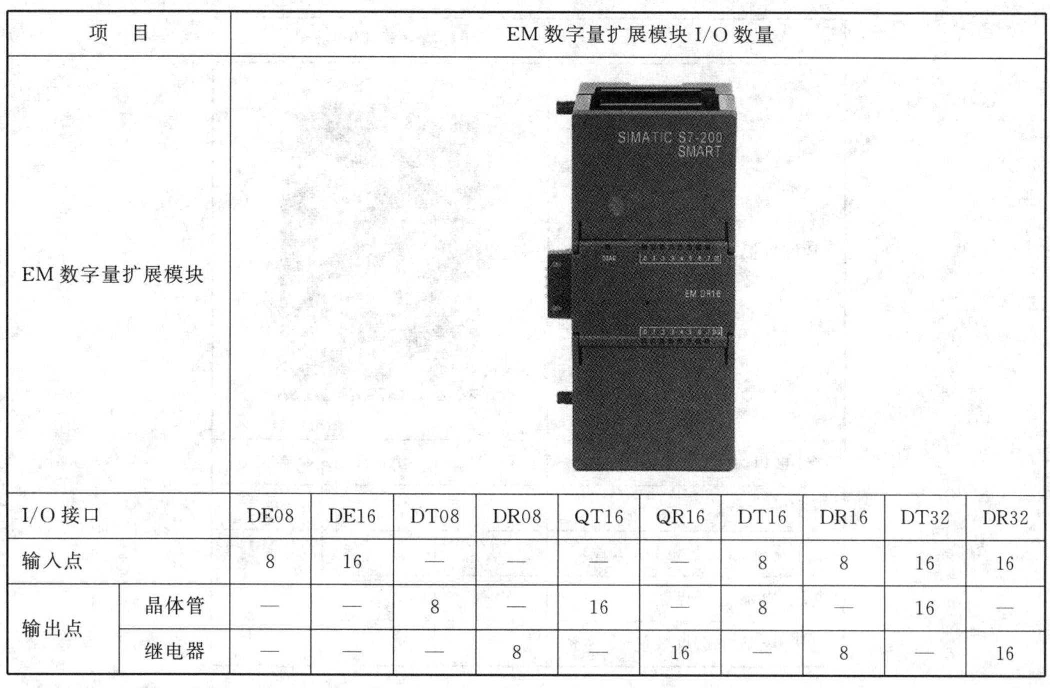									
I/O 接口		DE08	DE16	DT08	DR08	QT16	QR16	DT16	DR16	DT32	DR32
输入点		8	16	—	—	—	—	8	8	16	16
输出点	晶体管	—	—	8	—	16	—	8	—	16	—
	继电器	—	—	—	8	—	16	—	8	—	16

模拟量扩展模块的 I/O 数量如表 1.9 所列。

表 1.9　EM 模拟量扩展模块 I/O 数量

项　目	EM 模拟量扩展模块 I/O 数量								
EM 模拟量扩展模块									
I/O 接口	AE04	AE08	AQ02	AQ04	AM03	AM06	AR02	AR04	AT04
电压/电流输入点数量	4	8	—	—	2	4	—	—	—
电压/电流输出点数量	—	—	2	4	1	2	—	—	—
TC 数量	—	—	—	—	—	—	—	—	4
RTD/电阻数量	—	—	—	—	—	—	2	4	—

表 1.10 列出了 SB 信号板的 I/O 数量。

表 1.10　SB 信号板 I/O 数量

项　目	SB 信号板 I/O 数量		
SB 信号板	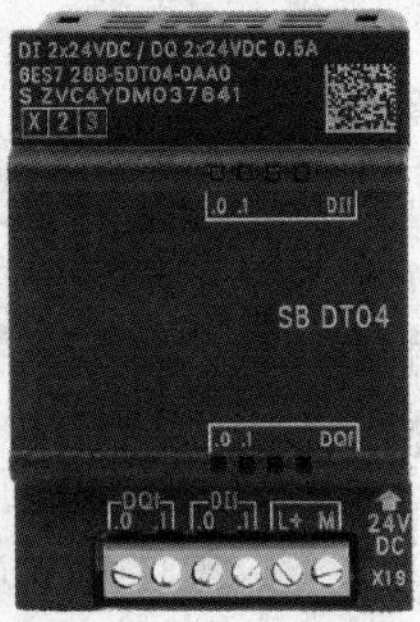		
I/O 接口	DT04	AE01	AQ01
数字输入点数量	2	—	—
数字量输出点数量(晶体管)	2	—	—
电压/电流输入点数量	—	1	—
电压/电流输出点数量	—	—	1

1. EM 扩展模块数字量 I/O 技术规范

表 1.11 列出了 EM 扩展模块数字量 DI 的技术规范。

表 1.11　EM 数字量输入技术规范

EM 数字量输入技术规范	EM DE08	EM DT16	EM DR16	EM DE16	EM DT32	EM DR32
输入点数量	8			16		
输入类型	漏型/源型(IEC 1 类漏型)					
额定电压	4 mA 时 24 V DC					
允许的连续电压	最大 30 V DC					
浪涌电压	35 V DC,持续 0.5 s					
逻辑 1 信号(最小)	2.5 mA 时 15 V DC					
逻辑 0 信号(最大)	1 mA 时 5 V DC					
隔离(现场侧与逻辑侧)	500 V AC,持续 1 min					
隔离组	2			4	2	
滤波时间	0.2、0.4、0.8、1.6、3.2、6.4 和 12.8 ms(可选择,4 个为一组)					
同时接通的输入数量	8			16		
电缆长度(最大值)	屏蔽:500 m 非屏蔽:300 m					

EM 扩展模块数字量输出 DO 的技术规范参考表 1.12。

表 1.12　EM 数字量输出技术规范

EM 数字量输出技术规范	EM DT08	EM DT16	EM QT16	EM DT32	EM DR08	EM DR16	EM QR16	EM DR32
输出点数量	8		16		8		16	
输出类型	固态 MOSFET(源型)				继电器,干触点			
电压范围	20.4～28.8 V DC				5～30 V DC 或 5～250 V AC			
最大电流时的逻辑 1 信号	最小 20 V DC				—			
具有 10 kΩ 负载时的逻辑 0 信号	最大 0.1 V DC				—			
每点的额定电流(最大)	0.75 A				2 A			
每个公共端的额定电流(最大)	3 A			6 A	8 A			
灯负载	5 W				30 W DC / 200 W AC			
通态触点电阻(最大)	0.6 Ω				0.2 Ω			
每点的漏电流(最大)	10 μA				—			
浪涌电流	8 A,最长持续 100 ms				触点闭合时为 7 A			
过载保护	无							
隔离(现场侧与逻辑侧)	500 V AC,持续 1 min				1 500 V AC,持续 1 min(线圈与触点) 无(线圈与逻辑侧)			
隔离电阻	—				最小为 100 MΩ			
断开触点间的绝缘	—				750 V AC,持续 1 min			
电缆长度(最大值)	屏蔽：500 m 非屏蔽：150 m							

2. EM 扩展模块模拟量 I/O 技术规范

表 1.13 列出了 EM 扩展模块模拟量输入的主要技术规范。

表 1.13　EM 模拟量输入技术规范

EM 模拟量输入技术规范	EM AE04	EM AE08	EM AM03	EM AM06
输入点数量	4	8	2	4
输入类型	电压或电流(差动),可选择,2 个为一组			
范围	±10 V、±5 V、±2.5 V 或 0～20 mA			
满量程范围(数值)	－27 648～27 648			
过冲/下冲范围(数值)	电压模式：27 649～32 511/－27 649～－32 512 电流模式：27 649～32 511/－4 864～0			
上溢/下溢(数值)	电压模式：32 512～32 767/－32 513～－32 768 电流模式：32 512～32 767/－4 865～－32 768			
分辨率	电压模式：12 位＋符号位 电流模式：12 位			

续表 1.13

EM 模拟量输入技术规范		EM AE04	EM AE08	EM AM03	EM AM06
最大耐压/耐流		±35 V/±40 mA			
平滑化		无、弱、中或强			
噪声抑制		400、60、50 或 10 Hz			
输入阻抗		≥9 MΩ(电压)/ 250 Ω(电流)		≥9 MΩ	
隔离(现场侧与逻辑侧)		无			
精度(25 ℃/0～55 ℃)		电压模式：满量程的±0.1% / ±0.2% 电流模式：满量程的±0.2% / ±0.3%			
测量原理		625 μs(400 Hz 抑制)			
共模抑制		40 dB,DC 到 60 Hz			
工作信号范围		信号加共模电压必须小于＋12 V 且大于－12 V			
电缆长度(最大值)		100 m(屏蔽双绞线)			
诊断	上溢/下溢	有			
	24 V DC 低压	有			

表 1.14 列出了 EM 扩展模块模拟量输出的主要技术规范。

表 1.14　EM 模拟量扩展输出技术规范

EM 模拟量输出技术规范		EM AQ02	EM AQ04	EM AM03	EM AM06
输出点数量		2	4	1	2
输出类型		电压或电流			
范围		±10 V 或 0～20 mA			
分辨率		电压模式：11 位 ＋ 符号位 电流模式：11 位			
满量程范围(数值)		电压模式：－27 648～27 648 电流模式：0～27 648			
精度(25 ℃/0～55 ℃)		满量程的±0.5%/±1.0%			
稳定时间(新值的 95%)		电压模式：300 μs (R),750 μs (R),750 μs (1 μF) 电流模式：600 μs (1 mH),2 ms (10 mH)			
负载阻抗		电压模式：≥1 000 Ω 电流模式：≤500 Ω	电压模式：≥1 000 Ω 电流模式：≤600 Ω	电压模式：≥1 000 Ω 电流模式：≤500 Ω	
STOP 模式下的输出行为		上一个值或替换值(默认值为 0)			
隔离(现场侧与逻辑侧)		无			
电缆长度(最大值)		100 m 屏蔽双绞线			
诊断	上溢/下溢	有			
	对地短路(仅限电压模式)	有			
	断路(仅限电流模式)	有			
	24 V DC 低压	有			

3. EM 温度扩展模块技术规范

表 1.15 列出了 EM 温度扩展模块技术规范。

表 1.15　EM 温度扩展模块技术规范

<table>
<tr><td colspan="2">EM 温度扩展模块技术规范</td><td>EM AT04</td><td>EM AR02</td><td>EM AR04</td></tr>
<tr><td colspan="2">输入点数量</td><td>4</td><td>2</td><td>4</td></tr>
<tr><td colspan="2">范围</td><td rowspan="4">请参见热电偶参数</td><td rowspan="4" colspan="2">请参见 RTD 传感器参数</td></tr>
<tr><td colspan="2">额定范围(数据字)</td></tr>
<tr><td colspan="2">过量程/欠量程(数据字)</td></tr>
<tr><td colspan="2">上溢/下溢(数据字)</td></tr>
<tr><td rowspan="2">分辨率</td><td>温度</td><td colspan="3">0.1 ℃ / 0.1 ℉</td></tr>
<tr><td>电压</td><td colspan="3">15 位+符号位</td></tr>
<tr><td colspan="2">最大耐压</td><td colspan="3">± 35 V</td></tr>
<tr><td colspan="2">噪声抑制</td><td colspan="3">对于所选滤波器设置
(10 Hz、50 Hz、60 Hz 或 400 Hz)为 85 dB</td></tr>
<tr><td colspan="2">共模抑制</td><td colspan="3">120 V AC 时大于 120 dB</td></tr>
<tr><td colspan="2">阻抗</td><td colspan="3">≥10 MΩ</td></tr>
<tr><td rowspan="4">隔离</td><td>现场侧与逻辑侧</td><td colspan="3" rowspan="3">500 V AC</td></tr>
<tr><td>现场侧与 24 V DC</td></tr>
<tr><td>24 V DC 与逻辑侧</td></tr>
<tr><td>通道间隔离</td><td>—</td><td colspan="2">0</td></tr>
<tr><td colspan="2">精度</td><td>请参见热电偶参数</td><td colspan="2">请参见 RTD 传感器参数</td></tr>
<tr><td colspan="2">可重复性</td><td colspan="3">±0.05% FS</td></tr>
<tr><td colspan="2">最大传感器功耗</td><td>—</td><td colspan="2">0.5 mW</td></tr>
<tr><td colspan="2">测量原理</td><td>积分型</td><td colspan="2">Sigma-delta</td></tr>
<tr><td colspan="2">模块更新时间</td><td>请参见滤波器参数</td><td colspan="2">请参见降噪参数</td></tr>
<tr><td colspan="2">冷端误差</td><td>±1.5 ℃</td><td colspan="2">—</td></tr>
<tr><td colspan="2">电缆长度(最大值)</td><td colspan="3">至传感器最长 100 m</td></tr>
<tr><td colspan="2">导线电阻(最大)</td><td>100 Ω</td><td colspan="2">10 Ω RTD 除外:20 Ω
10 Ω RTD:2.7 Ω</td></tr>
<tr><td rowspan="3">诊断</td><td>上溢/下溢</td><td colspan="3">有</td></tr>
<tr><td>断线</td><td>(仅限电流模式)</td><td colspan="2">有</td></tr>
<tr><td>24 V DC 低压</td><td colspan="3">有</td></tr>
</table>

4. SB 信号板技术规范

表 1.16 列出了 SB 信号板数字量扩展模块的数字量输入的主要技术规范。

表 1.16　SB DT04 数字量输入技术规范

SB 数字量输入技术规范	SB DT04
输入点数	2
输入类型	漏型(IEC 1 类漏型)
额定电压	4 mA 时 24 V DC
允许的连续电压	最大 30 V DC
浪涌电压	35 V DC,持续 0.5 s
逻辑 1 信号(最小)	2.5 mA 时 15 V DC
逻辑 0 信号(最大)	1 mA 时 5 V DC
隔离(现场侧与逻辑侧)	500 V AC,持续 1 min
隔离组数量	1
滤波时间	每个通道可单独选择: μs: 0.2,0.4,0.8,1.6,3.2,6.4,12.8 ms: 0.2,0.4,0.8,1.6,3.2,6.4,12.8
同时接通的输入点数	2
电缆长度(最大值)	屏蔽: 500 m 非屏蔽: 300 m

表 1.17 列出了 SB 信号板数字量扩展模块的数字量输出的主要技术规范。

表 1.17　SB DT04 数字量输出技术规范

SB 数字量输出技术规范	SB DT04
输出点数	2
输出类型	固态 MOSFET(源型)
电压范围	20.4~28.8 V DC
最大电流时的逻辑 1 信号	最小 20 V DC
具有 10 kΩ 负载时的逻辑 0 信号	最大 0.1 V DC
每点的额定电流(最大)	0.5 A
每个公共端的额定电流(最大)	1 A
灯负载	5 W
通态触点电阻	最大 0.6 Ω
每点的漏电流	最大 10 μA
浪涌电流	5 A,最长持续 100 ms
过载保护	无
隔离(现场侧与逻辑侧)	500 V AC,持续 1 min
隔离电阻	—
断开触点间的绝缘	—
电缆长度(最大值)	屏蔽: 500 m 非屏蔽: 150 m

表 1.18 列出了 SB 信号板模拟量扩展模块的模拟量输入的主要技术规范。

表 1.18　SB AE01 模拟量输入技术规范

<table>
<tr><td colspan="2">SB 模拟量输入技术规范</td><td>SB AE01</td></tr>
<tr><td colspan="2">输入点数</td><td>1</td></tr>
<tr><td colspan="2">输入类型</td><td>电压或电流(差分)</td></tr>
<tr><td colspan="2">范围</td><td>±10 V、±5 V、±2.5 V 或 0～20 mA</td></tr>
<tr><td colspan="2">满量程范围(数据字)</td><td>电压模式:－27 648～27 648
电流模式:0～27 648</td></tr>
<tr><td colspan="2">过冲/下冲范围(数据字)</td><td>电压模式:27 649～32 511 / －27 649～－32 512
电流模式:27 649～32 511 / －4864～0</td></tr>
<tr><td colspan="2">上溢/下溢(数据字)</td><td>电压模式:32 512～32 767 / －32 513～－32 768
电流模式:32 512～32 767 / －4 865～－32 768</td></tr>
<tr><td colspan="2">分辨率</td><td>电压模式:11 位＋符号位
电流模式:11 位</td></tr>
<tr><td colspan="2">最大耐压/耐流</td><td>±35 V / ±40 mA</td></tr>
<tr><td colspan="2">平滑化</td><td>无、弱、中或强</td></tr>
<tr><td colspan="2">噪声抑制</td><td>400、60、50 或 10 Hz</td></tr>
<tr><td rowspan="2">输入阻抗</td><td>差模</td><td>220 kΩ(电压)/250 Ω(电流)</td></tr>
<tr><td>共模</td><td>55 kΩ(电压)/55 kΩ(电流)</td></tr>
<tr><td colspan="2">隔离(现场侧与逻辑侧)</td><td>无</td></tr>
<tr><td colspan="2">精度(25℃ / 0～55℃)</td><td>满量程的±0.3% / ±0.6%</td></tr>
<tr><td colspan="2">共模抑制</td><td>40 dB,DC 到 60 Hz</td></tr>
<tr><td colspan="2">工作信号范围</td><td>信号加共模电压必须小于＋35 V 且大于－35 V</td></tr>
<tr><td colspan="2">电缆长度(最大值)</td><td>100 m 屏蔽双绞线</td></tr>
<tr><td rowspan="2">诊断</td><td>上溢/下溢</td><td>有</td></tr>
<tr><td>24 V DC 低压</td><td>无</td></tr>
</table>

表 1.19 列出了 SB 信号板模拟量扩展模块的模拟量输出的主要技术规范。

表 1.19　SB AQ01 模拟量输出技术规范

<table>
<tr><td>SB 模拟量输出技术规范</td><td>SB AQ01</td></tr>
<tr><td>输出点数</td><td>1</td></tr>
<tr><td>输出类型</td><td>电压或电流</td></tr>
<tr><td>范围</td><td>±10 V 或 0～20 mA</td></tr>
<tr><td>分辨率</td><td>电压模式：11 位＋符号位
电流模式：11 位</td></tr>
<tr><td>满量程范围(数据字)</td><td>电压模式：－27 648～27 648
电流模式：0～27 648</td></tr>
</table>

续表 1.19

<table>
<tr><th colspan="2">SB 模拟量输出技术规范</th><th>SB AQ01</th></tr>
<tr><td colspan="2">精度(25℃ / 0～55℃)</td><td>满量程的±0.5%/±1.0%</td></tr>
<tr><td colspan="2">稳定时间(新值的 95%)</td><td>电压模式：300 μs (R),750 μs (1 μF)
电流模式：600 μs (1 mH),2 ms (10 mH)</td></tr>
<tr><td colspan="2">负载阻抗</td><td>电压模式：≥1 000 Ω
电流模式：≤600 Ω</td></tr>
<tr><td colspan="2">STOP 模式下的输出行为</td><td>上一个值或替换值(默认值为 0)</td></tr>
<tr><td colspan="2">隔离(现场侧与逻辑侧)</td><td>无</td></tr>
<tr><td colspan="2">电缆长度(最大值)</td><td>10 m 屏蔽双绞线</td></tr>
<tr><td rowspan="3">诊断</td><td>上溢/下溢</td><td>有</td></tr>
<tr><td>对地短路(仅限电压模式)</td><td>有</td></tr>
<tr><td>断路(仅限电流模式)</td><td>有</td></tr>
</table>

通过使用 EM DP01 扩展模块,可以将 S7－200 SMART CPU 作为 PROFIBUS－DP 从站连接到 PROFIBUS 通信网络。S7－200 SMART EM DP01 PROFIBUS DP 模块是一种智能扩展模块,表 1.20 列出了该扩展模块的主要技术规范。

表 1.20　EM DP01 PROFIBUS DP 扩展模块技术规范

<table>
<tr><th colspan="2">模块技术规范</th><th>EM DP01 PROFIBUS DP</th></tr>
<tr><td colspan="2">端口数量</td><td>1</td></tr>
<tr><td colspan="2">电气接口</td><td>RS485</td></tr>
<tr><td colspan="2">PROFIBUS DP/MPI
波特率(自动设置)</td><td>9.6 kbps、19.2 kbps、45.45 kbps、93.75 kbps、187.5 kbps 和 500 kbps,1.5 Mbps、3 Mbps、6 Mbps 和 12 Mbps</td></tr>
<tr><td colspan="2">协议</td><td>PROFIBUS DP 从站和 MPI 从站</td></tr>
<tr><td rowspan="5">电缆长度</td><td>93.7 kbps</td><td>1 200 m(最长)</td></tr>
<tr><td>187.5 kbps</td><td>1 000 m</td></tr>
<tr><td>500 kbps</td><td>400 m</td></tr>
<tr><td>1～1.5 Mbps</td><td>200 m</td></tr>
<tr><td>3～ 12 Mbps</td><td>100 m</td></tr>
<tr><td colspan="2">站地址设置</td><td>0～99(通过旋转开关设置)</td></tr>
<tr><td colspan="2">每个网段最多站数</td><td>32</td></tr>
<tr><td colspan="2">每个网络最多站数</td><td>126,最多 99 个 EM DP01 站</td></tr>
<tr><td colspan="2">MPI 连接</td><td>总计 6 个(为 OP 保留 1 个)</td></tr>
</table>

SB CM01 通信信号板支持 RS485 或是 RS232 两种模式,在组态和使用时只能选择其中一种模式,不能同时在两种模式下使用。相关技术规范参考表 1.21。

表 1.21　SB CM01 技术规范

SB 通信板技术规范	SB CM01	
	RS485 模式	RS232 模式
隔离： 信号与外壳接地 信号与 CPU 逻辑公共端	无	无
电缆长度，屏蔽	50 m，最高 187.5 kbps	10 m

1.4　S7－200 SMART 最大 I/O 配置

S7－200 SMART 标准型 CPU 可以扩展 EM 模块和 SB 信号板，能够扩展模块的个数受到两个因素的影响。

1. S7－200 SMART CPU 扩展模块数目

S7－200 SMART 标准型 CPU 可以扩展 6 个 EM 模块和 1 个 SB 信号板。S7－200 SMART 紧凑型 CPU 不支持扩展 EM 模块和 SB 信号板。

2. 背板 5 V DC 电源

每个扩展模块（包括 EM 和 SB）与 CPU 通信时都要消耗一定的 5 V 电源电流，这个 5 V 电源就是"背板 5 V 电源"。从表 1.22 中"消耗 5 V DC 背板电源电流"一列查看每个模块的 5 V 电源电流消耗值。背板 5 V 电源是由 CPU 向扩展模块提供的，不能通过外接 5 V 电源进行供电。

表 1.22　EM 和 SB 消耗的电源电流值

扩展模块类型			消耗 5 V DC 背板电源电流	消耗 24V DC 电源电流
数字量	EM DE08	8 点数字量输入	105 mA	所用的每点输入消耗 4 mA
	EM DE16	16 点数字量输入	105 mA	所用的每点输入消耗 4 mA
	EM DT08	8 点晶体管输出	120 mA	—
	EM DR08	8 点继电器输出	120 mA	所用的每个继电器线圈 11 mA
	EM QT16	16 点晶体管输出	120 mA	50 mA(无负载)
	EM QR16	16 点继电器输出	110 mA	150 mA(所有继电器开启)
	EM DT16	8 点数字量输入/8 点晶体管输出	145 mA	所用的每点输入消耗 4 mA
	EM DR16	8 点数字量输入/8 点继电器输出	145 mA	所用的每点输入消耗 4 mA 所用的每个继电器线圈 11 mA
	EM DT32	16 点数字量输入/16 点晶体管输出	185 mA	所用的每点输入消耗 4 mA
	EM DR32	16 点数字量输入/16 点继电器输出	180 mA	所用的每点输入消耗 4 mA 所用的每个继电器线圈 11 mA

续表 1.22

扩展模块类型			消耗 5 V DC 背板电源电流	消耗 24V DC 电源电流
模拟量	EM AE04	4 点模拟量输入	80 mA	40 mA(无负载)
	EM AE08	8 点模拟量输入	80 mA	70 mA(无负载)
	EM AQ02	2 点模拟量输出	60 mA	50 mA(无负载) 90 mA(每个通道存在 20 mA 负载)
	EM AQ04	4 点模拟量输出	60 mA	75 mA(无负载) 155 mA(每个通道存在 20 mA 负载)
	EM AM03	2 点模拟量输入/1 点模拟量输出	60 mA	30 mA(无负载) 50 mA(每个通道存在 20 mA 负载)
	EM AM06	4 点模拟量输入/2 点模拟量输出	80 mA	60 mA(无负载) 100 mA(每个通道存在 20 mA 负载)
温度	EM AT04	4×16 位 TC(热电偶)	80 mA	40 mA
	EM AR02	2×16 位 RTD(热电阻)		
	EM AR04	4×16 位 RTD(热电阻)		
通信	EM DP01	PROFIBUS DP	150 mA	30 mA 仅通信端口激活 60 mA 加 90 mA/5 V 负载时 180 mA 加 120 mA/24 V 负载时
信号板	SB DT04	2 点数字量输入/2 点数字量输出	50 mA	所用的每点输入消耗 4 mA
	SB AE01	1 点模拟量输入	50 mA	—
	SB AQ01	1 点模拟量输出	15 mA	40 mA(无负载)
	SB RS485/RS232	RS485/RS232 通信板	50 mA	—
	SB BA01	电池板	18 mA	—

S7－200 SMART 标准型 CPU 都提供了 1 400 mA 的 5 V 背板电源，参考表 1.23 中“可提供的 5 V DC 背板电源电流”一列的值，根据表 1.22 中每个模块消耗 5 V DC 背板电流值得到可扩展的模块数量。

表 1.23　S7－200 SMART 标准型 CPU 可提供的电源电流值

CPU 类型			可提供的 5 V DC 背板电源电流	可提供的传感器 24 V DC 电源电流
标准型	20 I/O	CPU SR20	1 400 mA	300 mA
		CPU ST20		
	30 I/O	CPU SR30		
		CPU ST30		
	40 I/O	CPU SR40		
		CPU ST40		
	60 I/O	CPU SR60		
		CPU ST60		

续表 1.23

CPU 类型			可提供的 5 V DC 背板电源电流	可提供的传感器 24 V DC 电源电流
紧凑型	20 I/O	CPU CR20s	—	—
	30 I/O	CPU CR30s		
	40 I/O	CPU CR40s		
	60 I/O	CPU CR60s		

S7 - 200 SMART 标准型 CPU 除了提供背板 5 V DC 背板电源，还提供一个 24 V DC 电源。该 24 V DC 电源是“传感器 24 V 电源”，硬件接线端子在 CPU 的右下角。传感器 24 V 电源如图 1.20 所示。传感器电源是从 CPU 向外供电，电流大小为 300 mA，用户可以使用该电源作为扩展模块的 24 V 工作电源。

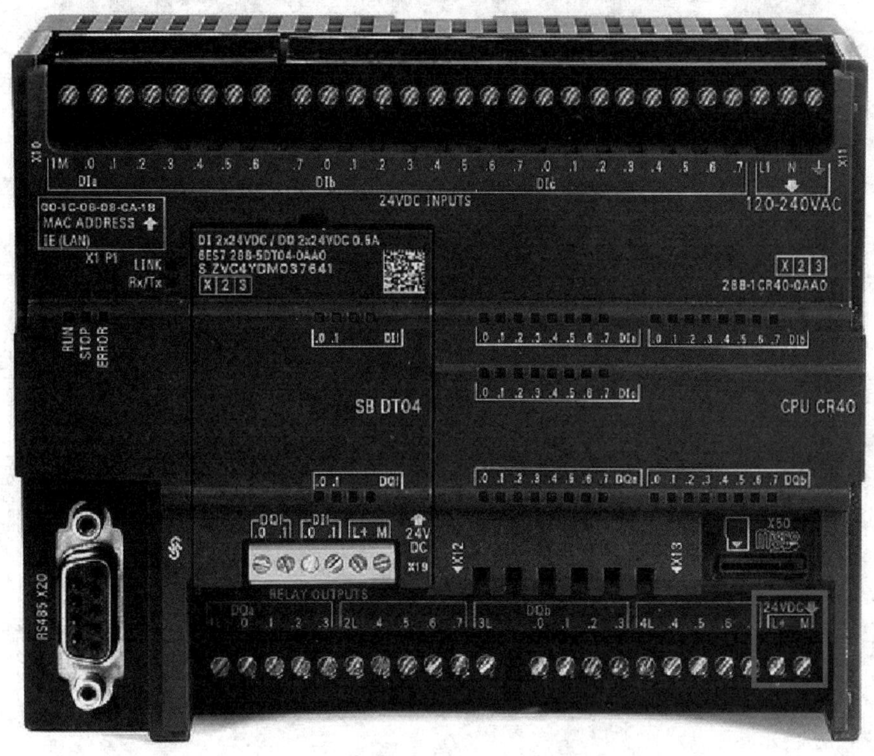

图 1.20　S7 - 200 SMART CPU 传感器 24 V 电源

1.5　S7 - 200 SMART 集成工艺功能概述

S7 - 200 SMART 是小型 PLC 产品，其 CPU 本体就集成了一些常用的工艺功能，包括 PID 控制功能、开环运动控制功能、高速计数器(HSC)功能。

1.5.1　PID 控制

PID 是目前自动控制中很常用的一种控制功能，可以实现被控对象自动控制。

S7－200 SMART CPU 的 PID 控制功能可以实现模拟量输出或 PWM 输出，最多可支持 8 路 PID 控制。在 STEP 7－Micro/WIN SMART 软件“工具”菜单里提供了“PID 向导”，用户可以借助该向导快速组态 PID 回路参数以完成 PID 功能的编程。

用户可以通过 PID 控制面板对实际对象进行 PID 控制调节，还可借助 PID 自整定功能，对具备自整定条件的被控对象进行评估整定，从而得到较优的 PID 控制参数。PID 控制原理如图 1.21 所示。

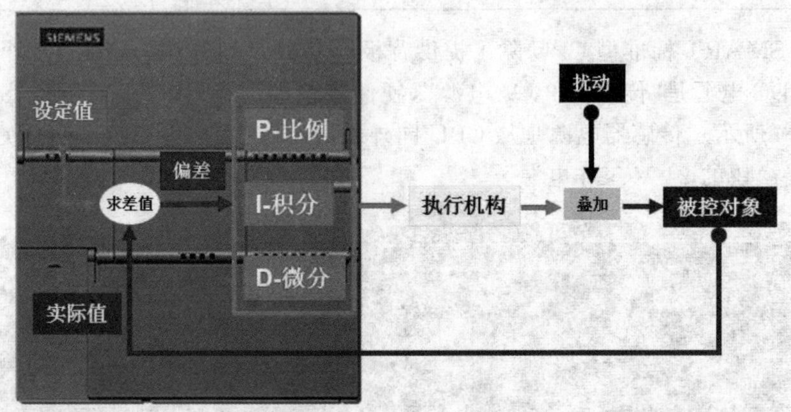

图 1.21　PID 控制原理图

1.5.2　开环运动控制

S7－200 SMART CPU 本体集成了高速脉冲输出功能，脉冲分成 PWM 和 PTO 两种方式：

- 脉宽调制(PWM)：脉冲占空比可调的脉冲输出，脉冲的周期是固定的。
- 脉冲串输出(PTO)：输出脉冲占空比固定为 1∶1 的脉冲输出，脉冲的周期是可调的。

PWM 通过修改脉冲占空比控制阀门、加热器这类设备，PTO 常用于脉冲控制步进或伺服电机。

⚠ **注意：** 标准型 CPU 支持 PWM 和 PTO 两种方式。继电器类型的 CPU 不建议组态高速脉冲输出的功能，因为继电器的机械寿命是有限的，高频率的输出动作容易损坏 DO 点。紧凑型 CPU 不支持开环运动控制。

实现 PWM 控制有两种方式：① 通过 PLS 指令编程；② 通过 PWM 向导生成子程序并调用。PWM 脉冲输出如图 1－22 所示。

运动控制在自动化中应用越来越广泛，S7－200 SMART CPU 本体提供了开环的运动控制功能，运动轴发出的脉冲是 PTO 类型的。实现 PTO 控制有两种方式：① 通过 PLS 指令编程；② 通过 PTO 向导生成子程序并调用。运动控制向导提供了 AB 正交脉冲、正反向脉冲、脉冲＋方向以及单脉冲的信号输出方式。可以组态曲线控制、相对位置控制、绝对位置控制、速度控制、自动回参考点等多种操作模式。对于运动轴，STEP 7－Micro/WIN SMART 还提供了控制面板用于监控和测试运动轴。运动控制功能如图 1－23 所示。

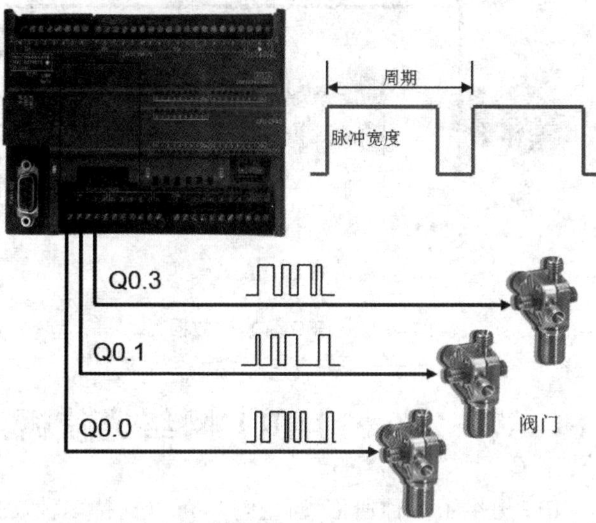

图 1.22　PWM 脉冲输出

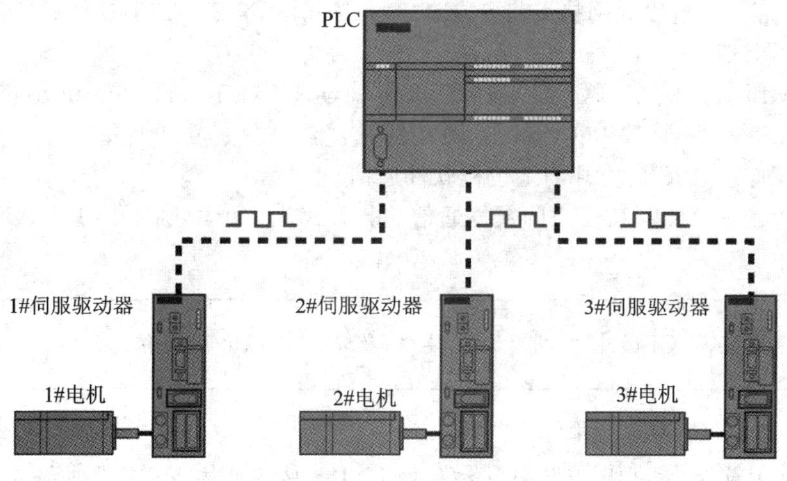

图 1.23　运动控制功能

1.5.3　高速计数

为了采集高速数字量计数值，S7-200 SMART CPU 集成了高速计数功能。普通计数指令的计数频率会受到 CPU 扫描周期的影响，高速计数器则不会。

S7-200 SMART CPU 可以采集 AB 正交脉冲、正反向脉冲、单脉冲或是脉冲+方向的高速脉冲信号，高速计数器比较常见的应用是记录 24 V 增量编码器的计数值。

用户可以通过 HSC 指令编程或通过高速计数器向导生成子程序编程以实现高速计数功能。HSC 高速计数器如图 1.24 所示。

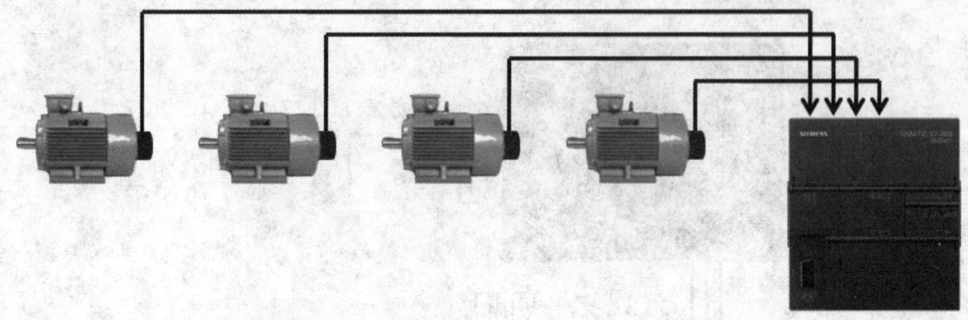

图 1.24　HSC 高速计数器

1.6　S7-200 SMART 网络通信概述

S7-200 SMART CPU 提供了多种通信硬件接口,可以支持多种通信方式。

1. CPU 本体 RJ45 以太网接口

CPU 本体 RJ45 以太网接口如图 1.25 所示。该以太网接口通信方式如下所述。

① 编程通信:通过以太网接口与 STEP 7-Micro/WIN SMART 软件通信,进行上载、下载、在线监控、调试程序。

② 与 HMI 设备通信:例如可以通过以太网口与 SMART Line1000 IE 触摸屏通信。

③ 与上位机软件例如 WinCC 进行 OPC 通信:需要在上位机上安装 OPC 软件 PC Access SMART,通过 OPC 的方式与上位机软件通信。

④ S7-200 SMART CPU 之间数据通信:多个 S7-200 SMART CPU 之间可以进行数据通信。

⚠ **注意:** 紧凑型 CPU 未集成以太网接口,故不支持以太网通信。

---

2. CPU 本体 RS485 接口

CPU 本体 RS485 接口如图 1.26 所示。该 RS485 接口通信方式如下所述。

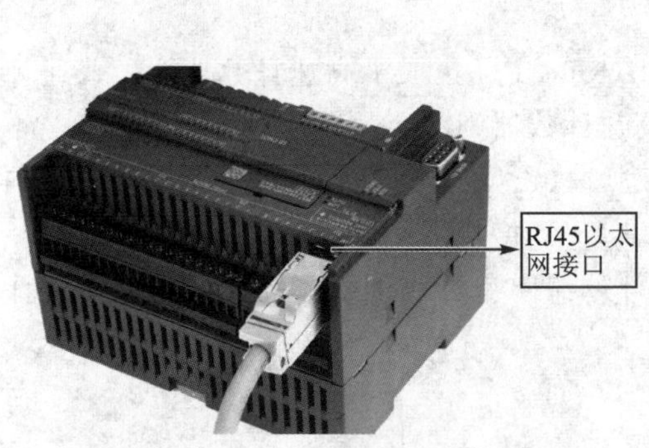

图 1.25　CPU 本体 RJ45 以太网接口

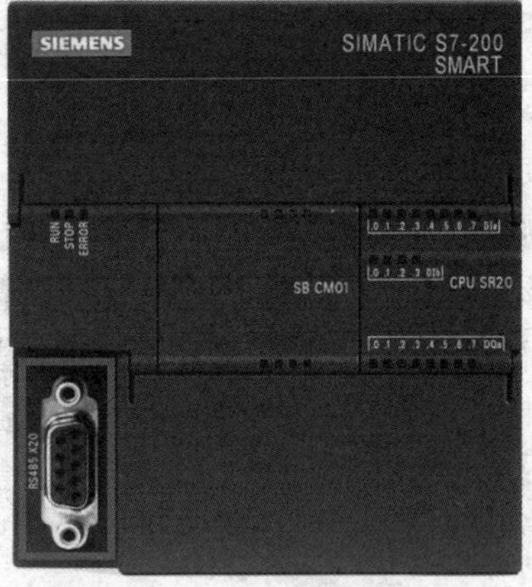

图 1.26　CPU 本体 RS485 接口

① 编程通信。

② 自由口通信。

③ Modbus RTU 通信。

④ USS 通信：可以与支持 USS 协议的变频器通信。

⑤ 与 HMI 设备通信：可以与 TD400C 文本显示器及触摸屏通信。

3. 通信信号板 CM01 RS232/RS485 接口

通信信号板 SB CM01 如图 1.27 所示。该信号板接口通信方式如下所述。

① 自由口通信。

② Modbus RTU 通信。

③ USS 通信：可以与支持 USS 协议的变频器通信。

④ 与 HMI 设备通信：可以与 TD400C 文本显示器及触摸屏通信。

4. 通信扩展模块 EM DP01

通信扩展模块 EM DP01 如图 1.28 所示。该通信模块支持的通信方式如下所述。

① 编程通信。

② 作为 MPI 从站通信。

③ 作为 PROFIBUS－DP 从站通信：作为 DP 从站设备将 S7－200 SMART CPU 连接到 PROFIBUS 网络。

图 1.27　SB CM01 通信信号板

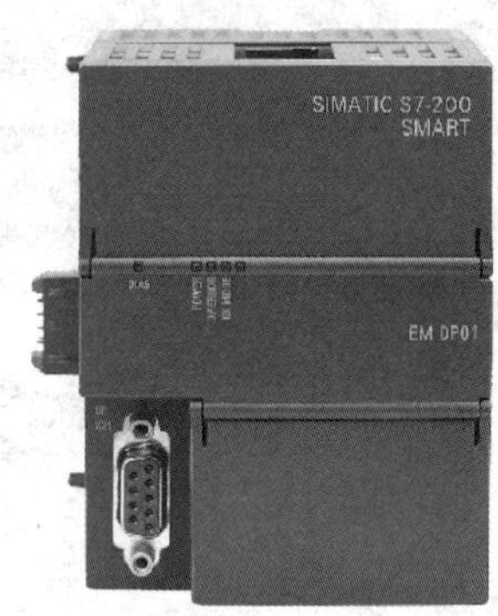

图 1.28　EM DP01 PROFIBUS－DP 模块

⚠ **注意：**紧凑型 CPU 不支持扩展 EM 模块和 SB 信号板。

1.6.1　以太网通信

S7－200 SMART 标准型 CPU 的以太网接口是标准的 RJ45 口，可以自动检测全双工或半双工通信，10 Mbps 和 100 Mbps 通信速率。通过基于 TCP/IP 的 S7 协议可以实现 S7－200 SMART CPU 与编程器、HMI、上位机以及 S7－200 SMART CPU 之间的以太网通信，通过 TCP、UDP 或 ISO-on-TCP 的开放式用户通信,可以实现与 S7-200 SMART 标准型 CPU 或者第三方兼容开放式用户通信设备的通信(如图 1.29 所示)。该以太网接口的连接资源如下:

- 1 个编程连接:同一时刻只能有 1 台安装了 STEP 7-Micro/WIN SMART 的计算机连接 S7-200 SMART PLC。
- 最多 8 个 HMI 连接:S7-200 SMART CPU 通过以太网口可以同时连接 8 个 HMI 设备。
- 最多 8 个 GET/PUT 主动连接:1 个 S7-200 SMART CPU 可以同时建立 8 个主动的通信连接与另外 8 个 S7-200 SMART CPU 进行通信。
- 最多 8 个 GET/PUT 被动连接:1 个 S7-200 SMART CPU 可以同时与其他 8 个主动建立连接的 S7-200 SMART CPU 进行通信。
- 最多 8 个开放式用户通信(OUC)主动连接:1 个 S7-200 SMART 标准型 CPU 可以同时建立 8 个主动的开放式用户通信(基于 TCP、UDP 或 ISO-on-TCP)连接与另外 8 个 S7-200 SMART 标准型 CPU 或者第三方兼容开放式用户通信的设备进行通信。
- 最多 8 个开放式用户通信(OUC)被动连接:1 个 S7-200 SMART 标准型 CPU 可以同时与其他 8 个主动建立开放式用户通信(基于 TCP、UDP 或 ISO-on-TCP)连接的 S7-200 SMART 标准型 CPU 或者第三方兼容开放式用户通信的设备进行通信。

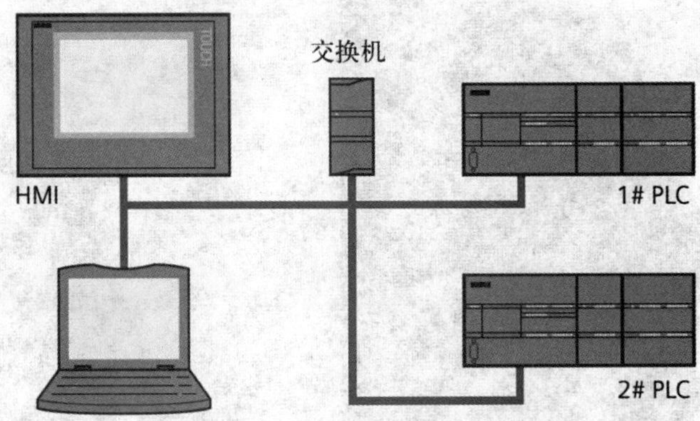

图 1.29 以太网通信

1.6.2 自由口通信

自由口通信就是俗称的串口通信,如图 1.30 所示。在最简单的情况下,可以只用发送指令(XMT)向打印机或者显示器发送消息,还可以与条码阅读器、称重计和焊机等设备连接。在这些应用中,都必须按照应用协议编写程序实现自由口通信。

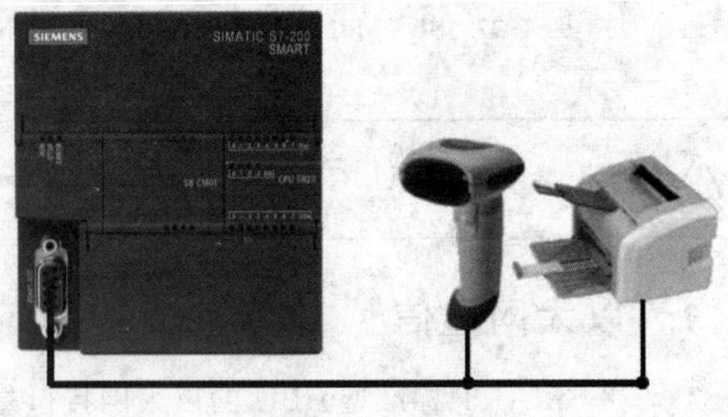

图 1.30 自由口通信

自由口模式的数据字节格式为 1 个起始位、1 个停止位，7 个或者 8 个数据位和 1 个校验位。其中，1 个起始位和 1 个停止位不能被修改，校验位可以是奇校验、偶校验或无校验。

用户可以选择 CPU 上集成的 RS485 接口进行通信，也可以选择 SB 扩展信号板进行自由口通信。

1.6.3　Modbus RTU 通信

根据 Modbus RTU 的协议标准，S7 - 200 SMART CPU 提供了 Modbus RTU 通信指令，可以作为 Modbus RTU 主站或从站与其他支持 Modbus RTU 协议的设备进行数据通信。常见的应用是 S7 - 200 SMART CPU 与支持 Modbus RTU 的仪表通信，读取其数据。Modbus RTU 通信如图 1.31 所示。

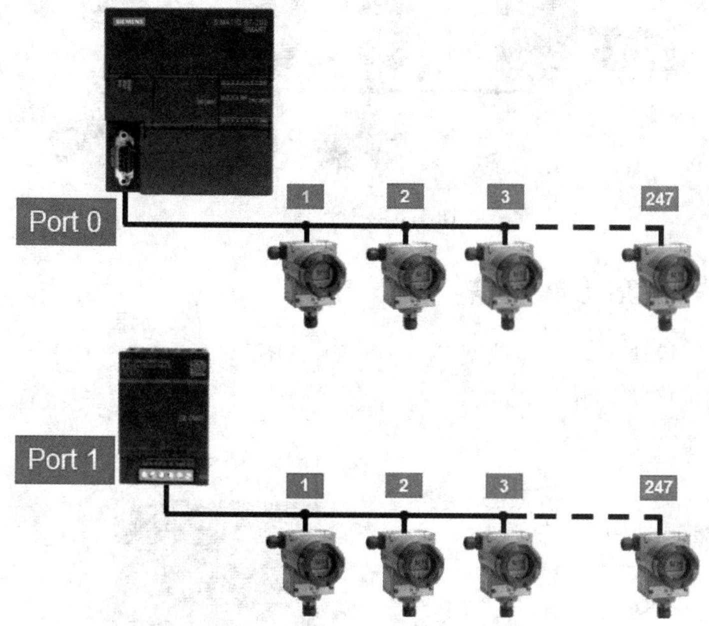

图 1.31　Modbus RTU 通信

CPU 本体 RS485 接口和扩展通信信号板 CM01 都支持 Modbus RTU 通信，都可以作 Modbus RTU 主站，也可以作从站。这两个通信端口可以同时作为 Modbus RTU 主站通信，也可以选择其中任何一个通信端口作为主站、另外一个作为从站进行通信。根据 Modbus RTU 协议规定，Modbus RTU 是单主站网络，每个网络上从站的个数不能超过 247。

1.6.4　USS 通信

USS(Universal Serial Interface，通用串行通信接口)通信是西门子专门为驱动装置开发的通信协议。S7 - 200 SMART CPU 可以通过 RS485 接口与西门子变频器进行 USS 通信，一个网络上最多可以控制 31 个变频器，如图 1.32 所示。通过 USS 通信可以控制电机的启停、速度调节，还可以读取或写入驱动器参数。

通信速率最高可以达到 115.2 kbps，USS 不能用在对通信速率和数据传输量有较高要求的应用场合，USS 的工作机制是由主站不断轮询各个从站，从站不会主动发送数据。

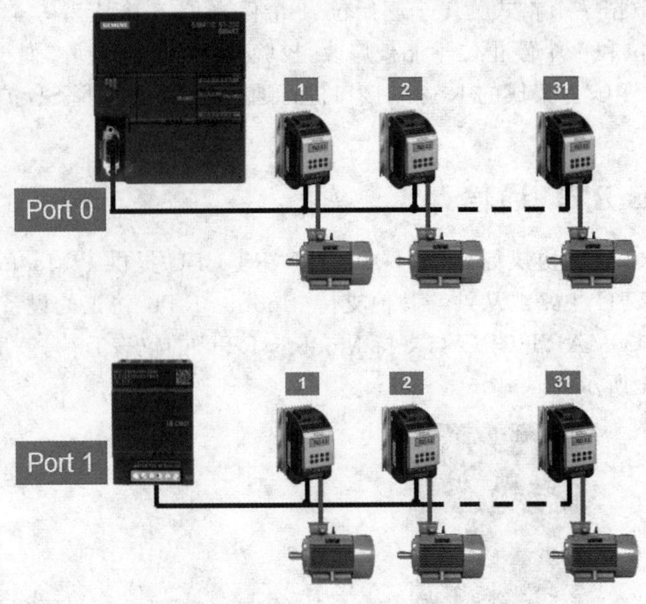

图 1.32　USS 通信

1.6.5　PROFIBUS DP 通信

EM DP01 扩展模块可以将标准型 S7-200 SMART CPU 作为 PROFIBUS DP 从站连接到 PROFIBUS 通信网络，如图 1.33 所示。

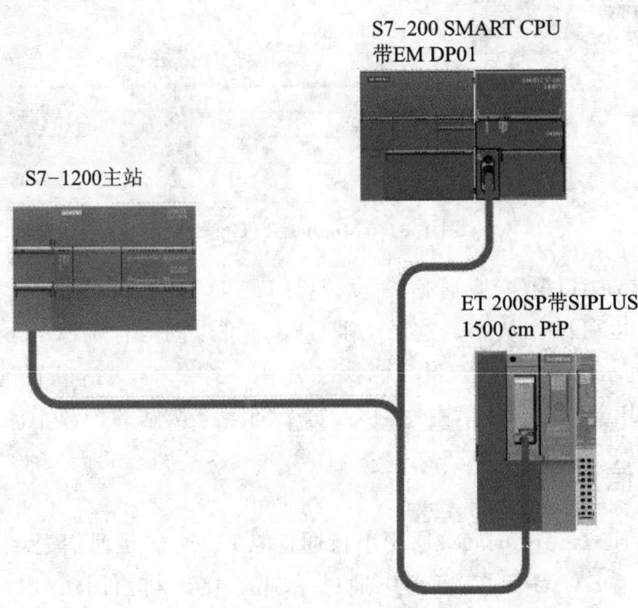

图 1.33　PROFIBUS DP 通信

DP01 模块同时支持 PROFIBUS-DP 和 MPI 两种协议。EM DP01 PROFIBUS DP 模块的 DP 端口可以连接到网络中的 DP 主站，并且依然能够作为 MPI 设备与其他主站设备(例

如，同一网络中的 SIMATIC HMI 设备或 S7－300/S7－400 CPU）通信。因 DP01 只能作为从站，所以两个 EM DP01 PROFIBUS DP 模块之间不能通信。当 EM DP01 PROFIBUS DP 模块作为 MPI 从站时，连接资源共 6 个，其中 1 个预留给 OP，其余 5 个为自由资源，可以与 MPI 主站以及 HMI 设备通信。

1.6.6　与 HMI 通信

S7－200 SMART CPU 可以通过以太网或 RS485 接口与 HMI 设备进行通信，如图 1.34 所示。其中 CPU 本体集成的 RS485 接口和扩展信号版 CM01 都可以与 TD400C 进行通信，CPU 上的以太网接口也可以与带有以太网接口的屏进行通信。每个通信口可以连接的屏的个数请参考第 6 章的内容。

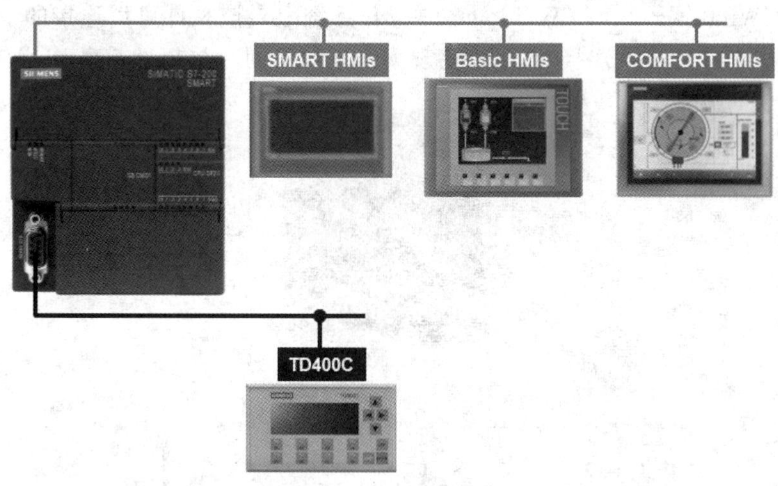

图 1.34　HMI 通信

图 1.35 列出了可以与 S7－200 SMART CPU 进行通信的 HMI 设备。

图 1.35　可连接的 HMI 设备

1.6.7 OPC 通信

S7－200 SMART CPU 可以通过 OPC 的方式与上位机软件(比如 WinCC)进行通信。西门子提供了 PC Access SMART 和 SIMATIC NET 两种 OPC 软件。

PC Access SMART 软件自 V2.3 版起,既可以通过以太网的方式建立连接,也可以通过 RS485 接口建立 OPC 通信。该软件可以安装在 Windows 7 和 Windows 10 操作系统上。每个 CPU 同时可以最多被 8 个 PC Access SMART 上位机连接,每个上位机可以同时与 8 个 PLC 进行通信。图 1.36 中显示的是一台上位机通过 PC Access SMART 软件同时连接了 8 个 S7－200 SMART CPU。

SIMATIC NET 软件的安装环境与软件版本有关(例如,SIMATIC NET V14 可以安装在 Windows 7、Windows 8.1 和 Windows 10 操作系统上),该软件可以连接的 PLC 的个数取决于所使用授权允许的最大连接数,可以实现一个上位机同时与超过 8 个 PLC 进行通信。

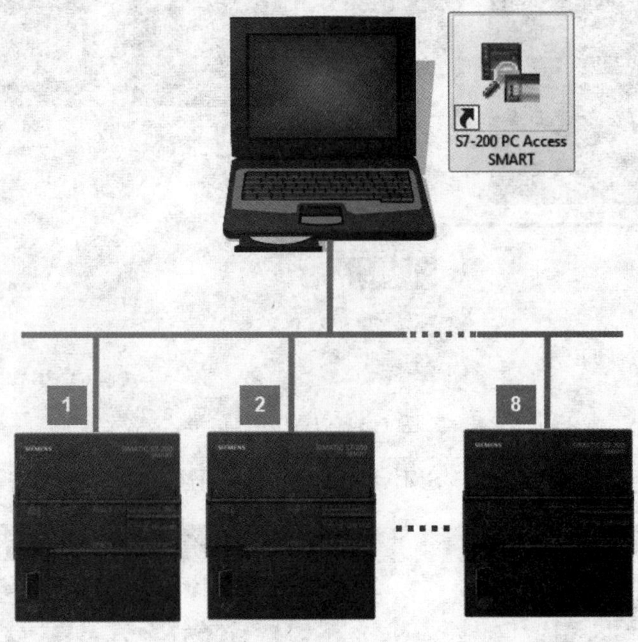

图 1.36 OPC 通信

第 2 章　S7－200 SMART CPU 硬件安装、接线、诊断和使用

2.1　安　装

S7－200 SMART CPU、EM 扩展模块、SB 信号板等硬件设备都必须在断电的情况下进行安装和拆卸。

2.1.1　CPU 安装

1. CPU 和机架安装尺寸要求

S7－200 SMART CPU 和扩展模块体积小，易于安装，S7－200 SMART 可采用水平或垂直方式安装在面板或标准 35 mm DIN 导轨上。S7－200 SMART 是通过空气自然对流进行冷却的，所以在安装时必须在设备上方和下方留出至少 25 mm 的间隙。此外，模块前端与机柜内壁间至少应留出 25 mm 的深度。CPU 安装尺寸如图 2.1 所示。

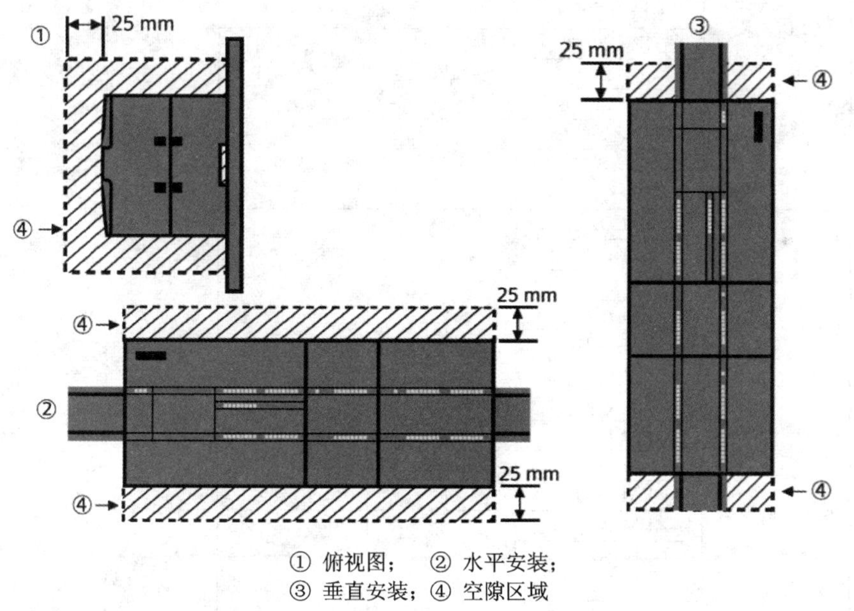

① 俯视图；　② 水平安装；
③ 垂直安装；④ 空隙区域

图 2.1　CPU 安装尺寸

根据实际模块的宽度确定导轨长度。根据图 2.2 和表 2.1 列出的尺寸值来计算导轨的长度。

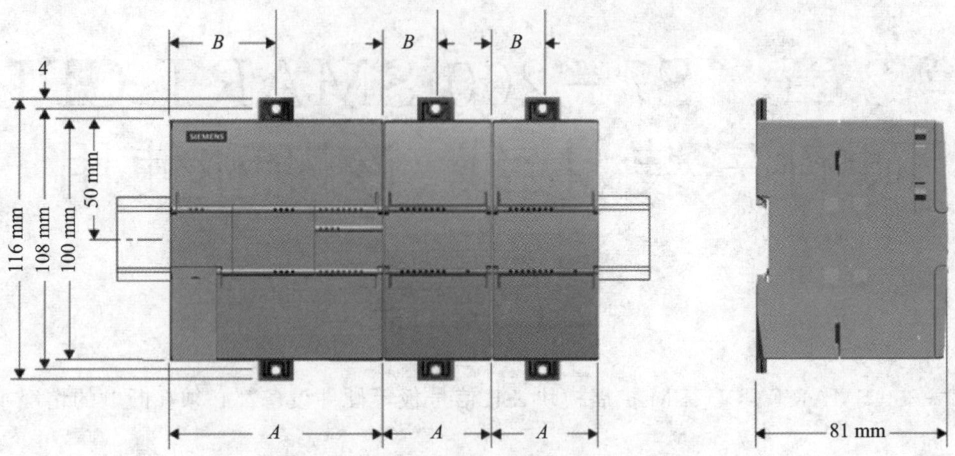

图 2.2　CPU 和模块尺寸

表 2.1　CPU 和模块尺寸表

<table>
<tr><th colspan="2">S7－200 SMART 模块</th><th>宽度 A/mm</th><th>宽度 B/mm</th><th>高/mm</th><th>深/mm</th></tr>
<tr><td rowspan="12">CPU 模块</td><td>CPU SR20</td><td rowspan="3">90</td><td rowspan="3">45</td><td rowspan="32">100</td><td rowspan="32">81</td></tr>
<tr><td>CPU ST20</td></tr>
<tr><td>CPU CR20s</td></tr>
<tr><td>CPU SR30</td><td rowspan="3">110</td><td rowspan="3">55</td></tr>
<tr><td>CPU ST30</td></tr>
<tr><td>CPU CR30s</td></tr>
<tr><td>CPU SR40</td><td rowspan="3">125</td><td rowspan="3">62.5</td></tr>
<tr><td>CPU ST40</td></tr>
<tr><td>CPU CR40s</td></tr>
<tr><td>CPU SR60</td><td rowspan="3">175</td><td rowspan="3">37.5</td></tr>
<tr><td>CPU ST60</td></tr>
<tr><td>CPU CR60s</td></tr>
<tr><td rowspan="20">EM 扩展模块</td><td>EM DE08</td><td rowspan="8">45</td><td rowspan="8">22.5</td></tr>
<tr><td>EM DE16</td></tr>
<tr><td>EM DT08</td></tr>
<tr><td>EM DR08</td></tr>
<tr><td>EM QR16</td></tr>
<tr><td>EM QT16</td></tr>
<tr><td>EM DT16</td></tr>
<tr><td>EM DR16</td></tr>
<tr><td>EM DT32</td><td rowspan="2">70</td><td rowspan="2">35</td></tr>
<tr><td>EM DR32</td></tr>
<tr><td>EM AE04</td><td rowspan="9">45</td><td rowspan="9">22.5</td></tr>
<tr><td>EM AE08</td></tr>
<tr><td>EM AQ02</td></tr>
<tr><td>EM AQ04</td></tr>
<tr><td>EM AM03</td></tr>
<tr><td>EM AM06</td></tr>
<tr><td>EM AT04</td></tr>
<tr><td>EM AR02</td></tr>
<tr><td>EM AR04</td></tr>
<tr><td>EM DP01</td><td>45</td><td>22.5</td></tr>
</table>

2. 端子排的安装和拆卸

S7 - 200 SMART CPU、EM 扩展模块、SB 信号板的 I/O 端子排是可以拆卸的，用户可以不用更改信号线而通过拆卸 I/O 端子排来直接更换 CPU 和模块。端子排上有一个螺丝刀的插口。端子排的拆卸和安装如图 2.3 所示。拆卸时把螺丝刀插入插口并用力向外撬就可以拆下端子排。

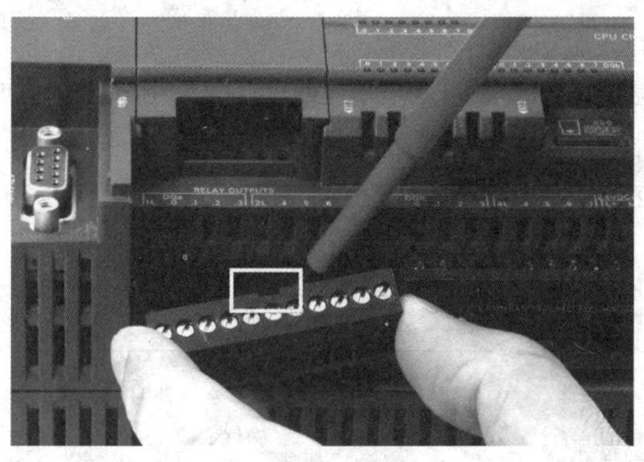

图 2.3　端子排的拆卸和安装

2.1.2　EM 扩展模块和 SB 信号板的安装

1. EM 扩展模块的安装和拆卸

S7 - 200 SMART CPU 扩展模块是通过插针与 CPU 连接的。EM 扩展模块连接方式如图 2.4 所示。

在安装 EM 扩展模块时，注意扩展模块上下两个固定插销和扩展插针这三个凸起点（如图 2.5 所示）都要与 CPU 连接妥当。用力向外拔即可分离 CPU 和 EM 模块。

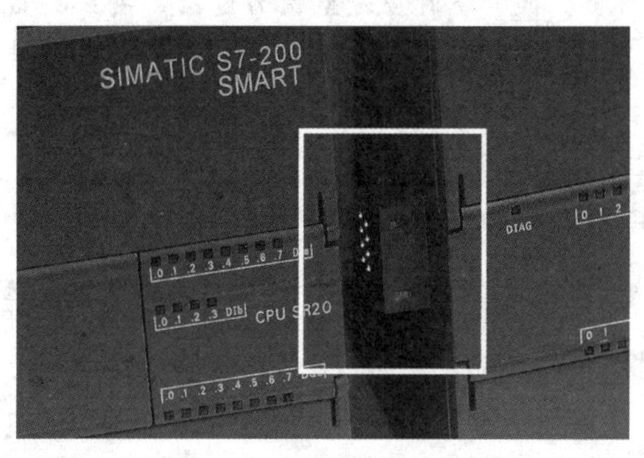

图 2.4　EM 扩展模块连接方式

图 2.5　EM 扩展模块三个凸起点

用户根据实际应用的需要选择是否扩展 EM 扩展模块以及扩展的个数。多个 EM 扩展模块之间没有先后顺序的要求，结合实际硬件安装情况进行布线安装。

⚠ **注意：** 只有标准型 CPU 可以扩展 EM 扩展模块。

---

2. 扩展电缆的安装和拆卸

S7－200 SMART 扩展电缆可用来更灵活地对 S7－200 SMART 系统的布局进行组态。每个 CPU 系统只允许使用一条扩展电缆。扩展电缆长度为 1 m，可以将其安装在 CPU 和第一个 EM 之间，或者安装在任意两个 EM 之间。具体安装及拆卸步骤如表 2.2 所列。

表 2.2　扩展电缆的安装和拆卸

示意图	操作步骤
	安装公连接器： 1. 确保 CPU 和所有 S7－200 SMART 设备与电源断开连接。 2. 将公连接器按压到扩展模块或 CPU 右侧的总线连接器中。 3. 公连接器完全插入槽中时卡即就位
	安装母连接器： 1. 确保 CPU 和所有 S7－200 SMART 设备与电源断开连接。 2. 将母连接器按压到扩展模块左侧的总线连接器中。 3. 母连接器完全插入槽中时卡即就位

⚠ **注意：** 在振动环境中安装扩展电缆时，如果将扩展电缆连接在移动或固定得不牢靠的模块上，电缆头连接处可能会慢慢松动。为了提供额外的应力消除作用，应使用电缆扎带将电缆头固定在 DIN 导轨(或其他位置)上。安装期间拉拽电缆时应避免用力过猛。安装完成后，应确保电缆与模块连接到位。

---

3. 信号板的安装和拆卸

SB 信号板安装在标准型 CPU 正面插槽里，新的 S7－200 SMART CPU 正面插槽里有一个占位模块。

安装和拆卸 SB 信号板时，需要先把 S7－200 SMART CPU 的上下两个 I/O 端子排的盖板拿掉，再进行安装。S7－200 SMART CPU I/O 端子排盖板如图 2.6 所示。

在占位模块和 SB 信号板的上沿儿均有一个螺丝刀的插口，拆卸时把螺丝刀插入插口并向外用力撬出信号板，如图 2.7 所示。安装 SB 信号板时，对准 CPU 插槽用力安装即可。

图 2.6　S7－200 SMART CPU I/O 端子排盖板

图 2.7　信号板的安装和拆卸

⚠ **注意：** 只有标准型 CPU 才可以扩展 SB 信号板。

2.1.3　Micro SD 卡插拔

S7－200 SMART 标准型 CPU 本体集成了 Micro SD 卡的接口，如图 2.8 所示，用来插入 Micro SD 存储卡。如图 2.9 所示，按照 Micro SD 卡的楔口方向，直接用手插拔 Micro SD 卡。

⚠ **注意：** 通常情况下在 CPU 运行时，是不需要插入 Micro SD 卡的。当 CPU 带电插入 Micro SD 卡时，CPU 会立即进入停机模式。Micro SD 卡可实现程序传递、固件升级、恢复出厂设置功能（见第 9 章中对 Micro SD 卡功能及使用方法的详细介绍）。

S7－200 SMART 紧凑型 CPU（CR20s、CR30s、CR40s、CR60s）不支持存储卡的相关功能。

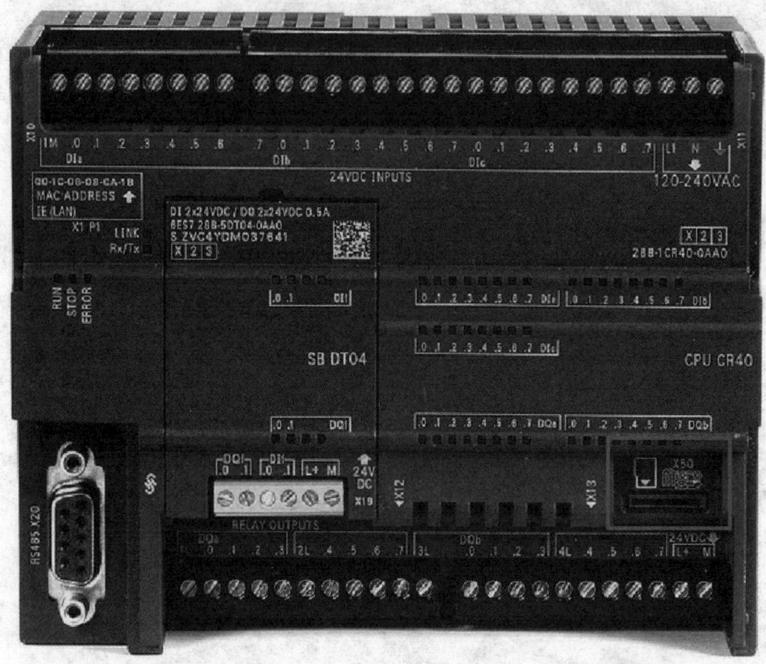

图 2.8　Micro SD 卡接口

图 2.9　Micro SD 卡插拔

2.2　接　线

S7 - 200 SMART CPU 需要外界供电才能够工作，S7 - 200 SMART CPU 中，有的型号需要 24 V 直流供电(DC/DC/DC)，有的型号需要 220 V 交流供电(AC/DC/RLY)。用户务必确认清楚后再进行接线。

2.2.1　供电接线

1. S7 - 200 SMART CPU 供电接线

S7 - 200 SMART CPU 有两种供电类型：24 V 直流和 120/240 V 交流。DC/DC/DC 类

型的 CPU 供电是 24 V 直流；AC/DC/RLY 类型的 CPU 供电是 220 V 交流。图 2.10 CPU 供电接线说明了 S7－200 SMART CPU 供电的端子名称和接线方法，直流供电和交流供电接线端子的标识是不同的，接线时务必确认 CPU 的类型及其供电方式。

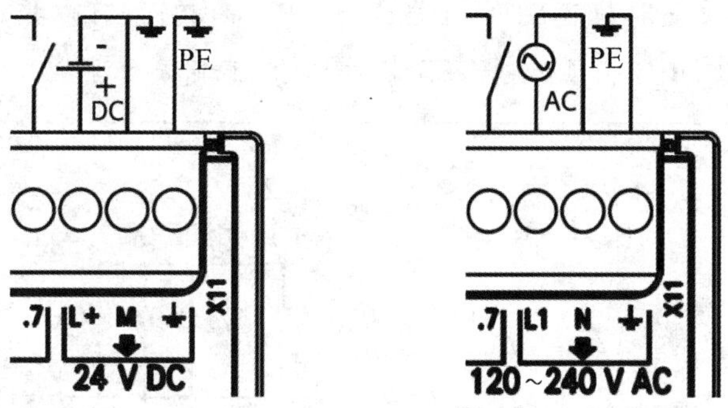

图 2.10　S7－200 SMART CPU 供电接线

凡是标记为 L1/N 的接线端子，都是交流电源端；凡是标记为 L＋/M 的接线端子，都是直流电源端。

⚠ **注意：** PE 是保护地(屏蔽地)，可以连接到三相五线制的地线，或者接机柜金属壳，或者接真正的大地。PE 绝对不可以连接交流电源的零线(N，即中性线)。正常情况下，为抑制干扰也可以把 CPU 直流传感器电源的 M 端与 PE 连接，但若接地情况不理想则不能这样接线。

2. S7－200 SMART 标准型 CPU 传感器电源接线

S7－200 SMART 标准型 CPU 在模块右下角的位置都有一个 24 V 直流传感器电源，可以用来给 CPU 本体的 I/O 点、EM 扩展模块、SB 信号板上的 I/O 点供电，最大的供电能力为 300 mA。该传感器电源的端子名称和接线方式如图 2.11 所示。

3. EM 扩展模块和 SB 信号板电源接线

不是所有的 EM 扩展模块和 SB 信号板都需要为其供电，比如 EM DT08 模块就不需要 24 V 供电电源。需要供电的 EM 扩展模块和 SB 信号板其外接供电电源都是 24 V 直流电源，接线方式与 CPU 的 24 V 直流电源的接线方式一致。

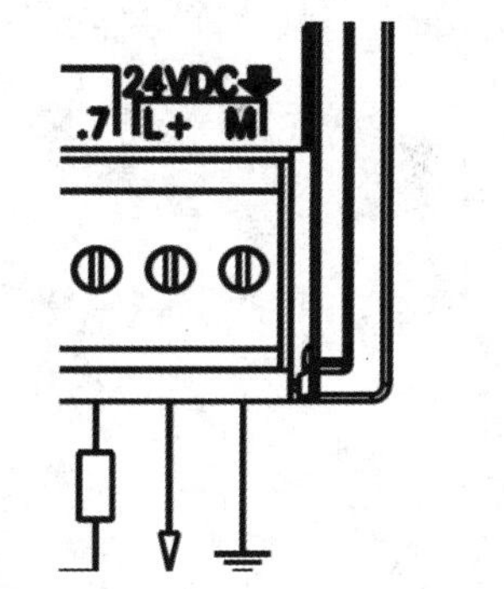

图 2.11　S7－200 SMART CPU 传感器电源接线

2.2.2　I/O 信号接线

1. 数字量输入接线

S7－200 SMART CPU 本体的数字量输入都是 24 V 直流回路，可以支持漏型输入(回路电流从外接设备流向 CPU DI 端)和源型输入(回路电流从 CPU DI 端流向外接设备)两种输入信号。数字量输入接线方式如图 2.12 所示，对于漏型输入 CPU DI 接线端子 1M 接 24 V

直流电源的负极,对于源型输入 1M 端接 24 V 直流电源的正级。漏型和源型输入分别对应 PNP 和 NPN 输出类型的传感器信号。

⚠ **注意**：EM 数字量扩展模块的 DI 接线与 CPU 的相同(可以接源型、漏型两种信号),而 SB 信号板 DT04 的 DI 只能接 24 V 漏型输入信号,不能接源型输入信号。

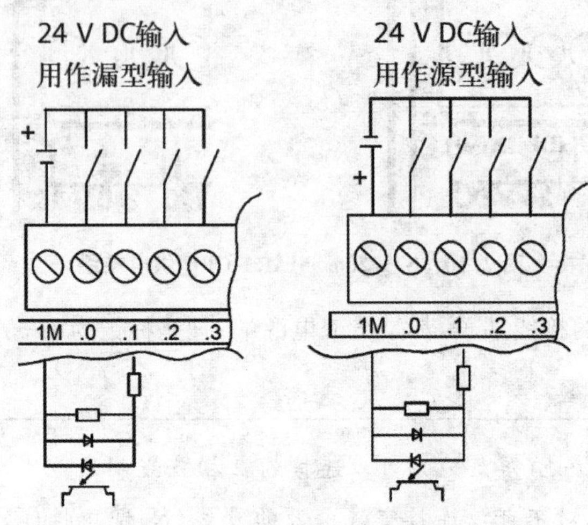

图 2.12 数字量输入接线

2. 数字量输出接线

S7－200 SMART CPU 的数字量输出有两种类型：24 V 直流晶体管和继电器,其接线方式如图 2.13 所示。晶体管输出的 CPU 只支持源型输出。继电器输出可以接直流信号也可以接 120 V/240 V 的交流信号。

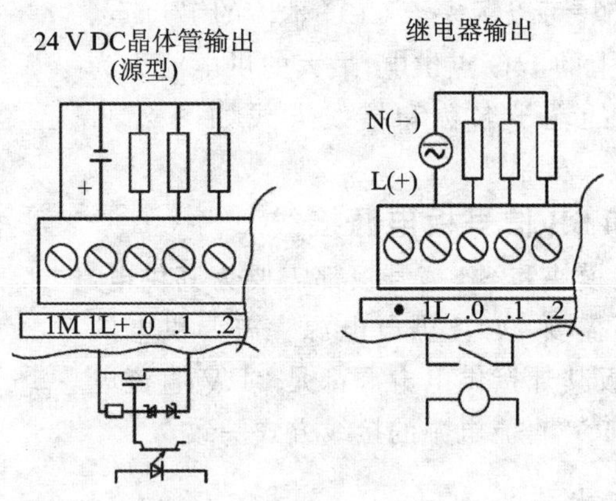

图 2.13 数字量输出接线

⚠ **注意**：EM 数字量扩展模块与 CPU 的 DO 接线方式相同(分成晶体管和继电器两种类型),而 SB 信号板 DT04 的 DO 是晶体管类型的,在接线时请确认 DO 的类型。

---

3. 模拟量输入接线

模拟量类型的模块有三种：普通模拟量模块、RTD 模块和 TC 模块。

普通模拟量模块可以采集标准电流和电压信号。其中，电流包括 0～20 mA、4～20 mA 两种信号，电压包括±2.5 V、±5 V、±10 V 三种信号。

⚠ **注意**：S7 - 200 SMART CPU 普通模拟量通道值范围是 0～27 648 或－27 648～27 648。

普通模拟量模块接线端子分布如图 2.14 所示，每个模拟量通道都有两个接线端。

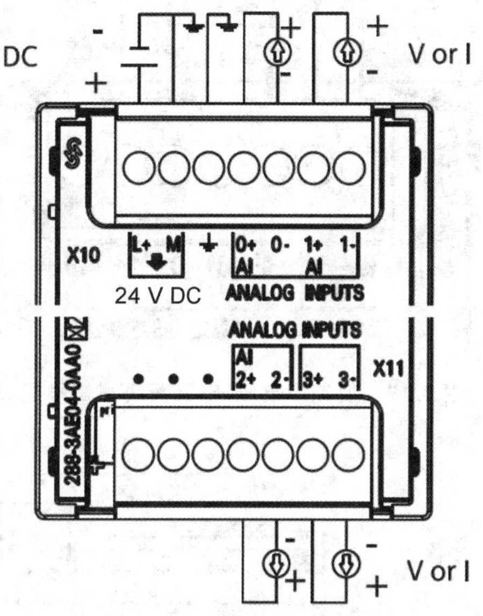

图 2.14 模拟量模块接线

模拟量电流、电压信号根据模拟量仪表或设备的线缆个数分成四线制、三线制、两线制三种类型，不同类型的信号其接线方式不同。

四线制信号指的是模拟量仪表或设备上信号线和电源线加起来有 4 根线，仪表或设备有单独的供电电源，除了两个电源线还有两个信号线。模拟量电压/电流四线制信号的接线方式如图 2.15 所示。

三线制信号指的是仪表或设备上信号线和电源线加起来有 3 根线，负信号线与供电电源 M 线为公共线。模拟量电压/电流三线制信号的接线方式如图 2.16 所示。

两线制信号指的是仪表或设备上信号线和电源线加起来只有两个接线端子。由于 S7 - 200 SMART CPU 模拟量模块通道没有供电功能，仪表或设备需要外接 24 V 直流电源。模拟量电压/电流两线制信号的接线方式如图 2.17 所示。

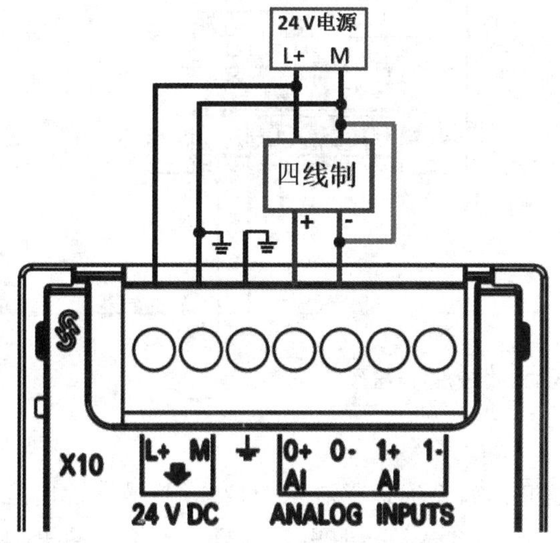

图 2.15 模拟量电压/电流四线制信号接线

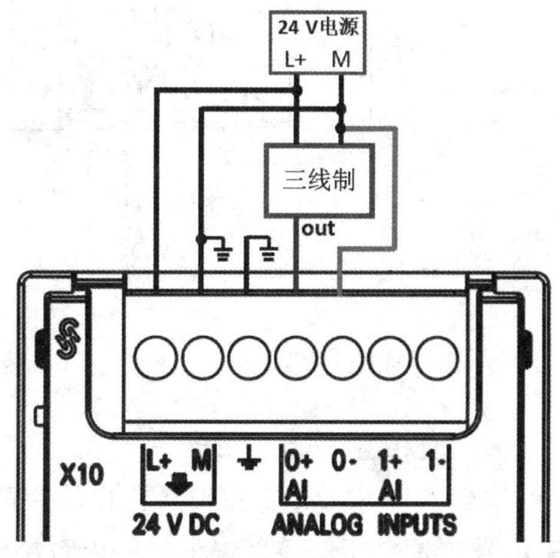

图 2.16 模拟量电压/电流三线制信号接线

对于不使用的模拟量通道,要将通道的两个信号端短接,接线方式如图 2.18 所示。

当信号板 AE01 采集电流信号时,需要短接 R 和 0＋,接线方式如图 2.19 所示。

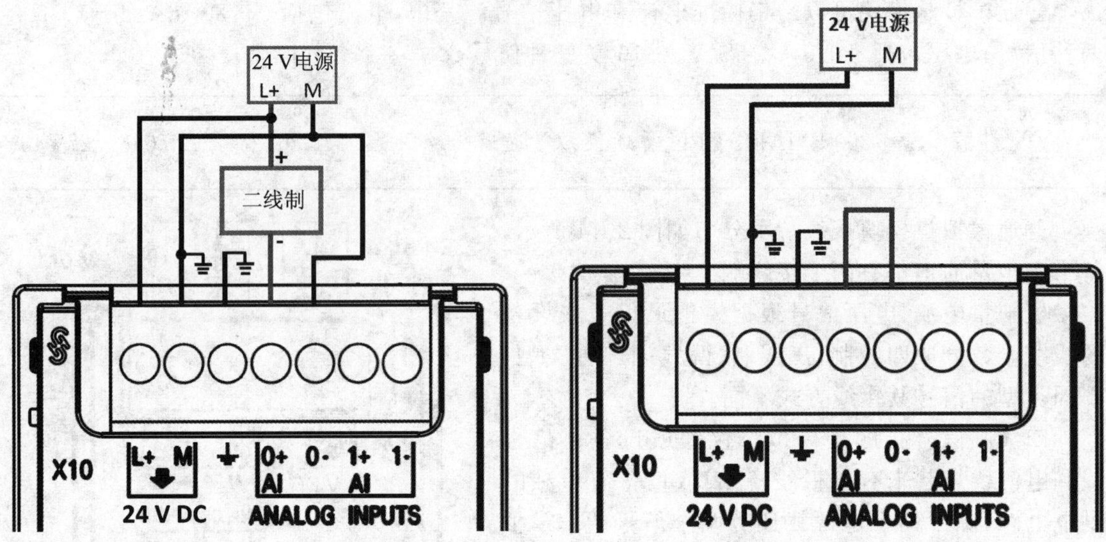

图 2.17　模拟量电压/电流两线制信号接线　　　　图 2.18　不使用的通道需要短接

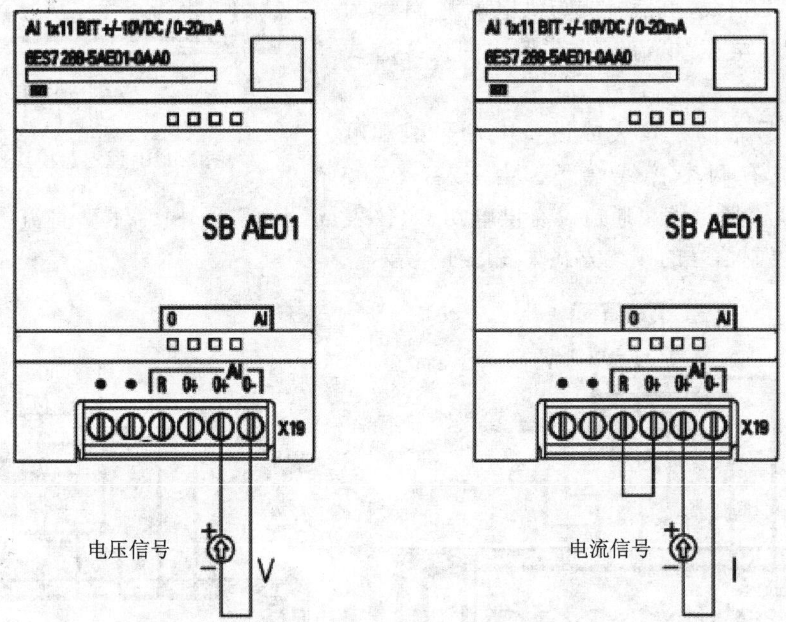

图 2.19　信号板 AE01 电压/电流接线

4. 模拟量输出接线

S7－200 SMART 模拟量输出均为四线制信号,每个通道都有两个接线端,最终输出是电流信号还是电压信号以编程软件内系统块设置为准,默认输出是电压信号。模拟量输出接线方式如图 2.20 所示。

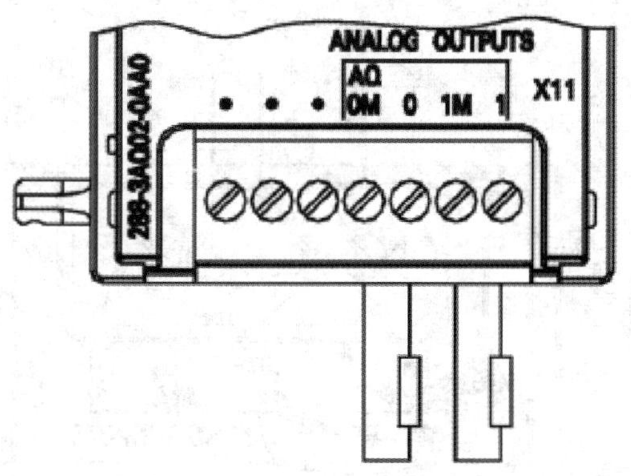

图 2.20 模拟量输出接线

5. RTD 模块接线

RTD 热电阻温度传感器有两线、三线和四线之分，其中四线传感器测温值是最准确的。S7－200 SMART EM RTD 模块支持两线制、三线制和四线制的 RTD 传感器信号，可以测量 PT100、PT1000、Ni100、Ni1000、Cu100 等常见的 RTD 温度传感器信号，具体型号请查阅《S7－200 SMART 系统手册》。

S7－200 SMART EM RTD 模块还可以检测电阻信号，电阻也有两线、三线和四线之分。

EM RTD 模块的接线方法如图 2.21 所示。

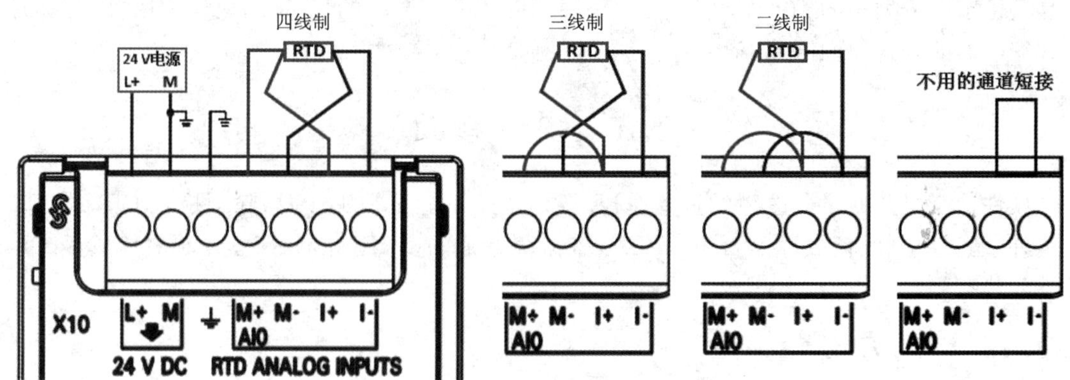

图 2.21 RTD 传感器/电阻信号接线

6. TC 模块接线

热电偶测量温度的基本原理是：两种不同成分的材质导体组成闭合回路，当两端存在温度梯度时回路中就会有电流通过，此时两端之间就存在电动势。

S7－200 SMART EM TC 模块可以测量 J、K、T、E、R&S 和 N 型等热电偶温度传感器信号，具体型号请查阅《S7－200 SMART 系统手册》。

TC 模块的接线方法参考图 2.22。

⚠ **注意：** 每个模块的接线图请参考《S7－200 SMART 系统手册》中“A 技术规范”。

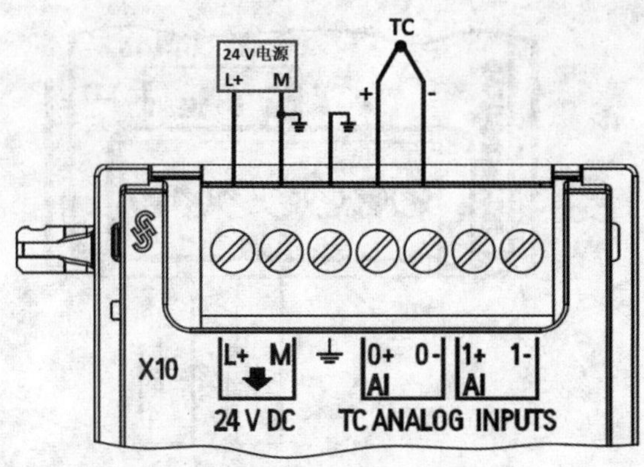

图 2.22　TC 信号接线

2.2.3　CM01 通信信号板接线

具体接线方法请查看 5.2 节。

2.2.4　注意事项

在对任何电气设备进行接地或接线之前，请确保已切断该设备的电源；同时，还要确保已切断所有相关设备的电源。

灯负载的接通浪涌电流过高会造成继电器触点损坏。对于一个钨丝灯，其浪涌电流实际上是其稳态电流大小的 10～15 倍。对于使用期内切换次数高的灯负载，建议使用可替换的插入式继电器或加入浪涌限制器。

2.3　硬件诊断

硬件诊断是判断设备故障的重要途径。当 CPU 不能正常工作时，除了检查 CPU 内部的逻辑外，还需要判断该故障是否由 CPU 硬件故障造成的。CPU 提供了多个途径来诊断 CPU 硬件的状态。

2.3.1　诊断方法介绍

通过模块指示灯、CPU 信息、读取 S7－200 SMART CPU 特殊寄存器(SM)的数值这三种方式来诊断 S7－200 SMART PLC 的硬件故障，这三种方式可以一起使用。

1. 模块指示灯

S7－200 SMART CPU 有一个 ERROR 状态指示灯，EM 扩展模块有一个 DIAG 状态指示灯，SB 电池信号板有一个 Alarm 指示灯。这些指示灯都具有故障报警功能。模块指示灯如图 2.23 所示。

⚠ **注意：** 硬件模块上的指示灯仅仅提示用户 CPU、EM 模块、SB 信号板是否有故障，而不能直接告诉用户模块的故障是什么，因为能导致模块指示灯提示故障的原因不止一个。想要知道故障的详细信息则需要查看 CPU 的信息和特殊寄存器(SM)的数值。

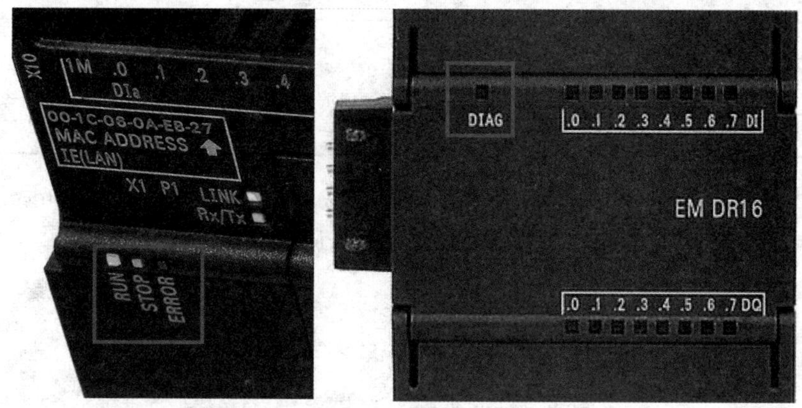

图 2.23　模块指示灯

2. S7 - 200 SMART CPU 信息

S7 - 200 SMART CPU 具有一定的自诊断功能，通过查看 CPU 信息的方式能快速有效地得到 CPU 的状态信息。查看方法：在 STEP 7 - Micro/WIN SMART 软件菜单功能区选择“PLC”→“信息”→“PLC”选项，如图 2.24 所示。在 CPU 信息中，除了能够得到 CPU 的硬件信息、运行状态，还可以得到当前程序的扫描周期等其他有用的信息，如图 2.25 所示。

图 2.24　PLC 信息的查找方法

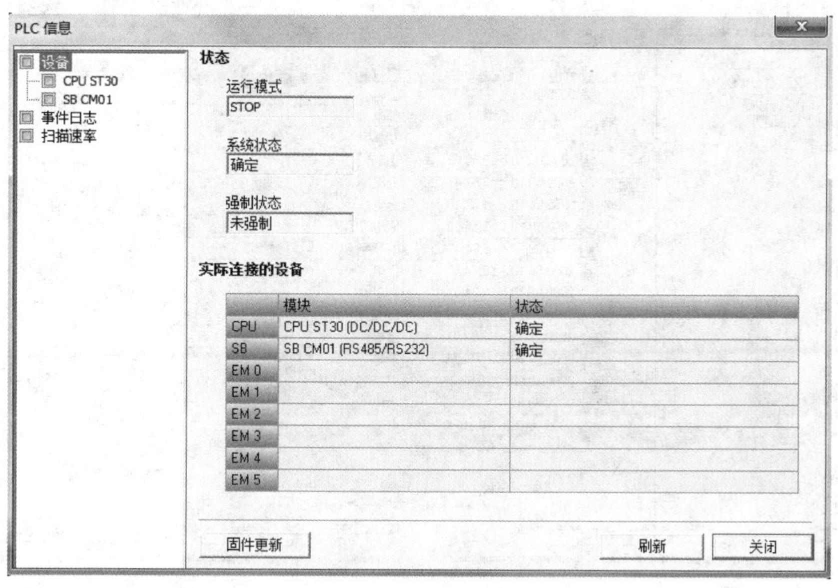

图 2.25　PLC 信息

⚠ **注意**：CPU 的信息是实际 CPU 的内部信息，因此需要通过 STEP 7－Micro/WIN SMART 软件在线连接到 CPU 上才可以得到该信息。

从 CPU 的"设备"选项卡(如图 2.26 所示)中可以得到 CPU 致命错误、非致命错误、当前 I/O 错误的信息提示，以及 CPU 的产品序列以及固件版本。

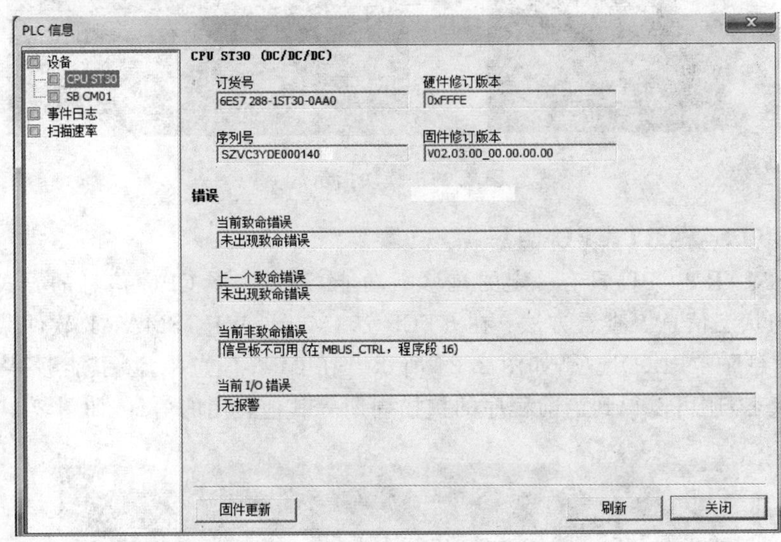

图 2.26　CPU 错误信息

从 CPU 的"事件日志"选项卡(如图 2.27 所示)中可以得到 CPU 的事件列表。该列表是根据时间先后顺序记录 CPU 事件的。用户可以查看列表的内容以判断 CPU 的状态。

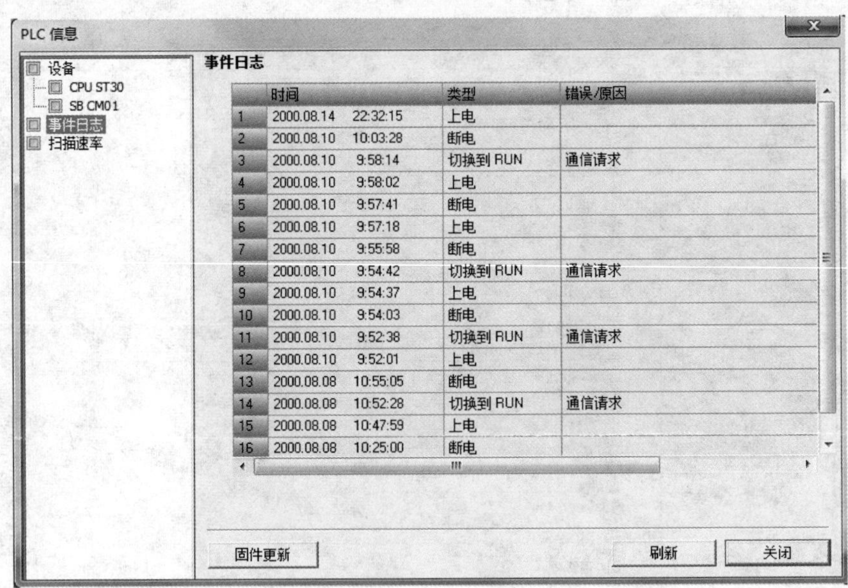

图 2.27　CPU 事件日志

从“扫描速率”选项卡(如图 2.28 所示)中可以得到 CPU 程序实际运行的扫描周期。

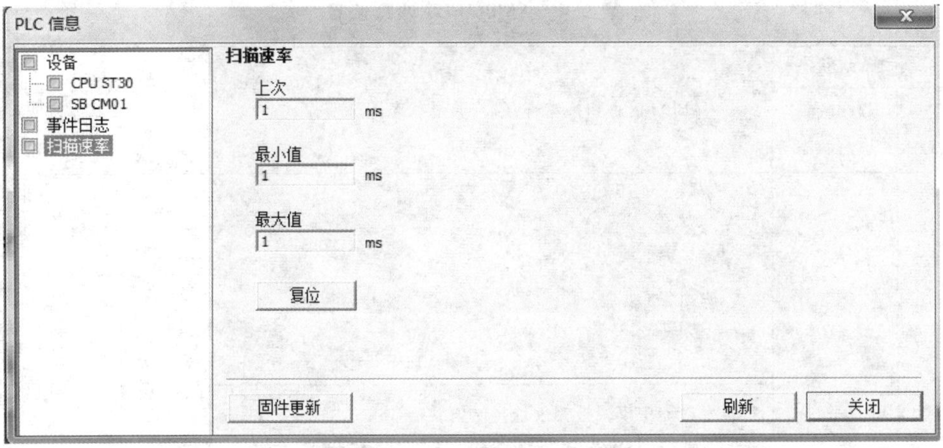

图 2.28　CPU 扫描速率

3. 读取 S7－200 SMART CPU 特殊寄存器 SM 的数值

S7－200 SMART CPU 内部有特殊寄存器 SM,用户可以借以查看或更改 CPU 的系统参数。其中有一些 SM 区域用来表示 CPU 硬件状态,包括 CPU 订货号、序列号、硬件版本、故障信息,以及 EM 扩展模块和 SB 信号板的订货号、序列号、硬件版本、故障信息等。通过在线监控相应 SM 的数值可以得到信息参数来诊断硬件故障。

根据《S7－200 SMART 系统手册》“D 特殊存储器(SM)和系统符号名称”中关于特殊寄存器的描述,可以得到相应故障的解释和说明。表 2.3 列出了 S7－200 SMART CPU、EM 扩展模块、SB 信号板的 SM 诊断地址。

表 2.3　特殊寄存器诊断地址

诊断对象	特殊寄存器诊断地址	功　能
I/O 信息	SMB5	I/O 错误状态
	SMW98	I/O 扩展总线通信错误
CPU	SMB6～SMB7	CPU ID、错误状态和数字量 I/O 点
	SMW100	CPU 诊断报警代码
	SMB1000～SMB1049	CPU 硬件/固件 ID
EM 扩展模块	SMB8～SMB19	EM(扩展模块)ID 和错误
	SMW104～SMW114	EM(扩展模块)诊断报警代码
	SMB1100～SMB1399	EM(扩展模块)硬件/固件 ID
SB 信号板	SMB28～SMB29	SB(信号板)ID 和错误
	SMW102	SB(信号板)诊断报警代码
	SMB1050～SMB1099	SB(信号板)硬件/固件 ID

2.3.2　诊断方法举例

以 AM06 模块为例,说明如何通过模块的指示灯状态、CPU 信息、特殊寄存器 SM 数值这三种方式来诊断模块的状态。AM06 模块诊断信息如表 2.4 所列。

表 2.4　AM06 模块诊断信息

<table>
<tr><th colspan="2">AM06 模块指示灯状态</th><th rowspan="2">PLC 信息和特殊寄存器(通过状态图标监控)</th><th rowspan="2">故障说明</th></tr>
<tr><th>DIAG 指示灯状态</th><th>I/O 通道灯状态</th></tr>
<tr><td rowspan="2">绿色长亮</td><td rowspan="2">绿色长亮</td><td>PLC 信息： 
错误
当前 I/O 错误
无报警</td><td rowspan="2">系统块组态正确，供电正常</td></tr>
<tr><td>特殊寄存器中模块报警地址实时值： 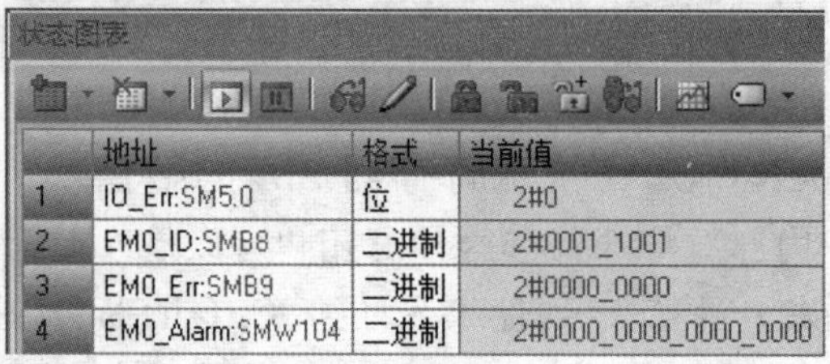
状态图表
<table><tr><th></th><th>地址</th><th>格式</th><th>当前值</th></tr><tr><td>1</td><td>IO_Err:SM5.0</td><td>位</td><td>2#0</td></tr><tr><td>2</td><td>EM0_ID:SMB8</td><td>二进制</td><td>2#0001_1001</td></tr><tr><td>3</td><td>EM0_Err:SMB9</td><td>二进制</td><td>2#0000_0000</td></tr><tr><td>4</td><td>EM0_Alarm:SMW104</td><td>二进制</td><td>2#0000_0000_0000_0000</td></tr></table>请参考《S7－200 SMART 系统手册》“D 特殊存储器(SM)和系统符号名称”</td></tr>
<tr><td rowspan="2">绿色闪烁</td><td rowspan="2">不亮</td><td>PLC 信息：
错误
当前 I/O 错误
无报警</td><td rowspan="2">没有在 STEP 7－Micro/WIN SMART 软件的系统块中组态该扩展模块</td></tr>
<tr><td>特殊寄存器中模块报警地址实时值：
状态图表
<table><tr><th></th><th>地址</th><th>格式</th><th>当前值</th></tr><tr><td>1</td><td>IO_Err:SM5.0</td><td>位</td><td>2#0</td></tr><tr><td>2</td><td>EM0_ID:SMB8</td><td>二进制</td><td>2#0001_1001</td></tr><tr><td>3</td><td>EM0_Err:SMB9</td><td>二进制</td><td>2#0000_0000</td></tr><tr><td>4</td><td>EM0_Alarm:SMW104</td><td>二进制</td><td>2#0000_0000_0000_0000</td></tr></table>请参考《S7－200 SMART 系统手册》“D 特殊存储器(SM)和系统符号名称”</td></tr>
</table>

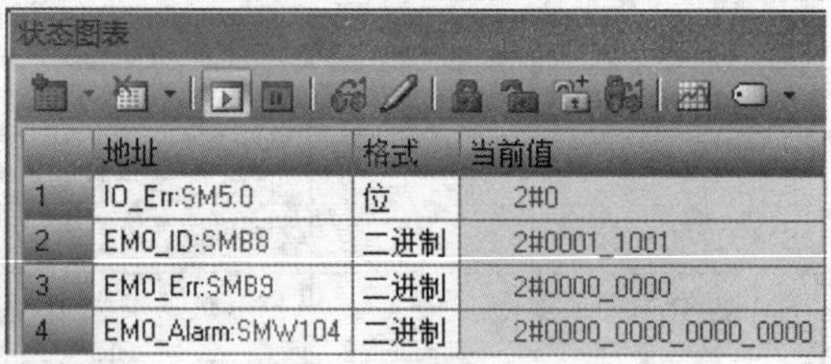

续表 2.4

<table>
<tr><td colspan="2">AM06 模块指示灯状态</td><td rowspan="2">PLC 信息和特殊寄存器(通过状态图标监控)</td><td rowspan="2">故障说明</td></tr>
<tr><td>DIAG 指示灯状态</td><td>I/O 通道灯状态</td></tr>
<tr><td rowspan="4">红色常亮</td><td rowspan="4">不亮</td><td>系统块中组态了该模块： 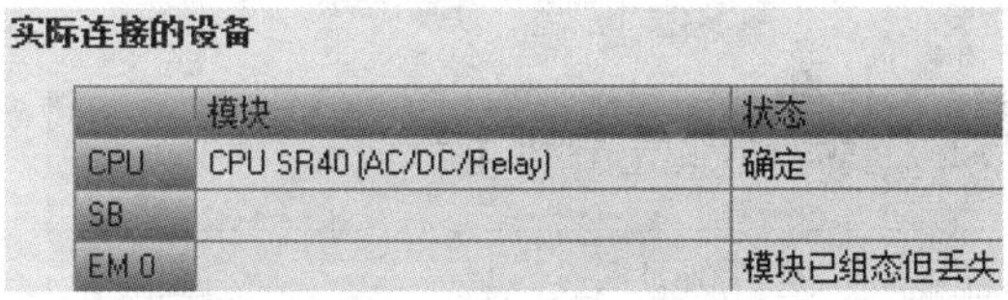
实际连接的设备<table><tr><td></td><td>模块</td><td>状态</td></tr><tr><td>CPU</td><td>CPU SR40 (AC/DC/Relay)</td><td>确定</td></tr><tr><td>SB</td><td></td><td></td></tr><tr><td>EM 0</td><td></td><td>模块已组态但丢失</td></tr></table></td><td rowspan="4">硬件故障，CPU 识别不了该模块</td></tr>
<tr><td>特殊寄存器中模块报警地址实时值：
状态图表<table><tr><td></td><td>地址</td><td>格式</td><td>当前值</td></tr><tr><td>1</td><td>IO_Err:SM5.0</td><td>位</td><td>2#0</td></tr><tr><td>2</td><td>EM0_ID:SMB8</td><td>二进制</td><td>2#1111_1111</td></tr><tr><td>3</td><td>EM0_Err:SMB9</td><td>二进制</td><td>2#0000_0001</td></tr><tr><td>4</td><td>EM0_Alarm:SMW104</td><td>二进制</td><td>2#0000_0000_0000_0000</td></tr></table>请参考《S7－200 SMART 系统手册》“D 特殊存储器(SM)和系统符号名称”</td></tr>
<tr><td>系统块中没有组态该模块：
实际连接的设备<table><tr><td></td><td>模块</td><td>状态</td></tr><tr><td>CPU</td><td>CPU SR40 (AC/DC/Relay)</td><td>确定</td></tr><tr><td>SB</td><td></td><td></td></tr><tr><td>EM 0</td><td></td><td></td></tr></table></td></tr>
<tr><td>特殊寄存器中模块报警地址实时值：
状态图表<table><tr><td></td><td>地址</td><td>格式</td><td>当前值</td></tr><tr><td>1</td><td>IO_Err:SM5.0</td><td>位</td><td>2#0</td></tr><tr><td>2</td><td>EM0_ID:SMB8</td><td>二进制</td><td>2#1111_1111</td></tr><tr><td>3</td><td>EM0_Err:SMB9</td><td>二进制</td><td>2#0000_0000</td></tr><tr><td>4</td><td>EM0_Alarm:SMW104</td><td>二进制</td><td>2#0000_0000_0000_0000</td></tr></table>请参考《S7－200 SMART 系统手册》“D 特殊存储器(SM)和系统符号名称”</td></tr>
</table>

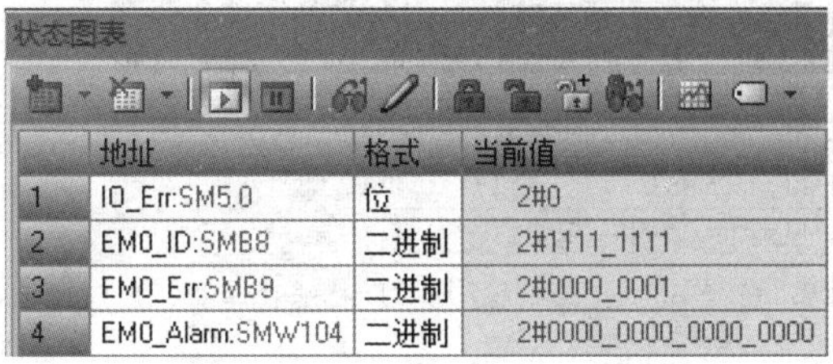

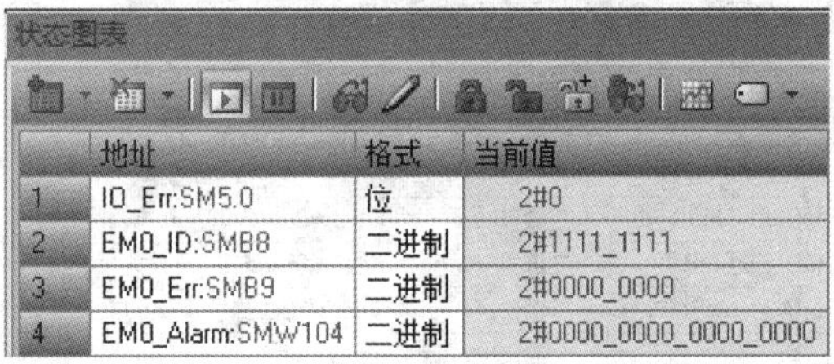

续表 2.4

AM06 模块指示灯状态		PLC 信息和特殊寄存器(通过状态图标监控)	故障说明
DIAG 指示灯状态	I/O 通道灯状态		
红色闪烁	所有通道红色闪烁	PLC 信息： 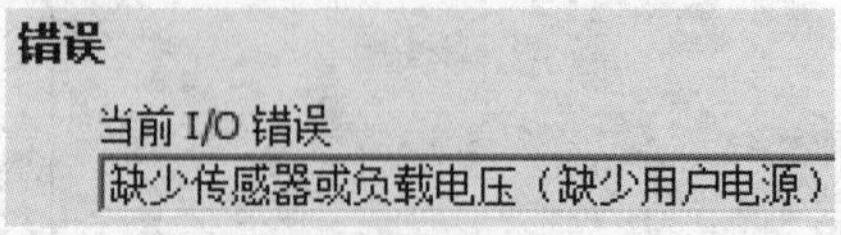 **错误** 当前 I/O 错误 缺少传感器或负载电压（缺少用户电源） 特殊寄存器中模块报警地址实时值： 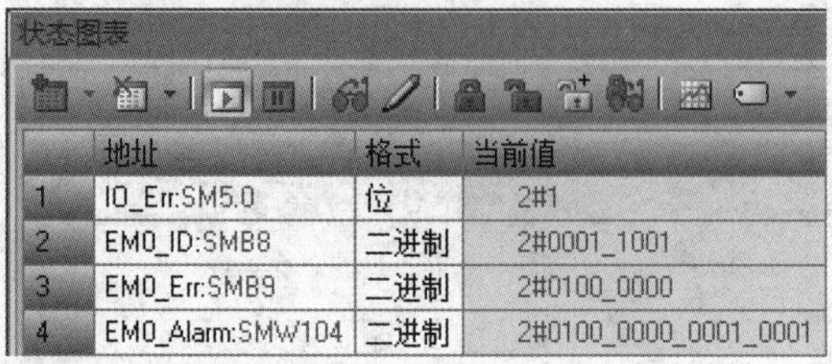 状态图表 地址 | 格式 | 当前值 1 IO_Err:SM5.0 | 位 | 2#1 2 EM0_ID:SMB8 | 二进制 | 2#0001_1001 3 EM0_Err:SMB9 | 二进制 | 2#0100_0000 4 EM0_Alarm:SMW104 | 二进制 | 2#0100_0000_0001_0001 请参考《S7-200 SMART 系统手册》"D 特殊存储器(SM)和系统符号名称"	模块没有接 24 V 电源
红色闪烁	某个或几个通道红色闪烁	PLC 信息：   **错误** 当前 I/O 错误 超出下限报警 在通道上 0 **实际连接的设备** 模块 | 状态 CPU | CPU SR40 (AC/DC/Relay) | 确定 SB | | EM 0 | EM AM06 (4AI / 2AQ) | I/O 错误 特殊寄存器中模块报警地址实时值： 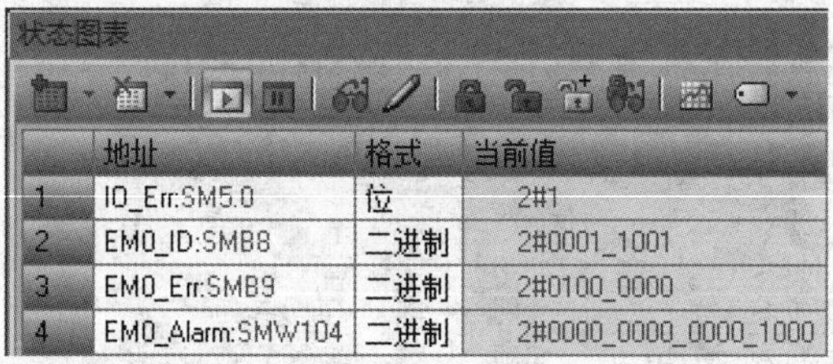 状态图表 地址 | 格式 | 当前值 1 IO_Err:SM5.0 | 位 | 2#1 2 EM0_ID:SMB8 | 二进制 | 2#0001_1001 3 EM0_Err:SMB9 | 二进制 | 2#0100_0000 4 EM0_Alarm:SMW104 | 二进制 | 2#0000_0000_0000_1000 请参考《S7-200 SMART 系统手册》"D 特殊存储器(SM)和系统符号名称"	通道值超限

下面通过一个特殊寄存器中模块报警地址实时值来说明如何查看 CPU 及模块的报错信息。如表 2.4 最后一行 AM06 通道 0 的通道值超出下限时 SMW104 值为 2＃0000_0000_0000_1000。根据表 2.5 中的解释：

- 2＃**0**000_0000_0000_1000：d=0，表示报警位置为输入通道
- 2＃0**0**00_0000_0000_1000：s=0，表示报警范围在单个通道上

- 2＃00**00_0000**_0000_1000：c＝0，表示报警通道号为 0
- 2＃0000_0000_**0000_1000**：a＝08H，表示报警类型为通道值超出下限

综合起来就是 AM06 模块的第 0 个输入通道的通道值超出下限，与 CPU 信息中的报错信息一致。

表 2.5　SMW100～SMW114 系统报警代码格式说明

SMW100～SMW114 系统报警代码格式																	
	15	14	13	12	11	10	9	8	7	6	5	4	3	2	1	0	
	d	s	c	c	c	c	c	c	a	a	a	a	a	a	a	a	
d:报警位置	0	输入通道或其他非 I/O 模块															
	1	输出通道															
s:报警范围		0	在单个通道上														
		1	在整个通道														
c:报警通道号			c	c	c	c	c	c	如果 s 位为 0，则 c 值表示受影响的通道								
									如果 s 位为 1，则 c＝0								
a:报警类型							0	0	0	0	0	0	0	0			00H：无报警
							0	0	0	0	0	0	0	1			01H：短路
							0	0	0	0	0	x	x	x			02H～05H：保留
							0	0	0	0	0	1	1	0			06H：断路
							0	0	0	0	0	1	1	1			07H：超出上限
							0	0	0	0	1	0	0	0			08H：超出下限
							0	0	0	0	x	x	x	x			09H～0FH：保留
							0	0	0	1	0	0	0	0			10H：参数化错误
							0	0	0	1	0	0	0	1			11H：传感器或负载电压缺失
							0	0	0	x	x	x	x	x			12H～1FH：保留
							0	0	1	0	0	0	0	0			20H：内部错误(MID 问题)
							0	0	1	0	0	0	0	1			21H：内部错误(IID 问题)
							0	0	1	0	0	0	1	0			22H：保留
							0	0	1	0	0	0	1	1			23H：组态错误
							0	0	1	0	0	1	0	0			24H：保留
							0	0	1	0	0	1	0	1			25H：固件损坏或缺失
							0	0	1	0	x	x	x	x			26H～2AH：保留
							0	0	1	0	1	0	1	1			2BH：电池电压低
							x	x	x	x	x	x	x	x			2CH～FFH：保留

用同样的方法来查看 SMB8 和 SMB9 的实时值，根据 SMB8 和 SMB9 的数值结合表 2.6 中的说明得到模块 AM06 的 ID 信息和错误说明。

SMB8＝2＃0001_1001 的解释如下：

- 2＃**0**001_1001：m＝0，表示该模块存在

- 2＃000**1**_1001：a＝1,表示该模块是模拟量模块
- 2＃0001_**10**01：ii＝10,表示该模块有 4AI
- 2＃0001_10**01**：qq＝01,表示该模块有 2AO

SMB9＝2＃0100_0000 的解释如下：

- 2＃**0**100_0000：c＝0,无错误
- 2＃0**1**00_0000：d＝1,诊断报错
- 2＃010**0**_0000：b＝0,无错误
- 2＃0100_000**0**：m＝0,OK

SMB9＝2＃0100_0000 表示 AM06 模块有诊断报错。

表 2.6　SMB8～SMB18 I/O 模块 ID 和错误说明

<table>
<tr><td rowspan="3">字　节</td><td colspan="8">偶字节</td><td colspan="8">奇字节</td></tr>
<tr><td>7</td><td>6</td><td>5</td><td>4</td><td>3</td><td>2</td><td>1</td><td>0</td><td>7</td><td>6</td><td>5</td><td>4</td><td>3</td><td>2</td><td>1</td><td>0</td></tr>
<tr><td>m</td><td>0</td><td>0</td><td>a</td><td>i</td><td>i</td><td>q</td><td>q</td><td>c</td><td>d</td><td>0</td><td>b</td><td>0</td><td>0</td><td>0</td><td>m</td></tr>
<tr><td rowspan="2">m：模块是否存在</td><td colspan="2">0</td><td colspan="6">存在</td><td rowspan="2">c</td><td>0</td><td colspan="6">无错误</td></tr>
<tr><td colspan="2">1</td><td colspan="6">不存在</td><td>1</td><td colspan="6">组态/参数化错误</td></tr>
<tr><td rowspan="2">a：I/O 类型</td><td colspan="2">0</td><td colspan="6">数字量</td><td rowspan="2">d</td><td>0</td><td colspan="6">无错误</td></tr>
<tr><td colspan="2">1</td><td colspan="6">模拟量</td><td>1</td><td colspan="6">诊断报警</td></tr>
<tr><td rowspan="4">ii：输入信息</td><td>0</td><td>0</td><td colspan="6">无输入</td><td rowspan="2">b</td><td>0</td><td colspan="6">无错误</td></tr>
<tr><td>0</td><td>1</td><td colspan="6">2AI 或 8DI</td><td>1</td><td colspan="6">总线访问错误</td></tr>
<tr><td>1</td><td>0</td><td colspan="6">4AI 或 16DI</td><td rowspan="2">m</td><td>0</td><td colspan="6">OK</td></tr>
<tr><td>1</td><td>1</td><td colspan="6">8AI 或 32DI</td><td>1</td><td colspan="6">缺失已组态模块</td></tr>
<tr><td rowspan="4">qq：输出信息</td><td>0</td><td>0</td><td colspan="6">无输出</td><td rowspan="4" colspan="8"></td></tr>
<tr><td>0</td><td>1</td><td colspan="6">2AO 或 8DO</td></tr>
<tr><td>1</td><td>0</td><td colspan="6">4AO 或 16DO</td></tr>
<tr><td>1</td><td>1</td><td colspan="6">8AO 或 32DO</td></tr>
</table>

上面以 AM06 模块为例说明了硬件诊断的方法,用户可以用该方法来诊断其他 CPU、EM 扩展模块和 SB 信号板的信息状态。

2.4　PLC 系统的 EMC 问题

2.4.1　概　述

EMC(Electromagnetic Compatibility)即电磁兼容性,是指电子、电气设备共处一个环境中能互不干扰、相互兼容工作的能力。对于一个设备,在工作时不应产生过大的干扰致使其他设备工作失常,同时应具有一定的抗干扰能力,以保证在其他设备产生干扰的环境下能正常工作。目前,EMC 已成为系统故障的主要原因,在系统设计和安装时,如果没有充分考虑 EMC

的问题,小则会造成设备不能稳定运行,大则会造成设备的损坏,所以 EMC 是电气系统设计中必须重视的问题。

对于 PLC 产品来讲,关注的是如何能够防止 PLC 系统被其他的信号所干扰,应采取哪些措施确保 PLC 系统在比较差的电磁环境中能够正常工作。

2.4.2 接地处理

"接地"一词在不同场合有不同的理解:一种是真正意义上的接地(接大地);另一种是接参考地(设备里的公共参考电位点)。

设备接大地考虑的是设备的安全,防止雷击,防止静电损害,保障系统正常运行以及防止人身遭受电击。设备金属外壳用导线与接地体连接,防止在设备绝缘损坏或意外情况下金属外壳带电引起的强电流通过人体,保护人身安全。

设备接参考地是在设备里建立一个稳定可靠的基准电位点。理想的参考地是一个零电位、零阻抗的物理实体,任何电流通过它时都不会产生压降,为设备中的任何信号提供公共的参考电位,不必担心各接地点之间是否存在电位差。但是,理想中的参考地并不存在,大地可以看做一个电阻非常低的物理实体,其吸收大量电荷后仍能保持电位不变,因此,大地常被作为电气系统中的参考地。

现场出现的电磁兼容问题多数都涉及屏蔽、滤波以及接地,无论是屏蔽还是滤波,最终都是靠接地来实现的。所以,电气设备正确接地非常重要,有助于系统正常运行以及为 PLC 和其他设备提供额外的电气噪声保护。

S7 - 200 SMARTCPU 在接地过程中,应注意以下原则:

- 应用设备接地的最佳方式是确保 S7 - 200 SMART PLC 和相关设备的所有公共端和接地端连接在同一个点接地,该点应当直接与系统的接地装置相连。
- 所有接地线应尽可能地短,且应使用大线径,例如:2 mm^2(14 AWG)。
- 确定接地点时,应考虑接地装置的安全接地要求和保护性中断装置的正常运行。
- PLC 与强电设备的接地装置最好分开。

2.4.3 电源的处理

在工控现场如果遇到 CPU 不定期重启或者 CPU 频繁损坏的问题,大多数都与电源因素相关,因此稳定可靠的电源是 PLC 系统正常工作的前提,电源过压或欠压、浪涌等是导致电源工作不正常的常见因素。考虑到用电安全,本书推荐采用 TN - S 系统(三相五线制)为 PLC 以及整个控制系统供电。为了防止电网的波动对 PLC 系统造成影响,除了常规的用电防护设施(比如有些场合需要安装避雷器),可以考虑在 PLC 的供电电源线路上增加稳压器或者采用 UPS 供电,以保证电源的稳定。如果当前的同一个电源系统中存在强干扰设备,建议单独为 PLC 提供供电电源,与其他种类的负荷分开。

浪涌是比较常见的电源系统干扰。浪涌指的是瞬间出现超出稳定值的峰值,包括浪涌电压和浪涌电流。浪涌会对电子元件产生较为严重的危害,而大的浪涌甚至可以直接将元件击坏。为了防止浪涌对 PLC 系统造成影响,应考虑采用浪涌保护器。

在 PLC 系统中,电源部分是常见的骚扰源,为从源头上进一步保证 PLC 系统的供电稳定可靠,还可以考虑在电源线上增加滤波器来滤除高频干扰,如图 2.29 所示,示波器波形显示了电源线上加装滤波器前后的效果,加装滤波器后可以滤除电源上的尖峰波动。

在接地情况理想的状况下,为了抑制干扰,建议把 CPU 直流传感器的 M 端接地。

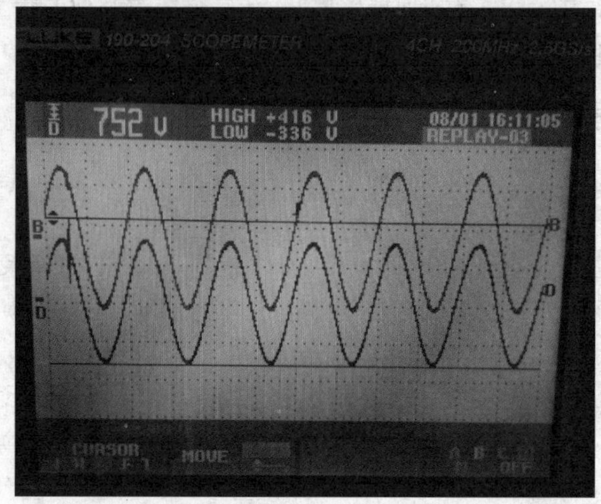

图 2.29　电源线加装滤波器前后效果

2.4.4　I/O 信号的处理

1. 数字量输入信号(DI)的 EMC 处理

数字量输入信号自身的接通或关断一般不会对 PLC 产生干扰,数字量输入信号线上往往会受到外部的干扰并以传导的方式进入 PLC 系统。对于工控现场数字量输入线的 EMC 的防护,最有效、最实用的方法就是将数字量输入线远离干扰源,例如现场的电机电缆。

交流的电源和信号线与直流的信号线必须铺设在不同的电缆管道内,管道之间的距离至少要有 100 mm。如果交叉的情况不可避免,那么一定要采取直角交叉的方式;在电柜内同样需要对线缆进行合理布局。除此之外,可以采用在数字量输入线上套铁氧体磁环的方法进行外部干扰的抑制。使用铁氧体磁环需要注意以下问题:

- 磁环内径应包紧导线,以便减小漏磁,在铁氧体磁环内径包紧导线的前提下,应尽量使用体积比较大的磁环;
- 增加电缆上铁氧体磁环的个数,可以增加低频的阻抗,但铁氧体磁环个数的增加会导致匝与匝之间分布电容增加、高频阻抗减小;
- 一般尽量靠近干扰源,对于电柜上的电缆,磁环尽量靠近机箱电缆的进出口。

如图 2.30 所示,在实验室通过 EFT 脉冲发生器人为地将干扰耦合到电源线上,并将电源线和 I/O 信号线缠绕耦合到一起,通过示波器可以看到 I/O 信号线上的干扰波形具有明显的高频干扰(如图 2.31 所示)。将 I/O 信号线与电源线分开一段距离后可以看到干扰明显减弱(如图 2.32 所示)。

2. 数字量输出信号(DO)的 EMC 处理

数字量输出信号通常会连接如电磁阀、继电器、接触器等感性负载。这些感性负载在其工作线圈接通和断开时,会产生浪涌电压或冲击电流,不仅会损坏触点,而且所产生的强烈的脉冲噪声会通过辐射和传导向外发射,影响其他电路的正常工作甚至会烧毁元器件。在使用感

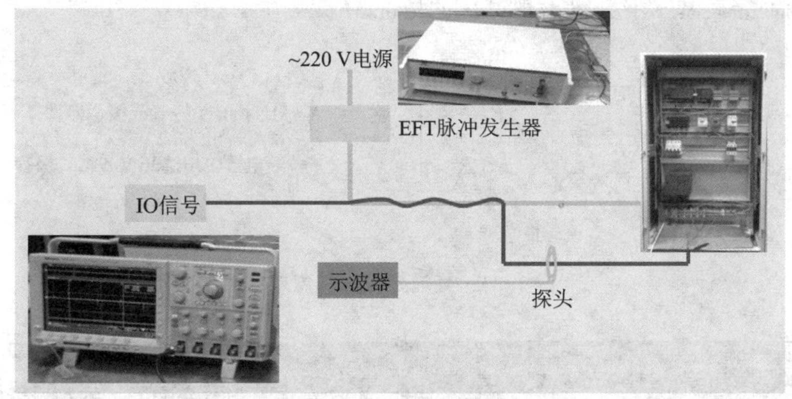

图 2.30　测试环境

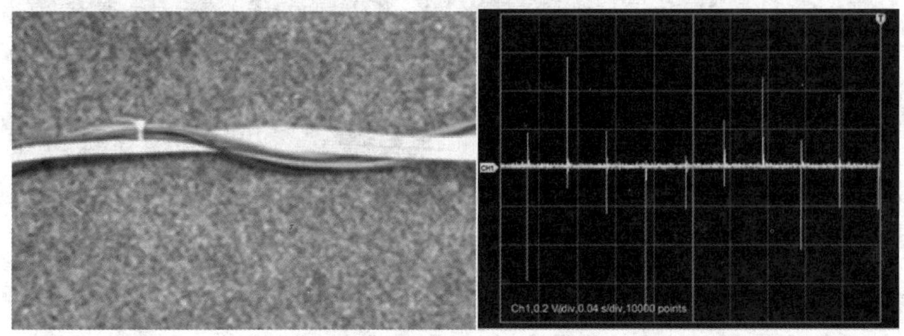

图 2.31　电源线和信号线缠绕耦合时干扰波形图

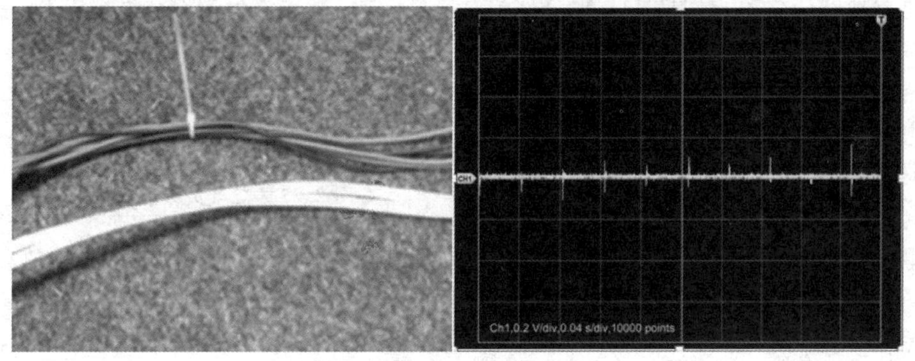

图 2.32　电源线和信号线分开时干扰波形图

性负载时，一定要加入抑制电路来限制输出关断时电压的升高。

(1) 直流输出和控制直流负载的继电器输出

直流输出有内部保护，可以适应大多数场合。由于继电器型输出既可以连接直流负载，又可以连接交流负载，因而没有内部保护。

如图 2.33 所示的直流负载的抑制电路给出了直流负载抑制电路的一个实例。在大多数的应用中，用附加的二极管 A 即可，但如果用户的应用中要求更快的关断速度，则推荐加上齐纳二极管 B。注意，应确保齐纳二极管能够满足输出电路的电流要求。如图 2.34 所示，增加直流负载抑制回路后基本不会再出现过压的情况。

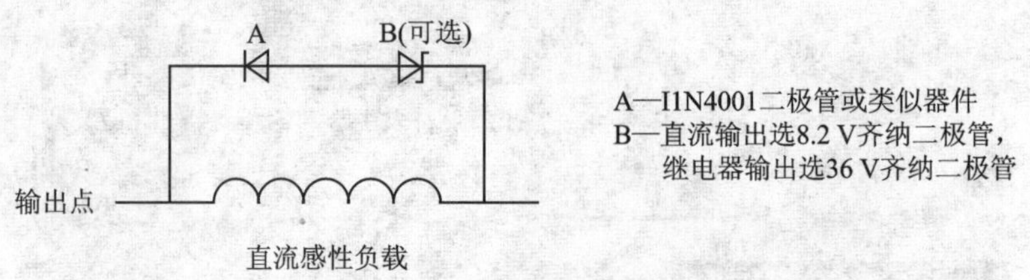

图 2.33　直流负载的抑制电路

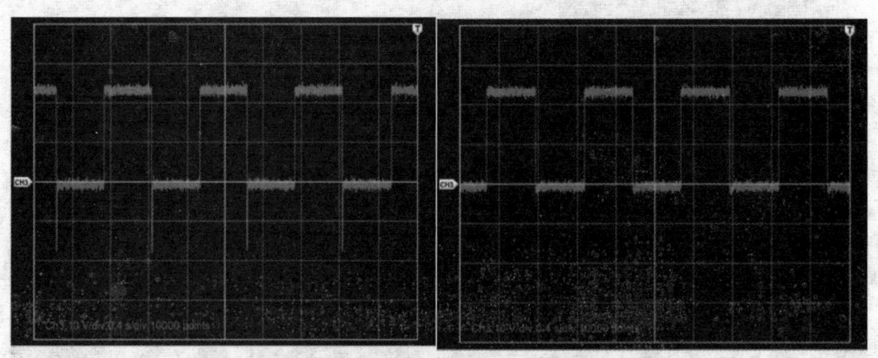

图 2.34　直流负载，增加抑制电路前后波形图

（2）交流输出和控制交流负载的继电器输出

如图 2.35 所示的交流负载的抑制电路给出了交流负载抑制电路的一个实例。当采用继电器或交流输出来切换 115 V/230 V 交流负载时，交流负载电路中应采用该图所示的电阻/电容网络。也可以使用金属氧化物可变电阻器（MOV）来限制峰值电压。注意，应确保 MOV 的工作电压比正常的线电压至少高出 20％。

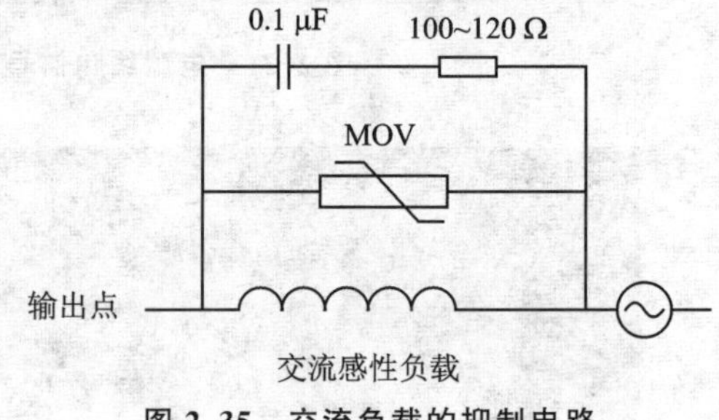

图 2.35　交流负载的抑制电路

当继电器扩展模块用于切换交流负载时，外部电阻/电容器噪声抑制电路必须放在交流负载上，防止意外的机器或过程操作。

如图 2.36 所示，增加 R－C 抑制电路后，瞬间脉冲的幅值和电压上升的速率明显降低，没有出现明显的脉冲群，电压上升后衰减的趋势较理想。

3. 模拟量信号的 EMC 处理

模拟量信号在传输过程中容易受到外界的影响，出现信号不稳定的情况，因此使用模拟量信号采集时应当注意以下几点：

- 模拟量信号分为电压型和电流型，一般 4～20 mA 电流型信号的传输距离要大于电压型信号。
- 模拟量信号的电缆应选用屏蔽双绞电缆，并做好接地处理。

为了减少电磁干扰，建议将模拟量的屏蔽层进行接地处理。一般而言，模拟量信号传输的

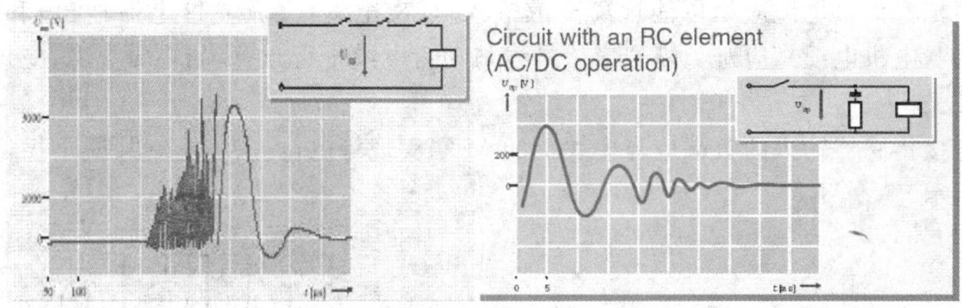

图 2.36　交流负载，增加 R-C 抑制电路前后波形

频率并不是很高，干扰信号是低频信号时，一般将屏蔽层单端接地即可。信号源接地时，电缆的屏蔽层应在信号侧单点接地；信号源不接地时，电缆的屏蔽层应在 PLC 侧接地。

如果现场存在高频干扰，则需要双端接地或者多点接地。现场很难判断是高频干扰还是低频干扰时，可以将屏蔽层的一端直接接地，另外一端采用电容（例：10 nF/100 V）进行隔离。这样，如果存在低频干扰则是单端接地方式，如果存在高频干扰则变成双端接地方式。

屏蔽层应保持电连续性和一致性，要求电缆屏蔽层和连接器插头的金属外壳要有 360°的完整搭接，如图 2.37 所示。

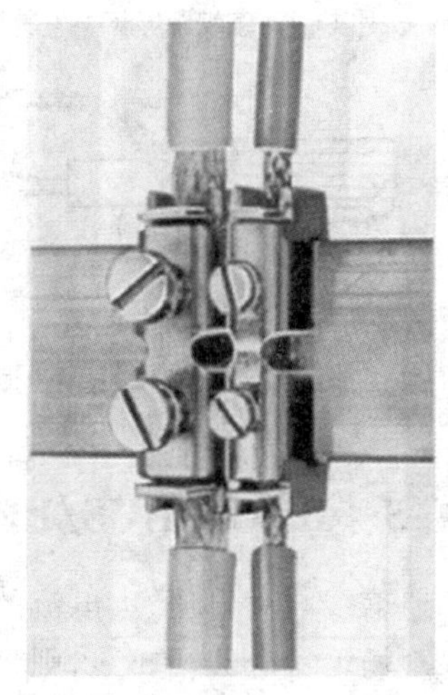

图 2.37　屏蔽电缆层的处理

建议控制柜内的屏蔽连接如图 2.38 所示，屏蔽层用汇流排以较大的接触面积可靠地接至机柜内，电缆的屏蔽层在进入端子排之前和之后都要连接好。

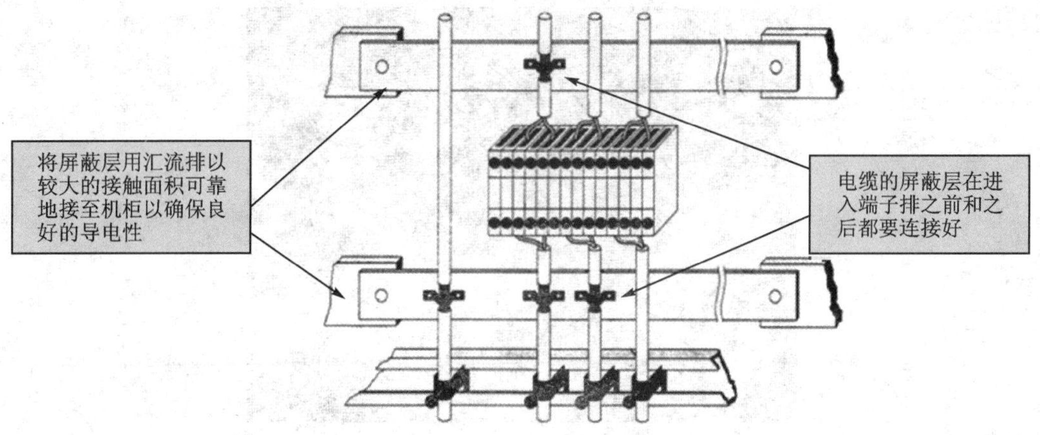

图 2.38　柜内屏蔽层的连接

注意不要出现如图 2.39 所示的“猪尾巴”现象。首先，露出的屏蔽层中心导线容易与附近的导线产生耦合电容，从而减小电场屏蔽效能；其次，当暴露的中心导线和屏蔽层“尾巴”之间有较大的电流环路面积时，更容易与其他环路产生磁场耦合。为了避免出现上述现象，应做到：

- 模拟量信号电缆应尽可能远离离散输入/输出电缆(尤其是继电器输出)和动力电缆(例:电机电缆),应避免模拟量信号线与动力电缆平行布置,如果要交叉,应该保证 90°交叉。
- 连接传感器输入的负端应与模块上的 M 端实现等电位连接,抑制共模干扰,如图 2.40 所示。

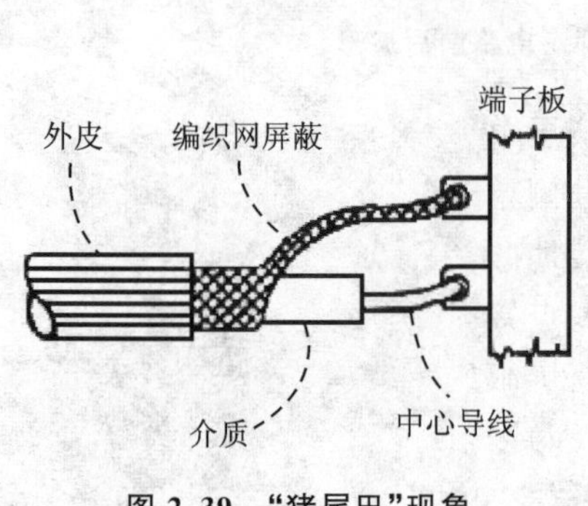

图 2.39 “猪尾巴”现象

图 2.40 等电位处理

2.4.5 PROFIBUS/PROFINET 通信线的处理

通信线与高电压、大电流的动力电缆应该分线槽布线,同时线槽应盖上盖板,尽量全封闭。如果现场无法分线槽布线,则将两类电缆尽量远离,中间加金属隔板进行隔离,并且金属线槽要做接地处理。电缆槽架之间的连接也应该保证用金属连接部件实现大面积连接处理,如图 2.41 所示。

图 2.41 电缆桥架之间的连接及接地处理

通信电缆单独在线槽外布线时,可根据情况采用穿金属管的方式,这样既可以保护通信电缆不被损坏,也可以防止 EMC 的干扰,但金属管也需要接地。应避免通信电缆与动力电缆长距离平行布线。平行布线的两根电缆之间需要考虑空间电容耦合,为了防止相互之间的影响,应避免平行布线。可以采用交叉布线，因为两根 90°交叉布线的电缆相互之间不会因为容性耦合而产生干扰。

通信电缆在电柜内布线时，也应该遵循远离干扰源的原则。在柜内的走线应当尽量避免与高电压、大电流的电缆在同一线槽内走线。通信电缆过长时，不要形成环状，此时如果有磁力线从环中间穿过，根据“右手定律”，容易产生干扰信号。同时，不要在柜内形成“环”，特别是不要将变频器等干扰源包围在“环”内。

PROFIBUS/PROFINET 网络连接的站点可能分布较广，为了保证通信的质量，一般要求对所有的通信站点都进行接地处理，并使其处于同一个电压等级上，即等电位处理。接地处理采用多点接地的方式，同时通信电缆屏蔽层在进柜与出柜处应该与接地汇流排进行大面积接地处理，避免“猪尾巴”现象。如果两个站点的“地”不等电势，会在两个接地点之间产生电势差，此时电流会流过通信电缆的屏蔽层，从而对通信产生影响。这时可以用等势线将两个设备的“地”进行连接，等势线的规格为：铜 6 mm^2，铝 16 mm^2，钢 50 mm^2。当然，这里不是要求所有现场都采用额外的等势线从而增加成本，只是建议在出现接地点电势不相等的情况时，如果影响到通信或者可能造成设备损坏，则必须加以改进，增加等势线，让通信电缆与等势线之间的距离越近越好。

2.4.6　变频器的处理

对于类似变频器的大功率设备，干扰除了通过干扰电源或空间辐射来影响其他设备正常运行外，还有可能经由变频器与其他设备相连的通信电缆直接进入整个通信系统，因而应该对变频器进行 EMC 处理。

在电柜内，尽量用镀锌底板替代喷漆底板作为安装背板，使安装背板与机柜间保持良好的电气连接以改善 EMC 特性。为了有效抑制电磁波的辐射和传导，变频器的动力电缆必须采用屏蔽电缆或者采用铁氧体磁环进行滤波处理，控制电缆也应尽量使用屏蔽电缆。尽量采用滤波器以降低变频器对电网的影响，推荐的做法是从控制柜入口开始就对电源电缆进线屏蔽处理。应该合理规划变频器的输出走线，例如，信号电缆与变频器的动力电缆不能并行走线。

2.4.7　电柜的安装要求

1. 接　地

良好的“地”是处理 EMC 问题的基础，需要保证接地系统是经过严格检测的，并满足国家标准，这样所有的屏蔽、设备保护接地等才可能连接到“地”，才能保证接地不会对系统产生负面影响。

如图 2.42 所示，柜内安装固定的接地铜排，可能的情况下用表面积大的扁平电缆连接，并使用较短、较粗的接地电缆。

柜中所有的金属部分都连接在一起，柜门与柜体框架间用最短的接地电缆连接，如图 2.43 所示。柜体的框架因无喷漆处理，常可作接地排使用。进出电气柜的所有电缆的屏蔽层应做接地处理，如图 2.44 所示。

2. 规范的电缆布线

对于机柜而言，规范的电缆布线需将机柜内分隔为不同的 EMC 区域。设计控制柜体时要注意 EMC 的区域原则，把不同的设备规划在不同的区域中，每个区域对噪声的发射和抗扰

图 2.42 柜内接地

图 2.43 柜门与柜体的连接

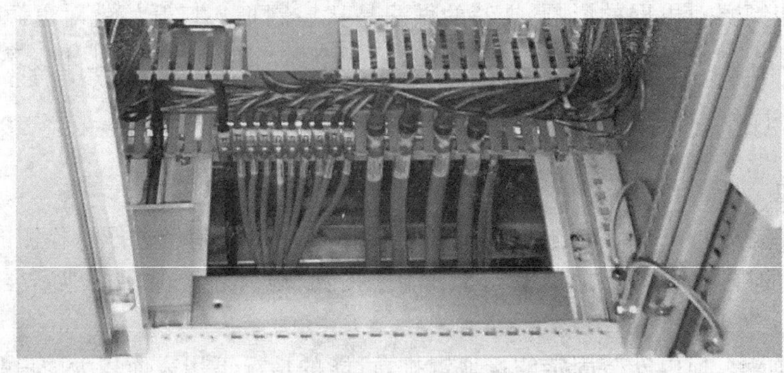

图 2.44 进出电柜的电缆屏蔽层作接地处理

度有不同的要求,区域在空间上最好用金属壳或在柜体内用接地隔板隔离。图 2.45 提供了一个典型的柜内布局图。不同电压等级的电缆(24 V DC,110/220 V AC 和 400 V AC),须分别放置在不同电压等级的线槽内,同时将线槽做区分,模拟量信号放在单独的线槽内。

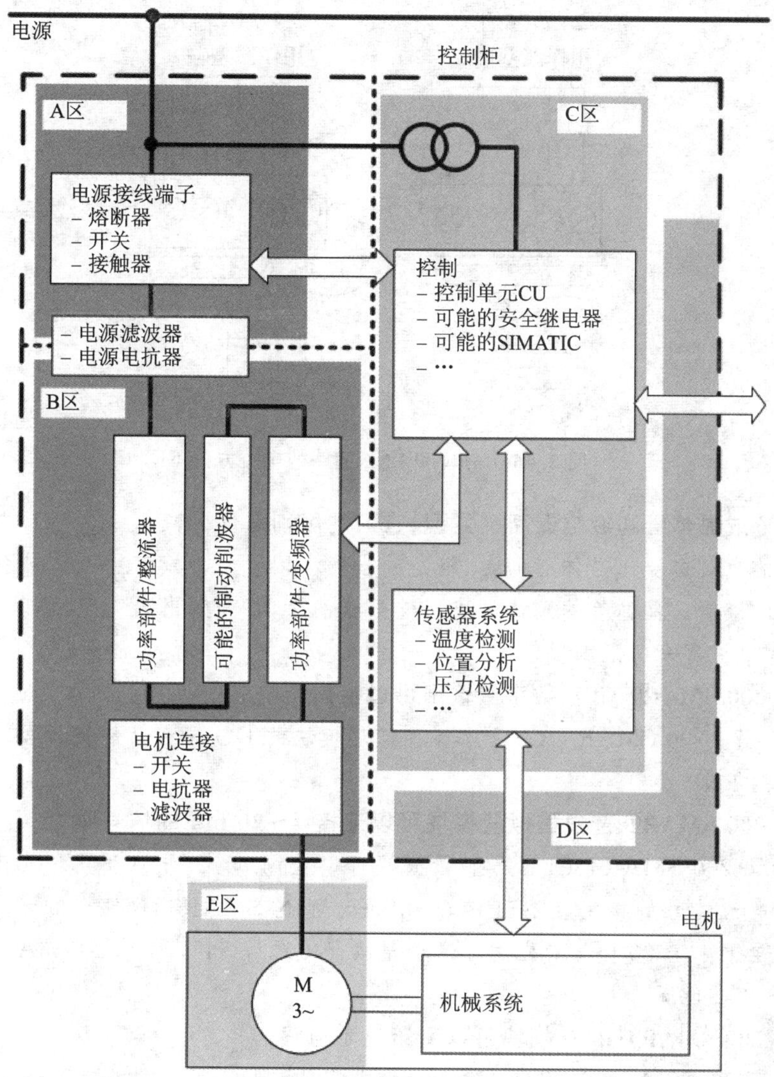

注：------ 接地的分隔板
A区—电源连接；B区—功率电子设备；C区—控制系统和传感器系统；
D区—外围信号接口；E区—电机和电机电缆

图 2.45　EMC 区域控制柜分配

2.5　常问问题

1. 同一个模块的数字量输入端可以同时接 NPN 和 PNP 两种信号的设备吗？

不可以，因为 NPN 和 PNP 两种类型的信号在 DI 端形成的回路中，对于 DI 端的电流方向相反，对于 M 端的电流方向也相反。如图 2.46 中 NPN 和 PNP 回路的电流方向不同，如果把两种信号接到一个 M 端，则 M 端有两种电流流向，这是不正确的。因此不能在同一个模块的 DI 输入端同时接 NPN 和 PNP 两种信号的设备。

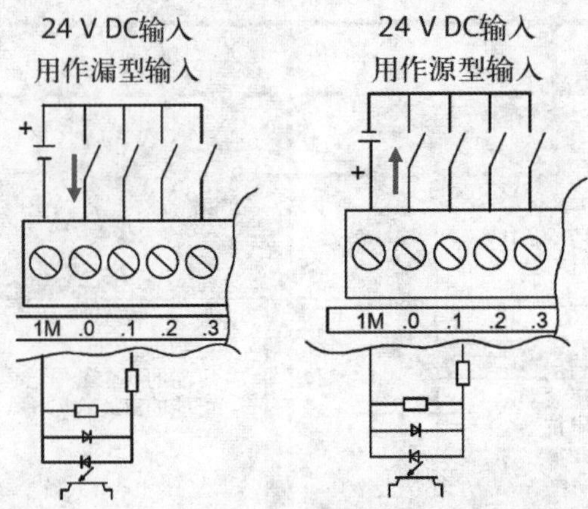

图 2.46　NPN 和 PNP 回路的电流方向不同

2. DO 分成晶体管和继电器两种类型，它们的区别是什么？

继电器的负载电流比晶体管的大，但是输出频率因受到机械装置的影响不能太高，同时存在机械寿命的限制。晶体管的负载电流比继电器的小，但是输出频率高，可以用于高速脉冲输出，而且没有机械寿命的限制。

3. S7－200 SMART CPU 数字量输出可以接漏型的设备吗？

不可以，S7－200 SMART CPU 本体和扩展模块的 DO 端都只能接源型 24 V 的设备，即集电极开路的 PNP 设备。

4. S7－200 SMART 普通模拟量模块可以连接 4～20 mA 的信号吗？

可以，S7－200 SMART CPU 模拟量模块可以检测 0～20 mA 和 4～20 mA 的标准电流信号。两种电流信号的接线在 STEP 7－Micro/WIN SMART 软件中的参数设置都是一样的。其区别在于：0～20 mA 对应的通道值量程是 0～27 648，而 4～20 mA 对应的通道值量程是 5 530～27 648。

5. S7－200 SMART RTD 模块可以测量电阻值吗？

可以，S7－200 SMART RTD 模块最大可以测量 3 000 Ω 的电阻值。如图 2.47 所示，在“类型”下拉菜单中选择“2 线制电阻”、“3 线制电阻”或“4 线制电阻”；在“电阻”下拉菜单中选择可测量电阻的最大值，选择阻值量程范围如图 2.48 所示。

6. S7－200 SMART RTD 和 TC 模块如何得到实际温度值？

把 S7－200 SMART EM RTD 和 TC 模块的通道值除以 10 就是实际的温度值。由于 RTD 和 TC 模块的通道值是整数值，因此需要把整数值转换成浮点数才能在计算后得到带有小数位的温度值。

7. 模拟量模块分辨率和转换精度的区别是什么？

分辨率是 A/D 模拟量转换芯片的转换精度，即用多少位的数值来表示模拟量。下面举例说明 10 位分辨率和 11 位分辨率的区别。S7－200 SMART CPU 模拟量 0～20 mA 的通道值范围为 0～27 648。如果分辨率为 10 位，则表示当外部电流信号的变化大于 0.019 531 25 mA 时，模拟量 A/D 转换芯片即认为外部信号有变化。如果分辨率为 11 位，则表示当外部电流信号的变化大于 0.009 765 625 mA 时，模拟量 A/D 转换芯片即认为外部信号有变化。即

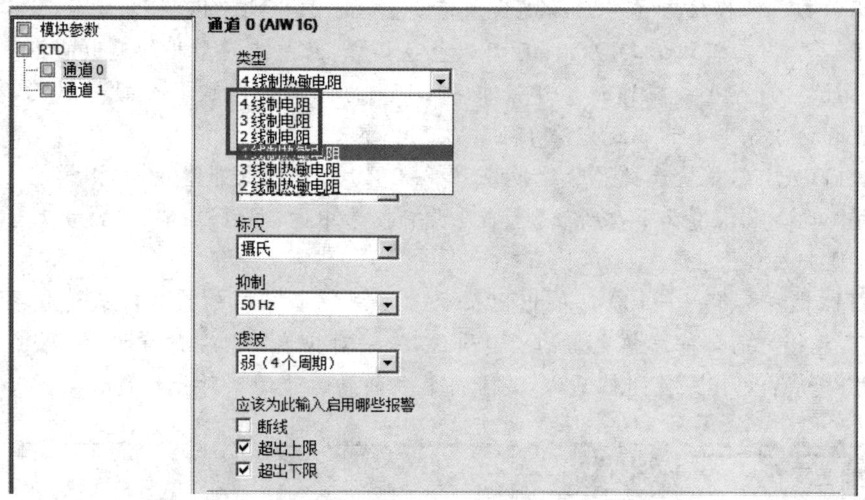

图 2.47　RTD 模块选择电阻

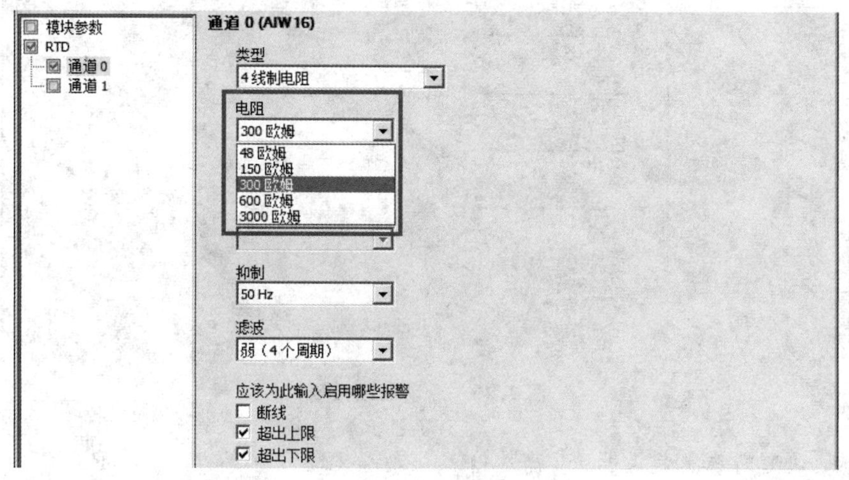

图 2.48　选择阻值量程范围

$$\frac{(20-0)\text{mA}}{2^{10}}=\frac{20}{1\ 024}\text{mA}=0.019\ 531\ 25\ \text{mA}$$

$$\frac{(20-0)\text{mA}}{2^{11}}=\frac{20}{2\ 048}\text{mA}=0.009\ 765\ 625\ \text{mA}$$

模拟量转换的精度除了取决于 A/D 转换的分辨率，还受到转换芯片的外围电路的影响。在实际应用中，输入的模拟量信号会有波动、噪声和干扰，内部模拟电路也会产生噪声、漂移，这些都会对转换的最后精度造成影响。这些因素造成的误差要大于 A/D 芯片的转换误差。

8. S7-200 SMART RTD 和 TC 模块 DIAG 指示灯以红色闪烁的原因是什么？

S7-200 SMART RTD 和 TC 模块的 DIAG 指示灯以红色闪烁的原因有两个：

(1) RTD 或 TC 模块缺少 24 V 直流供电电源。RTD 或 TC 模块缺少 24 V 直流供电电源时，所有通道指示灯以红色闪烁。建议查看 CPU 的信息来确认具体报错原因，查看 CPU 信息的方法请见 2.3.1 小节诊断方法介绍和 2.3.2 小节诊断方法举例。

(2) RTD 或 TC 模块上通道断线或输入值超量程。RTD 或 TC 模块上通道断线或输入值超量程,除了会引起模块的 DIAG 指示灯以红色闪烁,断线或超量程的通道的指示灯也以红色闪烁,以提示用户存在故障通道。建议查看 CPU 的信息来确认具体报错原因,查看 CPU 信息的方法请见 2.3.1 小节诊断方法介绍和 2.3.2 小节诊断方法举例。

如果 RTD 或 TC 模块选择了断线报警,如图 2.49 启动断线报警所示,则模块会检测每个通道的断线情况。默认情况下,“断线”选项是没有被选中的。RTD 或 TC 模块对于没有使用的通道的处理方法如下:

(1) RTD 模块:将一个 100 Ω 的电阻按照与已用通道相同的接线方式连接到空的通道上;或者将已经接好的那一路热电阻的所有引线,一一对应连接到空的通道上。

(2) TC 模块:短接未使用的通道,或者将其并联到旁边的实际接线通道上。

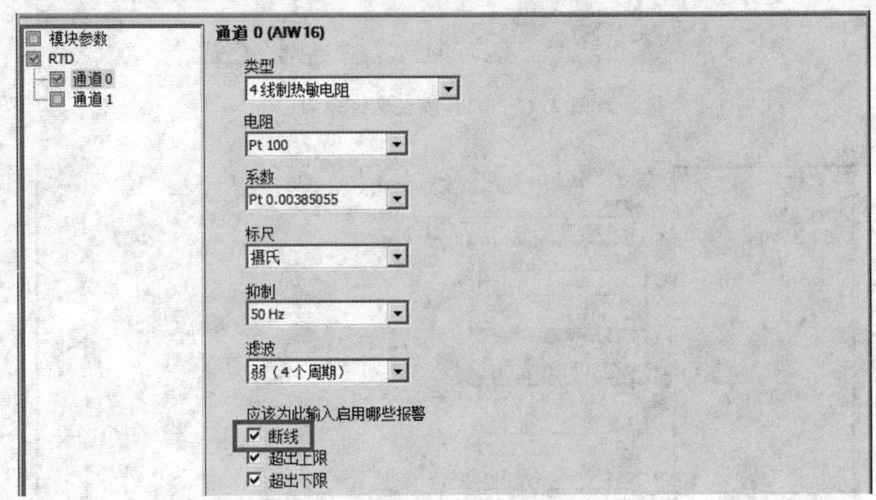

图 2.49　启动断线报警

如果不是通道断线引起的报警,就是输入值超量程了。默认情况下,RTD 和 TC 模块的通道输入值超上下限报警是激活的(即“超出上限”和“超出下限”选项是选中状态)。若发生了该报警,用户需要判断引起通道值超量程的原因:是信号问题还是模块硬件的问题。

9. S7-200 SMART 模拟量通道值不稳定的常见原因是什么?

S7-200 SMART 模拟量通道值不稳定的原因可能如下:

(1) 用户使用的模拟量传感器是自供电源,该传感器的电源没有与模拟量模块的工作电源进行等电位连接,即传感器的信号地与模拟量输入模块的电源地没有连接。这会产生一个很高的上下振动的共模电压,从而影响模拟量输入值。

解决方法:连接模拟量传感器信号的负端与模拟量模块供电的 M 端,如图 2.50 所示。

(2) 模拟量信号线过长、信号线没有使用屏蔽双绞线、屏蔽层没有接地、现场存在电磁干扰等。模拟量信号在使用屏蔽双绞线的情况下最长距离是 100 m。模拟量信号容易受到电磁干扰,信号线要选择屏蔽双绞线,屏蔽层需要接地。

还可以通过设置模拟量模块的滤波程度来平滑模拟量输入信号,如图 2.51 所示的模拟量输入滤波设置,在 STEP 7-Micro/WIN SMART 软件的系统块中,模拟量模块输入通道的

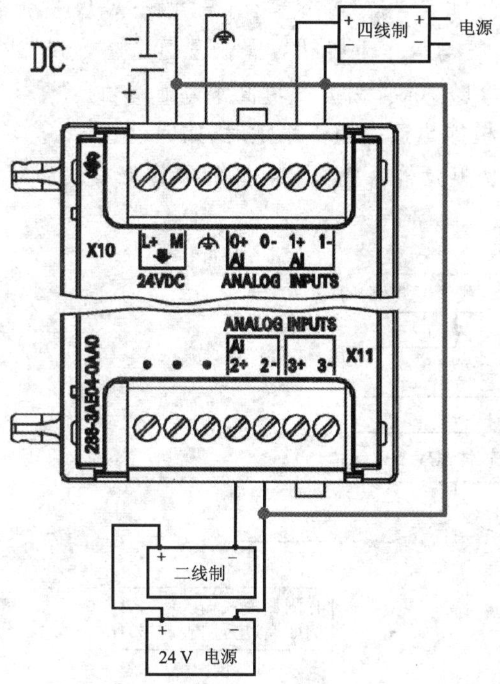

图 2.50　等电位连接

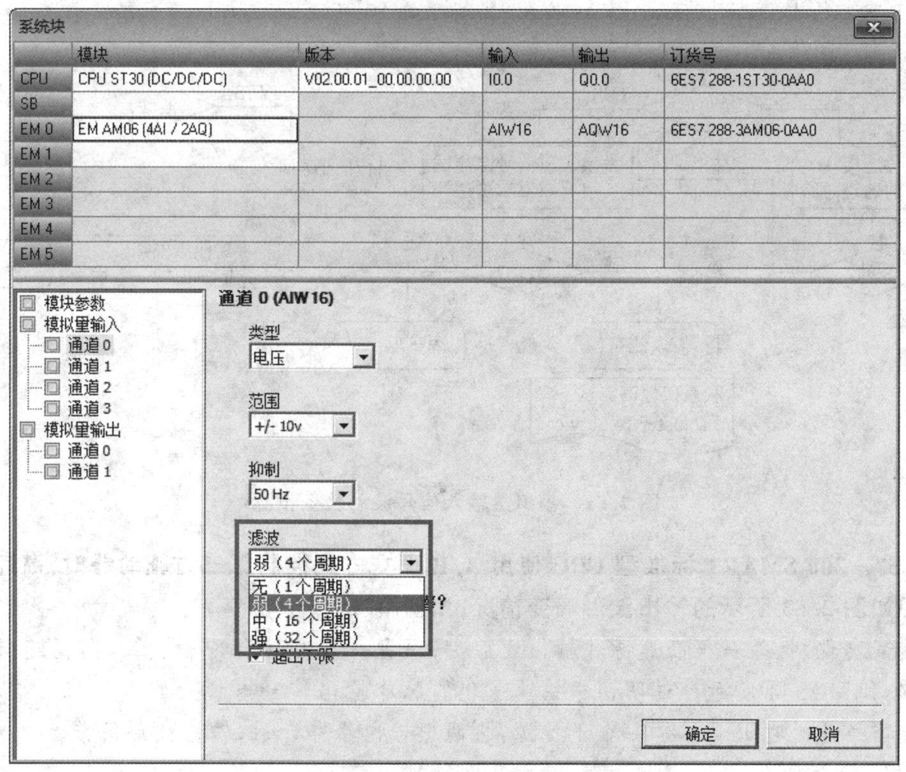

图 2.51　模拟量输入滤波

“滤波”属性分成“无”、“弱”、“中”、“强”四个等级。这四个等级分别按照不同的周期数量来计算模拟量通道平均值,把该平均值作为实时的模拟量通道值。以“中”为例,也就是把 16 个采样周期的通道值取和之后除以 16,得到的平均值作为通道值。

10. S7－200 SMART 模拟量通道值不稳定时,如何检查?

当 S7－200 SMART 模拟量输入模块接收到的测量值有波动时,可通过图 2.52 所示的步骤进行检查。

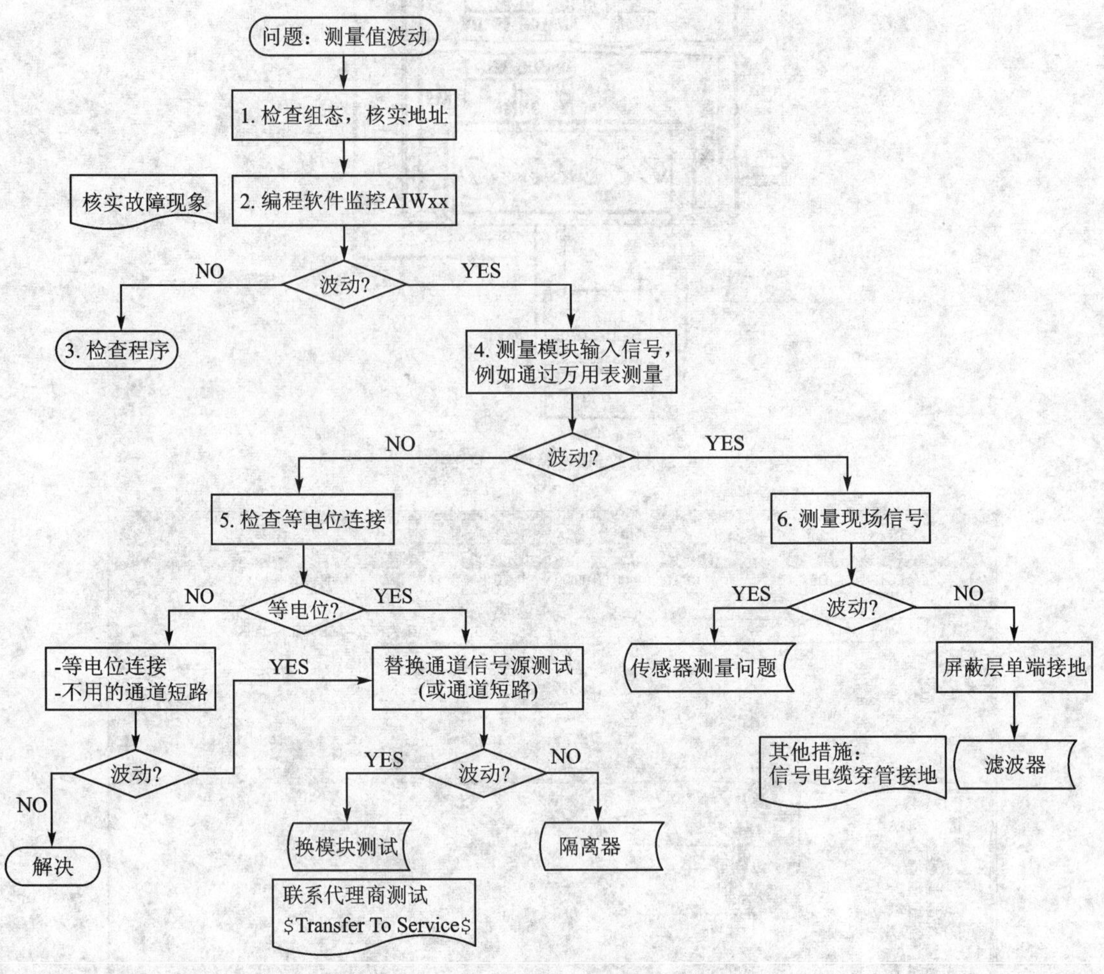

图 2.52　模拟量输入信号波动检查步骤

11. S7－200 SMART 标准型 CPU 使用 A/B 正交方式控制第三方驱动器时,高速脉冲输出时出现如图 2.53 所示的输出波形畸变情况,如何解决?

经测试发现,拆除一根高速脉冲输出线后,只保留一根高速脉冲输出线时,高速脉冲输出波形正常,如图 2.54 所示。说明两根快速变化的脉冲输出信号电缆互相之间有影响,高频输出的直流信号此时可以看作是一个干扰源,将两根输出线分开后,输出波形正常。

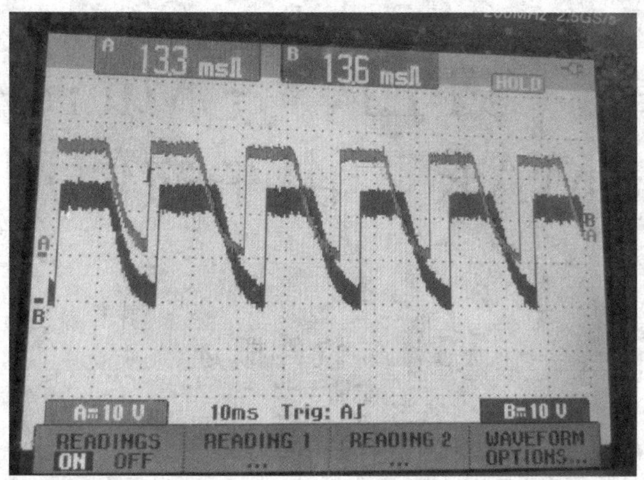

图 2.53　输出波形畸变

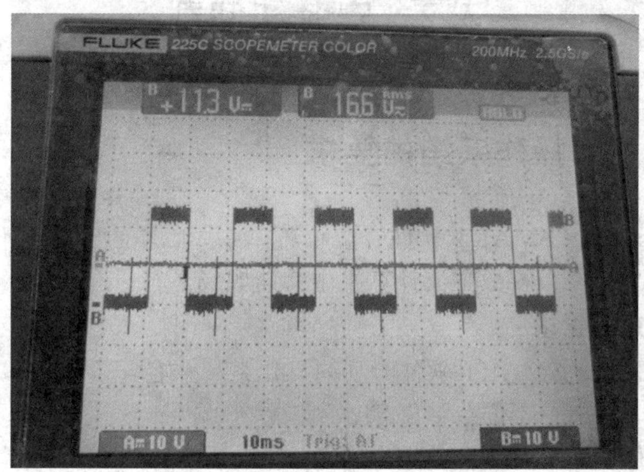

图 2.54　输出波形正常

第3章 STEP 7 - Micro/WIN SMART 软件的使用

3.1 软件概述

STEP 7 - Micro/WIN SMART 是西门子专门为 S7 - 200 SMART PLC 开发的组态、编程和操作软件。目前其最高版本是 V2.3。

3.2 安装和卸载

3.2.1 对计算机和操作系统的要求

STEP 7 - Micro/WIN SMART 软件容量小巧，V2.3 版本的安装包不到 300 MB，对用户计算机没有很高的要求，在大多数主流计算机中都能顺畅运行。

1. 对操作系统的要求：

STEP 7 - Micro/Win SMART 软件与下列操作系统兼容：

- Windows 7(32 位和 64 位)；
- Windows 10。

2. 对计算机配置的要求：

硬件方面，仅需满足下面要求：

- 至少 350 MB 的硬盘空间；
- 屏幕分辨率为 1 024×768 或者以上，小字体设置；
- 有可用的键盘、鼠标和通信网卡。

3. 对运行环境的要求：

在安装和使用 STEP 7 - Micro/WIN SMART 软件时，用户必须具有足够的权限，建议使用管理员身份登录。

3.2.2 安装软件

在 Windows 文件夹中，双击 STEP 7 - Micro/WIN SMART 软件安装包中名为“setup”的可执行文件，即可开始软件安装。软件安装包文件如图 3.1 所示。

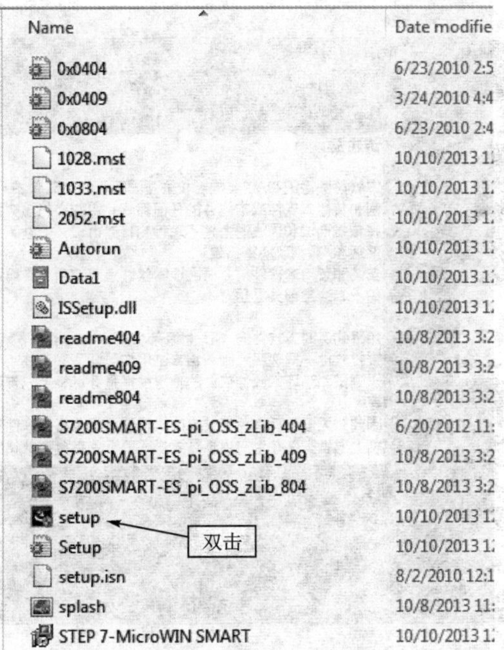

图 3.1 软件安装包文件

注意：

- 如果当前用户不是以管理员身份登录，强烈建议用户注销并以管理员身份重新登录，以防止安装过程中遇到错误而中断。
- 在安装过程中，建议关闭消耗计算机运行资源的其他应用程序和有可能干扰安装正常进行的防火墙、杀毒软件等。

下面是安装过程中一些重要的步骤：

① 选择安装语言。STEP 7 - Micro/WIN SMART 软件具有简体中文、繁体中文和英语三种安装引导语言。这里用户选择的是简体中文，如图 3.2 所示。

图 3.2 选择语言

② 接受安装许可协议，如图 3.3 所示。

③ 选择安装路径。用户可以单击“浏览”按钮修改安装路径，如图 3.4 所示。如果用户没有更改安装路径，则 STEP 7 - Micro/WIN SMART 软件在 Windows 7 操作系统中默认的安

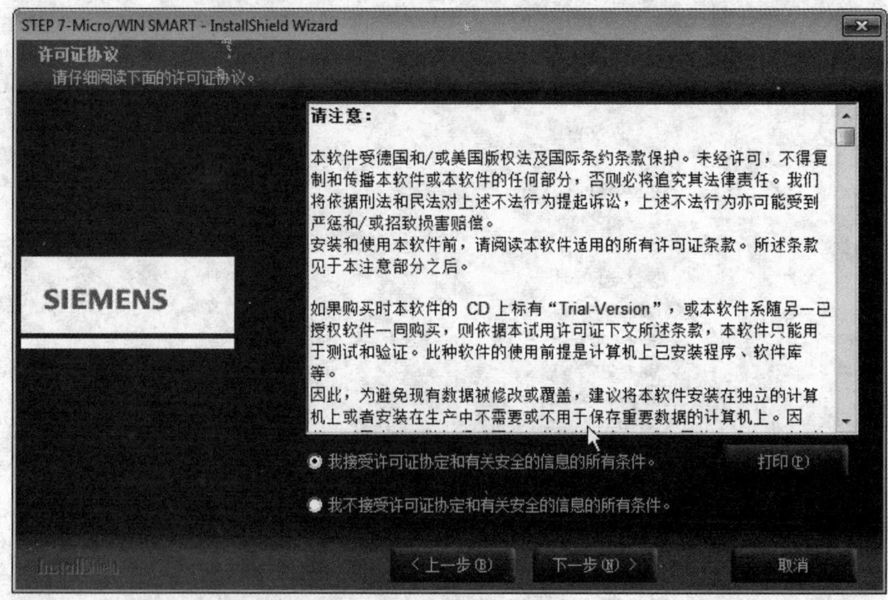

图 3.3　接受安装许可协议

装路径为：C:\Program Files (x86)\Siemens\STEP 7-MicroWIN SMART。

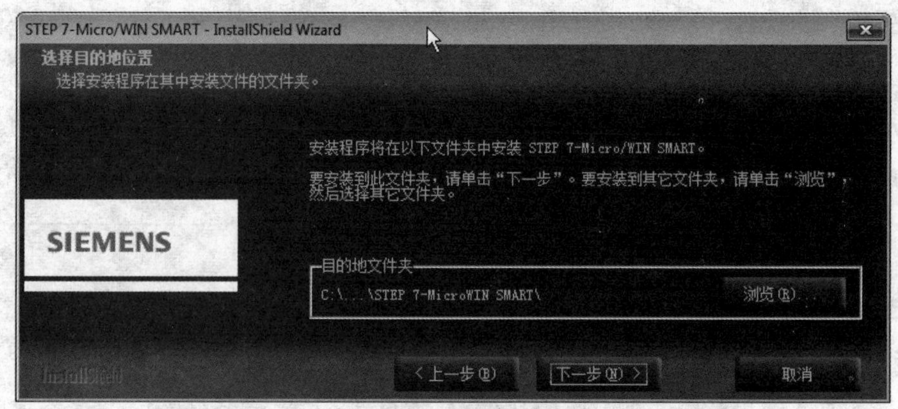

图 3.4　选择安装路径

所有安装步骤成功操作完成后，用户可以通过桌面上的快捷方式或者选择 Windows 的“开始”→“所有程序”→SIMATIC→STEP 7-MicroWIN SMART 来启动软件。安装完成界面如图 3.5 所示。

3.2.3　卸载软件

在 Windows 操作系统控制面板的“程序和功能”(Windows 7)中，卸载已安装的 STEP 7-MicroWIN SMART 软件。在 Windows 7 操作系统中，从已安装软件列表中右击“STEP 7-MicroWIN SMART V2.3”选项，在弹出的快捷菜单中选择“卸载”选项，如图 3.6 所示。

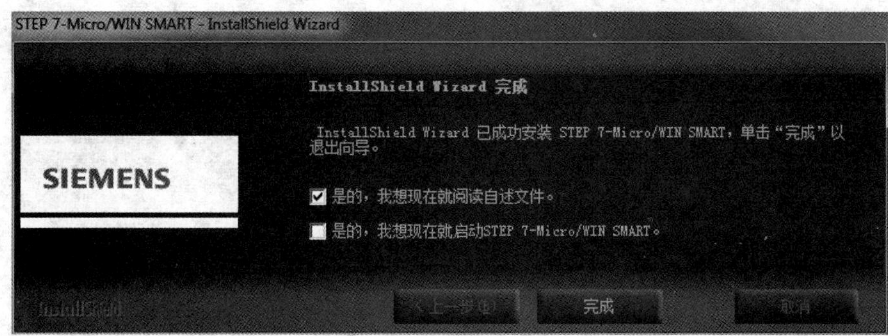

图 3.5　安装完成

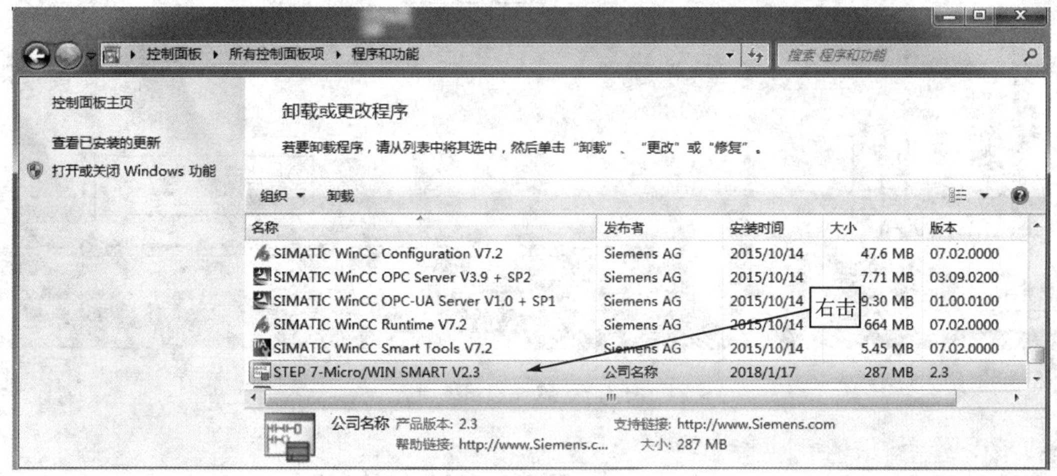

图 3.6　卸载软件

3.3　软件的界面介绍

STEP 7 - Micro/WIN SMART 软件作为新一代的小型控制器的编程和组态软件，采用耳目一新的彩色界面，重新整合了工具菜单的布局，同时允许用户自定义整体界面的布局和窗口大小，给用户短小精干的使用体验。

双击桌面的快捷方式打开该软件，出现如图 3.7 所示的软件初始界面。

STEP 7 - Micro/WIN SMART 软件由下面几个重要部分组成：

① 平铺式工具栏；

② 项目树和指令树；

③ 程序编辑器；

④ 主菜单和新建、保存等快捷方式；

⑤ 符号表、状态表等快捷方式；

⑥ 启动、停止、上传、下载等常用快捷方式；

⑦ 其他窗口：用于显示符号表、变量表等。

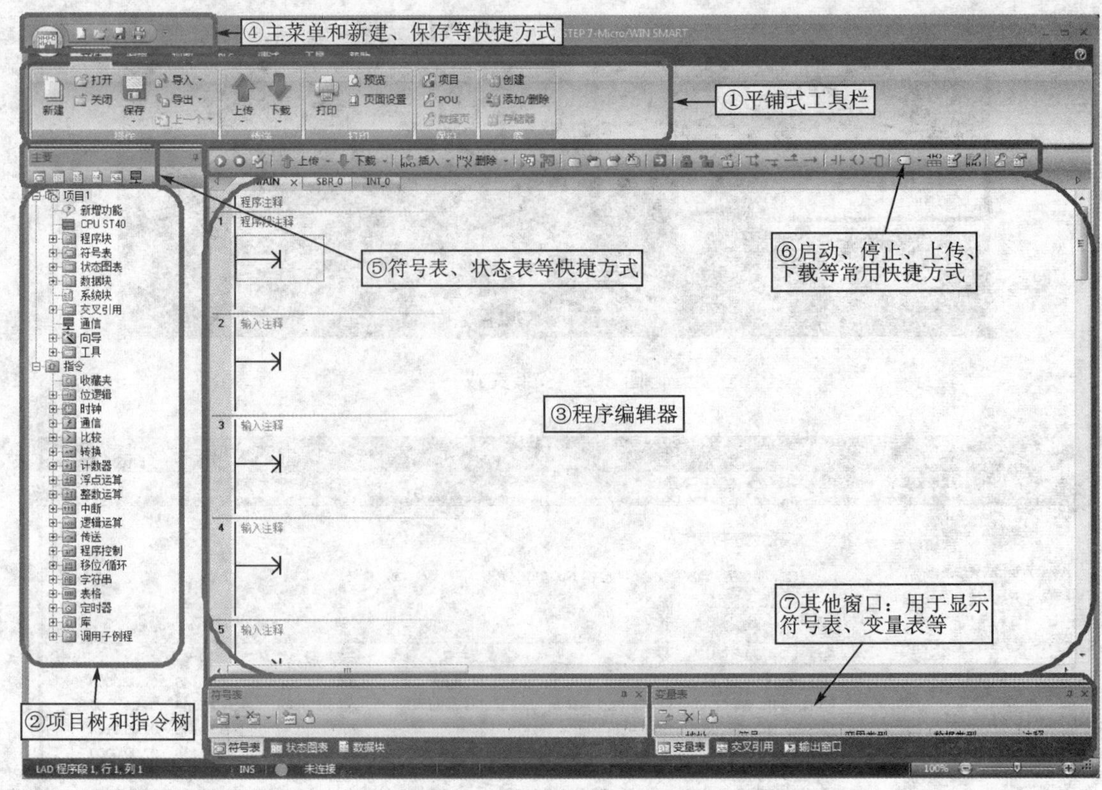

图 3.7　软件初始界面

3.4　桌面菜单的结构

STEP 7-Micro/WIN SMART 软件下拉菜单的结构为桌面平铺模式，根据功能类别分为文件、编辑、视图、PLC、调试、工具和帮助七组。这种分类方式和西门子其他工控软件类似，可以让初学者更加容易上手。

“文件”菜单主要包含对项目整体的编辑操作，以及上传/下载、打印、保存和对库文件的操作，如图 3.8 所示。

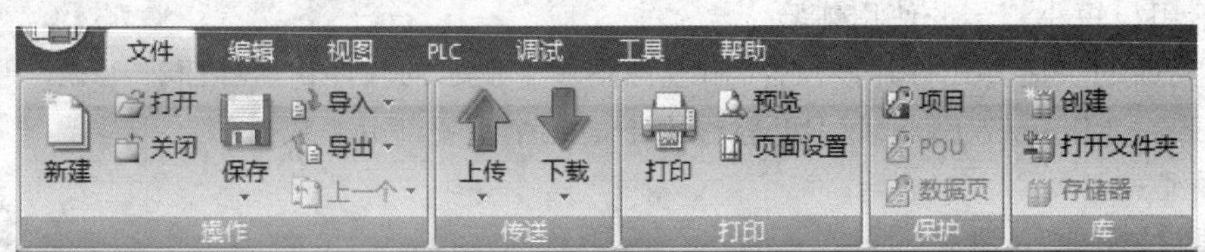

图 3.8　“文件”菜单

“编辑”菜单主要包含对项目程序的修改功能，包括剪贴板、插入和删除程序对象以及搜索功能，如图 3.9 所示。

“视图”菜单包含的功能有程序编辑语言的切换、不同组件之间的切换显示、符号表和符号寻址优先级的修改、书签的使用，以及打开 POU 和数据页属性的快捷方式，如图 3.10 所示。

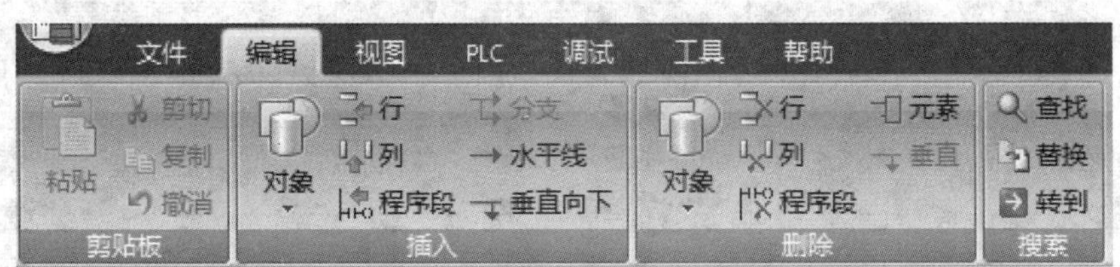

图 3.9　“编辑”菜单

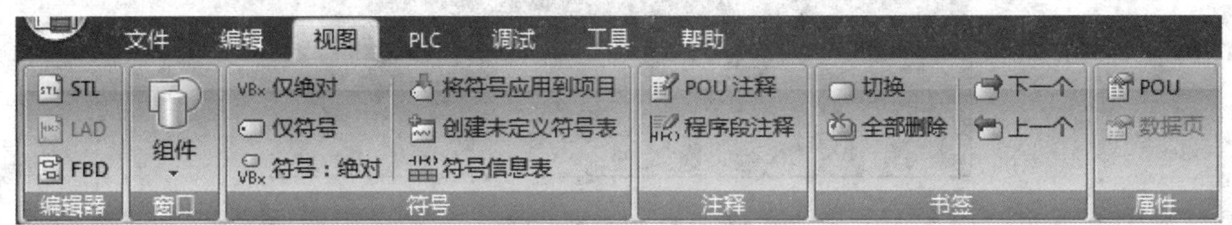

图 3.10　“视图”菜单

PLC 菜单包含的主要功能是对在线连接的 S7 - 200 SMART CPU 的操作和控制，比如控制 CPU 的运行状态、编译和传送项目文件、清除 CPU 中项目文件、比较离线和在线的项目程序、读取 PLC 信息以及修改 CPU 的实时时钟，如图 3.11 所示。

图 3.11　PLC 菜单

“调试”菜单的主要功能是在线连接 CPU 后，对 CPU 中的数据进行读/写和强制对程序运行状态进行监控。这里的“执行单次”和“执行多次”的扫描功能是指 CPU 从停止状态开始执行一个扫描周期或者多个扫描周期后自动进入停止状态，常用于对程序的单步或多步调试。“调试”菜单如图 3.12 所示。

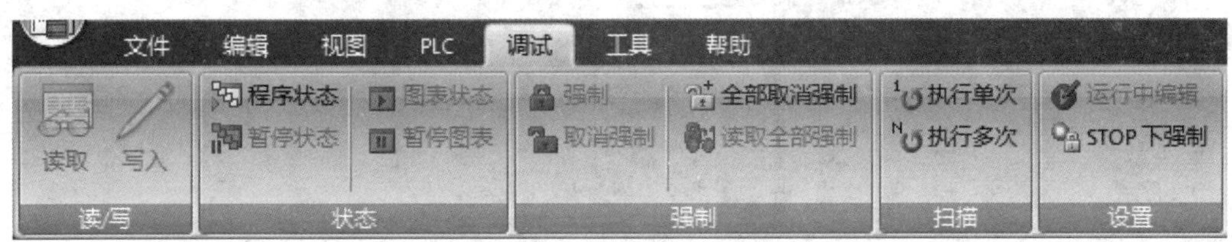

图 3.12　“调试”菜单

“工具”菜单中主要包含向导和相关工具的快捷打开方式以及 STEP 7 - Micro/WIN SMART 软件的选项，如图 3.13 所示。

“帮助”菜单包含软件自带帮助文件的快捷打开方式和西门子支持网站的超级链接以及当前的软件版本，如图 3.14 所示。

图 3.13 “工具”菜单

图 3.14 “帮助”菜单

3.5 新建、打开、保存项目文件

可以通过下面三种方法来新建、打开和保存项目文件(如图 3.15 所示):

① 打开主菜单选择“新建”、“打开”或“保存”选项。

② 单击主菜单按钮右侧的快捷按钮。

③ 使用快捷键新建(Ctrl+N)、打开(Ctrl+O)和保存(Ctrl+S)。

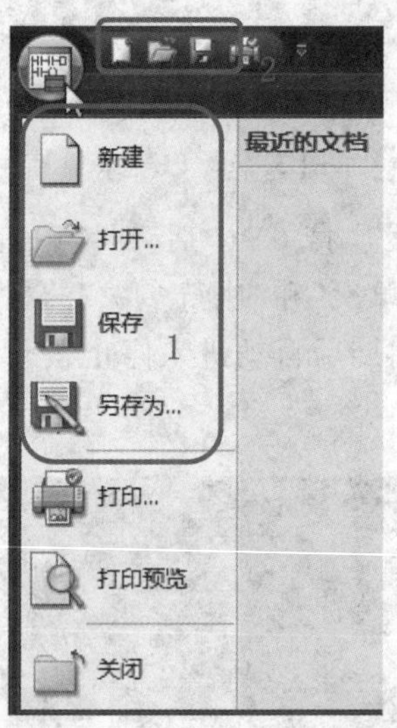

图 3.15 新建、打开和保存

3.6 关闭和显示窗口

如果 STEP 7-Micro/WIN SMART 软件打开窗口过多,显示过于密集,可以单击窗口右上角的 ✕ 按钮来关闭窗口,如图 3.16 所示。

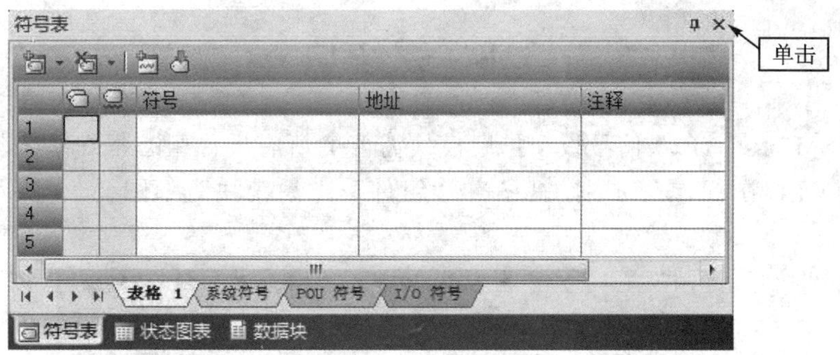

图 3.16　关闭窗口

可以通过单击项目树上的快捷方式，或者双击项目树中的选项名称，再次打开已关闭的窗口，如图 3.17 所示。

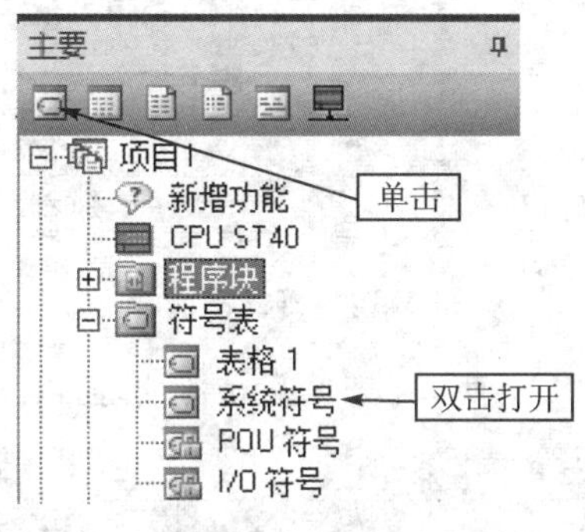

图 3.17　项目树

3.7　隐藏或动态隐藏窗口

如果不希望永久关闭某个窗口，只是希望将其临时隐藏，则可以单击窗口右上角的按钮来设置窗口的动态隐藏。如果按钮为直立状态，则该窗口永久显示；如果按钮为水平状态，则该窗口动态隐藏。处于动态隐藏状态的窗口，只有当光标移动到其标签名称上时才会自动显示，如图 3.18 所示。

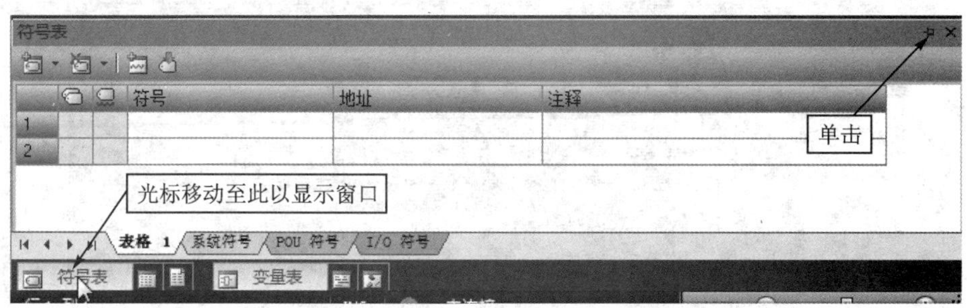

图 3.18　动态隐藏窗口

3.8 系统块

S7－200 SMART CPU、信号板和扩展模块需要的所有硬件组态都在系统块中配置。双击项目树中的 CPU 图标，或者选择“视图”→“组件”→“系统块”，如图 3.19 所示，打开“系统块”对话框。

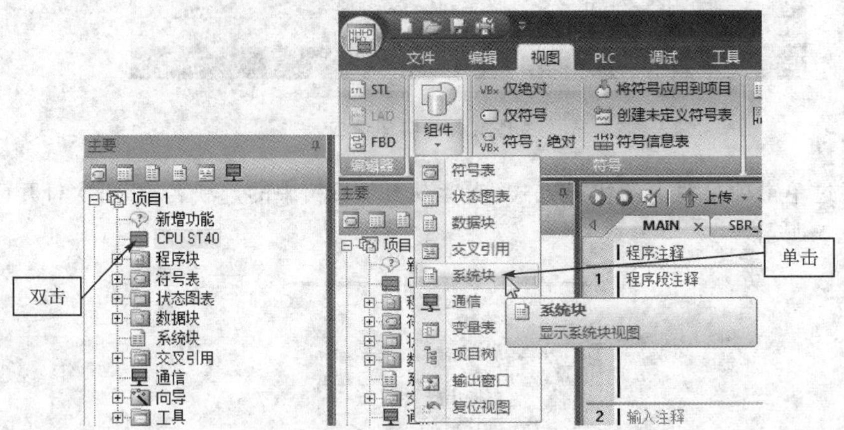

图 3.19　打开系统块

系统块的初始界面如图 3.20 所示，详细信息请参考本书 4.2 节。

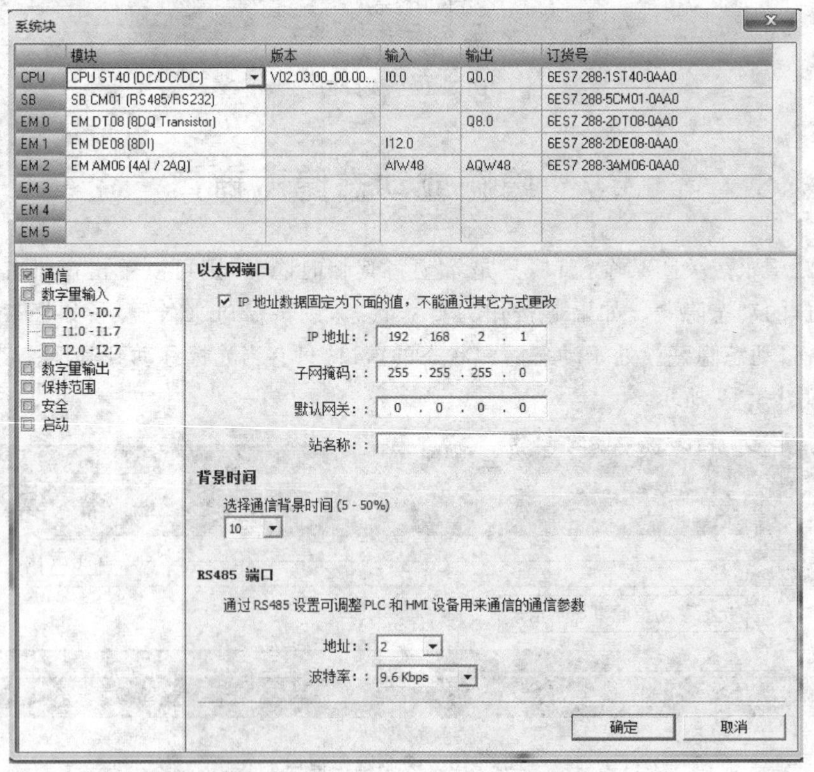

图 3.20　系统块的初始界面

3.9　设置 CPU 时钟

在正式使用 S7 - 200 SMART CPU 之前，用户通常需要将它的出厂默认时间修改为实时的日期和时间。通过 STEP 7 - Micro/WIN SMART 软件，可以将计算机的时间设定到 CPU 中，具体的操作步骤如下：

① 选择 PLC→"修改"→"设置时钟"选项，如图 3.21 所示。

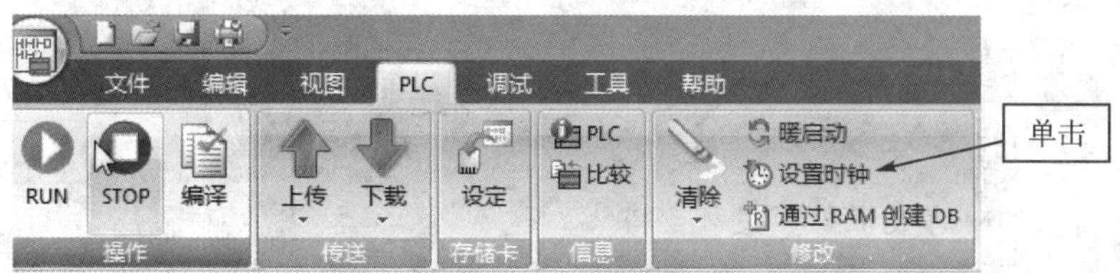

图 3.21　设置时钟

② 连接 PLC。如果目前 STEP 7 - Micro/WIN SMART 软件与 S7 - 200 SMART CPU 尚未建立连接，则"通信"对话框会被自动打开，用户单击"查找 CPU"按钮以连接 CPU，如图 3.22 所示。

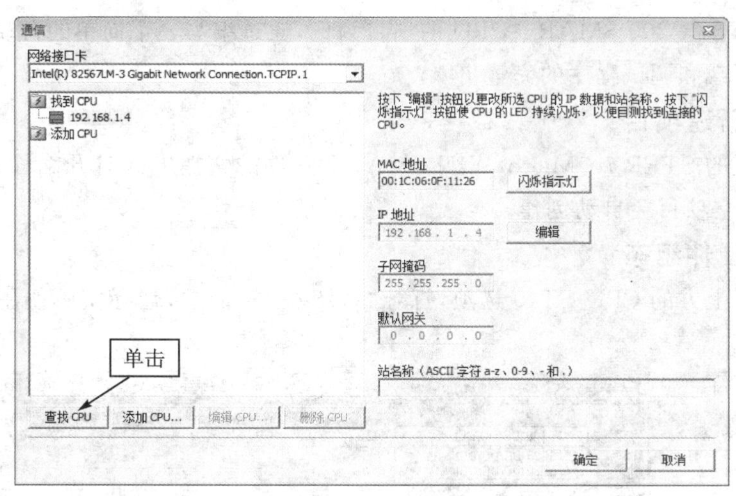

图 3.22　建立连接

③ 读取 PC 时间，设置 CPU 时间。成功建立连接后，再次选择 PLC→"修改"→"设置时钟"选项，会弹出"CPU 时钟操作"对话框。首先单击"读取 PC"按钮读取 PC 当前的日期和时间，再单击"设置"按钮，即可完成对 S7 - 200 SMART CPU 的时钟设置，如图 3.23 所示。

⚠ **注意：** 用户可以设置 S7 - 200 SMART 所有型号 CPU 的时间和日期，但由于紧凑型 CPU 没有实时时钟，每次循环上电后，时间都初始化为 2000 年 1 月 1 日。如果标准型 CPU 的时钟断电时间过长（超级电容通常可以保持 7 天，电池卡大约可以保持 1 年），时钟丢失后时间都初始化为 2000 年 1 月 1 日。

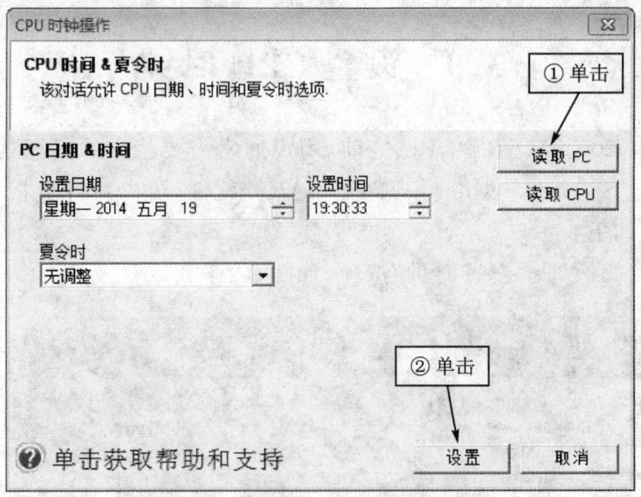

图 3.23 "CPU 时钟操作"对话框

3.10 新建、编辑、下载和调试一个程序

本节以一个 S7-200 SMART CPU 的项目为例,通过编写一个简单的自锁程序来介绍如何新建、编辑、下载和调试程序的完整步骤。

第一步:新建项目

双击桌面上的 STEP 7-Micro/WIN SMART 软件的快捷方式打开编程软件后,一个命名为"项目 1"的空项目会自动创建。

第二步:硬件组态

双击项目树上方的 CPU ST40 选项,打开"系统块"对话框,选择实际使用的 CPU 类型,如图 3.24 所示。

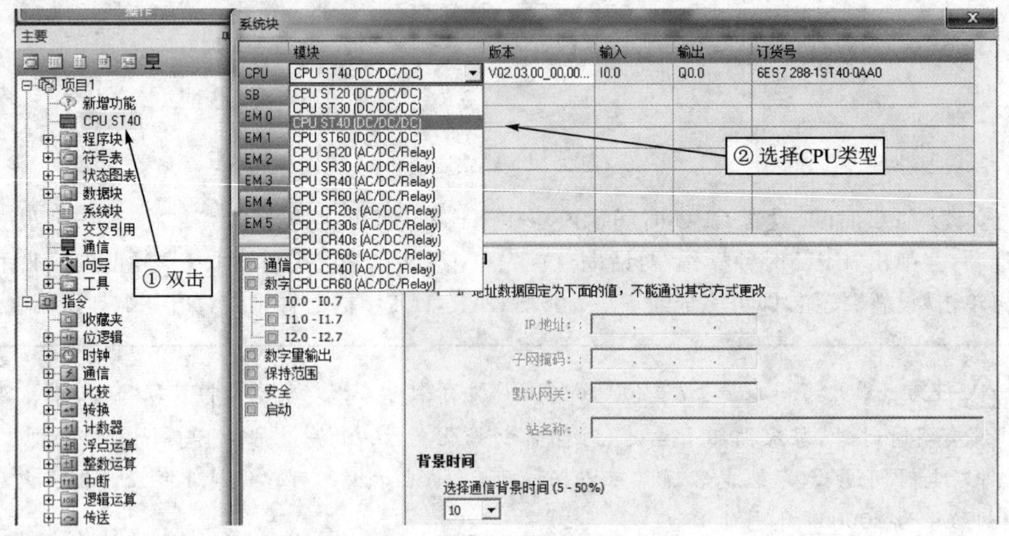

图 3.24 选择 CPU 类型

第三步：编写程序

成功新建项目后，主程序编辑界面会自动打开。这里以最常用的梯形图语言为例。

(1) 插入第一个触点

单击选中程序段1中的向右箭头，按F4快捷键或者单击上方“插入触点”快捷按钮，选择插入一个常开触点，如图3.25所示。在地址下拉列表中选择“CPU输入0”，如图3.26所示。

图3.25　插入触点

(2) 插入第二个触点

再插入第二个触点，与第一个触点之间是“或”的关系。单击选中常开触点下方的空白区域，然后展开指令树中的“位逻辑”文件夹，双击第一个“常开触点”指令，将其添加到预先指定的位置。当然，用户也可以通过拖拽和释放的方式添加指令。插入触点后，选择地址为“CPU输出0”。具体操作如图3.27所示。

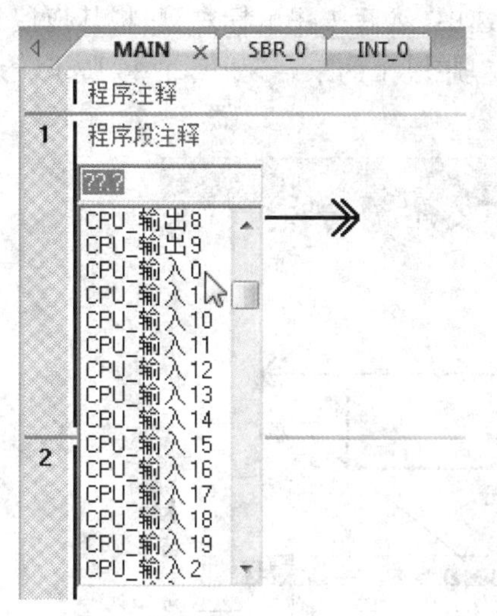

图3.26　选择“CPU输入0”

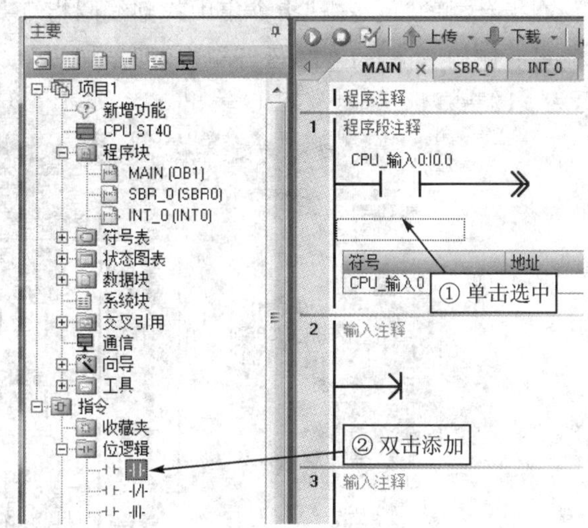

图3.27　插入第二个触点

(3) 合并能流

选中第二行的向右双箭头，再单击上方“插入向上垂直线”的快捷按钮，或者按“CTRL＋向上键”，向上插入垂直线，如图3.28所示。

然后选中第一行的向右双箭头，再单击上方“插入水平线”的快捷按钮，或者按“CTRL＋向右键”，向右插入水平线，如图3.29所示。

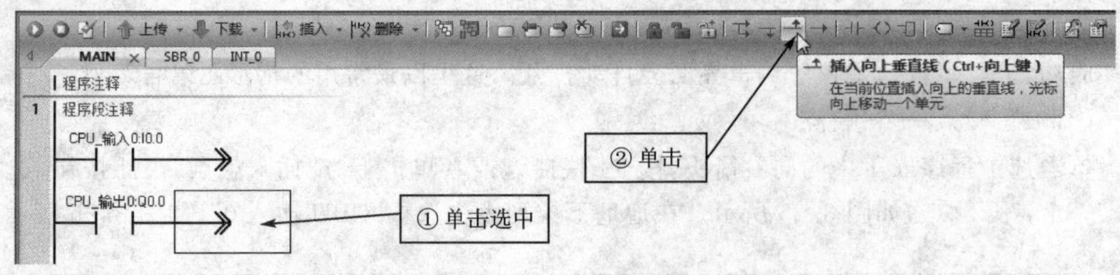

图 3.28　向上插入垂直线

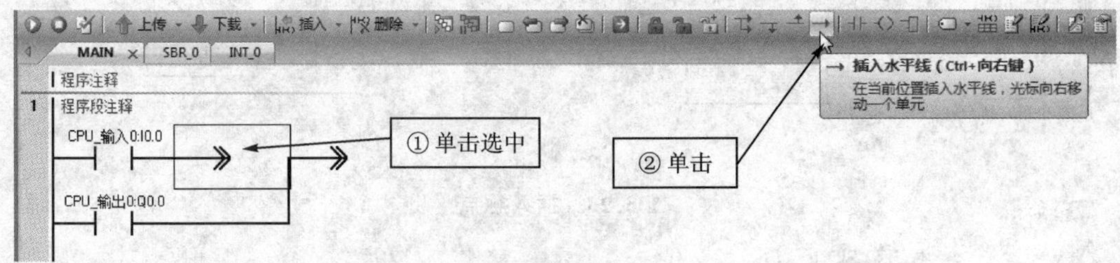

图 3.29　向右插入水平线

当然，合并能流的操作方式并不唯一，操作顺序也比较灵活，上文介绍的只是一种方法，供用户参考。

(4) 添加线圈

在指令树的“位逻辑”指令集中找到线圈指令并单击选中，然后按住鼠标左键，将其拖拽到能流最右侧的双箭头位置，松开鼠标，即添加一个线圈到程序段 1 的末端，如图 3.30 所示。之后，为线圈指令选择地址“CPU 输出 0”。

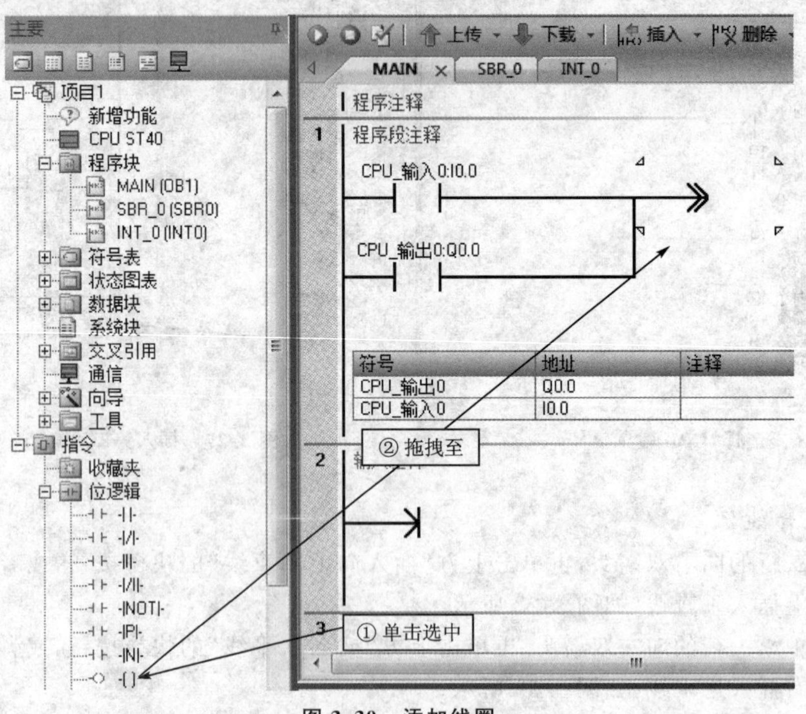

图 3.30　添加线圈

第四步：检查编译

程序编写完成后，可以选择 PLC→"编译"按钮，检查有无语法错误。

第五步：项目下载

(1) 通过以太网方式下载

选择"文件"→"下载快捷方式"选项打开"通信"对话框，如图 3.31 所示。用户首先需要：

① 选择正确的网卡。

② 单击"查找 CPU"按钮。

③ 找到 CPU 后，单击选中该 CPU，单击"确定"按钮关闭"通信"对话框。

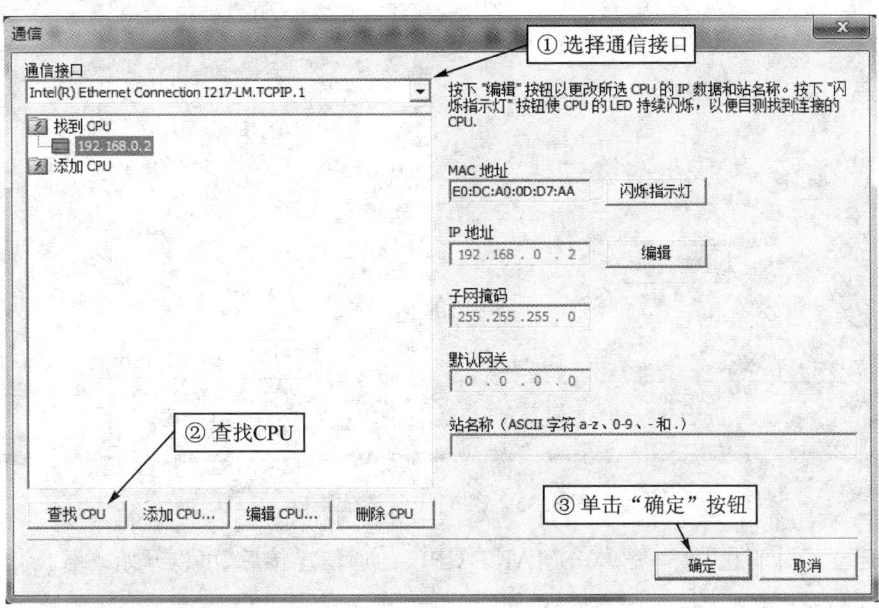

图 3.31　"通信"对话框

成功建立了计算机与 S7－200 SMART CPU 的通信连接后，可以开始下载操作，如图 3.32 所示。

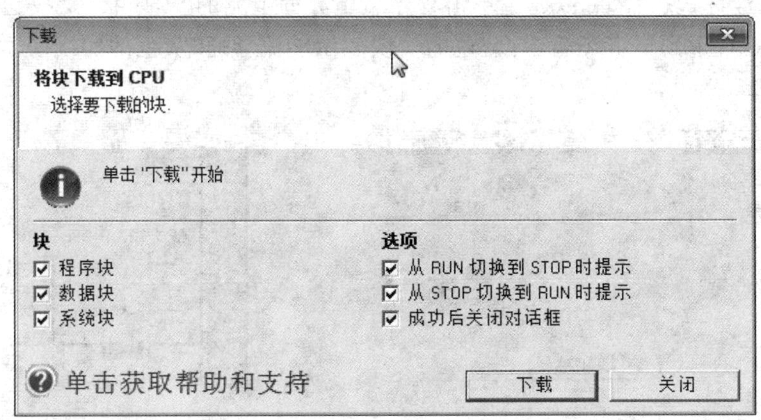

图 3.32　"下载"对话框

(2) 通过 USB/PPI 编程电缆下载

① 选择通信接口:PC/PPI cable. PPI. 1,如图 3.33 所示。

② 单击“查找 CPU”按钮。

③ 找到 CPU 后,单击选中该 CPU,单击“确定”按钮关闭“通信”对话框。

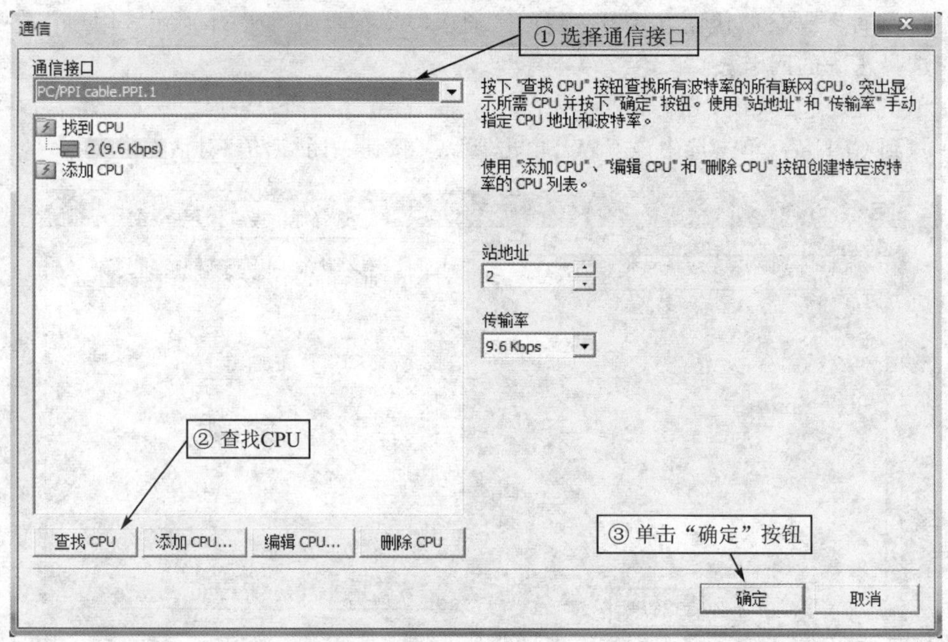

图 3.33 USB-PPI 通信接口

成功建立了计算机与 S7-200 SMART CPU 的通信连接后,可以开始下载操作。

第六步:在线监控

如果下载之前 CPU 处于停止状态,那么监控之前首先需要将 CPU 切换到运行状态。用户单击程序编辑界面上方或者 PLC 菜单功能区中的“RUN”按钮即可切换。启动 CPU 如图 3.34 所示。

CPU 进入运行状态后,可以通过单击程序编辑界面上方的“程序状态”按钮在线监控程序的运行状态。在梯形图语言环境中,蓝色的实线表示能流导通,灰色的实线表示能流中断。在线监控如图 3.35 所示。

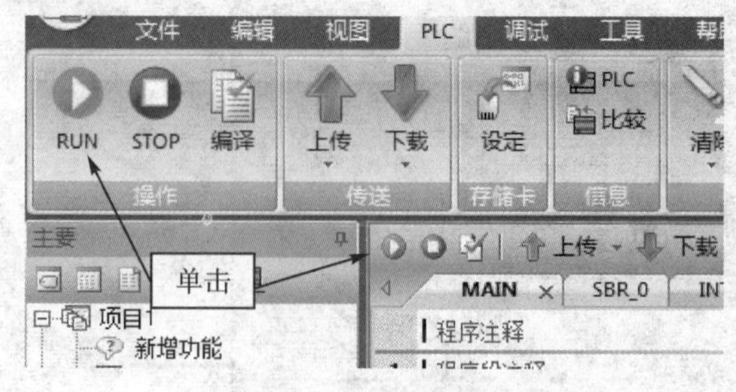

图 3.34 启动 CPU

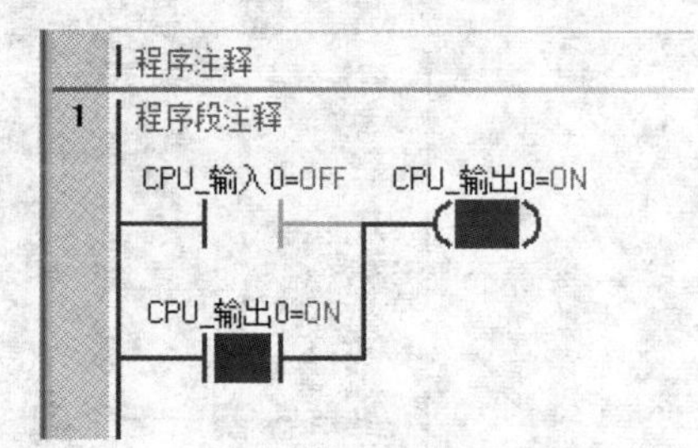

图 3.35 在线监控

3.11　变量符号表

单击项目树上方左边第一个"符号表"按钮可打开符号表，如图 3.36 所示。

图 3.36　打开符号表

符号表如图 3.37 所示，一个项目的符号表由操作快捷按钮、表格主体和表格标签几部分组成。

1. 表格主体

从图 3.37 符号表中可以看出，表格主体包含符号、地址和注释三列。

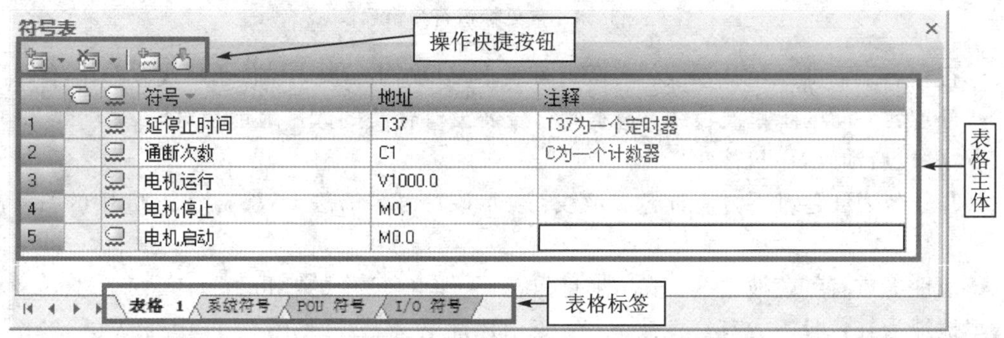

图 3.37　符号表

(1) 符　号

"符号"一列为符号名，最多可以由 23 个字符组成，可以包含大小写字母、汉字、阿拉伯数字和一些字符。符号名必须符合下面语法规则：

- 不能用数字作为符号名的开头；
- 可以包含下划线等字符，但必须是在 ASCII 128～ASCII 256 中的扩充字符；
- 不能使用关键字(如"BOOL")作为符号名(关键字列表请参考 STEP 7 - Micro/WIN SMART 软件在线帮助)；
- 相同的地址不能有多个符号名；
- 相同的符号名不能分配给不同的地址。

(2) 地　址

用户可以为 S7 - 200 SMART CPU 的各种地址分配符号名。可被分配符号名的地址包括：I、Q、AI、AQ、V、M、T、C、S。需要注意的是，在 STEP 7 - Micro/WIN SMART 软件中新建一个项目后，通常系统符号表和 I/O 符号表会被自动插入，如果需要，用户可以自行修改已有符号表中的条目，以防止对地址重复命名。

(3) 注　释

注释最多可以包含 79 个字符，可以包含汉字、字母、数字和常用符号。

(4) 常见标识符和错误

常见标识符和错误如图 3.38 所示，红色的部分表示错误。

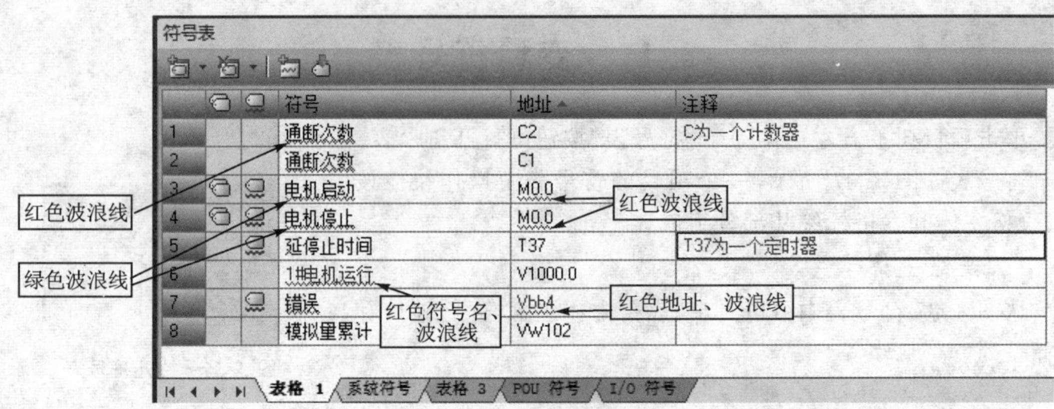

图 3.38　常见标识符和错误

- 符号名下面的红色波浪线：表示符号名重复(见图 3.38 中的“通断次数”)；
- 符号名下面的绿色波浪线：表示此符号名没有合法的数据地址相对应(见图 3.38 中的“电机启动”、“电机停止”)；
- 符号名为红色且下方有红色波浪线：表示该符号名语法无效(见图 3.38 中的“1＃电机运行”)；
- 地址下方有红色波浪线：表示地址重复(见图 3.38 中的“M0.0”)；
- 地址为红色且下方有红色波浪线：表示地址语法无效(见图 3.38 中的“Vbb4”)；
- 图标 ：表示该符号名与其他符号名有地址重叠；
- 图标 ：表示在项目中该符号名未被使用。

2. 操作快捷按钮

符号表中快捷按钮的功能从左至右依次是：添加表、删除表、创建未定义符号表和将符号表应用到项目。

(1) 添加表

通过“添加表”，可以在项目中插入一个符号表、系统符号表、I/O 映射表，或者在当前符号表中插入新一行。

(2) 删除表

通过“删除表”，可以删除一个符号表或者当前符号表中的一行。

(3) 创建未定义符号表

在程序中，如果用户已经使用了一个符号名，但是还未给此符号名分配数据地址，“模拟量累计”就是一个未定义的符号名，如图 3.39 所示。

单击“创建未定义符号表”按钮后，STEP 7－Micro/WIN SMART 软件会自动创建一个新符号表，并将项目中所有的未定义符号名罗列在这个新符号表中，未定义符号表如图 3.40 所示。用户在“地址”列中键入地址即可。

 **注意：** 该地址的数据长度必须符合指令要求。

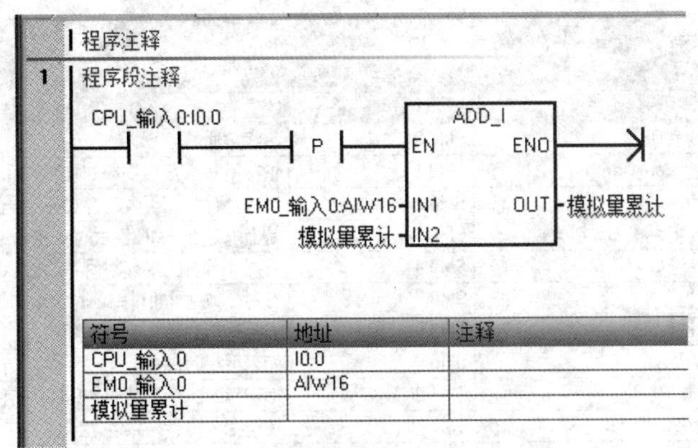

图 3.39　未定义符号名

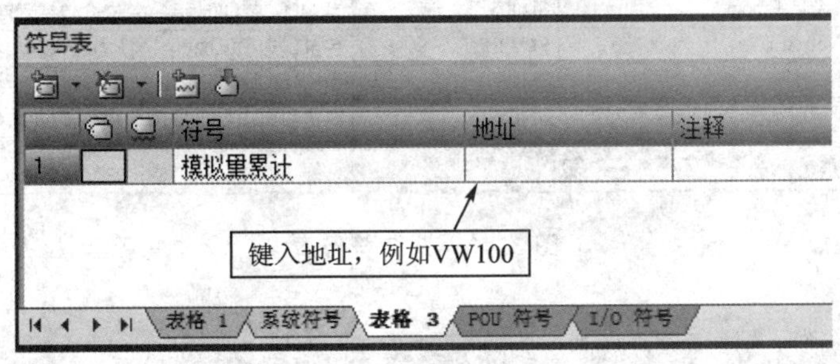

图 3.40　未定义符号表

(4) 将符号表应用到项目

在符号表中做了任何修改后，可以通过"将符号表应用到项目"按钮，将最新的符号表信息更新到整个项目中。

3. 表格标签

(1) 重命名用户自定义符号表

如果需要重命名某一符号表，可以右击需要被修改名称的符号表标签，然后在弹出的快捷菜单中选择"重命名"选项(如图 3.41 所示)，符号表名称即可进入可编译状态。

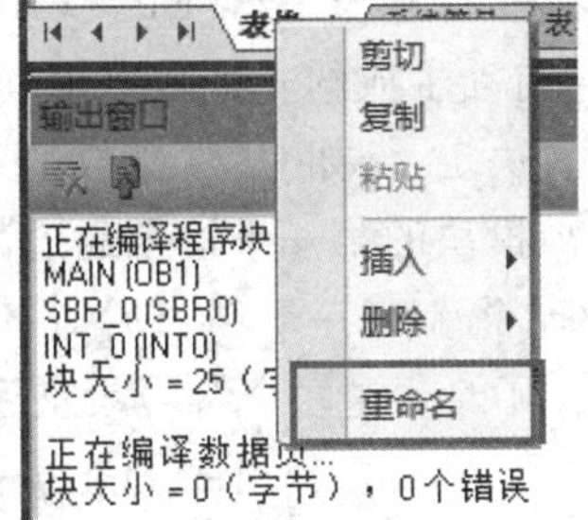

图 3.41　"重命名"选项

(2) 系统符号表

系统符号表中包含了 S7－200 SMART CPU 的所有特殊寄存器(SM)的符号定义，包含了与实际功能相关的符号名和注释中的详细描述，以方便用户在编程过程中使用。系统符号表如图 3.42 所示。

(3) POU 符号表

POU 符号表包含项目中所有程序组织单元的符号名信息。该表格为只读表格，如果用户需要修改子程序或中断服务程序等 POU 的符号名，则要到项目树中修改。POU 符号表如图 3.43 所示。

符号表

	符号	地址	注释
1	Always_On	SM0.0	始终接通
2	First_Scan_On	SM0.1	仅在第一个扫描周期时接通
3	Retentive_Lost	SM0.2	在保持性数据丢失时开启一个周期
4	RUN_Power_Up	SM0.3	从上电进入 RUN 模式时，接通一个扫描周期
5	Clock_60s	SM0.4	针对 1 分钟的周期时间，时钟脉冲接通 30 s...
6	Clock_1s	SM0.5	针对 1 s的周期时间，时钟脉冲接通 0.5 s，...
7	Clock_Scan	SM0.6	扫描周期时钟，一个周期接通，下一个周期...
8	RTC_Lost	SM0.7	如果系统时间在上电时丢失，则该位将接通...
9	Result_0	SM1.0	特定指令的运算结果 = 0时，置位为 1
10	Overflow_Illegal	SM1.1	特定指令执行结果溢出或数值非法时，置位...
11	Neg_Result	SM1.2	当数学运算产生负数结果时，置位为 1
12	Divide_By_0	SM1.3	尝试除以零时，置位为 1
13	Table_Overflow	SM1.4	当填表指令尝试过度填充表格时，置位为 1
14	Table_Empty	SM1.5	当 LIFO 或 FIFO 指令尝试从空表读取时，置...
15	Not_BCD	SM1.6	尝试将非 BCD 数值转换为二进制数值时，置...
16	Not_Hex	SM1.7	当 ASCII 数值无法被转换为有效十六进制数...
17	Receive_Char	SMB2	包含在自由端口通信过程中从端口 0 或端口 ...

表格 1 | 系统符号 | POU 符号 | I/O 符号

图 3.42　系统符号表

符号表

	符号	地址	注释
1	INT_0	INT0	中断例程注释
2	MAIN	OB1	程序注释
3	SBR_0	SBR0	子程序注释

表格 1 | 系统符号 | POU 符号 | I/O 符号

图 3.43　POU 符号表

(4) I/O 符号表

I/O 符号表是 STEP 7-Micro/WIN SMART 软件根据硬件组态中的 CPU 和扩展模块信息，自动生成的一个数字量和模拟量输入、输出的符号表，系统默认的符号名按照通道由物理位置决定，例如 CPU 集成的第一个数字量的输入通道默认的符号名是“CPU_输入 0”，第一个扩展模块的第一个输入通道默认的符号名是“EM0_输入 0”。I/O 符号表如图 3.44 所示。

通常，新建一个项目后，系统符号表和 I/O 符号表都是默认被自动添加到符号表中。如果用户不希望这两个符号表被系统添加，可以在选项中进行修改。选择“工具”→“选项”→“项目”选项，然后在弹出的 Options 对话框中取消勾选“将系统符号添加到新项目中”和“向新项目添加 I/O 映射表”选项，如图 3.45 所示。取消勾选后，下次启动 STEP 7-Micro/WIN SMART 软件时，这两个符号表将不再被自动添加。

4. 寻址方式

STEP 7-Micro/WIN SMART 软件有三种寻址方式：仅绝对地址寻址、仅符号地址寻址和符号+绝对地址寻址，可以在“视图”菜单中进行切换，如图 3.46 所示。

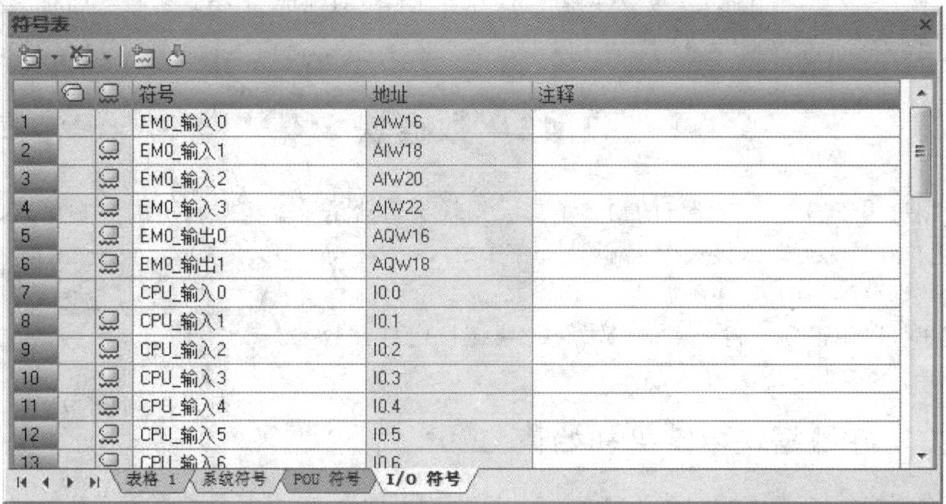

符号表

			符号	地址	注释
1			EM0_输入0	AIW16	
2			EM0_输入1	AIW18	
3			EM0_输入2	AIW20	
4			EM0_输入3	AIW22	
5			EM0_输出0	AQW16	
6			EM0_输出1	AQW18	
7			CPU_输入0	I0.0	
8			CPU_输入1	I0.1	
9			CPU_输入2	I0.2	
10			CPU_输入3	I0.3	
11			CPU_输入4	I0.4	
12			CPU_输入5	I0.5	
13			CPU_输入6	I0.6	

图 3.44　I/O 符号表

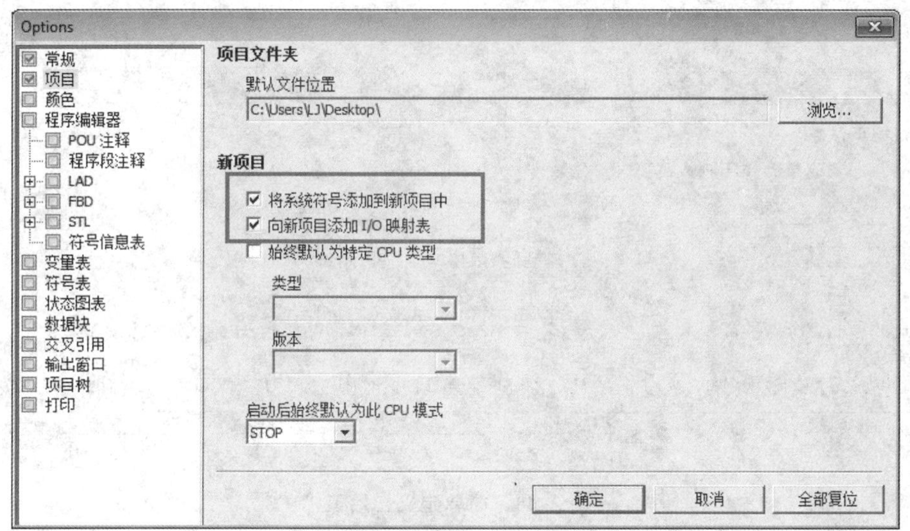

图 3.45　Options 对话框

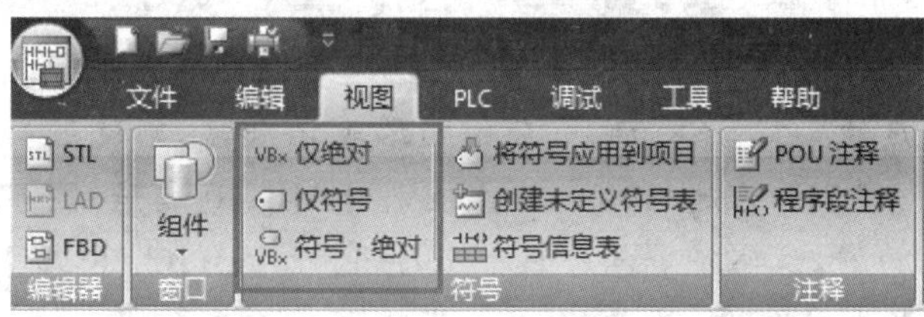

图 3.46　切换寻址方式

三种寻址方式的特点是：

- 绝对地址　在指令中仅显示绝对地址，且绝对地址具有更高的寻址优先级；
- 符号名称　在指令中仅显示符号名称，且符号名称具有更高的寻址优先级；

• 符号：绝对　在指令中显示两者(“符号名称：绝对地址”的格式),符号名称具有更高的寻址优先级。

3.12　数据块

数据块用于编辑 V 存储区的初始值。数据块编辑器是一个相对自由的文本格式的编辑环境,用户在这里可以直接对 V 存储区的字节、字和双字等长度的数据分配初始值,并添加注释。

用户可以单击项目树上方的“数据块”快捷按钮打开数据块,如图 3.47 所示。

图 3.47　打开数据块

3.12.1　在数据块中定义初始值

在数据块编辑器中,用户按照“地址 数据 //注释”的格式,为 V 存储区定义初始值。二进制、十进制、十六进制的整数和实数以及字符、字符串都可以作为 V 存储区数据的初始值。简单定义初始值如图 3.48 所示。

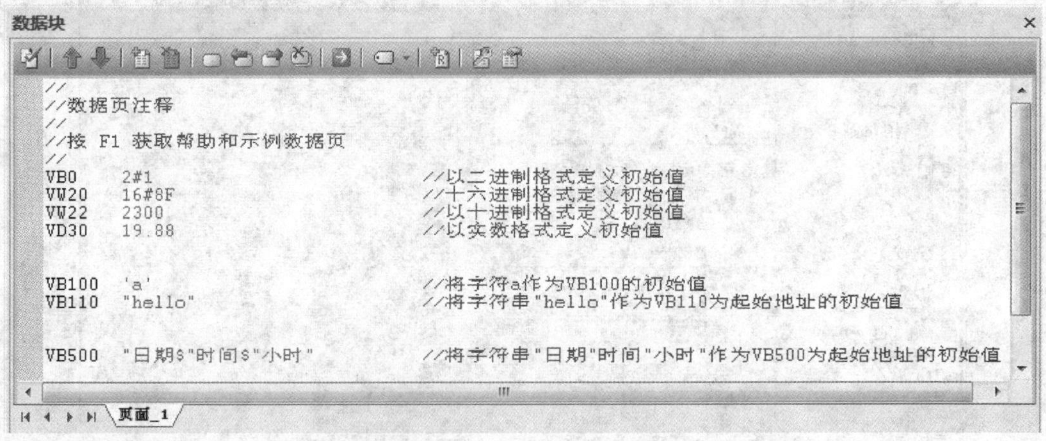

图 3.48　简单定义初始值

⚠ **注意:**

• 如果将单个字符作为初始值赋值给 V 存储区,则使用单引号括住字符;

• 如果将一定长度的字符串作为初始值赋值给 V 存储区,则使用双引号括住字符串;

• 上面举例中对 VB110 为起始地址的赋值是对 VB110 起始的一个连续地址区域的赋值,以“hello!”为例,该字符串包含 6 个字符,因此 VB110=6,从 VB111 开始的 6 个字节地址依次存储字符“h”“e”“l”“l”“o”“!”。

• 如果字符串内容含有“”,以字符串(日期“时间”小时)为例,定义方法为在双引号字符前面加 $ 符号:VB0　"日期 $"时间 $"小时"。

在数据块中,用户还可以使用隐含寻址的方式快速地对一个连续的地址区域定义初始值。

① 如果一个连续的地址区域的变量数据类型都相同，可以采用的定义格式是：

地址 数据 1，数据 2，数据 3……　//注释

② 如果一个连续的地址区域的数据类型不相同，可以采用的定义格式是：

地址(V＋字节偏移量)　　数据 1　　//注释
　　　　　　　　　　　　数据 2
　　　　　　　　　　　　数据 3

⚠ **注意：**上面描述的两种定义格式的关键区别在于，地址的格式中是否包含长度信息(如 VW40 和 V50)，用换行的方式或者用逗号分隔数据都可以。隐含寻址定义如图 3.49 所示。

```
数据块
//
VW40    200, 201, 300, 309        //依次定义VW40=200,VW42=201,VW44=300,VW46=309
V50     11                        //VB50=11
        'a'                       //VB51='a'
        32000                     //VW52=3200
        4.5                       //VD54=4.5
页面_1  页面_2
```

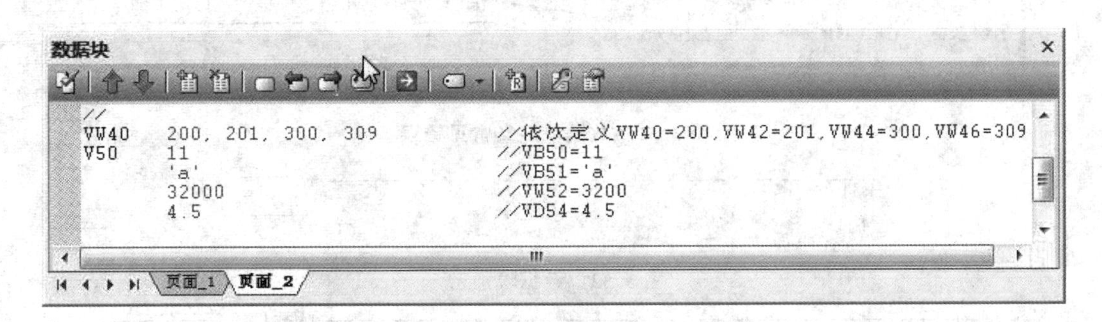

图 3.49　隐含寻址定义

在数据块中也可以使用符号寻址的方式，对 V 存储区的地址定义初始值，符号寻址方式如图 3.50 所示。

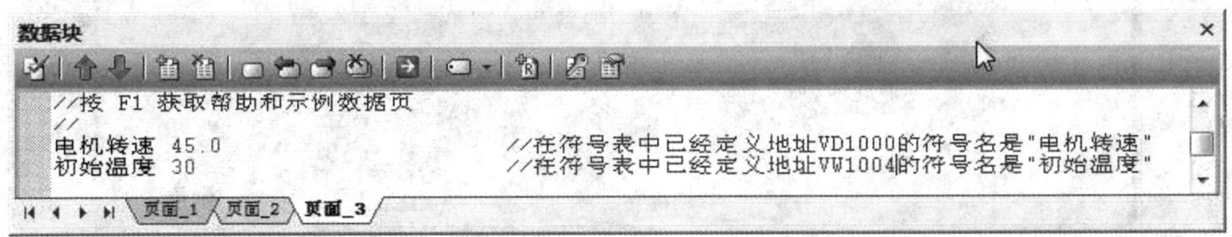

图 3.50　符号寻址方式

如果在数据块中定义格式不当，软件会用不同的方式提示用户出现错误，例如左边的红色叉子、地址或数据下方的波浪线等。如图 3.51 所示，列举了一些数据块定义的常见错误。

3.12.2　为数据块加密

单击“数据块”工具栏的“加密”按钮，如图 3.52 所示，弹出“属性”对话框。

在“属性”对话框中勾选“密码保护此程序块”，输入用户密码，再单击“确认”即可，如图 3.53 所示。

加密后的数据块左上角会出现🔒图标，表示未经过密码验证，数据块中的内容不可被编辑修改，如图 3.54 所示。

如果用户需要将数据块的密码删除，可以再次打开数据块“属性”对话框，转到“保护”界

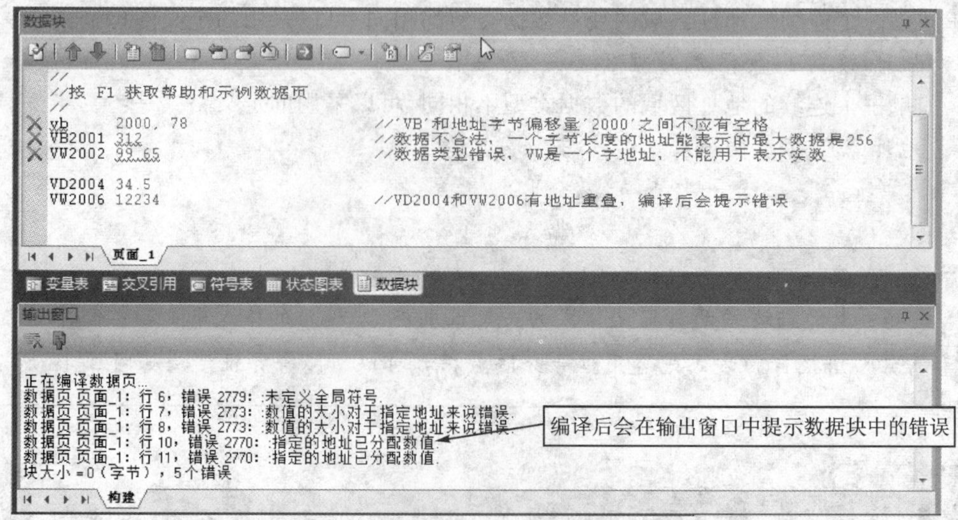

图 3.51 数据块定义常见错误

图 3.52 数据块加密

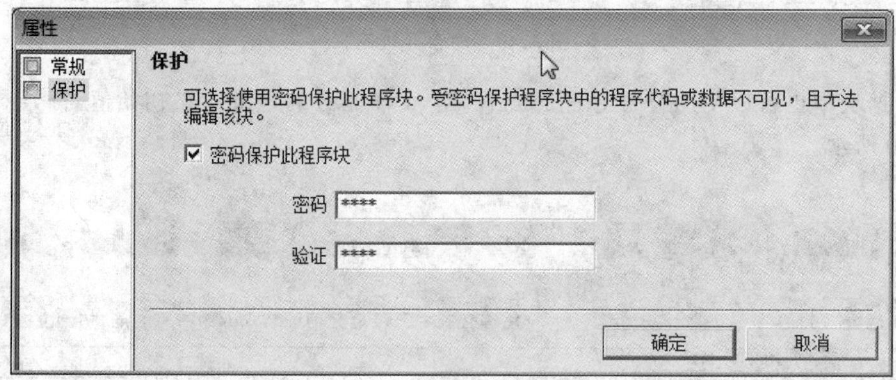

图 3.53 输入密码

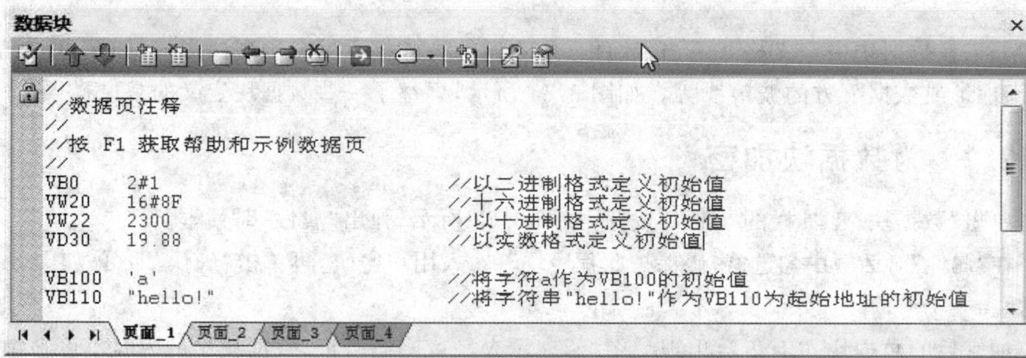

图 3.54 加密后的数据块

面。如果用户希望永久删除密码,可以勾选“永久删除密码”选项。在输入框中输入正确的密码,再单击“授权”按钮即可解除密码,如图 3.55 所示。

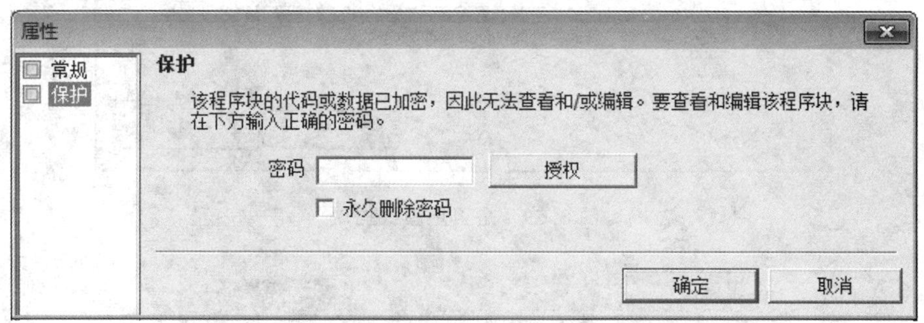

图 3.55　删除数据块密码

3.12.3　从 RAM 创建数据块

从 CPU 的 RAM 区创建数据块是指将可被在线访问的 S7 - 200 SMART CPU 中 RAM 区内所有未被在其他数据块中定义,且数据数值不为 0 的 V 存储区的地址和数据信息上传到离线的项目中,并生成一个新的数据块标签页。具体操作步骤如下所述。

① 单击“数据块”工具栏“通过 RAM 创建数据块”按钮,如图 3.56 所示。

图 3.56　通过 RAM 创建数据块

② 成功连接到 CPU 后,单击“通过 RAM 创建数据块”对话框中的“创建”按钮,如图 3.57 所示。

③ 通过 RAM 创建数据块要求 CPU 处于停止状态,如果 CPU 正在运行,就会看到提示停机的对话框,如图 3.58 所示。

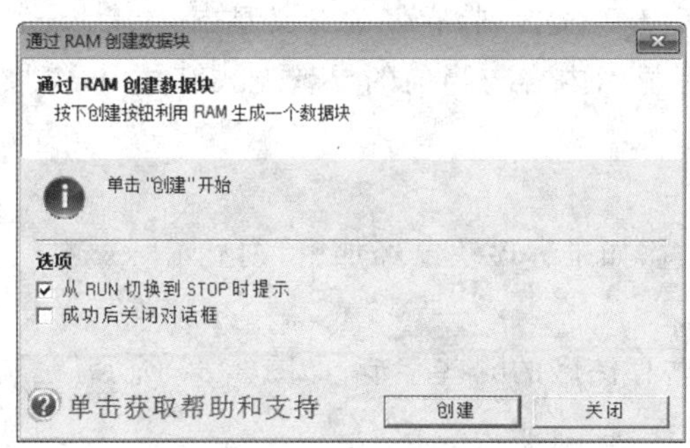

图 3.57　通过 RAM 生成数据块

图 3.58　提示停机

④ 数据从 RAM 上传完毕,软件会提示用户是否更新数据块,如图 3.59 所示。

⑤ 单击 Yes 按钮后,数据块中的“页面_1”会被更新,其中的内容即是在线 CPU 的 RAM 中所有不为 0 的地址和数据,如图 3.60 所示。

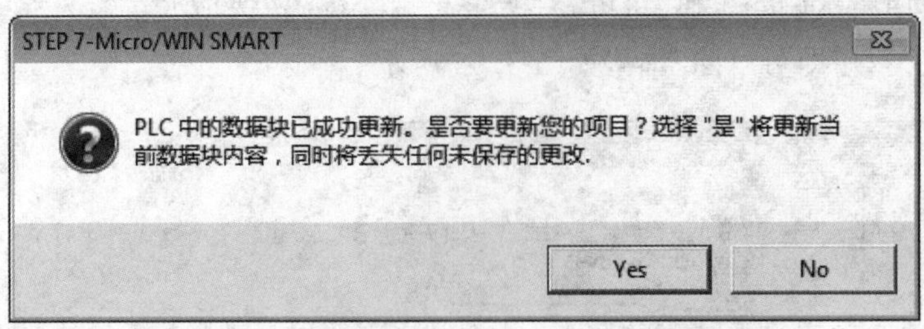

图 3.59　是否更新数据块

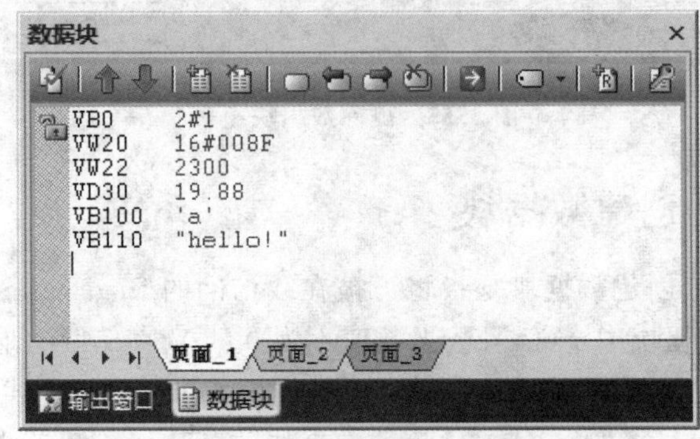

图 3.60　新的数据块页面

3.13　交叉引用

交叉引用是程序中数据地址、定时器、计数器和输入/输出使用情况的窗口表格，由交叉引用、字节使用和位使用三个部分组成，有利于用户查看地址是否被重叠使用。用户可以通过双击项目树中的“交叉引用”→“交叉引用”打开该窗口表格。请注意只有执行编译操作后交叉引用才能被显示。交叉引用如图 3.61 所示。

在图 3.61 中，整个表格分为元素、块、位置和上下文四列，它们的含义是：

- 元素：使用操作数的地址和符号名，实际显示内容与当前的寻址方式有关(仅符号、仅地址、符号和地址寻址)；
- 块：使用操作数的程序块；
- 位置：使用操作数在程序段中的具体位置，如果程序块已经加密，则显示“xxx”；
- 上下文：使用操作数的指令。

用户可以在字节使用中查看程序使用了哪些存储区的哪些字节，如图 3.62 所示。

其中：

- b 表示存储区的一个位已经被使用；
- B 表示存储区的一个字节已经被使用；
- W 表示存储区的一个字已经被使用；
- D 表示存储区的一个双字已经被使用；
- x 表示定时器和计数器已经被使用。

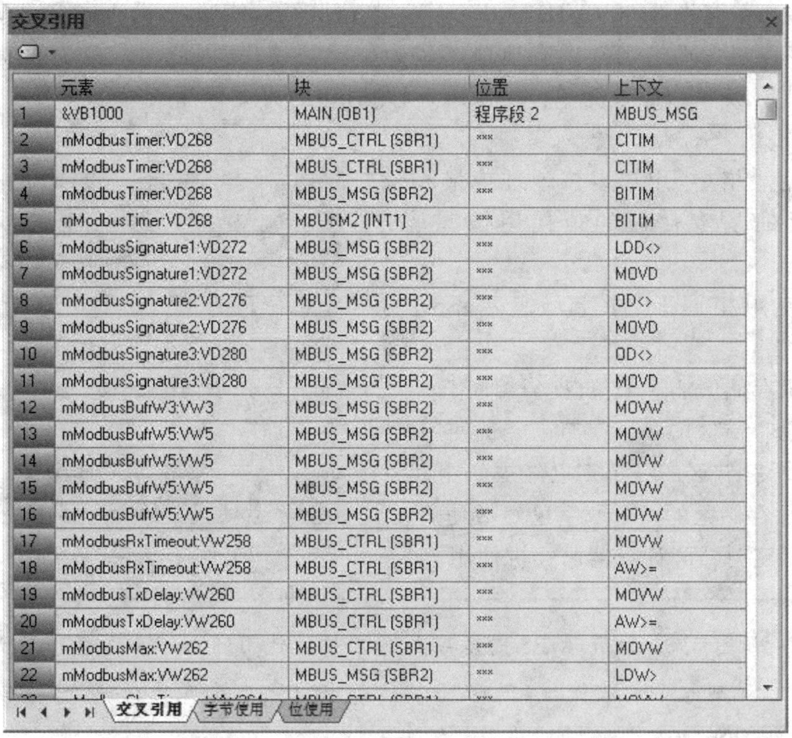

交叉引用

	元素	块	位置	上下文
1	&VB1000	MAIN (OB1)	程序段 2	MBUS_MSG
2	mModbusTimer:VD268	MBUS_CTRL (SBR1)	***	CITIM
3	mModbusTimer:VD268	MBUS_CTRL (SBR1)	***	CITIM
4	mModbusTimer:VD268	MBUS_MSG (SBR2)	***	BITIM
5	mModbusTimer:VD268	MBUSM2 (INT1)	***	BITIM
6	mModbusSignature1:VD272	MBUS_MSG (SBR2)	***	LDD<>
7	mModbusSignature1:VD272	MBUS_MSG (SBR2)	***	MOVD
8	mModbusSignature2:VD276	MBUS_MSG (SBR2)	***	OD<>
9	mModbusSignature2:VD276	MBUS_MSG (SBR2)	***	MOVD
10	mModbusSignature3:VD280	MBUS_MSG (SBR2)	***	OD<>
11	mModbusSignature3:VD280	MBUS_MSG (SBR2)	***	MOVD
12	mModbusBufrW3:VW3	MBUS_MSG (SBR2)	***	MOVW
13	mModbusBufrW5:VW5	MBUS_MSG (SBR2)	***	MOVW
14	mModbusBufrW5:VW5	MBUS_MSG (SBR2)	***	MOVW
15	mModbusBufrW5:VW5	MBUS_MSG (SBR2)	***	MOVW
16	mModbusBufrW5:VW5	MBUS_MSG (SBR2)	***	MOVW
17	mModbusRxTimeout:VW258	MBUS_CTRL (SBR1)	***	MOVW
18	mModbusRxTimeout:VW258	MBUS_CTRL (SBR1)	***	AW>=
19	mModbusTxDelay:VW260	MBUS_CTRL (SBR1)	***	MOVW
20	mModbusTxDelay:VW260	MBUS_CTRL (SBR1)	***	AW>=
21	mModbusMax:VW262	MBUS_CTRL (SBR1)	***	MOVW
22	mModbusMax:VW262	MBUS_MSG (SBR2)	***	LDW>

交叉引用　字节使用　位使用

图 3.61　交叉引用

交叉引用

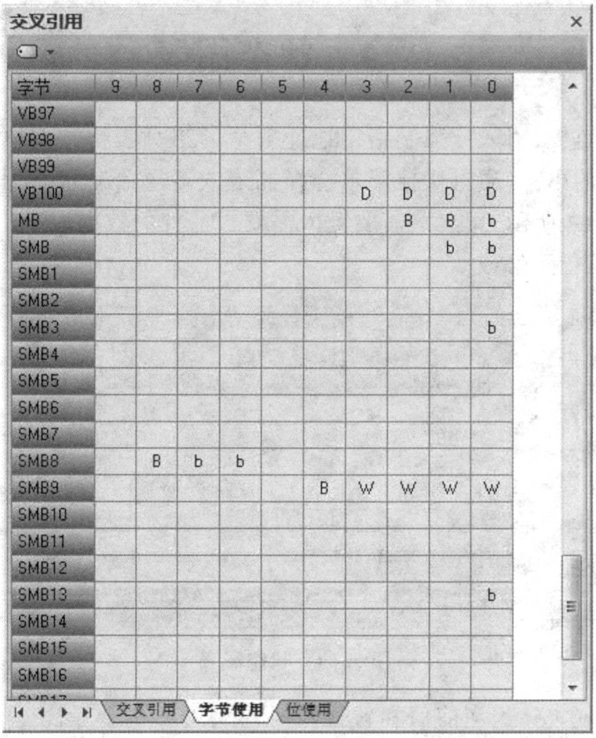

字节	9	8	7	6	5	4	3	2	1	0
VB97										
VB98										
VB99										
VB100							D	D	D	D
MB								B	B	b
SMB									b	b
SMB1										
SMB2										
SMB3										b
SMB4										
SMB5										
SMB6										
SMB7										
SMB8		B	b	b						
SMB9						B	W	W	W	W
SMB10										
SMB11										
SMB12										
SMB13										b
SMB14										
SMB15										
SMB16										

交叉引用　字节使用　位使用

图 3.62　字节使用

按上述规则解释图 3.62：VD100 以双字为单位已经被使用，因此 VB100～VB103 对应的方框中都标注字母“D”。MB0 中有地址以位为单位被使用，因此对应的方框标注小写字母“b”。MB1 和 MB2 都以字节为单位被使用，因此对应的方框标注大写字母“B”。其余内容以此类推，不再赘述。

在位使用表格中，用户以位地址为最小范围，可方便地查看存储区的位使用情况，如图 3.63 所示。

与字节使用相同，不同字母表示不同的意思：

- b 表示存储区的一个位已经被使用；
- B 表示存储区的一个字节已经被使用；
- W 表示存储区的一个字已经被使用；
- D 表示存储区的一个双字已经被使用；
- x 表示定时器和计数器已经被使用。

图 3.63 位使用

注意： 如图 3.63 所示，MB2 是以字节为单位被使用的，而 MB3 是以字为单位被使用的，MB4 没有出现则表示未被使用，因此可以判断出用户中存在地址重叠，也就是既使用了 MB2，又使用了 MW2。

3.14 状态图表

状态图表是用于监控、写入或强制指定地址数值的工具表格。用户可以直接右击项目树中状态图表文件夹中的内容，通过快捷菜单选择插入或者重命名状态图表。状态图表的默认在线界面结构如图 3.64 所示，用户只需要键入需要被监控的数据地址，再激活在线功能，即可实现对 CPU 数据的监控和修改。

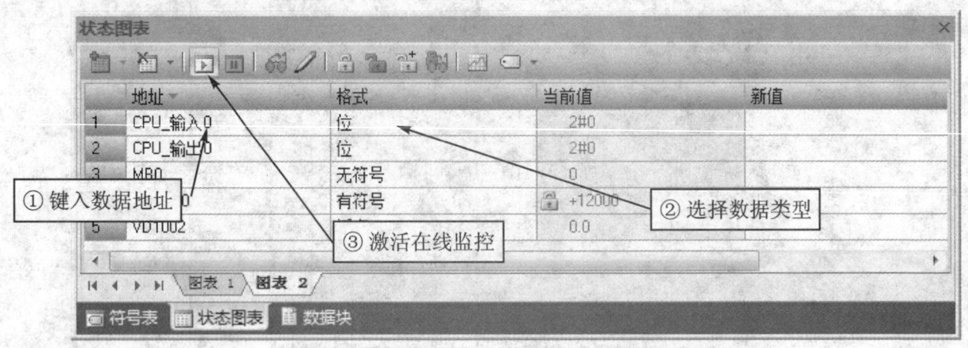

图 3.64 状态图表

状态图表分为地址、格式、当前值和新值四列：

- 地址：填写被监控数据的地址或者符号名；
- 格式：选择被监控数据的数据类型；

- 当前值：被监控数据在 CPU 中的当前数值；
- 新值：用户准备写入被监控数据地址的数值。

状态图表上方有一排快捷按钮，如图 3.65 所示。

图 3.65　状态图表快捷按钮

快捷按钮的功能依次是：

- 添加一个新的状态图表
- 删除当前状态图表
- 开始持续在线监控数据功能
- 暂停在线监控数据功能
- 单次读取数据的当前值
- 将新值写入被监控的数据地址
- 开始强制数据地址为指定值
- 暂停强制数据地址为指定值
- 取消对所有数据地址的强制操作
- 读取当前所有被强制为指定数值的数据地址
- 用趋势图的形式显示状态图表中的数据地址的数值变化趋势
- 选择当前数据寻址方式为仅符号、仅绝对或者符号＋绝对

① 用户监控 CPU 数据的操作步骤是：在地址中键入数据地址或符号名→选择正确的数据类型→单击“开始持续在线监控”按钮。

② 用户修改 CPU 数据的操作步骤是：在地址中键入数据地址或符号名→选择正确的数据类型→在新值中输入准备写入 CPU 的数值→单击“将新值写入被监控的数据地址”按钮。

③ 强制功能是指在每个程序的扫描周期，被强制的数据地址都会被重置为强制数值（每个扫描周期都执行一次重置）。强制 CPU 数据的操作步骤是：在地址中键入数据地址或符号名→选择正确的数据类型→在新值中输入准备写入 CPU 的数值→单击“开始强制数据地址为指定值”按钮。

④ 取消强制的方法：单击“读取所有强制”按钮，再单击“取消所有强制”按钮即可。

注意：

- 完成程序调试后，应取消所有强制，以防止影响程序的正常执行；
- 编程软件转到离线，强制不会被自动取消；
- 关闭状态图表，强制不会被自动取消。
- 如果 CPU 有数据被强制，不论 CPU 处于 RUN 模式还是 STOP 模式下，STOP LED 均以 1 Hz 的频率闪烁。

3.15 向导和工具介绍

3.15.1 向　导

向导是为 S7－200 SMART CPU 的高级功能做参数配置的工具，它采用由前至后、逐步配置的方式，将比较复杂的组态步骤界面化、人性化和简单化，既适合初学者快速入门，又适合熟练者快速完成参数配置。另外，完成向导配置后，组态功能需要使用到的子程序会被自动生成，用户只需要正确调用这些子程序即可实现组态的复杂功能。

如图 3.66 所示，向导从左至右的功能依次是：

- 高速计数器：组态高速计数器，并生成该功能的初始化子程序和中断服务程序。
- 运动：组态高速 PTO 输出以实现运动控制功能，并生成该功能的子程序。

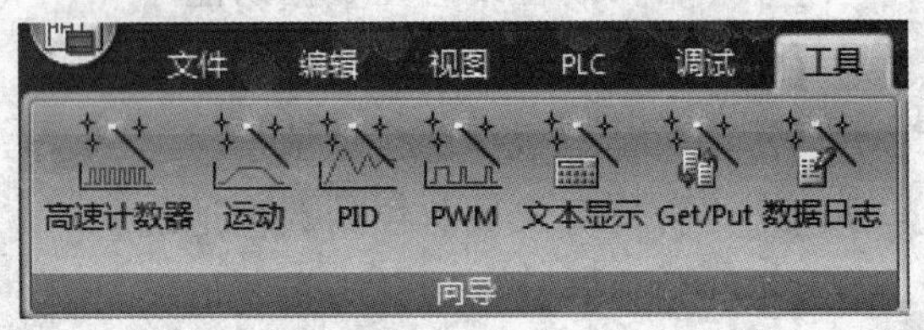

图 3.66　向　导

- PID：组态 PID 回路控制，并生成该功能的子程序和中断服务程序。
- PWM：组态高速 PWM 输出，并生成该功能的子程序。
- 文本显示：组态配置 TD400C 文本显示器显示内容，并生成该功能的子程序。
- Get/Put：组态 S7－200 SMART CPU 之间的以太网通信，并生成该功能的子程序。
- 数据日志：组态数据日志功能，并生成该功能的子程序。

本书后面的章节会对向导功能做详细介绍。

3.15.2 工　具

用户在配置了运动控制或 PID 控制功能之后，可使用工具在线连接 PLC，对已经配置并下载的高级功能进行调试。

如图 3.67 所示，工具从左至右依次是：

1）运动控制面板：包括对运动控制的简单功能调试。

2）PID 控制面板：包含 PID 回路的趋势曲线、控制参数和启动自调节等功能。

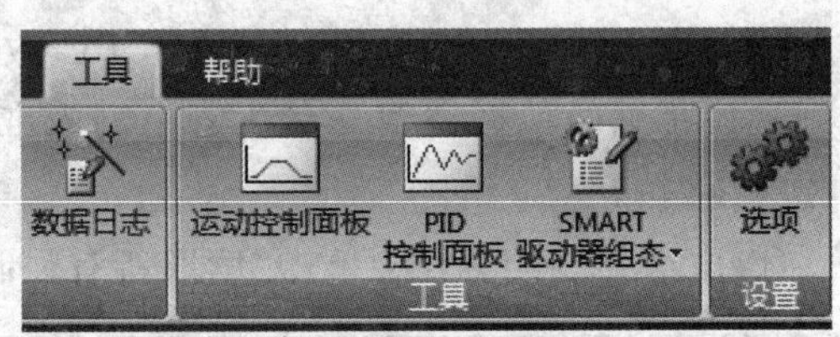

图 3.67　工　具

本书后面的章节会对运动控制面板和 PID 控制面板做详细介绍。

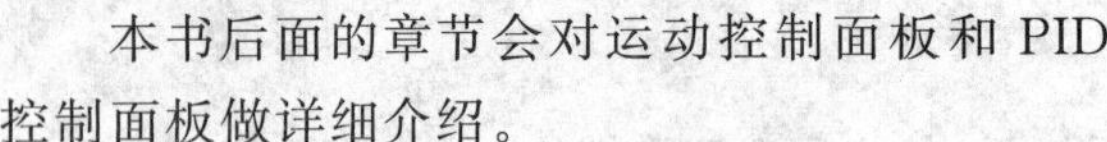

3）SMART 驱动器组态

如果用户在同一台计算机中同时安装了 SINAMICS V－ASSISTANT 调试工具和 SMART 驱动器组态，可以将 SINAMICS V－ASSISTANT 调试工具的快捷启动方式和“SMART 驱动器组态”关联起来，关联方法是：

① 单击“SMART 驱动器组态”按钮，出现如图 3.68 所示的对话框。

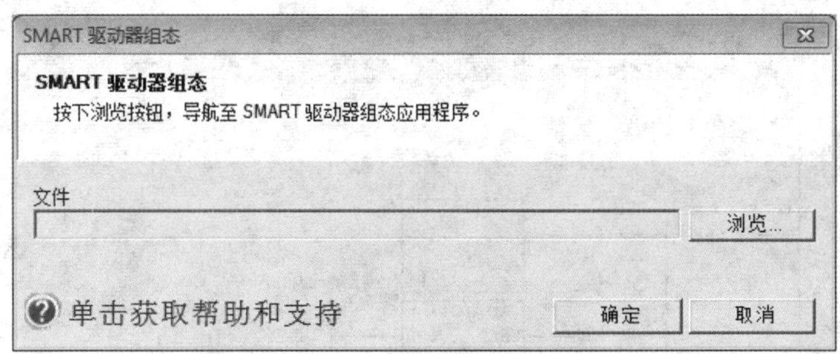

图 3.68　浏览文件

② 单击"浏览"按钮，然后选择 Windows 桌面或者安装路径中的 V - ASSISTANT 快捷启动方式，再单击 OPEN 按钮。

③ 回到图 3.68 的界面后再单击"确定"按钮即可。

如果用户希望取消关联 SINAMICS V - ASSISTANT 调试工具的快捷启动方式和"SMART 驱动器组态"按钮，则可以单击按钮的文字部分，选择 Reset 即可，如图 3.69 所示。

图 3.69　Reset

补充说明：V - ASSISTANT 是西门子为 SINAMICS V90 伺服驱动器开发的一款调试工具软件，该软件无需输入授权或者秘钥，免费使用。如果用户需要，可以从西门子的全球技术资源库网站下载，下载链接为 https://support.industry.siemens.com/cs/cn/zh/view/81556608。

⚠ **注意**：如果西门子全球技术资源库网站有任何资源或者链接更新，则以西门子公司的官方最新信息为准。

3.16　创建和添加用户自定义指令库

STEP 7 - Micro/WIN SMART 软件除了集成 Modbus RTU、USS Protocol 等指令库，还支持创建、添加和删除用户自定义指令库。经常使用的子程序可以创建成自定义指令库并集成到 STEP 7 - Micro/WIN SMART 软件中，在需要使用该子程序时只需要调用指令库即可，而不必同时打开几个项目文件进行子程序复制。

3.16.1　创建用户自定义指令库

一个已经存在的项目文件中只有子程序、中断程序可以被创建成用户自定义指令库。中断程序不能被单独地创建成指令库，只能与定义它的子程序一起被集成到指令库中。子程序或中断程序需要被重命名为希望在指令库中显示的名称，子程序或中断程序中使用的所有 V 存储区地址需要被分配符号名。下面将以使用定时中断计算脉冲频率的程序为例，介绍创建自定义指令库的步骤。

① 创建一个标准的 STEP 7 - Micro/WIN SMART 项目，并且将指令库中包括的功能写入到子程序或中断程序中。子程序 Frequency 如图 3.70 所示。

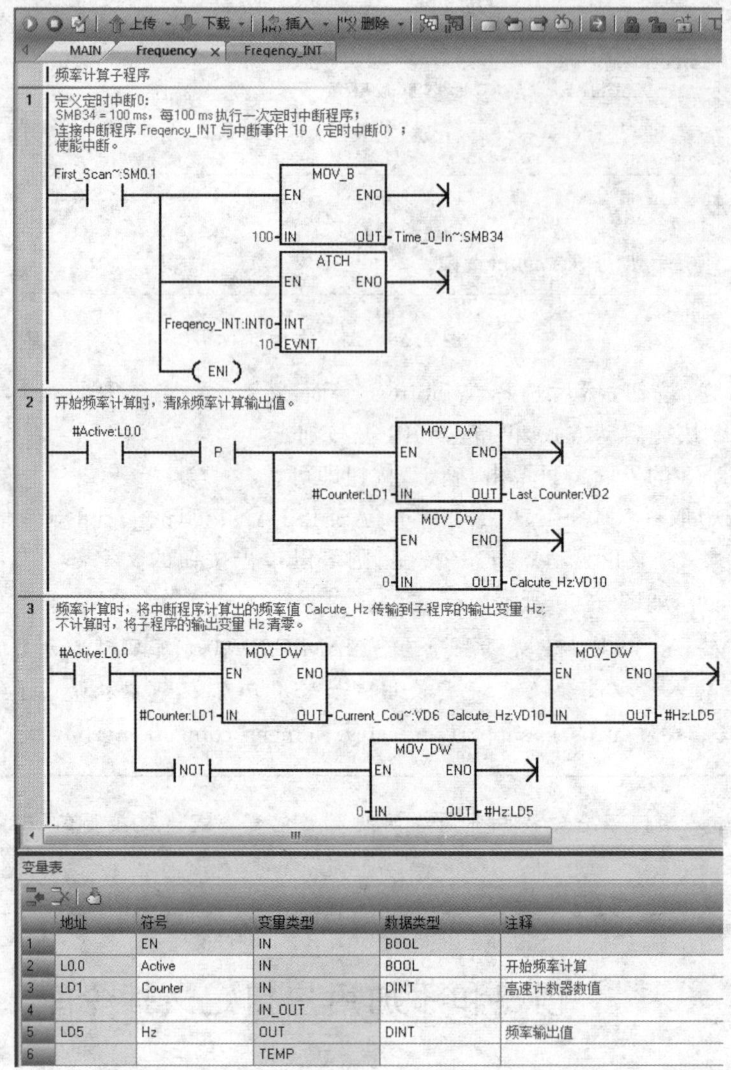

图 3.70　子程序 Frequency

本例子的中断程序 Frequency_INT 用于频率值的计算以及中断次数的计数，每 10 次中断执行 1 次频率值的计算。中断程序 Frequency_INT 如图 3.71 所示。

② 为子程序、中断程序中使用的 V 存储区分配符号名，如图 3.72 所示。

③ 创建用户自定义指令库。在 STEP 7－Micro/WIN SMART 软件中右击指令树“库”分支，在弹出的快捷菜单中选择“创建库”选项，如图 3.73 所示。

在弹出的“创建库”对话框的“名称和路径”选项卡中定义新建库的名称，指定新建库的创建和存储路径，默认路径是：C:\Users\Public\Documents\Siemens\STEP 7－MicroWIN SMART\Lib，如图 3.74 所示。

在“创建库”对话框的“组件”选项卡中选择相应子程序，单击“添加”按钮，该子程序将被创建到新库中。如果子程序中定义了中断程序，那么中断程序将自动集成到新库中。“创建库”对话框“组件”选项卡如图 3.75 所示。

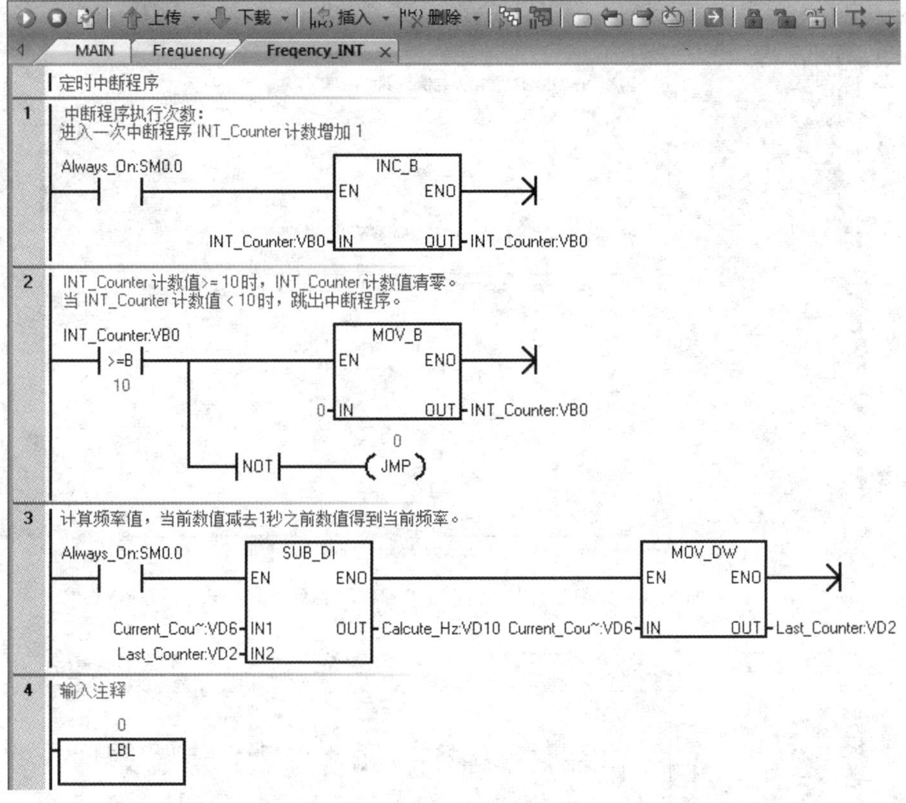

图 3.71　中断程序 Frequency_INT

符号表

			符号	地址	注释
1			Calcute_Hz	VD10	计算出的频率值
2			Current_Counter	VD6	当前脉冲计数值
3			Last_Counter	VD2	1秒钟之前脉冲计数值
4			INT_Counter	VB0	中断次数计数器
5					

表格 1　系统符号　POU 符号　I/O 符号

图 3.72　分配符号名

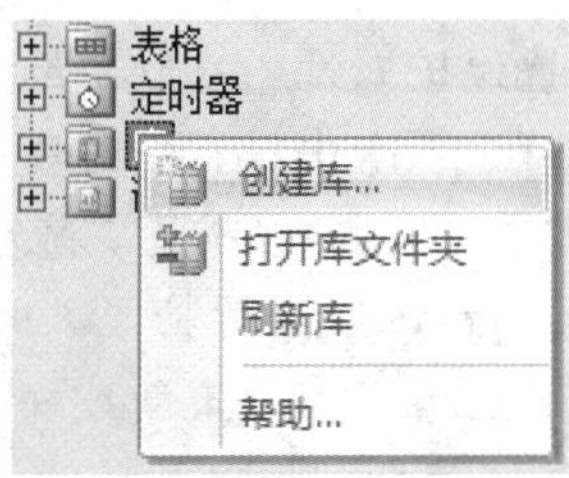

图 3.73　选择“创建库”

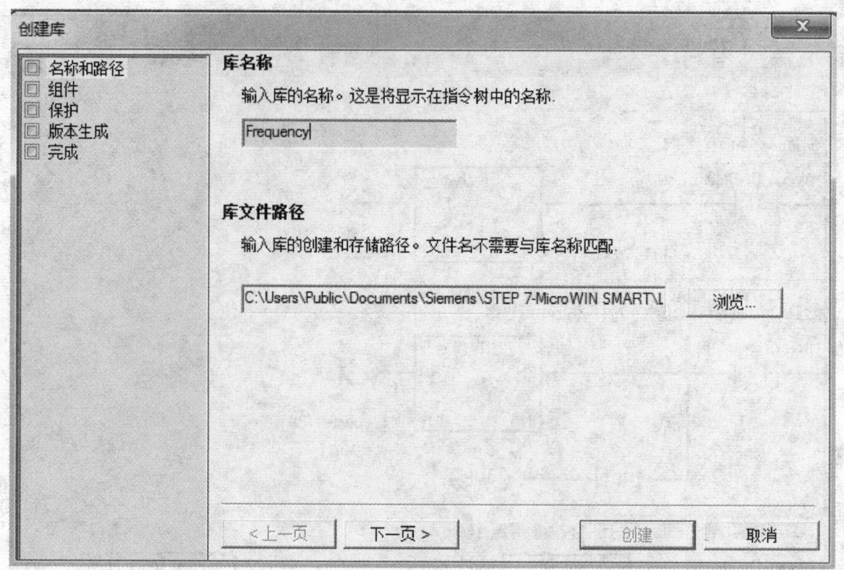

图 3.74 “创建库”对话框的“名称和路径”选项卡

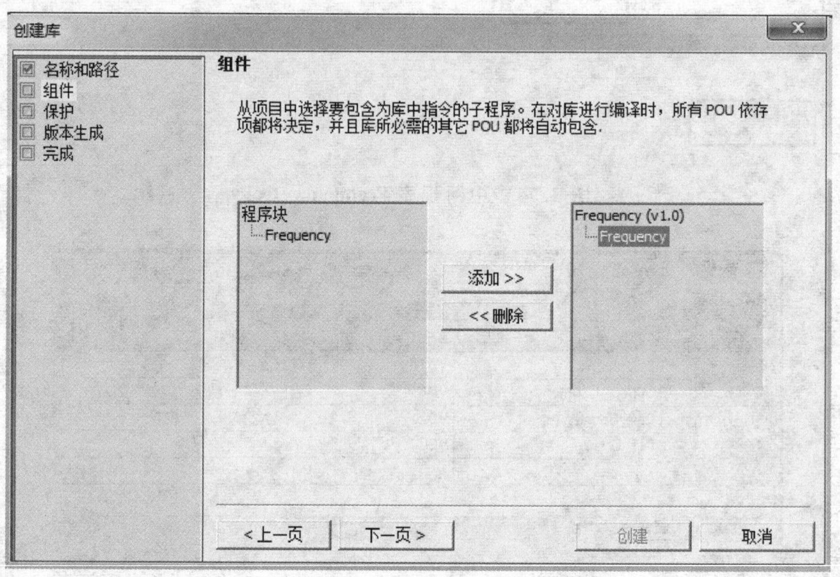

图 3.75 “创建库”对话框的“组件”选项卡

用于创建库的子程序不允许设置保护属性，否则会导致图 3.75 内无法查看到相应的子程序。可以在“创建库”对话框的“保护”选项卡中设置新建库的保护属性，如图 3.76 所示。密码保护是可选项而非必须设置，如果要设置密码保护库，请选中“是，对库中的代码进行密码保护”复选框，然后输入密码，并再次输入密码以进行验证。

在“创建库”对话框的“版本生成”选项卡中设置新建库的版本信息，如图 3.77 所示。

单击“创建库”对话框中的“创建”按钮，即可完成编译和创建自定义指令库。S7－200 SMART 指令库文件扩展名为.smartlib。库文件可以作为单独的文件复制、移动。

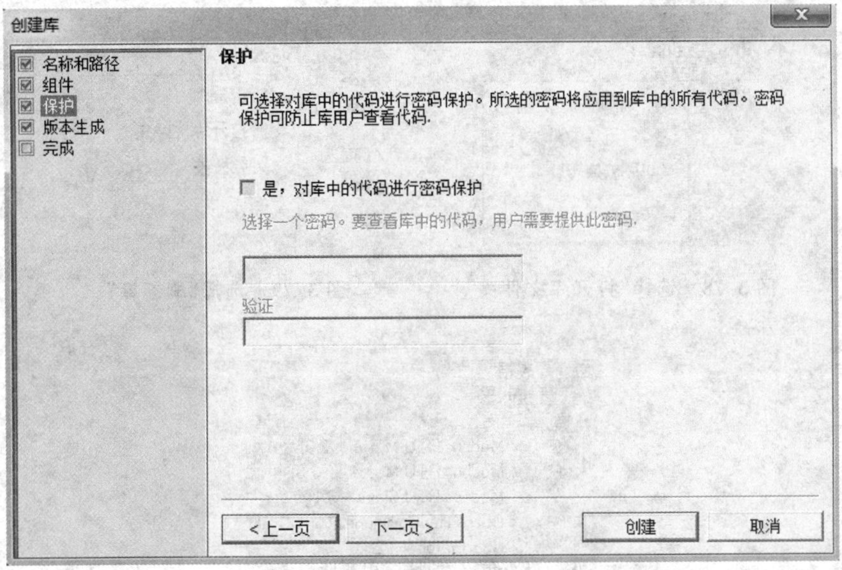

图 3.76　“创建库”对话框的“保护”选项卡

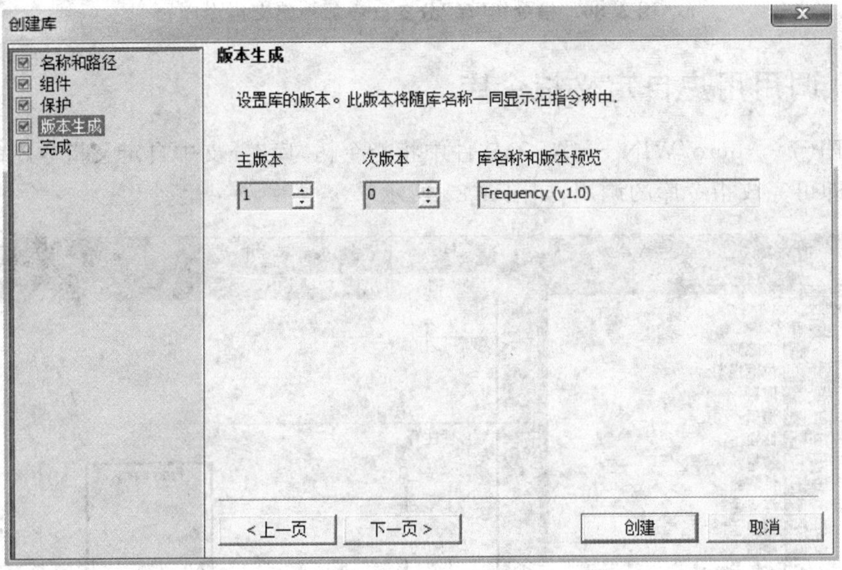

图 3.77　“创建库”对话框的“版本生成”选项卡

3.16.2　添加用户自定义指令库

在 STEP 7－Micro/WIN SMART 软件中右击指令树“库”分支，在弹出的快捷菜单中选择“打开库文件夹”选项，如图 3.78 所示。

将已经创建的自定义库文件复制到打开的库文件夹内，路径为 C:\Users\Public\Documents\Siemens\STEP 7－MicroWIN SMART\Lib，关闭对话框。

右击指令树“库”分支，在弹出的快捷菜单中选择“刷新库”选项，如图 3.79 所示。

刷新完毕，即可看到自定义的指令库已添加到指令树“库”分支，如图 3.80 所示。

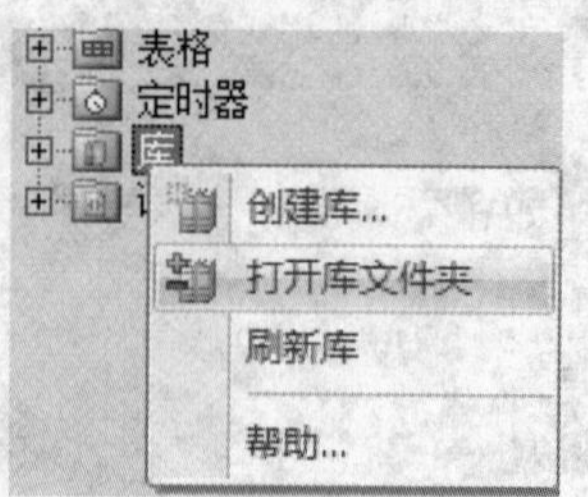

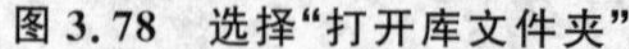
图 3.78　选择“打开库文件夹”

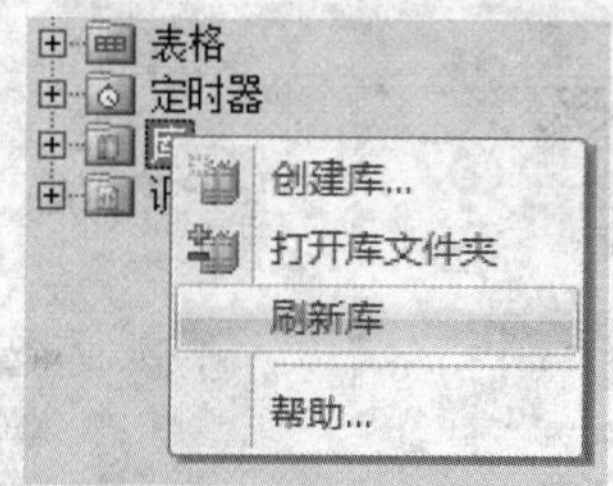

图 3.79　选择“刷新库”

图 3.80　指令树“库”分支已添加自定义指令库

3.16.3　调用用户自定义指令库

在 STEP 7-Micro/WIN SMART 软件中将指令树“库”分支中自定义指令库的指令添加到程序中，即可完成指令库的调用，如图 3.81 所示。

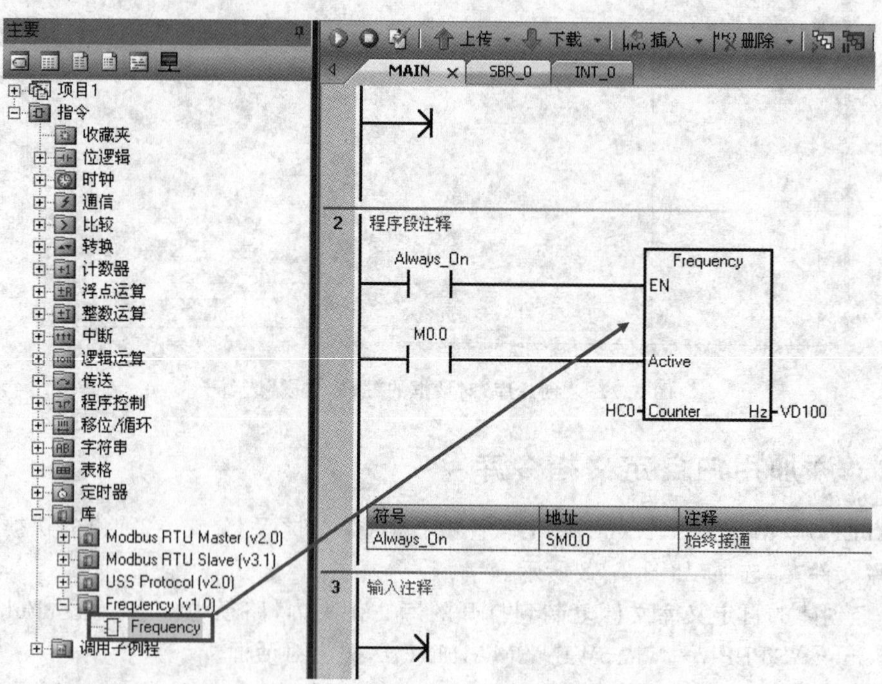

图 3.81　调用自定义指令库

被调用的库指令中如果包含 V 存储区，则 STEP 7 - Micro/WIN SMART 软件在编译项目时会提示库存储区地址未分配。在 STEP 7 - Micro/WIN SMART 软件项目树中，右击“程序块”，在弹出的快捷菜单中选择“库存储器”，如图 3.82 所示。

在弹出的“库存储器分配”对话框中为库存储器分配存储地址，必须确保该存储器使用的地址范围与其他程序使用的地址不能有重叠。库存储器地址分配如图 3.83 所示。

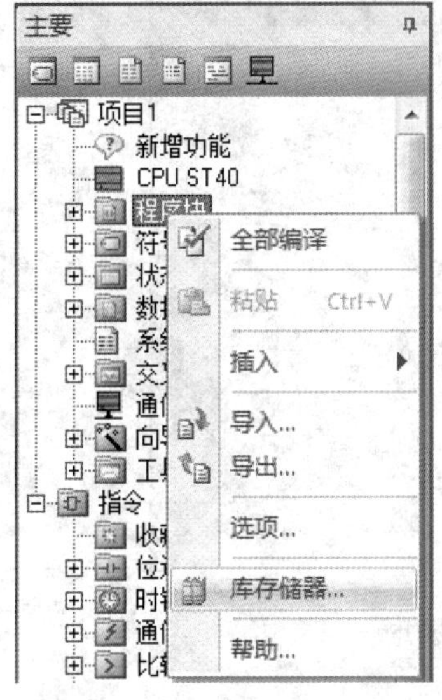

图 3.82　选择“库存储器”

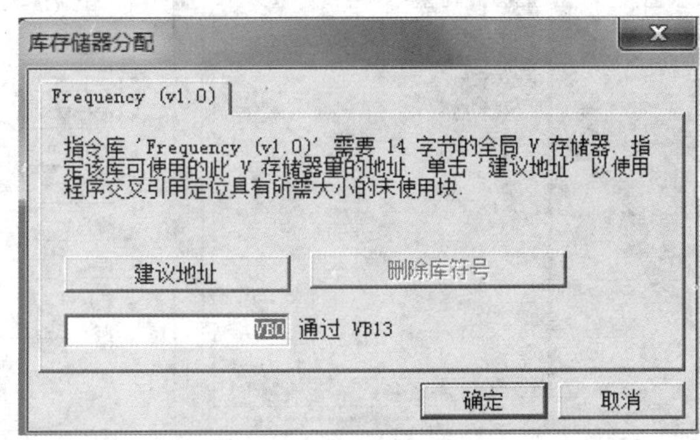

图 3.83　分配库存储器地址

3.17　如何使用在线帮助

在 STEP 7 - Micro/WIN SMART 软件集成的在线帮助中，有大量对用户十分有帮助的信息，其内容包括软件操作、基础知识、指令介绍、高级功能介绍、调试方法、错误排查和实例等。“帮助”菜单如图 3.84 所示。

图 3.84　“帮助”菜单

在“帮助”菜单中，可以通过单击 Web 类别下的两个按钮转到西门子全球技术支持网站和西门子服务与支持网站，也可以直接单击“帮助”按钮打开离线帮助，如图 3.85 所示。在离线帮助左侧的 Contents 部分有清晰的内容结构树，用户可以根据需要快速查找到目标内容。

如果需要快速查找到某一内容(例如错误代码)，可以在 Index 或 Search 中输入要查找的关键字，如图 3.86 所示。双击查找结果即可转到帮助中的相关部分，被查找的关键字会被标出。用户在编程过程中遇到了问题，也可以用鼠标选中有问题的对象，按 F1 键即可打开帮助中与该对象相关的部分。

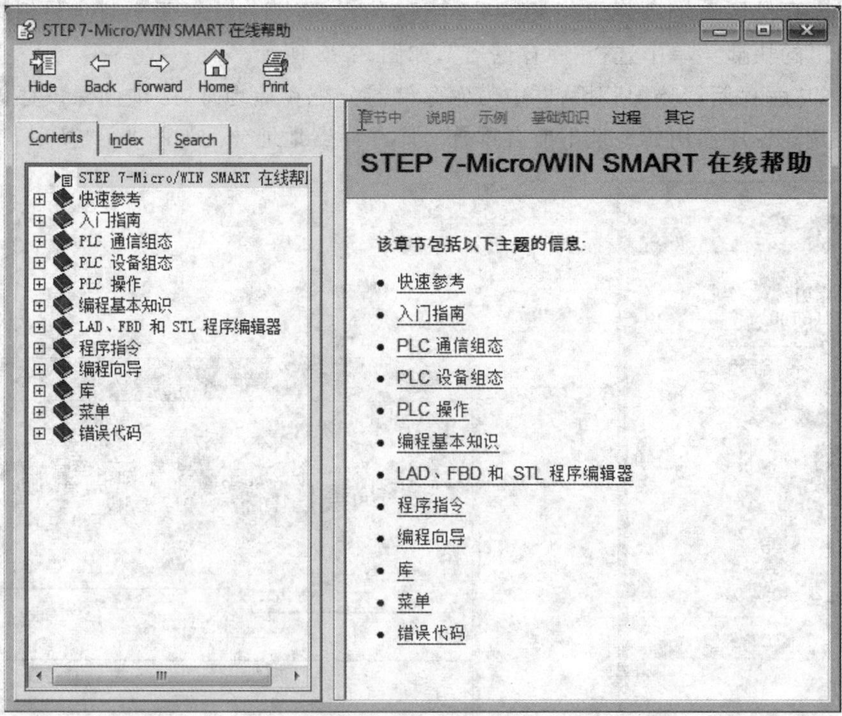

图 3.85　帮　助

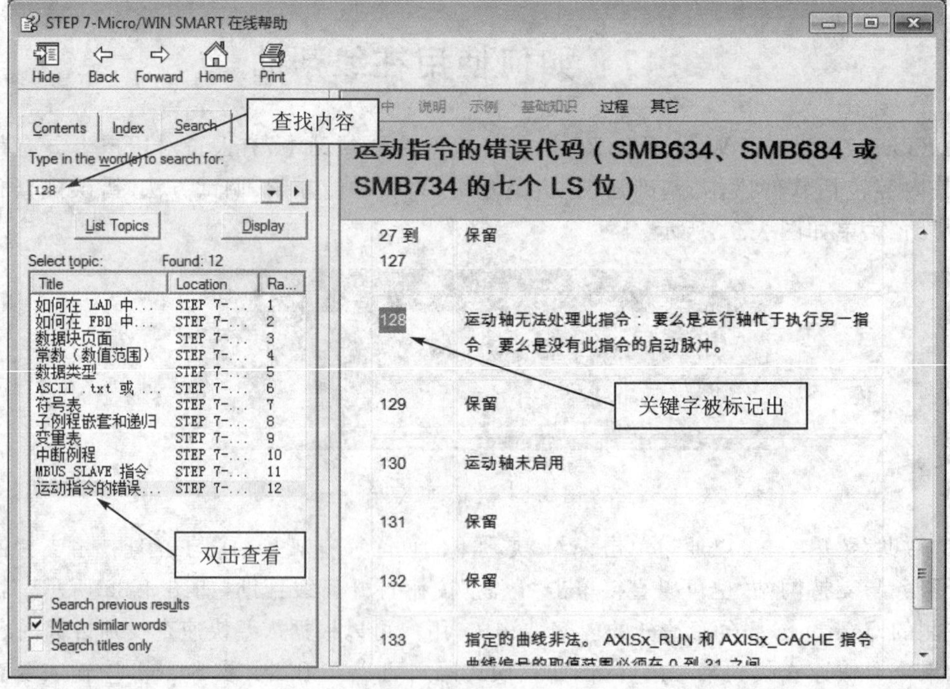

图 3.86　查　找

3.18　常问问题

1. 如何调整各个子窗口的大小和布局？

(1) 调整大小

将鼠标指针停驻在 STEP 7 - Micro/WIN SAMRT 软件子窗口的边沿，鼠标指针会自动变成一个由双平行线和双箭头组成的图标，如图 3.87 所示，此时用户按住鼠标左键上下拖动，该子窗口的大小会随鼠标指针的移动而调整。

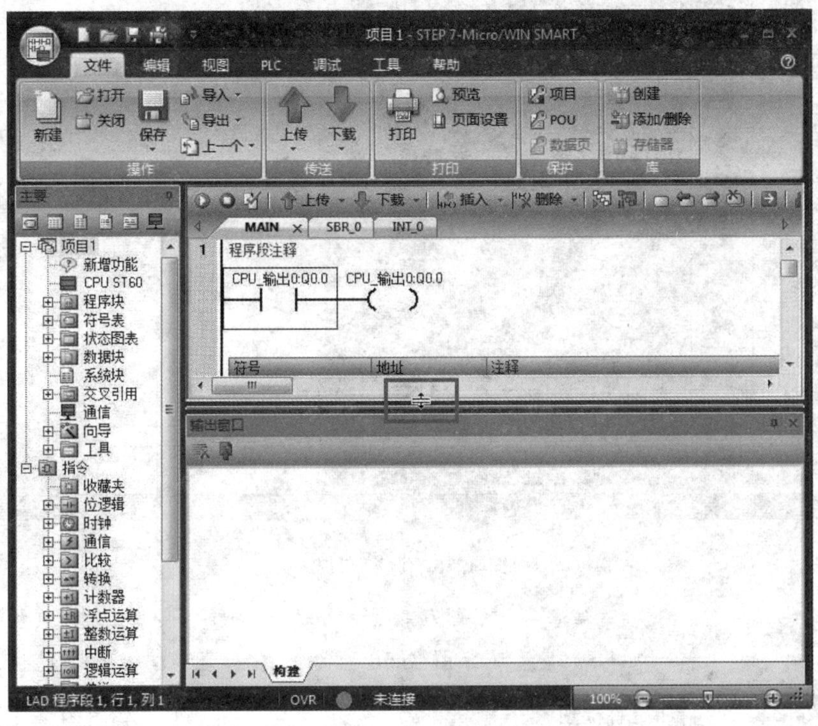

图 3.87　调整大小

(2) 调整布局

使用鼠标拖拽子窗口的标题栏，对应的子窗口会浮于其他子窗口的上层。同时，软件窗口的中间部分会出现↑、↓、←、→四个方向箭头，鼠标指针与某一个方向箭头位置重合，对应的蓝色阴影部分就是被选中的子窗口将要被放置到的目标位置，如图 3.88 所示。松开鼠标左键后，输出子窗口将被放置在略靠左侧的蓝色阴影部分。

2. 在梯形图语言下，如何快速添加指令？

方法一：将鼠标指针移动到能流的箭头部分，会看到箭头顶部出现一个蓝点，如图 3.89 所示。

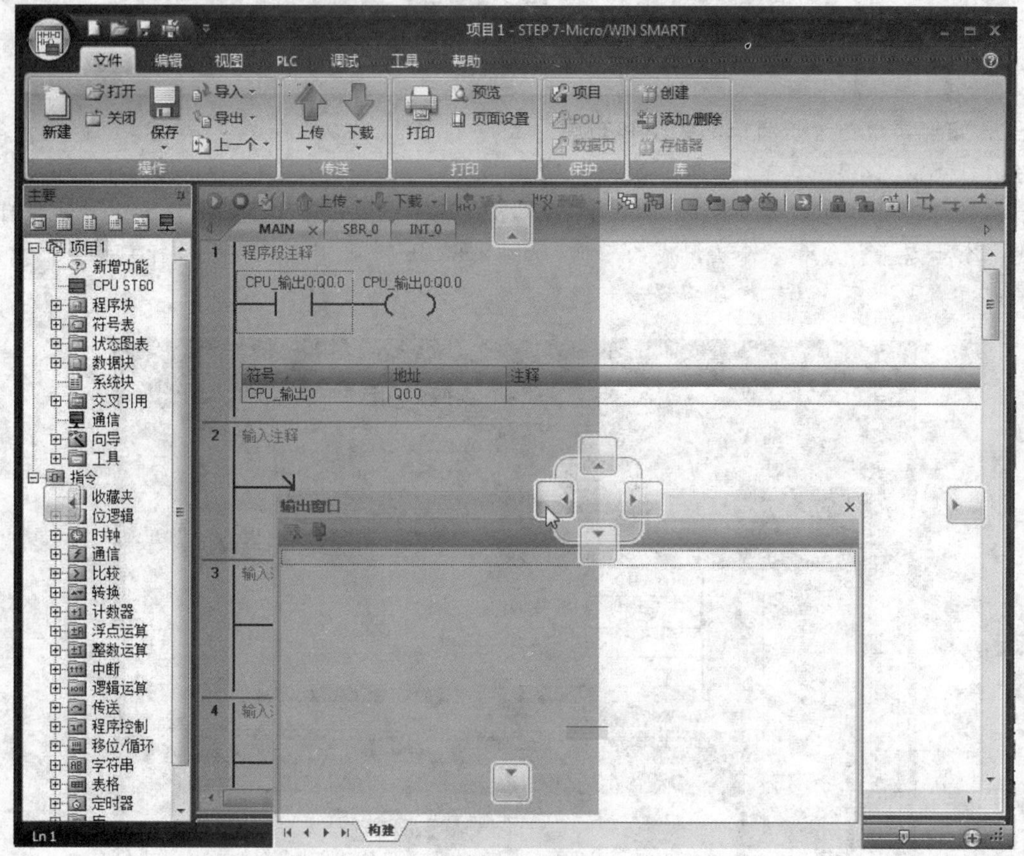

图 3.88 调整布局

图 3.89 快速添加指令(方法一)

双击蓝点,软件即显示此处可以添加的指令列表(如图 3.90 所示);右击蓝点,可以通过快捷菜单选择插入更多对象(如图 3.91 所示)。

方法二: 通过程序编辑界面上方的触点、线圈和指令框的快捷按钮插入指令。首先单击鼠标选中即将插入指令的位置,然后单击上方的快捷按钮插入指令。也可以直接按快捷键 F4、F6、F9 添加指令,如图 3.92 所示。

例如,将一个 DEC_B 指令框添加到一个触点后面,单击“插入框”按钮后,可选的指令列表会显示在触点 M0.0 之后,键盘输入字母“D”即可快速选择到字母 D 开头的指令位置。指令列表如图 3.93 所示。

3. 如何更换指令?

例如,用户需要把如图 3.94 所示原程序的程序段中的常开触点更换为常闭触点,具体操作是:右击需要修改的线圈指令,在弹出的快捷菜单中选择“编辑”选项,如图 3.95 所示。选择“编辑”选项后,可以替换的指令列表会被显示出来,在本例子中选择“常闭”指令,如图 3.96 所示。

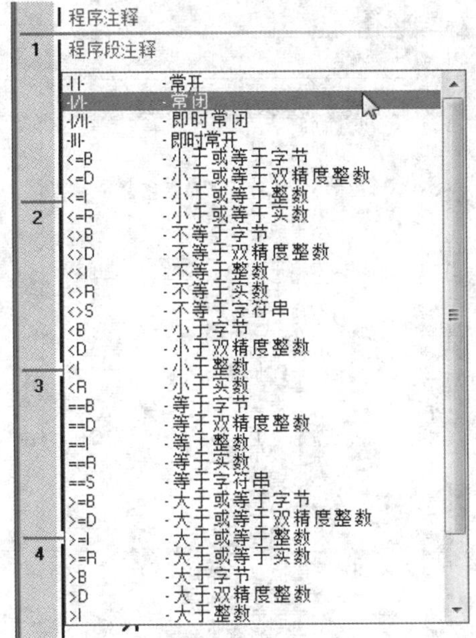

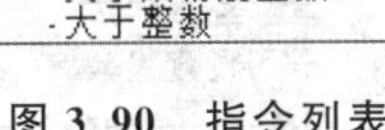
图 3.90　指令列表

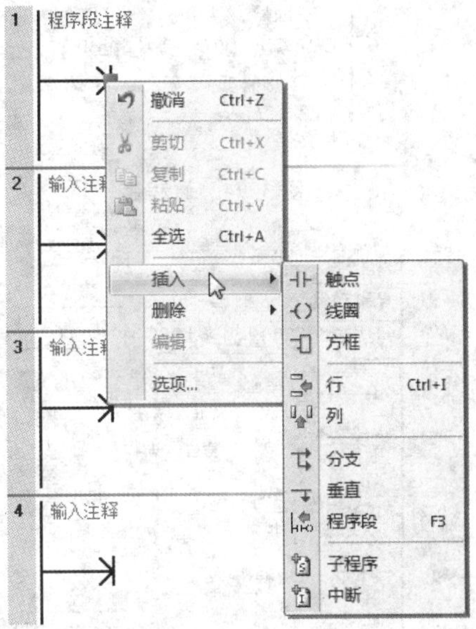

图 3.91　右击插入更多对象

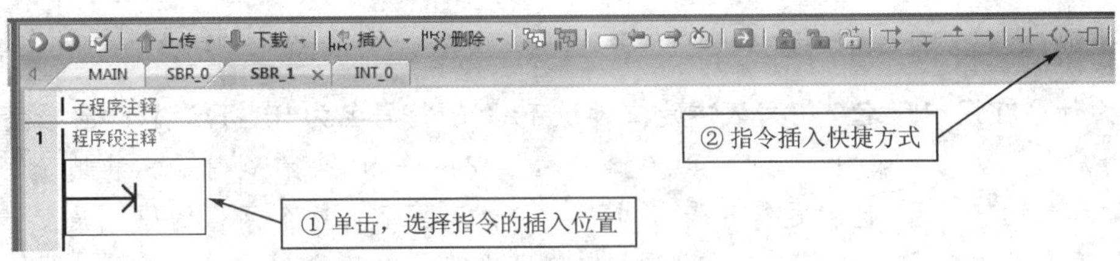

图 3.92　快速添加指令(方法二)

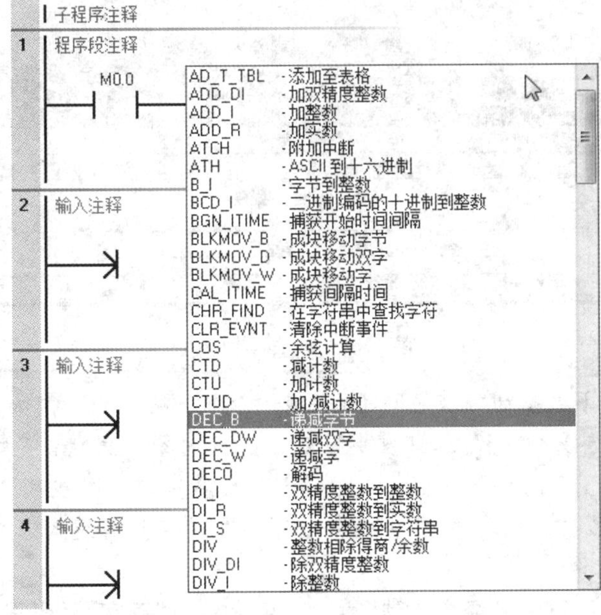

图 3.93　添加 DEC_B 指令框举例

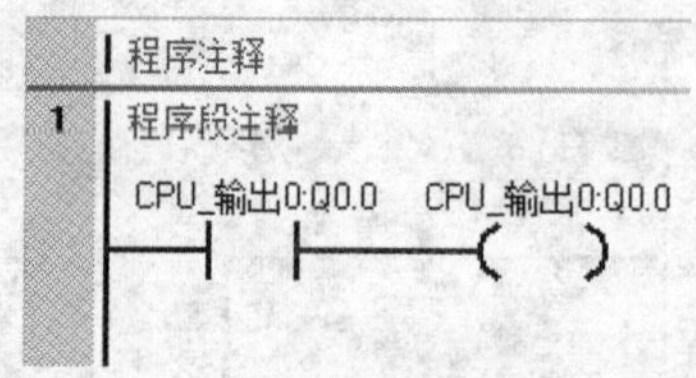

图 3.94　原程序

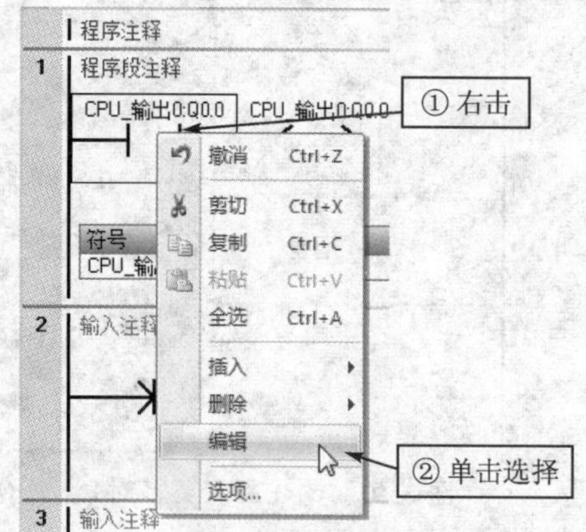

图 3.95　"编辑"选项

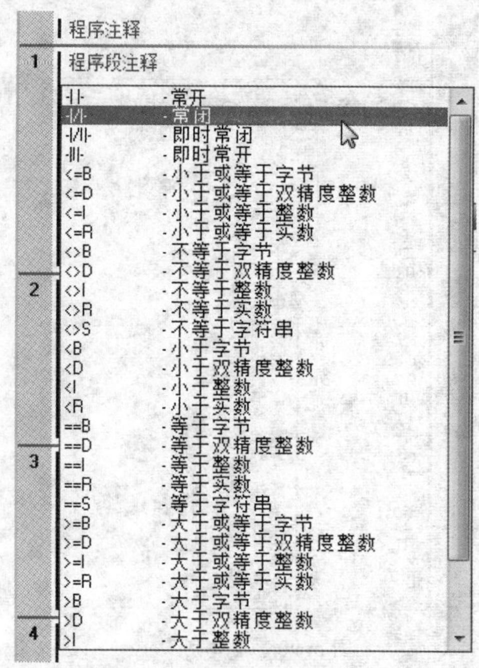

图 3.96　选择"常闭"指令

4. 为什么在用户自定义符号表中定义地址 I0.0 的符号名为"电机启动"时会报错?

在用户自定义符号表中,用户对 I0.0 地址命名符号名时,会看到符号名和地址下方分别有绿色和红色的波浪线,这就是符号表报错,如图 3.97 所示。这个问题的原因是新建一个项目时系统通常会自动生成一个 I/O 符号表,该符号表可能与用户自定义的符号表冲突。系统自动生成的 I/O 符号表如图 3.98 所示。用户只需要在 I/O 符号表中直接修改符号名即可。

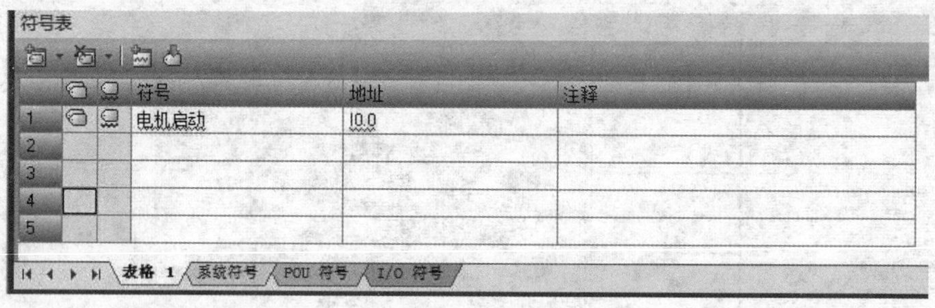

			符号	地址	注释
1			电机启动	I0.0	
2					
3					
4					
5					

图 3.97　符号表报错

5. 为什么上传和下载按钮为灰色时不可用?

有时用户需要上传或下载程序,却发现按钮是灰色的不可用状态,如图 3.99 所示。出现这种现象的原因是 STEP 7-Micro/WIN SMART 软件目前处于在线监控状态(包括在线监控程序和状态表中在线监控数据)。用户需要将项目先转换为离线状态,才能执行上传或下载操作。

6. 为什么在通信窗口中已经查找到了 CPU,但是单击"确定"后出现连接失败的提示?

有时候,用户在通信窗口中单击"查找 CPU"按钮后,已经连接的 S7-200 SMART CPU

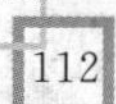

符号表

			符号	地址	注释
1			CPU_输入0	I0.0	
2			CPU_输入1	I0.1	
3			CPU_输入2	I0.2	
4			CPU_输入3	I0.3	
5			CPU_输入4	I0.4	
6			CPU_输入5	I0.5	
7			CPU_输入6	I0.6	
8			CPU_输入7	I0.7	

表格 1 / 系统符号 / POU 符号 / I/O 符号

用户可以直接修改符号名

图 3.98　I/O 符号表

可以被找到，但是单击“确认”按钮后却遇到“无法建立与指定地址的连接，地址可能无效或不存在”的提示，如图 3.100 所示。

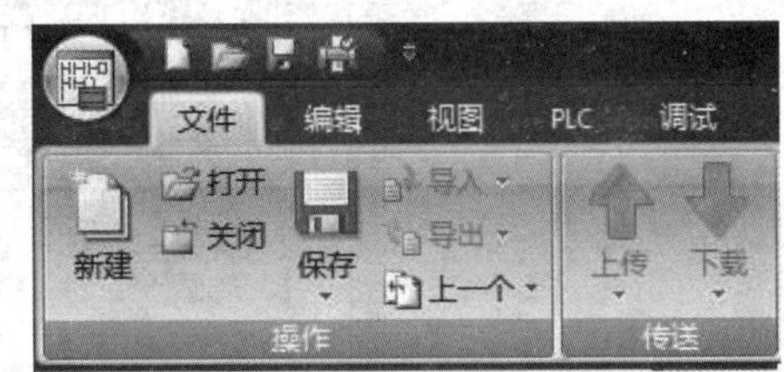

图 3.99　灰色的上载和下载按钮

出现这个报错的原因在于计算机的 IP 地址和 CPU 的 IP 地址不在同一个网段。通常计算机连接 S7 - 200 SMART CPU 所构成的是一个简单的局域网，一般不划分网段，也没有网关负责不同网段之间的数据转发。因此需要将计算机的 IP 地址和 CPU 的 IP 地址设定在同一个网段。本例子中 CPU 的 IP 地址是 192.168.2.160，因此应将计算机的 IP 地址修改为 192.168.2.8，计算机和 CPU 的子网掩码都是 255.255.255.0。

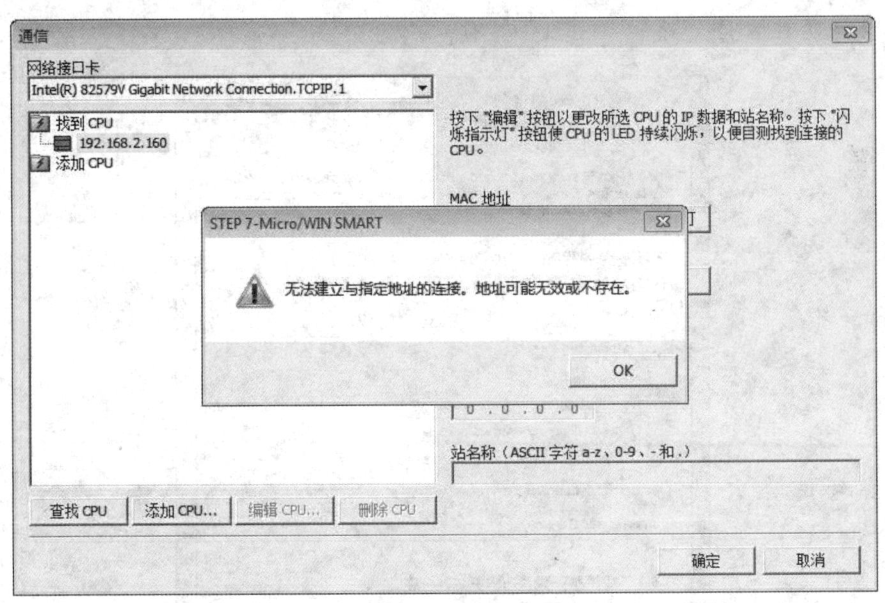

图 3.100　连接失败

修改计算机的 IP 地址的步骤如下：

① 打开 Windows 7 操作系统的控制面板→网络和共享中心,修改网络适配器设置。

② 右击被使用的网卡图标,选择“属性”选项,设置网卡属性(如图 3.101 所示)。

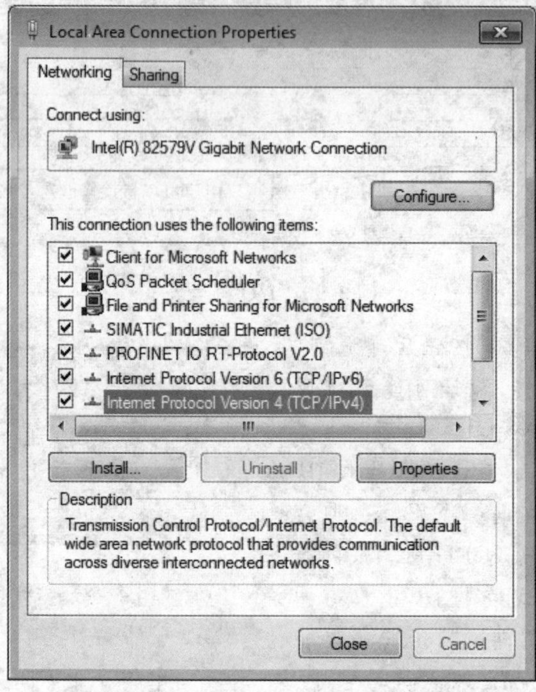

图 3.101 网卡属性

③ 选择“Internet Protocol Version4 (TCP/IPV4)”,单击“Properties(属性)”按钮,打开如图 3.102 所示对话框。

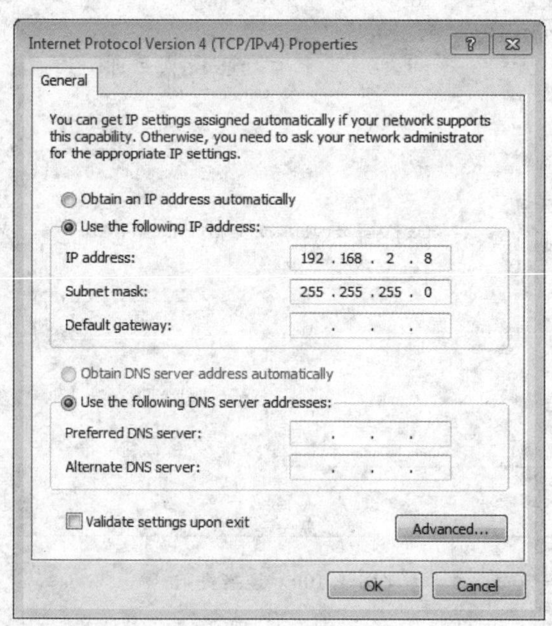

图 3.102 IPV4 属性

④ 在 IP 地址和子网掩码中分别填入“192.168.2.8”和“255.255.255.0”，修改后即可成功建立计算机与 CPU 之间的连接。

7. CPU 连接若干个 I/O 扩展模块时，如何查看每个模块占用的 I/O 通道地址？

由于 I/O 扩展模块占用的输入和输出地址与模块位置有关，不连续且不能被用户自定义，因此建议用户到系统块上方的概览表格中查看，如图 3.103 所示。

系统块

	模块	版本	输入	输出	订货号
CPU	CPU SR60 (AC/DC/Relay)	V02.00.00_00.00...	I0.0	Q0.0	6ES7 288-1SR60-0AA0
SB	SB DT04 (2DI / 2DQ Transistor)		I7.0	Q7.0	6ES7 288-5DT04-0AA0
EM 0	EM DR08 (8DQ Relay)			Q8.0	6ES7 288-2DR08-0AA0
EM 1	EM AE04 (4AI)		AIW32		6ES7 288-3AE04-0AA0
EM 2	EM AM06 (4AI / 2AQ)		AIW48	AQW48	6ES7 288-3AM06-0AA0
EM 3	EM DR32 (16DI / 16DQ Relay)		I20.0	Q20.0	6ES7 288-2DR32-0AA0
EM 4	EM DT08 (8DQ Transistor)			Q24.0	6ES7 288-2DT08-0AA0
EM 5					

图 3.103　地址概览

8. 通过 USB/PPI 编程电缆下载 S7 - 200 SMART 程序时，为什么提示“CPU 不支持该功能”？

有用户通过 USB - PPI 编程电缆下载 S7 - 200 SMART 程序，能够搜索到 PLC，但是下载时提示“CPU 不支持该功能”，如图 3.104 所示。

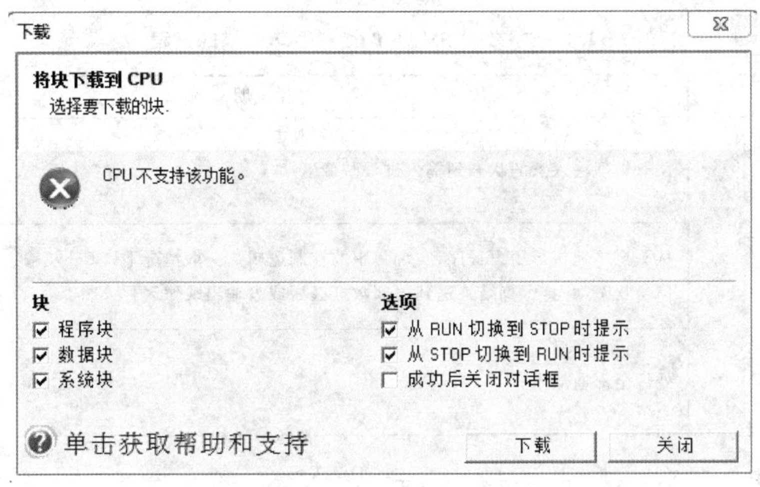

图 3.104　提示“CPU 不支持该功能”

使用 USB/PPI 编程电缆通过 RS485 通信接口下载程序，需要保证 CPU 实际固件在 V02.03.00 及以上版本使用，CPU 固件版本查看方法：在 STEP 7 - Micro/WIN SMART 软件菜单功能区选择“PLC”→“信息”→“PLC”选项，打开“PLC 信息”对话框，核对 CPU 的固件版本，若低于 V02.03.00，应升级固件至 V02.03.00 及以上。

第 4 章　基本编程

⚠ **注**：本章中关于 S7－200 SMART CPU 常用指令的功能描述和举例都使用梯形图(LAD)编程语言，如果用户使用语句表(STL)或功能块(FBD)语言，格式等方面可能存在差异。更详细的信息请参考 STEP 7 Micro/WIN SMART 软件的在线帮助和《S7－200 SMART 系统手册》。

4.1　PLC 的基本概念

4.1.1　S7－200 SMART 如何工作

S7－200 SMART CPU 监控现场设备的状态，根据预先编写的控制逻辑控制现场的输出设备运行状态的设备控制器。它按照循环扫描的形式，周而复始地执行一系列的内容，具体过程如表 4.1 所列。

表 4.1　S7－200 SMART CPU 循环扫描的过程

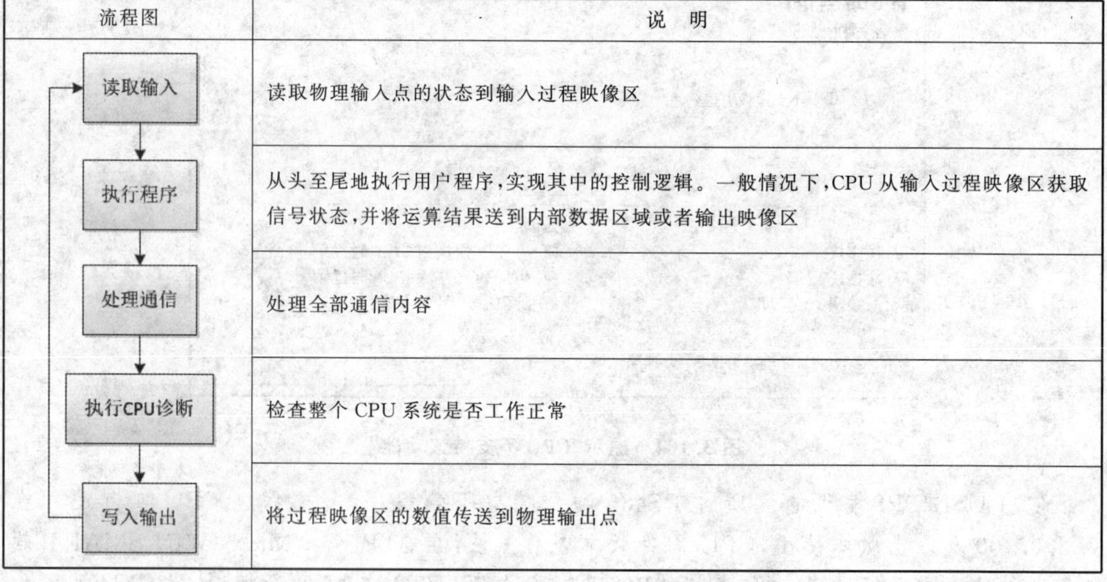

流程图	说　明
读取输入	读取物理输入点的状态到输入过程映像区
执行程序	从头至尾地执行用户程序，实现其中的控制逻辑。一般情况下，CPU 从输入过程映像区获取信号状态，并将运算结果送到内部数据区域或者输出映像区
处理通信	处理全部通信内容
执行CPU诊断	检查整个 CPU 系统是否工作正常
写入输出	将过程映像区的数值传送到物理输出点

4.1.2　数据格式

1. 普通变量数据格式

普通变量数据格式如表 4.2 所列。

表 4.2　普通变量数据格式

长　度	格　式	有效数据范围
布尔	[数据存储区][字节地址].[位地址]，例如： 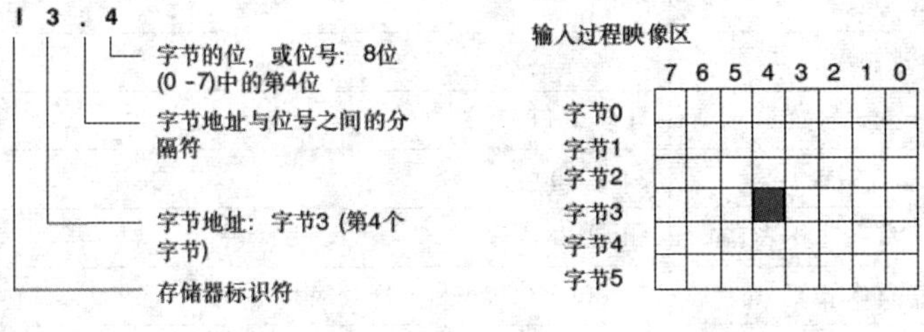 I 3 . 4 字节的位，或位号：8位(0-7)中的第4位 字节地址与位号之间的分隔符 字节地址：字节3（第4个字节） 存储器标识符 输入过程映像区 7 6 5 4 3 2 1 0 字节0 字节1 字节2 字节3 字节4 字节5	0 或 1， 即 True 或 False
字节	[数据存储区]B[字节地址]，例如： 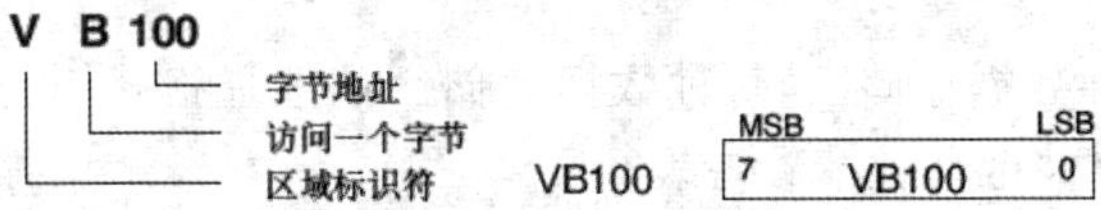 V B 100 字节地址 访问一个字节 区域标识符　VB100　MSB 7 VB100 0 LSB MSB：最高有效位；LSB：最低有效位	无符号数：0～255 有符号数：－127～128
字	[数据存储区]W[字节地址]，例如：  V W 100 字节地址 访问一个字 区域标识符　VW100 最低有效字节　最高有效字节 MSB 15 VB100 8 | 7 VB101 0 LSB	无符号数：0～65 535 有符号数：－32 768～＋32 767
双字	[数据存储区]D[字节地址]，例如： 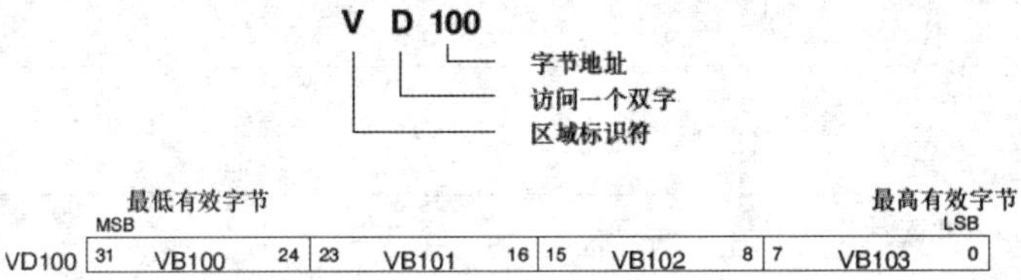 V D 100 字节地址 访问一个双字 区域标识符 最低有效字节　最高有效字节 VD100　MSB 31 VB100 24 | 23 VB101 16 | 15 VB102 8 | 7 VB103 0 LSB	无符号数：0～4 294 967 295 有符号数：－2 147 483 648～＋2 147 483 647 浮点数：＋1.175 495E－38～＋3.402 823E＋38（正数） －1.175 495E－38～－3.402 823E＋38（负数）

2．字符串

字符串是一个字符序列，其中每个字符都以字节的形式存储。字符串的第一个字节定义字符串的长度，即字符数。字符串的格式如下：

实际长度	字符 1	字符 2	字符 3	字符 4	……	字符 254
字节 1	字节 2	字节 3	字节 4	字节 5	……	字节

字符串的长度可以是 0～254 个字符，再加上长度字节，因此字符串的最大长度为 255 字节。字符串常数限制为 126 字节。

3. 常　数

用户在程序指令或者数据块、状态表中填写常数时，可以参考表 4.3 所列的常数格式。

表 4.3　常　数

数　制	格　式	举　例
十进制	[十进制数]	288
十六进制	16#[十六进制数]	16#A0E8
二进制	2#[二进制数]	2#10100
ASCII	'[ASCII 字符]'	'abcd1234'
字符串	"[字符串]"	"aadfjka2039"
实数	ANSI/IEEE 754－1985	＋1.175 495E－38 (正数)～－1.175 495E－38 (负数)

4.1.3　数据存储区的类型

S7 - 200 SMART CPU 有多种数据存储区，每种数据存储区的地址格式、数据类型、最大长度等都各有不同。详细的数据存储区种类请参考表 4.4。

表 4.4　数据存储区种类

标　志	含　义	格　式	举　例
I	数字量输入过程映像区 每个扫描周期的起始，CPU 对物理数字量输入点进行采样并将数值送到输入映像区	位：I[字节地址].[位地址] 字节、字或双字：I[长度][起始字节地址]	I1.7 IB0，IW2，ID8
Q	数字量输出过程映像区 每个扫描周期的结束，CPU 将输出映像区的数据送到物理输出点	位：Q[字节地址].[位地址] 字节、字或双字：Q[长度][起始字节地址]	Q1.7 QB0，QW2，QD8
AI	模拟量输入地址，1 个字长，因此起始字节地址都为偶数	AIW[起始字节地址]	AIW0
AQ	模拟量输出地址，1 个字长，因此起始字节地址都为偶数	AQW[起始字节地址]	AQW2
V	变量存储器，用于保存中间逻辑结果等与程序任务相关的数据	位：V[字节地址].[位地址] 字节、字或双字：V[长度][起始字节地址]	V1.7 VB0，VW2，VD8
M	标志存储区，是 CPU 集成的数据存储区，用法与 V 相同	位：M[字节地址].[位地址] 字节、字或双字：M[长度][起始字节地址]	M1.7 MB0，MW2，MD8
S	顺序控制继电器，S 位与 SCR 关联，可用于将机器或步骤组织到等效的程序段中。可使用 SCR 实现控制程序的逻辑分段。可以按位、字节、字或双字访问 S 存储器	位：S[字节地址].[位地址] 字节、字或双字：S[长度][起始字节地址]	S1.7 SB0，SW2，SD8

续表 4.4

标　志	含　义	格　式	举　例
L	局部变量，在局部存储器栈中，CPU 为每个 POU 提供 64 字节的 L 存储器。无论是以 LAD 还是以 FBD 编写子例程，TEMP、IN、IN_OUT 和 OUT 变量只能占 60 字节。STEP 7 - Micro/WIN SMART 会使用局部存储器的最后 4 字节 POU 相关的 L 存储器地址仅可由当前执行的 POU（主程序、子例程或中断例程）进行访问	位：L[字节地址].[位地址] 字节、字或双字：L[长度][起始字节地址]	L1.7 LB0，LW2，LD8
T	定时器存储区 按字读取：是 16 位有符号整数，表示定时器当前的累积计时时间 按位读取：按照当前值和预置值的比较结果置位或者复位	字：T[定时器编号] 位：T[定时器编号]	字：T37 位：T37
C	计数器存储区 按字读取：是 16 位有符号整数，表示计数器当前的累积计数个数 按位读取：按照当前值和预置值的比较结果置位或者复位	字：C[计数器编号] 位：C[计数器编号]	字：C1 位：C1
HC	高速计数器存储区，双字长，用于存储高速计数器的当前计数值	HC[高速计数器编号]	HC0，表示 HSC0 的当前计数值
AC	累加器，是可以像存储器一样读/写的数据存储区。S7 - 200 SMART CPU 提供 4 个 32 位的累加器，根据不同的指令，按字节、字或双字的形式被访问	AC[累加器编号]	AC0，AC1， AC2，AC3
SM	特殊寄存器，SM 位提供了在 CPU 和用户程序之间传递信息的一种方法。可以使用这些位来选择和控制 CPU 的某些特殊功能	位：SM[字节地址].[位地址] 字节、字或双字：SM[长度][起始字节地址]	SM0.0 SMB30 SMW92，SMD38

4.1.4　间接寻址

间接寻址是指将数据 1 的地址信息存储到另一个双字长度的数据 2 地址中，在后面的程序中，从数据 2 中取出地址信息从而间接地访问数据 1。S7 - 200 SMART CPU 允许指针访问下列存储区：I、Q、V、M、S、AI、AQ、SM、T（仅限当前值）和 C（仅限当前值）。用户不能使用间接寻址访问单个位或访问 HC、L 或累加器存储区。间接寻址和取址需要用到下面两个符号：

&：取址符号

*：寻址符号

这里举一个简单的例子，如表 4.5 所列。

表 4.5　间接寻址举例

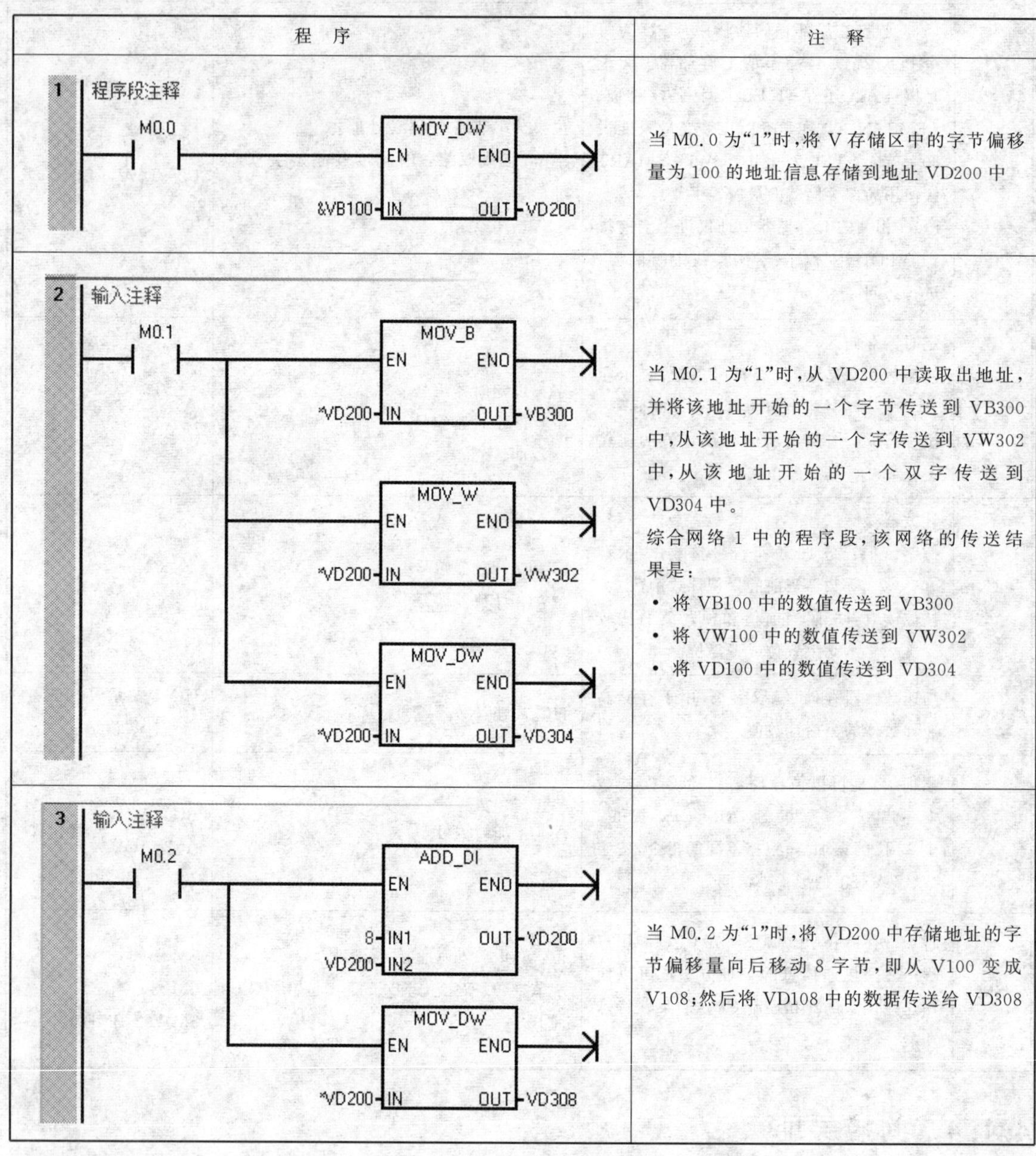

程　序	注　释
网络 1	当 M0.0 为“1”时，将 V 存储区中的字节偏移量为 100 的地址信息存储到地址 VD200 中
网络 2	当 M0.1 为“1”时，从 VD200 中读取出地址，并将该地址开始的一个字节传送到 VB300 中，从该地址开始的一个字传送到 VW302 中，从该地址开始的一个双字传送到 VD304 中。 综合网络 1 中的程序段，该网络的传送结果是： • 将 VB100 中的数值传送到 VB300 • 将 VW100 中的数值传送到 VW302 • 将 VD100 中的数值传送到 VD304
网络 3	当 M0.2 为“1”时，将 VD200 中存储地址的字节偏移量向后移动 8 字节，即从 V100 变成 V108；然后将 VD108 中的数据传送给 VD308

4.2　硬件组态

4.2.1　系统块概述

系统块是组态 S7－200 SMART PLC 硬件配置的窗口界面，其初始界面如图 4.1 所示。

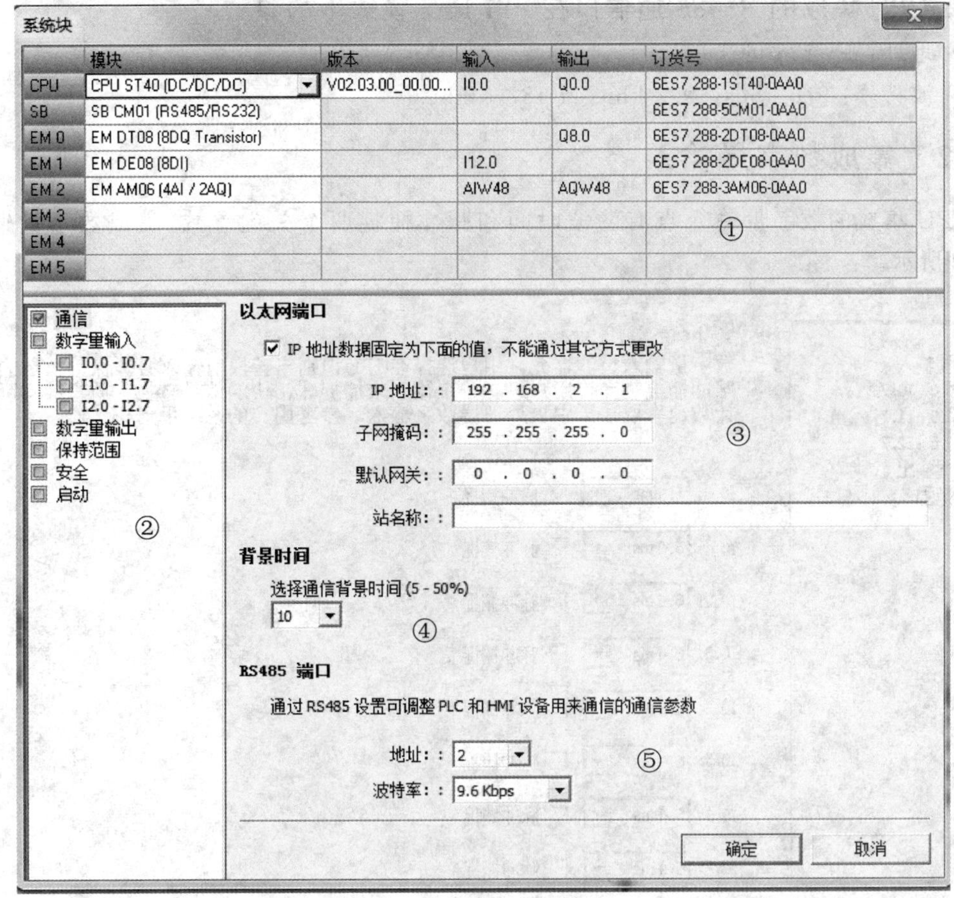

图 4.1　"系统块"对话框

1. 模块信息表格

在"系统块"对话框上方的表格中，用户可以通过单击"模块"一列的空白处，用选择下拉菜单的方式添加或修改 CPU、信号板和扩展模块的类型。所有模块信息，包括模块名称、固件版本、使用的输入/输出地址和订货号都被清晰地列出，方便用户检查组态配置是否与实际相符。

2. 系统块的内容结构

如果在"系统块"对话框上方选中的编辑对象不同，那么系统块的内容结构也不相同。如图 4.1 所示，CPU ST40 可被编辑的系统信息包括：通信、数字量输入、数字量输出、保持范围、安全和启动。

如果"系统块"对话框中的默认设置被用户修改，那么其前面的绿色方框中会显示一个对勾，由于 IP 地址被用户修改，因此"通信"选项中会显示为选中状态。

3. CPU 集成以太网口的 IP 地址、子网掩码、默认网关和站名称

其中，网关和站名称由用户根据实际情况选填，也可为空。

4. 通信背景时间

通信背景时间指通信时间占 CPU 扫描周期时间的比重，5％～50％可调。

5. CPU 集成的 RS485 通信口在 PPI 通信模式下的参数

- 地址：1～126 可选；
- 波特率：9.6 kbps，19.2 kbps 或 187.5 kbps。

4.2.2 集成数字量输入

CPU 集成的数字量输入点有滤波时间和脉冲捕捉两个关键参数，集成数字量输入如图 4.2 所示。

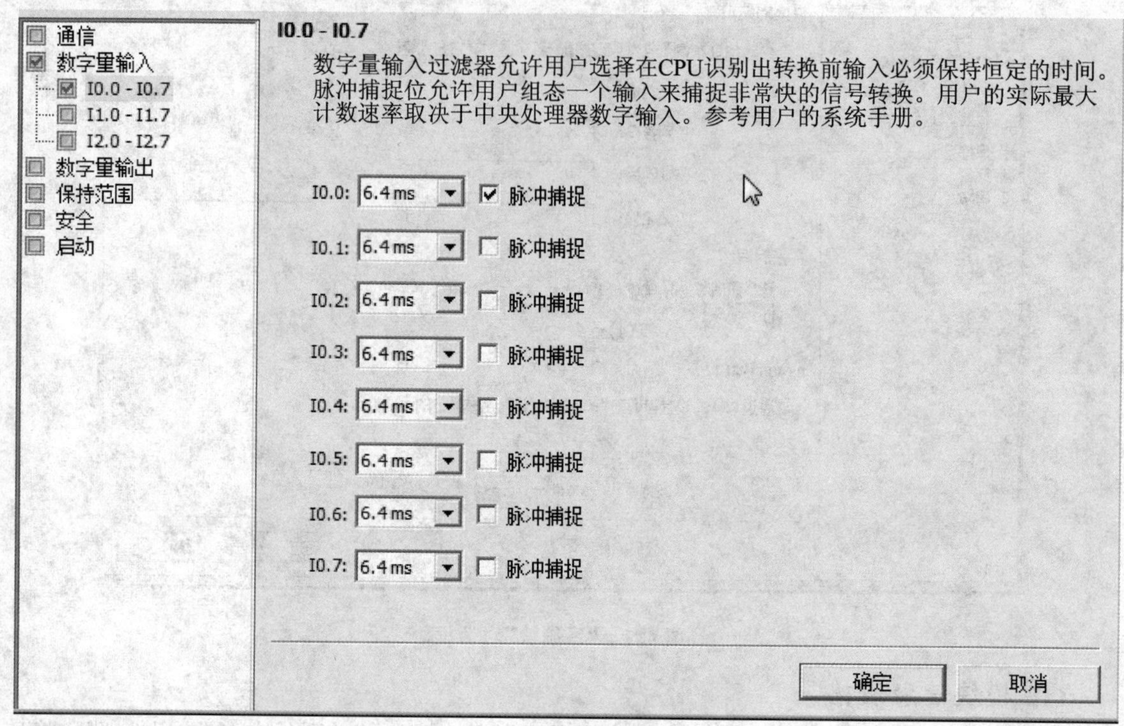

图 4.2　集成数字量输入

1. 数字量输入的滤波时间

滤波时间是指对输入信号的一个延时响应，物理输入信号保持为“1”的时间必须长于滤波时间，才能被 CPU 检测到，这样就可以过滤掉一些干扰噪声，提高 CPU 输入的可靠性。CPU 集成的每个数字量输入都可以独立设定滤波时间，滤波时间从 0.2 μs 到 12.8 μs 或从 0.2 ms 到 12.8 ms 可选。

⚠ **注意**：如果该数字量输入点用于高速计数器(HSC)，用户需要将滤波时间调到足够短以保证高速计数器正常计数。

---

2. 脉冲捕捉

脉冲捕捉功能指当某一个点有短脉冲信号输入时，利用输入锁定的方式将此信号保持住，直到下一个扫描周期 S7－200 SMART CPU 读取输入状态为止。脉冲捕捉如图 4.3 所示。

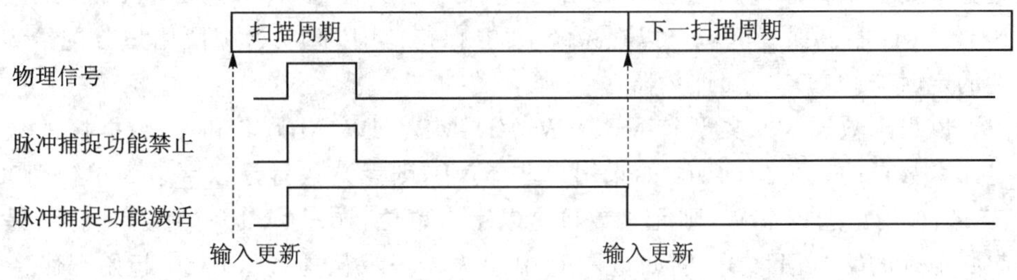

图 4.3　脉冲捕捉

⚠ 注意：

- 每个扫描周期内，脉冲捕捉功能最多只能捕捉到一个短脉冲信号；
- 扩展模块上的数字量输入没有脉冲捕捉功能，其余特性与 CPU 集成点的特性类似，因此不再赘述。

4.2.3　集成数字量输出

S7－200 SMART CPU 集成的和扩展模块的数字量输出都具有冻结功能。冻结功能是指当 CPU 的状态从运行转为停止时，CPU 的数字量输出可以被设定为 ON、OFF 或者 CPU 停止前的最后一个状态。如果勾选 Q0.X 对应的方框，则表示 CPU 停止时输出为 ON，不勾选则表示为 OFF；如果勾选“将输出冻结在最后一个状态”，则表示输出点都保持 CPU 停止前的最后一个扫描周期的状态。集成数字量输出如图 4.4 所示。

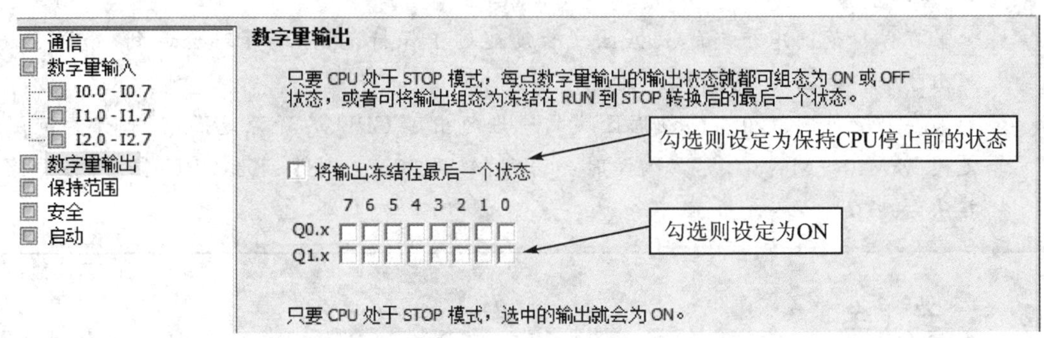

图 4.4　集成数字量输出

扩展模块上的数字量输出特性与 CPU 集成点的特性类似，因此不再赘述。

4.2.4 保持范围

S7－200 SMART CPU 的数据保持范围是指当 CPU 处于断电状态时，CPU 的数据保持断电之前的数值不丢失。S7－200 SMART CPU 的数据具有断电保持特性，且不依赖于超级电容或电池卡而被永久保持。标准型 CPU 断电保持范围有 10 KB，紧凑型 CPU 断电保持范围有 2 KB。CPU 断电保持区域可以在系统块的“保持范围”选项卡中由用户分配给 V、M、带保持特性的定时器(TONR)和计数器。

用户可以设定数据区的类型有 VB、VW、VD、MB、MW、MD、T 和 C，数据区的数据地址格式决定元素数目的单位。比如：如果用户选择 VB，则元素数目是以字节为单位，1000 表示 1000 字节；如果用户选择 MW，则元素数目是以字为单位，10 表示 10 个字。偏移量是断电保持数据起始地址的字节偏移量，例如范围 0 中的 100 表示从地址 VB100 起始。保持范围如图 4.5 所示。

图 4.5 “保持范围”选项卡

⚠ **注意：**

- 如果在保持范围中组态的数据区域长度超过了保持范围，编译时会遇到“错误 2760：超出了保持范围的总字节数”的提示；
- 如果在保持范围中组态的数据区域的地址超出了 CPU 的资源范围，例如保存范围设定为 MW20～MW40，那么编译时会遇到“错误 2756：对于所选 CPU 类型，保持范围非法”的提示。

4.2.5 安　全

“安全”选项卡中包含密码、通信写访问和串行端口三部分设定，如图 4.6 所示。

1. 密　码

S7－200 SMART CPU 的密码保护由弱到强分为完全权限、读取权限、最低权限和不允许上传 4 个级别，每个级别的限定如表 4.6 所列。

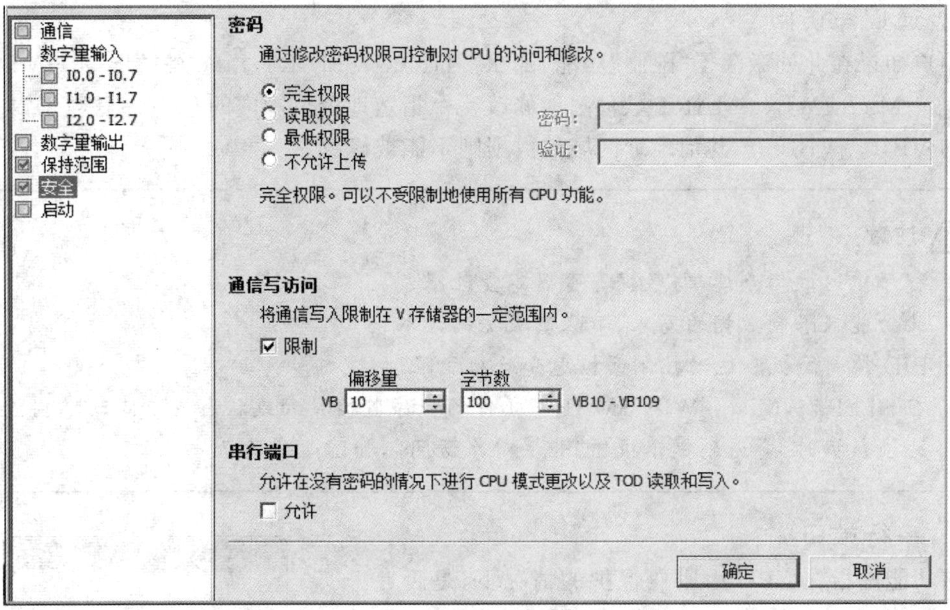

通信
数字量输入
I0.0 - I0.7
I1.0 - I1.7
I2.0 - I2.7
数字量输出
保持范围
安全
启动

密码
通过修改密码权限可控制对 CPU 的访问和修改。
完全权限
读取权限
最低权限
不允许上传
密码：
验证：
完全权限。可以不受限制地使用所有 CPU 功能。

通信写访问
将通信写入限制在 V 存储器的一定范围内。
限制
偏移量 VB 10
字节数 100
VB10 - VB109

串行端口
允许在没有密码的情况下进行 CPU 模式更改以及 TOD 读取和写入。
允许

确定　取消

图 4.6　“安全”选项卡

表 4.6　密码保护

用户操作	完全权限	读取权限	最低权限	不允许上传
读取和写入用户数据	允许	允许	允许	允许
启动、停止和上电复位 CPU	允许	需要密码验证	需要密码验证	需要密码验证
读取日期时钟	允许	允许	允许	允许
写入日期时钟	允许	需要密码验证	需要密码验证	需要密码验证
上传用户程序、数据和系统块	允许	允许	需要密码验证	不允许
下载程序块、数据块或系统块	允许	需要密码验证	需要密码验证	如果 CPU 内包含程序块，则下载程序块、数据块需要密码验证，系统块不允许下载；如果 CPU 内不包含程序块，则下载程序块、数据块以及系统块均需密码验证
恢复位为出厂默认设置	允许	需要密码验证	需要密码验证	需要密码验证
删除程序块、数据块或系统块	允许	需要密码验证	需要密码验证	如果 CPU 内包含程序块，则删除程序块、数据块需要密码验证，系统块不允许删除；如果 CPU 内不包含程序块，则删除程序块、数据块以及系统块均需密码验证
将程序块、数据块或系统数据块复制到存储卡	允许	需要密码验证	需要密码验证	需要密码验证
在状态图表中强制变量	允许	需要密码验证	需要密码验证	需要密码验证
执行单次或多次扫描操作	允许	需要密码验证	需要密码验证	需要密码验证
在 STOP 模式下写入输出	允许	需要密码验证	需要密码验证	需要密码验证
复位 PLC 信息中的扫描速率	允许	需要密码验证	需要密码验证	需要密码验证
在线监控程序状态	允许	需要密码验证	需要密码验证	不允许
在线、离线项目比较	允许	允许	需要密码验证	不允许

2. 通信写访问

用户如果在此处激活了“限制”功能，那么 TD400C、SMART Line 触摸屏等 HMI 设备和 STEP 7－Micro/WIN SMART 软件只能修改一个指定地址范围内的 V 存储区数据，如图 4.6 所示的 VB10～VB109。其他地址区域的数据则不能被修改。

⚠ **注意**：

- 程序中通过指令读/写数据寄存器不受此限制；
- 此功能只限制数据的写入，不限制数据的读取；
- PID 控制面板和运动控制面板也受此功能限制；
- 在 STEP 7－Micro/WIN SMART 软件的程序监控界面或状态表中修改限制范围外的地址数据时，会遇到提示报错“非法对象访问”，如图 4.7 所示。

---

3. 串行端口

该功能是指在 CPU 由密码保护的情况下，是否允许其他设备通过 CPU 集成的 RS485 通信口或者 RS485/RS232 信号板修改 CPU 的日期时间和 RUN－STOP 运行状态。如果用户勾选“允许”选项，则串行通信设备可以对 CPU 进行修改。

图 4.7　非法对象访问

⚠ **注意**：如果 CPU 不受密码保护，则无论是否勾选“允许”，其他通信设备都可以经由串行端口修改 CPU 的日期时间和 RUN－STOP 运行状态。

4.2.6　启　动

“启动”选项用于设置 S7－200 SMART CPU 断电上电后和遇到故障时的工作模式，启动模式如图 4.8 所示。

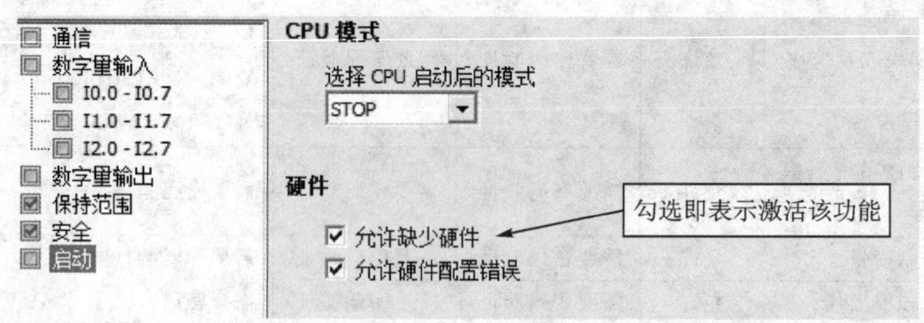

图 4.8　启动模式

可以选择 CPU 的运行模式有下面三种：

- STOP——断电上电后 CPU 进入停止模式(系统默认选项)；

• RUN——断电上电后 CPU 进入运行模式；
• LAST——断电上电后 CPU 进入断电之前的运行模式。

S7-200 SMART CPU 在有硬件故障的情况下，仍可保持运行状态。用户可以通过勾选下面两个选项来激活该功能：

• 允许缺少硬件——一个或者多个硬件模块没有被配置；
• 允许硬件配置错误——一个或者多个硬件模块被错误配置。

4.2.7 模拟量输入

1. 模块参数

在"模块参数"中，用户可以激活"用户电源"报警。该报警是指当模拟量扩展模块外接的 24 V 直流电源供电出现故障时触发 CPU 的报警事件。用户电源报警如图 4.9 所示。

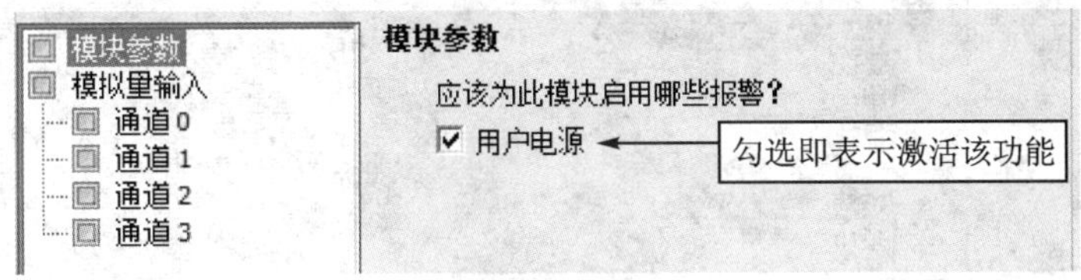

图 4.9　用户电源报警

2. 电压/电流输入通道选项

如图 4.10 所示是 EM AE04 模块模拟量输入通道的属性选项，可进行电压/电流输入设置。

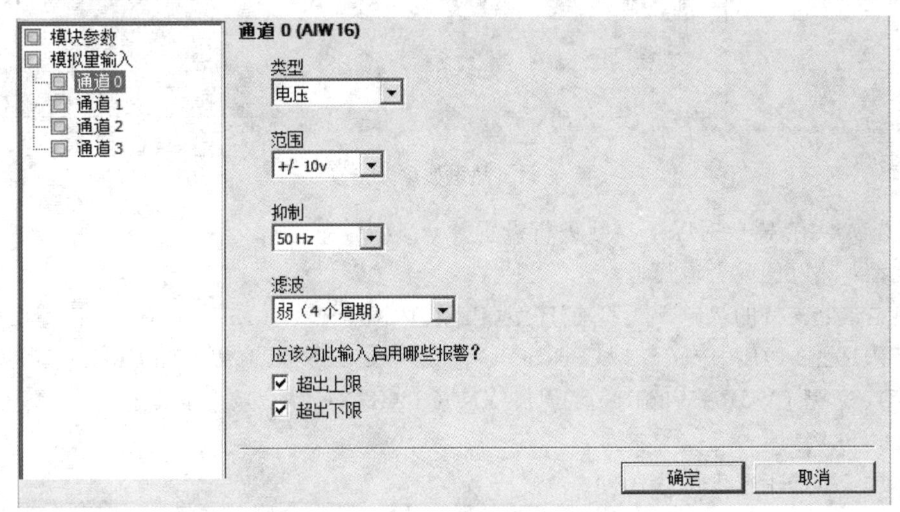

图 4.10　电压/电流输入设置

在该选项卡中，需要对以下参数进行设置。

• 信号类型：可选择电压或者电流。
• 信号的范围：电压信号可以选择±10 V、±5 V、±2.5 V，电流信号可以选择 0～20 mA。
• 抑制频率：由于交流电信号的干扰，模拟量输入通道的数值可能会有一定的波动，为了尽可能减小这种波动,通常建议用户将抑制频率设定得与交流系统工频相一致。

• 滤波：为了让 CPU 从模拟量输入通道采集一个更加平稳可靠的信号,用户可以适当地设定滤波功能。滤波功能分为无、弱、中、强四个等级,由弱到强采样次数逐渐增加。

另外,每个通道都有独立的超出限制值报警,如果该功能被激活,当有超出上限或下限的报警事件到来时,模拟量通道对应的红色 LED 指示灯会亮起,用户程序可以从对应的特殊寄存器中获取故障代码。

3. 热电偶输入通道选项

如图 4.11 所示是 EM AT04 模块模拟量输入通道的属性选项,可进行热电偶输入设置。

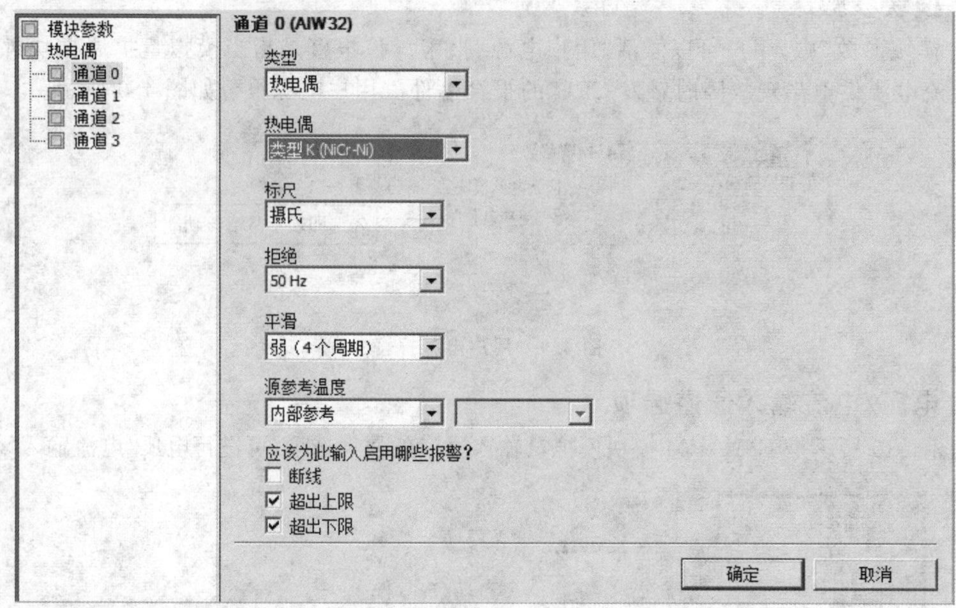

图 4.11 热电偶输入设置

在该选项卡中,需要对以下参数进行设置。

• 类型：热电偶或者电压。
• 热电偶：支持的热电偶类型有 B 型(PtRh-PtRh)、N 型(NiCrSi-NiSi)、E 型(NiCr-CuNi)、R 型(PtRh-Pt)、S 型(PtRh-Pt)、J 型(Fe-CuNi)、T 型(Cu-CuNi)、K 型(NiCr-Ni)、C 型(W5Re-W26Re)、TXK/XK (TXK/XK(L))。如果选电压类型,则是 ±80 mV。
• 标尺：可选摄氏度或华氏度。
• 源参考温度：即冷端补偿温度,可选“内部参考”或者“由参数设定”,如果选择“由参数设定”,则可以将参考节点的实际温度选择为 0 ℃或者 50 ℃。
• 抑制和平滑：与电压/电流输入通道的意义相同,这里不再赘述。
• 报警：断线报警和超出限制值报警。

4. 热电阻输入通道选项

如图 4.12 所示是 EM AR02 模块模拟量输入通道的属性选项,可进行热电阻输入设置。在该选项卡中,需要对以下参数进行设置。

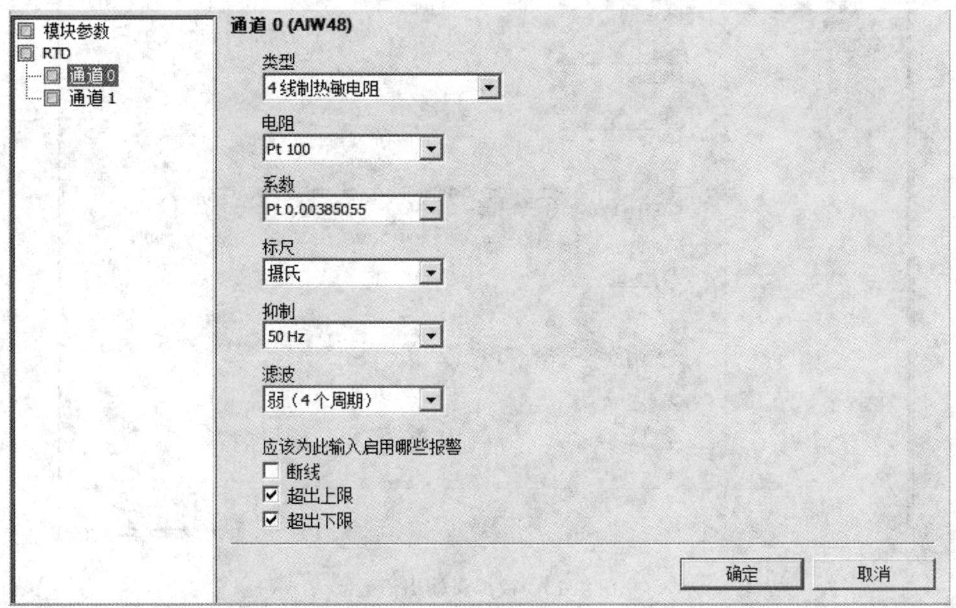

图 4.12 热电阻输入设置

- 类型：分为普通电阻和热敏电阻两大类，并根据接线方式不同分为两线制、三线制和四线制。
- 电阻：

  —普通电阻的量程范围是 48 Ω、150 Ω、300 Ω、600 Ω、3 000 Ω；

  —支持的热敏电阻的种类有 Pt 10、Pt 50、Pt 100、Pt 200、Pt 500、Pt 1000、LG-Ni 1000、Ni 100、Ni 120、Ni 200、Ni 500、Ni 1000、Cu 10、Cu 50、Cu 100。
- 系数：指热敏电阻的温度系数，请参考热敏电阻的说明书。
- 标尺、抑制、平滑和报警：与热电偶模块的意义相同，这里不再赘述。

4.2.8 模拟量输出

与模拟量输入模块类似，模拟量输出模块也具备用户电源诊断功能，并在“模块参数”中默认激活，这里不再赘述。如图 4.13 所示的是单个输出通道的参数组态。

在该选项卡中，需要对以下参数进行设置。

- 电压信号类型，范围是－10～＋10 V。
- 电流信号类型，范围是 0～20 mA。
- 输出冻结：

  —若勾选，则当 CPU 的运行状态从运行转到停止后，该模拟量输出通道保持 CPU 停止之前最后一个扫描周期；

  —若不勾选，则使用替代值作为模拟量输出的数值，替代值默认为 0。
- 支持的通道报警：

  —超出上限；

  —超出下限；

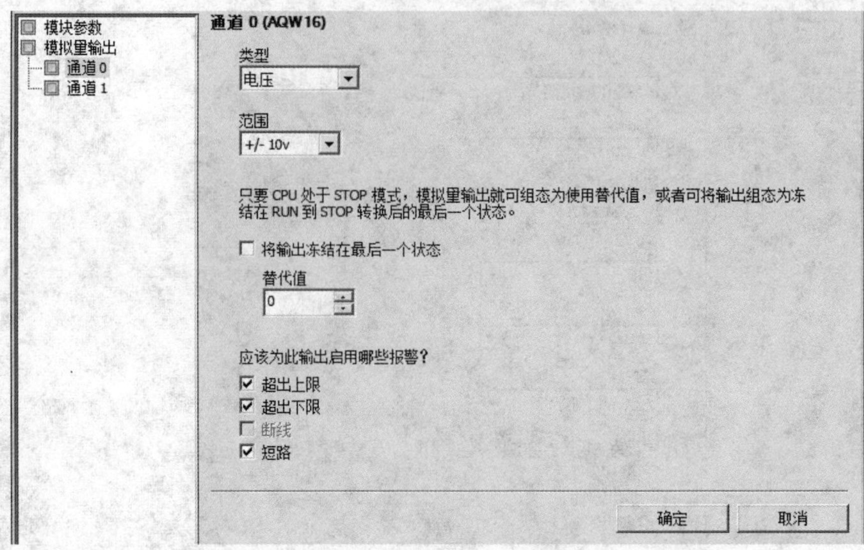

图 4.13　模拟量输出设置

—断线(仅电流输出支持)；

—短路(仅电压输出支持)。

4.2.9　信号板

1. I/O 信号板

数字量和模拟量信号板的参数组态和扩展模块类似，详细请参看扩展模块参数组态相关部分，这里不再赘述。

2. 电池信号板

电池信号板 BA01 主要用于保持标准型 CPU 的日期时间，但要求 S7－200 SMART 标准型 CPU 的固件版本为 V2.0 或者以上。BA01 使用 CR1025 型号的纽扣电池(用户需要自行购买)，并具备电量检测功能，详细如图 4.14 所示。

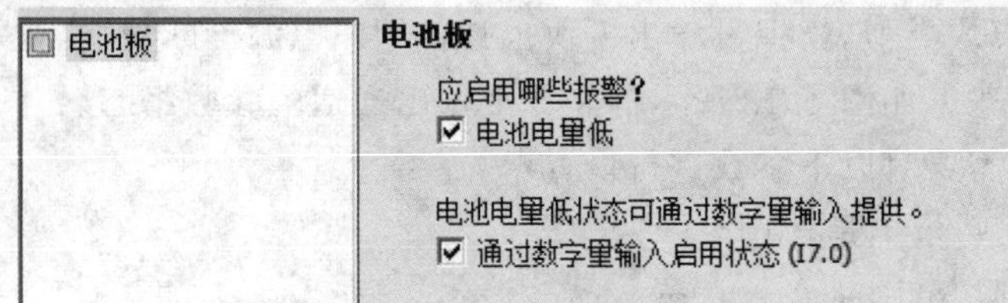

图 4.14　组态 BT01 电池信号板

电池信号板上有一个红色的 LED 指示灯，当在组态中激活了“电池电量低”报警且电池电量已经不足时，该红色指示灯会亮起，用以提示工作人员及时更换电池。

当激活“通过数字量输入启用状态(I7.0)”来指示电池电量状态时，CPU 内部程序可以通过检测输入点 I7.0 的状态来判断当前电池电量是否充足：

• 1＝电量不充足；

- 0＝电量充足。

3. RS485/RS232 通信信号板

CM01 信号板可以为 S7－200 SMART CPU 添加一个 RS485 或者 RS232 通信口，通信口的类型、地址和通信速率都在其参数组态界面中设置，如图 4.15 所示。其中，地址的有效范围是 1～126，可选择的通信速率有：9.6 kbps、19.2 kbps、187.5 kbps。

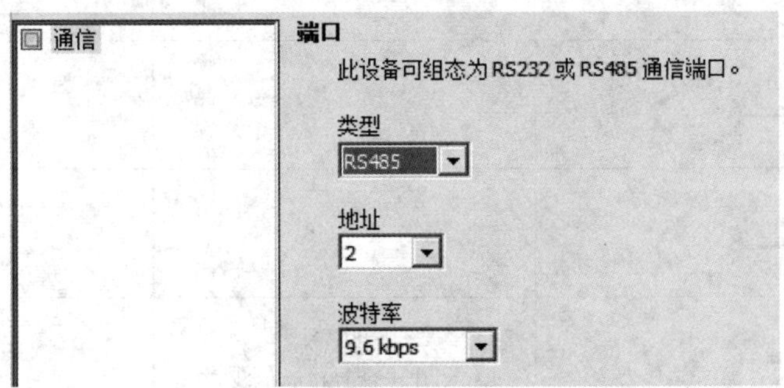

图 4.15　RS485/RS232 通信信号板

4.3　常用指令

本节仅介绍一些常用指令的使用，本节未介绍的指令请参考西门子《S7－200 SMART 系统手册》、STEP 7－Micro/WIN SMART 软件的在线帮助和其他相关文档。通常梯形图是最常用的编程语言，因此本节主要用梯形图语言举例。

4.3.1　布尔指令

布尔指令如表 4.7 所列。

表 4.7　布尔指令

指令名称	梯形图(LAD)	语句表	功能块(FBD)
常开触点	bit	LD bit A bit O bit	AND OR
常闭触点	bit /	LDN bit AN bit ON bit	AND OR
即时常开触点	bit I	LDI bit AI bit OI bit	AND OR

续表 4.7

指令名称	梯形图(LAD)	语句表	功能块(FBD)
即时常闭触点	bit —| /I |—	LDNI bit ANI bit ONI bit	AND OR
输出	bit —( )	=bit	bit =
即时输出	bit —(I)	=I bit	bit =I
置位	bit —(S) N	S bit,N (N 代表被置位的位数)	bit S N
复位	bit —(R) N	R Bit,N (N 代表被复位的位数)	bit R N

下面通过一些指令之间的比较来帮助用户理解指令功能。

1. 常开触点和常闭触点

如图 4.16 的例子所示,当 I0.0 为"1"信号时,常开触点能流导通,后面连接的线圈地址 Q0.0 有输出;I0.0 为"0"信号时,常闭触点能流导通,后面连接的线圈地址 Q0.1 有输出。

2. 常开触点和即时常开触点

如果将数字量输入地址分配给常开触点和即时常开触点,那么常开触点是从输入映像区读取数值,而即时常开触点是从物理输入点直接读取数值。

输出和即时输出指令同理,连接数字量输出地址后,输出指令是将逻辑结果传送到输出映像区,而即时输出指令是将逻辑结果直接传送到物理输出点。

常开触点和即时常开触点如图 4.17 所示。

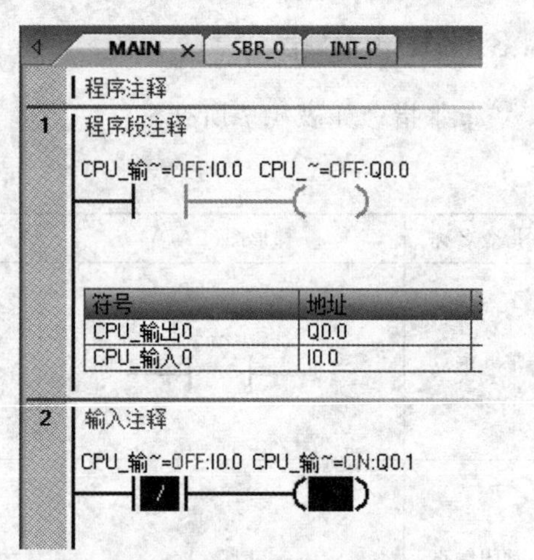

图 4.16 常开触点和常闭触点

3. 输出、置位和复位指令

- 输出指令是将前面的逻辑结果直接送到关联的地址中。
- 置位指令是在前面的逻辑结果为"1"的时候,对关联的地址执行一个置"1"的操作;当前面的逻辑结果为"0"时不执行操作。
- 复位指令与置位指令类似,在前面的逻辑结果为"1"的时候,对关联的地址执行一个清"0"的操作;当前面的逻辑结果为"0"时不执行操作。

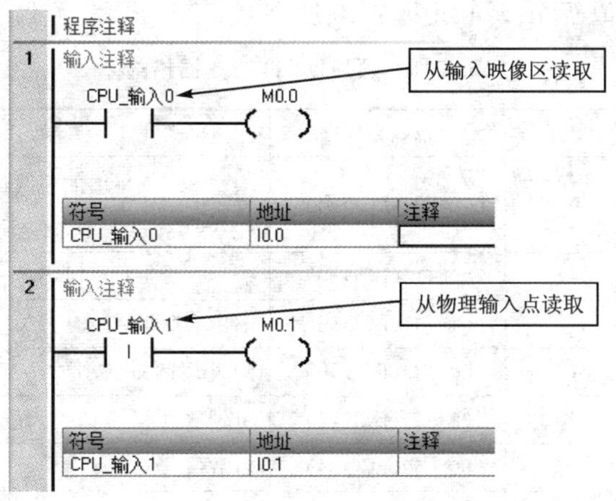

图 4.17　常开触点和即时常开触点

输出和置位指令的举例如图 4.18 所示，时序如表 4.8 所列。

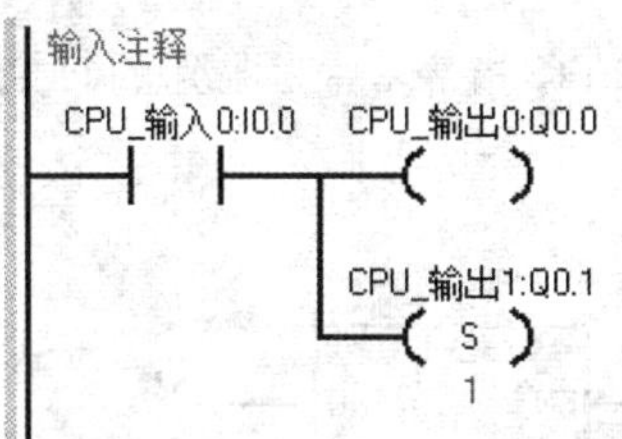

图 4.18　输出和置位指令

表 4.8　时　序

扫描周期	I0.0 状态	Q0.0 状态	Q0.1 状态
1	0	0	0
2	1	1	1
3	0	0	1

在第三个扫描周期中，当 I0.0 的“1”信号已经离去时，输出指令的地址会将前面的逻辑结果“0”送到地址 Q0.0 中，因此 Q0.0 的状态为关断；而置位指令没有执行，对应的地址 Q0.1 保持上一个扫描周期中的结果“1”。

4.3.2　读/写时钟

由于我国目前没有实施夏时制制度，因此本书只介绍读取和设置时钟指令。

1. 指令说明（如表 4.9 所列）

表 4.9　时钟指令说明

名　称	指　令	描　述
读取时钟	READ_RTC EN　ENO T	将 CPU 的日期时间读取到以字节地址“T”起始的 8 个连续字节缓冲区中
设置时钟	SET_RTC EN　ENO T	将在以字节地址“T”起始的 8 个连续字节缓冲区中存储数据作为日期时间设置到 CPU 中

2. 缓冲区"T"的数据格式(如表4.10所列)

表4.10 缓冲区"T"的数据格式

T字节偏移地址	含 义	有效数据范围	说 明
0	年	00～99(BCD码)	表示20XX年中的后两位XX,例如15(BCD码)表示2015年
1	月	01～12(BCD码)	表示月份1月～12月
2	日	01～31(BCD码)	表示日期1号～31号
3	小时	00～23(BCD码)	24小时制的小时数
4	分钟	00～59(BCD码)	分钟数值
5	秒	00～59(BCD码)	秒数值
6	保留	00	始终设定为00
7	星期	1～7(BCD码)	1＝星期日,2＝星期一,…,7＝星期六

3. 程序举例

读取时钟：本例中使用秒脉冲SM0.5使能READ_RTC指令,将读取到的日期时间存放在VB110起始的8字节中,如图4.19所示。

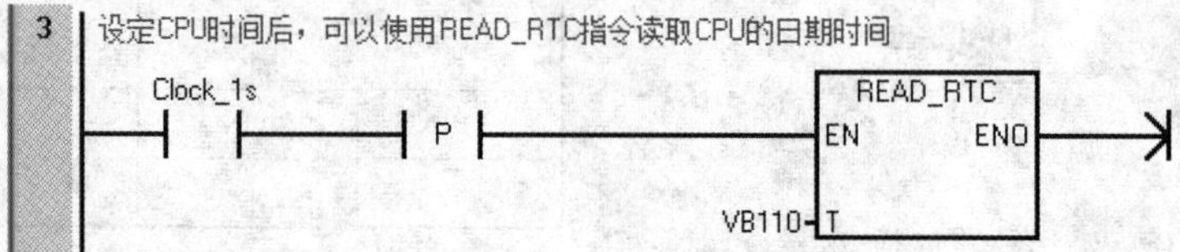

图4.19 读取时钟

假如指令执行时的日期时间是2015年2月14号星期六12点41分15秒,则VB110起始的8字节的数值如表4.11所列。

表4.11 VB110～VB117的数值

地 址	数 值	地 址	数 值
VB110	16＃15	VB114	16＃41
VB111	16＃2	VB115	16＃15
VB112	16＃14	VB116	16＃0
VB113	16＃12	VB117	16＃7

⚠ **注意**：表4.11中使用"16＃"是因为其显示的数字与BCD码数字相同,且在STEP 7－Micro/WIN SMART软件的监控表格中没有BCD数据类型,用户需要使用十六进制格式监控。

读者可以参考光盘中的例子程序：S7－200_RTC.smart。

4. 错误代码

在“当前非致命错误”中，可以看到在主程序的程序段 2 中，有日时钟指令数据错误，如图 4.20 所示。

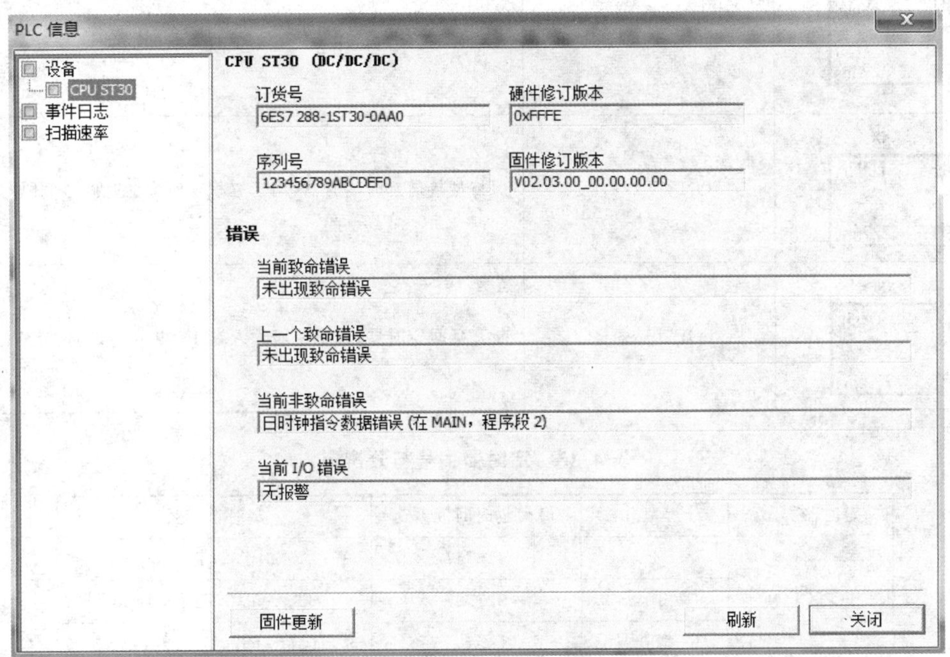

图 4.20 时钟指令错误

5. 注意事项

- 写时钟指令不能持续调用，否则 CPU 的时间会停滞在设定时间上；
- 推荐使用条件＋上升沿捕捉的方式进行调用；
- 由于读/写时钟指令读取和写入的时间都是 BCD 码的格式，因此在很多情况下（例如通过触摸屏修改 CPU 的日期时间）要进行 BCD 码到整数的转换；
- 紧凑型 CPU 没有实时时钟，但仍支持 READ_RTC 和 SET_RTC 指令，每次断电重启后，日期和时间将初始化为 2000 年 1 月 1 日。
- SET_RTC 不接受无效日期，例如输入 2 月 30 日，会发生非致命型日时钟错误。

4.3.3 定时器

1. 定时器指令

S7－200 SMART CPU 提供了接通延时定时器（TON）、保持型接通延时定时器（TONR）、断开延时定时器（TOF）三种定时器。定时器指令如表 4.12 所列。

2. 定时器分辨率

S7－200 SMART CPU 为定时器提供了 1 ms、10 ms 和 100 ms 三种定时器分辨率，分辨率由定时器编号所确定，如表 4.13 所列。正确选择了定时器类型并有效分配了定时器标号后，定时器分辨率将显示在 LAD/FBD 定时器的功能框中。

表 4.12　定时器指令

LAD/FBD	STL	描　述
[TON 方框: IN, PT ??? ms]	TON Txxx,PT	接通延时定时器,用于定时单个时间段间隔
Txxx [TONR 方框: IN, PT ??? ms]	TONR Txxx,PT	保持型接通延时定时器,用于累积定时多个时间段间隔
Txxx [TOF 方框: IN, PT ??? ms]	TOF Txxx,PT	断开延时定时器,用于使能输入端 IN 断开后延时一定时间间隔

表 4.13　定时器编号与分辨率

定时器类型	分辨率/ms	最大定时时间/ms	定时器编号
TON/TOF	1	32.767	T32,T96
	10	327.67	T33～T36,T97～T100
	100	3 276.7	T37～T63,T101～T255
TONR	1	32.767	T0,T64
	10	327.67	T1～T4,T65～T68
	100	3 276.7	T5～T31,T69～T95

3. 分辨率对定时器的影响

- 1 ms 定时器开始定时,其定时器位和当前值的更新与 CPU 的扫描周期不同步,定时器位和当前值每 1 ms 更新一次。
- 10 ms 定时器开始定时,其定时器位和当前值在 CPU 每个扫描周期开始时更新,定时器位和当前值在整个扫描周期保持不变;每个扫描周期累积的 10 ms 间隔数会在下个扫描周期开始累加到当前值上。
- 100 ms 定时器开始定时,其定时器位和当前值在指令执行时更新;执行定时器指令时,每个扫描周期累积的 100 ms 间隔数会累加到当前值上;因此,确保在每个扫描周期内,仅执行一次 100 ms 定时器指令,以便定时器正确计时。

4. TON 定时器操作

TON 定时器指令在使能输入 IN 接通时开始定时,当前值等于或大于预设时间时,定时器位为 ON。达到预设时间后,TON 定时器如果继续定时,则达到最大值 32 767 时才停止定时。使能输入 IN 断开时,将清除 TON 定时器的当前值,定时器位为 OFF。TON 定时器实例如表 4.14 所列。

表 4.14　TON 定时器实例

LAD 程序	时序图
1　T37 定时器分辨率为 100 ms; T37 定时器定时时间 = 10 * 100 ms = 1 s; I0.0 = ON 时，定时器开始定时； I0.0 = OFF 时，定时器停止定时， 并复位定时器当前值和状态位。 I0.0　T37　IN　TON　10-PT　100 ms 2　定时到，T37 状态位 = ON ,Q0.0 = ON 。 T37　Q0.0	I0.0 1 s 当前值 = 10 当前值 最大值 32 767 T37 状态位

5. TONR 定时器操作

TONR 定时器指令在使能输入 IN 接通时开始定时，当前值等于或大于预设时间时，定时器位为 ON。达到预设时间后，TONR 定时器如果继续定时，达到最大值 32 767 时才停止定时。使能输入 IN 断开时，TONR 定时器的当前值保持不变；使能输入 IN 再次接通时，定时器从上次的保持值继续定时。使用复位指令(R)可清除定时器当前值和复位定时器位。TONR 定时器实例如表 4.15 所列。

表 4.15　TONR 定时器实例

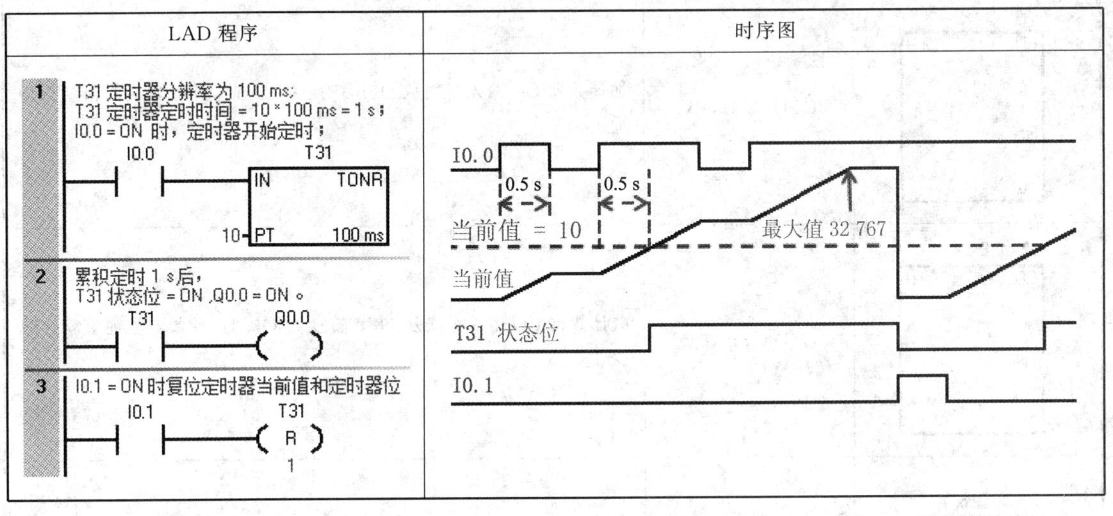

6. TOF 定时器操作

TOF 定时器指令用于使定时器位在使能输入 IN 断开后延迟一段时间再断开。TOF 定时器指令在使能输入 IN 接通时，定时器当前值为 0，定时器位为 ON。TOF 定时器指令在使能输入 IN 断开时开始定时，当前值到达预设时间时，定时器位为 OFF，当前值停止递增。TOF 定时器实例如表 4.16 所列。

表 4.16　TOF 定时器实例

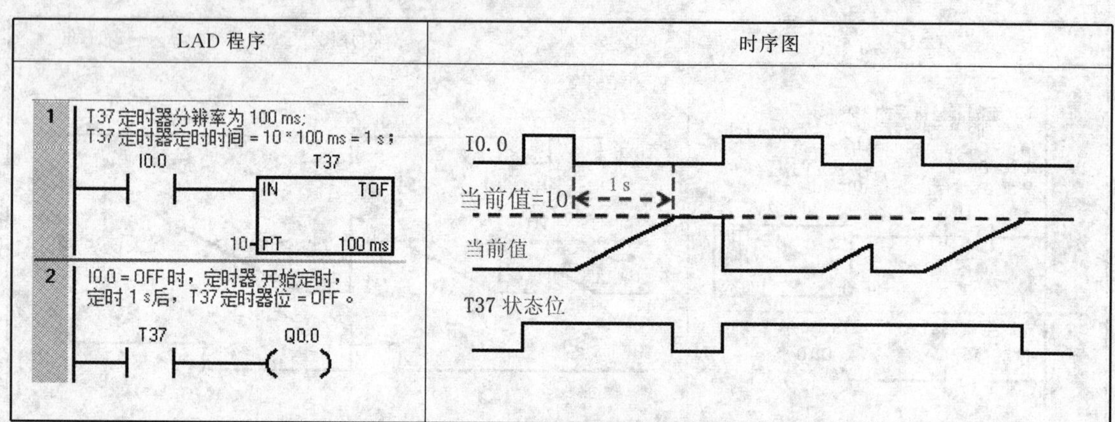

4.3.4　计数器

1. 计数器指令

S7 - 200 SMART CPU 提供了加计数器(CTU)、减计数器(CTD)、加减计数器(CTUD)三种计数器。计数器指令如表 4.17 所列。

表 4.17　计数器指令

LAD/FBD	STL	描　述
Cxxx CU　CTU R PV	CTU Cxxx,PV	加计数器 CU 输入每次从 OFF 转换为 ON 时，计数器当前值就会增加 1
Cxxx CD　CTD LD PV	CTD Cxxx,PV	减计数器 CD 输入每次从 OFF 转换为 ON 时，计数器当前值就会减少 1
Cxxx CU　CTUD CD R PV	CTUD Cxxx,PV	加减计数器 CU 输入每次从 OFF 转换为 ON 时，计数器当前值就会增加 1。计数器 CD 输入每次从 OFF 转换为 ON 时，计数器当前值就会减少 1

2. CTU 加计数器操作

CTU 加计数器 CU 输入每次从 OFF 转换为 ON 时，计数器当前值就会增加 1。计数器当前值大于或等于预设值 PV 时，计数器位被置位。当复位输入 R 接通或对 Cxxx 地址执行复位指令时，计数器当前值和计数器位复位。计数器当前值达到最大值 32 767 时，计数器停止计数。CTU 加计数器实例如表 4.18 所示。

表 4.18　CTU 加计数器实例

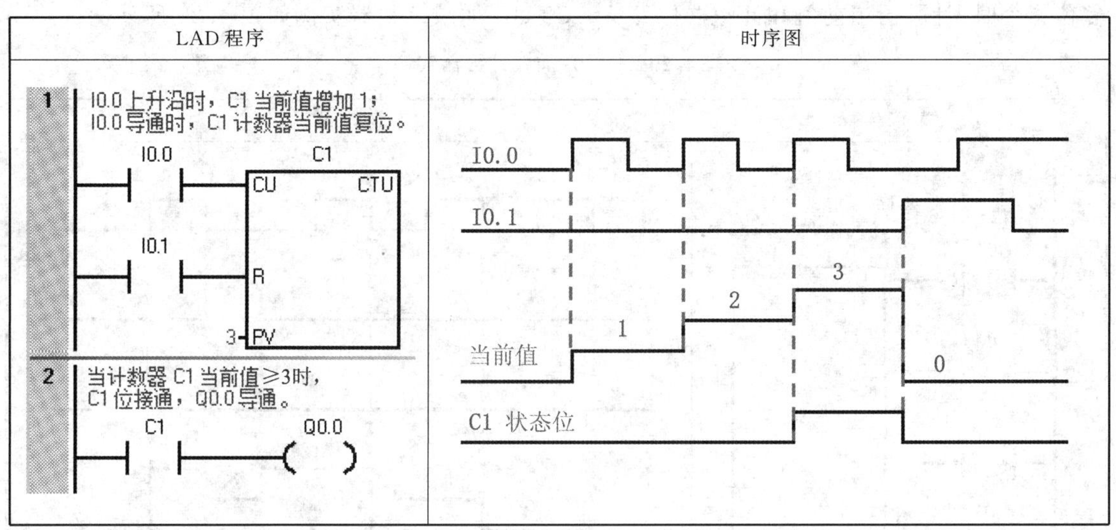

3. CTD 减计数器操作

CTD 减计数器 CD 输入每次从 OFF 转换为 ON 时，计数器当前值就会减少 1；计数器当前值等于 0 时，计数器位被置位，计数器停止计数。装载输入 LD 导通时，计数器复位计数器位并用预设值 PV 装载计数器当前值。CTD 减计数器实例如表 4.19 所列。

表 4.19　CTD 减计数器实例

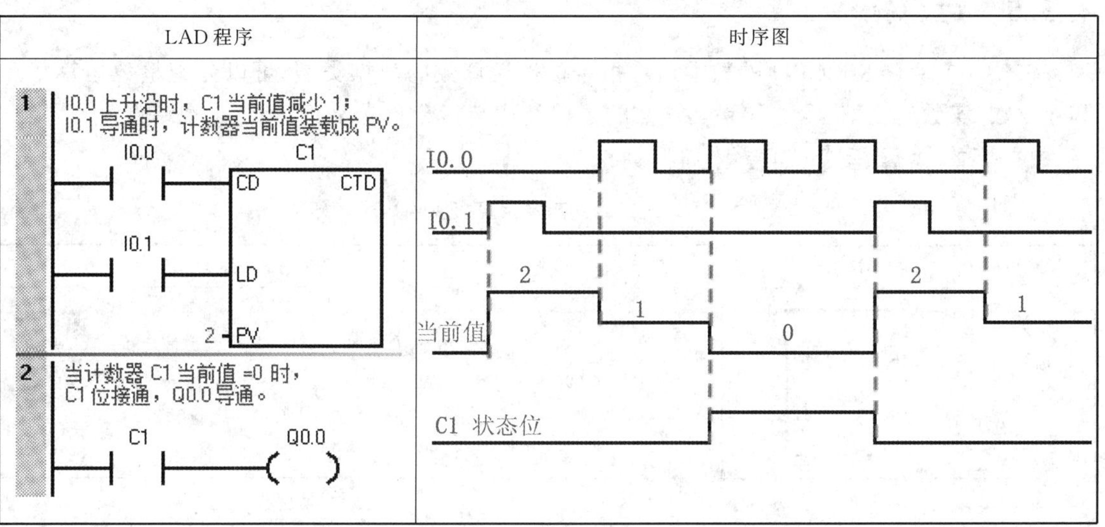

4. CTUD 加减计数器操作

CTUD 加减计数器 CU 输入每次从 OFF 转换为 ON 时,计数器当前值就会增加 1;CD 输入每次从 OFF 转换为 ON 时,计数器当前值就会减少 1。计数器当前值到达最大值 32 767 时,CU 输入的下一个上升沿将导致计数器当前值变为最小值−32 768;计数器当前值到达最小值−32 768 时,CD 输入的下一个上升沿将导致计数器当前值变为最大值 32 767。计数器当前值大于或等于预设值 PV 时,计数器位被置位。当复位输入 R 接通或对 Cxxx 地址执行复位指令时,计数器当前值和计数器位复位。CTUD 加减计数器实例如表 4.20 所列。

表 4.20　CTUD 加减计数器实例

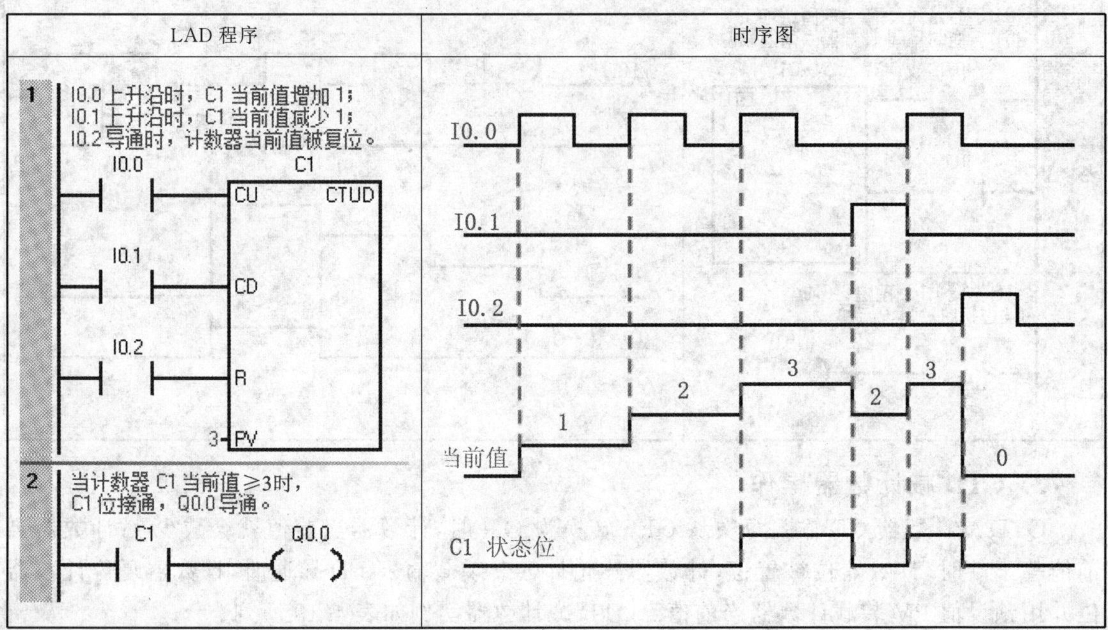

4.3.5 运算指令

S7-200 SMART CPU 的数学运算指令按被运算数的数据类型,可以分为整数运算指令和浮点数(实数)运算指令。如果运算数的数据类型与指令要求不符,则会出现错误。

1. 基本运算指令(如表 4.21 所列)。

表 4.21　基本运算指令

	LAD/FBD	STL	描　述
整数运算指令	ADD_I EN　ENO IN1　OUT IN2	+I IN1,OUT	将两个 16 位的整数相加 LAD/FBD: OUT=IN1+IN2 STL: OUT=OUT+IN1

续表 4.21

	LAD/FBD	STL	描　述
整数运算指令	SUB_I EN ENO IN1 OUT IN2	−I IN1,OUT	将两个 16 位的整数相减 LAD/FBD：OUT=IN1−IN2 STL：OUT=OUT−IN1
	MUL_I EN ENO IN1 OUT IN2	* I IN1,OUT	将两个 16 位的整数相乘 LAD/FBD：OUT=IN1 * IN2 STL：OUT=OUT * IN1
	DIV_I EN ENO IN1 OUT IN2	/I IN1,OUT	将两个 16 位的整数相除 LAD/FBD：OUT=IN1/IN2 STL：OUT=OUT/IN1
双整数运算指令	双整数运算指令 ADD_DI,SUB_DI,MUL_DI,DIV_DI 的算术对象是 32 位的双字整数,其用法与整数运算指令相同,因此这里不再赘述		
实数运算指令	实数运算指令 ADD_R,SUB_R,MUL_R,DIV_R 的算术对象是 32 位的实数,其用法与整数运算指令相同,因此这里不再赘述		
其他	MUL EN ENO IN1 OUT IN2	MUL IN1,OUT	整数相乘的双整数的乘法指令 将两个 16 位的整数(IN)相乘,算出一个 32 位的结果(OUT) LAD/FBD：OUT=IN1 * IN2 STL：OUT=IN1 * OUT 的低有效字
	DIV EN ENO IN1 OUT IN2	DIV IN1,OUT	整数相除得商和余数的除法指令 将两个 16 位的整数(IN)相除,算出一个 32 位的结果(OUT),OUT 的高 16 位存储余数,OUT 的低 16 位存储商 LAD/FBD：OUT=IN1/IN2 STL：OUT=OUT 的低有效字/IN1

2. 递增和递减指令(如表 4.22 所列)

表 4.22　递增和递减指令

LAD/FBD	STL	描　述
INC_B EN ENO IN OUT	INCB OUT	将字节数据加 1,送到输出 OUT 中 LAD/FBD：OUT=IN+1 STL：OUT=OUT+1

续表 4.22

LAD/FBD	STL	描　述
DEC_B EN ENO IN OUT	DECB OUT	将字节数据减 1,送到输出 OUT 中 LAD/FBD:OUT=IN-1 STL:OUT=OUT-1

注:字递增、递减指令(INC_W,DEC_W)和双字递增、递减指令(INC_DW,DEC_DW)只是将被处理的数据类型变为字和双字,算术功能与字节递增和递减指令相同,因此这里不再赘述。

3. 高级运算指令(如表 4.23 所列)

表 4.23　高级运算指令

LAD/FBD	STL	描　述
SQRT EN ENO IN OUT	SQRT IN,OUT	对实数 IN 进行求平方根运算,将结果送到 OUT $OUT=\sqrt{IN}$
SIN EN ENO IN OUT	SIN IN,OUT	计算弧度 IN 的正弦值 OUT=SIN(IN)
COS EN ENO IN OUT	COS IN,OUT	计算弧度 IN 的余弦值 OUT=COS(IN)
TAN EN ENO IN OUT	TAN IN,OUT	计算弧度 IN 的正切值 OUT=TAN(IN)
LN EN ENO IN OUT	LN IN,OUT	计算实数 IN 的自然对数,将结果送到 OUT OUT=Ln(IN)
EXP EN ENO IN OUT	EXP IN,OUT	以自然常数 e 为底的指数运算 $OUT=e^{IN}$

注:上述指令中 IN 和 OUT 的数据类型都是实数。

4.3.6　循环指令

1. FOR－NEXT 循环指令

S7－200 SMART CPU 提供了 FOR－NEXT 循环指令用于重复执行程序段。每条 FOR 指令需要使用一条 NEXT 指令，FOR 指令表示循环体的开始，NEXT 指令表示循环体的结束。FOR－NEXT 循环指令循环嵌套深度可达 8 层。

FOR－NEXT 循环指令执行 FOR 指令和 NEXT 指令之间的指令，需要设置当前循环次数 INDX、初始值 INIT 和终止值 FINAL。启用 FOR－NEXT 循环指令时，会将初始值 INIT 复制到当前循环次数 INDX。每执行一次循环体，则当前循环次数 INDX 增加 1。如果 INDX 值小于等于 FINAL。将返回去执行 FOR 指令与 NEXT 指令之间的循环体，如果 INDX 值大于 FINAL 将终止循环。FOR－NEXT 循环指令如表 4.24 所列。

表 4.24　FOR－NEXT 循环指令

LAD/FBD	STL	描　述
FOR EN　ENO INDX INIT FINAL	FOR INDX， INIT，FINAL	FOR 指令标识循环体的开始。需要分配当前循环次数 INDX、初始值 INIT 和终止值 FINAL
LAD (NEXT) FBD NEXT	NEXT	NEXT 指令标识循环体的结束

2. FOR－NEXT 循环指令实例

FOR－NEXT 循环指令实例如图 4.21 所示。通过调用 FOR－NEXT 指令对 VW100、VW102、……、VW108 5 个 INT 变量进行求和，求和的结果存放到 VW200 中。

4.3.7　顺序控制指令

顺序控制指令的功能是按照控制工艺将一个复杂的步骤分割成几个简单的步骤(即顺控段)，并根据工艺步骤顺序执行这些顺控段。

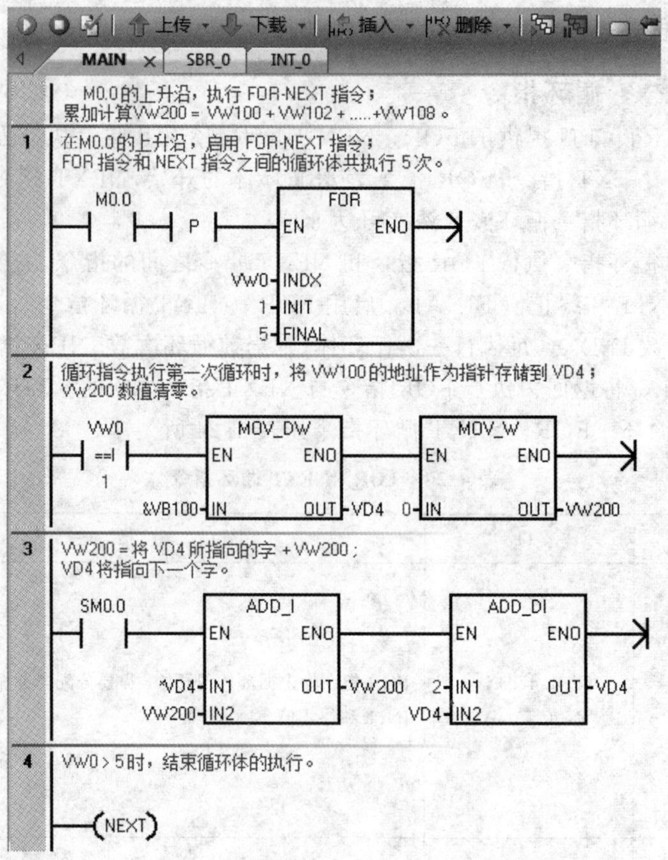

图 4.21 FOR-NEXT 循环指令实例

1. 指令描述(如表 4.25 所列)

表 4.25 顺序控制指令

LAD	描　述
S_bit SCR	装载 SCR 指令(LSCR)将 S 位的值装载到 SCR 和逻辑堆栈中。 SCR 堆栈的结果值决定是否执行 SCR 程序段。SCR 堆栈的值会被复制到逻辑堆栈中，因此可以直接将指令块或者输出线圈连接到左侧的能流线上而不经过中间触点
S_bit (SCRT)	SCRT 指令标识要启用的 SCR 位(要设置的下一个 S_bit)。能流进入线圈或 FBD 功能框时，CPU 会开启引用的 S_bit，并会关闭 LSCR 指令(启用此 SCR 段的指令)的 S_bit
(SCRE)	梯形图编程中，直接连接 SCRE 指令到能流线上，表示该顺控段结束

⚠ **注意**：请用户不要用调用子程序的原理去理解顺控的执行方式，不被激活的顺控段并不是被直接跳过，而是从最左侧切断该顺控段的指令能流。用户可以参考 4.7 节的常问问题 7。

2. 控制流

常见的有顺序控制流和分散控制流两种，如表 4.26 所列。

表 4.26　控制流

顺序控制流	分散控制流
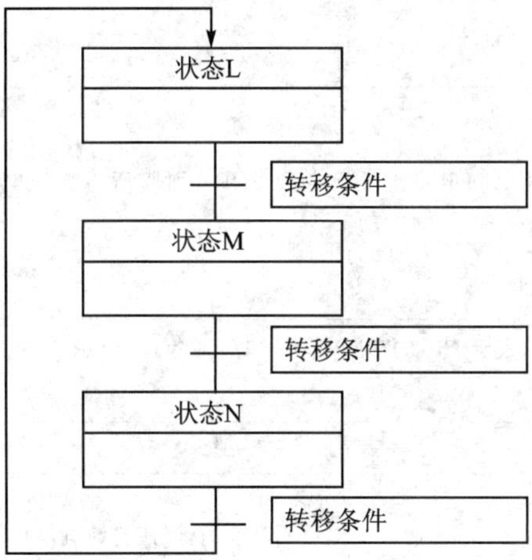 状态L 转移条件 状态M 转移条件 状态N 转移条件	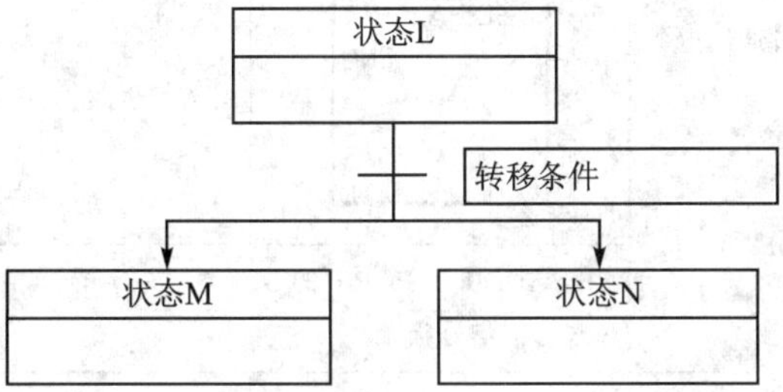 状态L 转移条件 状态M　状态N

2. 例子程序

这里举一个实例，用于说明步进（顺序）控制程序的主要特点和注意事项，并提供一个停止和恢复顺控程序功能的解决方案。

1）功能描述：系统要求循环执行步进程序，程序启动后，按编制的顺序执行程序。

① 第一步输出 Q0.1 为 10 s 的高电平信号。

② 10 s 后切换到第二步复位 Q0.1，同时输出 Q0.2 为 20 s 的高电平信号。

③ 20 s 后切换到第三步复位 Q0.2，同时输出 Q0.3 为 30 s 的高电平信号。

④ 30 s 后返回第一步输出 Q0.1 为 10 s 的高电平信号，同时复位 Q0.3。

⑤ 依此循环执行步进程序。当有意外情况发生时或断电后须紧急停止输出，实现系统急停功能；待意外情况排除或恢复供电后继续执行步进程序，继续执行可选择从初始步运行或是从中断处运行。

2）解决方案：程序控制方式相同，按照急停与恢复控制和控制程序的关系有两种方案。

① 急停与恢复控制在步进程序内，参见程序：test_scr_1.smart；

② 急停与恢复控制在步进程序外，参见程序：test_scr_2.smart，具体控制方式和测试方法在主程序中有描述。

4.3.8　读/写通信端口地址指令

1. 指令概述

读/写通信端口地址指令分为两组（如表 4.27 所列），一组是读/写 CPU 的串行通信口地址的指令（GET_ADDR，SET_ADDR）；另一组是读/写 CPU 以太网接口的 IP 地址的指令（GIP_ADDR，SIP_ADDR）。

表 4.27　读/写通信端口地址指令

	LAD/FBD	STL	描　述
读/写 CPU 的串行通信口地址指令	GET_ADDR EN　ENO ADDR PORT	GPA　ADDR,PORT	读取 PORT 引脚所指定的串行通信口的地址，存放到 ADDR
	SET_ADDR EN　ENO ADDR PORT	SPA　ADDR,PORT	将 ADDR 的地址设定到 PORT 引脚所指定的串行通信口
	注：ADDR 和 PORT 的数据类型是字节。PORT＝0，表示 CPU 集成 RS485 串行通信口，PORT＝1，表示 CB 通信信号板		
读/写 CPU 以太网接口的 IP 地址指令	LAD/FBD	STL	描　述
	GIP_ADDR EN　ENO ADDR MASK GATE	GIP　ADDR, MASK,GATE	将 CPU 集成以太网口当前的 IP 地址读取到 ADDR 地址包含的 4 字节中，将子网掩码读取到 MASK 包含的 4 字节中，将网关地址读取到 GATE 地址包含的 4 字节中
	SIP_ADDR EN　ENO ADDR MASK GATE	SIP　ADDR, MASK,GATE	将 ADDR 地址包含的 4 字节数据作为 IP 地址，将 MASK 包含的 4 字节数据作为子网掩码，GATE 地址包含的 4 字节数据作为网关设定给 CPU 集成以太网口
	注：ADDR、MASK 和 GATE 的数据类型都是 DWORD		

2. 写串行通信口地址举例

本例的功能是当 M0.0 的状态从“0”变化到“1”时，将地址 5 设定到 CPU 集成的 RS485 串行通信口，如图 4.22 所示。

图 4.22　设定串行端口地址

3. 读取 IP 地址举例

本例子的功能是读取 CPU 以太网口的 IP 地址并存放到 VD100，读取子网掩码到

VD104，读取网关地址到 VD108，如图 4.23 所示。

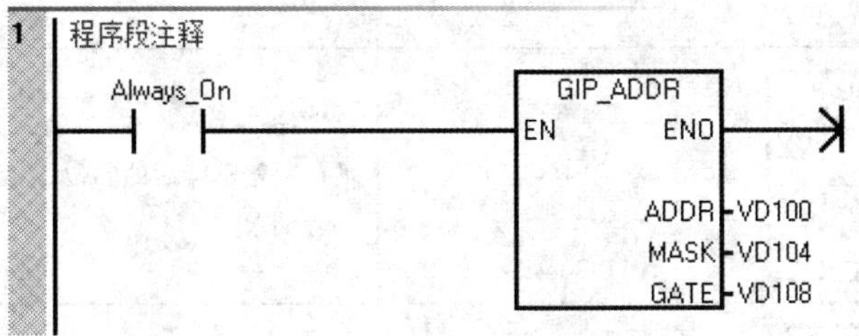

图 4.23　读取 IP 地址举例 1

从如图 4.24 所示的状态表中监控数据，用户可以看出，当前 CPU 的 IP 地址是 192.168.2.1，子网掩码是 255.255.255.0，网关地址为空。

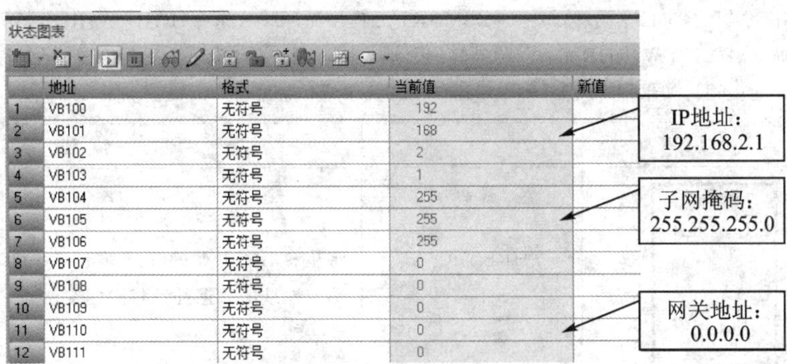

状态图表

	地址	格式	当前值	新值
1	VB100	无符号	192	
2	VB101	无符号	168	
3	VB102	无符号	2	
4	VB103	无符号	1	
5	VB104	无符号	255	
6	VB105	无符号	255	
7	VB106	无符号	255	
8	VB107	无符号	0	
9	VB108	无符号	0	
10	VB109	无符号	0	
11	VB110	无符号	0	
12	VB111	无符号	0	

图 4.24　读取 IP 地址举例 2

4.3.9　移位和循环指令

1. 指令概览（如表 4.28 所列）

表 4.28　移位指令、循环移位指令和移位寄存器位介绍

	LAD/FBD	STL	描　述
移位指令	SHL_B EN ENO IN OUT N	SLB OUT,N	左移字节指令，将输入数值 IN 左移 N 位，移除后的空位补零，然后将结果分配给 OUT 指定的存储单元
	SHR_B EN ENO IN OUT N	SRB OUT,N	右移字节指令，将输入数值 IN 右移 N 位，移除后的空位补零，然后将结果分配给 OUT 指定的存储单元
	注：字节移位指令同理，S7－200 SMART 还有字移位指令（SHL_W，SHR_W）和双字移位指令（SHL_DW，SHR_DW），除被移位数据长度不同以外，其他功能与字节移位指令相同，因此本书不再赘述。如果用户需要，请参考西门子相关手册和帮助		

续表 4.28

	LAD/FBD	STL	描 述
循环移位指令	ROL_B EN ENO IN OUT N	RLB OUT,N	字节循环左移指令,将输入数值 IN 左移 N 位,将移除的位补给移除后的空位,然后将结果分配给 OUT 指定的存储单元
	ROR_B EN ENO IN OUT N	RRB OUT,N	字节循环右移指令,将输入数值 IN 右移 N 位,将移除的位补给移除后的空位,然后将结果分配给 OUT 指定的存储单元
	注:字节循环移位指令同理,S7－200 SMART 还有字循环移位指令(RHL_W,RHR_W)和双字循环移位指令(RHL_DW,RHR_DW),除被移位数据长度不同以外,其他功能与字节移位指令相同,因此本书不再赘述。如果用户需要,请参考西门子相关手册和帮助		
	LAD/FBD	STL	描 述
移位寄存器位	SHRB EN ENO DATA S_BIT N	SHRB DATA,S_bit,N	将从 S_BIT 开始的 N 个位右移一位,将 DATA 指定的输入地址的数据补到移除的空位

2. 移位指令和循环移位指令对比

下面通过一个例子来帮助用户区别移位指令和循环移位指令,移位指令和循环移位指令的举例见图 4.25 和表 4.29。

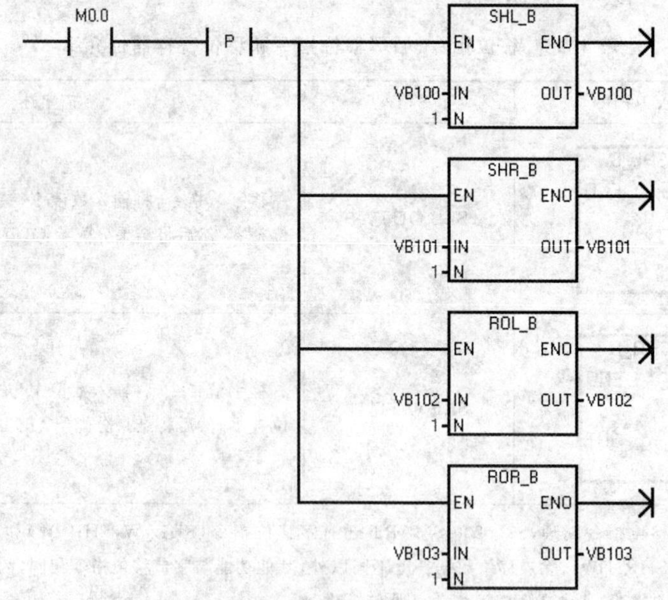

图 4.25　移位指令和循环移位指令的举例

表 4.29　移位指令和循环移位指令举例

指令状态	SHL_B	SHR_B	ROL_B	ROR_B
初始数据	2#11111111	2#11111111	2#11110000	2#00001111
第一次执行移位之后	2#11111110	2#01111111	2#11100001	2#10000111
第二次执行移位之后	2#11111100	2#00111111	2#11000011	2#11000011

3. 移位寄存器位指令举例

移位寄存器指令举例如图 4.26 所示。

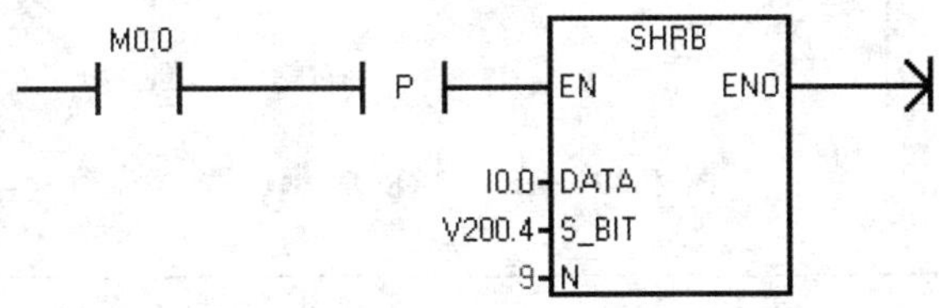

图 4.26　移位寄存器位指令举例

- DATA＝I0.0：移位后的位用地址 I0.0 的状态补位。
- S_BIT＝V200.4：移位的起始地址。
- N＝9：向正方向数，从 S_BIT 开始的 9 个位参与移位，如图 4.27 所示。正方向即为向高地址的方向。

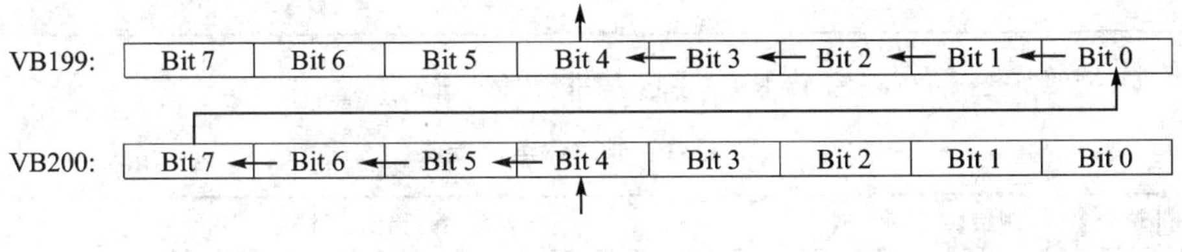

图 4.27　移　位

综上所述，每当 M0.0 有一个上升沿到来时，从 V200.4 开始向高地址方向数的 9 个位会朝高地址方向移位，I0.0 的状态会被送到 V200.4 中。

4.3.10　获取非致命错误代码指令

GET_ERROR 指令即获取非致命错误代码指令，是将 CPU 当前的非致命错误代码读取出来，存储到 ECODE 指定的地址，操作数 ECODE 的数据类型是 WORD。GET_ERROR 指令格式如表 4.30 所列。

表 4.30　GET_ERROR 指令格式

LAD/FBD	STL
GET_ERROR EN　ENO ECODE	GERR ECODE

GET_ERROR 举例如图 4.28 所示,当写时钟指令的操作数 T 的数值为不合法的日期时间格式时,GET_ERROR 指令会读到错误代码"7"。

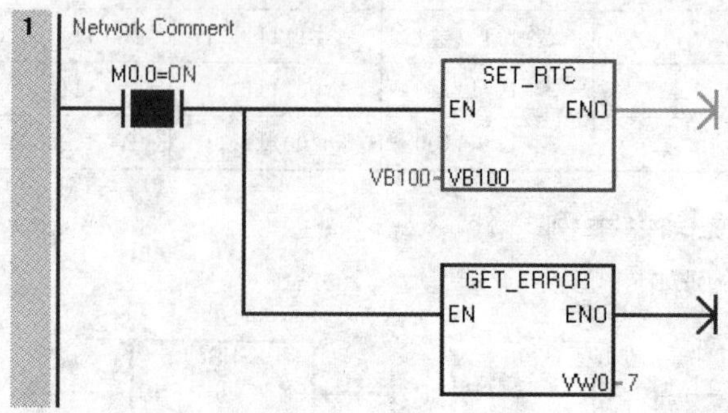

图 4.28 GET_ERROR 举例

⚠ **注意**:获取非致命错误代码指令只读取当前的非致命运行错误,如果在之后的扫描周期中该非致命错误已经消失,那么再执行 GET_ERROR 指令将读到数字"0"。另外,当同一扫描周期中有多条指令有非致命运行错误时,GET_ERROR 指令读取的是最近一时刻的指令错误代码。例如,程序段 1 和程序段 2 中分别有两条指令造成非致命运行错误,在程序段 3 中执行 GET_ERROR 指令,则此 GET_ERROR 指令读到的是程序段 2 中指令造成的非致命运行错误。

表 4.31 列举了 S7-200 SMART CPU 的非致命运行错误。

表 4.31 非致命运行错误

十六进制错误代码	非致命运行错误描述
0	不存在非致命错误
1	在执行 HDEF 指令前启用 HSC 指令
2	已将输入中断点分配给 HSC
3	已将 HSC 输入点分配给输入中断或其他 HSC
4	在中断服务程序中使用了不允许在其中使用的指令
5	同时执行了 HSC/PLS/运动指令
6	间接寻址错误
7	时钟指令数据错误
8	超出最大用户子例程嵌套层数
9	在端口 0 上同时执行 XMT/RCV 指令
A	执行之前组态的 HSC 的 HDEF 指令
B	在端口 1 上同时执行 XMT/RCV 指令
F	在比较触点指令中遇到非法数字值
13	PID 回路表非法

续表 4.31

十六进制错误代码	非致命运行错误描述
14	数据日志错误
16	已将 HSC 或中断输入点分配给运动指令
17	已将 PWM 输出点分配给运动指令
19	“信号板”不存在或未组态
1A	扫描周期看门狗超时
1B	尝试在已启用的 PWM 上更改时基
1C	信号模块或信号板出现严重的硬件错误
90	操作数非法
91	操作数范围错误；检查操作数范围
92	计数操作数非法；验证最大计数值的大小
98	在 RUN 模式下执行非法程序编辑
9A	在用户中断例程中尝试切换到自由端口模式
9B	字符串操作的索引非法(用户请求索引＝0)

4.4 数据日志

数据日志通常是指按照日期时间排序的一组数据，每条记录都是某些过程事件的一套过程数据。这些记录可以包含时间及日期标签。STEP 7 - Micro/WIN SMART 软件中，可以通过数据日志向导创建最多四个数据日志文件，它们存储在 CPU 的永久存储器中。每个数据日志都是一个单独的文件，最大容量为 2 MB。

⚠ **注意：**

- 只有 S7 - 200 SMART 标准型 CPU 支持数据日志功能。
- 数据日志文件具有固定数量的记录，其结构为循环文件结构。添加新的记录数据，并保留旧的记录数据，直到所有记录均被写入为止。所有记录均被写入后，每个新添加的记录都会导致最早的记录被删除。

要实现数据日志功能，首先要配置数据日志向导，然后调用向导生成的子程序，最后上载数据日志文件。

4.4.1 配置数据日志向导

在“工具”菜单功能区的“向导”区域单击“数据日志”按钮，如图 4.29 所示。向导的具体配置步骤如下所述。

① 在数据日志向导中勾选数据日志以将其激活，如图 4.30 所示，然后单击“下一页”按钮。

② 重命名激活的数据日志，如图 4.31 所示，然后单击“下一页”按钮。

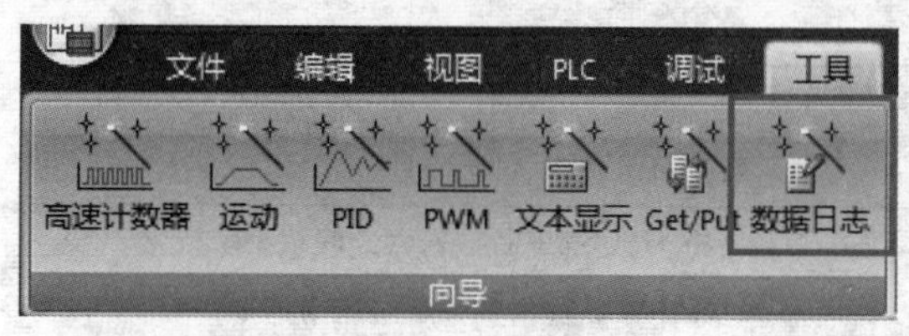

图 4.29　向　导

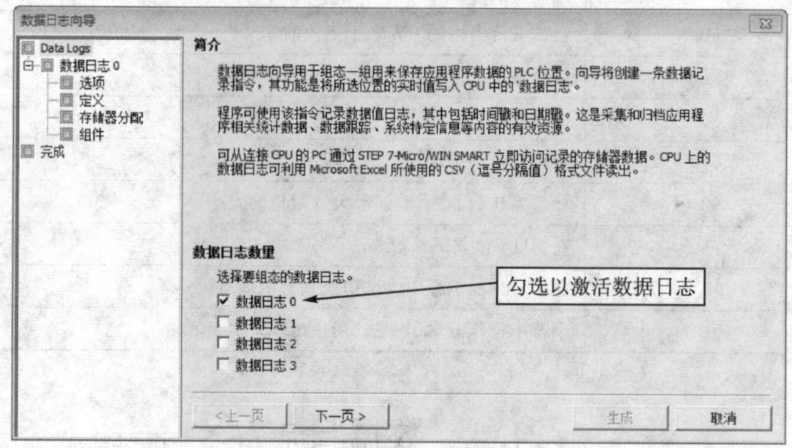

图 4.30　激活数据日志

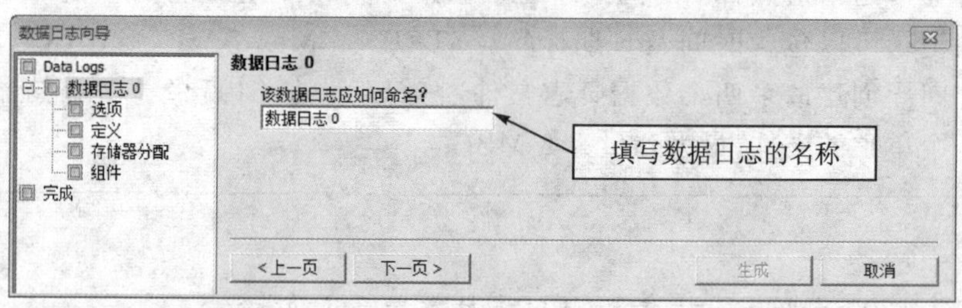

图 4.31　重命名数据日志

③ 按图 4.32 所示对"选项"进行设置。其中数据日志的最大记录数量：默认是 1 000 条，有效数据是 1～65 535。设置内容如下：

- 每条数据记录是否包含时间戳；
- 每条数据记录是否包含日期戳；
- 上传数据记录后是否清除数据日志中的所有数据记录。

⚠ **注意**：上面的时间戳和日期戳是指 DATx_WRITE 子例程将新记录添加到数据日志的时间和日期。

---

④ 定义数据日志。每个数据日志字段最多可以包含 200 字节。如果在前面的步骤中，用户激活了时间戳和日期戳，则每个数据日志字段都会包含 3 字节的日期戳和 3 字节的时间戳，那么

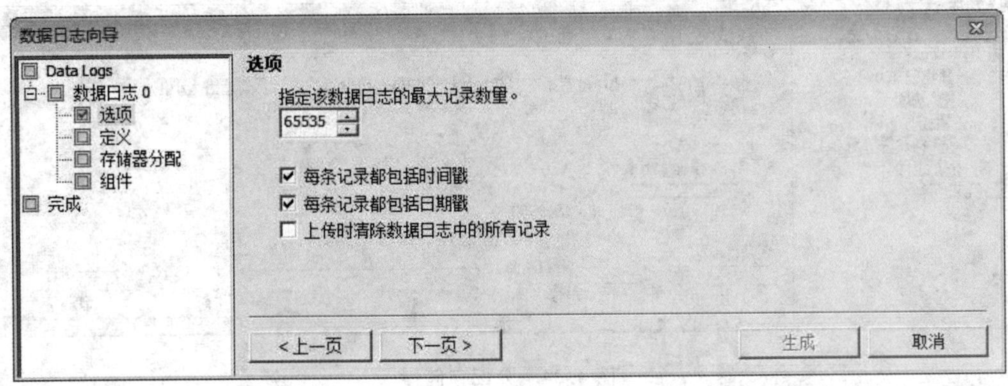

图 4.32　数据日志选项

剩余还有 194 字节可以使用。每声明一个数据日志变量，STEP 7 – Micro/WIN SMART 软件都会自动计算剩余的可用字节数，显示在声明表格上方。定义数据日志如图 4.33 所示。

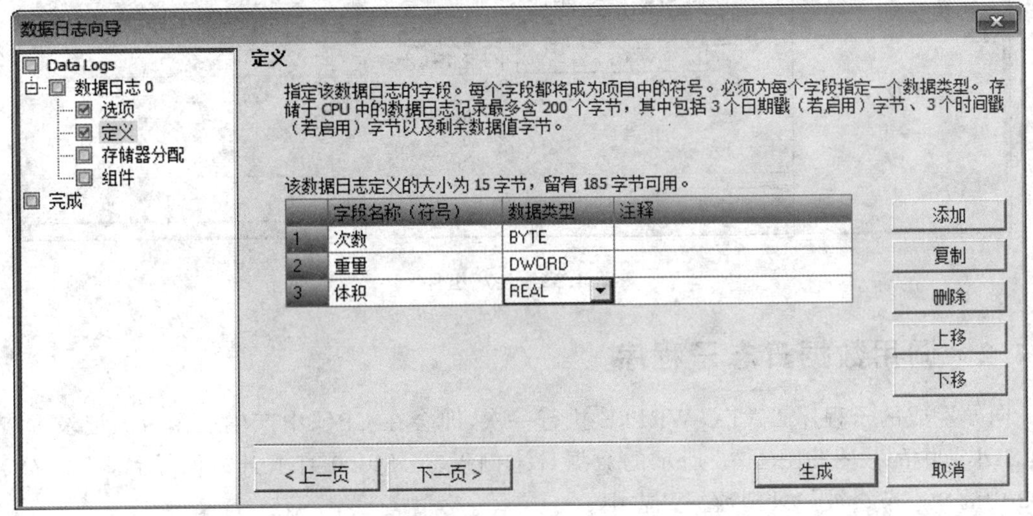

图 4.33　定义数据日志

⑤ 存储器分配。为数据日志分配 V 存储器区域，被分配的长度与第④步中声明的变量所占的总字节数有关。这里用户可以指定占用的 V 存储器的起始地址，并注意此地址区域在该项目中的其他地方不能再重复使用。分配存储区如图 4.34 所示。

⑥ 如图 4.35 所示，数据日志向导会生成三个组件：

- DATx_WRITE：用于记录数据日志的子程序；
- DATx_DATA：用于存储组态的数据页；
- DATx_SYM：为该数据日志创建的符号表。

用户单击“生成”按钮即可完成向导配置。

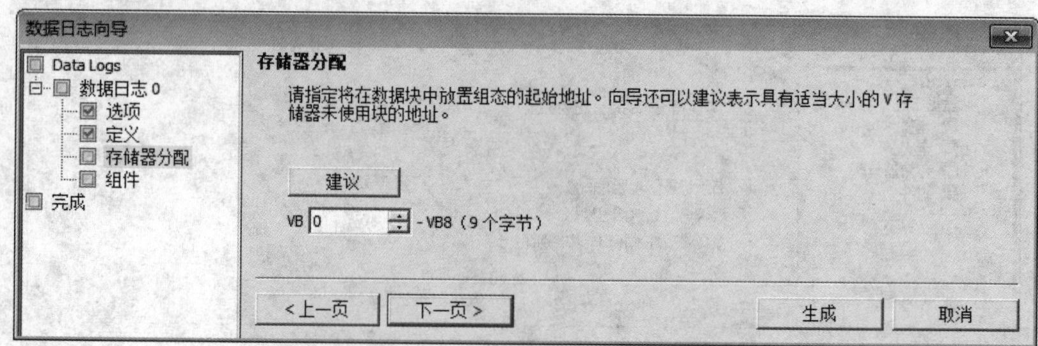

图 4.34　分配存储器

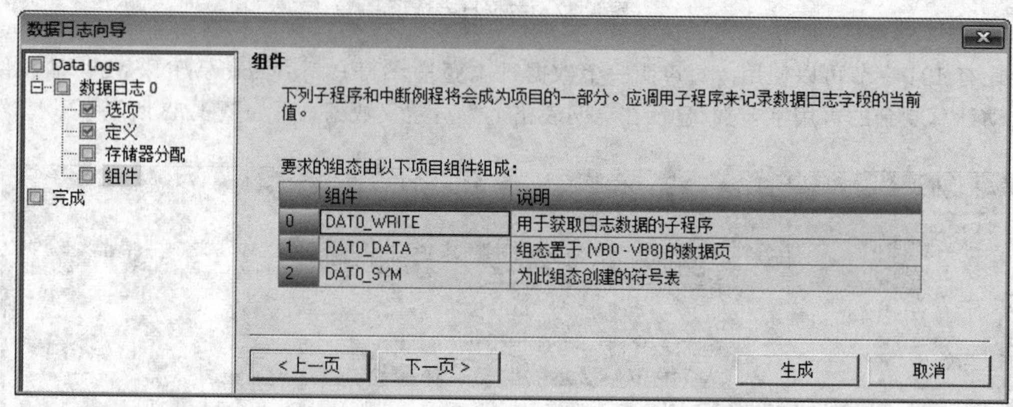

图 4.35　生成组件

4.4.2　调用数据日志子程序

向导生成的子程序 DATx_WRITE 执行一次，即会在 CPU 中产生一条数据记录。结合 4.4.1 小节中的截图和图 4.36 所示的数据日志例程，当 M0.0 有上升沿信号到来时，VB0～VB8 中的 9 字节会被记录到数据日志中。

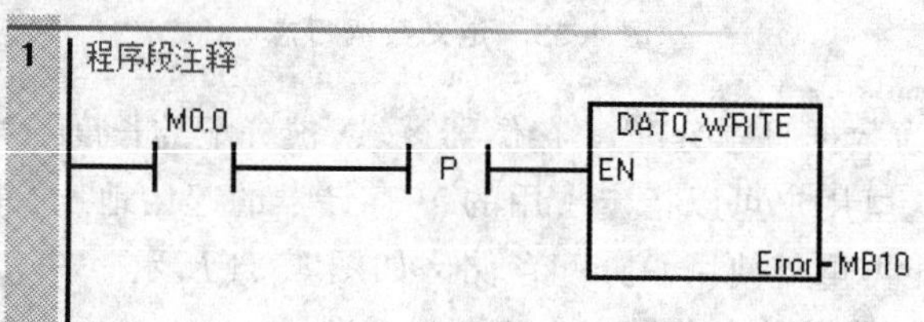

图 4.36　数据日志例程

4.4.3　上传和打开数据日志文件

1. 上传数据日志

用户可以使用 STEP 7－Micro/WIN SMART 软件从 CPU 上传数据日志文件，方法是：单击“PLC”→“上传”选项的下三角按钮，在弹出的菜单中选择“数据日志”，如图 4.37 所示。

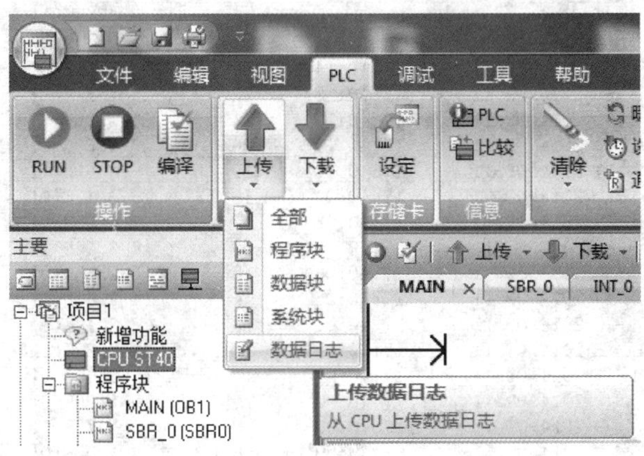

图 4.37　选择"数据日志"

用户可以在打开的对话框中单击"浏览"修改上传后数据记录存放的路径，然后单击"上传"按钮即可，如图 4.38 所示。

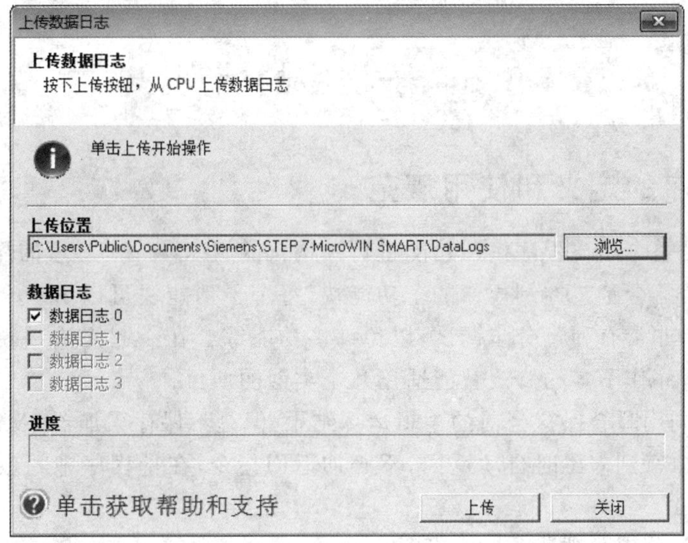

图 4.38　"上传数据日志"对话框

2. 打开数据日志

上传的数据日志文件的格式为 CSV（逗号分隔值），适合于文本编辑器或诸如 Microsoft Excel 之类的电子表格工具使用。图 4.39 显示了从"文件"(File) 菜单访问的"上传数据日志"(Upload Data Logs) 命令。记录列表从日志的最新记录开始上传。如果在上传过程中向数据日志中添加更新的记录，那么这些记录不会包含在已上传的 CSV 文件中。打开的文件格式如图 4.39 所示。

	A	B	C	D	E
1	日期	时间	次数	重量	体积
2	2014.09.11	17:40:14	23	23	4.37E+01
3	2014.09.11	17:40:13	22	22	4.18E+01
4	2014.09.11	17:40:12	21	21	3.99E+01
5	2014.09.11	17:40:11	20	20	3.80E+01
6	2014.09.11	17:40:10	19	19	3.61E+01
7	2014.09.11	17:40:09	18	18	3.42E+01
8	2014.09.11	17:40:08	17	17	3.23E+01
9	2014.09.11	17:40:07	16	16	3.04E+01
10	2014.09.11	17:40:06	15	15	2.85E+01
11	2014.09.11	17:40:05	14	14	2.66E+01
12	2014.09.11	17:40:04	13	13	2.47E+01
13	2014.09.11	17:40:03	12	12	2.28E+01
14	2014.09.11	17:40:02	11	11	2.09E+01
15	2014.09.11	17:40:01	10	10	1.90E+01
16	2014.09.11	17:40:00	9	9	1.71E+01
17	2014.09.11	17:39:59	8	8	1.52E+01
18	2014.09.11	17:39:58	7	7	1.33E+01
19	2014.09.11	17:39:57	6	6	1.14E+01
20	2014.09.11	17:39:56	5	5	9.50E+00
21	2014.09.11	17:39:55	4	4	7.60E+00
22	2014.09.11	17:39:54	3	3	5.70E+00

图 4.39　数据日志文件

4.5　子程序的使用

4.5.1　子程序的定义和使用规范

子程序可以把整个用户程序按照功能进行结构化的组织。一个“好”的程序总是把全部的控制功能分为几个符合工艺控制规律的子功能块,每个子功能块可以由一个或多个子程序组成。这样的结构还非常有利于分步调试,以免许多功能综合在一起无法判断问题所在;而且,只需要对同一个程序作不多的修改就能适用几个类似的项目。

① 子程序在调用时会保持当前的逻辑运算结果,但是不保存累加器(ACx)的内容。

② 子程序在执行到末尾时自动返回,不必加返回指令;在子程序中间也可以使用条件返回指令。

③ 子程序不能使用跳转语句跳入、跳出。

④ 子程序返回时,回到调用子程序的指令后面,继续执行上一级程序。

⑤ S7 - 200 SMART CPU 最多可以调用 128 个子程序。

⑥ 子程序可以嵌套调用,即子程序中再调用子程序,一共可以嵌套 8 层。

⑦ 在中断服务程序中不能嵌套调用子程序,被中断服务程序调用的子程序中不能再出现子程序调用。

⑧ 子程序可以带参数调用,在子程序的局部变量表中设置参数的类型,一共可以带 16 个参数(形式参数)+字节数。

4.5.2　密码保护

为了合理保护编程人员的知识产权,用户可以对子程序加密。用户可以右击子程序的名称，通过快捷菜单打开“属性”对话框，在“保护”选项卡中勾选“密码保护此程序块”功能，并键入密码，如图 4.40 所示。

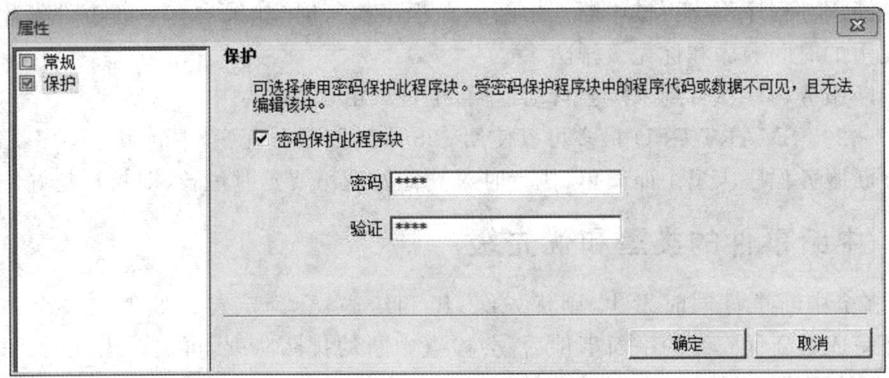

图 4.40　子程序加密

4.6　中断的概念和使用

4.6.1　中断和中断服务程序的概念

中断是指 CPU 在正常运行中，有优先级更高的外部事件或内部事件产生，CPU 中断当前的程序，转去执行外部或内部事件响应程序的机制。

中断是 S7-200 SMART CPU 的重要功能，可及时处理与用户程序的执行时序无关的操作，或者不能事先预测何时发生的“事件”。

S7-200 SMART CPU 中使用中断服务程序来响应这些内部、外部的中断事件。中断服务程序需要通过用户编程与特定的中断事件联系起来才能工作。中断服务程序与子程序最大的不同是，中断服务程序不能由用户程序调用，而只能由特定的事件触发执行，因此无法准确预测执行中断服务程序的具体时间点。

使用中断功能时，用户需要注意：

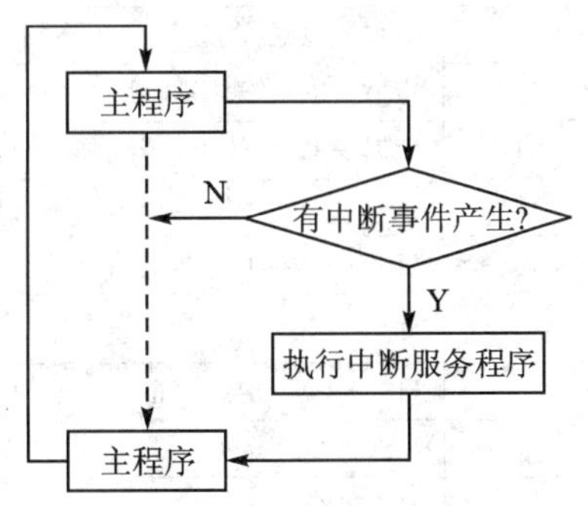

图 4.41　中断的机制

- 中断服务程序只有由用户程序把中断服务程序标号(名称)与中断事件联系起来，并且开放系统中断后，中断服务程序才能进入等待中断并随时执行的状态。
- 多个中断事件可以连接同一个中断服务程序；在同一时间内，一个中断服务程序只能连接一个中断事件。
- 中断服务程序也可由用户程序取消与中断事件的连接；队列中的特定中断事件可以被指令取消；可用指令禁止全部中断。
- 中断服务程序只需与中断事件连接一次，除非需要重新连接。
- 进入中断服务程序时，S7-200 SMART 的操作系统会“保护现场”，从中断服务程序返回时,仍然恢复当时的程序执行状态。

- 中断事件各有不同的优先级别。
- 中断服务程序不能再被中断。中断服务程序执行时,如果再有中断事件发生,会按照发生的时间顺序和优先级排队。
- 中断服务程序执行到末尾会自动返回,也可以由逻辑控制中途返回。
- S7-200 SMART CPU 最多可以使用 128 个中断服务程序,中断服务程序不能嵌套。
- 中断服务程序应短小而简单,执行时对其他处理不要延时过长,即越短越好。

4.6.2 中断事件的类型和优先级

如果多个中断事件同时发生,则优先级(组和组内)会确定首先处理哪一个中断事件。CPU 处理完成较高优先级的中断事件后,会检查中断的排队队列,再次找出此时优先级最高的事件进行处理,周而复始,直到中断队列为空为止。中断事件的类型及优先级如表 4.32 所列。

表 4.32 中断事件的类型及优先级

事件编号	说　明	优先级	CR20s/CR30s/CR40s/CR60s	SR20/ST20 SR30/ST30 SR40/ST40 SR60/ST60
0	I0.0 上升沿	离散,中等优先级	Yes	Yes
1	I0.0 下降沿		Yes	Yes
2	I0.1 上升沿		Yes	Yes
3	I0.1 下降沿		Yes	Yes
4	I0.2 上升沿		Yes	Yes
5	I0.2 下降沿		Yes	Yes
6	I0.3 上升沿		Yes	Yes
7	I0.3 下降沿		Yes	Yes
8	端口 0 接收字符	通信,最高优先级	Yes	Yes
9	端口 0 发送完成		Yes	Yes
10	定时中断 0(SMB34 控制时间间隔)	定时,最低优先级	Yes	Yes
11	定时中断 1(SMB35 控制时间间隔)		Yes	Yes
12	HSC0 CV=PV(当前值=预设值)	离散,中等优先级	Yes	Yes
13	HSC1 CV=PV(当前值=预设值)		Yes	Yes
14~15	保留	保留	No	No
16	HSC2 CV=PV(当前值=预设值)	离散,中等优先级	Yes	Yes
17	HSC2 方向改变		Yes	Yes
18	HSC2 外部复位		Yes	Yes
19	PTO0 脉冲计数完成		No	Yes
20	PTO1 脉冲计数完成		No	Yes
21	定时器 T32 CT=PT(当前时间=预设时间)	定时,最低优先级	Yes	Yes
22	定时器 T96 CT=PT(当前时间=预设时间)		Yes	Yes

续表 4.32

事件编号	说　明	优先级	CR20s/ CR30s/ CR40s/ CR60s	SR20/ST20 SR30/ST30 SR40/ST40 SR60/ST60
23	端口 0 接收消息完成	通信,最高优先级	Yes	Yes
24	端口 1 接收消息完成		No	Yes
25	端口 1 接收字符		No	Yes
26	端口 1 发送完成		No	Yes
27	HSC0 方向改变	离散,中等优先级	Yes	Yes
28	HSC0 外部复位		Yes	Yes
29	HSC4 CV=PV		No	Yes
30	HSC4 方向改变		No	Yes
31	HSC4 外部复位		No	Yes
32	HSC3 CV=PV(当前值=预设值)		Yes	Yes
33	HSC5 CV=PV		No	Yes
34	PTO2 脉冲计数完成		No	Yes
35	I7.0 上升沿(信号板)		No	Yes
36	I7.0 下降沿(信号板)		No	Yes
37	I7.1 上升沿(信号板)		No	Yes
38	I7.1 下降沿(信号板)		No	Yes
43	HSC5 方向改变		No	Yes
44	HSC5 外部复位		No	Yes

4.6.3　中断的排队和溢出机制

S7-200 SMART CPU 会按照中断的优先级对队列中的中断事件进行排队,对于相同优先级的中断事件按照到来的时间先后顺序排队。S7-200 SMART CPU 的中断服务程序不能再被中断。

4.6.4　中断指令

S7-200 SMART CPU 一共有 6 个中断指令,如表 4.33 所列。

表 4.33　中断指令

指　令	说　明
——(ENI)	全局开中断
——(DISI)	全局关中断
——(RETI)	从中断服务程序中返回

续表 4.33

指　令	说　明
ATCH EN　ENO INT EVNT	将编号为 EVNT 的中断事件与编号为 INT 的中断服务程序关联
DTCH EN　ENO EVNT	解除编号为 EVNT 的中断事件与编号为 INT 的中断服务程序的关联
CLR_EVNT EN　ENO EVNT	清除中断队列中所有编号为 EVNT 的中断事件
注：INT 和 EVNT 的数据类型都是 BYTE	

这里举一个简单的例子：初始化一个时间间隔为 100 ms 的定时中断，如表 4.34 所列。

表 4.34　定时中断示例

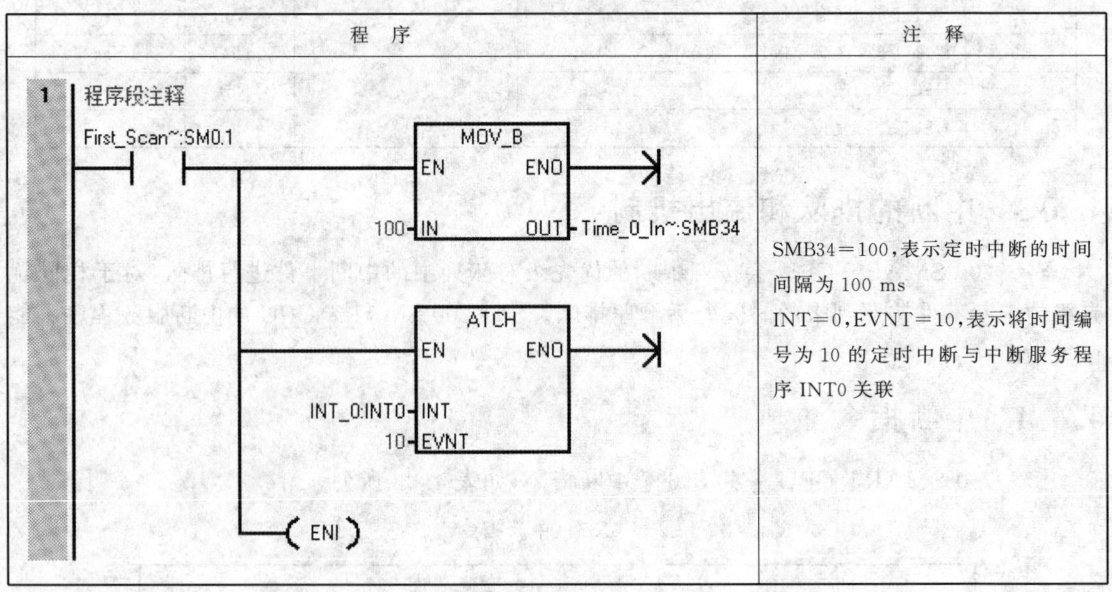

程　序	注　释
1 程序段注释 First_Scan~:SM0.1 MOV_B: EN ENO; 100 - IN; OUT - Time_0_In~:SMB34 ATCH: EN ENO; INT_0:INT0 - INT; 10 - EVNT (ENI)	SMB34＝100，表示定时中断的时间间隔为 100 ms INT＝0，EVNT＝10，表示将时间编号为 10 的定时中断与中断服务程序 INT0 关联

4.7　常问问题

1. 如果在程序中已经使用了 VB100，那么是否还可以使用 VW100？

由于地址的重叠，请不要这样使用。VW100 是一个字地址，包含 VB100 和 VB101 两个字节，因此 VB100 和 VW100 是有地址重叠的。

同理：

- MW0 包含 MB0 和 MB1 两个字节，与 MB0 和 MB1 也是有地址重叠的。
- VB0 是 1 字节地址，包含 V0.0～V0.7 共 8 个位地址，因此与 V0.0～V0.7 也是有地址重叠的。除非用户是高级编程人员而刻意为之，否则请尽量避免地址的重叠使用。

2. 为什么指令或者子程序的使能(EN)引脚前面没有任何条件时，会有编译错误？

当子程序或者指令的使能(EN)引脚前面没有编写任何条件时，编译后会出现一个语法错误。无条件调用指令或子程序如图 4.42 所示。

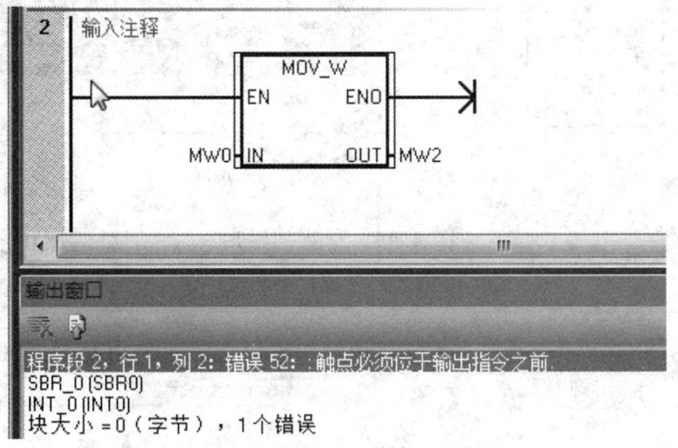

图 4.42　无条件调用指令或子程序

上面的编程方式是不允许的。如果用户希望无条件调用子程序或者指令，可以使用 SM0.0 作为使能条件，如图 4.43 所示。

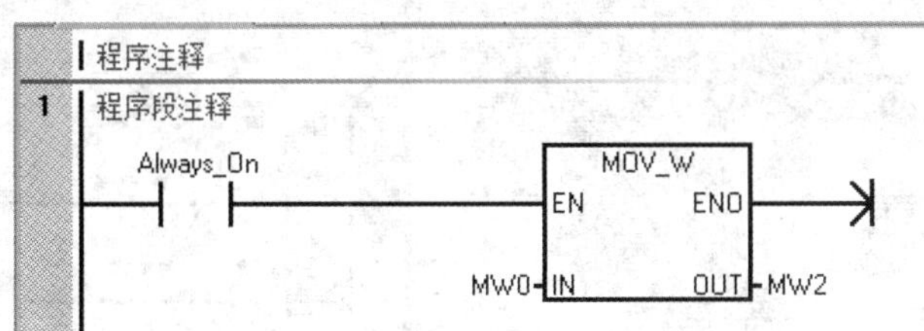

图 4.43　SM0.0 作为使能条件

3. 为什么子程序已经不激活了，但是子程序的输出却没有复位？

以下面一个简单子程序 SBR_0 为例，SBR_0 将一个 IN 布尔变量 IN1 直接连接到一个 OUT 布尔变量 OUT1。在主程序中使用 M0.0 条件调用 SBR_0，子程序输出如图 4.44 所示。

当 M0.0 为“1”时，子程序执行，CPU_输入 0 有信号输入时，CPU_输出 0 有信号输出。此时将 M0.0 复位，则子程序不再执行，输出 OUT1 保持子程序最后一次执行的状态，不会自动复位。

4. 在子程序中如果使用了上升沿捕捉指令，那么此子程序被多次重复调用时，为什么上升沿捕捉逻辑不能正常执行？

举一个简单的例子，在子程序 SBR_0 中声明一个布尔类型输入变量和一个布尔类型的输出变量，输入变量 IN1 通过一个常开触点连接一个上升沿捕捉指令，之后再连接一个线圈输出到输出变量 OUT1。在主程序中的网络 1 和网络 2 中，连续使用 SM0.0 作为使能条件两次调用子程序 SBR_0，子程序的输入/输出分别连接 M0.0、M0.1、M0.2 和 M0.3。子程序和主

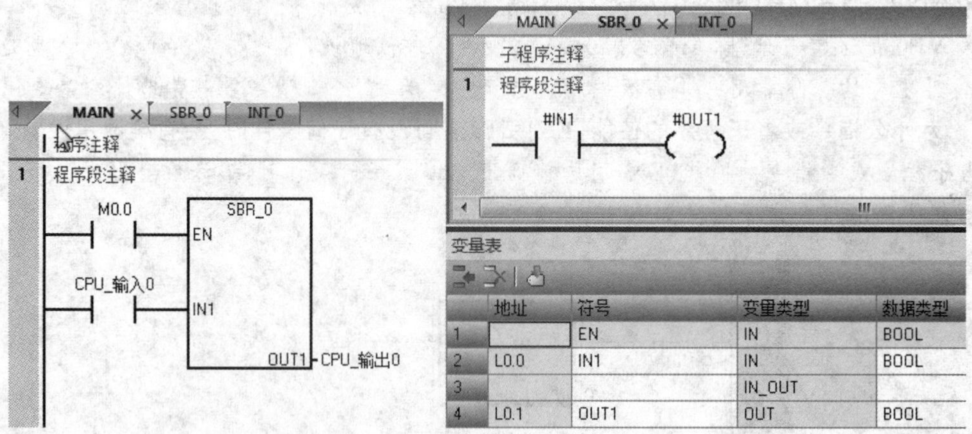

图 4.44　子程序输出

程序内容如图 4.45 所示。

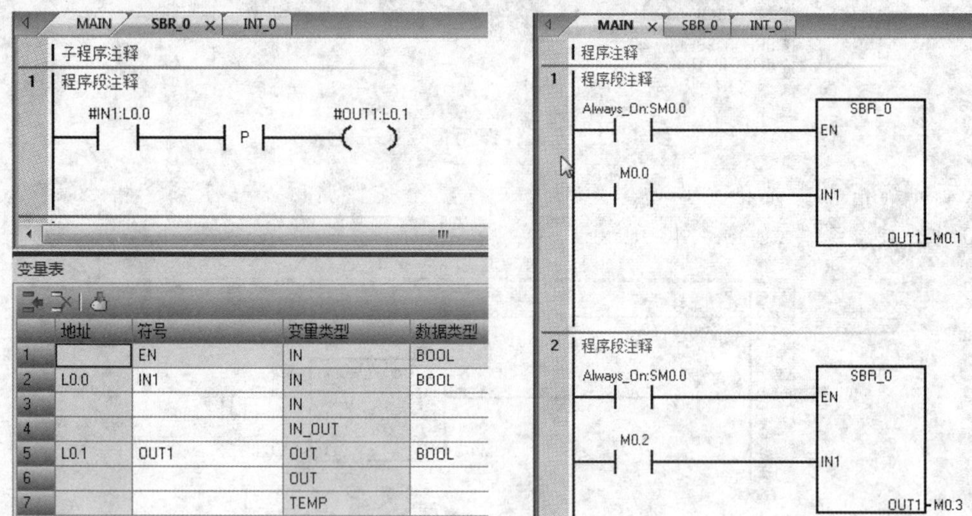

图 4.45　子程序和主程序内容

如果将 M0.0 复位，M0.2 置位，单纯按上升沿捕捉的逻辑，由于没有上升沿跳变，子程序的输出都应该是“0”。但是在线监控可以看到 M0.1 持续为“0”，M0.3 保持为“1”。在线监控如图 4.46 所示。

上升沿捕捉指令的工作原理是将本次左侧能流过来的“1”、“0”信号与上次指令执行时的状态进行比较，如果检测到从“0”到“1”的变化，则导通。每条上升沿下降沿指令都隐含一个布尔数据资源来存储上一次输入信号的“1”、“0”的状态。在程序段 1 中，M0.0 将上升沿捕捉清零，M0.2 不输出。程序段 2 中 M0.2 为 1，上升沿捕捉指令刚好捕捉到一个由“0”到“1”的变化，所以 M0.3 导通。详细请参考表 4.34。

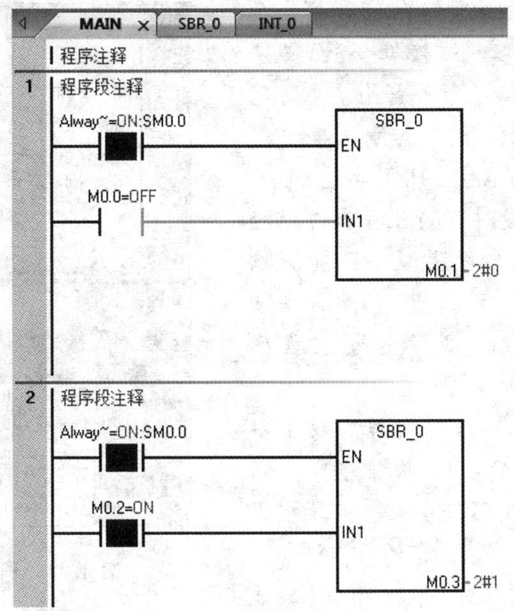

图 4.46　在线监控

表 4.34　上升沿变化

地址位	第一个扫描周期		第二个扫描周期	
	程序段 1	程序段 2	程序段 1	程序段 2
M0.0	0	0	0	0
M0.1	0	0	0	0
M0.2	1	1	1	1
M0.3	1	1	1	1
P(上升沿捕捉)	0	1	0	1

5. 为什么子程序中的定时器和计数器不工作或者工作不正常?

可能有下面情况产生:

- 一个在内部使用了定时器或计数器的子程序,在同一时刻被调用了多次。
- 相同编号的定时器或计数器被多个子程序使用,且同一时刻这些子程序有两个或者以上被调用则定时器或者计数器资源会因重叠使用而相互影响,造成程序逻辑等方面的错误。

6. 为什么子程序的输出不正常?

这里首先举一个子程序 SBR_0 的例子,该子程序的接口声明一个 INT 类型的 IN 变量“Pressure”和一个 BOOL 类型的 OUT 变量“OPEN”,子程序中只有一个程序段,在程序段 1 中编写:当输入 Pressure 数值大于 500 时将输出 OPEN 置位,如图 4.47 所示。

这样的子程序被调用后,当输入 Pressure 达到 500 时,输出 OPEN 被置位;但当输入 Pressure 从未达到 500 时,输出 OPEN 一直保持为一个未知的状态,可能是 1,也可能是 0。由于子程序的局部变量仅在本次调用时有效,且每次获取到的局部变量资源有一定的随机性,有可能已经有一个随机数据存储在该局部变量地址中，因此对于 OUT 类型的接口变量，必须保证每次调用程序都对其进行写操作，否则就是编程逻辑不严密。当然，用户也可以考虑用 IN_OUT 类型的接口变量代替 OUT 类型。

	地址	符号	变量类型	数据类型	注释
1		EN	IN	BOOL	
2	LW0	Pressure	IN	INT	
3			IN_OUT		
4	L2.0	OPEN	OUT	BOOL	
5			TEMP		

图 4.47　子程序输出不正常

7. 为什么顺控指令段对应的 S 标志位已经被复位了，但是顺控段中的程序似乎还能影响程序逻辑？

我们首先看如图 4.48 所示的顺控程序举例。

从图 4.48 可以看出，主程序的程序段 1 中使用 SM0.0 置位了输出 Q0.0。从程序段 2 到 5 的顺控段对应的 S0.1 为 OFF 状态，但是在程序段 3 中输出 Q0.0 被复位了，在图 4.48 右侧的状态图表中也显示了 Q0.0 的状态为“0”。这种结果的原因在于当一个顺控段对应的 S 标志位被复位时，程序并不是从指令 SCR 直接跳转到 SCRE，而是将 SCR 和 SCRE 指令之间的程序段左侧的能流切断。

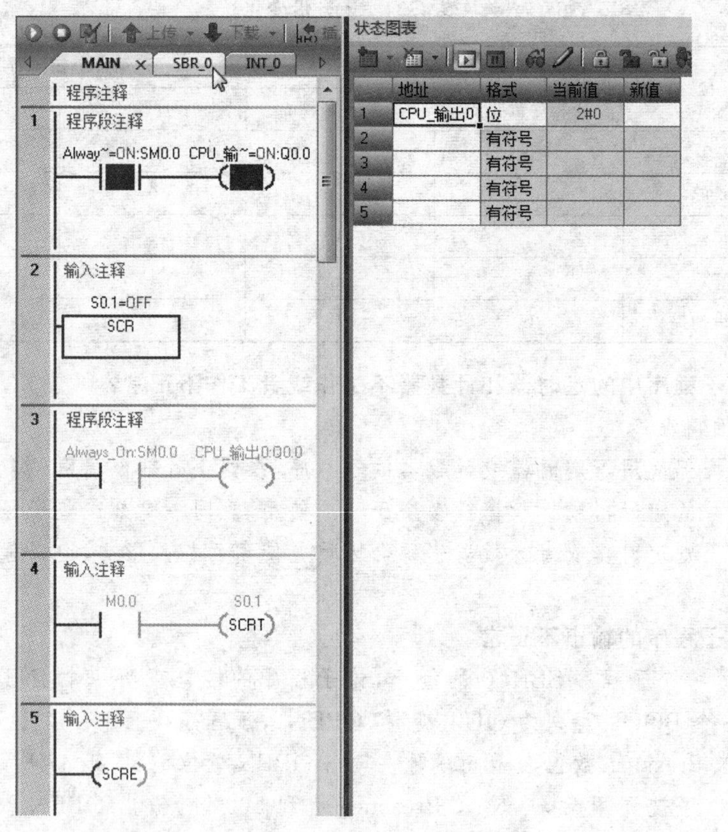

图 4.48　顺控程序举例

可以在不同的步骤中对同一个输出点进行操作。这些逻辑运算不应使用普通编程时的实时状态计算规则,应使用 S(置位)和 R(复位)指令对输出点进行操作;或者使用中间状态继电器过渡,最后再综合逻辑,一起输出。

8. 为什么编译程序时没有任何错误,但是下载时提示错误?

用户编写的程序离线编译时提示没有任何错误,但是下载时会遇到如图 4.49 所示的报错信息,下载过程也会被终止。

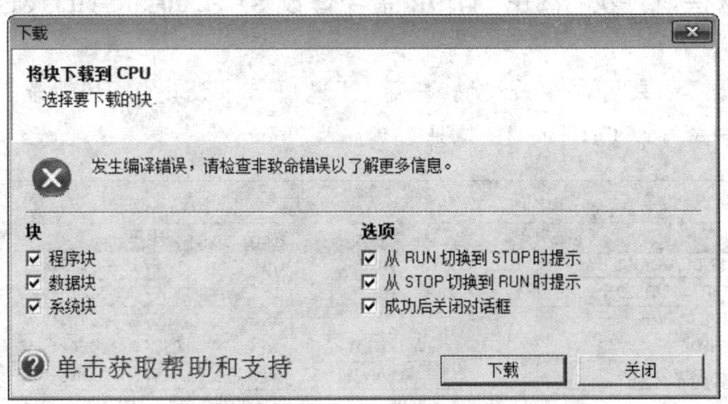

图 4.49 下载错误

出现上述错误的常见原因是程序中使用了超出 S7-200 SMART CPU 范围的资源,比如:S7-200 SMART CPU 只有 1 024 个上升沿 P 或下降沿 N 捕捉指令资源,如果用户在程序中的使用数量超过 1 024 个,就会遇到该错误提示。

9. 断电之前 CPU 能够无错误运行,为什么断电再上电后 CPU 进入停止状态?

在 STEP 7-Micro/WIN SMART 软件的 CPU 系统块的"启动"选项中,出于安全考虑,默认 CPU 断电再上电后的启动模式是 STOP。用户将此处的启动模式改为 RUN 即可,如图 4.50 所示。

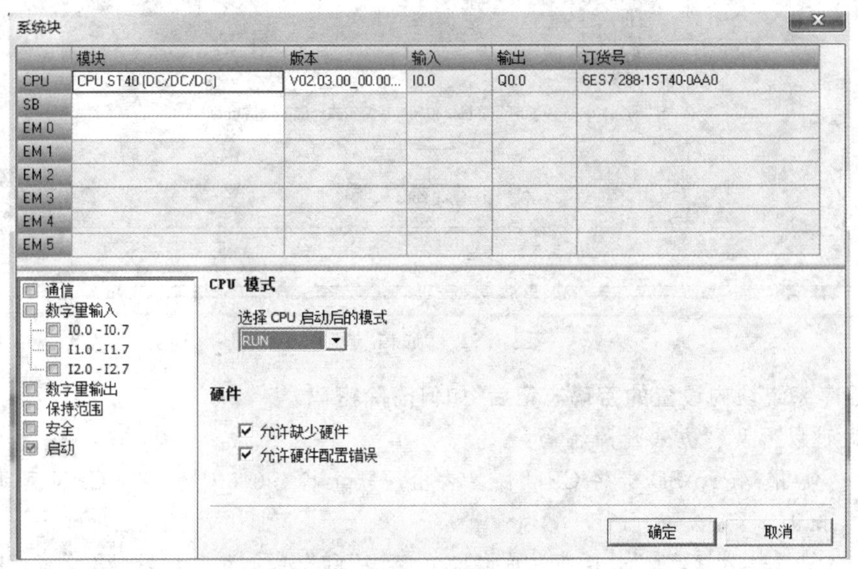

图 4.50 "启动"选项

10. 指令集没有的运算如何实现？比如 cot x，X^y

用户可以依据数学公式，使用指令集中已有的指令来实现需要的运算，例如：

$$\tan\alpha \cdot \cot\alpha = 1;\sin\alpha \cdot \csc\alpha = 1;\cos\alpha \cdot \sec\alpha = 1$$

$$\log_b a = \frac{\ln a}{\ln b}$$

$$X^y = e^{y\ln X}$$

11. 为什么无法通过执行 SIP_ADDR 指令修改 S7-200 SMART CPU 以太网口的 IP 地址？

如图 4.51 所示，如果用户在系统块的"通信"选项卡中设定了 IP 地址、子网掩码和网关，则不能通过其他方式修改 CPU 的 IP 地址。

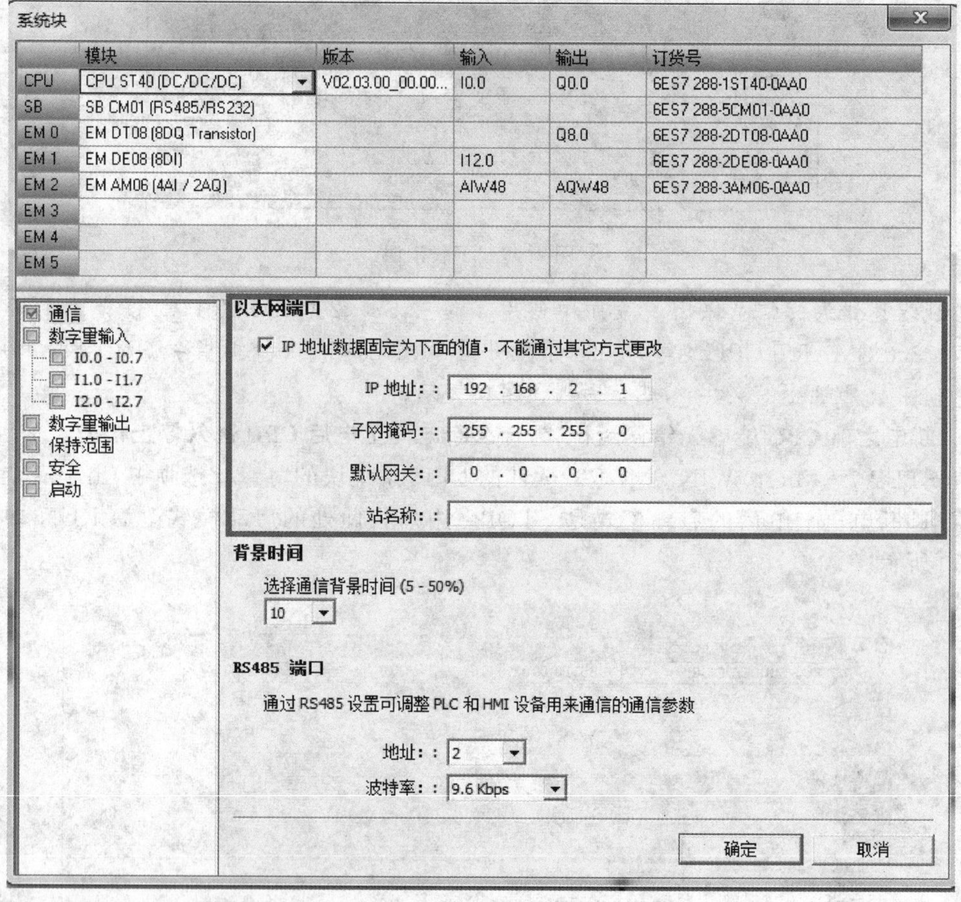

图 4.51 "通信"选项

12. 程序系统块内设置的密码忘记后，如何清除密码？

可以通过以下两种方法清除密码：

方法一：使用 Micro SD 卡将 CPU 恢复为出厂默认状态(仅对标准型 CPU 可用)，具体步骤请参考本书 9.2 节。

方法二：使用软件"清除"对话框中的"忘记密码"和"复位为出厂默认值"将 CPU 重置为

出厂设置。

① 在软件菜单功能区选择“PLC”→“修改”→“清除”选项，如图4.52所示。

② 在弹出的“清除”对话框中勾选“忘记密码”和“复位为出厂默认值”，单击“清除”按钮，清除密码，如图4.53所示。

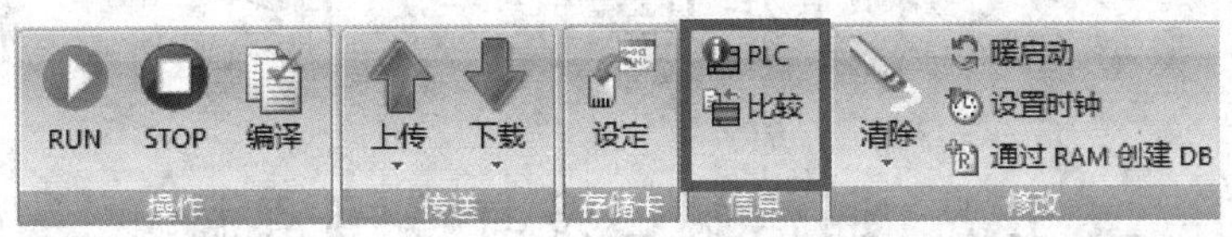

图4.52　“清除”选项

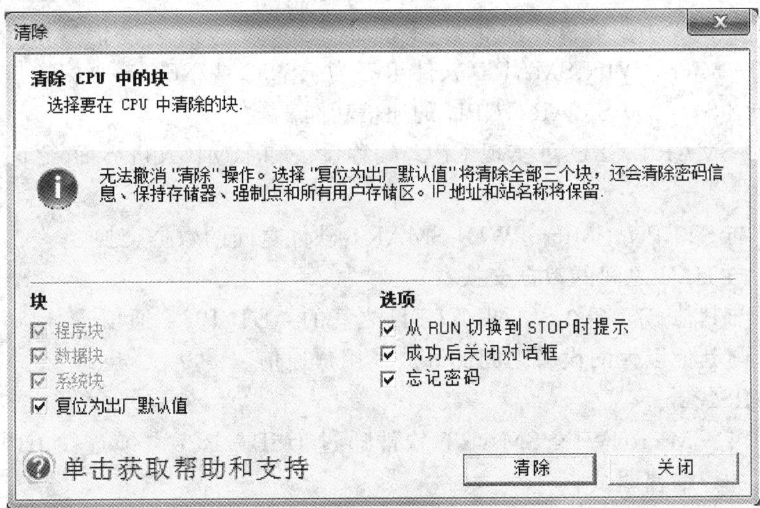

图4.53　“清除”对话框

⚠ **注意：** 由于紧凑型CPU不支持Micro SD卡，因此如果忘记密码，只能通过RS485端口使用“复位为出厂默认设置”命令。

13. 为什么用编程软件执行CPU恢复出厂设置总是不成功？

因为通过编程软件执行恢复出厂设置后，必须在60 s内断电重启才能完成恢复出厂设置，暖启动或其他重启方式都不会达到预期效果。

第 5 章 S7 - 200 SMART CPU 通信功能

5.1 通信端口及其连接资源

S7 - 200 SMART 标准型 CPU 提供了一个以太网端口和一个 RS485 端口(端口 0),紧凑型 CPU 只提供一个 RS485 端口。标准型 CPU 还额外支持 SB CM01 信号板(端口 1),信号板可通过 STEP 7 - Micro/WIN SMART 软件组态为 RS232 或 RS485 通信端口。本章以标准型 CPU 为例介绍 S7 - 200 SMART CPU 的通信功能。

1) S7 - 200 SMART CPU 可实现 CPU、编程设备和 HMI(人机界面)之间的多种通信:

• 以太网:

—CPU 与 STEP 7 - Micro/WIN SMART 软件之间的数据交换。

—CPU 与 HMI 之间的数据交换。

—CPU 与其他 S7 - 200 SMART CPU 之间的 GET/PUT 通信。

—CPU 与其他以太网设备之间的开放式用户通信。

• RS485/RS232:

—STEP 7 - Micro/WIN SMART 软件通过 USB - PPI 电缆连接 CPU 串行端口对 CPU 进行编程调试。

—CPU 与 HMI 之间的数据交换。

—CPU 使用自由端口模式与其他设备之间的串行通信(XMT/RCV 指令)。

2) S7 - 200 SMART CPU 可同时支持的最大通信连接资源数如下:

• 以太网:

—1 个连接用于与 STEP 7 - Micro/WIN SMART 软件的通信。

—8 个连接用于 CPU 与 HMI 之间的通信。

—8 个主动连接用于 CPU 与其他 S7 - 200 SMART CPU 之间的 GET/PUT 通信。

—8 个被动连接用于 CPU 与其他 S7 - 200 SMART CPU 之间的 GET/PUT 通信。

—8 个主动连接用于 CPU 与其他以太网设备之间的开放式用户通信。

—8 个被动连接用于 CPU 与其他以太网设备之间的开放式用户通信。

• RS485/RS232:

—4 个连接用于 CPU 与 HMI 之间的通信。

5.2 物理网络连接

5.2.1 以太网端口连接

S7 - 200 SMART CPU 的以太网端口有两种网络连接方法:直接连接和网络连接。

1. 直接连接

当一个 S7－200 SMART CPU 与一个编程设备、HMI 或者另外一个 S7－200 SMART CPU 通信时，实现的是直接连接。直接连接不需要使用交换机，使用网线直接连接两个设备即可。通信设备的直接连接如图 5.1 所示。

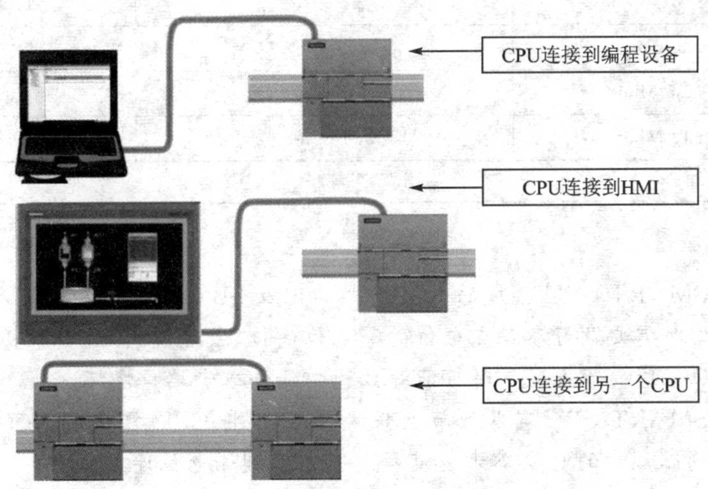

图 5.1　通信设备的直接连接

2. 网络连接

当两个以上的通信设备进行通信时，需要使用交换机来实现网络连接。可以使用导轨安装的西门子 CSM1277 四端口交换机来连接多个 CPU 和 HMI 设备。多个通信设备的网络连接如图 5.2 所示。

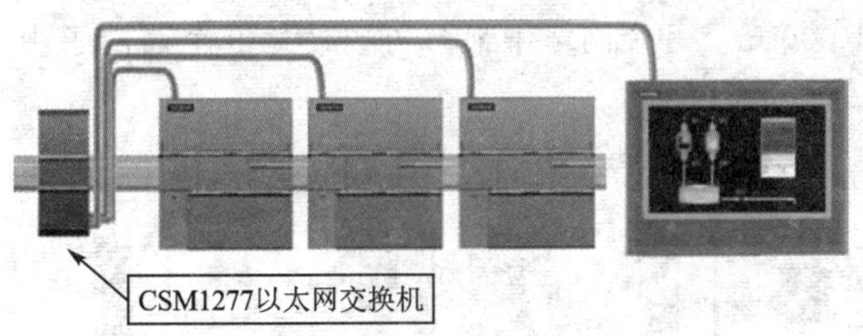

图 5.2　多个通信设备的网络连接

5.2.2　RS485 网络连接

1. RS485 网络的传输距离和波特率

RS485 网络为采用屏蔽双绞线电缆的线性总线网络，总线两端需要终端电阻。RS485 网络允许每一个网段的最大通信节点数为 32 个，允许的最大电缆长度则由通信端口是否隔离以及通信波特率大小两个因素所决定。RS485 网段电缆的最大长度如表 5.1 所列。

S7－200 SMART CPU 集成的 RS485 端口以及 SB CM01 信号板都是非隔离型通信端口，允许的最大通信距离为 50 m，该距离为网段中第一个通信节点到最后一个节点的距离。如果网络中的通信节点数大于 32 个或者通信距离大于 50 m，则需要添加 RS485 中继器以拓展网络连接。

表 5.1　RS485 网段电缆的最大长度

波特率	RS485 网段电缆的最大长度/m	
	S7-200 SMART CPU 端口	隔离型 CPU 端口
9.6~187.5 kbps	50	1 000
500 kbps	不支持	400
1~1.5 Mbps	不支持	200
3~12 Mbps	不支持	100

⚠ **注意:**

① S7-200 SMART CPU 集成的 RS485 端口以及 SB CM01 信号板都是非隔离型,与网段中其他节点通信时需要做好参考点电位的等电位连接,或者使用 RS485 中继器为网络提供隔离。参考点电位不同的节点通信时可能导致通信错误或者端口烧坏。

② S7-200 SMART CPU 与其他节点联网时,可以将 CPU 模块右下角的传感器电源的 M 端与其他节点通信端口的 0 V 参考点连接起来以做到等电位连接。

2. RS485 中继器

RS485 中继器可用于延长网络距离,电气隔离不同网段以及增加通信节点数量。中继器的作用如下所述。

(1) 延长网络距离

网络中添加中继器允许将网络再延长 50 m。如果两台中继器连接在一起,中间无其他节点,则可将网络延长 1 000 m。一个网络中最多可以使用 9 个西门子中继器。使用 RS485 中继器拓展网络如图 5.3 所示。

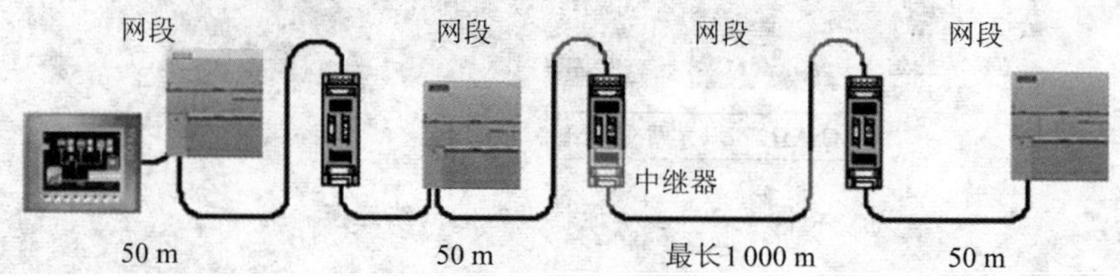

图 5.3　使用 RS485 中继器拓展网络

⚠ **注意:** S7-200 SMART CPU 自由口通信、Modbus RTU 通信和 USS 通信时,不能使用西门子中继器拓展网络。

(2) 电气隔离不同网段

隔离网络可以使参考点电位不相同的网段相互隔离,从而确保通信传输质量。

(3) 增加通信节点数量

在一个 RS485 网段中,最多可以连接 32 个通信节点。使用中继器可以向网络中拓展一个网段,可以再连接 32 个通信节点,但是中继器本身也占用一个通信节点位置,所以拓展的网段只能再连接 31 个通信节点。

3. CPU 通信端口引脚分配

S7 - 200 SMART CPU 集成的 RS485 通信端口(端口 0)是与 RS485 兼容的 9 针 D 型连接器。CPU 集成的 RS485 通信端口的引脚分配如表 5.2 所列。

表 5.2　S7 - 200 SMART CPU 集成 RS485 端口的引脚分配表

连接器	引脚标号	信　号	引脚定义
9 5 6 1	1	屏蔽	机壳接地
	2	24 V 返回	逻辑公共端
	3	RS485 信号 B	RS485 信号 B
	4	发送请求	RTS (TTL)
	5	5 V 返回	逻辑公共端
	6	+5 V	+5 V,100 Ω 串联电阻
	7	+24 V	+24 V
	8	RS485 信号 A	RS485 信号 A
	9	不适用	程序员检测(输入)*
	外壳	屏蔽	机壳接地

注:* 紧凑型 CPU 使用 RS485 端口的引脚 9 检测是否连接 USB - PPI 电缆,当 USB - PPI 电缆连接到紧凑型 CPU 的 RS485 端口时,则会强制 CPU 退出自由端口模式并启用 PPI 模式。标准型 CPU 会忽略 RS485 端口的引脚 9 的状态。

标准型 CPU 额外支持 SB CM01 信号板,该信号板可以通过 STEP 7 - Micro/WIN SMART 软件组态为 RS485 通信端口或者 RS232 通信端口。表 5.3 给出了 SB CM01 信号板的引脚分配。

表 5.3　S7 - 200 SMART SB CM01 信号板端口(端口 1)的引脚分配表

连接器	引脚标号	信　号	引脚定义
6ES7 288-5CM01-0AA0 S ZVC4YDL037643 X 2 3 SB CM01 Tx/B RTS M Rx/A 5V X20	1	接地	机壳接地
	2	Tx/B	RS232 - Tx/RS485 - B
	3	发送请求	RTS (TTL)
	4	M 接地	逻辑公共端
	5	Rx/A	RS232 - Rx/RS485 - A
	6	+ 5 V	+5 V,100 Ω 串联电阻

使用 STEP 7 - Micro/WIN SMART 软件组态 SB CM01 信号板为 RS485 通信端口或者 RS232 通信端口的过程如图 5.4 所示。

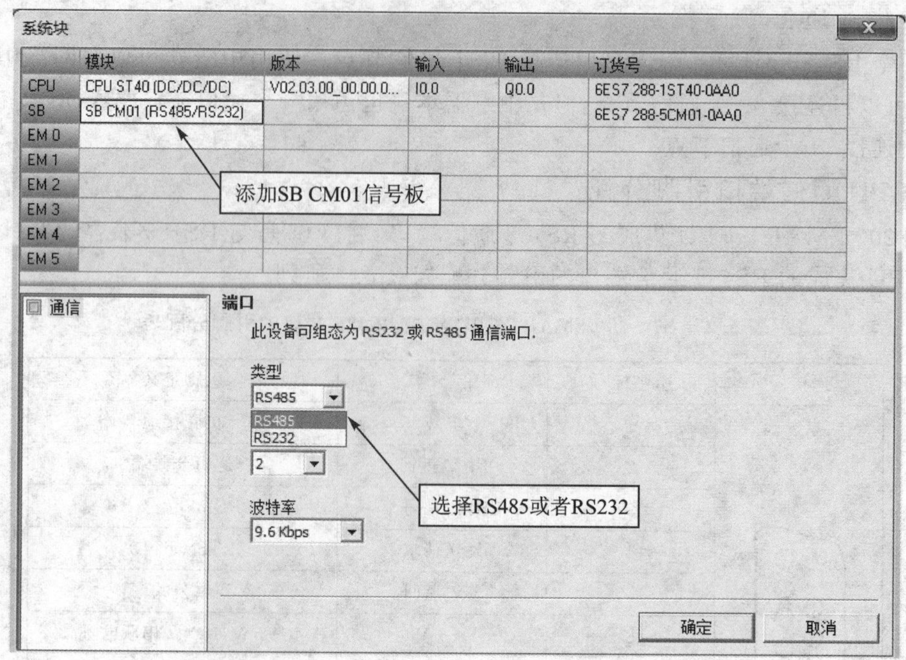

图 5.4　SB CM01 信号板组态过程

4. RS485 网络连接器

西门子提供了两种类型的 RS485 网络连接器(如图 5.5 所示),可使用它们轻松地将多台通信节点连接到通信网络上。一种是标准型网络连接器,另一种则增加了可编程接口。带有可编程接口的网络连接器可以将 S7-200 SMART CPU 集成的 RS485 端口所有通信引脚扩展到编程接口,其中 2 号、7 号引脚对外提供 24 V DC 电源,可以用于连接 TD400C。

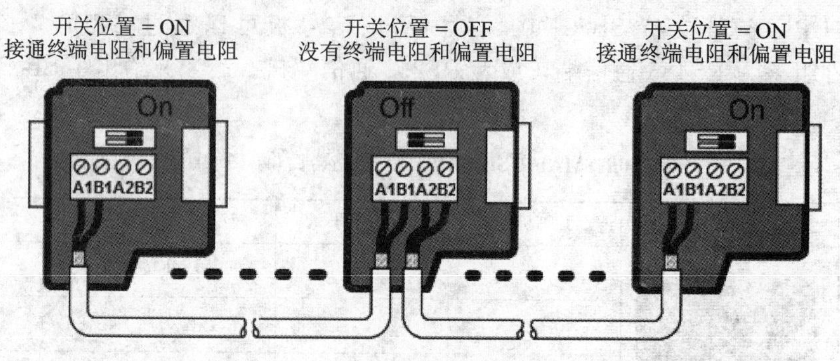

图 5.5　RS485 网络连接器

网络连接器上两组连接端子,用于连接输入电缆和输出电缆。网络连接器上具有终端电阻和偏置电阻的选择开关,网络两端的通信节点必须将网络连接器的选择开关设置为 ON,网络中间的通信节点需要将选择开关设置为 OFF。典型的网络连接器终端电阻和偏置电阻接线如表 5.4 所列。

SB CM01 信号板可用于连接 RS485 网络,当信号板为终端通信节点时需要连接终端电阻和偏置电阻。SB CM01 信号板终端电阻和偏置电阻连接的典型电路图如图 5.6 所示。

表 5.4　网络连接器终端电阻和偏置电阻

开关位置＝ON：接通终端电阻和偏置电阻	开关位置＝OFF：无终端电阻和偏置电阻

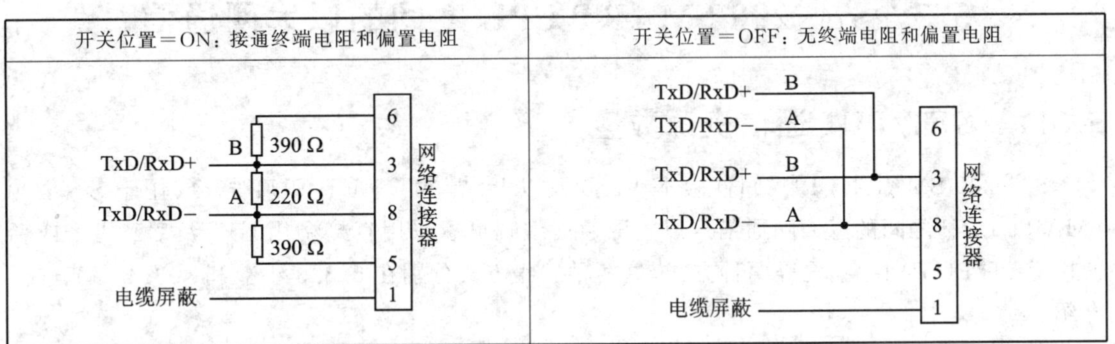

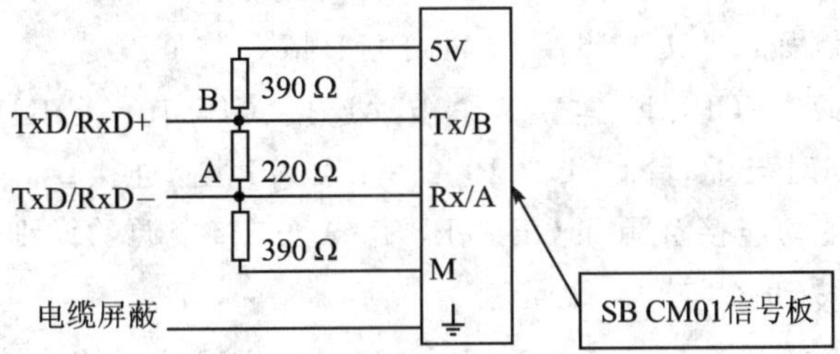

图 5.6　SB CM01 信号板终端电阻和偏置电阻接线图

注意：

① 终端电阻用于消除通信电缆中由于特性阻抗不连续而造成的信号反射。信号传输到网络末端时，如果电缆阻抗很小或者没有阻抗，在这个地方就会引起信号反射。消除这种反射的方法就是，在网络的两端端接一个与电缆的特性阻抗相同的终端电阻，使电缆阻抗连续。

② 当网络上没有通信节点发送数据时，网络总线处于空闲状态，增加偏置电阻可使总线上有一个确定的空闲电位，保证了逻辑信号“0”、“1”的稳定性。

5.2.3　RS232 连接

RS232 网络为两台设备之间的点对点连接，最大通信距离为 15 m，通信速率最大为 115.2 kbps。RS232 连接可用于连接扫描器、打印机、调制解调器等设备。SB CM01 信号板通过组态可以设置为 RS232 通信端口，典型的 RS232 接线方式如图 5.7 所示。

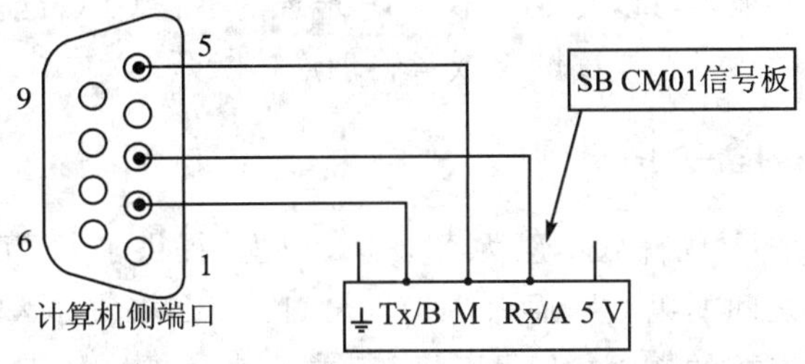

图 5.7　SB CM01 信号板 RS232 连接图

5.3 S7－200 SMART CPU 之间的以太网通信

5.3.1 GET/PUT 通信资源数量

S7－200 SMART CPU(固件版本 V2.0 及以上)提供了 GET/PUT 指令,用于 S7－200 SMART CPU 之间的以太网通信。以太网通信编程可以采用直接调用 GET/PUT 指令或者使用 GET/PUT 向导编程等两种方式,这两种编程方式分别在 5.3.3 小节和 5.3.4 小节进行介绍。

S7－200 SMART CPU 以太网端口同时具有 8 个 GET/PUT 主动连接资源和 8 个 GET/PUT 被动连接资源。例如：CPU1 调用 GET/PUT 指令与 CPU2～CPU9 建立 8 个主动连接,同时还可以与 CPU10～CPU17 建立 8 个被动连接(CPU10～CPU17 调用 GET/PUT 指令),这样 CPU1 可以同时与 16 台 CPU(CPU2～CPU17)建立连接。

关于 GET/PUT 主动连接资源和 GET/PUT 被动连接资源的详细解释如下所述。

1. 主动连接和被动连接

① GET/PUT 主动连接资源用于主动建立与远程 CPU 的通信连接,并对远程 CPU 进行数据读/写操作;GET/PUT 被动连接资源用于被动地接受远程 CPU 的通信连接请求,并接受远程 CPU 对其进行数据读/写操作。

② 调用 GET/PUT 指令的 CPU 占用主动连接资源;相应的远程 CPU 占用被动连接资源。

2. 8 个 GET/PUT 主动连接资源

① 同一时刻最多能对 8 个不同 IP 地址的远程 CPU 进行 GET/PUT 指令的调用,第 9 个远程 CPU 的 GET/PUT 指令调用将报错(无可用连接)。

② 已经成功建立的连接将被保持,直到远程 CPU 断电或者物理连接断开。

③ 同一时刻对同一个远程 CPU 的多个 GET/PUT 指令的调用,只会占用本地 CPU 的一个主动连接资源,本地 CPU 与远程 CPU 之间只会建立一条连接通道,同一时刻触发的多个 GET/PUT 指令将会在这条连接通道上顺序执行。

3. 8 个 GET/PUT 被动连接资源

① S7－200 SMART CPU 调用 GET/PUT 指令,执行主动连接的同时也可以被动地被其他远程 CPU 进行通信读/写。

② S7－200 SMART 最多可以与 8 个不同 IP 地址的远程 CPU 建立被动连接。已经成功建立的连接将被保持,直到远程 CPU 断电或者物理连接断开。

5.3.2 GET/PUT 指令格式

S7－200 SMART CPU(固件版本应为 V2.0 及以上)提供了 GET/PUT 指令,用于建立 S7－200 SMART CPU 之间的以太网通信。GET/PUT 指令格式如表 5.5 所列。GET/PUT 指令只需要在主动建立连接的 CPU 中调用执行,被动建立连接的 CPU 不需要进行通信编程。GET/PUT 指令中 TABLE 参数用于定义远程 CPU 的 IP 地址、本地 CPU 和远程 CPU

的通信数据区域及长度。TABLE参数定义如表5.6所列。

表5.5 GET/PUT指令格式

LAD/FBD	STL	描　述
PUT EN　ENO TABLE	PUT TABLE	PUT指令启动以太网端口上的通信操作，将数据写入远程设备。PUT指令可向远程设备写入最多212字节的数据
GET EN　ENO TABLE	GET TABLE	GET指令启动以太网端口上的通信操作，从远程设备读取数据。GET指令可从远程设备读取最多222字节的数据

表5.6 GET/PUT指令的TABLE参数定义

字节偏移量	Bit 7	Bit 6	Bit 5	Bit 4	Bit 3	Bit 2	Bit 1	Bit 0
0	D[1]	A[2]	E[3]	0	错误代码[4]			
1	远程CPU的IP地址							
2								
3								
4								
5	预留(必须设置为0)							
6	预留(必须设置为0)							
7	指向远程CPU通信数据区域的地址指针 (允许数据区域包括:I、Q、M、V)							
8								
9								
10								
11	通信数据长度[5]							
12	指向本地CPU通信数据区域的地址指针 (允许数据区域包括:I、Q、M、V)							
13								
14								
15								

注：1　通信完成标志位，通信已经成功完成或者通信发生错误。

2　通信已经激活标志位。

3　通信发生错误，错误原因需要查询错误代码。

4　见表5.7，GET/PUT指令TABLE参数的错误代码。

5　需要访问远程CPU通信数据的字节个数，PUT指令可向远程设备写入最多212字节的数据，GET指令可从远程设备读取最多222字节的数据。

表 5.7 GET/PUT 指令 TABLE 参数的错误代码

错误代码	描 述
0	通信无错误
1	GET/PUT TABLE 参数表中存在非法参数： • 本地 CPU 通信区域不是合法的 I、Q、M 或 V。 • 本地 CPU 不足以提供请求的数据长度。 • 对于 GET 指令数据长度为零或大于 222 字节；对于 PUT 指令数据长度大于 212 字节。 • 远程 CPU 通信区域不是合法的 I、Q、M 或 V。 • 远程 CPU 的 IP 地址是非法的(0.0.0.0)。 • 远程 CPU 的 IP 地址为广播地址或组播地址。 • 远程 CPU 的 IP 地址与本地 CPU 的 IP 地址相同。 • 远程 CPU 的 IP 地址位于不同的子网
2	同一时刻处于激活状态的 GET/PUT 指令过多(仅允许 16 个)
3	无可用连接资源，当前所有的连接都在处理未完成的数据请求
4	从远程 CPU 返回的错误： • 请求或发送的数据过多。 • STOP 模式下不允许对 Q 存储器执行写入操作。 • 存储区处于写保护状态
5	与远程 CPU 之间无可用连接： • 远程 CPU 无可用的被动连接资源。 • 与远程 CPU 之间的连接丢失(远程 CPU 断电或者物理连接断开)
6～9	预留

5.3.3 GET/PUT 指令应用实例

下面的例子中使用了 2 台 S7-200 SMART CPU，CPU 之间采用以太网连接，使用 GET/PUT 指令进行通信。其中 CPU1 为主动端，其 IP 地址为 192.168.2.100，需要调用 GET/PUT 指令将 CPU1 的实时时钟信息写入 CPU2 中，并把 CPU2 中的实时时钟信息读取到 CPU1。CPU2 为被动端，其 IP 地址为 192.168.2.101，不需调用 GET/PUT 指令。CPU 通信网络配置图如图 5.8 所示。

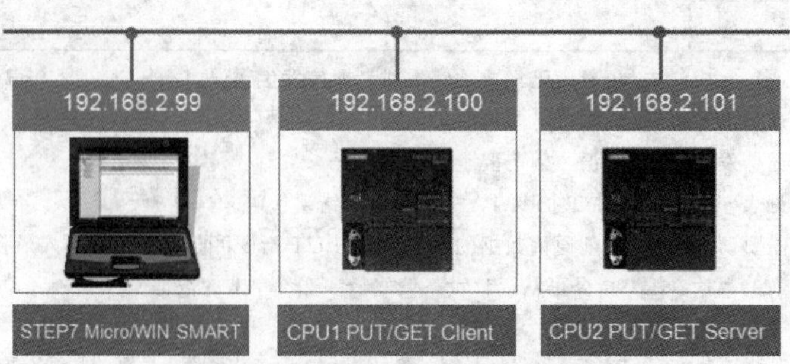

图 5.8 CPU 通信网络配置图

1. CPU1 主动端编程

CPU1 主程序中包含读取 CPU 实时时钟，初始化 GET/PUT 指令的 TABLE 参数表，调用 PUT 指令和 GET 指令等功能。

① 网络 1：读取 CPU1 实时时钟，存储到 VB100～VB107，如图 5.9 所示。

1 1 s读取一次 CPU 实时时钟
Clock_1s:SM0.5
P
READ_RTC
EN
ENO
VB100-T

图 5.9 读取 CPU1 实时时钟

READ_RTC 指令用于读取 CPU 实时时钟，并将其存储到从字节地址 T 开始的连续 8 字节缓冲区中，数据格式为 BCD 码。

② 网络 2：定义 PUT 指令 TABLE 参数表，用于将 CPU1 的 VB100～VB107 传输到远程 CPU2 的 VB0～VB7，如图 5.10 所示。

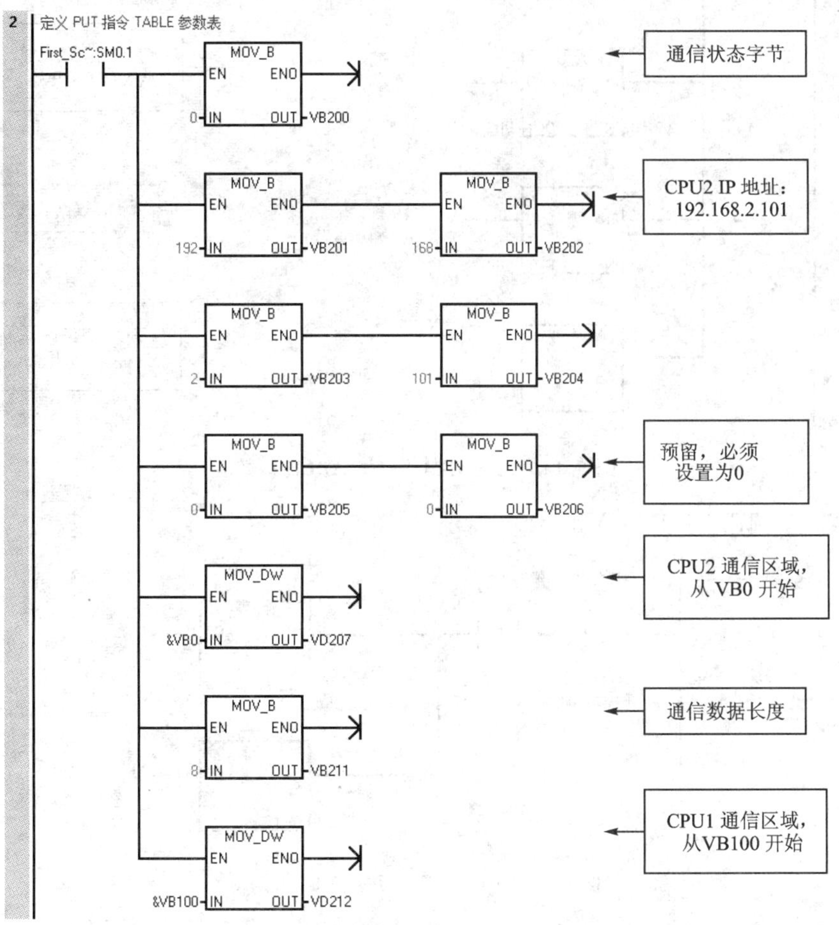

图 5.10 定义 PUT 指令 TABLE 参数表

③ 网络 3：定义 GET 指令 TABLE 参数表，用于将远程 CPU2 的 VB100～VB107 读取到 CPU1 的 VB0～VB7，如图 5.11 所示。

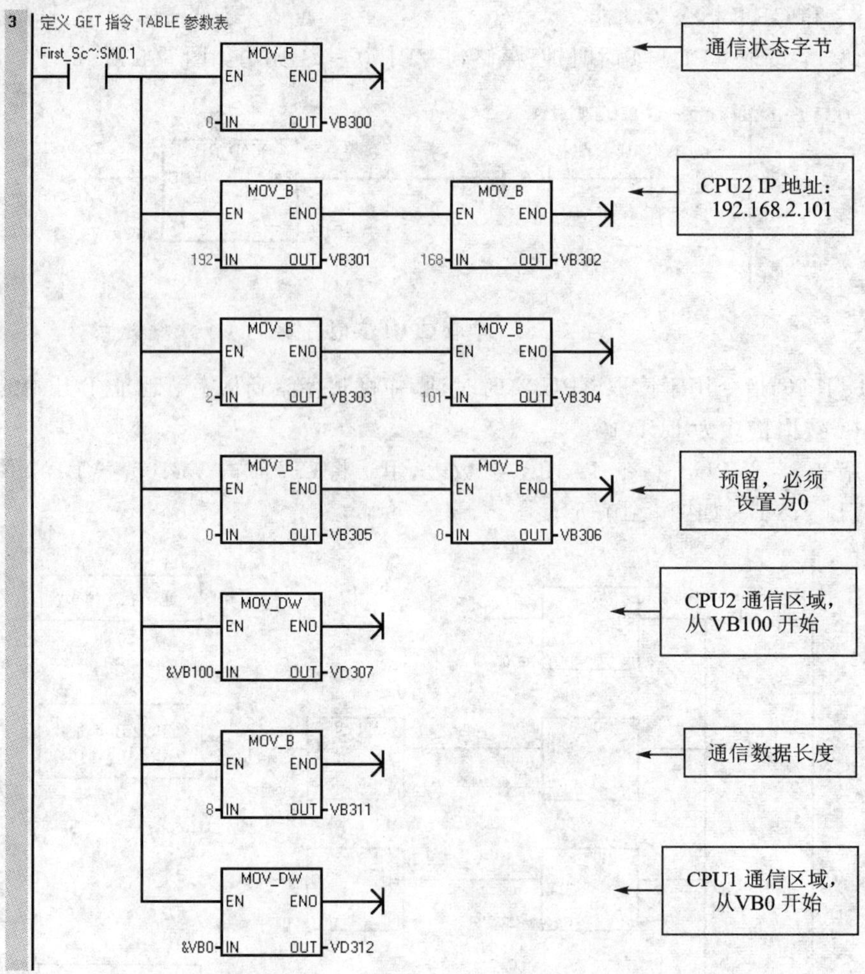

图 5.11　定义 GET 指令 TABLE 参数表

④ 网络 4：调用 PUT 指令和 GET 指令，如图 5.12 所示。

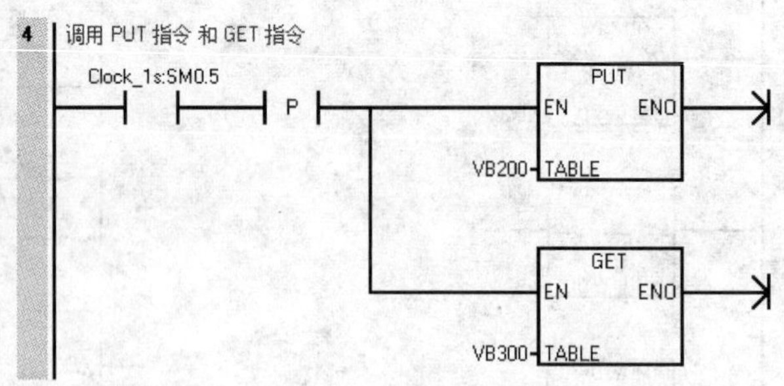

图 5.12　调用 PUT 指令和 GET 指令

2. CPU2 被动端编程

CPU2 的主程序需要读取 CPU2 的实时时钟,并存储到 VB100～VB107,如图 5.13 所示。

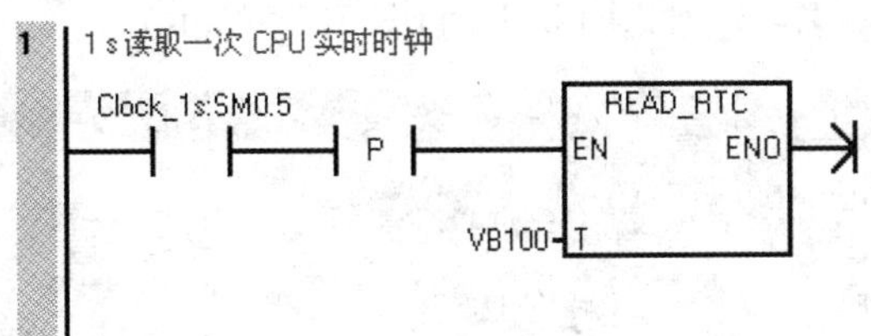

图 5.13　读取 CPU2 实时时钟

◆ 例子程序请参见随书光盘中的例程:“5.3.3 PUT_GET_CPU1.smart”和“5.3.3 PUT_GET_CPU2.smart”。例子程序仅供参考,其中的 CPU 类型可能与用户实际使用的类型不同,用户可能需要先对例子程序做修改和调整,才能将其用于测试。

5.3.4　使用 GET/PUT 向导编程

在 5.3.3 小节中 CPU1 的 GET/PUT 指令的编程可以使用 GET/PUT 向导以简化编程步骤。该向导最多允许组态 16 项独立的 GET/PUT 操作,并生成子程序来协调这些操作。

1. GET/PUT 向导编程步骤

1) 在“工具” 菜单功能区的“向导”区域单击 Get/Put 按钮,启动 GET/PUT 向导,如图 5.14 所示。

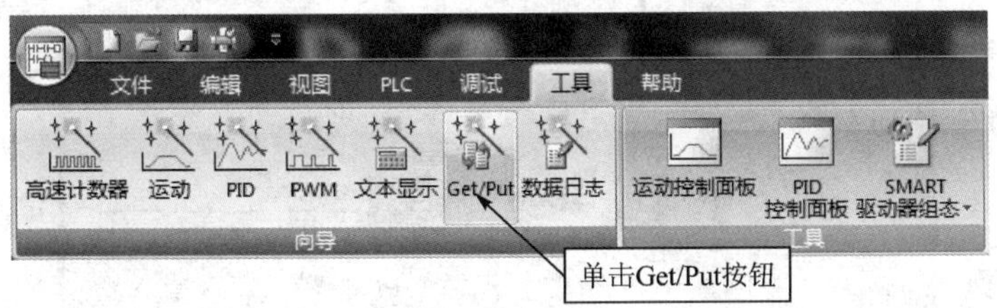

图 5.14　启动 GET/PUT 向导

2) 在弹出的“Get/Put 向导”对话框中添加操作步骤名称并添加注释,如图 5.15 所示。

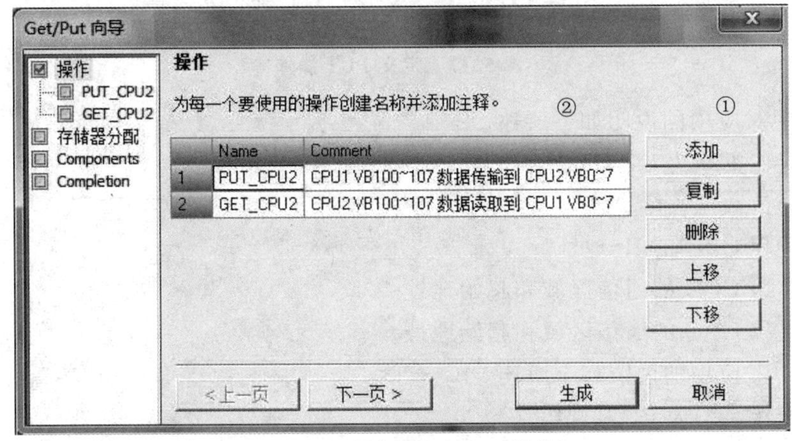

图 5.15　添加 GET/PUT 操作

① 单击图 5.15 中“添加”按钮,添加 GET/PUT 操作。

② 为每个操作创建名称并添加注释。

3) 定义 GET/PUT 操作(分别如图 5.16 和图 5.17 所示)。

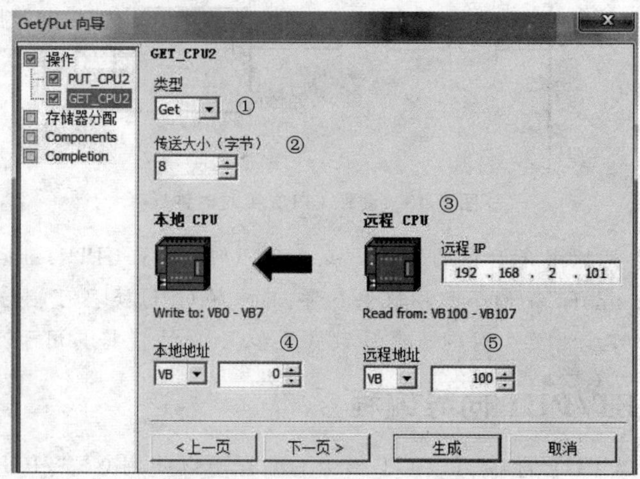

图 5.16　定义 GET 操作

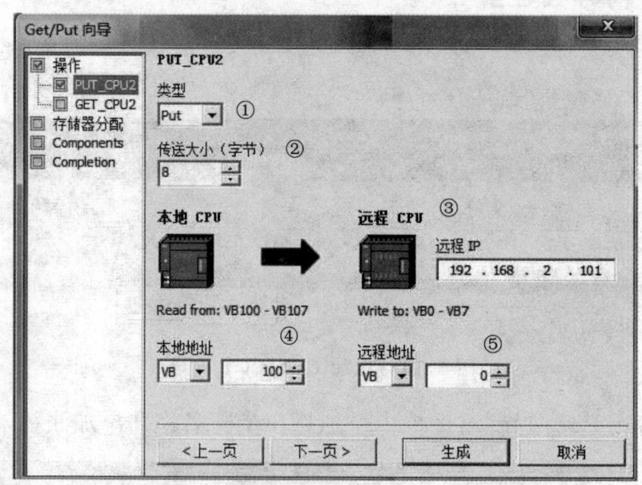

图 5.17　定义 PUT 操作

图 5.16 中对应项的说明如下所述。

① 选择操作类型为 GET 操作。

② 设置通信数据长度。

③ 设置远程 CPU 的 IP 地址。

④ 设置本地 CPU 的通信区域和起始地址。

⑤ 设置远程 CPU 的通信区域和起始地址。

图 5.17 中对应项的说明如下所述。

① 选择操作类型为 PUT 操作。

② 设置通信数据长度。

③ 设置远程 CPU 的 IP 地址。

④ 设置本地 CPU 的通信区域和起始地址。

⑤ 设置远程 CPU 的通信区域和起始地址。

4）为 GET/PUT 向导分配存储器地址，如图 5.18 所示。可以单击“建议”按钮，为向导自动分配存储器地址。

注意：需要确保程序中已经使用的地址以及 GET/PUT 向导中使用的通信区域不能与存储器分配的地址重复，否则将导致程序不能正常工作。

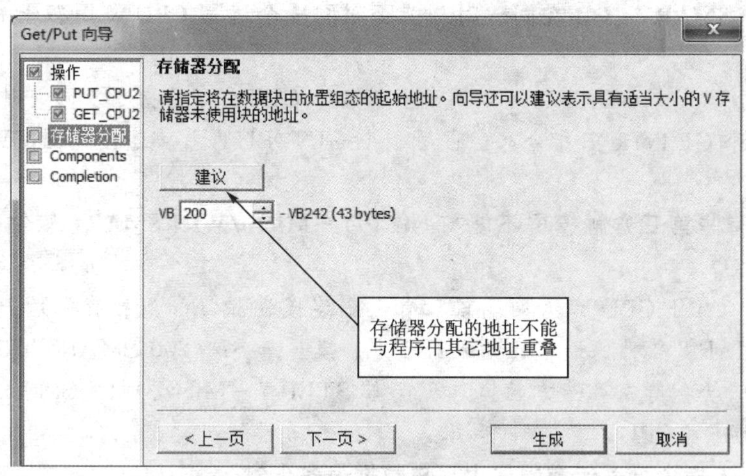

图 5.18 分配存储器地址

5）在图 5.18 中单击“生成”按钮将自动生成网络读/写指令以及符号表。只需要在主程序中调用向导所生成的网络读/写指令即可，如图 5.19 所示。

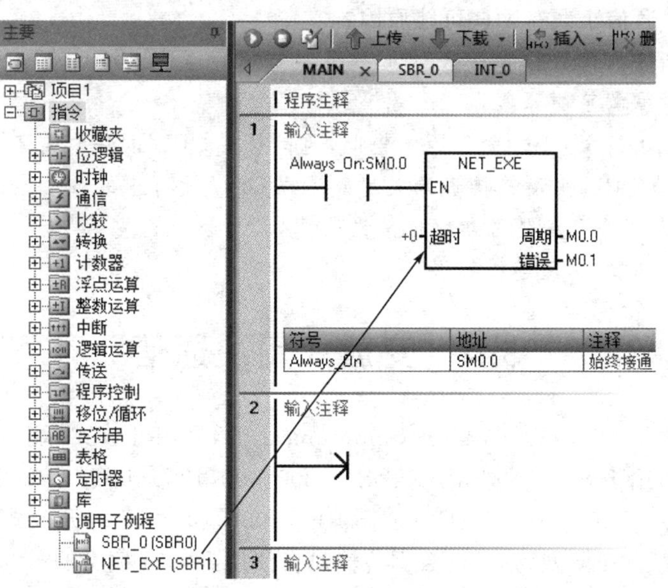

图 5.19 主程序中调用向导生成的网络读/写指令

5.3.5 常问问题

1. S7 - 200 SMART CPU 以太网通信端口支持哪些通信协议?

S7 - 200 SMART 标准型 CPU 除了可以实现与 STEP 7 - Micro/WIN SMART、HMI 和其他 S7 - 200 SMART CPU 之间 S7 通信,还支持与其他以太网设备进行 TCP、UDP 和 ISO on TCP 等开放式用户通信。

2. S7 - 200 SMART 标准型 CPU 产品是否都支持 GET/PUT 通信?

S7 - 200 SMART 标准型 CPU 产品都支持 GET/PUT 通信。但是固件版本低于 V2.0 的产品不支持 GET/PUT 通信,CPU 固件可以通过 Micro SD 卡进行升级。

3. S7 - 200 SMART CPU 在同一时刻能否对同一个远程 CPU 调用多于 8 个 GET/PUT 指令?

同一时刻对同一个远程 CPU 可以调用多于 8 个 GET/PUT 指令。同一时刻对同一个远程 CPU 调用多个 GET/PUT 指令只会占用 1 个 GET/PUT 主动连接资源,而不是 8 个主动连接资源。

4. 为什么有些第三方触摸屏不能与 STEP 7 - Micro/WIN SMART 软件同时访问 S7 - 200 SMART CPU?

S7 - 200 SMART CPU 以太网端口只有 1 个连接资源(PG 连接资源)用于与 STEP 7 - Micro/WIN SMART 软件的通信。如果第三方触摸屏与 S7 - 200 SMART CPU 的连接也使用 PG 连接资源,就会造成第三方触摸屏不能与 STEP 7 - Micro/WIN SMART 软件同时访问 S7 - 200 SMART CPU。

5. GET/PUT 指令可以传送的最大用户数据是多少?

GET 指令可从远程站点读取最大 222 字节的用户数据,PUT 指令可向远程站点写入最大 212 字节的用户数据。大数据量的用户数据通信可以调用多个 GET/PUT 指令来实现。采用 GET/PUT 向导时每个操作的读/写用户数据最大为 200 字节。

6. GET/PUT 通信错误有哪些可能原因?

GET/PUT 指令 TABLE 参数表的第一个字节提供了"错误代码",用于排查错误原因。GET/PUT 指令故障的可能原因:

- S7 - 200 SMART CPU 固件版本较低,通信双方 CPU 固件都需要 V2.0 及以上版本。
- 超出了本地 CPU 主动连接资源限制或远程 CPU 无可用的被动连接资源。
- GET/PUT 指令 TABLE 参数定义错误。
- 通信站点之间的物理连接错误。

5.4 开放式用户通信

开放式用户通信 OUC(Open User Communication)采用开放式标准,可与第三方设备或 PC 进行通信,也适用于 S7 - 200 SMART/S7 - 300/400/1200/1500 CPU 之间通信。S7 - 200 SMART CPU 支持 TCP、ISO-on-TCP(遵循 RFC 1006)和 UDP 等开放式用户通信。这些开放式用户通信位于 OSI 模型第 4 层,数据传输时会使用到 OSI 模型的第 3 层网络层和第 4 层传输层,如图 5.20 所示。网络层用于将数据从源地址传送到目的地址,支持 IP 路由功能。传输层主要功能是面向进程提供端到端的数据传输服务，提供了 TCP(Transmission Control Protocol)和 UDP(User Datagram Protocol)两种协议，分别用于面向连接或无连接的数据传输服务。

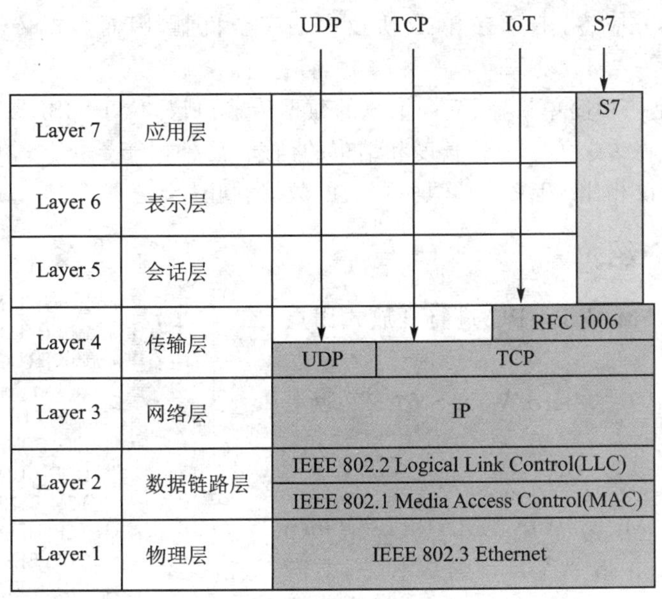

图 5.20　ISO/OSI 模型

5.4.1　开放式用户通信概述

1. TCP 协议

TCP 协议是由 RFC 793 描述的一种标准协议，是 TCP/IP 协议簇传输层的主要协议，主要用途为设备之间提供全双工、面向连接、可靠安全的连接服务。传输数据时需要指定 IP 地址和端口号作为通信端点。

TCP 是面向连接的通信协议，通信的传输需要经过建立连接、数据传输、断开连接三个阶段。为了确保 TCP 连接的可靠性，TCP 采用三次握手方式建立连接，建立连接的请求需要由 TCP 的客户端发起。数据传输结束后，通信双方都可以提出断开连接的请求。

TCP 是可靠安全的数据传输服务，可确保每个数据段都能到达目的地。位于目的地的 TCP 服务需要对接收到的数据进行确认并发送确认信息。TCP 发送方在发送一个数据段的同时将启动一个重传，如果在重传超时前收到确认信息就关闭重传，否则将重传该数据段。

TCP 是一种数据流服务，TCP 连接传输数据期间，不传送消息的开始和结束信息。接收方无法通过接收到的数据流来判断一条消息的开始与结束。

2. ISO-on-TCP 协议

ISO-on-TCP 协议是一种使用 RFC 1006 的协议扩展，即在 TCP 协议中定义了 ISO 传输的属性，ISO 协议是通过数据包进行数据传输的。ISO-on-TCP 是面向消息的协议，数据传输时传送关于消息长度和消息结束标志。ISO-on-TCP 与 TCP 协议一样，也位于 OSI 参考模型的第 4 层传输层，其使用数据传输端口为 102，并利用传输服务访问点 TSAP(Transport Service Access Point)将消息路由至接收方特定的通信端点。

3. UDP 协议

UDP 协议是一种非面向连接协议,通信双方不会发送任何建立连接的信息,但是需要在通信双方调用指令注册通信服务。传输数据时只需要指定 IP 地址和端口号作为通信端点,数据的传输无须伙伴方应答,不具有 TCP 协议中的安全机制,因而数据传输的安全不能得到保障。

UDP 协议也是一种简单快速、面向消息的数据传输协议,位于 OSI 参考模型的第 4 层传输层。数据传输时将传送关于消息长度和结束的信息,另外由于数据传输时仅加入少量的管理信息,与 TCP 协议相比 UDP 协议具有更大的数据吞吐量。

5.4.2 指令介绍

使用 S7-200 SMART CPU 进行开放式用户通信需要满足以下条件:

- 软件:STEP 7-Micro/WIN SMART 版本不低于 V2.2
- CPU 固件:不低于 V2.2

安装 STEP7-Micro/WIN SMART 后,Open User Communication 指令库自动集成其中,不需要单独安装。Open User Communication 指令库如图 5.21 所示。

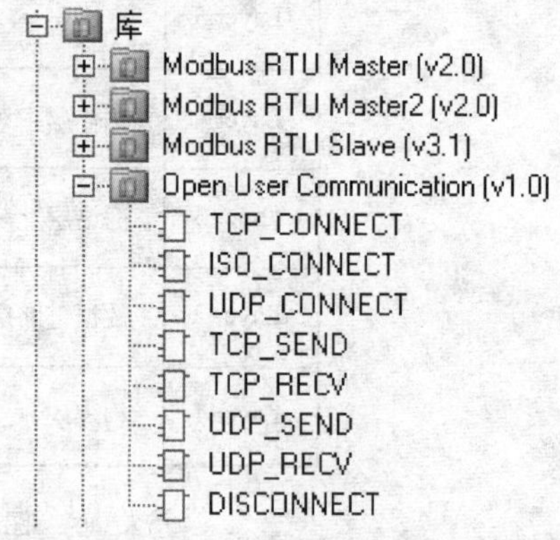

图 5.21 Open User Communication 指令库

⚠ **注意**:S7-200 SMART 紧凑型 CPU 未集成以太网端口,不支持与以太网通信相关的所有功能。

S7-200 SMART 紧凑型 CPU 如果调用 Open User Communication 指令库中的相关指令,程序编译将报错:"所选 CPU 类型不支持该指令"。

Open User Communication 指令库中包含的指令分别用于 TCP、UDP、ISO-on-TCP 通信,如表 5.8 所列。

表 5.8 开放式用户通信指令

协 议	指 令			
	连 接	发送数据	接收数据	断开连接
TCP	TCP_CONNECT	TCP_SEND	TCP_RECV	DISCONNECT
UDP	UDP_CONNECT	UDP_SEND	UDP_RECV	
ISO-on-TCP	ISO_CONNECT	TCP_SEND	TCP_RECV	

TCP 和 ISO-on-TCP 是面向连接的通信,数据交换之前首先需要建立连接,TCP_CONNECT 和 ISO_CONNECT 指令分别用于建立 TCP 和 ISO-on-TCP 通信连接。连接建立后,可使用 TCP_SEND 和 TCP_RECV 指令发送和接收数据。

UDP 是非面向连接的通信,发送和接收数据之前也需要调用 UDP_CONNECT 指令,该指令不是用于创建与通信伙伴的连接，而是用于告知 CPU 操作系统定义一个 UDP 通信服务。定义完 UDP 通信服务后，S7-200 SMART CPU 就可使用 UDP_SEND 和 UDP_RECV 指令发送和接收数据了。

DISCONNECT 指令用于终止现有通信的连接并释放通信资源。

TCP 和 UDP 通信，在配置连接时需要使用 IP 地址和端口号作为通信端点。对于 S7-200 SMART CPU 有一些 IP 地址不能使用，如下所述：

- 0.0.0.0 仅在 CPU 作为服务器时可用，表示接受所有连接请求，作为客户端时不可用。
- 不可用任何广播 IP 地址（例如：255.255.255.255）。
- 不可用任何多播地址。
- 不可填写本地 CPU 的 IP 地址，填写的 IP 地址为通信伙伴的 IP 地址。

S7-200 SMART CPU 可使用端口号范围为 1～65 535，但实际使用端口号时有一定的约束规则，如表 5.9 所列。

被特殊用途占用的端口号如表 5.10 所列。

表 5.9　端口号约束规则

端口号	描　述
1～1 999	可以使用，但不推荐 某些端口已被特殊用途占用
2 000～5 000	推荐使用
5 001～49 151	可以使用，但不推荐 某些端口已被特殊用途占用
49 152～65 535	动态端口或私有端口，使用受限

表 5.10　本地已被占用端口号

端口号	描　述
20	FTP 数据传输
21	FTP 控制
25	SMTP
80	网络服务器
102	ISO-on-TCP
135	用于 PROFINET 的 DCE
161	SNMP
162	SNMP 陷阱
443	HTTPS
34 962～34 964	PROFINET

S7-200 SMART CPU 作为客户端主动建立多个连接时，本地端口号可以复用；作为服务器，被动建立多个连接时，本地端口号不可以复用，因此必须保证每一个连接有独立的端口号。

ISO-on-TCP 通信时，必须同时为两个通信伙伴分配 TSAP。TSAP 的设置规则如下：

- TSAP 须为 S7-200 SMART CPU 字符串数据类型。
- 长度至少为 2 个字符，但不得超过 16 个 ASCII 字符。
- 本地 TSAP 不能以字符串“SIMATIC-”开头。
- 如果本地 TSAP 恰好为 2 个字符，则必须以十六进制字符“0xE0”开头。例如：TSAP“$E0$01”是合法的，而 TSAP“$01$01”则是不合法的。（“$”字符表示后续值为十六进制字符。）

1. TCP_CONNECT 指令

TCP_CONNECT 指令用于建立 TCP 通信连接。指令调用及接口参数如图 5.22 所示。

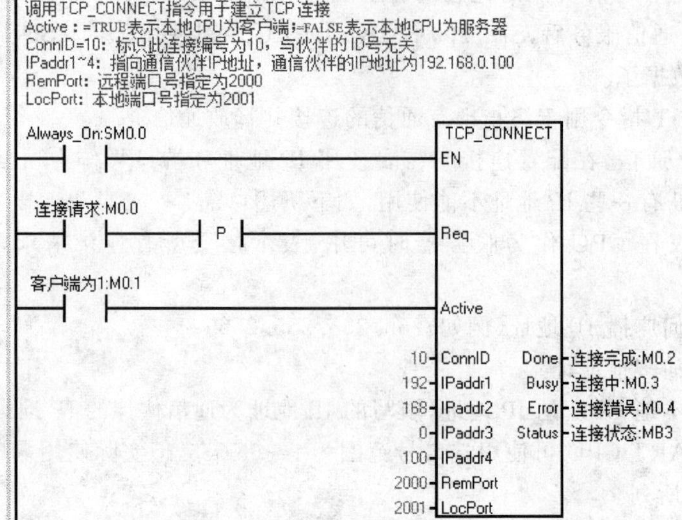

图 5.22　TCP_CONNECT 指令

- EN:指令使能端。
- Req:=TRUE 启动建立连接操作,可以上升沿触发或者电平触发。S7-200 SMART CPU 作为客户端时,必须在服务器已准备就绪后,客户端才可以启动建立连接的操作;S7-200 SMART CPU 作为服务器时,Req 可以使用 SM0.0 触发,等待客户端的连接请求。
- Active:=TRUE,将 S7-200 SMART CPU 定义为客户端,将主动发起建立连接请求;=FALSE,将 S7-200 SMART CPU 定义为服务器,将被动响应连接请求。
- ConnID:有效范围 0~65 534,用于标识该连接。在同一个 CPU 中,建立多个 TCP 连接时,各个连接的 ConnID 不能相同。
- IPaddr1~4:4 字节,用于指定通信伙伴的 IP 地址,例如通信伙伴 IP 地址为 192.168.0.100,填写方式参考图 5.22。S7-200 SMART CPU 作为服务器时,可以不指定伙伴 IP 地址,此时 IPaddr1~4 为 0.0.0.0。
- RemPort:远程端口号,与通信伙伴的本地端口号应一致。可选择范围:1~49 151。S7-200 SMART CPU 作为服务器时,可以忽略远程端口号,此时 RemPort 可以填写 0。
- LocPort:本地端口号,与通信伙伴的远程端口号应一致。可选择范围:1~49 151。
- Done:完成标志位,成功建立连接后,指令置位 Done 输出。
- Busy:连接过程仍在进行中。
- Error:操作完成但出现错误时,指令置位 Error 输出。
- Status:状态字节,当 Error=TRUE 时,可以通过其查看错误代码。

2. ISO_CONNECT 指令

ISO_CONNECT 指令用于 ISO-on-TCP 通信建立连接。需要填写 IP 地址和 TSAP,调用及接口参数如图 5.23 所示。

- EN:指令使能端。
- Req:=TRUE 启动建立连接操作,可以上升沿触发或者电平触发。S7-200 SMART

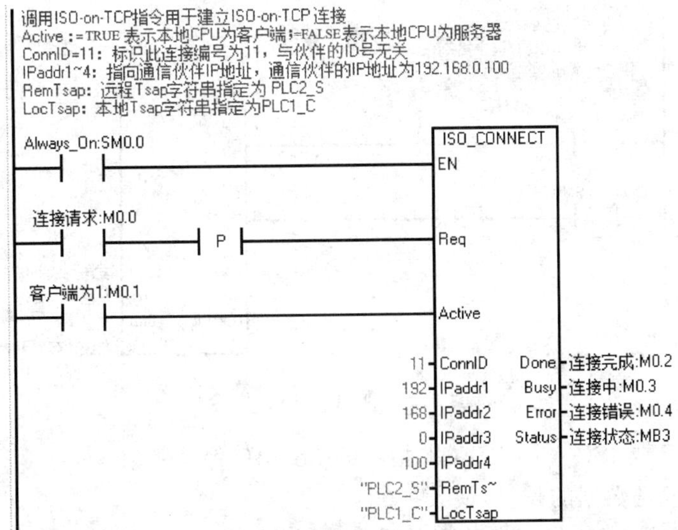

图 5.23　ISO_CONNECT 指令

CPU 作为客户端时，必须在服务器已准备就绪后，客户端才可以启动建立连接的操作；S7 - 200 SMART CPU 作为服务器时，Req 可以使用 SM0.0 触发，等待客户端的连接请求。

- Active：=TRUE，将 S7 - 200 SMART CPU 定义为客户端，将主动发起建立连接请求；=FALSE，将 S7 - 200 SMART CPU 定义为服务器，将被动响应连接请求。
- ConnID：有效范围 0～65 534；用于标识该连接。在同一个 CPU 中，建立多个 TCP 连接时，各个连接的 ConnID 不能相同。
- IPaddr1～4：4 字节，用于指定通信伙伴的 IP 地址，填写方式参考图 5.23。S7 - 200 SMART CPU 作为服务器时，可以不指定伙伴 IP 地址，此时 IPaddr1～4 为 0.0.0.0。
- RemTsap：远程 TSAP 字符串，与通信伙伴的本地 TSAP 一致。S7 - 200 SMART CPU 作为服务器时，可以忽略远程 TSAP 号，此时 RemTsap 可以填写空字符串，例如“”。
- LocTsap：本地 TSAP 字符串，与通信伙伴的远程 TSAP 一致。
- Done：完成标志位，成功建立连接后，指令置位 Done 输出。
- Busy：连接过程仍在进行中。
- Error：操作完成但出现错误时，指令置位 Error 输出。
- Status：状态字节，Error=TRUE 时，可以通过其查看错误代码。

3. TCP_SEND 指令

使用 TCP 和 ISO-on-TCP 通信协议时，TCP_SEND 指令用于将指定数量(DataLen)的发送缓冲区(DataPtr)数据发送到已建立连接的通信伙伴。指令调用及接口参数如图 5.24 所示。

- EN：指令使能端。
- Req：=TURE 启动数据发送操作，建议使用上升沿触发。
- ConnID：有效范围 0～65 534；指定发送操作所用连接的编号，与建立此连接的 TCP_

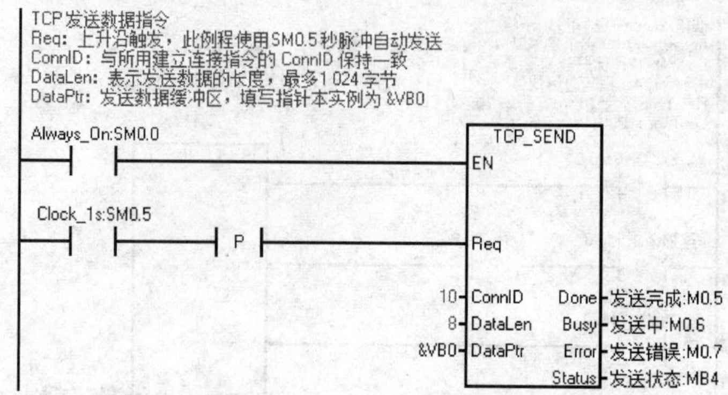

图 5.24　TCP_SEND 指令

CONNECT 或 ISO_CONNECT 指令的 ConnID 保持一致。

- DataLen:发送数据的长度,最大 1 024 字节。
- DataPtr:数据指针,指向发送数据缓冲区的首地址,可以访问的数据区域为 I、Q、V 和 M 区,例如:&VB0 表示发送数据缓冲区从 VB0 开始。
- Done:完成标志位,发送成功后,指令置位 Done 输出。
- Busy:发送过程仍在进行中。
- Error:操作完成但出现错误时,指令置位 Error 输出。
- Status:状态字节,Error=TRUE 时,可以通过其查看错误代码。

4. TCP_RECV 指令

使用 TCP 和 ISO-on-TCP 通信协议时,TCP_RECV 指令用于将接收到的数据复制到由 DataPtr 指定的接收数据缓冲区中。指令调用及接口参数如图 5.25 所示。

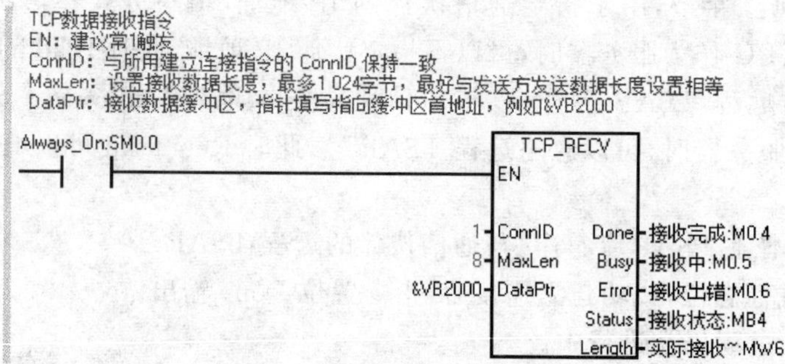

图 5.25　TCP_RECV 指令

- EN:指令使能端。建议使用 SM0.0 触发接收。
- ConnID:有效范围 0~65 534;指定接收操作所用连接的编号,与建立此连接的 TCP_CONNECT 或 ISO_CONNECT 指令的 ConnID 保持一致。
- MaxLen:接收数据的长度,最大 1 024 字节。
- DataPtr:数据指针,接收数据缓冲区的首地址,可以访问的数据区域为 I、Q、V 和 M 区,例如:&VB2000 表示将接收到的数据存储到 VB2000 开始的数据区域中。
- Done:完成标志位,接收成功后,指令置位 Done 输出。

- Busy：接收过程仍在进行中。
- Error：操作完成但出现错误时，指令置位 Error 输出。
- Status：状态字节，Error＝TRUE 时，可以通过其查看错误代码。
- Length：实际接收的字节数，仅当 Done 或 Error 置位时，Length 才有效。

(1) TCP_RECV 指令行为

使用 TCP_RECV 指令时，第一次执行 TCP_RECV 指令后，CPU 将通过指定连接接收数据，此时指令处于繁忙状态。下一次执行 TCP_RECV 指令时将第一次调用 TCP_RECV 指令后 CPU 接收到的所有字节复制到程序的数据区（DataPtr），并在指令的 Length 参数输出接收的字节长度。

(2) TCP_RECV 指令的操作

根据使用的协议不同，TCP_RECV 指令的操作有所不同。具体描述如下：

1) 使用 TCP 协议

因为 TCP 是“流”协议，在 TCP 协议中没有开始或结束标记，所以程序必须足够频繁地调用 TCP_RECV 指令以确保正确地接收数据。

例如：发送方发送 20 字节数据，TCP_RECV 指令的 MaxLen 设置为 40 字节。发送方发送数据时，接收指令 EN 禁止接通；发送方连续两次发送 20 字节的消息给 CPU。对于 TCP 通信，接收指令使能接收后，将只接收一条 40 字节的消息。

2) 使用 ISO-on-TCP 协议

ISO-on-TCP 协议有开始和结束标记，TCP_RECV 指令在 CPU 中以单独消息的形式接收发送方发送的所有消息并保存，TCP_RECV 指令每次调用均可以正确地接收发送方发送的数据。

例如：发送方发送 20 字节数据，TCP_RECV 指令的 MaxLen 设置为 40 字节。发送方发送数据时，接收指令 EN 禁止接通；发送方连续两次发送 20 字节的消息给 CPU。对于 ISO-on-TCP 通信，接收方需要分多次接收数据，接收两条 20 字节的消息。第一次接收第一次发送的 20 字节数据，第二次接收第二次发送的 20 字节数据。

建议将 TCP_RECV 指令的 EN 设置为常 1 导通。

(3) TCP_RECV 指令的接收缓冲区

使能接收指令后，在一条消息中最多可以接收 1 024 字节的数据。

如果 CPU 接收到的数据字节数大于 TCP_RECV 指令设置的 MaxLen，TCP_RECV 指令只接收 MaxLen 字节长度的数据。因此，建议用户将发送方发送的数据长度和 TCP_RECV 的 MaxLen 设定为相等。

例如：发送方发送 20 字节数据，TCP_RECV 指令的 MaxLen 设置为 15。接收方将只接收前 15 字节，字节 16～20 的数据被舍弃。此时，TCP_RECV 指令的输出参数 Done 始终为 0，Error 置位为 1，Status 输出 25，表示接收缓冲区过小，实际接收字节数 Length 为 15。

5. UDP_CONNECT 指令

UDP_CONNECT 指令用于 UDP 通信，UDP 是一种无连接协议，因此不会在此 CPU 和远程设备之间创建实际连接，但是在发送数据之前必须调用 UDP_CONNECT 指令。之后，可使用 UDP_SEND 和 UDP_RECV 指令发送和接收数据。指令调用及接口参数如图 5.26

所示。

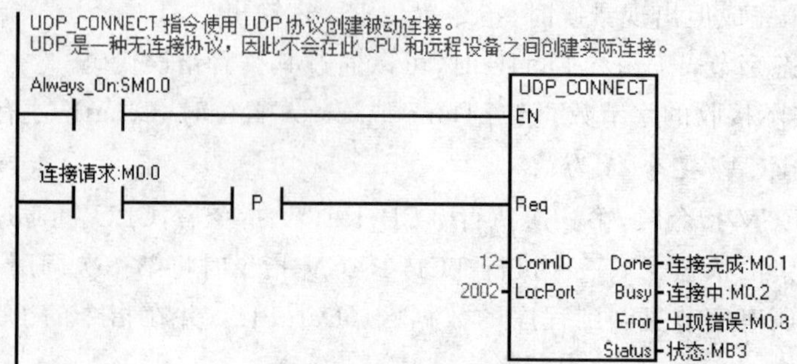

图 5.26　UDP_CONNECT 指令

- EN：指令使能端。
- Req：＝TURE 启动连接操作，可以上升沿触发或者电平触发。
- ConnID：有效范围 0～65 534；用于标识该通信服务。
- LocPort：本地端口号，可选择范围 1～49 151。
- Done：完成标志位，操作完成后，指令置位 Done 输出。
- Busy：连接过程仍在进行中。
- Error：操作完成但出现错误时，指令置位 Error 输出。
- Status：状态字节，Error＝TRUE 时，可以通过其查看错误代码。

6. UDP_SEND 指令

UDP_SEND 指令用于 UDP 通信时向伙伴方发送数据。S7－200 SMART CPU 进行 UDP 通信时不支持广播，也不支持组播。指令调用及接口参数如图 5.27 所示。

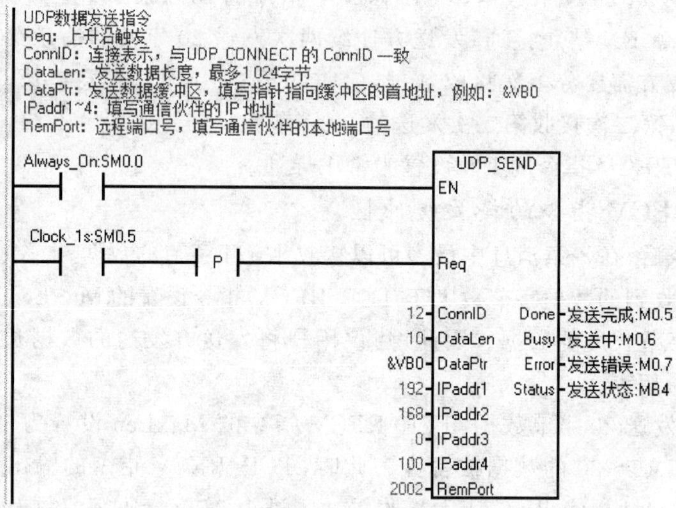

图 5.27　UDP_SEND 指令

- EN：指令使能端。
- Req：＝TURE 启动发送操作，建议使用上升沿触发。
- ConnID：有效范围 0～65 534；用于标识发送操作所用连接的编号。要与 UDP_CON-

NECT 指令 ConnID 保持一致。

- DataPtr：数据指针，指向发送数据缓冲区的首地址，可以访问的数据区域为 I、Q、V 和 M 区，例如：&VB0 表示发送数据缓冲区从 VB0 开始。
- IPaddr1～4：4 字节，用于指定通信伙伴的 IP 地址，例如通信伙伴 IP 地址为 192.168.0.100，填写方式参考图 5.27。
- RemPort：远程端口号，与通信伙伴的本地端口一致。可选择范围：1～49 151。
- Done：完成标志位，发送成功后，指令置位 Done 输出。
- Busy：发送过程仍在进行中。
- Error：操作完成但出现错误时，指令置位 Error 输出。
- Status：状态字节，Error=TRUE 时，可以通过其查看错误代码。

7. UDP_RECV 指令

UDP_RECV 指令用于 UDP 通信时接收数据，指令调用及接口参数如图 5.28 所示。

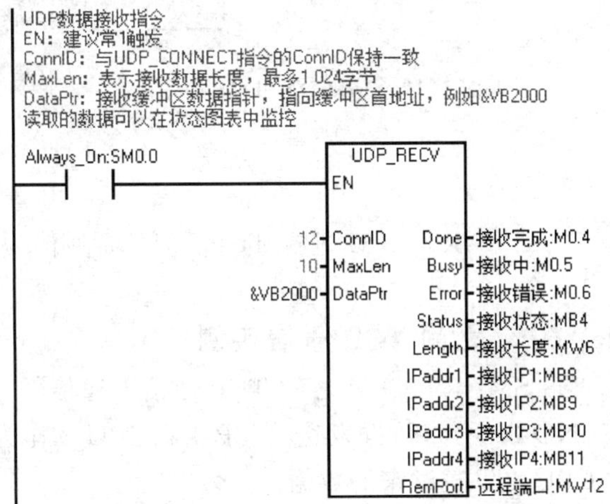

图 5.28　UDP_RECV 指令

- EN：指令使能端。
- ConnID：有效范围 0～65 534；用于标识发送操作所用连接的编号。要与 UDP_CONNECT ConnID 保持一致。
- MaxLen：接收数据的长度，最大 1 024 字节。
- DataPtr：数据指针，指向接收数据缓冲区的首地址，可以访问的数据区域为 I、Q、V 和 M 区，例如：&VB2000 表示将接收到的数据存储到 VB2000 开始的数据区域中。
- Done：完成标志位，接收成功后，指令置位 Done 输出。
- Busy：连接过程仍在进行中。
- Error：操作完成但出现错误时，指令置位 Error 输出。
- Status：状态字节，Error=TRUE 时，可以通过其查看错误代码。
- Length：实际接收的字节数。仅当 Done 或 Error 置位时，Length 才有效。
- IPaddr1～4：发送数据的通信伙伴的 IP 地址。
- RemPort：远程端口号，是发送数据的通信伙伴的本地端口号。

8. DISCONNECT 指令

DISCONNECT 指令用于终止通过 TCP_CONNECT、ISO_CONNECT 及 UDP_CONNECT 指令建立的连接并且释放连接资源。参数 Conn_ID 需要与建立连接时所使用的指令的 Conn_ID 相同。参数 Req 的上升沿用于启动断开连接的操作,如果还需要重新建立连接,则必须再次执行建立连接的指令。指令调用及接口参数如图 5.29 所示。

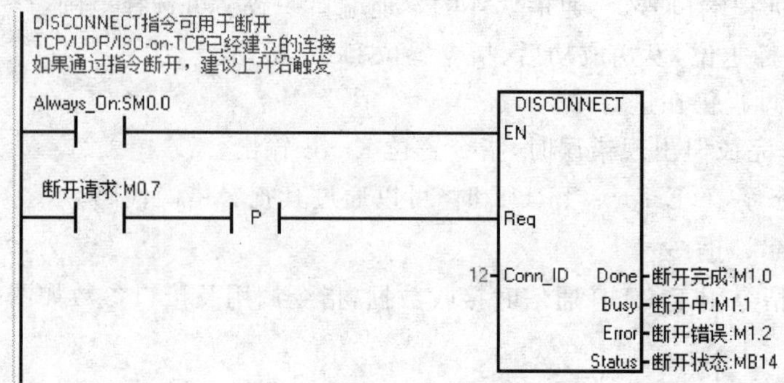

图 5.29 DISCONNECT 指令

5.4.3 通信实例

下面分别以两个 S7-200 SMART CPU 进行 TCP 和 UDP 通信为例,具体说明如何编程完成通信任务。

1. S7-200 SMART CPU 之间 TCP 通信实例

本实例描述 2 个 S7-200 SMART CPU 之间 TCP 通信。通信任务为:CPU 1 作为 TCP 通信客户端,调用 TCP_SEND 指令,将数据发送给 CPU 2;CPU 2 作为 TCP 通信服务器,调用 TCP_RECV 指令接收 CPU 1 发送过来的数据。

(1) CPU1 系统块设置及指令编程

1) CPU1 系统块设置 IP 地址,例如:192.168.0.101,如图 5.30 所示。

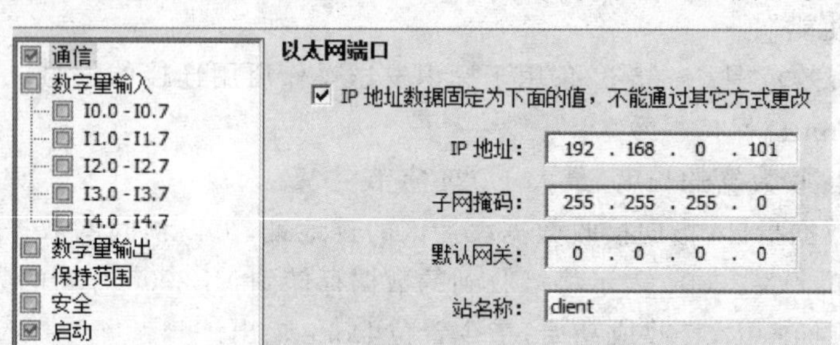

图 5.30 系统块设置 IP 地址

2) 调用 STR_CPY 指令,将字符串复制到 VB0 中,如图 5.31 所示。

3) 调用 TCP_CONNECT 指令建立 TCP 通信连接,如图 5.32 所示。

4) 调用 TCP_SEND 指令用于发送数据,如图 5.33 所示。

5) 在指令树中右击"程序块"文件夹,在弹出的右键快捷菜单中选择"库存储器"选项,如图 5.34 所示。

1
使用STR_CPY指令将内容为"TCPTest"的字符串复制到VB0中
VB0定义为字符串，第一个字节VB0是字符串中的字符数，从VB1~VB7是实际的字符
整个字符串共占用8字节
Always_On:SM0.0
STR_CPY
EN　ENO
"TCPTest" - IN　OUT - VB0

图 5.31　定义发送数据

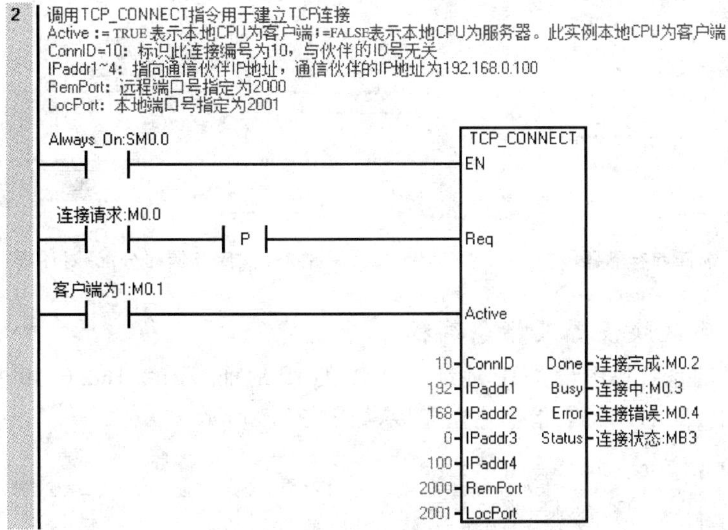

图 5.32　调用 TCP_CONNECT 指令

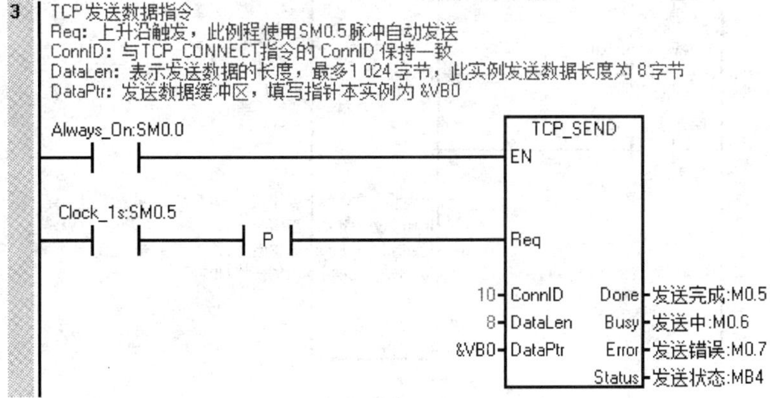

图 5.33　调用 TCP_SEND 指令

6）在出现的"库存储器分配"对话框中分配库存储器地址，如图 5.35 所示。

⚠ **注意：** 分配的库存储器地址，一定不要与程序中其他地方使用的 V 区地址重叠！"建议地址"没有自动检测地址是否冲突的功能。

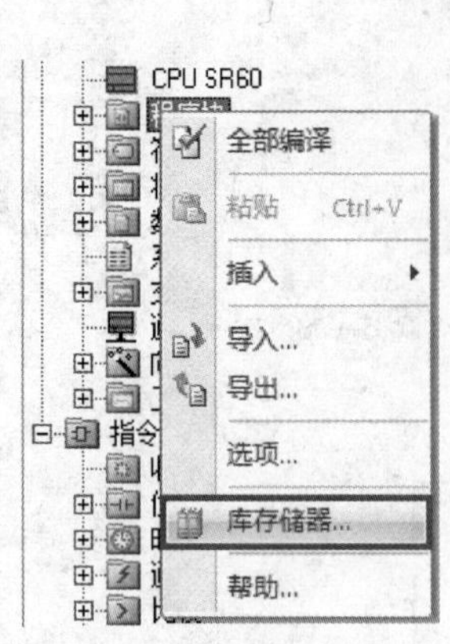

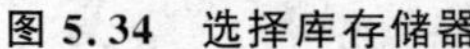

图 5.34 选择库存储器

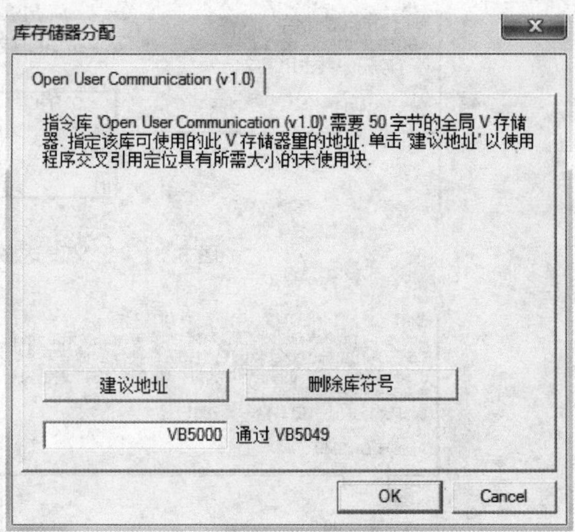

图 5.35 “库存储器分配”对话框

(2) CPU2 系统块设置及指令编程

1) 在 CPU2 的系统块中设置 IP 地址,CPU2 的 IP 地址为 192.168.0.100(参考图 5.30)。

2) 调用 TCP_CONNECT 指令建立连接,如图 5.36 所示。

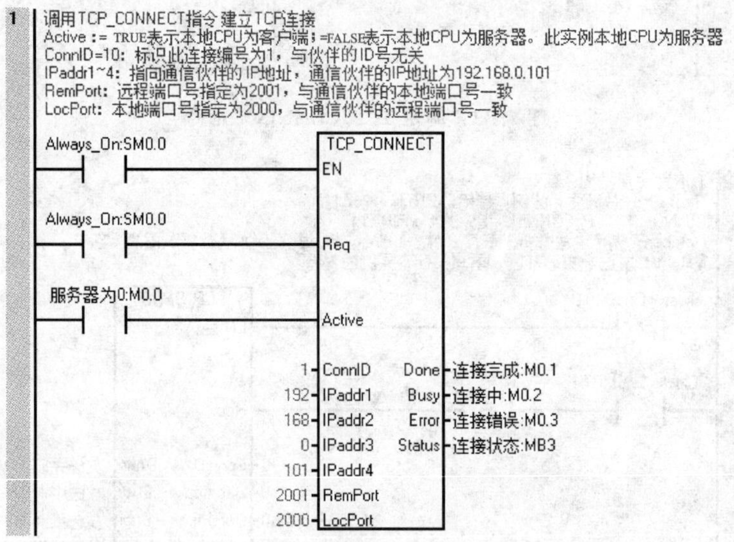

图 5.36 CPU2 调用 TCP_CONNECT

3) 调用 TCP_RECV 指令接收数据,如图 5.37 所示。

4)为 CPU2 分配库存储区,指定库存储区首地址为 VB5000(可自行指定,只要保证与程序中已经使用的地址不冲突即可),具体操作方法参考图 5.34 和图 5.35。

(3) CPU1 和 CPU2 通信测试

1) 分别下载 CPU1 和 CPU2 的程序

2) 建立 TCP 连接:CPU1 将 TCP_CONNECT 指令 Active(M0.1)置位,设置 CPU1 为

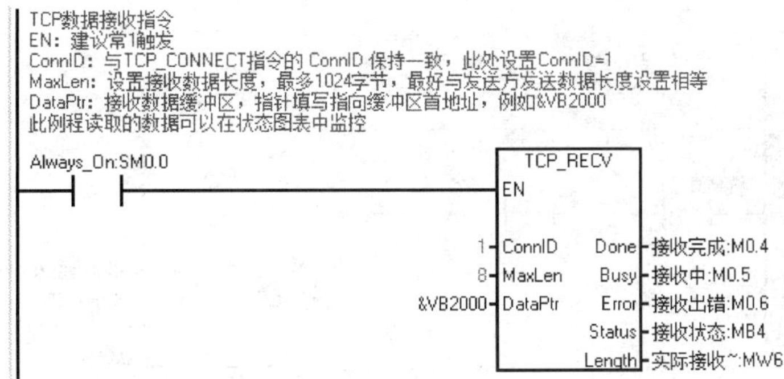

图 5.37　CPU2 调用 TCP_RECV

TCP 通信客户端；将 Req(M0.0)置位，发起建立连接的请求；观察到 Done(M0.2)置位，表示 TCP 连接已经成功建立。

3）CPU2 监控数据：由于本实例 CPU1 使用 SM0.5 自动发送数据，CPU2 接收指令使用 SM0.0 接收，所以可以在 CPU2 的状态图表中直接监控接收到的数据。

◆ 例子程序请参见随书光盘中的例程："5.4.3_ TCP_Client.smart"和"5.4.3 _TCP_Server.smart"。例子程序中的 CPU 类型可能与用户实际使用的类型不同，用户可能需要先对例子程序做修改和调整，才能将其用于测试，例子程序仅供参考。

2. S7－200 SMART CPU 之间 UDP 通信实例

本实例中描述 2 个 S7－200 SMART CPU 之间 UDP 通信。通信任务为：CPU1 作为 UDP 通信主站，调用 UDP_SEND 指令，将数据发送给 CPU2；CPU2 作为 UDP 通信从站，调用 UDP_RECV 指令，接收 CPU1 发送过来的数据。

（1）CPU1 系统块设置及指令编程

1）在 CPU1 的系统块中设置 IP 地址（IP 地址：192.168.0.101），方法参考图 5.30。

2）在数据块中定义 CPU1 要发送给 CPU2 的数据，VB0～VB9 共 10 字节，数字依次为 1～10，如图 5.38 所示。

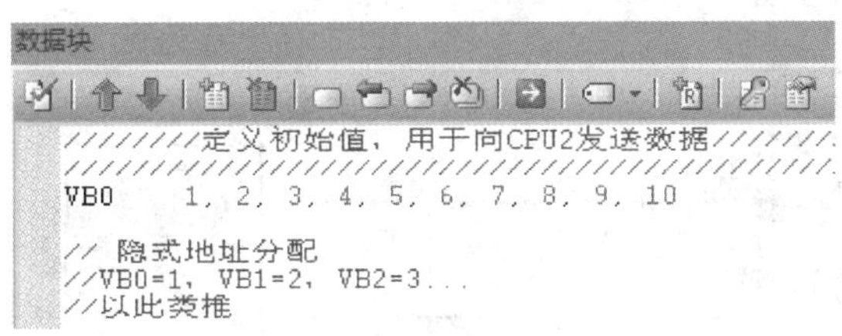

图 5.38　定义发送数据

3）CPU1 指令编程：调用 UDP_CONNECT，如图 5.39 所示。

4）CPU1 指令编程：调用 UDP_SEND，如图 5.40 所示。

5）对 CPU1 进行库存储器分配，指定库存储区首地址为 VB5000（可自行指定，只要保证与程序中已经使用的地址不冲突即可），操作方法参考图 5.34 和图 5.35。

（2）CPU2 系统块设置及指令编程

1）在 CPU2 系统块中设置 IP 地址为 192.168.0.100，方法参考图 5.30。

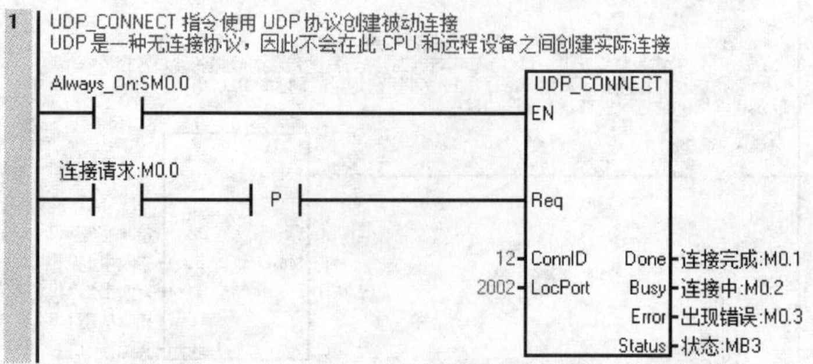

图 5.39 调用 UDP_CONNECT 指令

2
UDP数据发送指令
Req：上升沿触发，此实例使用SM0.5脉冲自动发送 丢
ConnID：连接表示，与UDP_CONNECT的 ConnID 一致
DataLen：发送数据长度，最多1 024字节，此实例长度设置为10字节
DataPtr：发送数据缓冲区，填写指针指向缓冲区的首地址，例如：&VB0
IPaddr1~4：填写通信伙伴的 IP 地址
RemPort：远程端口号，填写通信伙伴的本地端口号

Always_On:SM0.0 — UDP_SEND EN
Clock_1s:SM0.5 — P — Req
12 ConnID; 10 DataLen; &VB0 DataPtr; 192 IPaddr1; 168 IPaddr2; 0 IPaddr3; 100 IPaddr4; 2002 RemPort
Done 发送完成:M0.5; Busy 发送中:M0.6; Error 发送错误:M0.7; Status 发送状态:MB4

图 5.40 调用 UDP_SEND 指令

2）CPU2 调用 UDP_CONNECT 指令，如图 5.41 所示。

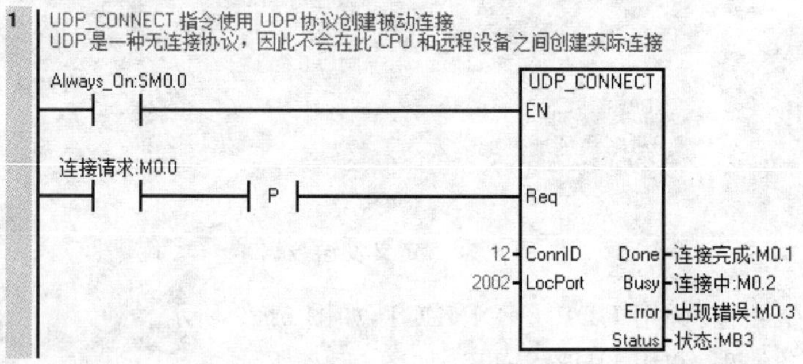

图 5.41 CPU2 调用 UDP_CONNECT 指令

6）CPU2 调用 UDP_RECV 指令，如图 5.42 所示。

7）对 CPU2 进行库存储器分配，指定库存储区首地址为 VB5000（可自行指定，只要保证与程序中已经使用的地址不冲突即可），操作方法参考图 5.34 和图 5.35。

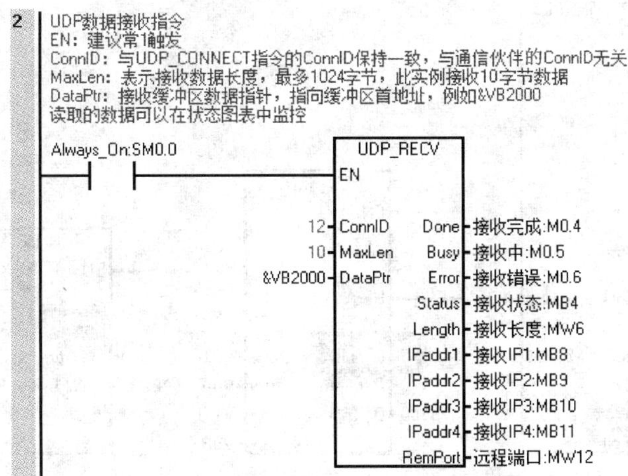

图5.42 CPU2调用TCP_RECV指令

(3) CPU1和CPU2通信测试

分别下载CPU1和CPU2的程序，并且在两个CPU中都需要手动置位UDP_CONNECT指令的Req(M0.0)；然后直接在CPU2状态图表中观察接收到的数据即可。

◆ 例子程序请参见随书光盘中的例程："5.4.3_ UDP_CPU1. smart"和"5.4.3 _UDP_CPU2 . smart"。例子程序中的CPU类型可能与用户实际使用的类型不同，用户可能需要先对例子程序做修改和调整，才能将其用于测试，例子程序仅供参考。

5.4.4 常问问题

1. 开放式通信建立多个连接时，指令中ConnID如何填写？

一个S7-200 SMART CPU与多个通信伙伴进行通信，需要建立不同的连接时：

- 在S7-200 SMART CPU本地，保证不同的连接使用的连接ID不同。
- 本地CPU所使用的连接ID与通信伙伴所使用的ID无关。
- 发送与接收指令的连接ID与所在的连接ID必须保持一致，如图5.43所示，TCP通信时，建立连接指令使用ConnID为5，发送指令和接收指令的ConnID同连接指令的ConnID保持一致。

2. S7-200 SMART CPU进行TCP通信，端口号是否可以复用？

S7-200 SMART CPU作为客户端，向多个服务器发起主动连接时，客户端的本地端口号可以复用。例如，一个TCP客户端可以在某个端口(如2500)与多个服务器相连。

S7-200 SMART CPU作为服务器，被动与多个客户端建立连接，服务器的本地端口号不能复用。例如，一个CPU与两个客户端建立连接，本地端口号均是2000，连接时，一个连接指令可以正常连接，另外一个连接指令会报18号错误："本地或远程端口号被保留，或端口号已用于另一服务器(被动)连接。"

3. S7-200 SMART CPU进行TCP通信时，连接不能成功建立的可能原因有哪些？

S7-200 SMART CPU进行TCP通信时，连接不能成功建立的原因可以通过查询"TCP_CONNECT"指令的Status参数获取，可能的原因如下：

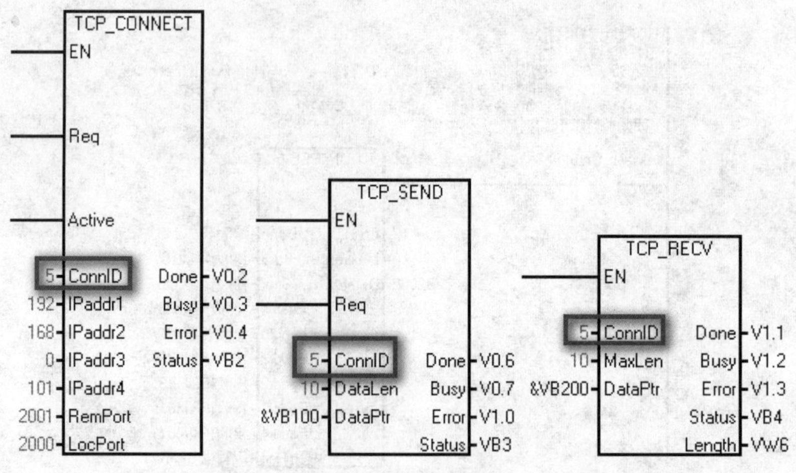

图 5.43　ConnID

(1) IP 地址和端口设置错误

S7-200 SMART CPU 作为 TCP 客户端时,需要指定通信伙伴方的 IP 和端口号,无需指定本地端口号;作为 TCP 服务器时,只需要指定本地端口号,无需指定伙伴方端口号。TCP 客户端指定的伙伴方 IP 和端口号需要与 TCP 服务器的本地 IP 和端口号相同。

(2) TCP_CONNECT 指令 ID 号设置错误

输入参数 ID 在允许的范围 0~65 534 内,并且与其他连接的 ID 号不重叠。

(3) 客户端和服务器设置错误

错误地将通信双方都设置为客户端或都设置为服务器。TCP 通信双方需要将一方设置为发起建立连接请求的客户端,另一方设置为响应连接建立的服务器。

(4) 服务器端未就绪

S7-200 SMART CPU 作为 TCP 客户端主动发起建立连接请求之前,要保证服务器已处于准备好状态;S7-200 SMART CPU 作为 TCP 服务器时,为保证客户端顺利建立连接,TCP_CONNECT 指令的 Req 可以使用 SM0.0 触发。

4. S7-200 SMART CPU TCP 发送指令为什么总是报错 24?

当 TCP_SEND 指令 EN 为 TRUE 且 Req 未触发时,无任何消息发送操作正在执行。此时,Error 置位且 Status=24,表示"没有待决操作,因此没有要报告的状态"。报错如图 5.44 所示。此时可不做任何处理,待 Req 触发,数据正在发送过程中 Status 清零。

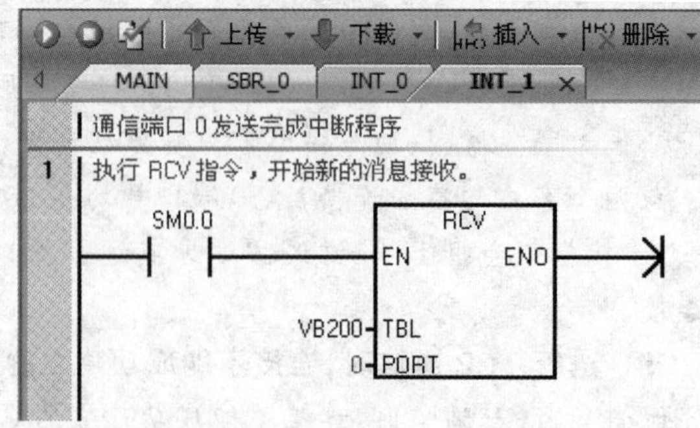

图 5.44　TCP_SEND Error

5.5　自由口通信

5.5.1　自由口通信模式

S7－200 SMART CPU 集成的 RS485 端口（端口 0）和 SB CM01 信号板（端口 1）支持 PPI 通信或者自由口通信。灵活运用自由口通信可以丰富 CPU 的通信功能。STEP 7－Micro/WIN SMART 的 USS 指令库和 Modbus RTU 指令库就是采用自由口通信模式编程实现的。

选择自由口通信模式后，CPU 程序通过调用发送指令（XMT 指令）、接收指令（RCV 指令）、接收完成中断、发送完成中断等操作来实现 CPU 的串行通信。自由口通信模式为半双工模式，同一时刻不能同时执行发送指令与接收指令。

S7－200 SMART CPU 处于 RUN 模式时，才能进行 PPI 通信或自由口通信模式的选择；CPU 处于 STOP 模式时，自由口通信模式被禁用，自动进入 PPI 通信模式。SMB30（端口 0）和 SMB130（端口 1）用于定义通信端口的工作模式，如图 5.45 所示。

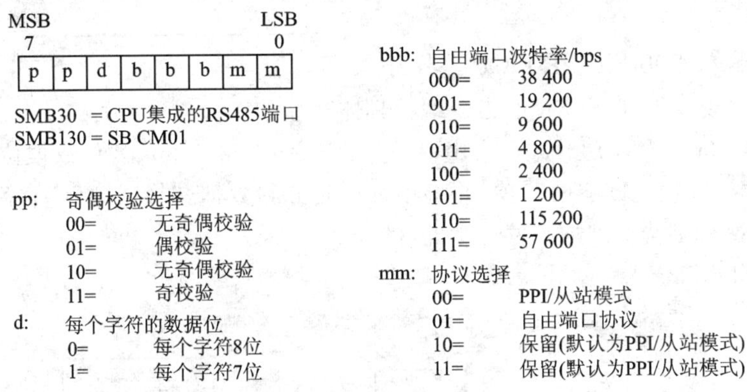

图 5.45　通信端口工作模式的定义

S7－200 SMART CPU 的串行通信采用异步数据传输方式，以字符为数据传输单位。每个字符的传输时间则取决于自由端口波特率的设置。每个字符由 1 个起始位、7 或 8 个数据位、1 个奇/偶校验位或者无校验位、1 个停止位构成。SMB30 设置为 2＃01001001（自由口通信模式，波特率 9 600 bps，8 位数据位，偶校验）时，CPU 端口 0 调用 XMT 指令发送一个字符 2＃01010101 的示波器波形图，如图 5.46 所示。

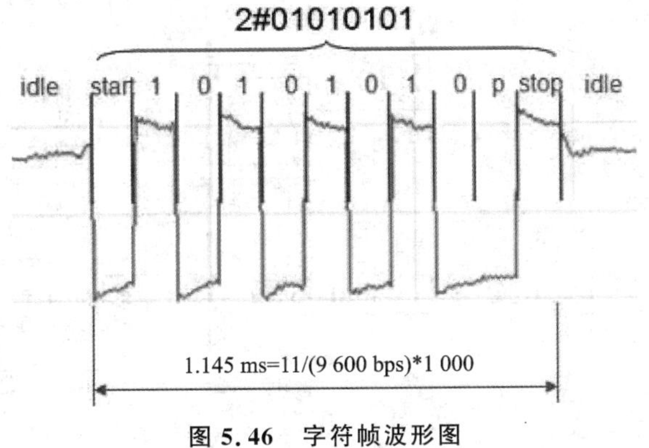

图 5.46　字符帧波形图

- 字符传输从最低位开始,空闲线电平为 1,起始位电平为 0,停止位电平为 1。
- 5.5 节所使用的 RS485 通信波形图都是通过示波器抓取的。

5.5.2 发送指令(XMT 指令)

发送指令(XMT 指令)用于在自由口通信模式下将发送缓冲区(TBL)的数据通过指定的通信端口(PORT)发送出去。XMT 指令一次最多可以发送 255 个字符。XMT 指令发送缓冲区格式如表 5.11 所列。

1. XMT 指令应用实例

在下面的例子中,S7－200 SMART CPU 每秒读取一次 CPU 实时时钟,并将年月日时分秒数据转换成 ASCII 字符,从 CPU 集成 RS485 通信端口 0 发送出去。计算机使用超级终端(Hyper Terminal)软件接收 S7－200 SMART CPU 的串口通信数据。

表 5.11 XMT 指令发送缓存区格式

字节偏移量	描　述
0	发送字符的个数(N)
1	发送的第 1 个字符
2	发送的第 2 个字符
⋮	⋮
N	发送的第 N 个字符

第一步:S7－200 SMART CPU 程序编程

CPU 程序实现功能如下(XMT 指令编程具体程序如图 5.47 所示):

① 设置 SMB30＝2＃01001001(自由口通信,波特率 9 600 bps,8 位数据位,偶校验)。

② 每秒读取一次 CPU 实时时钟,并将年月日时分秒数据转换成 ASCII 字符添加到发送缓冲区,将回车换行字符也添加到发送缓冲区。

③ 调用 XMT 指令。

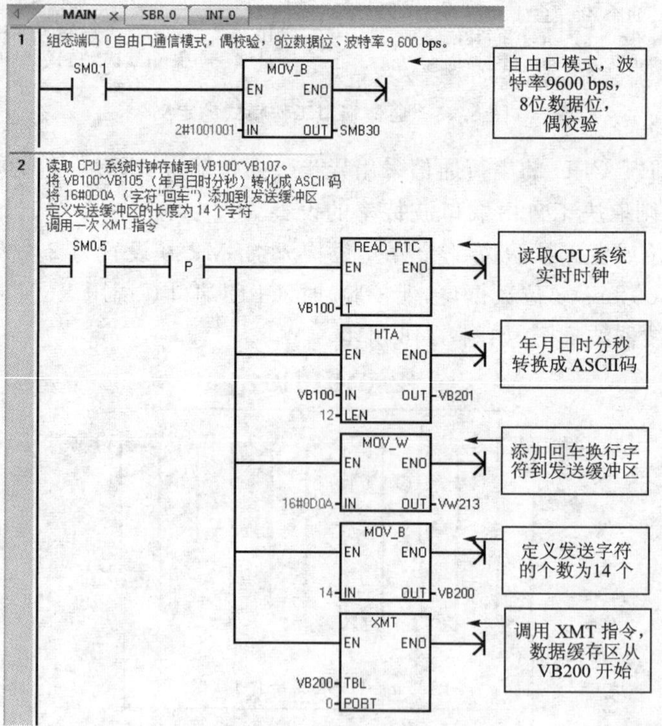

图 5.47 XMT 指令编程

第二步：计算机使用超级终端接收串口通信数据

计算机通信端口一般为 RS232 端口，与 S7－200 SMART CPU 集成 RS485 端口连接时需要使用 RS232/485 转换设备，可以使用 RS232/PPI 多主站电缆（订货号：6ES7901－3CB30－0XA0）。使用 RS232/PPI 多主站电缆时，需要将 5 号 DIP 开关设置为"0"，并设置适当的通信波特率才能进行自由口通信。在本例中只需将 2 号 DIP 开关设置为"1"，其他 DIP 开关设置为"0"即可（波特率 9 600 bps）。

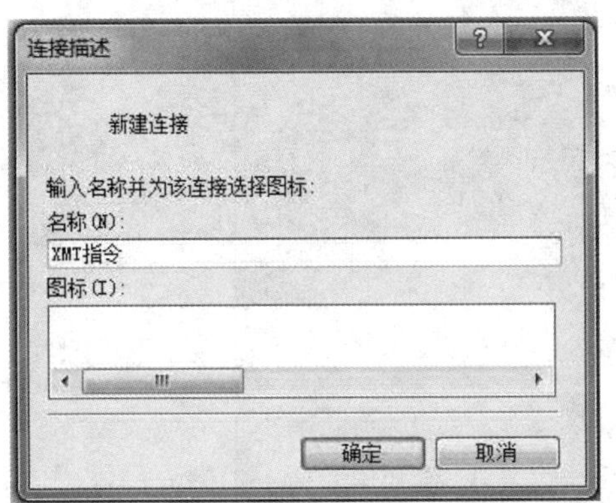

图 5.48　超级终端新建连接

打开超级终端，新建一个连接，如图 5.48 所示。

选择计算机连接 RS232/PPI 电缆的串行通信端口，并设置通信端口参数，如图 5.49 所示。

注意： 超级终端端口参数设置需要与 S7－200 SMART CPU 的通信端口设置保持一致。

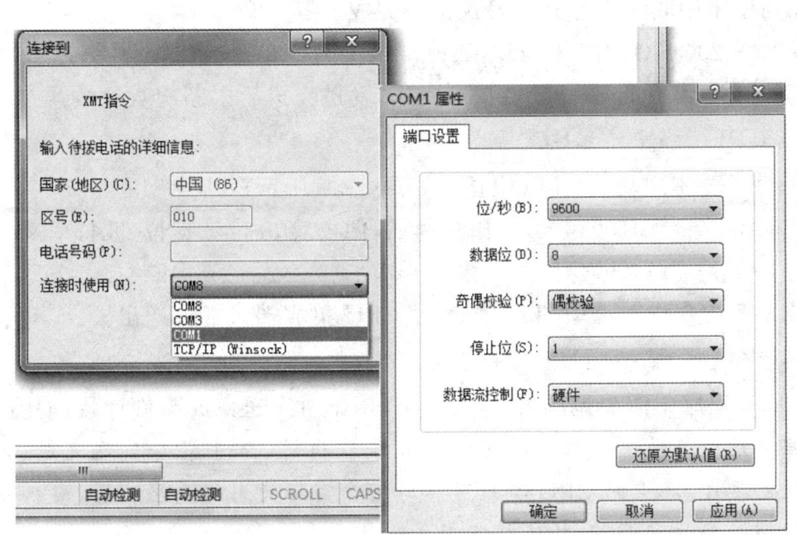

图 5.49　超级终端选择通信端口并设置端口参数

超级终端设置完端口参数后，通信窗口中将显示由 S7－200 SMART CPU 发送来的字符串，如图 5.50 所示。

◆ 例子程序请参见随书光盘中的例程："5.5.2 XMT 指令应用实例.smart"。例子程序仅供参考，其中的 CPU 类型可能与用户实际使用的类型不同，用户可能需要先对例子程序做修改和调整，才能将其用于测试。

2. 判断 XMT 指令发送完成

如果将中断子程序连接到发送完成事件，CPU 将在发送完缓冲区的最后一个字符后产生

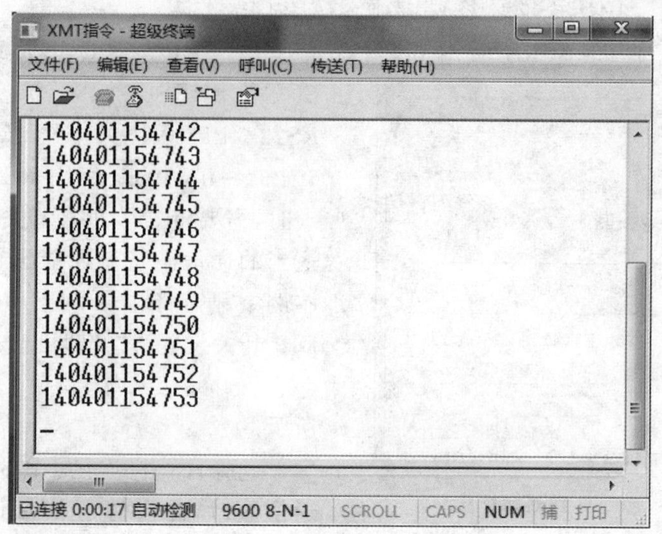

图 5.50　超级终端接收字符串

一个中断事件(对于端口 0 为中断事件 9,对于端口 1 为中断事件 26)。如果不使用中断,也可以通过监控 SM4.5(端口 0)或 SM4.6(端口 1)的上升沿信号来判断发送是否完成。下面的例子用于说明如何使用中断子程序判断发送是否完成。

本例子中 S7-200 SMART CPU 在 M0.0 的上升沿信号到来时触发 XMT 指令,将字符串"TEST"通过 CPU 集成的 RS485 端口 0 发送,发送完成后中断次数计数器 VB300 加 1。

第一步:CPU 主程序编程

CPU 主程序需要实现功能如下(主程序如图 5.51 所示):

① 设置 SMB30=2#01001001(自由口通信,偶校验,8 位数据位,波特率 9 600 bps)。

② 连接中断子程序(INT_0)到中断事件 9(端口 0 发送完成中断)。

③ 调用 XMT 指令将字符串"TEST"通过 CPU 集成端口 0 发送出去。

第二步:中断子程序(INT_0)编程

在发送完成子程序中需要调用 INC_B 指令,用于对发送完成事件计数,如图 5.52 所示。

◆ 例子程序请参见随书光盘中的例程:"5.5.2 判断 XMT 指令发送完成.smart"。例子程序仅供参考,其中的 CPU 类型可能与用户实际使用的类型不同,用户可能需要先对例子程序做修改和调整,才能将其用于测试。

3. BREAK 状态

如果将发送缓冲区的发送字符个数设为零,然后执行 XMT 指令,则产生 BREAK 状态。BREAK 状态一般用于与接收方使用断点检测作为接收的起始条件配合使用。发送 BREAK 的操作与发送其他消息的操作是相同的,BREAK 发送完成时,也会产生发送完成中断事件。

BREAK 状态时通信总线上维持"0"状态,维持时间为以当前波特率发送 16 位数据所需要的时间。SMB30=2#01001001(自由口通信模式,波特率 9 600 bps,8 位数据位,偶校验)时,CPU 端口 0 调用 XMT 指令发送 BREAK 状态与发送一个字符 2#00000000 的示波器波形图的区别如图 5.53 所示。

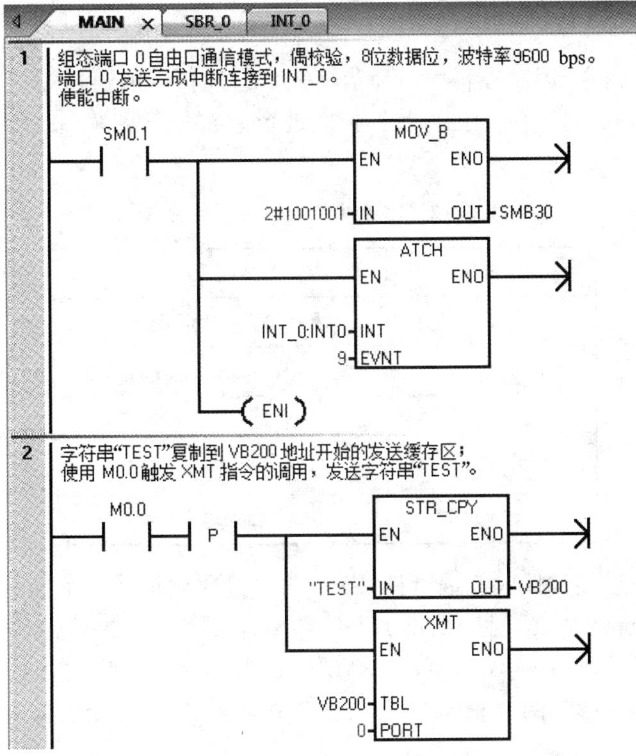

图 5.51　主程序中编写连接中断子程序到中断事件

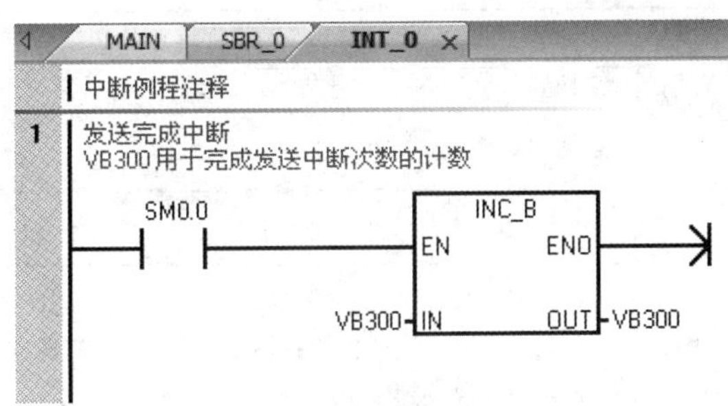

图 5.52　中断子程序

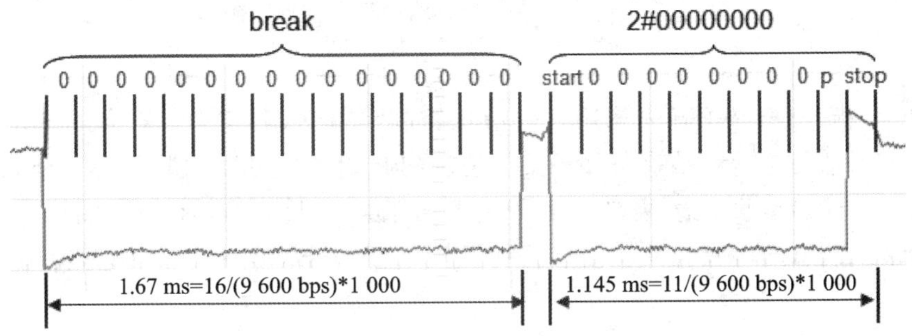

图 5.53　发送 BREAK 和一个字符 2#00000000 的波形图

5.5.3 接收指令(RCV 指令)

接收指令(RCV 指令)用于在自由口通信模式下通过指定的通信端口(PORT)接收数据，接收的数据存储到接收缓冲区(TBL)，数据长度最多为 255 个字符。RCV 指令接收缓冲区格式如表 5.12 所列。

表 5.12　RCV 指令接收缓存区格式

字节偏移量	描　述
0	接收到字符的个数(*N*)
1	接收到的第 1 个字符
2	接收到的第 2 个字符
⋮	⋮
N	接收到的第 *N* 个字符

如果中断子程序连接到接收完成事件，CPU 将在接收到最后一个字符后产生一个中断事件(对于端口 0 为中断事件 23，对于端口 1 为中断事件 24)。如果不使用中断，也可以通过监控接收信息状态字节 SMB86(端口 0)或 SMB186(端口 1)来判断接收是否完成。SMB86/SMB186 等于 0 时表示相应的通信端口正在处于接收状态中。接收信息状态字节 SMB86/SMB186 的说明见表 5.13。

表 5.13　接收信息状态字节 SMB86/SMB186

端口 0	端口 1	接收信息状态字节
SMB86	SMB186	MSB 7 … LSB 0 n | r | e | 0 | 0 | t | c | p n：1＝接收消息功能被终止，用户发送禁止命令。 r：1＝接收消息功能被终止，输入参数错误或丢失启动或结束条件。 e：1＝接收到结束字符。 t：1＝接收消息功能被终止，定时器时间已用完。 c：1＝接收消息功能被终止，实现最大字符计数。 p：1＝接收消息功能被终止，奇偶校验错误

执行 RCV 指令时，必须预先使用接收信息控制字节 SMB87(端口 0)或 SMB187(端口 1)来定义接收消息的起始和结束条件。接收消息的起始条件可以同时包含多个条件，只有所有条件都满足才开始接收消息；接收消息的结束条件也可以同时包含多个条件，只要有一个条件满足就会结束消息的接收。接收信息控制字节 SMB87/SMB187 的说明见表 5.14。

表 5.14　接收信息控制字节

端口 0	端口 1	接收信息控制字节
SMB87	SMB187	MSB 7 … LSB 0 en | sc | ec | il | c/m | tmr | bk | 0 en：0＝禁止接收消息功能。 1＝允许接收消息功能。 sc：0＝忽略 SMB88 或 SMB188。 1＝使用 SMB88 或 SMB188 的值检测起始消息。 ec：0＝忽略 SMB89 或 SMB189。 1＝使用 SMB89 或 SMB189 的值检测结束消息。 il：0＝忽略 SMW90 或 SMW190。 1＝使用 SMW90 或 SMW190 的值检测空闲状态。 c/m：0＝定时器是字符间定时器。 1＝定时器是消息定时器。 tmr：0＝忽略 SMW92 或 SMW192。 1＝当 SMW92 或 SMW192 中的定时时间超出时终止接收。 bk：0＝忽略 BREAK 状态。 1＝使用 BREAK 状态作为消息检测的开始
SMB88	SMB188	消息字符的开始
SMB89	SMB189	消息字符的结束
SMW90	SMW190	空闲线时间，以 ms 为单位
SMW92	SMW192	字符间/消息定时器，以 ms 为单位
SMB94	SMB194	允许接收的最大字符数(1～255)

1. RCV 指令的起始条件

RCV 指令的起始条件可以同时包含多个条件，只有所有条件都满足才开始接收消息，RCV 指令接收消息支持如下多种起始条件：

1) 空闲线检测：il＝1，sc＝0，bk＝0，SMW90/SMW190＝空闲线超时(ms)。

在该起始条件下，执行 RCV 指令时开始检测空闲线条件，当通信总线上空闲线时间达到 SMW90/SMW190 中指定的毫秒数时，便开始消息接收。空闲线时间开始之前接收到的任何字符都被忽略，并按照 SMW90/SMW190 指定的时间重新启动空闲线定时器；空闲线时间结束后，接收消息功能会将接收到的所有后续字符存入接收缓冲区。使用空闲线检测启动消息接收如图 5.54 所示。

2) 起始字符检测：il＝0，sc＝1，bk＝0，忽略 SMW90/SMW190，SMB88/SMB188＝起始字符。

在该起始条件下，执行 RCV 指令时，若收到 SMB88/SMB188 中指定的起始字符，便开始消息接收。接收消息功能会将起始字符作为消息的第一个字符存入接收缓冲区，接收消息功能忽略在检测到起始字符之前收到的任何字符，起始字符以及在检测到起始字符之后收到的字符被存储到接收缓冲区。使用起始字符检测启动消息接收如图 5.55 所示。

3) 空闲线和起始字符检测：il＝1，sc＝1，bk＝0，SMW90/SMW190 ＞ 0，SMB88/

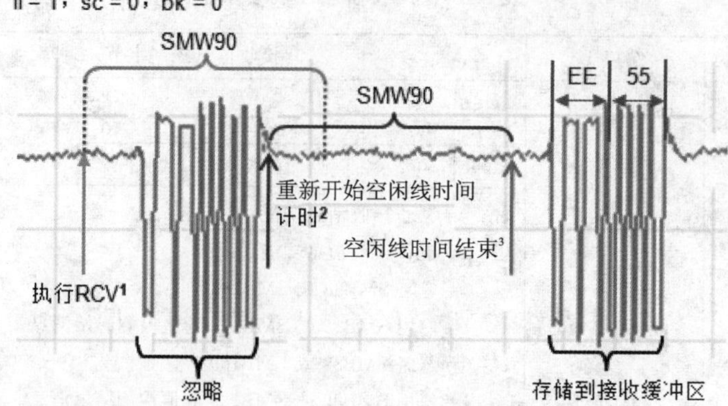

注：1 执行 RCV 指令。

2 重新启动空闲时间定时器，满足空闲线条件之前接收的字符被忽略。

3 空闲线条件已满足，满足空闲线条件之后接收到的字符 16#EE、16#55 将存储到接收缓冲区

图 5.54　使用空闲线检测启动消息接收

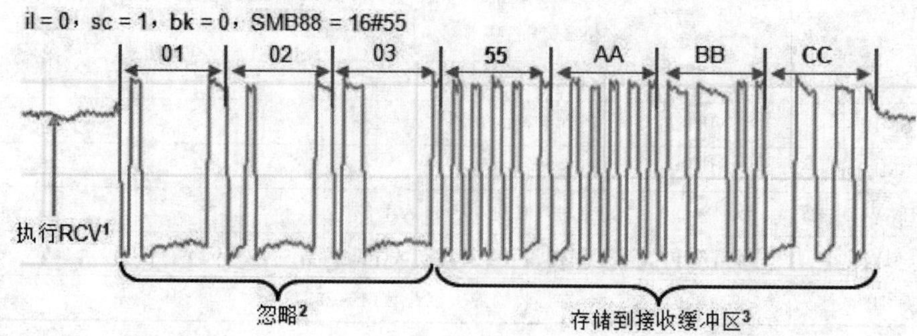

注：1 执行 RCV 指令。

2 起始字符 16#55 之前接收到的字符 16#01、16#02、16#03 都被忽略。

3 起始字符 16#55 之后接收到的字符都存储到接收缓冲区，包括起始字符

图 5.55　使用起始字符检测启动消息接收

SMB188＝起始字符。

在该组合起始条件下，执行 RCV 指令时，接收消息功能将检测空闲线条件，空闲线条件满足后，接收消息功能将查找指定的起始字符，如果接收到的字符不是起始字符，接收消息功能将重新检测空闲线条件。所有在满足空闲线条件之前以及检测到起始字符之前接收到的字符都被忽略，满足空闲线条件后接收到的起始字符与所有后续接收到的字符被一起存入接收缓冲区。使用空闲线和起始字符检测启动消息接收如图 5.56 所示。

4）断开检测：il＝0，sc＝0，bk＝1，忽略 SMW90/SMW190，忽略 SMB88/SMB188。

当通信总线上的数据维持“0”状态的时间大于一个完整字符传输的时间时，通信接收方会指示断开状态。完整字符传输时间定义为传输起始位、数据位、奇偶校验位和停止位的时间总和。

在断开检测条件下，执行 RCV 指令时，满足断开条件之前接收到的任何字符都被忽略，满足断开条件之后接收到的字符会被存储到接收缓冲区中。使用断开检测启动消息接收如图 5.57 所示。断开检测一般很少使用，通常需要与发送方产生的 BREAK 状态配合使用。

il = 1，sc = 1，bk = 0，SMB88 = 16#55
SMW90
SMW90
EE　55
SMW90
55　EE
重新开始空闲线时间计时[2]
重新开始空闲线时间计时[3]
执行RCV[1]
忽略
存储到接收缓冲区[4]

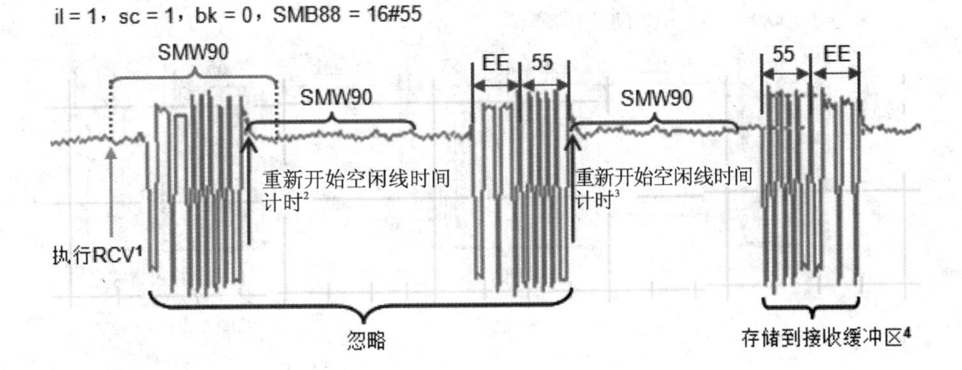

注：1 执行 RCV 指令。

2 重新启动空闲时间定时器，空闲线时间之前接收的字符被忽略。

3 满足空闲线条件后接收的第一个字符非起始字符 16＃55，收到的字符 16＃EE、16＃55 将被忽略，需要重新启动空闲时间定时器。

4 满足空闲线和起始字符条件，接收到的字符 16＃55、16＃EE 被存储到接收缓冲区

图 5.56　使用空闲线和起始字符检测启动消息接收

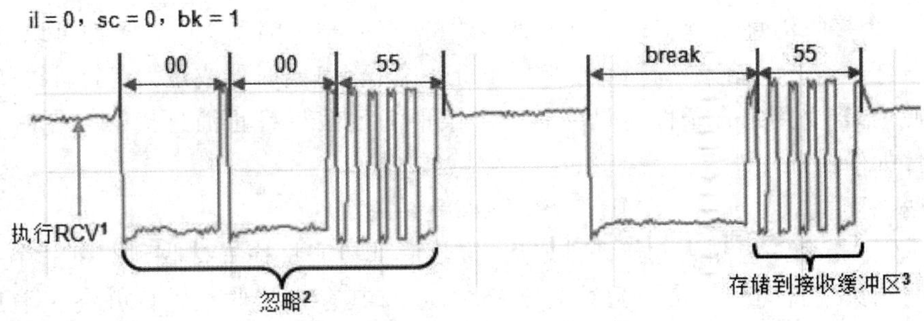

注：1 执行 RCV 指令。

2 字符 16＃00 的停止位为“1”，传送字符 16＃00 时通信总线上数据维持“0”状态时间小于一个完整字符传输的时间，不符合断开条件，此时接收到的字符都会被忽略。

3 BREAK 状态时通信总线上数据维持“0”状态时间为传送 16 位数据所需要的时间，大于一个完整字符传输的时间，符合断开条件，断开条件之后接收到的字符 16＃55 被存储到接收缓冲区中

图 5.57　使用断开检测启动消息接收

5）断开检测和起始字符：il＝0，sc＝1，bk＝1，SMB88/SMB188＝起始字符，忽略 SMW90/SMW190。

在该组合起始条件下，执行 RCV 指令时，接收消息功能将检测断开条件，断开条件满足后，接收消息功能将查找指定的起始字符。如果接收到的字符不是起始字符，接收消息功能将开始重新检测断开条件。所有在满足断开条件之前以及检测到起始字符之前接收到的字符都将被忽略，满足条件后接收到的起始字符与所有后续接收到的字符被一起存入接收缓冲区。使用断开和起始字符检测启动消息接收如图 5.58 所示。

6）任意字符：il＝1，sc＝0，bk＝0，SMW90/SMW190＝0，忽略 SMB88/SMB188。

任意字符起始条件是空闲线检测的特例。在该起始条件下，执行 RCV 指令时便会立即

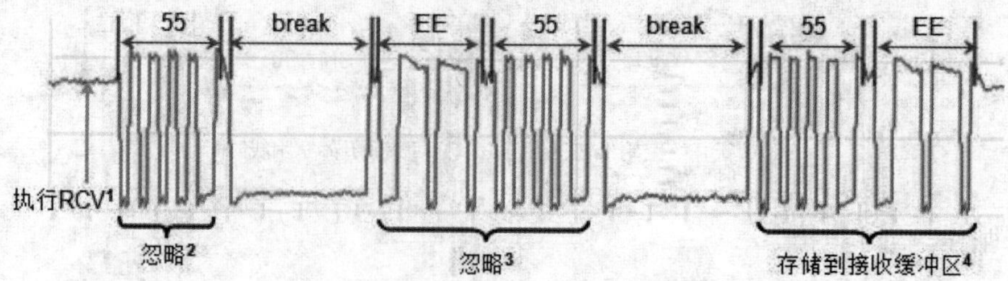

注：1 执行 RCV 指令。

2 满足断开条件之前接收的字符 16＃55 被忽略。

3 满足断开条件后接收的第一个字符非起始字符 16＃55，收到的字符 16＃EE、16＃55 将被忽略，需要重新检测断开条件。

4 满足断开和起始字符条件，接收到的字符 16＃55、16＃EE 被存储到接收缓冲区

图 5.58　使用断开和起始字符检测启动消息接收

开始消息接收并将接收到的所有字符存入接收缓冲区。

2. RCV 指令的结束条件

RCV 指令接收消息支持多种结束消息接收的条件，结束消息接收的条件可以是一种条件或者几种条件的组合。结束字符检测、字符间定时器、消息定时器或最大字符计数等结束条件可以组合使用，当采用组合条件时只要有一个条件满足就将终止消息接收。各种 RCV 指令的结束条件如下所述。

1）结束字符检测：ec＝1，SMB89/SMB189＝结束字符。

执行 RCV 指令并检测到起始条件之后，接收消息功能将检查接收到的每一个字符，并判断其是否与结束字符匹配。接收到结束字符时，会将其存入接收缓冲区并终止消息接收，如图 5.59 所示。

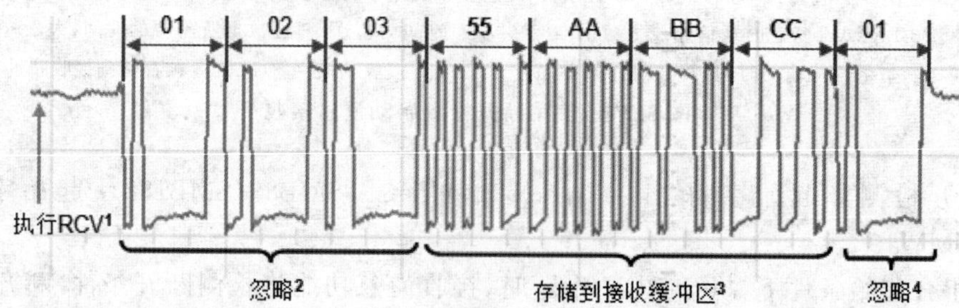

注：1 执行 RCV 指令。

2 检测到起始字符 16＃55 之前接收到的字符 16＃01、16＃02、16＃03 都被忽略。

3 检测到起始字符 16＃55，开始消息接收。

4 检测到结束字符 16＃CC，终止消息的接收，检测到结束字符之后接收到的字符 16＃01 被忽略

图 5.59　使用结束字符检测终止消息接收

2）字符间定时器：c/m＝0，tmr＝1，SMW92/SMW192＝超时(毫秒)。

执行 RCV 指令并检测到起始字符之后，接收消息功能每接收到一个字符，均重新启动字符间定时器。如果字符间的接收时间超出 SMW92/SMW192 中指定的毫秒数，则接收消息功能终止。使用字符间定时器终止消息接收如图 5.60 所示。

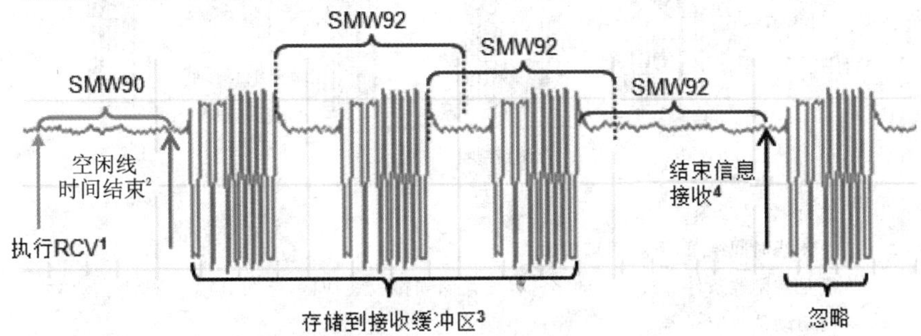

注：1 执行 RCV 指令。

2 空闲线时间结束，开始消息接收。

3 满足空闲线条件后接收到的字符将被存储到接收缓冲区，接收到每个字符的停止位时重新启动字符间定时器。

4 如果字符间的接收时间超出 SMW92/SMW192 中指定的毫秒数，接收消息功能将终止，之后接收到的字符被忽略

图 5.60　使用字符间定时器终止消息接收

3）消息定时器：c/m＝1，tmr＝1，SMW92/SMW192＝超时(毫秒)。

执行 RCV 指令并且接收消息功能的起始条件得到满足后，消息定时器立即启动，消息定时器经过 SMW92/SMW192 中指定的毫秒数后终止消息的接收。使用消息定时器终止消息接收如图 5.61 所示。

使用任意字符检测为接收消息的起始条件时，可以选择消息定时器为接收消息的结束条件。使用任意字符检测时，空闲线时间 SMW90/SMW190 设置为零，RCV 指令执行时，消息定时器将立即启动，如果未满足其他结束条件，则当消息定时器经过 SMW92/SMW192 中指定的毫秒数后终止消息的接收。使用任意字符开始消息接收和消息定时器终止消息接收如图 5.62 所示。

在主从通信中主站发送请求报文，从站需要回复应答报文。主站在指定时间段内对从站未发出任何应答的超时处理，可以采用任意字符检测为接收消息的起始条件、消息定时器为接收消息的结束条件这种方法。

4）最大字符个数：SMB94/SMB194＝最大字符个数。

执行 RCV 指令时，若接收字符个数达到或超过最大字符个数(SMB94/SMB194)，接收消息功能将终止。由于接收指令需要知道接收信息的最大长度，以保证信息缓冲区之后的数据不被覆盖，所以即使最大字符计数不被专门用作接收结束条件，也必须指定最大字符计数。

5）奇偶校验错误：执行 RCV 指令时，若通信端口检测出奇偶校验错误、组帧错误或超限错误，消息接收功能自动终止。

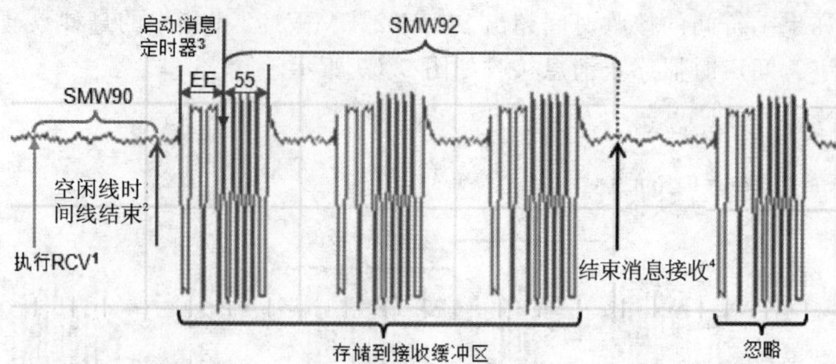

注：1 执行 RCV 指令。

2 空闲线时间结束，开始消息接收。

3 满足空闲线条件后接收到的字符将被存储到接收缓冲区，接收到第一个字符的停止位时启动消息定时器。

4 如果消息定时器时间超出 SMW92/SMW192 中指定的毫秒数，接收消息功能将终止，之后接收到的字符被忽略

图 5.61　使用消息定时器终止消息接收

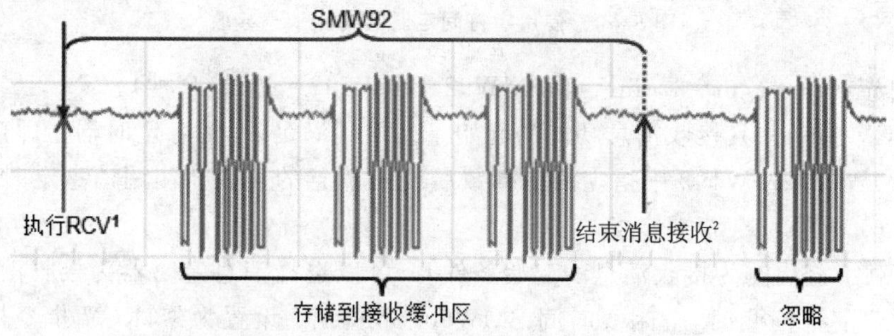

注：1 执行 RCV 指令，同时消息定时器被立即启动。

2 如果消息定时器时间超出 SMW92/SMW192 中指定的毫秒数，接收消息功能将终止，之后接收到的字符被忽略

图 5.62　使用任意字符开始消息接收和消息定时器终止消息接收

6）用户终止：en=0。设置 SM87.7/SM187.7=0，同时再调用 RCV 指令，将立即终止消息接收功能。

3. RCV 指令的应用实例

举例 1： S7-200 SMART CPU 集成的 RS485 端口(端口 0)实现与条码扫描枪通信。

条码扫描枪通常为 RS232 端口，其与 S7-200 SMART CPU 集成的 RS485 端口连接时需要使用 RS232/485 转换设备或 RS232/PPI 多主站电缆。条码扫描枪接收到条码后会自动通过 RS232 端口发送报文，S7-200 SMART CPU 需要调用 RCV 指令接收报文，并在接收完

成中断中再次使能 RCV 指令以循环接收报文。S7-200 SAMRT CPU 循环接收报文的编程如下：

第一步：CPU 主程序编程

CPU 主程序实现功能如下(具体程序如图 5.63 所示)。

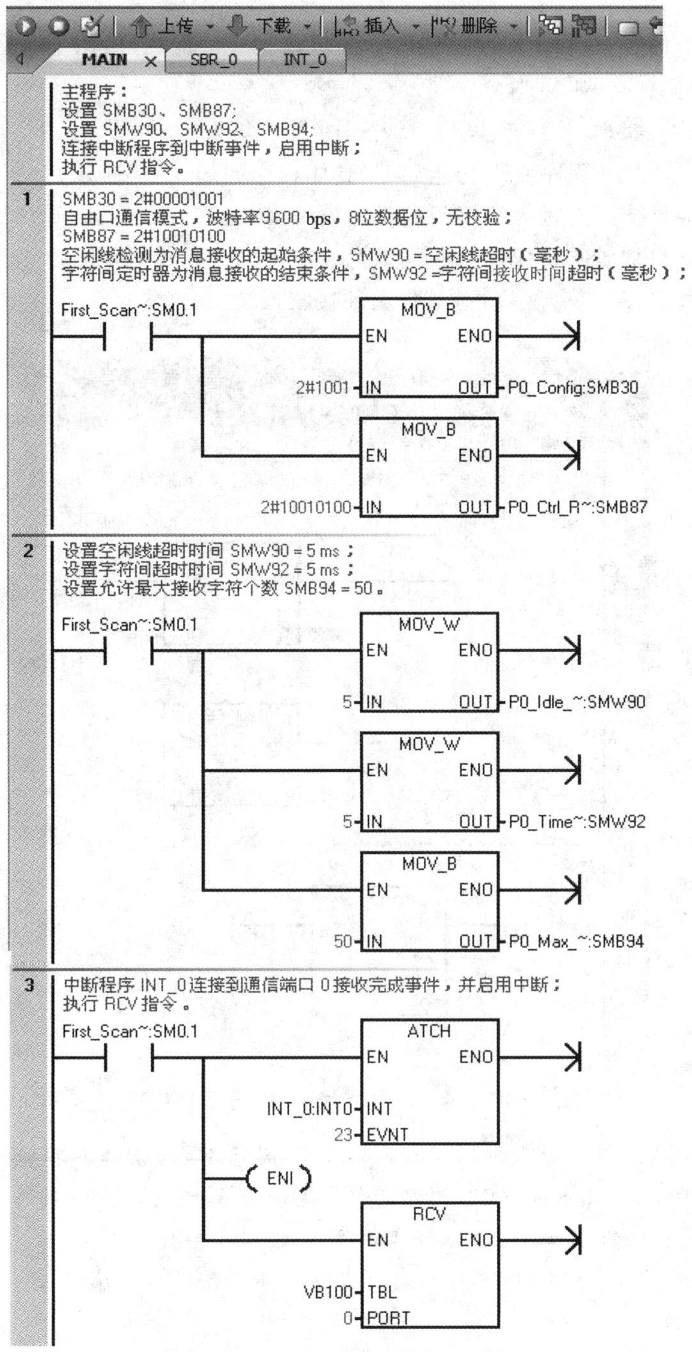

图 5.63　与条码扫描枪通信主程序编程

① 设置 SMB30＝2＃00001001（自由口通信，波特率 9 600 bps，8 位数据位，无校验）。

② 设置 SMB87＝2＃10010100，使用空闲线检测为消息接收的起始条件，使用字符间定时器为消息接收的结束条件。

③ 设置空闲线定时器 SMW90＝5 ms，字符间定时器 SMW92＝5 ms，允许最大接收字符个数 SMB94＝50。

④ 连接中断子程序 INT_0 到通信端口 0 的接收完成事件，并启用中断。

⑤ 使用 SM0.1 触发 RCV 指令。

第二步：CPU 接收完成中断子程序 INT_0 编程

CPU 接收完成中断子程序实现功能如下(具体程序如图 5.64 所示)。

① 判断消息接收结束是否为字符间超时结束(SM86.2＝1)，若是，则认为接收成功，接收成功计数器 VB200 自加 1 并将成功接收的消息复制到以 VB300 为起始地址的存储区。

② 开始下一次 RCV 指令地执行，实现循环接收报文。

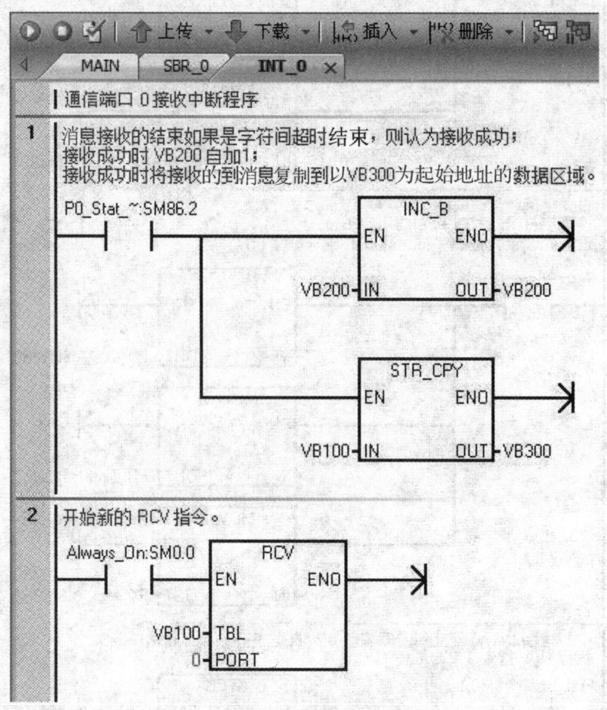

图 5.64　与条码扫描枪通信中断子程序编程

◆ 例子程序请参见随书光盘中的例程："5.5.3 例子 1：与条码扫描枪通信.smart"。例子程序仅供参考，其中的 CPU 类型可能与用户实际使用的类型不同，用户可能需要先对例子程序做修改和调整，才能将其用于测试。

举例 2：2 台 S7－200 SMART CPU 使用集成的 RS485 端口(端口 0)并采用自由口通信方式实现相互通信。

CPU1 每秒触发一次 XMT 指令以将 CPU 的实时时钟发送到 CPU2；CPU2 接收到 CPU1 发送的消息后立即将 CPU2 的实时时钟回复到 CPU1。

(1) CPU1 编程

第一步：CPU1 主程序编程

CPU1 主程序实现功能如下(具体程序如图 5.65 所示)：

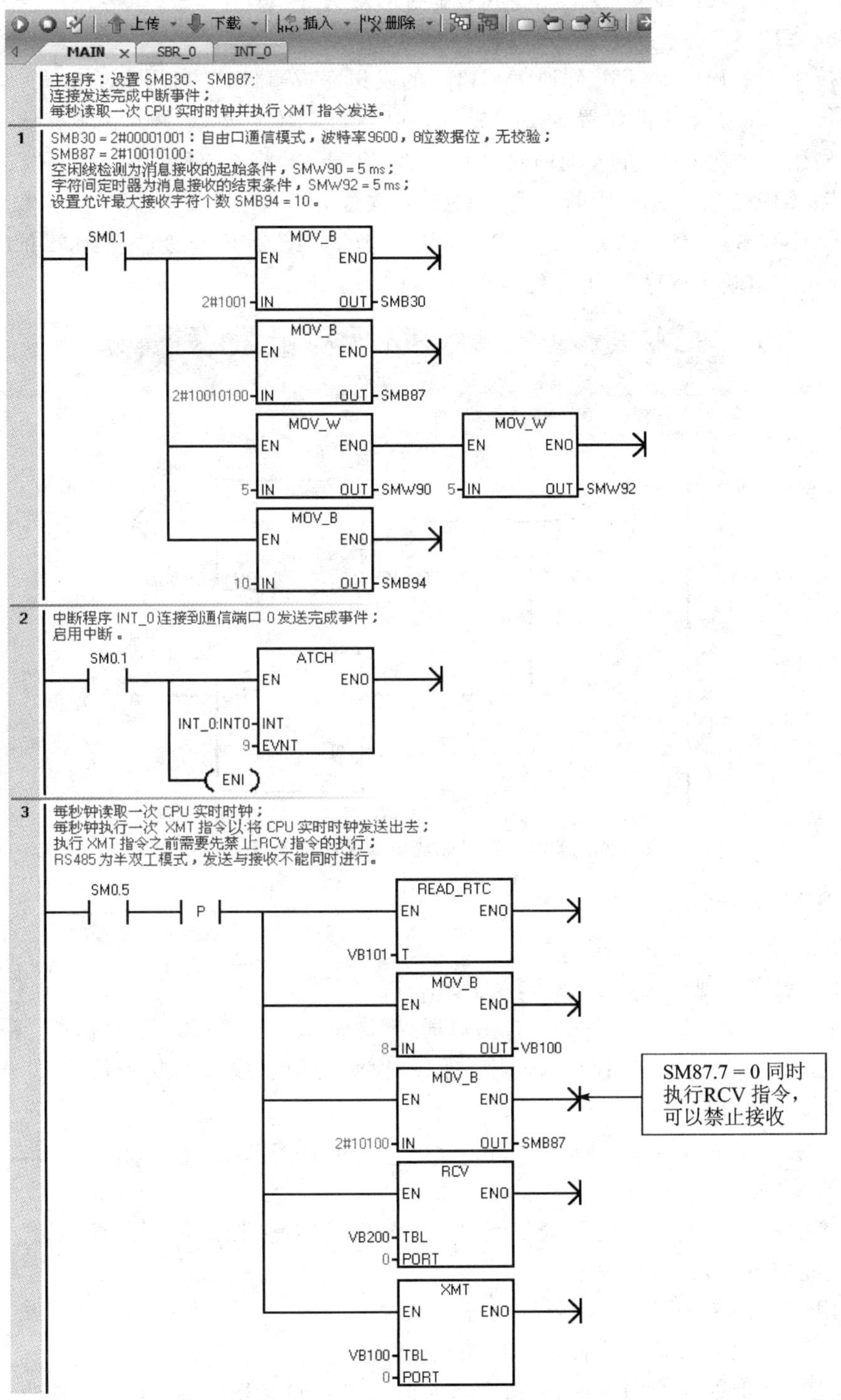

图 5.65　CPU1 主程序编程

① 设置 SMB30=2#00001001(自由口通信,波特率 9600 bps,8 位数据位,无校验)。

② 设置 SMB87=2#10010100,使用空闲线检测为消息接收的起始条件,使用字符间定时器为消息接收的结束条件。

③ 设置空闲线定时器 SMW90=5 ms,字符间定时器 SMW92=5 ms,允许最大接收字符个数 SMB94=10。

④ 连接中断子程序 INT_0 到通信端口 0 的发送完成事件,并启用中断。

⑤ 执行 XMT 指令之前设置 SM87.7=0,同时执行 RCV 指令,终止消息接收。

⑥ 每秒读取一次 CPU 的实时时钟并执行 XMT 指令,将 CPU 的实时时钟发送出去。

第二步:CPU1 发送完成中断子程序 INT_0 编程

恢复 SMB87 的设置(SM87.7=1),并执行 RCV 指令开始接收 CPU2 的应答信息。CPU1 发送完成中断子程序 INT_0 编程如图 5.66 所示。

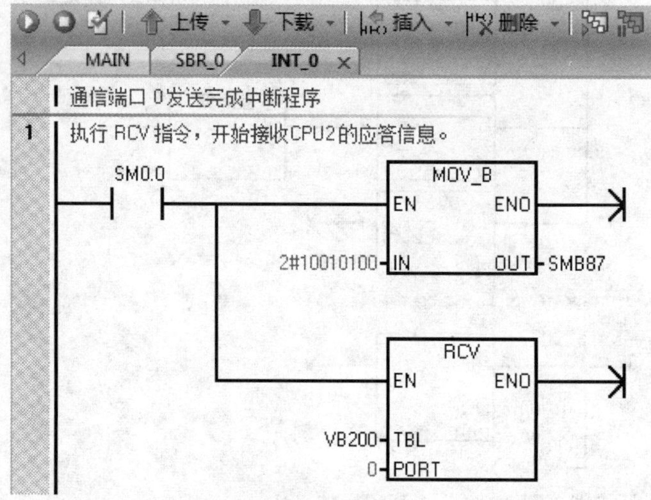

图 5.66 CPU1 发送完成中断子程序 INT_0 编程

(2) CPU2 编程

第一步:CPU2 主程序编程

CPU2 主程序实现功能如下(具体程序如图 5.67 所示):

① 设置 SMB30=2#00001001(自由口通信,波特率 9600 bps,8 位数据位,无校验)。

② 设置 SMB87=2#10010100,使用空闲线检测为消息接收的起始条件,使用字符间定时器为消息接收的结束条件。

③ 设置空闲线定时器 SMW90=5 ms,字符间定时器 SMW92=5 ms,允许最大接收字符个数 SMB94=10。

④ 连接中断子程序 INT_0 到通信端口 0 的接收完成事件,中断子程序 INT_1 到通信端口 0 的发送完成事件,并启用中断。

⑤ 使用 SM0.1 调用 RCV 指令的执行。

第二步:CPU2 接收完成中断子程序 INT_0 编程

读取 CPU 实时时钟,调用 XMT 指令将实时时钟信息发送出去。CPU2 接收完成中断子程序 INT_0 编程如图 5.68 所示。

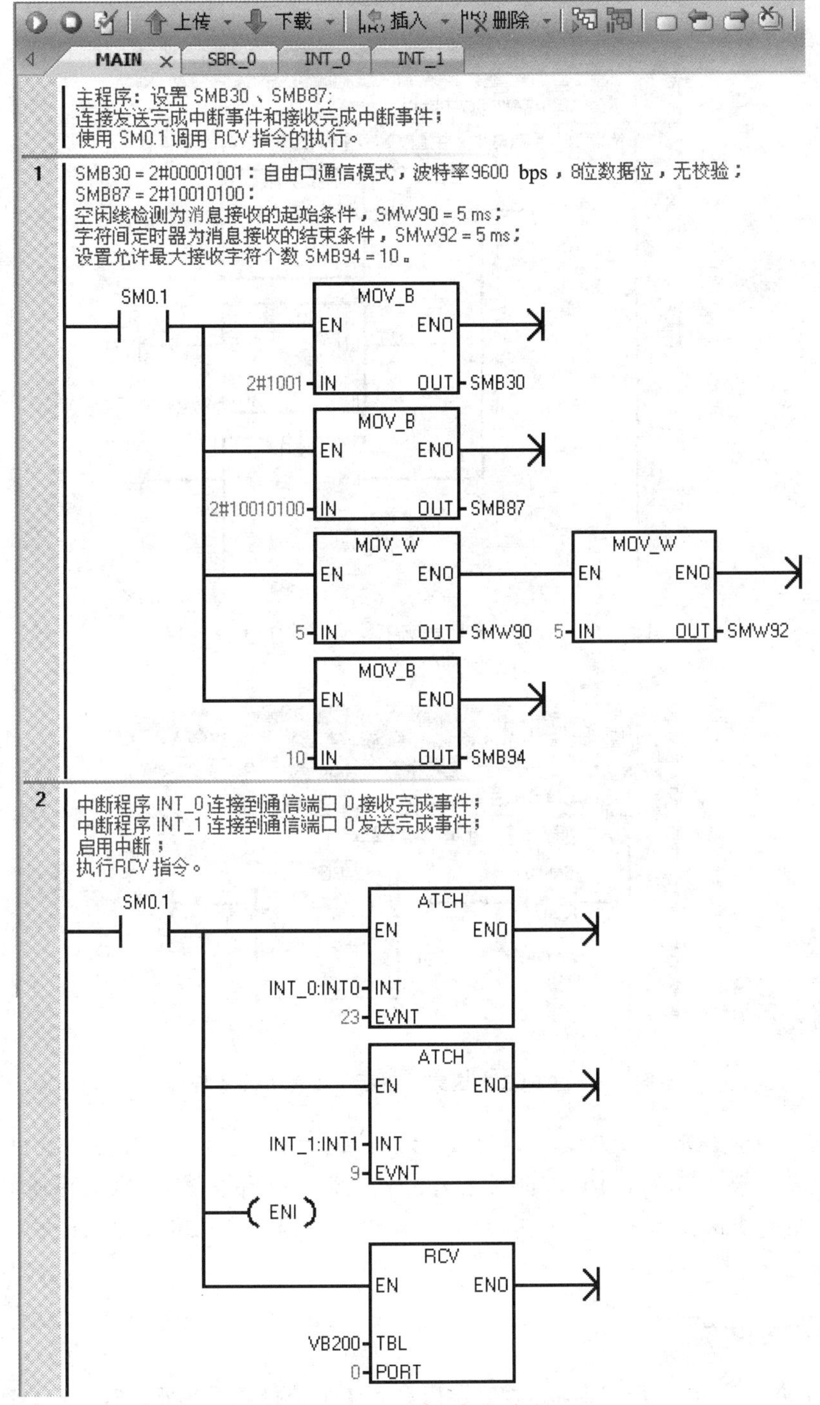

图 5.67　CPU2 主程序编程

第三步：CPU2 发送完成中断子程序 INT_1 编程

执行 RCV 指令，开始新的消息接收任务。CPU2 发送完成中断子程序 INT_1 编程如图 5.69 所示。

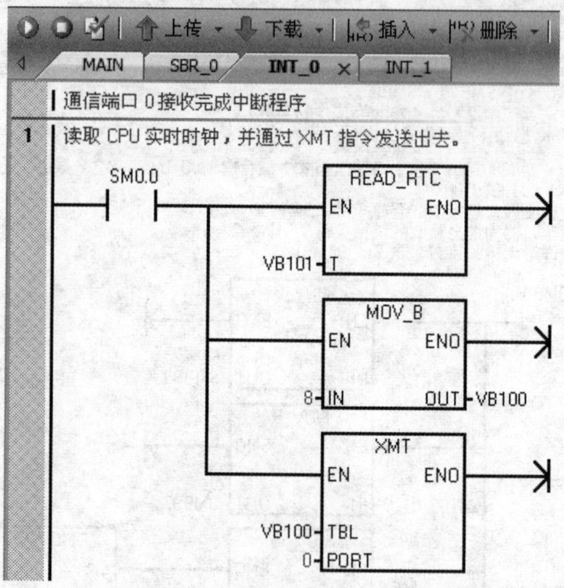

图 5.68　CPU2 接收完成中断子程序 INT_0 编程

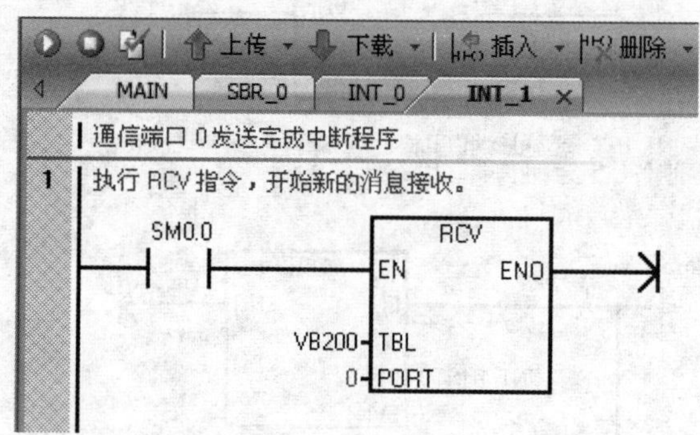

图 5.69　CPU2 发送完成中断子程序 INT_1 编程

◆ 例子程序请参见随书光盘中的例程："5.5.3 举例 2：XMT_RCV_CPU1.smart"和"5.4.3例子 2：XMT_RCV_CPU2.smart"。例子程序仅供参考，其中的 CPU 类型可能与用户实际使用的类型不同，用户可能需要先对例子程序做修改和调整，才能将其用于测试。

5.5.4　常问问题

1. S7-200 SMART CPU RS485 通信端口具有 4 个连接资源用于 CPU 与 HMI 间的通信，自由口通信时是否也只能连接 4 个设备？

S7-200 SMART CPU RS485 通信端口采用 PPI 协议时具有 4 个连接资源用于 CPU 与 HMI 之间的通信，自由口通信时则不受该连接资源限制。

2. S7－200 SMART CPU 与第三方设备自由口通信时，第三方设备接收到的消息内容与 CPU 发送的不同，造成该故障现象的可能原因有哪些？

该故障现象需要从通信电缆接线和通信端口设置等两个方面进行排查，可能的故障原因有以下几点：

① 通信电缆的正、负信号线接反了；通信电缆周围存在干扰源以及通信双方未做好等电位连接。

② S7－200 SMART CPU 通信端口模式设置与第三方设备不一致。通信双方的通信波特率以及奇偶校验和数据位个数不相同。

③ 通信双方的停止位个数不相同。S7－200 SMART CPU 只支持 1 位停止位，不能与含有 2 位停止位的第三方设备进行通信。

3. 执行 RCV 指令或 XMT 指令时，为什么有时指令会出现红色错误？

针对同一通信端口，同一时刻执行多个 RCV 指令或 XMT 指令时会报错。S7－200 SMART CPU 集成的 RS485 端口以及信号板 SB CM01 工作模式都为半双工，消息的发送与接收不能同时执行。出现以下几种情况时通信指令都会出现红色错误：

① XMT 指令还未完成发送又触发了新的 XMT 指令。

② XMT 指令还未完成发送又触发了新的 RCV 指令。

③ RCV 指令还未完成接收又触发了新的 XMT 指令。

④ RCV 指令还未完成接收又触发了新的 RCV 指令。

4. S7－200 SMART CPU 通信端口正处于消息接收状态时，如何手动终止消息的接收？

设置 SM87.7/SM187.7＝0，同时执行 RCV 指令可以禁止 RCV 指令的执行，这将立即终止消息接收功能。参考图 5.65 所示的 CPU1 主程序编程。

5. S7－200 SMART CPU 为通信主站，对通信从站发送查询报文后需要调用 RCV 指令接收从站的应答报文，如果从站出现故障或者通信电缆损坏，S7－200 SMART CPU 的通信端口将始终处于接收状态。S7－200 SMART CPU 在指定时间段内对从站未发出任何应答的超时该如何处理？

下面介绍两种方法。

方法一：使用任意字符检测为接收消息的起始条件时，选择消息定时器和其他结束条件组合为接收消息的结束条件。示例说明如下：

第一步：CPU 主程序编程

CPU 主程序（即使用任意字符检测和消息定时器处理信息接收超时主程序）实现功能如下（具体程序如图 5.70 所示）：

① 设置 SMB30＝2＃00001001（自由口通信，波特率 9 600 bps，8 位数据位，无校验）。

② 设置 SMB87＝2＃10111100，使用任意字符检测为信息接收的起始条件，使用消息定时器和结束字符为消息接收的结束条件。

③ 设置结束字符 SMB89＝16＃0A，空闲线定时器 SMW90＝0 ms，消息定时器 SMW92＝100 ms，允许最大接收字符个数 SMB94＝10。

④ 连接中断子程序 INT_0 到通信端口 0 的发送完成事件 9，并启用中断。

⑤ 每秒调用一次 XMT 指令，将字符串“TEST”发送出去。

在本例中,如果从站应答正常,则结束字符或者最大字符个数作为结束条件结束主站消息接收;如果从站故障或者通信电缆损坏,则消息定时器作为结束条件结束主站消息接收,定时时间超出 100 ms 时终止消息接收。

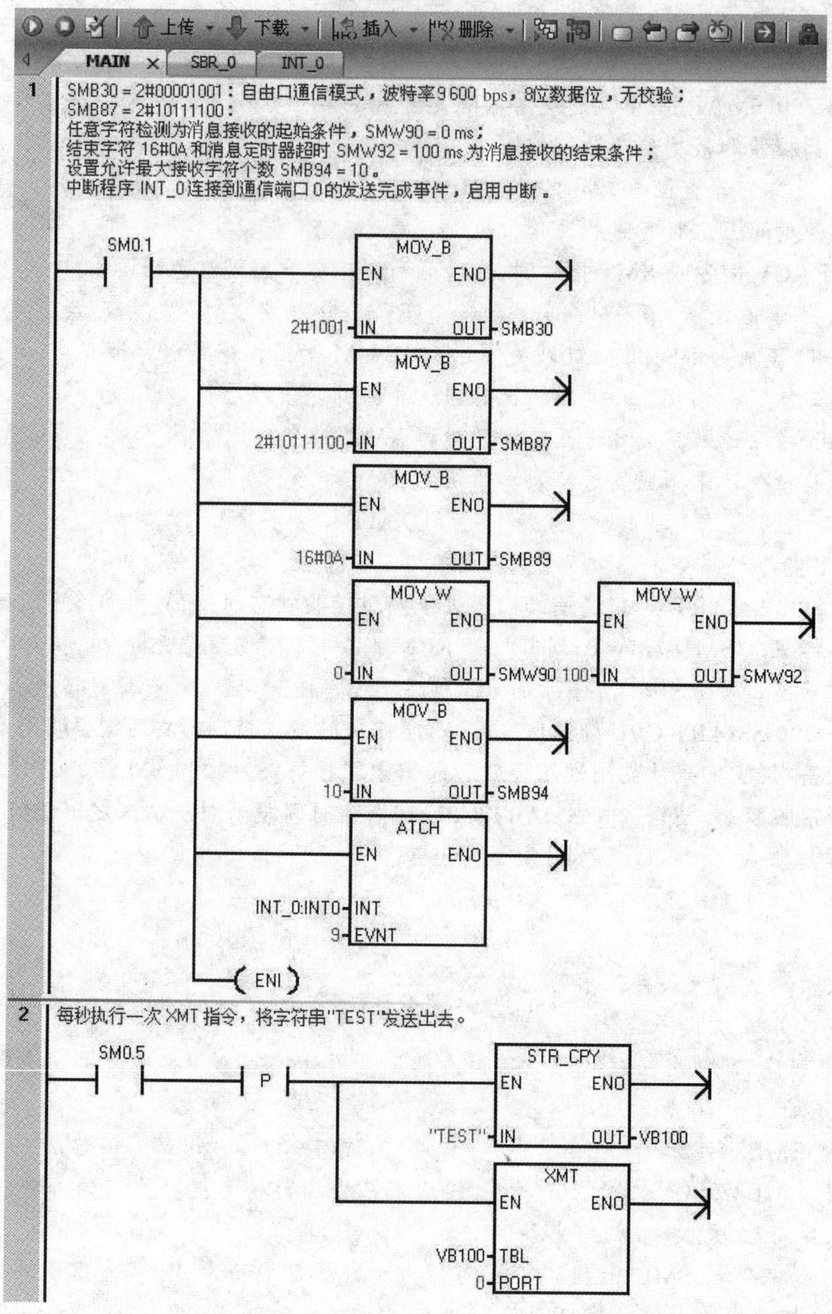

图 5.70 使用任意字符检测和消息定时器处理消息接收超时主程序

第二步：CPU 中断子程序编程

在发送完成中断子程序中执行 RCV 指令，开始新的消息接收任务。使用任意字符检测和消息定时器处理消息接收超时中断子程序如图 5.71 所示。

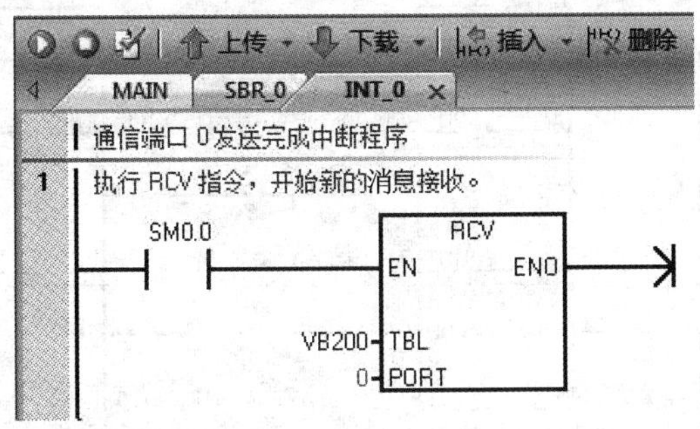

图 5.71　使用任意字符检测和消息定时器处理消息接收超时中断子程序

◆ 例子程序请参见随书光盘中的例程："5.5.4 超时处理方法一.smart"。例子程序仅供参考，其中的 CPU 类型可能与用户实际使用的类型不同，用户可能需要先对例子程序做修改和调整，才能将其用于测试。

方法二：S7-200 SMART CPU 在发送完成中断中执行 RCV 指令并捕捉消息接收开始时间，如果捕捉间隔时间超出一定时间依然未接收到消息，则认为消息接收超时，需要人为终止消息的接收。示例说明如下：

第一步：CPU 主程序编程

CPU 主程序（即使用捕捉时间间隔处理消息接收超时主程序）实现功能如下（具体程序如图 5.72 所示）：

① 设置 SMB30＝2＃00001001（自由口通信，波特率 9 600 bps，8 位数据位，无校验）。

② 设置 SMB87＝2＃10010100，使用空闲线检测为消息接收的起始条件，使用字符间定时器为消息接收的结束条件。

③ 设置空闲线定时器 SMW90＝5 ms，消息定时器 SMW92＝5 ms，允许最大接收字符个数 SMB94＝10。

④ 连接中断子程序 INT_0 到通信端口 0 的发送完成事件，并启用中断。

⑤ 使用 M0.0 上升沿调用 XMT 指令，并设置通信状态字节 VB300＝1。

⑥ 当通信状态字节 VB300＝2 时，消息接收完成或者消息接收的捕捉间隔时间 VD306 大于 100 ms，则设置通信状态字节 VB300＝3，并人为终止 RCV 指令的执行。

第二步：CPU 中断子程序编程

在发送完成中断子程序中设置通信状态字节 VB300＝2，执行 RCV 指令开始新的消息接收任务，并捕捉消息接收开始时间 VD302。中断子程序如图 5.73 所示。

◆ 例子程序请参见随书光盘中的例程："5.5.4 超时处理方法二.smart"。例子程序仅供参考，其中的 CPU 类型可能与用户实际使用的类型不同，用户可能需要先对例子程序做修改和调整，才能将其用于测试。

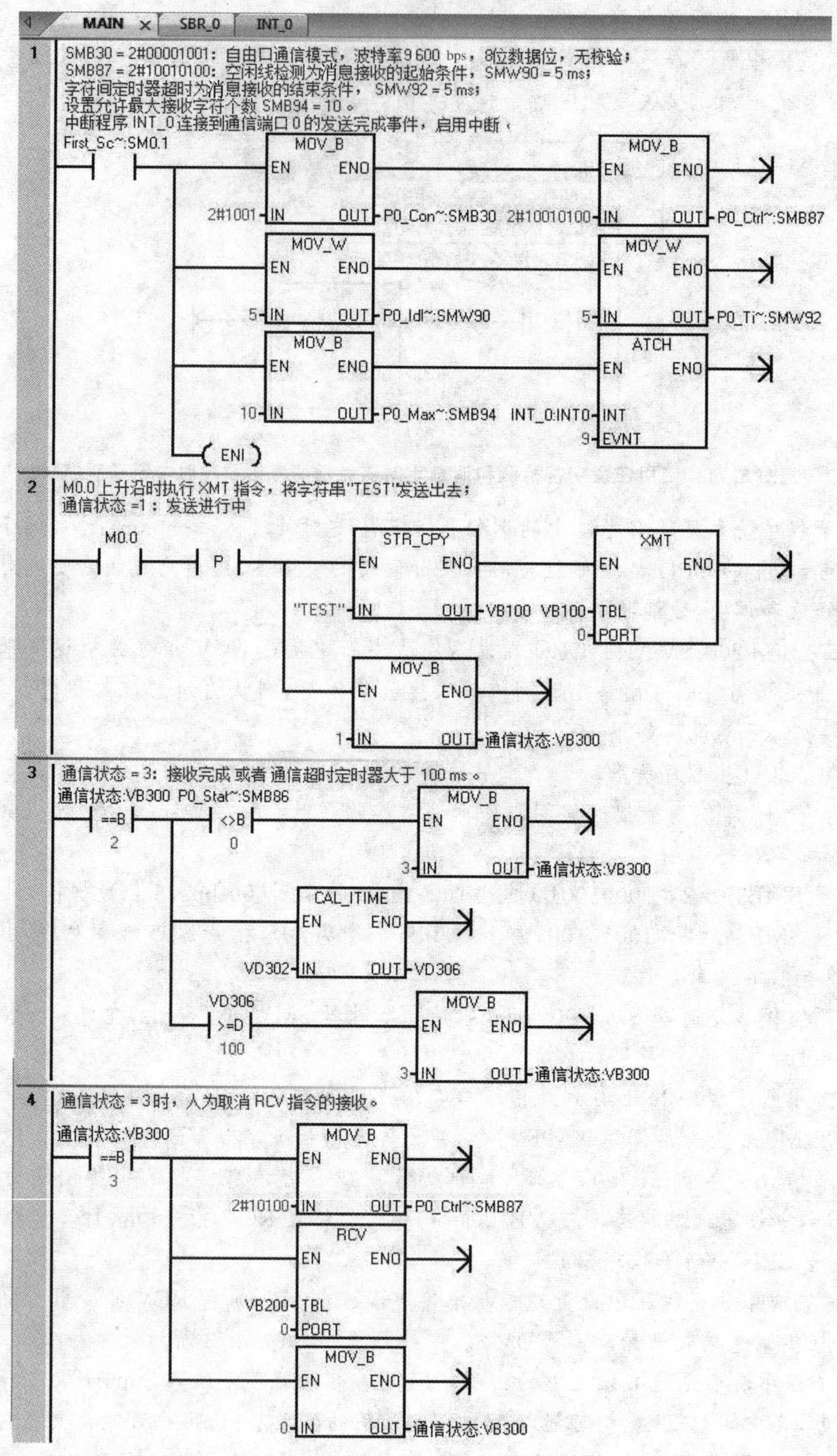

图 5.72 使用捕捉时间间隔处理消息接收超时主程序

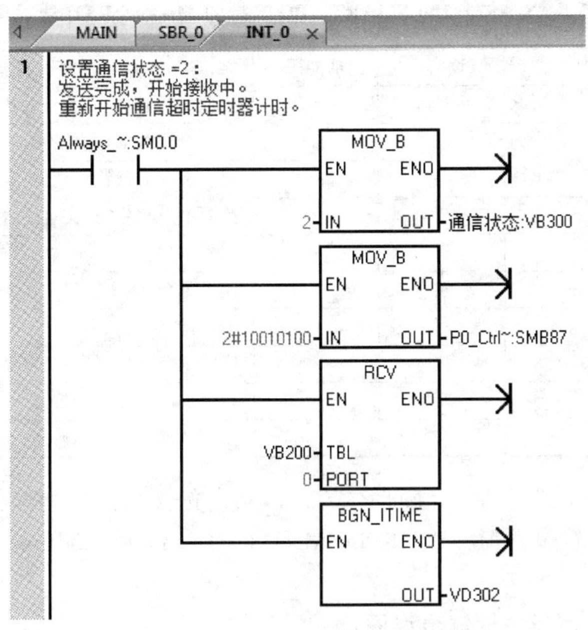

图 5.73　使用捕捉时间间隔处理消息接收超时中断子程序

5.6　Modbus RTU 通信

5.6.1　Modbus RTU 通信概述

安装 STEP 7-Micro/WIN SMART 软件的同时会自动安装 Siemens Modbus 库。Modbus 库中包含 Modbus 主站指令和 Modbus 从站指令。Modbus 主站指令用于组态 S7-200 SMART CPU，使其作为 Modbus RTU 主站设备，可与一个或多个 Modbus RTU 从站设备通信；Modbus 从站指令用于组态 S7-200 SMART CPU，使其作为 Modbus RTU 从站设备，可与 Modbus RTU 主站设备进行通信。

S7-200 SMART CPU 集成的 RS485 端口（端口 0）以及 SB CM01 信号板（端口 1）都可以作为 Modbus RTU 主站或从站。但是两个通信端口不能同时作为从站，可以一个通信端口作为主站，另外一个通信端口作为从站。当两个通信端口都作为主站时，则需要分别调用 Modbus RTU Master 和 Modbus RTU Master2 主站指令库。

Modbus RTU 通信协议是以主从方式进行数据传输的，通信主站发送数据请求报文帧，通信从站回复应答数据报文帧。Modbus RTU 数据报文帧的基本结构如下所示：

地址域	功能码	数据 1	…	数据 n	CRC 低字节	CRC 高字节

Modbus RTU 设备间的数据交换是通过功能码来实现的。S7-200 SMART CPU 用做 Modbus RTU 主站或从站时支持的 Modbus RTU 功能码如表 5.15 所列。

表 5.15　S7－200 SMART CPU 支持的 Modbus RTU 功能码

Modbus 地址	读/写	功能码	备　注
00001～0xxxx	读	1	读取单个/多个开关量输出线圈状态
00001～0xxxx	写	5	写单个开关量输出线圈
	写	15	写多个开关量输出线圈
10001～1xxxx	读	2	读取单个/多个开关量输入触点状态
10001～1xxxx	写	—	不支持
30001～3xxxx	读	4	读取单个/多个模拟量输入通道数据
30001～3xxxx	写	—	不支持
40001～4xxxx	读	3	读取单个/多个保持寄存器数据
40001～4xxxx	写	6	写单个保持寄存器数据
	写	16	写多个保持寄存器数据

Modbus 地址通常以 5 个字符值的形式写入，其中包含数据类型和偏移量，第一个字符决定数据类型，后四个字符包含值。S7－200 SMART CPU 作为 Modbus 主站时支持以下 Modbus 地址：

- 00001～09999 是开关量输出线圈。
- 10001～19999 是开关量输入触点。
- 30001～39999 是模拟量输入通道。
- 40001～49999 或者 400001～465536 是保持寄存器。

S7－200 SMART CPU 作为 Modbus 从站时支持以下 Modbus 地址(与 CPU 地址的映射关系如表 5.16 所列)：

- 00001～00256 是映射到 Q0.0～Q31.7 的开关量输出线圈。
- 10001～10256 是映射到 I0.0～I31.7 的开关量输入触点。
- 30001～30056 是映射到 AIW0～AIW110 的模拟量输入通道(紧凑型 CPU 除外)。
- 40001～49999 和 400001～465536 是映射到 V 存储器的保持寄存器。

表 5.16　Modbus 地址与 S7－200 SMART CPU 地址映射关系

Modbus 地址	S7－200 SMART CPU 地址	Modbus 地址	S7－200 SMART CPU 地址
00001	Q0.0	30009	AIW16[1]
00002	Q0.1	30010	AIW18
…	…	…	…
00255	Q31.6	30055	AIW108
00256	Q31.7	30056	AIW110
10001	I0.0	40001	HoldStart[2]
10002	I0.1	40002	HoldStart ＋ 2
…	…	…	…
10255	I31.6	4xxxx	HoldStart ＋ 2(xxxx －1)
10256	I31.7		

注：1 紧凑型 CPU 不支持模拟量输入。AIW16 为第一个扩展模块 EM0 的起始地址。

2 Modbus 从站指令 MBUS_INIT 的 HoldStart 参数用于定义 V 存储区中保持寄存器的起始地址。

5.6.2　Modbus RTU 主站指令

1. MBUS_CTRL 指令

MBUS_CTRL 指令用于初始化、监控或禁止 Modbus RTU 通信，需要每个扫描周期都被调用。在执行 MBUS_MSG 指令之前，必须正确执行 MBUS_CTRL 指令，如图 5.74 所示。

MBUS_CTRL 指令中各个参数定义如下。

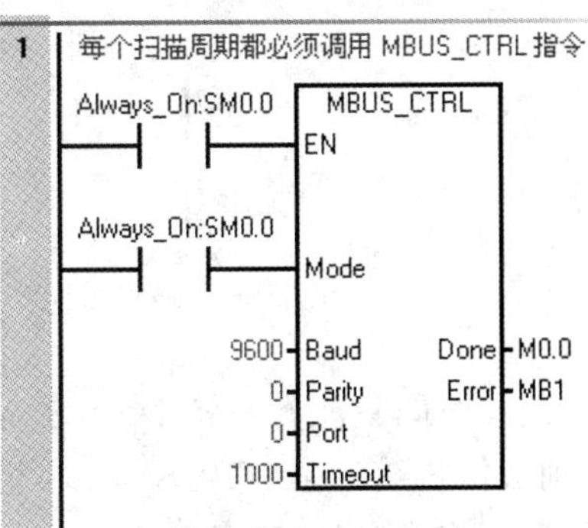

图 5.74　调用 MBUS_CTRL 指令

- EN(使能)：必须保证每个扫描周期都被使能。
- Mode(模式)：为 1 时，使能 Modbus 协议；为 0 时，恢复为 PPI 协议。
- Baud(波特率)：支持的通信波特率为 1 200 bps，2 400 bps，4 800 bps，9 600 bps，19 200 bps，38 400 bps，57 600 bps，115 200 bps。
- Parity(奇偶校验)：为 0 时，无校验；为 1 时，奇校验；为 2 时，偶校验。
- Port(端口)：为 0 时，CPU 集成的 RS485 端口(端口 0)；为 1 时，SB CM01 信号板(端口 1)。
- Timeout(超时)：主站等待从站响应的时间，以 ms 为单位，典型的设置值为1 000 ms。
- Done(完成位)：初始化完成后自动置 1。Done 位为 1 后方可执行 MBUS_MSG 指令的读/写操作。
- Error(错误代码)：只有在 Done 位为 1 时初始化错误代码才有效，MBUS_CTRL 指令错误代码如表 5.17 所列。

表 5.17　MBUS_CTRL 指令错误代码

MBUS_CTRL 错误代码	描　述
0	无错误
1	奇偶校验类型无效
2	波特率无效
3	超时无效
4	模式无效
9	端口号无效
10	信号板 SB CM01 缺失或未组态

2. MBUS_MSG 指令

MBUS_MSG 指令用于启动对 Modbus RTU 从站的请求和处理响应。MBUS_MSG 指令的 EN 输入参数和 First 输入参数同时接通时，MBUS_MSG 指令会向 Modbus 从站发起主站的请求；发送请求、等待响应和处理响应通常需要多个 CPU 扫描周期，EN 输入参数必须一直接通直到 Done 位被置 1。MBUS_MSG 指令的调用如图 5.75 所示。

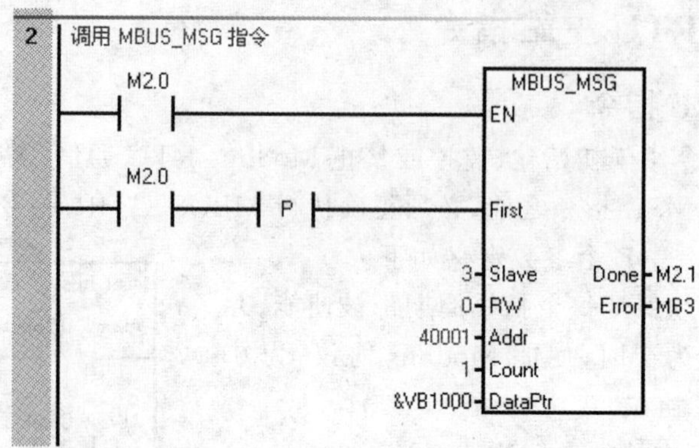

图 5.75 调用 MBUS_MSG 指令

同一时间只能有一条 MBUS_MSG 指令处于激活状态,如果激活多条 MBUS_MSG 指令,则只执行第一条 MBUS_MSG 指令,所有后续 MBUS_MSG 指令将中止执行并出现 6#错误代码。多条 MBUS_MSG 指令的执行可以采用轮询方式,具体编程可参考 5.6.4 小节 Modbus RTU 通信应用实例。

MBUS_MSG 指令中各个参数定义如下。

- EN(使能):同一时刻只能有一条 MBUS_MSG 指令使能,EN 输入参数必须一直接通直到 MBUS_MSG 指令 Done 位被置 1。
- First(读/写请求):每一条新的读/写请求需要使用信号沿触发。
- Slave(从站地址):可选择的范围为 1~247。
- RW(读/写请求):为 0 时,读请求;为 1 时,写请求。开关量输出线圈和保持寄存器支持读请求和写请求,开关量输入触点和模拟量输入通道只支持读请求。
- Addr(读/写从站的 Modbus 地址):00001~0xxxx 为开关量输出线圈;10001~1xxxx 为开关量输入触点;30001~3xxxx 为模拟量输入通道;40001~4xxxx 为保持寄存器。
- Count(读/写数据的个数):对于 Modbus 地址 0xxxx、1xxxx,Count 按位的个数计算;对于 Modbus 地址 3xxxx、4xxxx,Count 按字的个数计算;一个 MBUS_MSG 指令最多读取或写入 120 个字或 1 920 个位数据。
- DataPtr(数据指针):参数 DataPtr 是间接地址指针,指向 CPU 中与读/写请求相关的数据的 V 存储器地址。对于读请求,DataPtr 应指向用于存储从 Modbus 从站读取的数据的第一个 CPU 存储单元。对于写请求,DataPtr 应指向要发送到 Modbus 从站的数据的第一个 CPU 存储单元。
- Done(完成位):读/写功能完成或者出现错误时,该位会自动置 1。多条 MBUS_MSG 指令执行时,可以使用该完成位激活下一条 MBUS_MSG 指令的执行。
- Error(错误代码):只有在 Done 位为 1 时错误代码有效,MBUS_MSG 指令错误代码如表 5.18 所列。

表 5.18　MBUS_MSG 指令错误代码

MBUS_MSG 错误代码	描　述
0	无错误
1	响应奇偶校验错误
2	未使用
3	接收超时，从站无响应
4	请求参数设置错误；Slave、RW、Addr 或 Count 设置错误
5	未启用 Modbus 主站
6	Modbus 正忙于处理另一请求；同一时刻只能激活一条 MBUS_MSG 指令
7	响应错误；收到的响应与请求不相符
8	响应存储 CRC 检验错误
11	端口号无效
12	信号板 SB CM01 缺失或未组态
101	从站不支持该 Modbus 地址的请求功能
102	从站不支持该 Modbus 地址
103	从站不支持数据类型
104	从站设备故障
105	从站接收了信息，但是响应被延迟
106	从站忙，拒绝了该信息
107	从站因未知原因拒绝了该信息
108	从站存储器奇偶检验错误

3. Modbus RTU 主站指令库存储器地址分配

Modbus RTU 主站指令需要占用 286 字节 V 存储器，用于库存储器地址分配。该库存储器分配的地址不能与 MBUS_MSG 指令参数 DataPtr 指向的 V 存储器的地址重叠，也不能与其他程序使用的地址重叠。库存储器分配步骤如下：

① 在项目树中右击程序块，在弹出的快捷菜单中选择“库存储器”选项，如图 5.76 所示。

② 在弹出的“库存储器分配”对话框中为库存储器分配地址，需要保证该存储器使用的地址范围与其他程序使用的地址范围不能重叠，分配库存储器地址如图 5.77 所示。

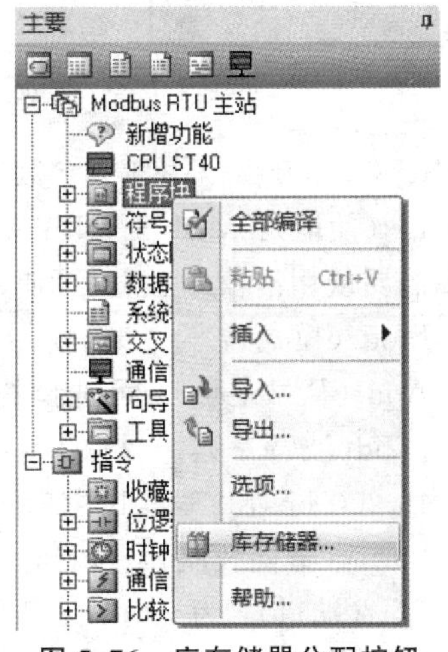

图 5.76　库存储器分配按钮

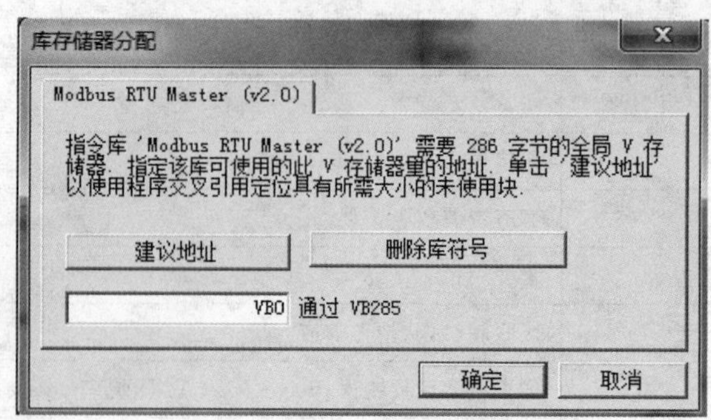

图 5.77　分配库存储器地址

5.6.3　Modbus RTU 从站指令

1. MBUS_INIT 指令

MBUS_INIT 指令用于启用、初始化或禁止 Modbus RTU 通信。MBUS_INIT 指令只需要在改变通信状态时执行一次，因此 MBUS_INIT 指令的 EN 输入参数需要使用沿信号触发。在执行 MBUS_SLAVE 指令之前，必须正确执行 MBUS_INIT 指令。MBUS_INIT 指令的调用如图 5.78 所示。

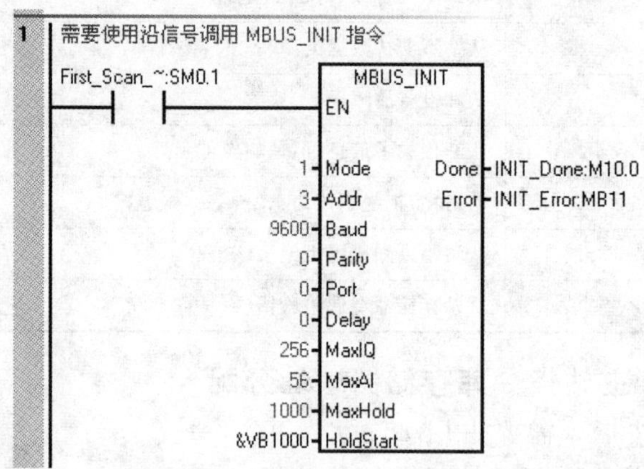

图 5.78　调用 MBUS_INIT 指令

MBUS_INIT 指令中各个参数定义如下。

- EN(使能)：MBUS_INIT 指令只需要在改变通信状态时执行一次，因此 EN 输入参数需要使用沿信号触发(可使用 SM0.1)。
- Mode(模式)：为 1 时，使能 Modbus 协议；为 0 时，恢复为 PPI 协议。
- Addr(从站地址)：可选择的范围为 1～247。
- Baud(波特率)：支持的通信波特率为 1 200 bps，2 400 bps，4 800 bps，9 600 bps，19 200 bps，38 400 bps，57 600 bps，115 200 bps。
- Parity(奇偶校验)：为 0 时，无校验；为 1 时，奇校验；为 2 时，偶校验。
- Port(端口)：为 0 时，CPU 集成的 RS485 端口(端口 0)；为 1 时，SB CM01 信号板(端口 1)。

- Delay(延时)：附加字符间延时，默认值为 0。如果使用扩频无线通信，则将延时设置为 10～100 ms 之间的值。
- MaxIQ(参与通信的最大 I/O 点数)：用于设置 Modbus 地址 0XXXX 和 1XXXX 可访问的 I 和 Q 点数，可选择的范围为 0～256。
- MaxAI(参与通信的最大模拟量输入通道数)：用于设置 Modbus 地址 3XXXX 可访问的模拟量输入通道个数，可选择的范围为 0～56，紧凑型 CPU 只能设置为 0。
- MaxHold(参与通信的最大保持寄存器数)：用于设置 Modbus 地址 4XXXX 可访问的保持寄存器的个数。
- HoldStart(保持寄存器的起始地址)：参数 HoldStart 是间接地址指针，指向 CPU 中 V 存储器中保持寄存器的起始地址。
- Done(完成位)：初始化完成后会自动置 1。
- Error(错误代码)：只有在 Done 位为 1 时初始化错误代码有效，Modbus 从站执行错误代码如表 5.19 所列。

表 5.19　Modbus 从站执行错误代码

Modbus 从站错误代码	描　述
0	无错误
1	存储器范围错误
2	波特率或奇偶校验非法
3	从站地址非法
4	Modbus 参数值非法
5	保持寄存器地址与库存储器地址重叠
6	接收到奇偶校验错误
7	接收到 CRC 校验错误
8	请求的功能码非法或不支持
9	请求的存储器地址非法
10	Modbus 从站功能未启用
11	端口号无效
12	信号板 SB CM01 缺失或未组态

2. MBUS_SLAVE 指令

MBUS_SLAVE 指令用于处理来自 Modbus RTU 主站的请求，必须在每个扫描周期都执行，以便检查和响应 Modbus 的请求。MBUS_SLAVE 指令的调用如图 5.79 所示。

MBUS_SLAVE 指令中各个参数定义如下。

- EN(使能)：MBUS_SLAVE 指令需要在每个扫描周期都执行。
- Done(完成位)：当 MBUS_SLAVE 指令响应 Modbus 请求时，Done 完成位在当前扫描周期被设置为 1。如果未处理任何请

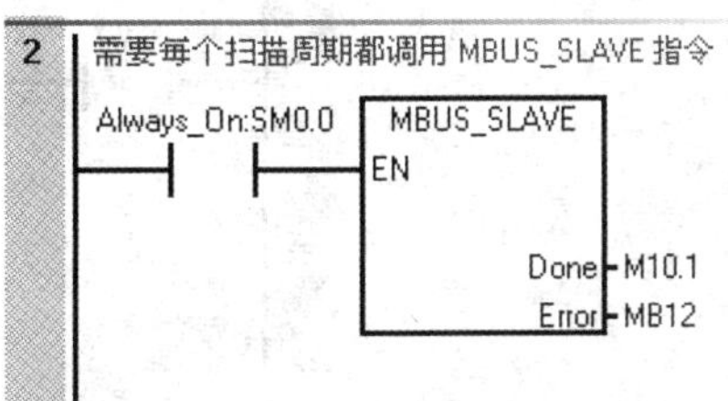

图 5.79　调用 MBUS_SLAVE 指令

求,Done 完成位为 0。

- Error(错误代码):只有在 Done 位为 1 时初始化错误代码有效,Modbus 从站执行错误代码如表 5.19 所列。

3. Modbus RTU 从站指令库存储器地址分配

Modbus RTU 从站指令库需要占用 781 字节 V 存储器用于库存储器地址分配。该库存储器分配的地址不能与 MBUS_INIT 指令参数 HoldStart 指向的 V 存储器的地址重叠,也不能与其他程序使用的地址重叠。

5.6.4 Modbus RTU 通信应用实例

在下面的例子中使用 2 台 S7－200 SMART CPU,CPU 之间采用 Modbus RTU 协议进行通信。其中 CPU1 为 Modbus RTU 主站,需要调用 Modbus RTU 主站指令;CPU2 为 Modbus RTU 从站,需要调用 Modbus RTU 从站指令。通信任务是 CPU1 读取 CPU2 IB0 数值、QB0 数值以及扩展模块 EM0 AIW16～AIW22 数值。

1. CPU1 Modbus RTU 主站轮询编程

CPU1 主程序需要调用 MBUS_CTRL 指令启用、初始化 Modbus RTU 主站通信;调用 3 条 MBUS_MSG 指令分别用于读取 Modbus 从站 CPU2 IB0、QB0 以及 AIW16～AIW22 的数据。因为同一时刻只能有一条 MBUS_MSG 指令处于激活状态,所以本例子中的 3 条 MBUS_MSG 指令的执行需要采用轮询方式。CPU1 的具体编程步骤如下所述:

① CPU 启动时复位各 Modbus 主站指令完成位以及其他状态位;调用 MBUS_CTRL 指令启用、初始化 Modbus RTU 主站通信。复位主站指令状态位并初始化主站通信如图 5.80 所示。

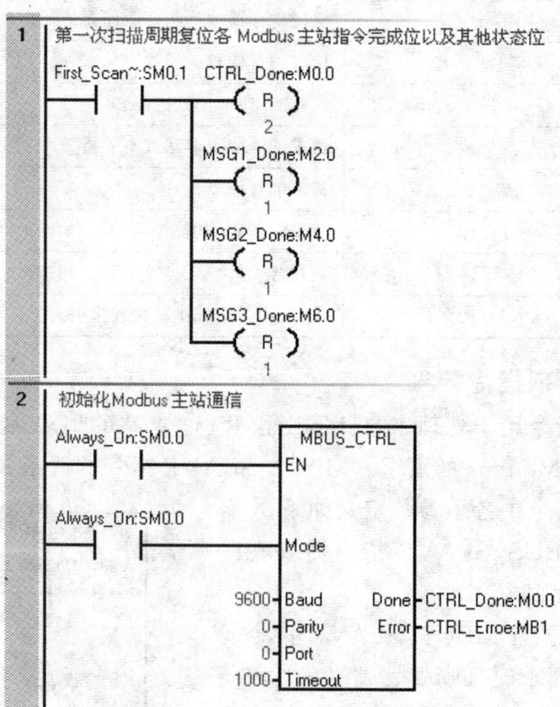

图 5.80　复位主站指令状态位并初始化主站通信

② 调用第一条 MBUS_MSG 指令用于读取 Modbus RTU 从站 CPU2 的 IB0 的数据，并将数据保存到 VB1000。

MBUS_CTRL 指令的 Done 完成位或者第三条 MBUS_MSG 指令的 Done 完成位用于触发第一条 MBUS_MSG 指令的执行。该 MBUS_MSG 指令的 Done 完成位复位该 MBUS_MSG 指令的 EN 输入参数。调用第一条 MBUS_MSG 指令如图 5.81 所示。

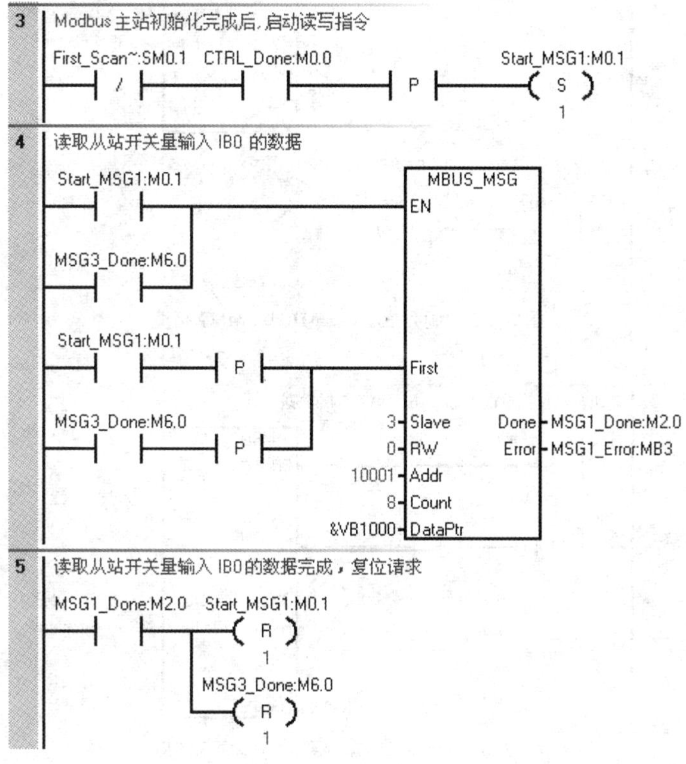

图 5.81　调用第一条 MBUS_MSG 指令

③ 调用第二条 MBUS_MSG 指令用于读取 Modbus RTU 从站 CPU2 的 QB0 的数据，并将数据保存到 VB2000。

第一条 MBUS_MSG 指令的 Done 完成位用于触发该 MBUS_MSG 指令的执行。该 MBUS_MSG 指令的 Done 完成位复位该 MBUS_MSG 指令的 EN 输入参数。调用第二条 MBUS_MSG 指令如图 5.82 所示。

④ 调用第三条 MBUS_MSG 指令用于读取 Modbus RTU 从站 CPU2 的模拟量输入 AIW16～AIW22 的数据，并将数据保存到 VW3000～VW3006。

第二条 MBUS_MSG 指令的 Done 完成位用于触发该 MBUS_MSG 指令的执行。该 MBUS_MSG 指令的 Done 完成位复位该 MBUS_MSG 指令的 EN 输入参数。调用第三条 MBUS_MSG 指令如图 5.83 所示。

⑤ 为 Modbus RTU 主站指令分配库存储器地址 VB0～VB285。该库存储器分配的地址不能与 MBUS_MSG 指令参数 DataPtr 指向的 V 存储器的地址重叠，也不能与其他程序使用的地址有重叠。

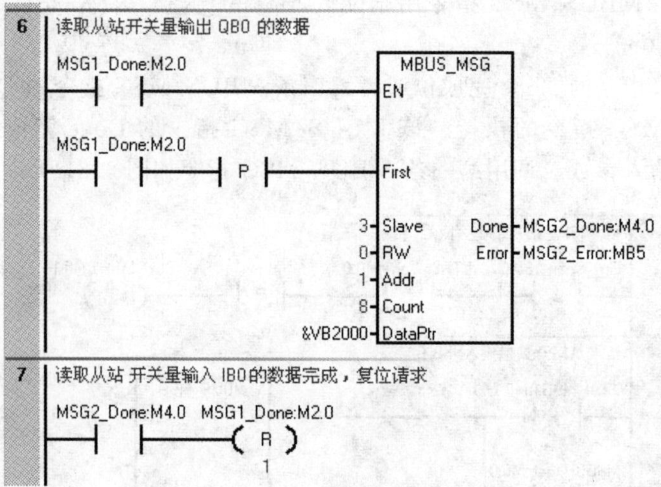

图 5.82　调用第二条 MBUS_MSG 指令

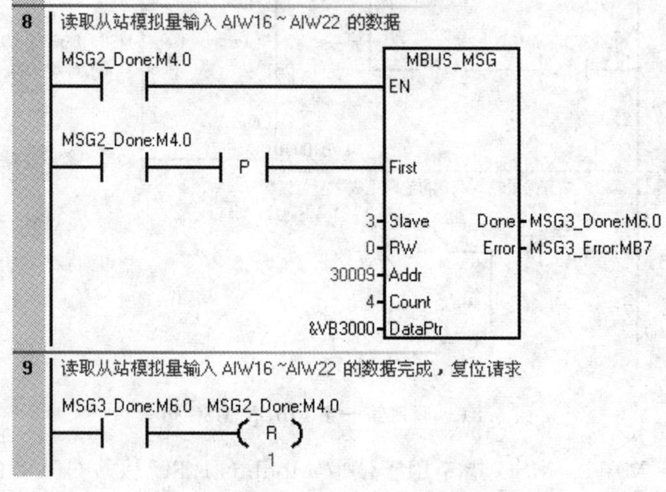

图 5.83　调用第三条 MBUS_MSG 指令

2. CPU2 Modbus RTU 从站编程

CPU2 主程序使用 SM0.1 调用 MBUS_INIT 指令，用于启用、初始化 Modbus RTU 从站通信；使用 SM0.0 调用 MBUS_SLAVE 指令，用于处理来自 Modbus RTU 主站的请求，并对请求作出应答。CPU2 的具体编程步骤如下所述：

① 使用 SM0.1 调用 MBUS_INIT 指令；使用 SM0.0 调用 MBUS_SLAVE 指令。Modbus RTU 从站指令编程如图 5.84 所示。

② 为 Modbus RTU 从站指令分配库存储器地址 VB0～VB780。该库存储器分配的地址不能与 MBUS_INIT 指令参数 HoldStart 向的 V 存储器的地址重叠，也不能与其他程序使用的地址有重叠。

◆ 例子程序请参见随书光盘中的例程："5.6.4 Modbus_master_CPU1.smart"和"5.6.4 Modbus_slave _CPU2.smart"。例子程序仅供参考，其中的 CPU 类型可能与用户实

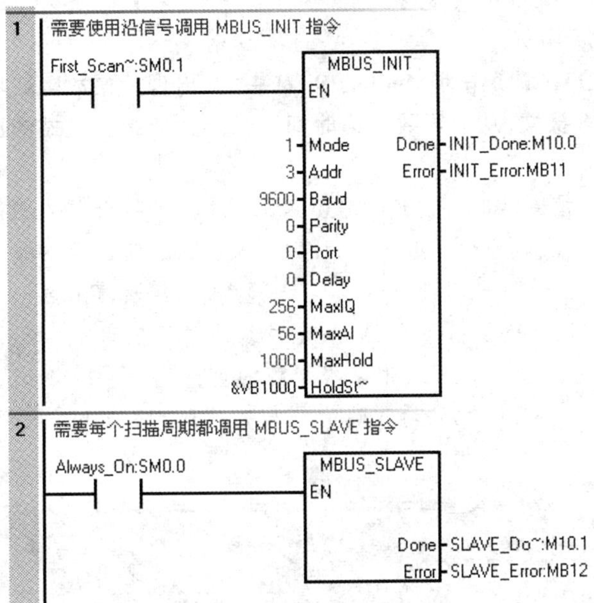

图 5.84　Modbus RTU 从站指令编程

际使用的类型不同，用户可能需要先对例子程序进行修改和调整，才能将其用于测试。

5.6.5　常问问题

1. S7-200 SMART CPU 是否支持 Modbus ASCII 通信模式？

STEP 7-Micro/WIN SMART 软件未提供 Modbus ASCII 通信模式指令库。S7-200 SMART CPU 若用于 Modbus ASCII 通信，则需要用户使用自由口通信模式进行编程。

2. S7-200 SMART CPU 集成的 RS485 端口（端口 0）以及 SB CM01 信号板（端口 1）两个通信端口能否同时作为 Modbus RTU 主站或者同时作为 Modbus RTU 从站？

S7-200 SMART CPU 两个通信端口不能同时作为从站，可以一个通信端口作为主站，另外一个通信端口作为从站。当两个通信端口都作为主站时，则需要分别调用 Modbus RTU Master 和 Modbus RTU Master2 主站指令库。

3. S7-200 SMART CPU 作为 Modbus RTU 主站如何访问 Modbus 地址范围大于49 999 的保持寄存器？

通常 Modbus 协议的保持寄存器地址范围在 40 001～49 999 之间，这个范围对于多数应用来说已经足够了，但有些 Modbus 从站保持寄存器的地址会超出该范围。Modbus RTU 主站协议库支持保持寄存器的地址范围为 40 001～49 999 或者 400 001～465 536。如果 Modbus 从站的地址范围为 400 001～465 536，只需在调用 MBUS_MSG 子程序时给 Addr 参数赋相应的值即可，如 416 768。

4. S7-200 SMART CPU 作为 Modbus RTU 主站，多次调用 MBUS_MSG 指令时，为什么该指令会出现 6# 错误代码？

同一时间只能有一条 MBUS_MSG 指令处于激活状态，如果激活多条 MBUS_MSG 指令，将只执行第一条 MBUS_MSG 指令，所有后续 MBUS_MSG 指令将中止执行并出现 6# 错误代码。多条 MBUS_MSG 指令的执行需要采用轮询方式，具体编程可参考 5.6.4 小节 Modbus RTU 通信应用实例。

5. S7－200 SMART CPU 作为 Modbus RTU 主站，出现从站故障或者通信线路断开时，主站会尝试发送多次请求报文，从而导致通信时间过长。如何减少主站的重发次数，以提高通信效率？

MBUS_MSG 指令被激活时将发送 Modbus 请求报文帧，如果在 Timeout 参数定义的时间间隔内主站未接收到从站应答，Modbus RTU 主站协议库默认的情况下还会再发送 2 次 Modbus 请求报文帧。在最后一次请求报文帧发送后，若经过 Timeout 参数定义的时间间隔后还未收到应答，MBUS_MSG 指令的 Done 完成位才被设置为 1。将 mModbusRetries 变量的数值由 2 改为 0，即可取消 Modbus 请求报文帧的重试次数。mModbusRetries 变量的绝对地址可通过查询 Modbus RTU 主站协议库的符号表获取。Modbus RTU 主站指令符号表如图 5.85 所示。

符号表

			符号	地址	注释
1			mModbusBufr	VB0	Transmit/receive buffer (250 bytes)
2			mModbusBufrSlave	VB1	ModbusBufr[1] - slave address byte
3			mModbusBufrFctn	VB2	Modbusbufr[2] - function code byte
4			mModbusBufrB3	VB3	ModbusBufr[3] as a byte address
5			mModbusBufrW3	VW3	ModbusBufr[3] as a word address
6			mModbusBufrB4	VB4	ModbusBufr[4] as a byte address
7			mModbusBufrW5	VW5	ModbusBufr[5] as a word address
8			mModbusBufrB7	VB7	ModbusBufr[7] as a byte address
9			mModbusBufrB8	VB8	ModbusBufr[8] as a byte address
10			mModbusDone	V250.0	Memory for modbus done flag
11			mModbusBroadcast	V250.1	Current message is a broadcast
12			mModbusForceMulti	V251.0	Force functions 15 and 16 for single...
13			mModbusState	VB252	State machine (byte)
14			mModbusActive	VB253	Modbus active flag (byte)
15			mModbusError	VB254	Memory for modbus error
16			mModbusFunction	VB255	Modbus function number for current...
17			mModbusRetryCount	VB256	Current number of retries processed
18			mModbusRetries	VB257	Number of retries requested
19			mModbusRxTimeout	VW258	Message timeout (word)
20			mModbusTxDelay	VW260	Delay time before transmitting (word)
21			mModbusMax	VW262	Buffer bytes available for data writes...
22			mModbusCharTimeout	VW264	Intercharacter timeout in milliseconds
23			mModbusTimer	VD268	Modbus timer
24			mModbusSignature1	VD272	ID signature No. 1
25			mModbusSignature2	VD276	ID signature No. 2
26			mModbusSignature3	VD280	ID signature No. 3
27			mModbusPort	VB285	Port number

图 5.85　Modbus RTU 主站指令符号表

6. 为什么有的 HMI 软件使用 Modbus RTU 协议可以读取作为 Modbus RTU 从站 S7－200 SMART CPU 的数据，但是不能写入数据？

可能此软件使用 Modbus 功能 15 写多个开关量输出功能到 S7－200 SMART CPU 时，没有遵守从站协议中"以整字节地址边界(如 Q0.0、Q2.0)开始、以 8 的整数倍为位个数"的规约。定义 HMI 软件严格执行此规约可以避免发生写入错误。

7. 为什么有的 HMI 软件使用 Modbus RTU 协议读取作为 Modbus RTU 从站 S7－200 SMART CPU 的浮点型数据时会出现错误？

可能此 HMI 软件使用 Modbus RTU 通信协议时，处理保持寄存器中浮点数的存储格式

与西门子的浮点数存储格式不同。西门子的 PLC 遵循“高字节低地址、低字节高地址”的规约。

Modbus RTU 的保持寄存器以“字”为单位，1 个浮点型数据则由 2 个“字”构成。HMI 软件在处理时可能会将保持寄存器的 2 个“字”互换位置，造成不能识别以西门子格式表示的浮点数。如果 HMI 软件一方无法处理这种浮点数，则可在 S7－200 SMART CPU 中编程以将存入保持寄存器的浮点数的高“字”和低“字”互换。

8. S7－200 SMART 紧凑型 CPU 作为 Modbus RTU 从站时，已经将 MBUS_INIT 指令的 Mode 输入参数设置为“1”了，但是为什么 MBUS_SLAVE 指令还会出现 10＃错误（从站功能未启用）？

S7－200 SMART 紧凑型 CPU 不能扩展信号模块，不具有模拟量输入通道，如果 MBUS_INIT 指令的 MaxAI 输入参数设置不为“0”，则 MBUS_SLAVE 指令会出现 10＃错误。

9. S7－200 SMART CPU 作为 Modbus RTU 从站时，是否支持 Modbus RTU 主站发送的广播命令？

S7－200 SMART CPU 作为 Modbus RTU 从站时，不支持 Modbus RTU 主站发送的广播命令。

5.7　USS 通信协议

5.7.1　USS 协议概述

USS 协议（Universal Serial Interface Protocol，即通用串行接口协议）是西门子专为驱动装置开发的通用通信协议，它是一种基于串行总线进行数据通信的协议。USS 协议是主—从结构的协议，USS 总线网段上最多支持 32 个通信节点，只能有 1 个主站和最多 31 个从站；总线上的每个从站都有唯一的从站地址，主站依靠它识别每个从站。USS 通信总是由主站发起，USS 主站不断循环轮询各个从站，从站根据收到的主站报文，决定是否以及如何响应，从站永远不会主动发送数据。对于主站来说，它必须在接收到主站报文之后的一定时间内发回响应，否则主站将视该从站出错。USS 报文发送格式如图 5.86 所示。

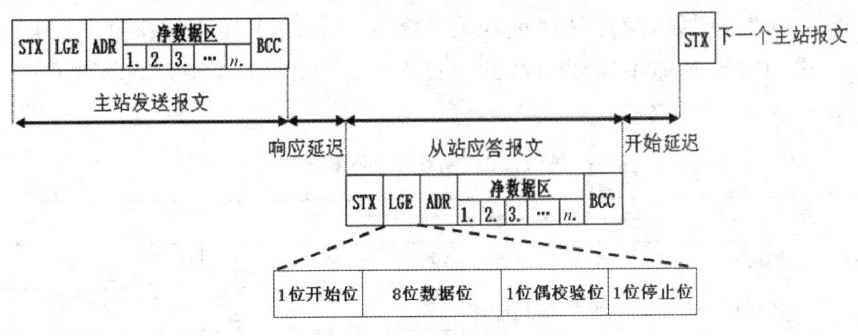

图 5.86　USS 报文发送格式

- USS 通信中的每个字符由 1 位开始位、8 位数据位、1 位偶校验位以及 1 位停止位组成。
- 响应延迟时间约为 20 ms，开始延迟时间则取决于通信的波特率（2 个字符的传输时间）。
- STX（16＃02）：USS 报文的开始；LGE：USS 报文的长度；ADR：从站地址及报文类

型;1.2. …n.：净数据区,由 PKW(参数识别)和 PZD(过程数据)组成;BCC：块校验字符。

安装 STEP 7－Micro/WIN SMART 软件的同时会自动安装 USS 协议库。USS 协议库包括 USS 初始化指令、USS 控制指令以及 USS 参数读/写指令。通过调用 USS 协议库,S7－200 SMART CPU 集成的 RS485 端口(端口 0)或 SB CM01 信号板(端口 1),可以激活 USS 协议与西门子变频器进行通信,但是两个通信端口不可以同时激活 USS 协议。

5.7.2 USS 指令介绍

1. USS_INIT 指令

USS_INIT 指令用于初始化、监控或禁止 USS 协议通信。USS_INIT 指令只需要在改变通信状态时执行一次,因此 USS_INIT 指令的 EN 输入参数需要使用沿信号触发。在执行其他 USS 指令之前,必须先正确执行 USS_INIT 指令。USS_INIT 指令的调用如图 5.87 所示。

USS_INIT 指令中各个参数定义如下。

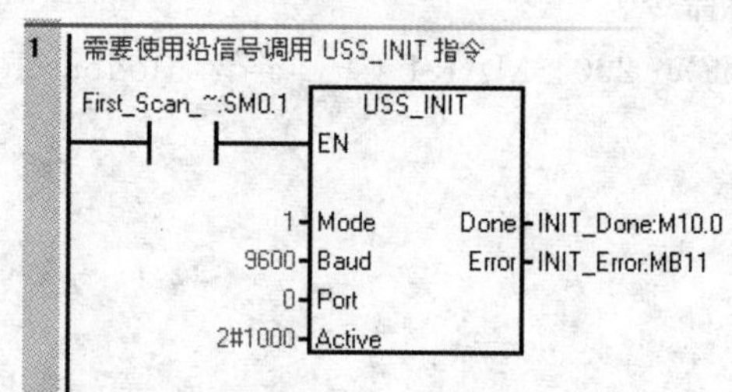

图 5.87 调用 USS_INIT 指令

- EN(使能)：USS_INIT 指令只需要在改变通信状态时执行一次,因此 EN 输入参数需要使用沿信号触发。
- Mode(模式)：为 1 时,使能 USS 协议;为 0 时,恢复为 PPI 协议。
- Baud(波特率)：支持的通信波特率为 1 200 bps,2 400 bps,4 800 bps,9 600 bps,19 200 bps,38 400 bps,57 600 bps,115 200 bps。
- Port(端口)：为 0 时,CPU 集成的 RS485 端口(端口 0);为 1 时,SB CM01 信号板(端口 1)。
- Active(激活)：指示 S7－200 SMART CPU 作为 USS 主站轮询访问哪些 USS 从站,即哪些 USS 从站在 USS 主站的轮询表中被激活。Active 参数为 32 位的 DWORD 数据类型,每一位的位号表示 USS 从站的地址号。若要在网络中激活某地址号的驱动装置,则需要把相应位号对应的位设置为二进制“1”,不需要激活的 USS 从站,相应的位设置为“0”。例如,激活站地址号为 1 和 3 的驱动装置,则须将位号为 1 和 3 的位设置为二进制“1”,其他不需要激活的地址对应的位设置为“0”,计算出的 Active 值为 2＃1010。Active 参数格式如表 5.20 所列。

表 5.20 Active 参数格式

位 号	MSB 31	30	29	28	…	3	2	1	LSB 0
对应从站的地址号	31	30	29	28	…	3	2	1	0
从站激活标志	0	0	0	0	…	1	0	1	0
Active 数值	2＃1010								

- Done(完成位)：初始化完成后会自动置 1。
- Error(错误代码)：只有在 Done 位为 1 时初始化错误代码有效,USS 协议执行错误代码如表 5.21 所列。

表 5.21　USS 协议执行错误代码

USS 协议执行错误代码	描　述
0	无错误
1	驱动装置无响应
2	来自驱动的响应中检测到校验和错误
3	来自驱动的响应中检测到奇偶校验错误
4	用户程序干扰引起错误
5	尝试执行非法命令
6	提供了无效的驱动装置地址
7	通信口未定义为 USS 协议
8	通信口忙于处理其他指令
9	驱动装置速度设定输入值超限
10	驱动装置返回的信息长度不正确
11	驱动装置返回报文的第一个字符不正确
12	驱动装置返回的长度信息不被 USS 指令支持
13	响应了错误的驱动装置
14	提供的 DB_Ptr 地址不正确
15	提供的参数号不正确
16	选择了错误的协议
17	USS 已激活，不能改变
18	指定了非法的波特率
19	无通信活动，驱动装置未激活
20	驱动装置返回的参数值不正确或包括错误的代码
21	请求一个字长的数据时返回了一个双字数据
22	请求一个双字长的数据时返回了一个字数据
23	端口无效
24	信号板(SB)端口 1 缺失或未组态

2. USS_CTRL 指令

USS_CTRL 指令用于控制处于激活状态的西门子变频器，每台变频器只能使用一条 USS_CTRL 指令。USS_CTRL 指令的调用如图 5.88 所示。

USS_CTRL 指令中各个参数定义如下。

- EN(使能)：EN 参数接通时才能启用 USS_CTRL 指令。EN 输入参数通常为 1。
- RUN(启动/停止)：用于控制变频器启动(1)或者停止(0)。当 RUN 为 1 时，变频器收到启动命令，以指定的速度和方向运行。为使变频器运行，必须符合以下条件：变频器已被 USS_INIT 指令激活；输入参数 OFF2、OFF3 必须为 0；输出参数 Fault、Inhibit 必须为 0。当 RUN 为 0 时，变频器将会减速停机。
- OFF2：用于控制变频器自由停车。

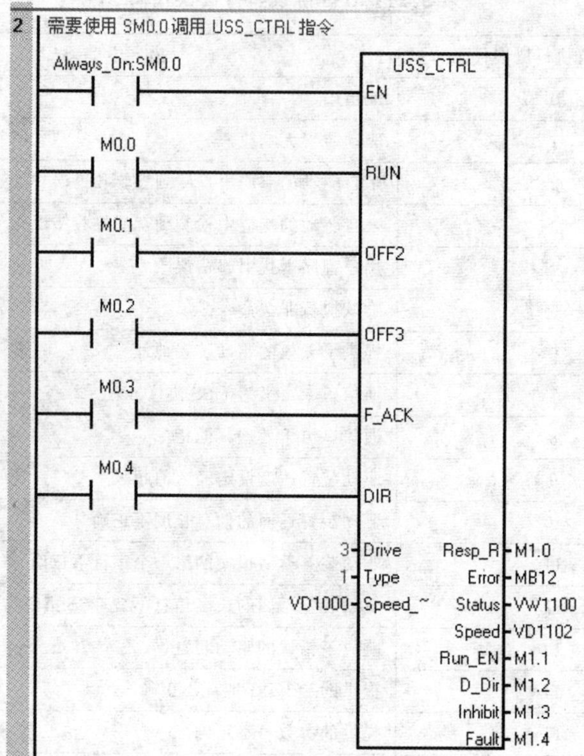

图 5.88　调用 USS_CTRL 指令

- OFF3：用于控制变频器快速停车。
- F_ACK：用于变频器中故障的确认。
- DIR：用于设置变频器的运动方向。
- Drive：变频器 USS 站地址，地址范围为 0～31。
- Type：选择变频器的类型。MM3 系列变频器的类型为 0，MM4 或 SINAMICS 系列变频器的类型为 1。
- Speed_SP(速度设定值)：变频器设定速度，该速度为额定速度的百分比。
- Resp_R(从站应答确认信号)：主站接收到 USS 从站有效的应答数据后，该状态位在此扫描周期被设置为 1。
- Error(错误代码)：0 为无错误，其他错误代码见表 5.21。
- Status(变频器的状态字)：此状态字直接来自变频器的状态字，表明当前变频器的实际运行状态，状态字的详细意义请参考相应的变频器手册。
- Speed(实际速度)：变频器实际速度，该速度为额定速度的百分比。
- Run_EN(变频器的运行状态)：为 1 时，变频器运行中；为 0 时，变频器已停止。
- D_Dir(变频器的运行方向)：指示变频器的运行方向。
- Inhibit(禁止位)：指示变频器禁止位状态，为 0 时未禁止，为 1 时已禁止。
- Fault(故障位)：指示变频器故障位状态，为 0 时无故障，为 1 时有故障。

3. USS_RPM_x 指令

USS_RPM_x 指令用于读取变频器的参数值。由于参数数据类型的不同，USS_RPM_x 指令共有 3 条，分别用于读取字、双字以及浮点数等数据类型的参数。对于 USS_RPM_x 指令的调用如图 5.89 所示。对于 USS_RPM_x 指令和 USS_WPM_x 指令，在同一时刻只能激活其中一条指令，多条参数读/写指令的执行需要采用轮询方式，具体编程可参考 5.7.3 小节 USS 通信应用实例。

USS_RPM_x 指令中各个参数定义如下。

- EN(使能)：同一时刻只能有一条 USS_RPM_x 指令或者 USS_WPM_x 指令执行，EN 输入参数必须一直接通直到该条指令 Done 位被置 1。
- XMT_REQ(读取参数请求)：每一条新的请求需要使用沿信号触发。
- Drive：变频器 USS 站地址，地址范围为 0～31。
- Param：变频器参数编号。
- Index：要读取参数的索引值。
- DB_Ptr(地址指针)：参数 DB_Ptr 是间接地址指针，每一条 USS_RPM_x 指令需要指定唯一一个 16 字节的数据缓冲区，该缓冲区用于存储发送到变频器的命令的执行结果。
- Done(完成位)：变频器参数读取功能完成或者出现错误时，该位会自动置 1。多条参数读/写指令执行时，可以使用该完成位激活下一条参数读/写指令。
- Error(错误代码)：只有在 Done 位为 1 时错误代码有效，USS 协议执行错误代码如表 5.21 所列。
- Value(读取的数值)：读取的变频器参数值，该数据在 USS_WPM_x 指令开始读取参数请求时被清零。该数值只在 USS_WPM_x 指令的 Done 完成位为 1 时有效。

4. USS_WPM_x 指令

USS_WPM_x 指令用于写入变频器的参数值。由于参数数据类型的不同，USS_WPM_x 指令共有 3 条，分别用于写入字、双字以及浮点数等数据类型的参数。USS_WPM_x 指令的调用如图 5.90 所示。对于 USS_RPM_x 指令和 USS_WPM_x 指令，同一时刻只能激活其中一条指令，多条参数读/写指令的执行需要采用轮询方式，具体编程可参考 5.7.3 小节 USS 通信应用实例。

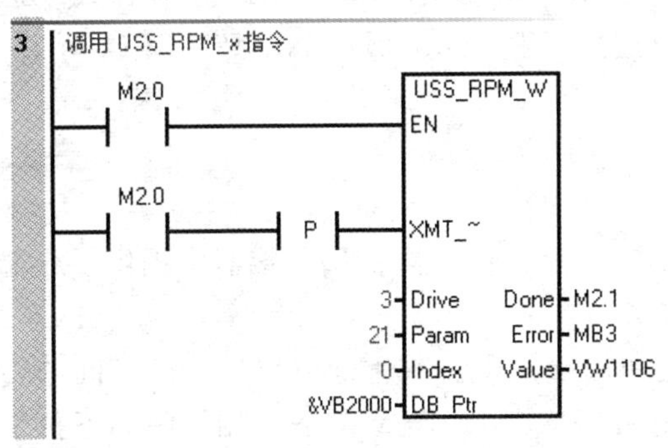

图 5.89　调用 USS_RPM_x 指令

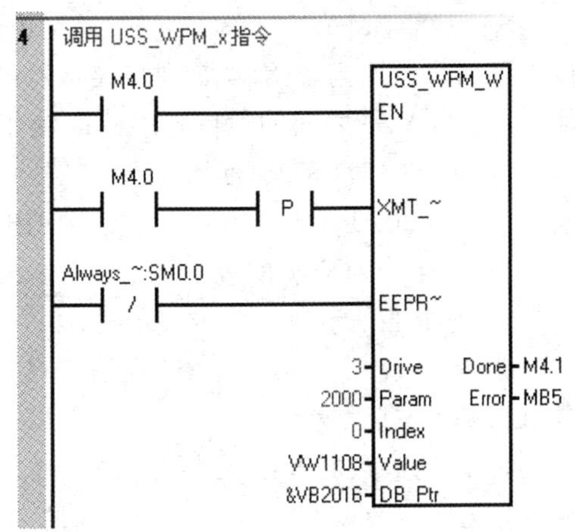

图 5.90　调用 USS_RPM_x 指令

USS_WPM_x 指令中各个参数定义如下。

- EN(使能)：同一时刻只能有一条 USS_RPM_x 指令或者 USS_WPM_x 指令使能，EN 输入参数必须一直接通直到该条指令 Done 位被置 1。
- XMT_REQ(读取参数请求)：每一条新的请求需要使用信号沿触发。
- EEPROM：为 0 时，参数只能写入到变频器的 RAM 区；为 1 时，参数写入到变频器的 RAM 区和 EEPROM 区。
- Drive：变频器 USS 站地址，地址范围为 0～31。
- Param：变频器参数编号。
- Index：要写入参数的索引值。
- Value：要写入到变频器的参数值。
- DB_Ptr(地址指针)：参数 DB_Ptr 是间接地址指针，每一条 USS_WPM_x 指令需要指定唯一一个 16 字节的数据缓冲区，该缓冲区用于存储发送到变频器的命令的执行结果。
- Done(完成位)：变频器参数写入功能完成或者出现错误时，该位会自动置 1。多条参数读/写指令执行时，可以使用该完成位激活下一条参数读/写指令。
- Error(错误代码)：只有在 Done 位为 1 时错误代码有效，USS 协议执行错误代码如表 5.21 所列。

5. USS 指令库存储器地址分配

USS 指令库存储器需要占用 402 字节 V 存储器用于库存储器地址分配。该库存储器分配的地址不能与 USS_RPM_x 指令或者 USS_WPM_x 指令 DB_Ptr 指向的 V 存储器的地址重叠，也不能与其他程序使用的地址重叠。

5.7.3 USS 通信应用实例

下面的例子为 S7－200 SMART CPU 与 SINAMICS V20 变频器进行 USS 通信，通信任务要求 CPU 可以控制 V20 变频器的启停和速度改变，并能读取变频器的实际输出频率(r0024)和实际输出电流(r0027)。

1. USS 通信接线

S7－200 SMART CPU 与 SINAMICS V20 USS 通信总线为 RS485 网络。CPU 通信端口侧可以采用西门子 RS485 网络连接器，V20 通信端口为端子连接，端子 6、7 用于 RS485 通信，CPU 与 V20 之间的通信电缆建议使用西门子 Profibus 总线电缆。当 V20 变频器处于通信总线的终端时，需要为其添加终端电阻以及偏置电阻。S7－200 SMART CPU 与 SINAMICS V20 变频器 USS 通信接线如图 5.91 所示。

图 5.91 中对应项的说明如下。

① 各个通信节点都需要良好接地。

② S7－200 SAMRT CPU 通信端口 0 使用 RS485 网络连接器，网络连接器中提供了终端电阻和偏置电阻。

③ 终端节点的 V20 变频器需要增加终端电阻和偏置电阻。其中 P＋与 N－端子间的终端电阻为 120 Ω；10 V 与 P＋端子间的上拉偏置电阻为 1 500 Ω，0 V 与 N－端子间的下拉偏置电阻为 470 Ω。

④ 各个通信节点之间需要做好等电位连接，以保护通信口不因共模电压差而损坏或中断

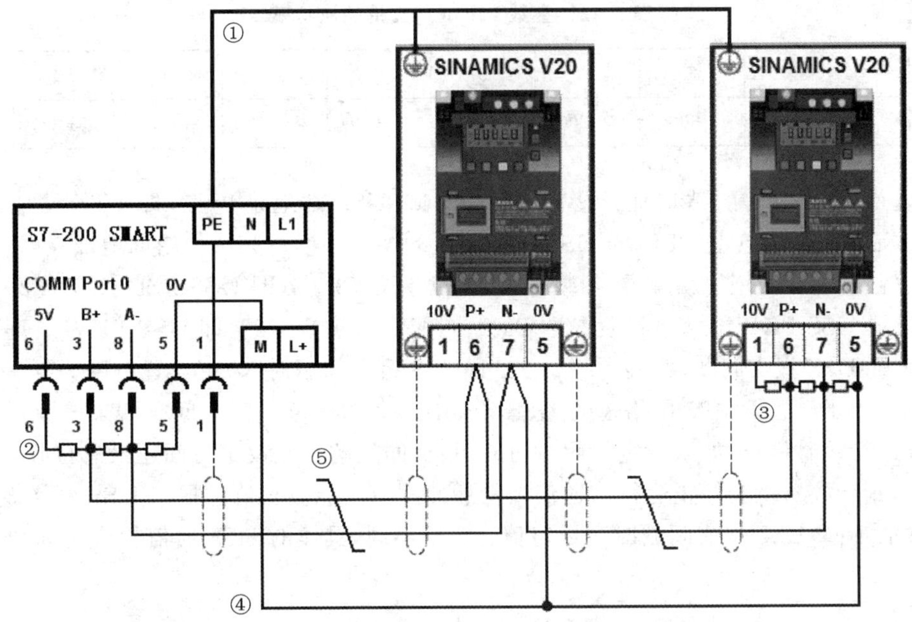

图 5.91　S7－200 SMART CPU 与 SINAMICS V20 USS 通信接线

通信。

⑤ USS 通信电缆应为屏蔽双绞线(建议使用西门子 PROFIBUS 电缆)，电缆的屏蔽层须双端接地。

2. SINAMICS V20 变频器参数设置

V20 可以通过选择连接宏 Cn010 实现 USS 通信，也可以通过直接修改变频器参数的方法来实现 USS 通信。修改变频器参数的步骤如下。

① 变频器恢复到出厂默认设置：设置参数 P0010(调试参数过滤)＝30，P0970(工厂复位)＝1 或者 21。

P0970＝1：所有参数(不包括用户默认设置)复位至默认值；P0970＝21：所有参数以及所有用户默认设置复位至工厂复位状态。参数 P2010、P2021、P2023 的值不受工厂复位影响。

② 设置用户访问级别为专家级：设置参数 P0003(用户访问级别)＝3。

③ 选择命令源来源于 RS485 总线：设置参数 P0700(选择命令源)＝5。

④ 选择设定值源来源于 RS485 总线：设置参数 P1000(选择设定值源)＝5。

⑤ 设置 RS485 总线协议为 USS 协议：设置参数 P2023(RS485 协议选择)＝1。

⚠ **注意：** 在更改 P2023 后，须对变频器重新上电。在此过程中，请在变频器断电后等待数秒，确保 LED 灯熄灭或显示屏空白后方可再次接通电源。如果通过 PLC 更改 P2023，须确保所做出的更改已通过 P0971 保存到 EEPROM 中。

---

⑥ 设置 USS 通信的波特率：设置参数 P2010(选择波特率)＝6，即波特率为 9 600 bps，V20 与 S7－200 SMART CPU 的波特率必须相同。V20 USS 通信支持的波特率如表 5.22 所列。

表 5.22　参数 P2010 所支持的波特率

参数值	6	7	8	9	10	11	12
波特率/bps	9 600	19 200	38 400	57 600	76 800	93 750	115 200

⑦ 设置 USS 通信的站地址：设置参数 P2011(USS 站地址)＝3，即 USS 站地址为 3。V20 USS 站地址要包含在 CPU 的 USS_INIT 指令 Active 参数激活的轮询地址表内。

⑧ 设置 USS PZD 长度：设置参数 P2012(PZD 长度)＝2，即 USS PZD 长度为 2 个字长。

⑨ 设置 USS PKW 长度：设置参数 P2013(PKW 长度)＝127，即 USS PKW 长度可变。

⑩ 设置 USS 报文间断时间：参数 P2014(USS 报文间断时间)可设置范围为 0～65 535，单位为 ms，用于设置 RS485 网络上的 USS 通信控制信号中断超时时间。如果设置为 0，则在此端口不进行超时检查；如果设定了超时时间，报文间隔超过此设定时间还没有接收到下一条报文信息，则变频器将会停止运行。通信恢复后此故障才能被复位。根据 USS 网络通信波特率和站数的不同，USS 报文间断时间设定值会有所不同，具体的 USS 通信轮询时间如表 5.23 所列。

表 5.23　USS 通信轮询时间

通信波特率/bps	已激活的驱动器的轮询时间间隔/ms (未激活任何参数访问指令)
9 600	50(最大)乘以驱动器数目
19 200	35(最大)乘以驱动器数目
38 400	30(最大)乘以驱动器数目
57 600	25(最大)乘以驱动器数目
115 200	25(最大)乘以驱动器数目

⑪ 保存参数到 EEPROM：设置参数 P0971(从 RAM 向 EEPROM 传输数据)＝1，上述设置参数将保存到变频器的 EEPROM 中。

3. S7－200 SMART CPU USS 通信编程

S7－200 SMART CPU USS 通信时需要实现如下功能：

① 调用 USS_INIT 指令启用、初始化 USS 通信，并将站地址为 3 的 V20 在 USS 主站的轮询地址表中激活。

② 调用 USS_CTRL 指令控制 V20 变频器的启停和速度改变。

③ 调用 2 条 USS_RPM_R 指令分别用于读取 V20 的实际输出频率(r0024)和实际输出电流(r0027)。因为同一时刻只能有一条 USS_RPM_R 指令处于激活状态，所以本例子中的 2 条 USS_RPM_R 指令的执行需要采用轮询方式。

S7－200 SMART CPU USS 通信具体编程步骤如下所述：

① CPU 启动时复位各个 USS 指令完成位以及其他状态位；调用 USS_INIT 指令启用、初始化 USS 通信，USS 主站的轮询地址表中激活地址为 3 的从站；USS_INIT 指令的 Done 完成位用于触发第一条 USS_RPM_R 指令的输入参数 EN。复位 USS 指令状态位并初始化

USS 通信如图 5.92 所示。

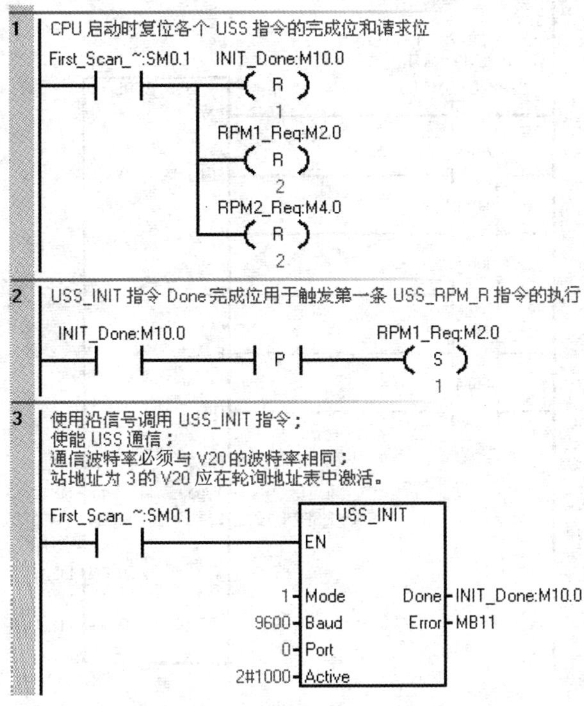

图 5.92　复位 USS 指令状态位并初始化 USS 通信

② 调用 USS_CTRL 指令可以控制 V20 变频器的启停和速度改变。M0.0 用于控制 V20 的启停，浮点数 VD1000 用于改变速度设定值。调用 USS_CTRL 指令控制 V20 变频器，如图 5.93 所示。

③ 调用第一条 USS_RPM_R 指令用于读取 V20 的实际输出频率(r0024)。该条 USS_RPM_R 指令的 Done 完成位的上升沿信号用于保存读取的变频器参数值，复位该条 USS_RPM_R 指令的 EN 输入参数并置位第二条 USS_RPM_R 指令的 EN 输入参数。调用第一条 USS_RPM_R 指令读取 V20 的实际输出频率，如图 5.94 所示。

④ 调用第二条 USS_RPM_R 指令用于读取 V20 的实际输出电流(r0027)。该条 USS_RPM_R 指令的 Done 完成位的上升沿信号用于保存读取的变频器参数值，复位该条 USS_RPM_R 指令的 EN 输入参数并置位第一条 USS_RPM_R 指令的 EN 输入参数。调用第二条 USS_RPM_R 指令读取 V20 的实际输出电流，如图 5.95 所示。

⑤ 为 USS 指令分配库存储器地址 VB0～VB401。该库存储器分配的地址不能与 USS_RPM_R 指令参数 DB_Ptr 指向的 V 存储器的地址重叠，也不能与其他程序使用的地址有重叠。

◆ 例子程序请参见随书光盘中的例程："5.7.3 S7 - 200 SMART CPU USS 通信编程.smart"。例子程序仅供参考，其中的 CPU 类型可能与用户实际使用的类型不同，用户可能需要先对例子程序做修改和调整，才能将其用于测试。

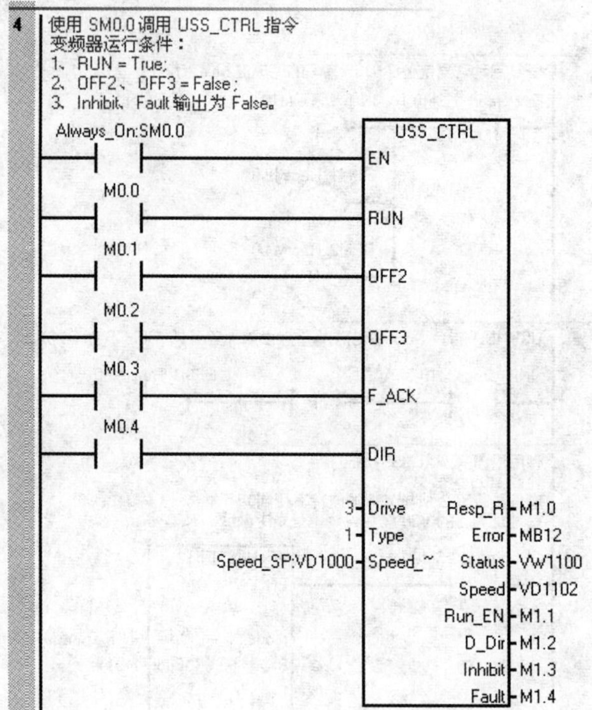

图 5.93　调用 USS_CTRL 指令控制 V20 变频器

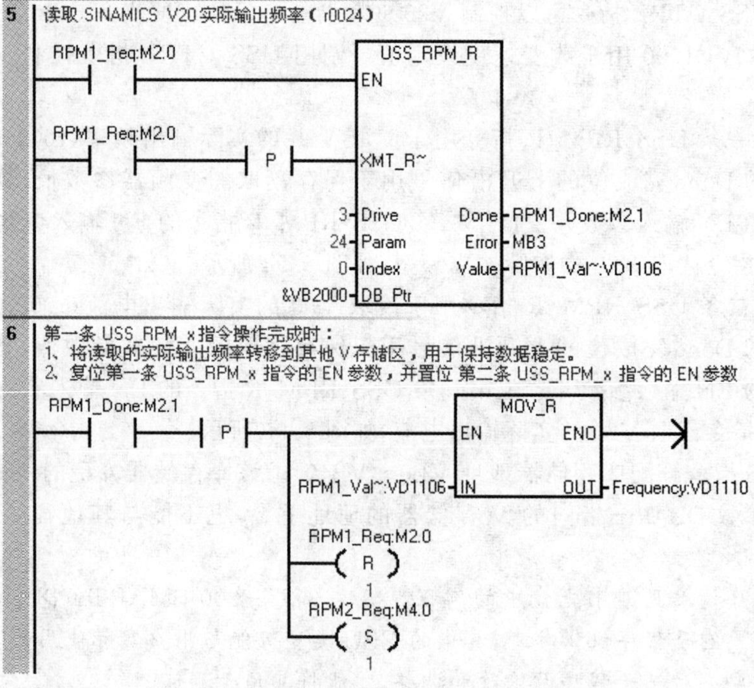

图 5.94　调用第一条 USS_RPM_R 指令读取 V20 的实际输出频率

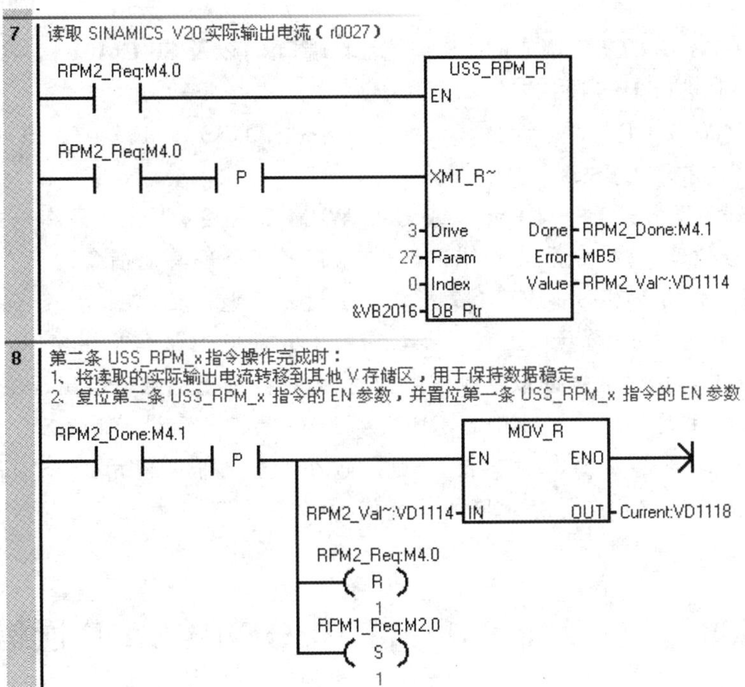

图 5.95　调用第二条 USS_RPM_R 指令读取 V20 的实际输出电流

5.7.4　常问问题

1. S7－200 SMART CPU USS 协议库能否与第三方变频器进行通信？其支持与哪些变频器通信？

USS 协议（Universal Serial Interface Protocol，即通用串行接口协议）是西门子专为西门子驱动装置开发的通用通信协议，不能用于与第三方变频器通信。

S7－200 SMART USS 协议库可用于与 MicroMaster 3、MicroMaster 4、Sinamics G110、Sinamics G120、Sinamics S110 以及 Sinamics V20 系列变频器通信。

2. S7－200 SMART CPU 与西门子变频器 USS 无法通信的可能原因是什么？

USS 通信需要从硬件接线和编程两个方面进行故障排查。硬件接线方面需要注意以下几点：

① S7－200 SMART CPU 的通信端口是非隔离型，通信距离最长 50 m，超出 50 m 距离需要增加 RS485 中继器。

② S7－200 SMART CPU 的通信端口是非隔离型，与变频器通信时需要做好等电位连接。通过将 CPU 模块右下角的传感器电源的 M 端与其他变频器通信端口的 0 V 参考点连接起来做到等电位连接。

编程方面需要注意以下几点：

① 应使用沿信号调用 USS_INIT 指令，用于启用、初始化 USS 通信，USS 从站站地址需要在主站的轮询地址表中被激活。

② 应使用 SM0.0 调用 USS_CTRL 指令，每一个 USS 从站只能使用一条 USS_CTRL

指令。

3. S7－200 SMART CPU 集成的 RS485 端口（端口 0）以及 SB CM01 信号板（端口 1）两个通信端口能否同时进行 USS 通信？

S7－200 SMART CPU 两个通信端口不能同时进行 USS 通信，端口 0 与端口 1 在同一时刻只能有一个端口用于 USS 通信。

4. 同一时刻触发多条 USS_RPM_x 或 USS_WPM_x 指令，为什么只有一条参数读/写指令被执行，其他参数读/写指令报 8＃ 错误（通信端口忙于处理其他指令）？

USS_RPM_x 指令和 USS_WPM_x 指令同一时刻只能激活一条指令，多条参数读/写指令的执行可以采用轮询方式，具体编程可参考 5.7.3 小节 USS 通信应用实例。

5. USS_RPM_R 指令数据读取变频器参数时，为什么读出的数值会出现跳变？

USS_RPM_R 指令输入参数 XMT_REQ 为 True 时将启动参数读取请求并清除输出参数 Value 数值，所以会造成读出的参数数值跳变的现象。可以使用 USS_RPM_R 指令的 Done 完成位的上升沿信号来保存读取的参数值，具体编程可参考 5.7.3 小节 USS 通信应用实例。

5.8 S7－200 SMART PROFIBUS DP 通信

5.8.1 PROFIBUS 通信概述

PROFIBUS 由三种通信协议组成，即 PROFIBUS DP、PROFIBUS PA 和 PROFIBUS FMS。PROFIBUS DP 在主站和从站之间采用轮询的通信方式，主要应用于自动化系统中单元级和现场级通信，适用于传输中小量的数据。PROFIBUS PA 是为过程控制的特殊要求而设计的，使用了扩展的 PROFIBUS DP 协议进行数据传输，电源和通信数据通过总线并行传输，可以用于对本质安全有要求的场合。PROFIBUS FMS 主要应用于车间级主站之间的通信，是面向对象的通信，适用于大数据量的数据传输。对于西门子 PLC 系统，PROFIBUS 还提供了 S7 通信和 S5 兼容通信（PROFIBUS FDL）两种通信方式。

PROFIBUS DP 网络中的设备类型有以下三种：

1）1 类 DP 主站：完成总线通信控制与管理，与从站交换数据等，例如具有 DP 接口的 PLC、插有 PROFIBUS DP 主站板卡的 PC。

2）2 类 DP 主站：负责对 DP 系统进行配置、对网络进行诊断等，例如操作员站、编程器。

3）DP 从站：负责执行主站的输出命令，向主站提供现场传感器采集到的输入信号和输出信号，如分布式 I/O、具有 DP 接口的驱动器、传感器和执行机构等。

EM DP01 PROFIBUS DP 模块仅支持 PROFIBUS DP 协议，只能作为 PROFIBUS DP 从站与 PROFIBUS DP 主站通信。

PROFIBUS DP 的模式一共有三个版本：

1）DPV0：PROFIBUS 的基本通信功能，主从站间周期性通信，以及站诊断、模块诊断和特定通道的诊断功能。

2）DPV1：增加了主从站间非周期性通信功能及扩展诊断功能，可以进行参数设置、诊断和报警处理。非周期性通信与周期性通信是并行执行的，但非周期性通信优先级较低。

3）DPV2：增加了从站之间的通信、等时同步、时钟控制与时间标记、上传与下载、从站冗余等功能。

EM DP01 PROFIBUS DP 模块可以作为 DP 从站设备将 S7－200 SMART CPU 连接到 PROFIBUS 网络与其他主站设备通信，仅支持 DPV0 与 DPV1 模式。

5.8.2　PROFIBUS 网络

PROFIBUS 总线符合 EIA RS485 标准，PROFIBUS RS485 的传输是以半双工、异步、无间隙同步为基础的。传输介质可以是屏蔽双绞线或光缆。

1. PROFIBUS 网络的通信速率与通信距离

使用 PROFIBUS 电缆电气传输时，PROFIBUS 网络支持的通信速率与通信距离有关，如表 5.24 所列。

表 5.24　RS485 网段电缆的最大长度

波特率	总线最大长度/m
9.6～187.5 kbps	1 000
500 kbps	400
1～1.5 Mbps	200
3～12 Mbps	100

2. 电气网络拓扑结构

使用 PROFIBUS 电缆和 PROFIBUS 连接器连接 PROFIBUS 站点。每一个 RS485 网段最多为 32 个站点。在总线的两端必须使用终端电阻，总线的终端电阻集成在连接器及网络部件中。

使用西门子的 RS485 网络连接器可将多台通信站点连接到通信网络上，如果需要扩展总线的长度或者 PROFIBUS 站点数大于 32 个时，需要使用 RS485 中继器。RS485 中继器是一个有源的网络元件，也要占一个站点。例如，PROFIBUS 总线的长度为 500 m、波特率要求达到 1.5 Mbps 时，查表 5.24 可知，波特率为 1.5 Mbps 时总线最大的长度为 200 m，因此要扩展到 500 m 需要加入两个 RS485 中继器，总线拓扑结构如图 5.96 所示。西门子 RS485 中继器具有信号再生和放大功能，在一条 PROFIBUS 总线上最多可以安装 9 个西门子 RS485 中继器。

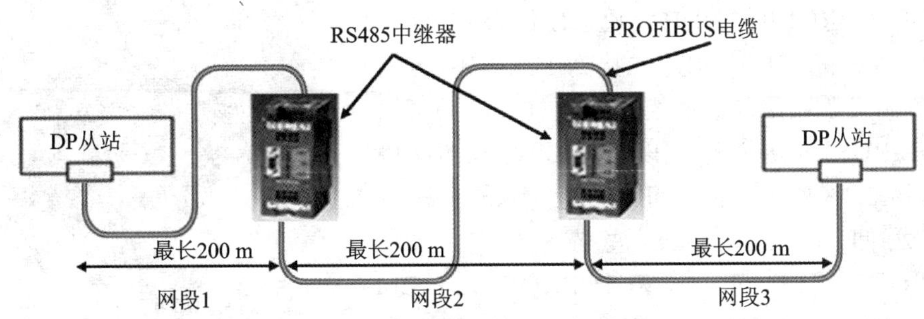

图 5.96　使用 RS485 中继器的总线拓扑结构

使用RS485中继器还可以实现PROFIBUS网络的星形和树形拓扑。如图5.97所示的网络拓扑中：

- 网段2得到网段1的放大再生信号,同样网段1也得到网段2的放大再生信号。
- RS485中继器的网段1不是网络终端设备,而是网络中间的一个设备,终端电阻设置在Off,网段1上的两个终端设备的终端电阻设置在On。
- RS485中继器的网段2是网络终端设备,终端电阻设置在On,网段2也可以像网段1一样通过接线端子A2、B2进行扩展。
- 由于中继器占用站点数,使用多个中继器时,第一个和最后一个网段最多有31个站点,两个中继器间最多有30个站点。

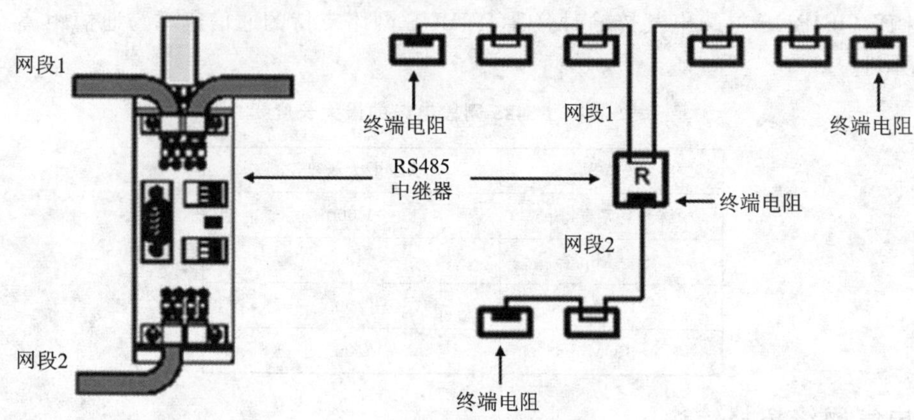

图5.97　使用RS485中继器的拓扑结构

3. 光纤网络拓扑结构

对于长距离数据传输,电气网络往往不能满足要求,而光纤网络可以满足长距离数据传输并且保持较高的传输速率。尤其在强电磁干扰的环境中,光纤网络具有良好的传输特性,可以屏蔽干扰信号对整个网络的影响。PROFIBUS OLM(Optical Link Module 光纤链接模块)是PROFIBUS电信号与PROFIBUS光信号相互转换的网络组件。使用PROFIBUS OLM构建光纤网络,可以实现总线拓扑、星形拓扑结构和冗余环网。

5.8.3　EM DP01 PROFIBUS DP 模块

1. EMDP01 PROFIBUS DP 模块简介

EM DP01 PROFIBUS DP模块可以作为DP从站设备将S7-200 SMART CPU连接到PROFIBUS网络与其他主站设备通信。通过模块上的旋转开关可以设置PROFIBUS DP从站地址以匹配DP主站组态中的地址,如图5.98所示。模块可以自适应9.6 kbps～12 Mbps之间的PROFIBUS波特率。S7-200 SMART标准型CPU可扩展两个PROFIBUS EM DP01模块,S7-200 SMART紧凑型CPU不支持PROFIBUS EM DP01模块的扩展。

图5.98　EM DP01 PROFIBUS DP 模块

EM DP01 上的 RS485 串行通信接口是一个 RS485 兼容的 9 针 D 型接口，与欧洲标准 EN 50170 规定的 PROFIBUS 标准一致，引脚分配如表 5.25 所列。

表 5.25　S7－200 SMART EM DP01 的引脚分配

连接器	引脚标号	PROFIBUS
9 针 D 型接口（1～5 为一排，6～9 为一排）	1	屏蔽
	2	24 V 返回
	3	RS485 信号 B
	4	发送请求
	5	5 V 返回
	6	＋5 V(隔离)
	7	＋24 V
	8	RS485 信号 A
	9	不适用

EM DP01 PROFIBUS DP 模块的前面板上有四个状态 LED 指示灯，用于指示模块的工作状态，具体的状态含义如表 5.26 所列。

表 5.26　S7－200 SMART EM DP01 的 LED 状态

说　明	电源 LED 指示灯（绿色）	诊断 LED 指示灯（红色/绿色）	DP 错误 LED 指示灯（红色）	DX 模式 LED 指示灯（绿色）
24 V DC 用户电源正常	绿色			
无 24 V DC 用户电源	灭			
内部模块故障		红色		
启动时，直到 CPU 登录到 EM DP01，或者 EM DP01 中存在故障		红色闪烁		
等待 S7－200 SMART CPU 的组态和参数化时，或固件更新期间		绿色闪烁		
不存在故障：EM DP01 已组态		绿色		
无 DP 错误			灭	
DP 通信中断：数据交换模式停止			红色	
参数化/组态错误(来自 DP 主站)			红色闪烁	
数据交换模式未激活或数据通信中断				灭
数据交换模式激活				绿色

2. 通信资源

EM DP01 PROFIBUS DP 模块同时支持 PROFIBUS DP 和 MPI 两种协议。EM DP01 PROFIBUS DP 模块的 DP 端口可以连接到网络中的 DP 主站，并且依然能够作为 MPI 从站设备与其他主站设备(例如，同一网络中的 SIMATIC HMI 设备或 S7－300/S7－400 CPU)通信。

EM DP01 PROFIBUS DP 模块只能作为 DP 从站，所以两个 EM DP01 PROFIBUS DP 模块之间不能通信。EM DP01 PROFIBUS DP 模块作为 MPI 从站时，连接资源共 6 个，其中 1 个预留给 OP，其余 5 个为自由资源，可以与 MPI 主站以及 HMI 设备通信。

3. 数据一致性

在通信过程中不会被并行发生的其他过程改变的数据区域是一致性数据区域。

如果传送的数据是非一致性数据，例如用于计算平均数的一组数据通过通信进行传递，通信过程中被优先级更高的中断程序中断，并且中断程序中对通信数据进行了修改，导致传送的通信数据一部分于处理中断之前传递，另一部分于处理中断之后传递，那么此时使用非一致性的数据进行运算后的结果是错误的。

PROFIBUS 支持三种类型的数据一致性：

- 字节：确保字节作为整体传送。
- 字：确保字的传送过程不会被 CPU 中的其他进程中断。
- 缓冲区：确保整个数据缓冲区作为一个单位传送，不会被 CPU 中的其他进程中断。

EM DP01 和 S7－200 SMART CPU 传送过程中始终保持缓冲区数据一致性，EM DP01 接收 DP 主站通信数据过程如下：

1）EM DP01 以一条消息的形式接收 DP 主站的输出。

2）EM DP01 将所有接收到的通信数据以一条消息形式传送到 S7－200 SMART CPU，并且传送过程不可中断。

3）CPU 一次性将所有通信数据传送到 V 存储器，传送不可中断。

EM DP01 发送通信数据到 DP 主站过程如下：

1）发送通信数据到 DP 主站时，CPU 一次性将所有通信数据从 V 存储器传出，传出过程不可中断。

2）S7－200 SMART CPU 将所有发送数据以一条消息形式传送到 EM DP01，该传送不可中断。

3）EM DP01 将通信数据以一条消息形式发送到 DP 主站。

4. 支持的组态

EM DP01 PROFIBUS DP 模块支持的组态选项如表 5.27 所列。

表 5.27　S7－200 SMART EM DP01 PROFIBUS DP 模块支持的组态选项

<table>
<tr><th>组　态</th><th>主站的输入</th><th>主站的输出</th><th>数据一致性</th></tr>
<tr><td>1</td><td colspan="2">通用模块</td><td rowspan="8">缓冲区数据一致性</td></tr>
<tr><td>2</td><td>4 字节</td><td>4 字节</td></tr>
<tr><td>3</td><td>8 字节</td><td>8 字节</td></tr>
<tr><td>4</td><td>16 字节</td><td>16 字节</td></tr>
<tr><td>5</td><td>32 字节</td><td>32 字节</td></tr>
<tr><td>6</td><td>64 字节</td><td>64 字节</td></tr>
<tr><td>7</td><td>122 字节</td><td>122 字节</td></tr>
<tr><td>8</td><td>128 字节</td><td>128 字节</td></tr>
</table>

在 EM DP01 组态中，可以支持 2 个插槽，允许选择表中的任意两种组态选项。EM DP01 最大允许输入字节为 244 和输出字节为 244，所有的输入数据和所有的输出数据都是地址连续的。以下是两个示例：

- 示例 1：一个 32 字节输入/输出的组态加上一个 8 字节输入/输出的组态得到总计输入 40 字节以及输出 40 字节的组态。
- 示例 2：一个 122 字节输入/输出的组态加上一个 122 字节输入/输出的组态得到总计输入 244 字节以及输出 244 字节的组态。

以示例 1 为例（V 存储器偏移量为 1000），介绍 S7－200 SMART CPU 中的 V 存储器与 S7－1200 PROFIBUS DP 主站的 I/O 地址区域对应关系，如图 5.99 所示。

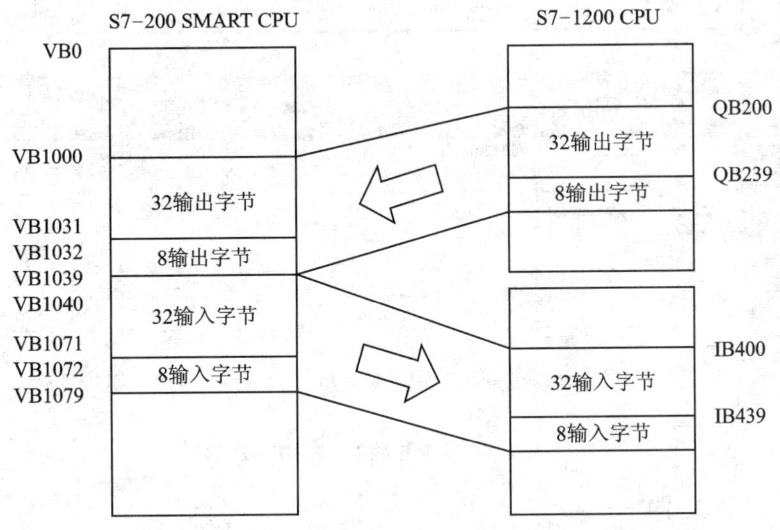

图 5.99　V 存储器和 I/O 地址区域对应关系

1）S7－200 SMART CPU 的输出与输入数据缓冲区均为 40 字节。接收数据（来自 DP 主站）缓冲区作为一个整体起始于 VB1000，发送数据（送入 DP 主站）缓冲区紧随接收数据缓冲区并起始于 VB1040。

2）通信数据区对应关系为：S7－1200 CPU 的 QB200～QB239 数据传送到 S7－200 SMART CPU 的 VB1000～VB1039，S7－200 SMART CPU 的 VB1040～VB1079 数据传送到 S7－1200 CPU 的 IB400～IB439。

5.8.4　EM DP01 PROFIBUS DP 应用实例

下面以 S7－1200 通过 CM 1243－5 模块作为主站，S7－200 SMART 通过 EM DP01 模块作为从站，主站传输数据 QB100～QB111 到从站的 VB0～VB11，从站传输数据 VB12～VB23 到 DP 主站的 IB100～IB111 为例，介绍如何实现 EM DP01 的 PROFIBUS DP 通信。S7－1200 CPU 本体没有集成 PROFIBUS 接口，需要使用 CM 1243－5 通信模块作为 DP 主站连接到 PROFIBUS 网络。本例中所使用的硬件如表 5.28 所列。

S7－200 SMART CPU 不需要对通信进行组态和编程，只需要将要进行通信的数据整理存放到相应的 V 存储器，并通过外部旋转开关设置正确的 DP 从站地址即可。S7－200

SMART CPU 虽然不需要对通信进行组态和编程，但是需要在 STEP 7 - Micro/WIN SMART 系统块中组态 EM DP01 模块，如图 5.100 所示。EM DP01 波特率是自适应的，波特率取决于 S7 - 1200 主站的组态。

表 5.28　硬件列表

硬　件	订货号	固件版本
CPU 1217C DC/DC/DC	6ES7 217 - 1AG40 - 0XB0	V4.2
CM 1243 - 5	6GK7 243 - 5DX30 - 0XE0	V1.3
CPU ST60	6ES7 288 - 1ST60 - 0AA0	V2.3
EM DP01	6ES7 288 - 7DP01 - 0AA0	V1.0

系统块

	模块	版本	输入	输出	订货号
CPU	CPU ST60 (DC/DC/DC)	V02.03.00_00....	I0.0	Q0.0	6ES7 288-1ST60-0AA0
SB					
EM 0	EM DP01 (DP)				6ES7 288-7DP01-0AA0
EM 1					
EM 2					
EM 3					
EM 4					

DP 组态

DP 组态

DP01 模块由 DP 主站进行组态。STEP 7-Micro/WIN SMART 中无需组态该模块.

图 5.100　系统块中组态 EM DP01 模块

1. 安装 GSD 文件

EM DP01 作为 PROFIBUS DP 从站模块，它的常规参数，例如：设备厂商信息、软硬件版本、从站规范、输入输出的类型、数据一致性等信息是以 GSD 文件的形式保存的。在主站中配置 DP01，需要安装 EM DP01 的 GSD 文件。安装步骤如下：

1) 启动 TIA Portal 软件，新建项目，在项目视图中，选择“选项”→“管理通用站描述文件(GSD)”选项，如图 5.101 所示。

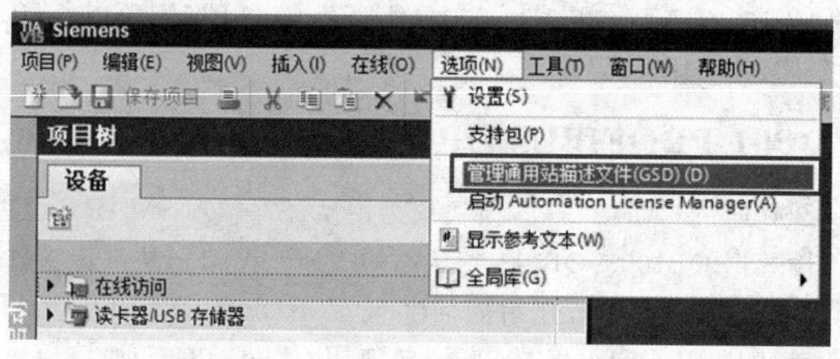

图 5.101　管理通用站描述文件

2) 在“源路径”中，找到计算机中的 EM DP01 GSD 文件，选中相应 GSD 文件行的复选框，单击“安装”按钮，如图 5.102 所示。

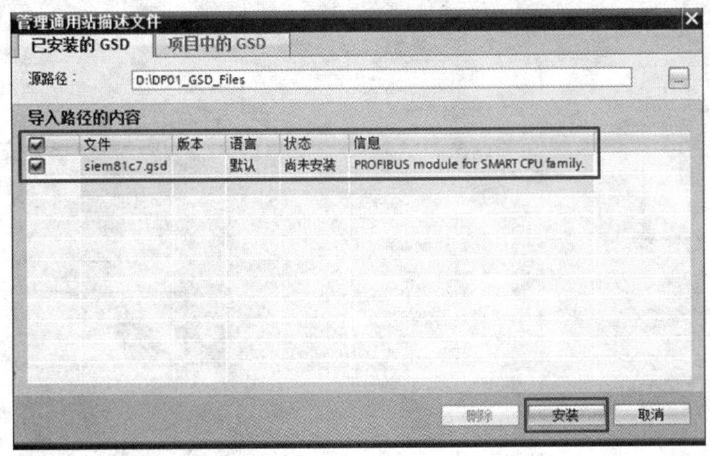

图 5.102　安装 GSD 文件

3）执行上述操作后，将在硬件目录中安装 EM DP01 GSD 文件，安装后的 GSD 文件目录如图 5.103 所示。

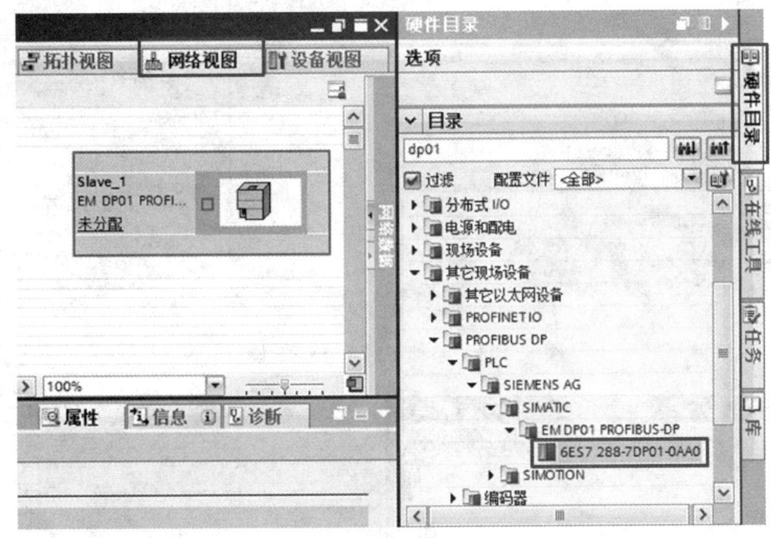

图 5.103　安装后的 GSD 文件目录

2. S7 - 1200 项目组态

1）创建 S7 - 1200 的新项目，单击“添加新设备”添加 S7 - 1200 设备，如图 5.104 所示。

2）进入“设备视图”，将硬件目录中的 CM 1243 - 5 模块添加到 S7 - 1200 CPU 左侧的扩展插槽，如图 5.105 所示。

3）进入“网络视图”，将硬件目录中的 EM DP01 PROFIBUS DP 模块添加到该视图中，如图 5.106 所示。

4）单击“未分配”按钮，选择 CM 1243 - 5 作为主站，创建 PROFIBUS 网络连接，创建成功后的 PROFIBUS DP 网络如图 5.107 所示。

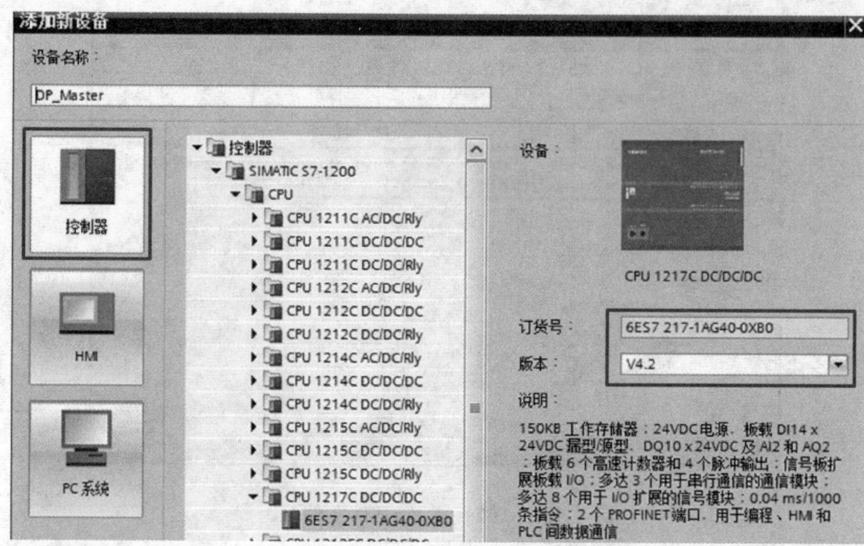

图 5.104　添加 S7－1200 设备

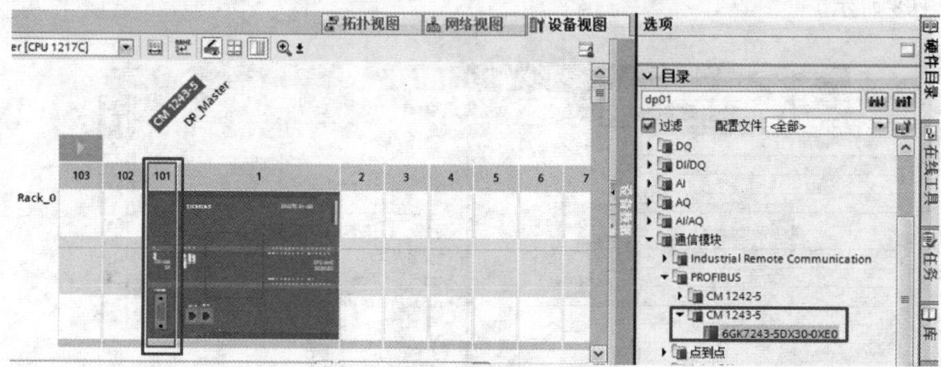

图 5.105　添加 CM 1243－5 设备

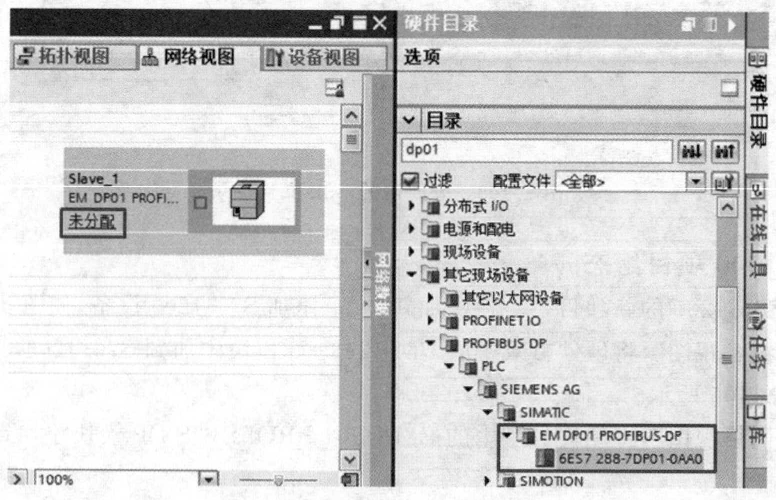

图 5.106　添加 EM DP01 模块

图 5.107　创建成功后的 PROFIBUS 网络

5）在"网络视图"中，双击 CM1243－5 的 DP 接口进入"设备视图"设置 S7－1200 的 DP 主站地址，如图 5.108 所示。

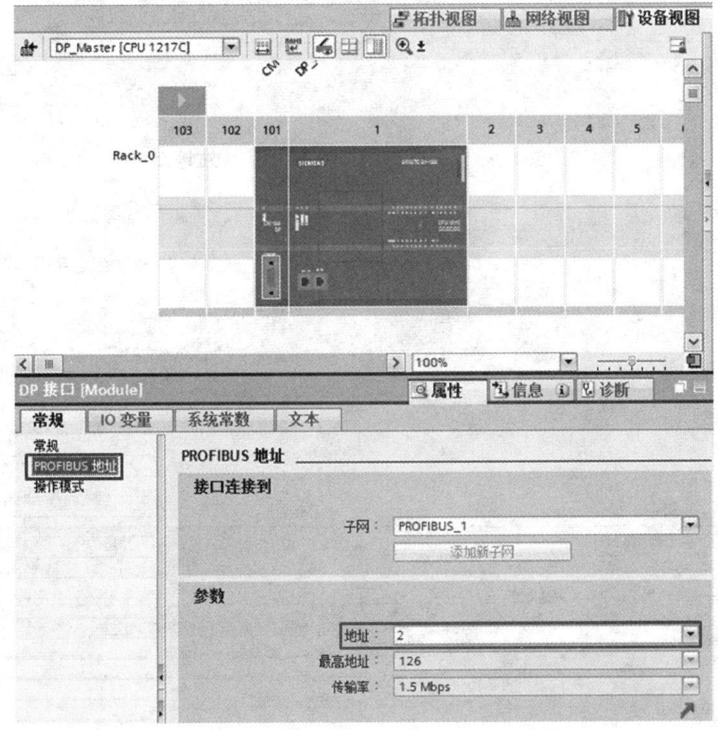

图 5.108　设置 CM1243－5 DP 主站地址

6）在"网络视图"中，双击 EM DP01 的 DP 接口进入"设备视图"设置 DP01 的 DP 从站地址，如图 5.109 所示。

如果需要修改"最高地址"和"传输率"，则单击如图 5.109 所示的绿色箭头，切换至"网络设置"界面，在"网络设置"中修改"最高 PROFIBUS 地址"和"传输率"，如图 5.110 所示。

7）在 EM DP01 的"设备视图"中设置 V 存储器的 I/O 地址偏移量，如图 5.111 所示，本例中设置 I/O 地址偏移量为 0。

8）在 EM DP01 的"设备视图"中组态通信数据区，示例中第一个插槽组态为 4 字节的输入/输出，第二个插槽组态为 8 字节的输入/输出，如图 5.112 所示。

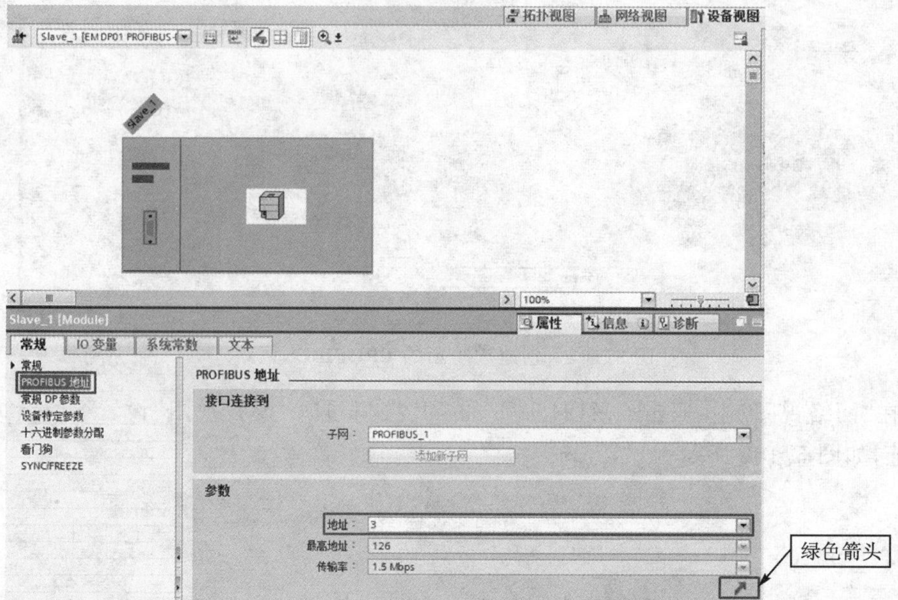

图 5.109　设置 EM DP01 的 DP 从站地址

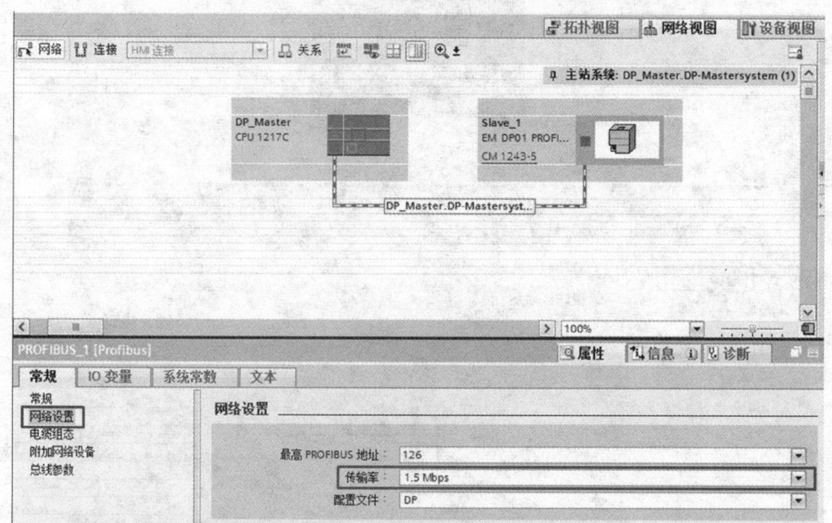

图 5.110　设置“最高 PROFIBUS 地址”和“传输率”

Slave_1 [Module]
属性
常规　IO 变量　系统常数　文本
常规
PROFIBUS 地址
常规 DP 参数
设备特定参数
十六进制参数分配
看门狗
SYNC/FREEZE
设备特定参数
I/O Offset in the V-memory: 0

图 5.111　设置 I/O 地址的偏移量

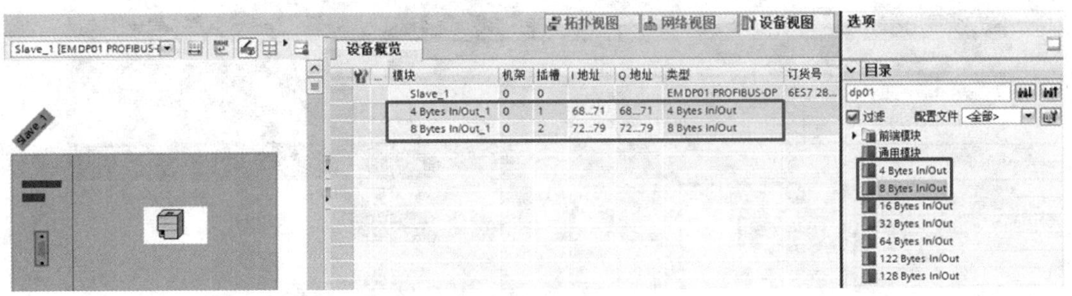

图 5.112　设置 I/O 地址

如果要修改 CM1243－5 的通信 I/O 地址，可以双击需要修改的插槽，在“I/O 地址”中修改 I/O 的“起始地址”，如图 5.113 所示。示例中第一个插槽的 I/O 起始地址从 100 开始，第二个插槽的起始地址从 104 开始，如图 5.114 所示。

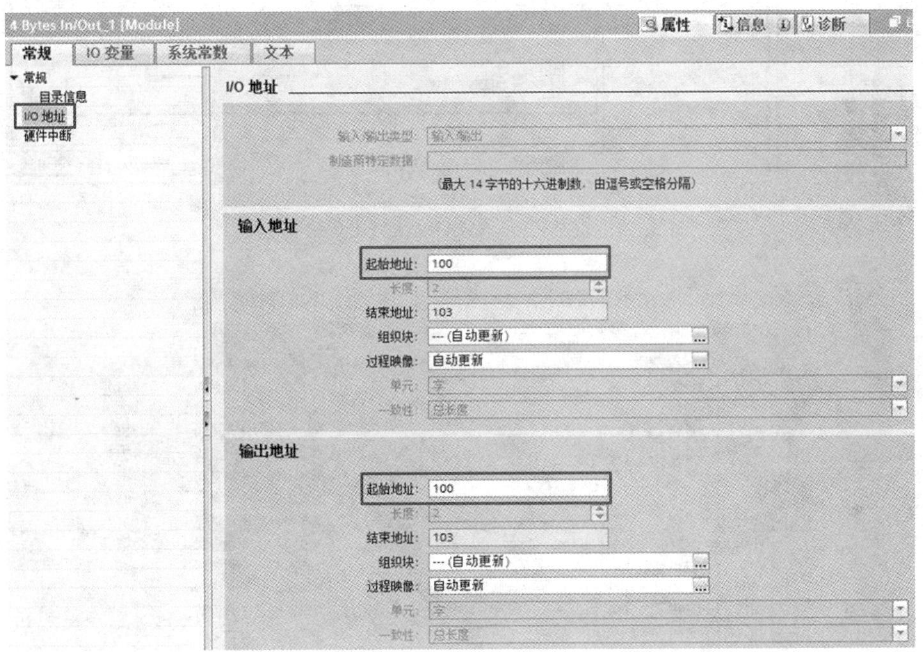

图 5.113　设置 CM1243－5 的 I/O 起始地址

模块	机架	插槽	I 地址	Q 地址	类型
Slave_1	0	0			EM DP01 PROFIBUS-DP
4 Bytes In/Out_1	0	1	100...103	100...103	4 Bytes In/Out
8 Bytes In/Out_1	0	2	104...111	104...111	8 Bytes In/Out

图 5.114　CM1243－5 的 I/O 起始地址

9）通过 STEP 7－Micro/WIN SMART 软件可以在线查看 EM DP01 的模块状态，判断当前 PROFIBUS DP 的通信情况，如图 5.115 所示。

10）通过 S7－200 SMART 的状态图表和 S7－1200 的监控表可以实时查看通信数据是否正常交换，数据成功交换后的监控情况如图 5.116 所示。

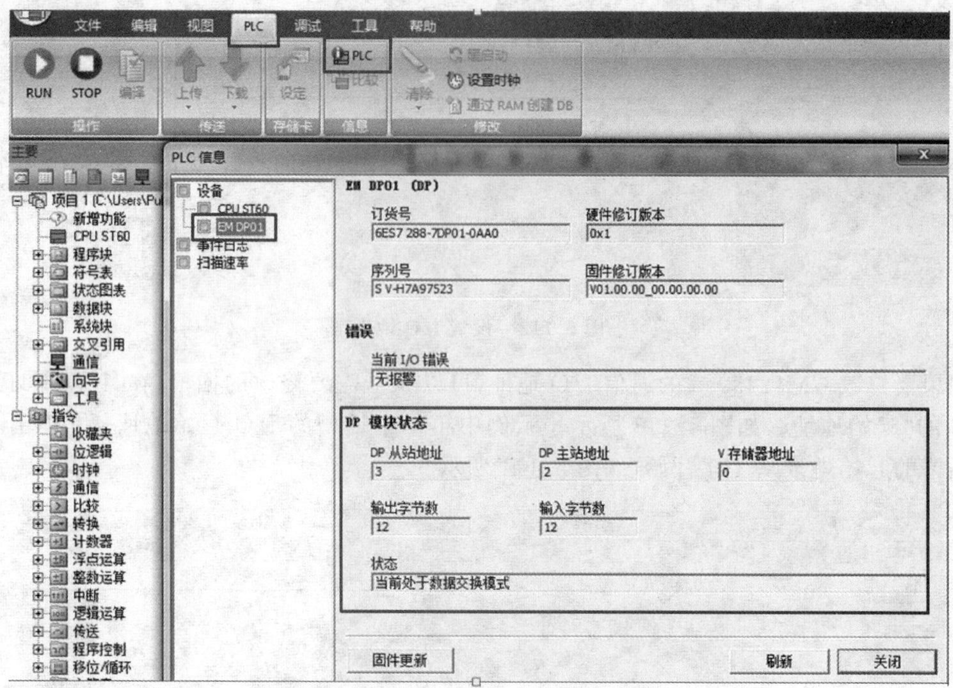

图 5.115　S7－200 SMART EM DP 设备信息

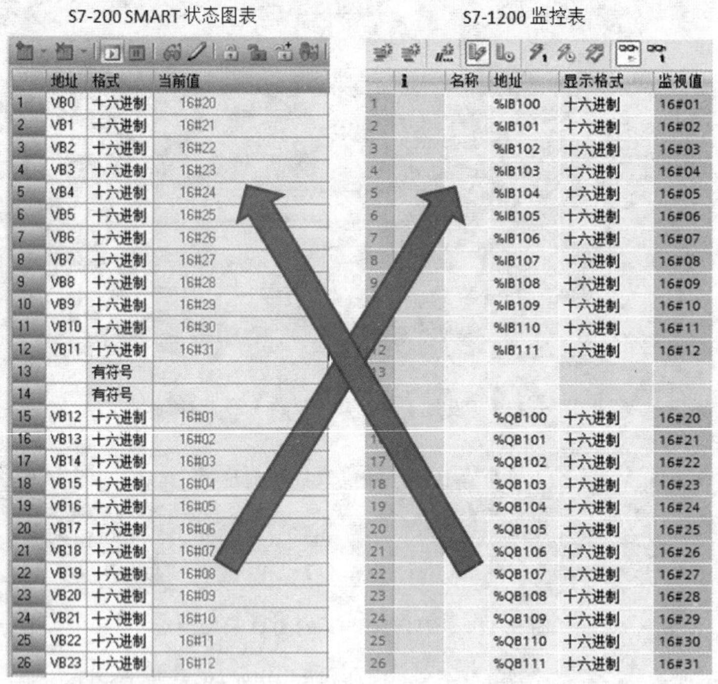

	地址	格式	当前值
1	VB0	十六进制	16#20
2	VB1	十六进制	16#21
3	VB2	十六进制	16#22
4	VB3	十六进制	16#23
5	VB4	十六进制	16#24
6	VB5	十六进制	16#25
7	VB6	十六进制	16#26
8	VB7	十六进制	16#27
9	VB8	十六进制	16#28
10	VB9	十六进制	16#29
11	VB10	十六进制	16#30
12	VB11	十六进制	16#31
13		有符号	
14		有符号	
15	VB12	十六进制	16#01
16	VB13	十六进制	16#02
17	VB14	十六进制	16#03
18	VB15	十六进制	16#04
19	VB16	十六进制	16#05
20	VB17	十六进制	16#06
21	VB18	十六进制	16#07
22	VB19	十六进制	16#08
23	VB20	十六进制	16#09
24	VB21	十六进制	16#10
25	VB22	十六进制	16#11
26	VB23	十六进制	16#12

	i	名称	地址	显示格式	监视值
1			%IB100	十六进制	16#01
2			%IB101	十六进制	16#02
3			%IB102	十六进制	16#03
4			%IB103	十六进制	16#04
5			%IB104	十六进制	16#05
6			%IB105	十六进制	16#06
7			%IB106	十六进制	16#07
8			%IB107	十六进制	16#08
9			%IB108	十六进制	16#09
10			%IB109	十六进制	16#10
11			%IB110	十六进制	16#11
12			%IB111	十六进制	16#12
13					
14					
15			%QB100	十六进制	16#20
16			%QB101	十六进制	16#21
17			%QB102	十六进制	16#22
18			%QB103	十六进制	16#23
19			%QB104	十六进制	16#24
20			%QB105	十六进制	16#25
21			%QB106	十六进制	16#26
22			%QB107	十六进制	16#27
23			%QB108	十六进制	16#28
24			%QB109	十六进制	16#29
25			%QB110	十六进制	16#30
26			%QB111	十六进制	16#31

图 5.116　数据成功交换后的监控情况

5.8.5 常问问题

1. 是否可以通过EM DP01 PROFIBUS DP模块控制变频器？

不可以。EM DP01是PROFIBUS DP从站模块，不能作为主站；而变频器需要接受主站的控制。

2. 为什么重新设置EM DP01 PROFIBUS DP模块的地址后不起作用？

对EM DP01 PROFIBUS DP模块重新设置地址后，须断电重启后才生效。

3. 主站中对EM DP01 PROFIBUS DP的I/O配置的数据通信区已经到了最大，而仍不能满足通信所需的数据量怎么办？

可以在传送的数据区中设置标志位，分时分次传输数据。例如：将通信区的第一个字节作为标志位，通过标志位判断通信区的数据是哪部分数据，然后进行数据的处理。这种方法可以增大通信的数据量，但数据是分时分次传送的，所以通信数据的刷新速率会有所降低。

4. EM DP01 PROFIBUS DP模块的联网能力如何？

一个网络上只能有最多99个EM DP01 PROFIBUS DP从站，受其地址设置开关的限制。

第6章 S7-200 SMART与HMI设备的通信

S7-200 SMART CPU可在西门子的HMI设备上显示其工作状态和变量状态，用户也可以通过HMI设备对CPU发出命令，比如修改参数、报警确认等。

HMI设备的详细功能如下：

- 显示CPU当前的控制状态、过程变量。
- 显示报警信息。
- 通过按钮或者可视化图片按键输入数字量、数值等。
- 通过HMI设备的内置功能对CPU内部进行简单的监控、设置等。

S7-200 SMART CPU既可以通过本体集成的RS485端口或信号板连接支持PPI协议的西门子HMI设备，还可以通过本体集成的以太网口来连接支持S7协议的西门子HMI设备。表6.1列出了CPU能连接HMI设备的资源个数。当CPU的三个物理接口同时连接西门子HMI设备时(包含信号板)，最多的连接资源数是16个。

表6.1 CPU的连接能力

通信口	连接TD400C个数	连接RS485接口的西门子触摸屏个数	连接以太网接口的西门子触摸屏个数
本体集成RS485接口	4	4	0
信号板RS232/RS485接口	4	4	0
以太网口	0	0	8

6.1 与西门子触摸屏SMART LINE IE V3的通信

6.1.1 SMART LINE IE V3概述

SMART LINE IE V3是全新一代精彩系列面板。该面板准确地提供了人机界面的标准功能，经济适用，性价比高。SMART LINE IE V3面板包括两种类型，即Smart 700 IE V3和Smart 1000 IE V3。SMART LINE IE V3面板集成了工业以太网接口(支持自交叉功能)和隔离串口(RS422/485自适应切换)，可连接西门子、三菱、施耐德、欧姆龙以及台达部分系列PLC，并且支持Modbus RTU协议。通过以太网和串口可分别连接4台S7-200或S7-200 SMART控制器，通过以太网接口还能连接4台LOGO！控制器，但是串口和以太网不能同时使用。SMART LINE IE V3与S7-200 SMART PLC组成完美的自动化控制与人机交互平台，为用户的便捷操控提供了理想的解决方案。

SMART LINE IE V3面板的安装环境对温度、湿度、振动等都有一定的要求。如果面板垂直安装，要求的环境温度是0°～50°之间。如果面板倾斜安装(最大倾斜角为35°)，要求的环境温度是 0°～40°之间。关于其他环境要求可参考 SMART 面板的系统手册。

SMART 面板具有 CE 认证，证书可从西门子的全球技术资源库进行下载。证书下载网址如下：

http://support.automation.siemens.com/CN/view/en/50550039

6.1.2　创建项目

使用 WinCC flexible SMART V3 SP1 软件作为 SMART LINE IE V3 面板的组态软件，用户可以在 WinCC flexible 中直接创建项目。

双击 SIMATIC WinCC flexible SMART V3 图标可以启动 WinCC flexible 软件。在启动界面中选择“创建一个空项目”(如图 6.1 所示)，弹出如图 6.2 所示的“设备选择”界面。在该界面选择所使用的设备，在此以 Smart 700 IE V3 为例。

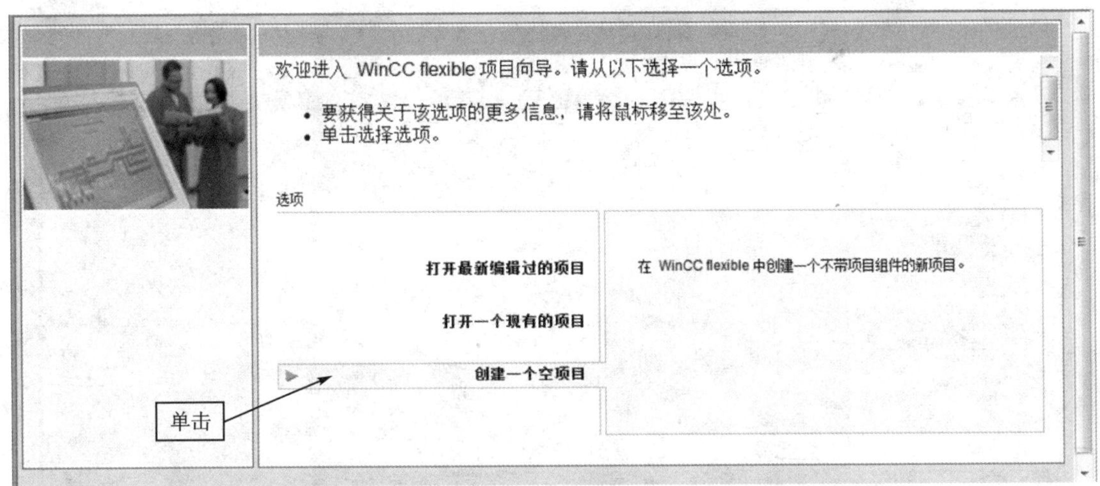

图 6.1　创建项目

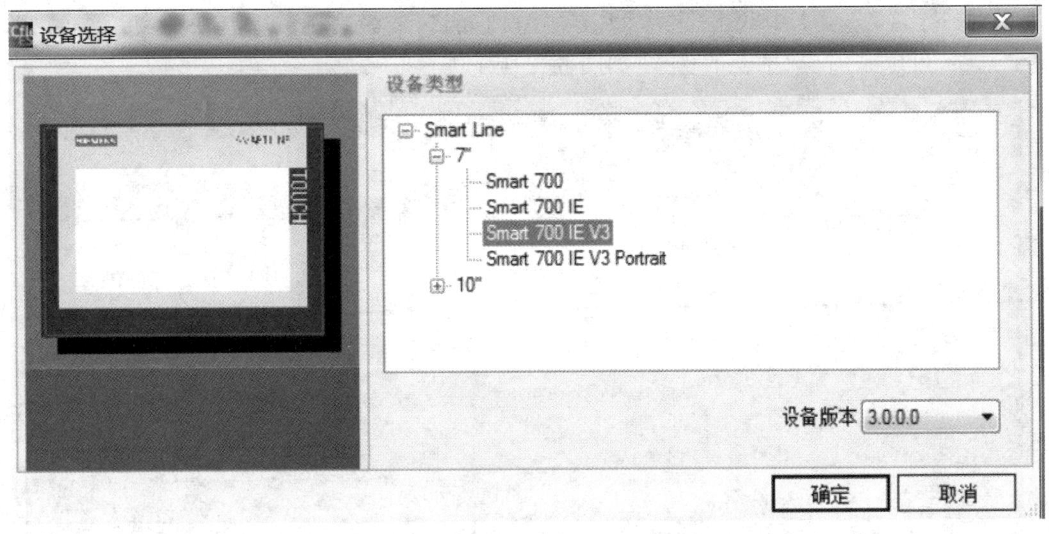

图 6.2　设备选择

6.1.3 配置通信连接

SMART LINE IE V3 触摸屏与 S7-200 SMART 之间的通信连接可采用 PPI 或以太网协议。

1. 配置 PPI 通信连接

用户通过以下步骤可配置 Smart 700 IE V3 与 S7-200 SMART CPU 的 PPI 通信。

1）在 WinCC flexible 的主工作窗口中，展开左侧树形项目结构，选择“项目”→“通讯”→“连接”，双击“连接”图标，打开“连接”选项卡，如图 6.3 所示。

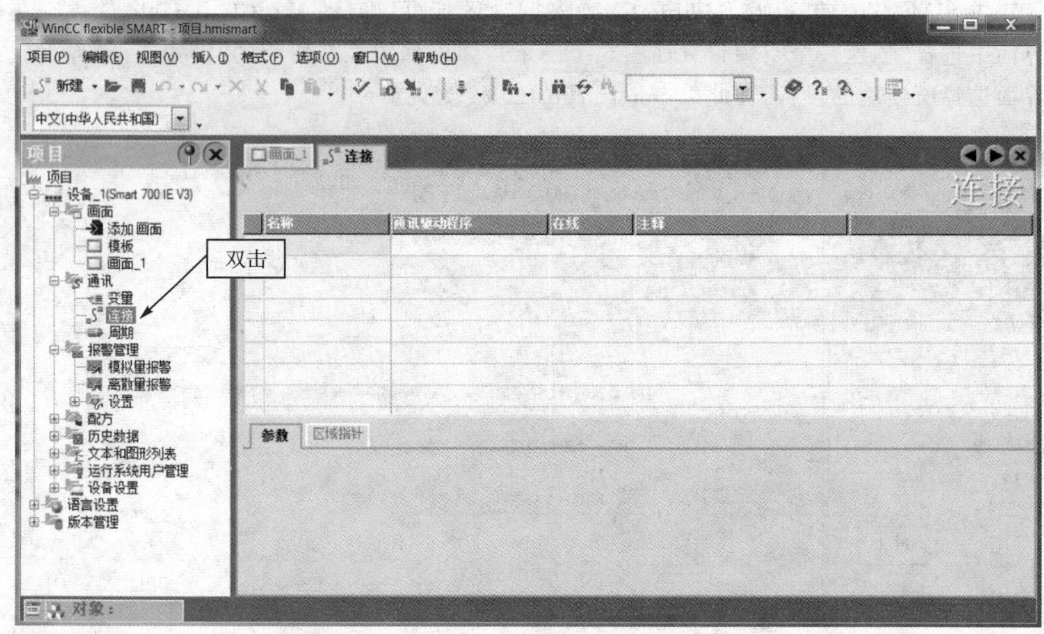

图 6.3 打开“连接”选项卡

2）在“连接”选项卡中双击“名称”下方的空白表格，或者右击并选择快捷菜单中的“添加连接”选项，可以添加与 CPU 的连接，如图 6.4 所示。

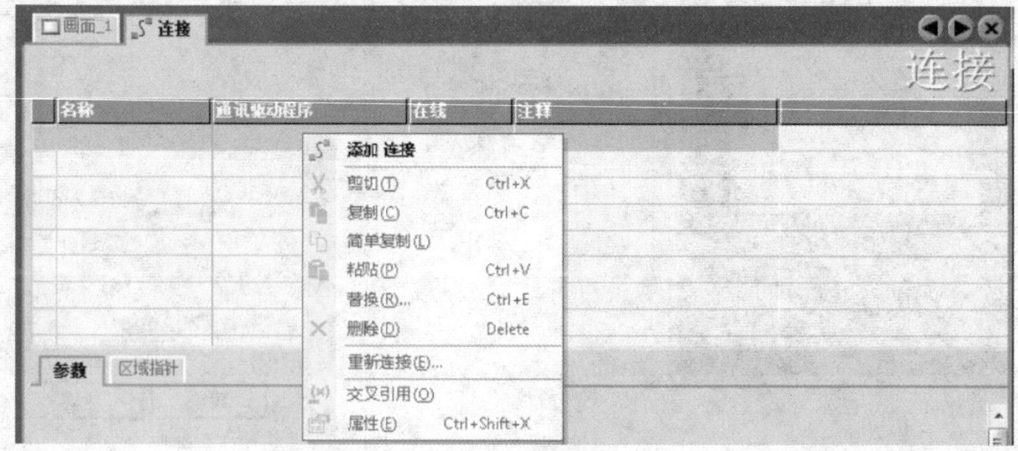

图 6.4 添加连接

3）添加连接后，根据项目需求用户可以修改默认的连接名称“连接_x”，例如“连接_1”，并选择“通讯驱动程序”和“在线”的开或关。由于连接的设备是 S7－200 SMART CPU，所以在“通讯驱动程序”下拉菜单中选择“SIMATIC S7 200 Smart”作为通讯驱动程序，并在“在线”下拉菜单中选择“开”，以激活在线连接，如图 6.5 所示。

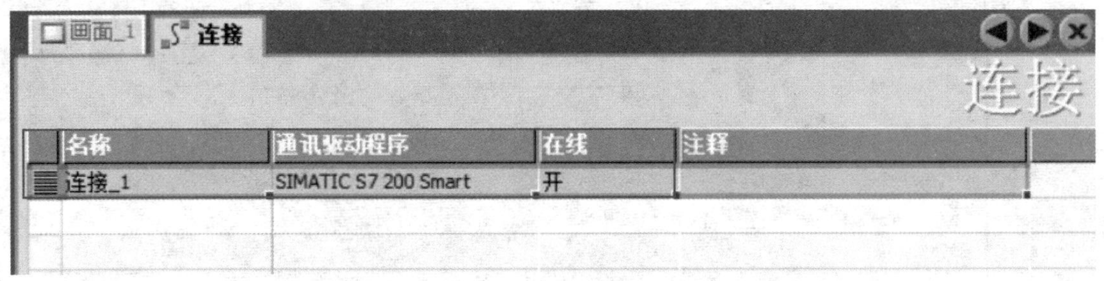

图 6.5 配置连接

4）设置连接参数。首先选择 Smart 700 IE V3 的接口为“IF1 B”，即触摸屏的 RS422/485 物理接口。选中该接口后，该接口的参数设置窗口将在其下方自动显示。在“HMI 设备”选项组中设置触摸屏的通信波特率为 187 500 bps，站地址为 1。

接着在“网络”选项组中选择“PPI”为通信双方的通信协议。

最后在“PLC 设备”选项组中设置 CPU 的站地址，此处设置 CPU 的站地址为 2，如图 6.6 所示。

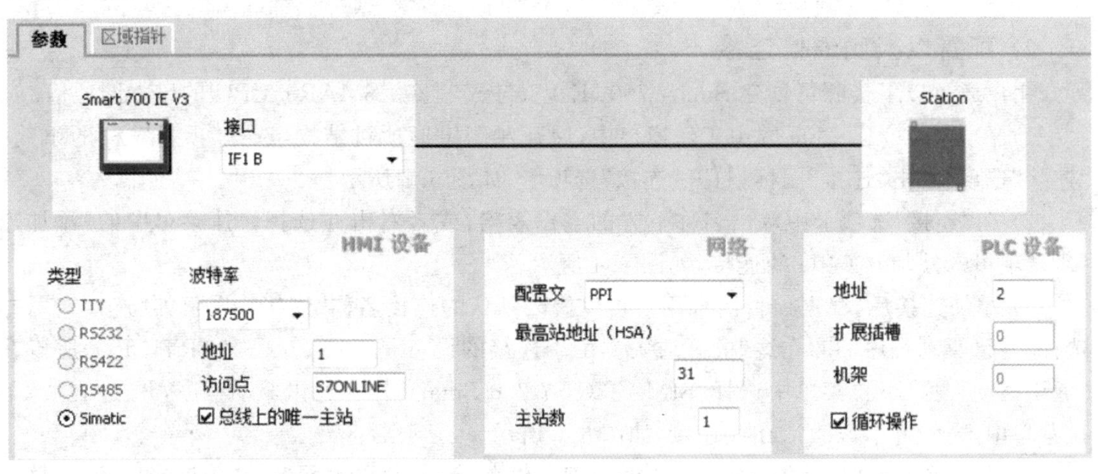

图 6.6 连接参数设置

⚠ **注意：** CPU 的地址必须不同于 HMI 设备的地址，二者不能重复。

在“网络”选项组中也可以选择“MPI”作为 SMART LINE IE V3 触摸屏与 S7－200 SMART CPU 的通信协议。

5）设置 S7－200 SMART CPU 的波特率和站地址。在 STEP 7Micro/WIN SMART 软件的项目树中选择“系统块”选项，然后按回车键，即可打开如图 6.7 所示的“通信”选项卡。为

CPU 的 RS485 端口设置的站地址和波特率必须与图 6.6 的配置保持一致，CPU 的站地址为 2，通信波特率为 187.5 kbps。

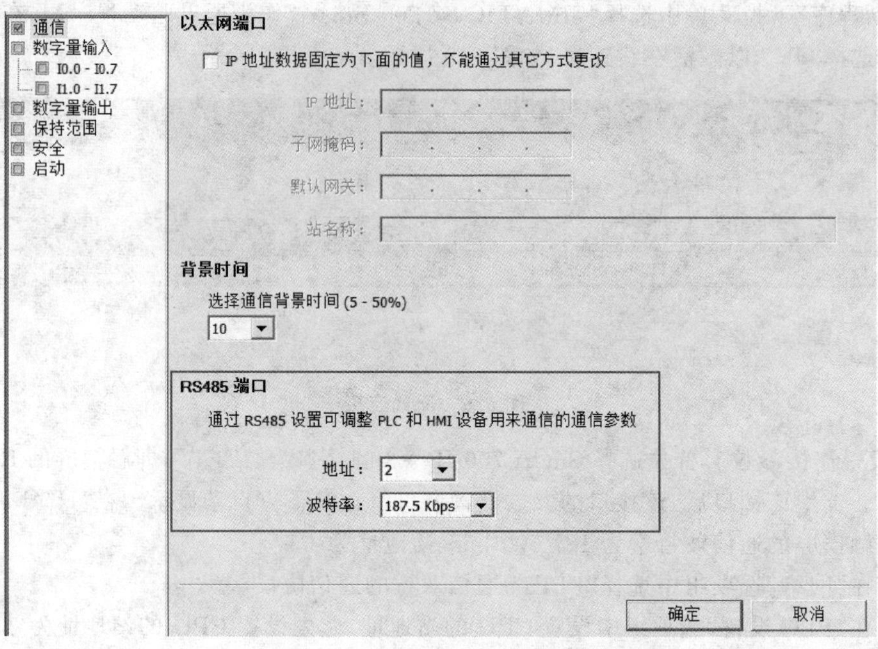

图 6.7　S7－200 SMART 通信口设置

2. 配置以太网通信连接

用户通过以下步骤可创建 Smart 700 IE V3 与 S7－200 SMART CPU 的以太网通信。

1）在 WinCC flexible 的主工作窗口中，展开左侧树形项目结构，选择"项目"→"通讯"→"连接"选项，双击"连接"图标，打开"连接"选项卡，如图 6.3 所示。

2）在"连接"选项卡中双击名称下方的空白表格，或者右击并选择快捷菜单中的"添加连接"选项可以添加与 CPU 的连接，如图 6.4 所示。

3）添加连接后，根据项目需求用户可以修改默认的连接名称"连接_x"，例如"连接_1"，并选择"通讯驱动程序"和"在线"的开或关。由于连接的设备是 S7－200 SMART CPU，所以在"通讯驱动程序"下拉菜单中选择"SIMATIC S7 200 Smart"作为通讯驱动程序，并在"在线"下拉菜单中选择"开"，以激活在线连接，如图 6.5 所示。

4）设置连接参数，首先选择 Smart 700 IE V3 的接口为"以太网"。选中该接口后，该接口的参数设置窗口将在其下方自动显示。设置触摸屏的 IP 地址为 192.168.2.5，该 IP 地址必须与 Smart 700 IE V3 设备的 IP 地址相同。

在"PLC 设备"选项组中设置 CPU 的 IP 地址，此处设置 CPU 的 IP 地址为 192.168.2.1，如图 6.8 所示。

⚠ **注意：** 为 Smart 700 IE V3 设置的 IP 地址必须不同于 CPU 的 IP 地址，二者不能重复。

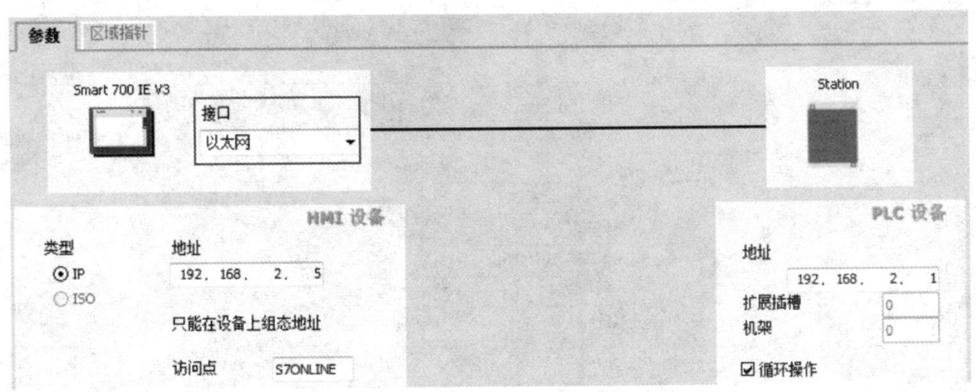

图 6.8　设置通信参数

至此已经配置完成了 Smart 700 IE V3 与 S7－200 SMART CPU 的 PPI 或以太网通信。下面将着重介绍如何在 WinCC flexible 中添加 CPU 变量、制作画面以及下载等操作。

6.1.4　建立变量

配置好通信连接之后，用户可通过以下步骤建立变量。

1）在 WinCC flexible 的主工作窗口中，展开左侧树形项目结构，选择"项目"→"通讯"→"变量"选项，打开"变量"选项卡。

2）单击"名称"下方的空白区域，新建一个变量。若需继续新建变量，双击已建变量下方的空白区域即可。

3）选择之前建立的 S7－200 SMART 的连接，在"地址"栏下方输入 S7－200 SMART 的变量地址并选择数据类型等。此处以 V 存储区地址"VW0"为例，输入该地址后单击绿色对勾按钮确认，如图 6.9 所示。

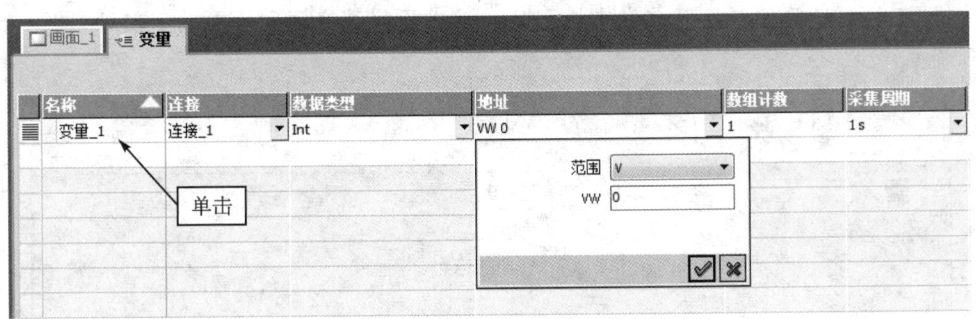

图 6.9　输入变量

右击选中的变量可打开其属性对话框（如图 6.10 所示），在该对话框中用户可修改更多的参数设置，如"采集模式"和"采集周期"等。

6.1.5　制作画面

1. 添加画面

制作画面是用户项目的重要组成部分，通过这些画面用户可以轻松地实现设备的监视和

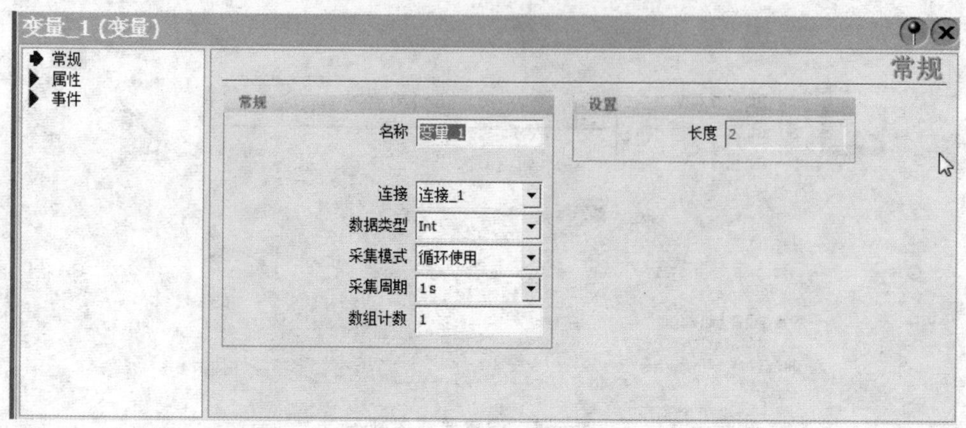

图 6.10　变量属性对话框

控制，让整个系统的操作更为容易、控制更为集中。

在 WinCC flexible 的主工作窗口中，展开左侧树形项目结构，选择“项目”→“画面”→“添加画面”选项，打开一个新画面，如图 6.11 所示。

画面的名称、编号、动画等信息可通过对象属性进行组态，如图 6.12 所示。

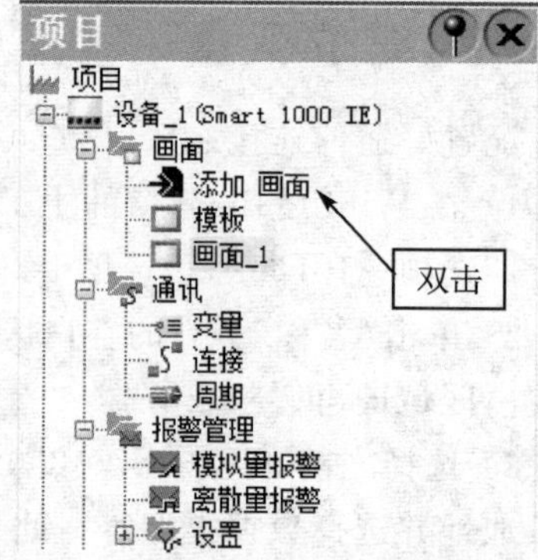

图 6.11　添加画面

2. 添加对象

对于画面中常用的线、椭圆、文本域、I/O 域等简单对象，通过工具视图用户可方便地将其添加到所需的画面。下面主要介绍如何添加文本域、I/O 域以及按钮。

(1) 添加文本域

选择“工具”→“简单对象”→“文本域”选项，选中后将其拖拽到画面的空白处，即可添加文本域到画面。

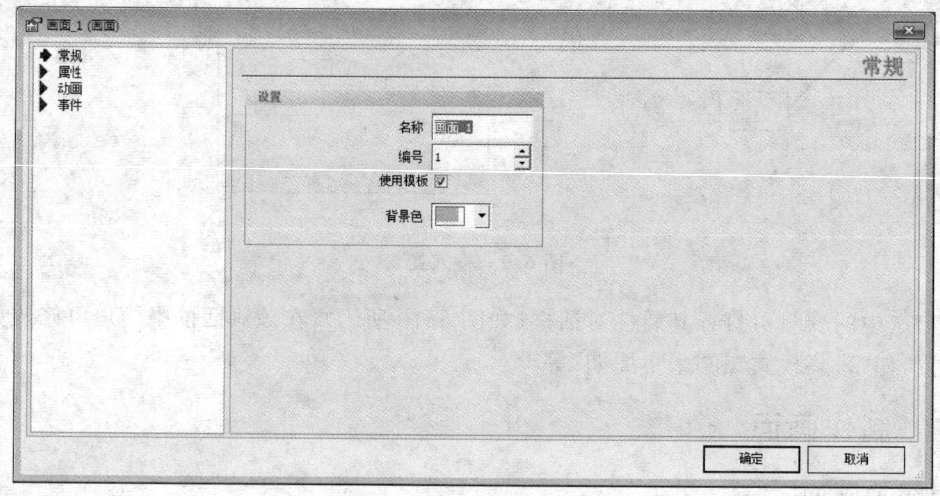

图 6.12　定义画面属性

选中文本域后打开其“属性视图”，可进一步编辑文本。常见的操作是给该文本域命名，比如“控制器液位”，如图 6.13 所示。

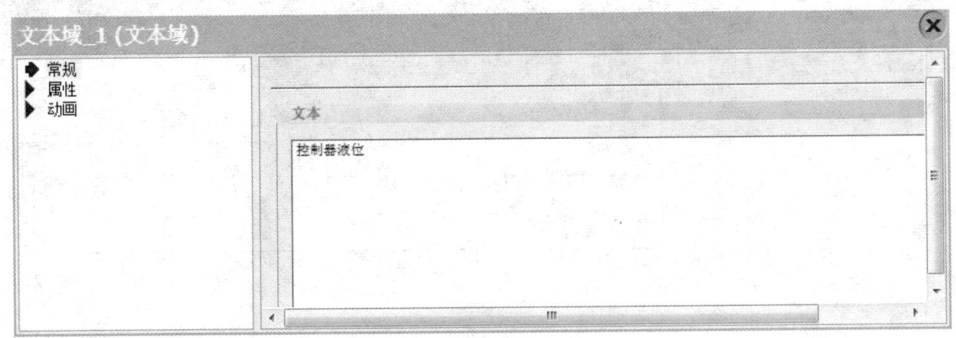

图 6.13　文本域属性

(2) 添加 I/O 域

选择“工具”→“简单对象”→“I/O 域”选项，选中后将其拖拽到画面的空白处，即可添加 I/O 域到画面。

选中 I/O 域后打开其“属性视图”，可对其进一步编辑。设置 I/O 域属性如图 6.14 所示。“常规”选项卡包含以下三部分：

- 模式：选择变量类型为“输入”、“输出”或“输入/输出”。
- 过程变量：关联内部或外部变量，用户也可以在此新建变量。
- 格式样式：选择变量的显示格式，包括数据类型、格式和小数点。I/O 域应足够大以便完整显示变量内容。

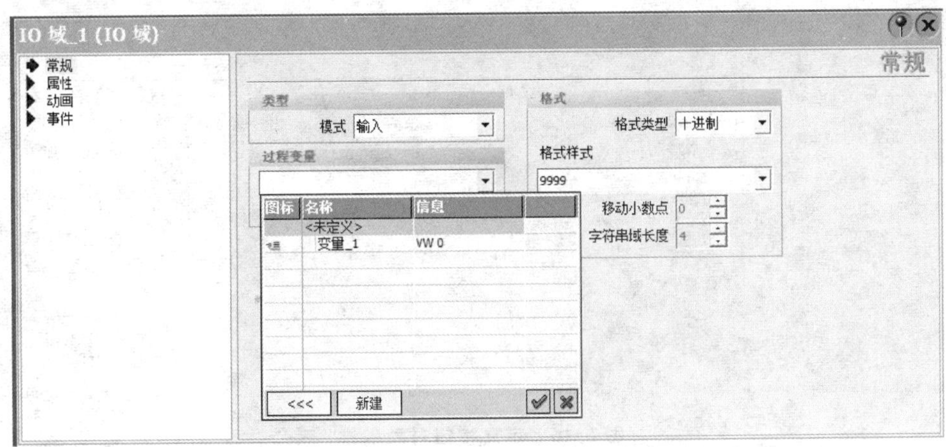

图 6.14　设置 I/O 域属性

在“属性”选项中，用户可以设置变量的外观、布局和安全等。

在“动画”选项中，用户可以实现让文本域的位置进行移动的功能。

在“事件”选项中，用户可以在“激活”和“取消激活”处添加系统函数。这里以“激活”处添加一个 InvertBit 函数为例，该函数的功能是当激活 I/O 域时反转 BOOL 型变量的值。如果当前值是“1”的话，则将它置为“0”；如果当前值是“0”的话，则将它置为“1”。单击下三角按钮，选择“编辑位”→“InvertBit”,为事件添加函数如图 6.15 所示。

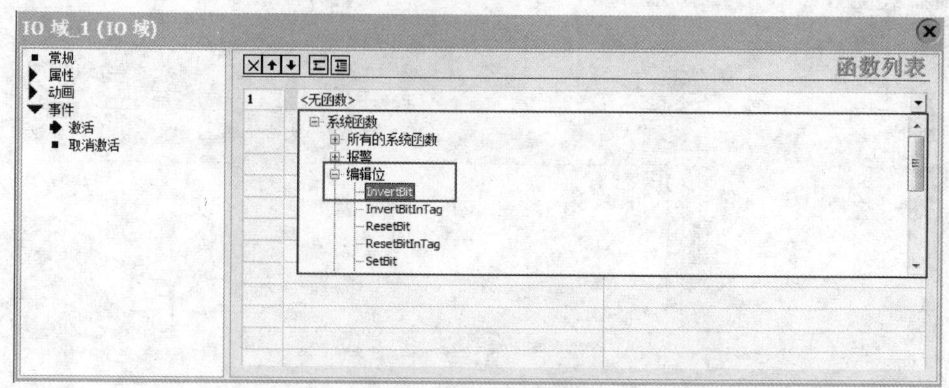

图 6.15 为事件添加函数

添加的 I/O 域关联 S7－200 SMART CPU 的存储区地址后,用户能方便地通过 HMI 设备来监控 CPU 的变量地址。

(3) 添加按钮

选择“工具”→“简单对象”→“按钮”选项,选中后将其拖拽到画面的空白处,即可添加按钮到画面。

选中按钮后打开其“属性视图”,可对其进一步编辑。在“常规”选项卡中,可以选择“按钮模式”为“文本”、“图形”或“不可见”,其中“文本”模式就是在按钮位置处显示编辑好的文本信息。定义按钮对象属性如图 6.16 所示。

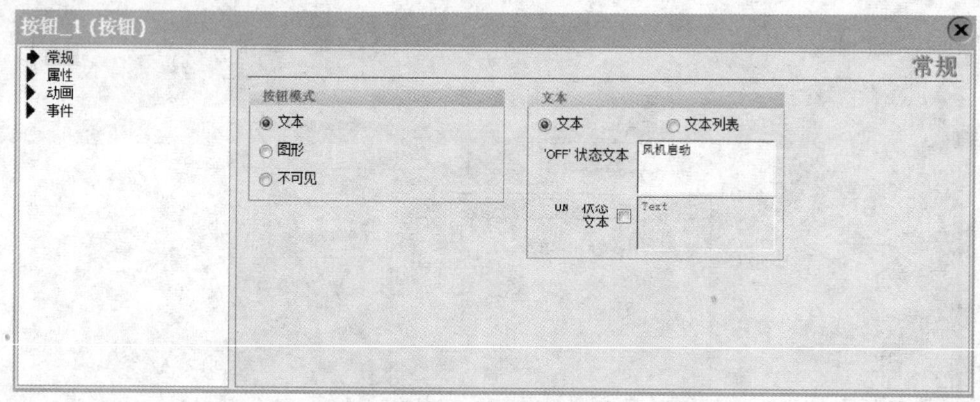

图 6.16 定义按钮对象属性

6.1.6 启动操作画面

给 Smart 700 IE V3 设备上电时屏幕会短暂出现启动画面,如图 6.17 所示。图中的三个按钮代表的含义如下:

- Transfer:下载项目文件时需要将 HMI 设备设置为“传送”模式。
- Start:启动装载在 HMI 设备上的项目。

- Control Panel：单击该按钮进入 HMI 设备的控制面板，用户在控制面板可以选择传输模式、添加密码等。

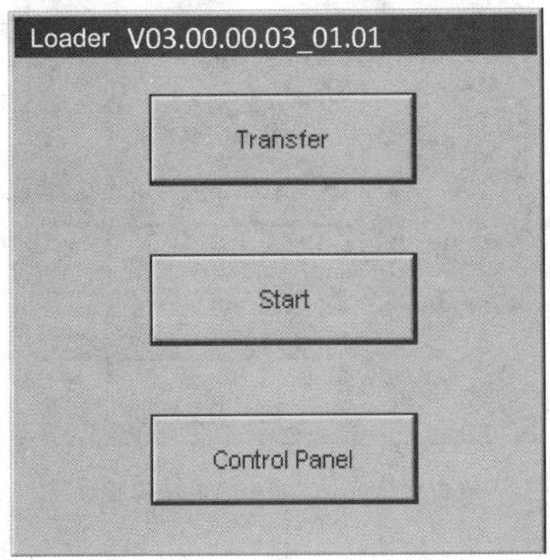

图 6.17　启动画面

6.1.7　下载项目

SMART LINE IE V3 不再支持使用 S7-200 的编程电缆 PC/PPI 电缆（6ES7 901-3CB30-0XA0）或 USB/PPI 电缆（6ES7 901-3DB30-0XA0）进行下载，仅可通过以太网方式下载项目。

要将配置好的项目下载到 Smart 700 IE V3 设备上，需要保证 HMI 设备的通信口处于激活状态，可通过 HMI 设备的 Control Panel→Transfer 进行设置。选择以太网方式下载项目时，需要勾选 Ethernet 右侧的 Enable Channel，如图 6.18 所示。

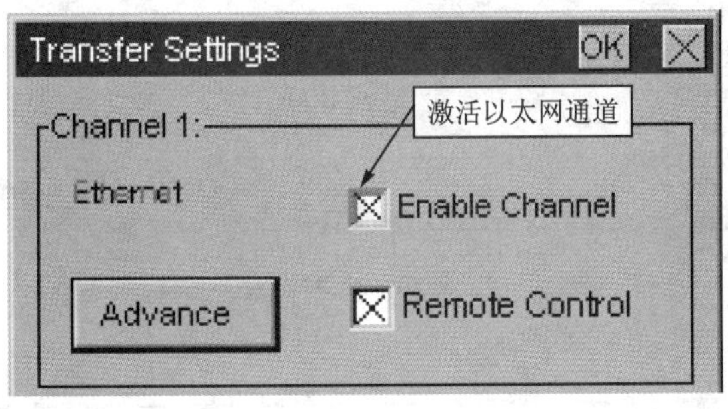

图 6.18　通信口使能

连接参数设置完成之后还需设置 Smart 700 IE V3 设备的 IP 地址。单击图 6.18 左下角的 Advance 按钮，在打开的 Ethernet Settings 对话框中输入 Smart 700 IE V3 的 IP 地址 192.168.2.5 及子网掩码 255.255.255.0。输入完成后单击对话框右上角的 OK 按钮保存设置，Smart 700 IE V3 的 IP 地址如图 6.19 所示。

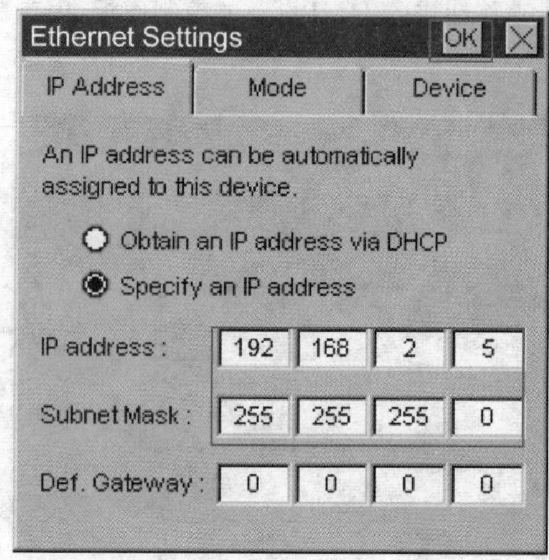

图 6.19　Smart 700 IE V3 的 IP 地址

在 WinCC flexible 软件的菜单栏选择"项目"→"传送"→"传输"选项，即可打开"选择设备进行传送"对话框，在该对话框选择传输模式为"以太网"，在"计算机名或 IP 地址"处输入 HMI 设备的 IP 地址，在此设置 IP 地址为 192.168.2.5。IP 地址设置完成后，单击"传送"按钮，如图 6.20 所示。待传送状态显示为"传输完成"时，项目成功通过以太网模式传送到 HMI 设备。

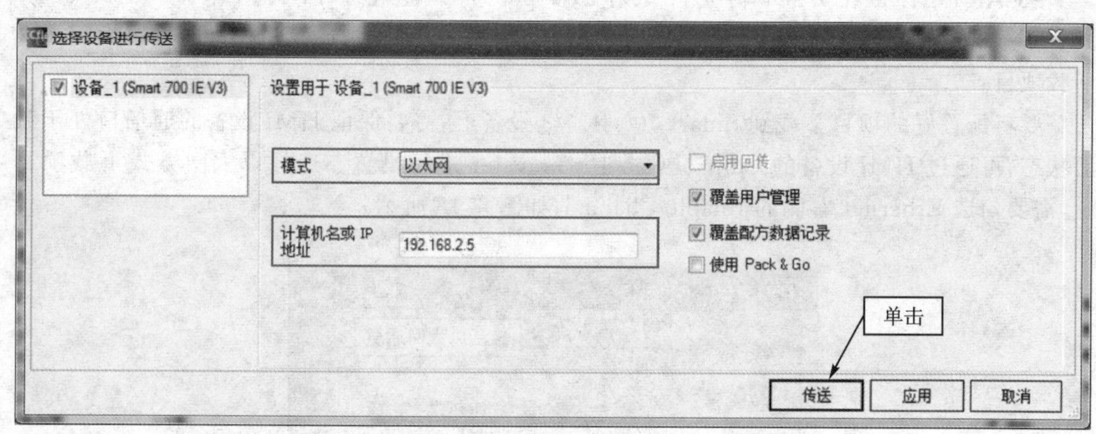

图 6.20　传输设置

6.1.8　常问问题

1. S7－200 SMART CPU 最多可以连接多少个 HMI 设备？

CPU 本体集成的 RS485 物理接口，通过 PPI 通信协议时最多可以连接 4 个 HMI 设备；信号板 RS232/RS485 最多能连接 HMI 设备的数目也是 4 个。

CPU 本体集成的网口最多可以连接 8 个 HMI 设备，并且 RS485 物理接口与网口的连接资源不互相冲突。也就是说，CPU 在增加了 RS232/RS485 接口后，最多可以连接 16 个 HMI 设备，其中 8 个 HMI 设备是通过串口连接的，剩余的 8 个 HMI 设备是通过网口相连接。

2. Smart 700 IE V3 和 Smart 1000 IE V3 的网口最多可以连接多少台 S7－200 SMART CPU?

Smart 700IE V3 和 Smart 1000 IE V3 的网口最多可以分别连接 4 台 S7－200 SMART CPU。

3. Smart 700 IE V3 和 Smart 1000 IE V3 支持哪种方式下载项目?

SMART 700 IE V3 和 Smart 1000 IE V3 不再支持使用 S7－200 的编程电缆 PC/PPI 电缆(6ES7 901－3CB30－0XA0)或 USB/PPI 电缆(6ES7 901－3DB30－0XA0)进行下载,仅可通过以太网方式下载项目。

4. 为什么在 WinCC flexible 软件的"连接"界面找不到 S7－200 SMART CPU?

用户使用 WinCC flexible 2008 SP4 CHINA,就可以找到 S7－200 SMART 设备。如果使用 WinCC flexible 2008 SP2 这个版本,就无法找到 S7－200 SMART 设备。

5. Smart 700 IE V3 和 Smart 1000 IE V3 的系统时间在什么地方可以修改?

SMART LINE IE V3 新增了硬件时钟功能,最长可缓冲 6 周。修改触摸屏系统时钟可通过两种方式。

(1) 使用"日期时间域"修改时间。

将工具栏"简单对象"中的"日期时间域" 拖入界面,如图 6.21 所示。

将"日期时间域"属性中的"类型"选为"输入/输出",将"过程"选为"显示系统时间",然后在触摸屏项目下载后通过此"日期时间域"修改时间即可,如图 6.22 所示。

(2) 使用 PLC 的时间来同步 SMART LINE IE V3 的时间。需要使用"日期/时间 PLC"区域指针,并要在 CPU 中创建日期/时间数据区。Smart 700 IE V3 的区域指针结构如表 6.2 所列。

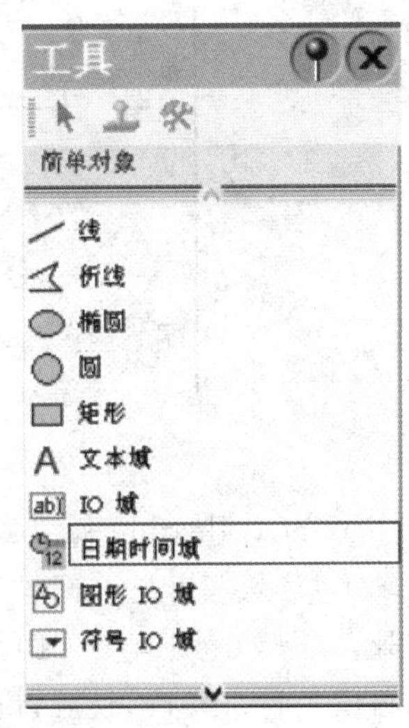

图 6.21　日期时间域

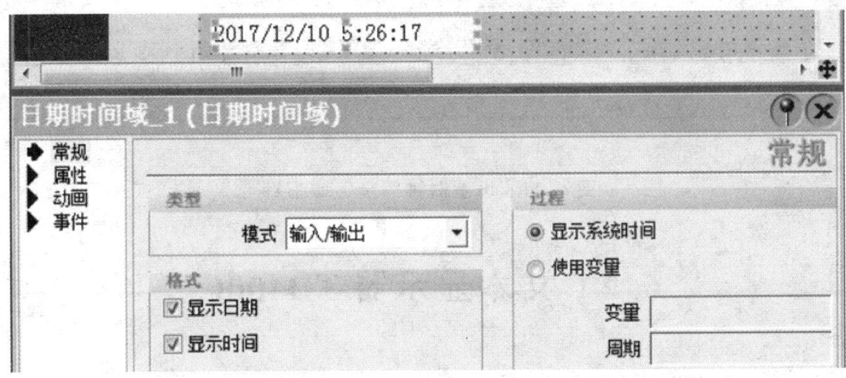

图 6.22　日期时间域类型和过程

在 S7－200 SMART 侧,使用 READ_RTC 指令来定时读取 CPU 的时钟,将时钟信息存放在 V 存储区。比如将时钟信息存储在以 VB200 为起始地址的连续 8 字节中,如图 6.23 所示。

表 6.2 区域指针结构表

数据字	高字节	低字节
	8~15	0~7
n+0	年(80~99 或 0~29)	月(1~12)
n+1	日(1~31)	小时(0~23)
n+2	分钟(0~59)	秒(0~59)
n+3	保留	保留,星期(1~7,1 为周日)
n+4	保留	保留
n+5	保留	保留

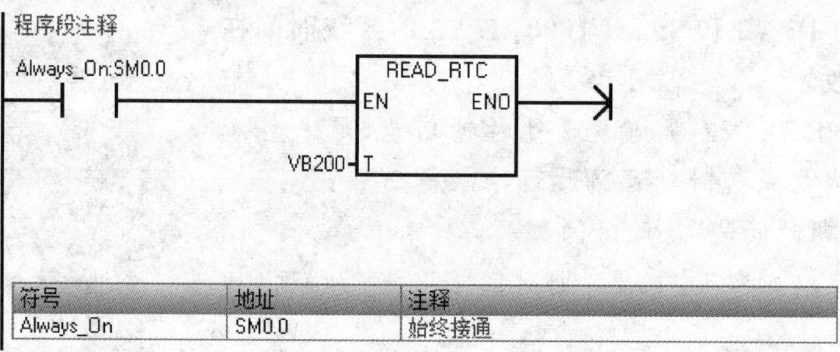

图 6.23 读取 CPU 的系统时钟

在 WinCC flexible 的项目树中,选择"项目"→"通信"→"连接"选项,打开"连接选项"对话框后单击"区域指针"。选择"日期/时间 PLC"的相应连接,再选择 CPU 中存储日期时钟的起始地址,该起始地址即为 CPU 侧使用的 VW200。触发模式和采集周期既可以选择默认,也可以依据项目需求修改,设置时钟同步区域指针如图 6.24 所示。

参数 | 区域指针

用于所有连接

连接	名称	地址	长度	触发模式	采集周期	注释
<未定义>	画面号		5	循环连续	<未定义>	
连接_1	日期/时间 PLC	VW 200	6	循环连续	1 min	
<未定义>	项目标识号		1	循环连续	<未定义>	

图 6.24 设置时钟同步区域指针

6.2 文本显示器 TD400C

6.2.1 TD400C 概述

TD400C(TD 为 Text Display 的英文缩写)是西门子专门为 SIMATIC S7-200 设计生产的小型人机操作界面设备,性价比极高。在 S7-200 SMART 面市之后,TD400C 与之能无缝连接,并且连接方式、向导配置与 SIMATIC S7-200 几乎一致。

TD400C 随机附带 2.5 m 长的通信电缆，该电缆既包含通信线又包含电源线，电源取自 S7－200 SMART CPU 本体集成的 RS485 端口。如果 TD400C 与 CPU 的距离超过 2.5 m，用户可以使用西门子 Profibus 电缆并对 TD400C 单独供电。TD400C 通过 STEP 7－Micro/WIN SMART 软件的文本显示向导组态即可，无需专门的 HMI 组态软件。TD400C 的所有配置信息都保存在 S7－200 SMART CPU 的数据块中，用户无论是上传或下载程序，TD400C 的配置信息都集成在项目中，若需修改文本配置，需要重新打开文本显示向导进行修改并再次下载项目到 CPU。

TD400C 最多支持 4 行文本显示，支持“用户屏幕”和“报警”2 种显示模式，或者同时使用这两种模式。TD400C 的可组态画面共有两级，第一级为 8 个菜单，每个菜单又含有 8 个子画面，所以 TD400C 最多可支持 64 个画面。TD400C 最多支持 80 条报警信息，该报警信息的显示取决于 TD400C 的向导配置及 CPU 中报警信息使能位的逻辑状态。

TD400C 的主要特性参数如表 6.3 所列。

表 6.3　TD400C 主要特性

项　目	TD400C 性能
显示屏尺寸	4 寸
中文字符	小字体：4 行×12 列 大字体：2 行×8 列
背　光	蓝色
分辨率	192×64
按　键	15 个
按键声音反馈	有
组态软件	STEP 7－Micro/WIN SMART
通　信	PPI 通信协议
软件功能	密码保护、屏幕保护、显示报警、组态画面等
可连接的 PLC	S7－200 SMART，S7－200，S7－200 CN，
前面板尺寸	174 mm×102 mm
开口尺寸	163.5 mm×93.5 mm×31mm
防护等级	IP65 前面板，IP20 背板
质　量	0.33 kg
材　质	德国进口 ABS 工程塑料
工作环境温度	0～＋50 ℃
运输/储存环境温度	－20～＋60 ℃
工作最大相对湿度	5%～85%(30 ℃)，无凝露
运输/储存最大相对湿度	5%～85%(40 ℃)，无凝露

6.2.2　使用文本显示向导配置 TD400C

通过 STEP 7－Micro/WIN SMART 软件的文本显示向导能指导用户快速完成 TD400C 的组态。与 S7－200 CPU 连接 TD400C 类似，在软件的菜单功能区选择“工具”→“文本显示”

选项即可打开文本显示向导配置。

使用文本显示向导配置 TD400C 主要包括以下几个步骤：

- 完成 TD400C 的基本配置；
- 设置键盘按钮；
- 定义用户菜单；
- 定义报警消息；
- 完成向导配置。

1. 完成 TD400C 的基本配置

第一步：选择需要组态的 TD 数目，如图 6.25 所示。S7－200 SMART CPU 本体集成的 RS485 接口最多能连接 4 个 TD，信号板 RS232/RS485 接口最多能连接的 TD 数目也是 4 个，但每个 CPU 最多能组态的 TD 数目不能超过 5 个。用户勾选几个 TD 意味着激活几个 TD 的组态，被勾选的 TD 组态结构将自动在左侧显示。如果只勾选了 TD 0，则只有 TD 0 的组态结构在左侧显示。

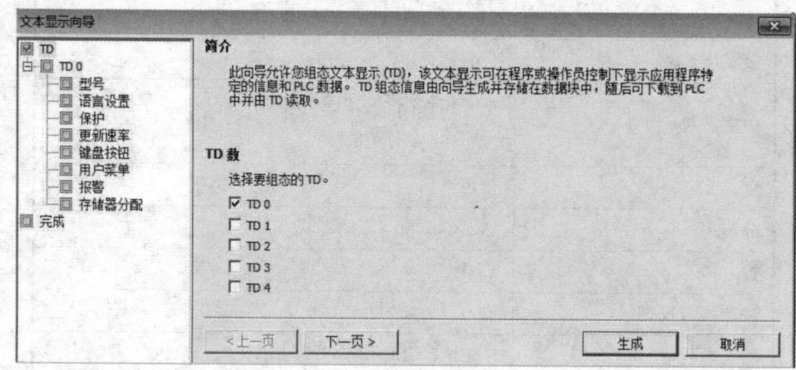

图 6.25　选择要组态的 TD

第二步：选择 TD 的型号和版本，如图 6.26 所示。在"要组态哪个 TD?"下拉列表框中可选择"TD400C 版本 2.0"或者"TD400C 版本 1.0"。要确定 TD 的型号和版本，可对 TD400C 进行上电后查看。

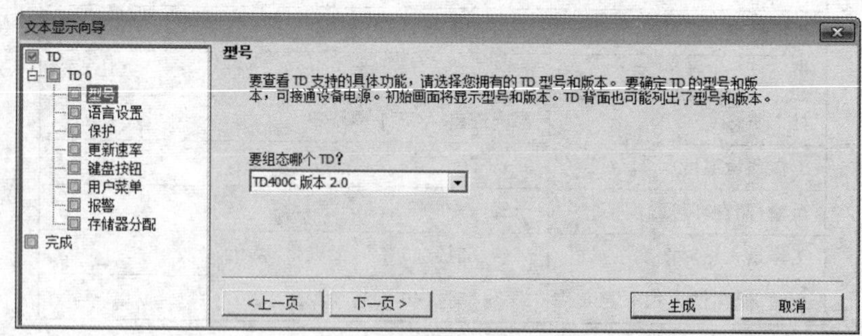

图 6.26　选择 TD 的型号和版本

第三步：语言设置，如图 6.27 所示。用户可通过选择不同的"语言"和"字符集"为 TD 项目设计多种语言版本。TD400C V1.0 支持基于简体中文字符集的中文和英文，而 TD400C

V2.0 支持的语言多达 6 种，分别是“英语”、“德语”、“法语”、“意大利语”、“西班牙语”以及“简体中文”，单击对应的字符集后，可选择所需的字符集。

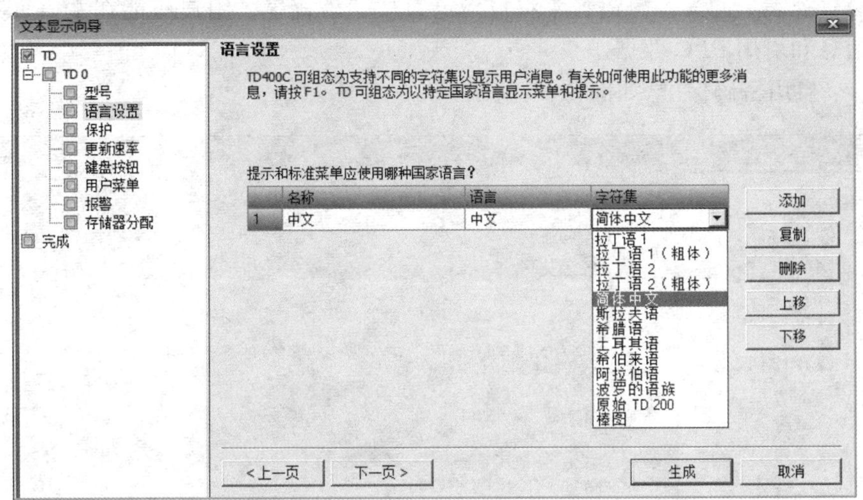

图 6.27　语言设置——选择字符集

用户可以增加一个或多个语言集来实现不同语言的文本显示。新语言集会作为现存语言集的一个副本被初始化，用户根据需要将原有的用户信息翻译成新的语言。用户信息用不同的语言定义，从而支持不同国家的操作员。

添加新的语言集的操作步骤如下（如图 6.28 所示）：

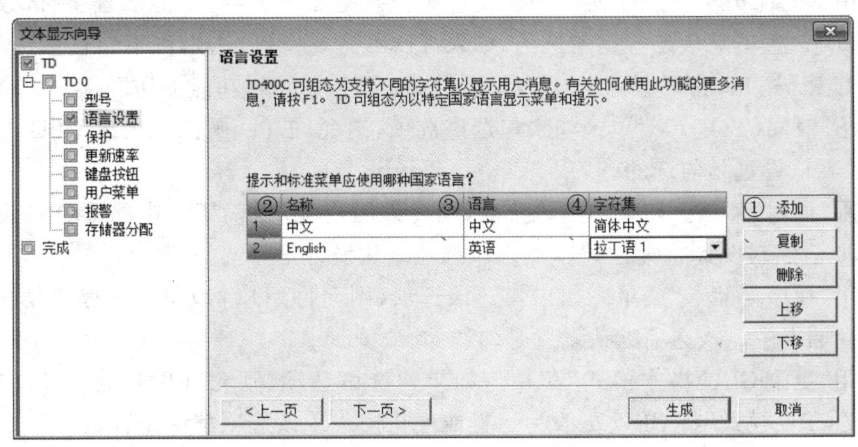

图 6.28　语言设置——添加新的语言集

① 单击“添加”按钮，新添加的语言集将自动显示在列表中的第一个语言集下面。

② 在“名称”列中输入新语言的名称，比如“English”。此处设置的名称将在 TD 的“操作员菜单”→“选择语言”处显示。

③ 在“语言”列中选择语言，比如“英语”。

④ 在“字符集”列中选择字符集。由于不同的字符集支持的字符是不同的，因此客户需要依据要显示的内容来选择合适的字符集。

当配置有多个语言集时,允许用户通过 TD 文本的“操作员菜单”→“选择语言”来更改语言集。选择不同的语言集,就能看到不同语言的文本显示。

语言设置列表中的第一个语言集将被指定为“主”语言集。用户只能在主语言集中添加/删除用户信息和引用 PLC 数据。

第四步：启用密码保护,如图 6.29 所示。

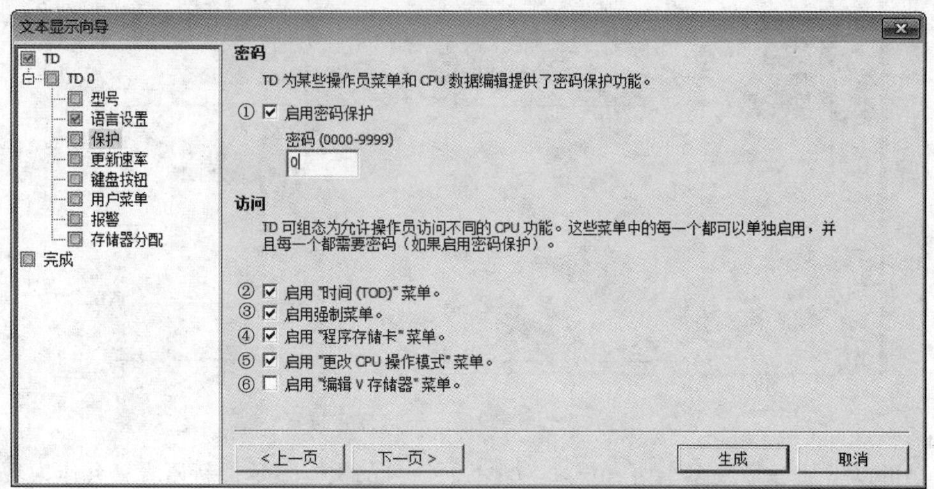

图 6.29　启用密码保护

图 6.29 中对应项的说明如下。

① 启用密码保护功能并设置密码。设置的密码是 4 位数字,不能设置字符,数字范围是 0000～9999。该选项默认设置是勾选的,如果 TD 不需要密码,用户可不勾选该选项。TD 密码不是 CPU 密码,TD 密码存储于 TD,只影响对该 TD 中编辑功能的访问。

② 启用“时间(TOD)”菜单。如果勾选该选项,则允许 TD 操作员更改 CPU 的日期和时间。该选项默认设置是勾选的。

③ 启用“强制”菜单。如果勾选该选项,则允许用户强制将 CPU 中的 I/O 点设置为闭合和断开,或取消强制设置的所有 I/O 点。该选项默认设置是勾选的。

④ 启用“程序存储卡”菜单。如果勾选该选项,则允许用户将 CPU 中程序复制到外插在 CPU 上的存储卡中。该选项默认设置是勾选的。

⑤ 启用“更改 CPU 操作模式”菜单。如果勾选该选项,则允许用户通过 TD 的“诊断菜单”→“更改 CPU 模式”将 CPU 更改为运行或停止模式。该选项默认设置是勾选的。

⑥ 启用“编辑 V 存储器”菜单。如果勾选该选项,并且在用户项目的“系统块”中未勾选“通信写访问”设置,则允许用户选择 V 存储器地址并修改这些地址对应的值。该选项默认设置是不勾选的。

第五步：设置更新速率,如图 6.30 所示。在“TD400C 轮询消息的频率应该为?”下拉列表框中可选择 TD 文本的更新速率,该设置决定了 TD 更新画面的速度以及报警刷新和 CPU 数据更新的速度,可选项如下：

- 尽快。
- 可从“每 1 秒”增至“每 15 秒”,增量为 1 秒。

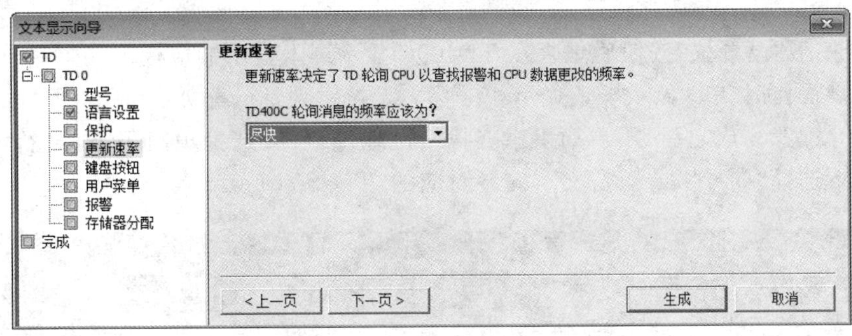

图 6.30　设置更新速率

默认选项是“尽快”，即 TD 文本以尽可能快的速度刷新报警以及更新 CPU 的数据。如果用户在此处选择“每 1 秒”，意味着 TD 文本每 1 秒刷新一次报警以及更新一次 CPU 数据。

2. 设置键盘按钮

TD400C 上有 8 个 F 键和 1 个 SHIFT 键，共有 16 种组合，直接控制 PLC 中 V 存储器的 16 个数据位。每一个键都可以单独设置成“置位位”或“瞬动触点”功能，键盘按钮的配置如图 6.31 所示。

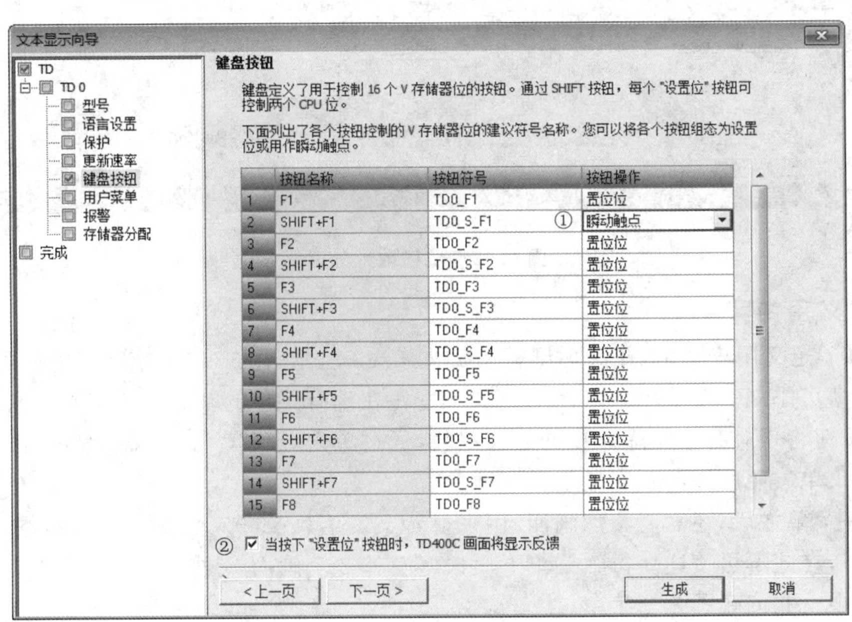

	按钮名称	按钮符号	按钮操作
1	F1	TD0_F1	置位位
2	SHIFT+F1	TD0_S_F1	瞬动触点
3	F2	TD0_F2	置位位
4	SHIFT+F2	TD0_S_F2	置位位
5	F3	TD0_F3	置位位
6	SHIFT+F3	TD0_S_F3	置位位
7	F4	TD0_F4	置位位
8	SHIFT+F4	TD0_S_F4	置位位
9	F5	TD0_F5	置位位
10	SHIFT+F5	TD0_S_F5	置位位
11	F6	TD0_F6	置位位
12	SHIFT+F6	TD0_S_F6	置位位
13	F7	TD0_F7	置位位
14	SHIFT+F7	TD0_S_F7	置位位
15	F8	TD0_F8	置位位

图 6.31　配置键盘按钮

图 6.31 中对应项的说明如下。

① 选择功能键的操作结果，“置位位”或者“瞬动触点”。用户可将每个按键组态为置位 CPU 位或组态为瞬动触点。为按键选择“置位位”后，当用户在 TD 键盘上按下此健时，TD 将置位 CPU 中对应的 V 存储器位，在程序逻辑清除该位前，该位将一直保持置位状态；为按键选择“瞬动触点”后，当用户在 TD 键盘上按下此健时，只有该 TD 按键保持按下状态，TD 才会置位 CPU 中对应的 V 存储器位。用户释放该按键后，TD 将清除 CPU 中对应的 V 存储

器位。

② 选择按下“设置位”按钮后是否在 TD400C 显示屏上显示响应标志。勾选该选项后,当用户进行按键操作时,TD 显示屏上显示相应标志。按键地址分配如图 6.32 所示。

文本向导配置完成之后,用户如果想查找按键地址,可以选择项目下方的“符号表”,接着在其子目录下选择“向导”,并双击文本向导对应的“TD_SYM_0”。

符号表

	符号	地址	注释
1	TD_CurScreen_0	VB63	针对 TD400C VB0 处 组态显示的当前画面。如果未显示画面,则设置为 16#FF.
2	TD0_S_F8	V60.3	表示键盘按钮 'SHIFT+F8' 已按下的符号(置位位)
3	TD0_S_F7	V60.2	表示键盘按钮 'SHIFT+F7' 已按下的符号(置位位)
4	TD0_S_F6	V60.1	表示键盘按钮 'SHIFT+F6' 已按下的符号(置位位)
5	TD0_S_F5	V60.0	表示键盘按钮 'SHIFT+F5' 已按下的符号(置位位)
6	TD0_S_F4	V59.7	表示键盘按钮 'SHIFT+F4' 已按下的符号(置位位)
7	TD0_S_F3	V59.6	表示键盘按钮 'SHIFT+F3' 已按下的符号(置位位)
8	TD0_S_F2	V59.5	表示键盘按钮 'SHIFT+F2' 已按下的符号(置位位)
9	TD0_S_F1	V59.4	表示键盘按钮 'SHIFT+F1' 已按下的符号(置位位)
10	TD0_F8	V57.7	表示键盘按钮 'F8' 已按下的符号(置位位)
11	TD0_F7	V57.6	表示键盘按钮 'F7' 已按下的符号(置位位)
12	TD0_F6	V57.5	表示键盘按钮 'F6' 已按下的符号(置位位)
13	TD0_F5	V57.4	表示键盘按钮 'F5' 已按下的符号(置位位)
14	TD0_F4	V57.3	表示键盘按钮 'F4' 已按下的符号(置位位)
15	TD0_F3	V57.2	表示键盘按钮 'F3' 已按下的符号(置位位)
16	TD0_F2	V57.1	表示键盘按钮 'F2' 已按下的符号(置位位)
17	TD0_F1	V57.0	表示键盘按钮 'F1' 已按下的符号(置位位)
18	TD_Left_Arrow_Key_0	V56.4	在用户按向左键时置位
19	TD_Right_Arrow_Key_0	V56.3	在用户按向右键时置位
20	TD_Enter_0	V56.2	在用户按 Enter 键时置位
21	TD_Down_Arrow_Key_0	V56.1	在用户按向下键时置位
22	TD_Up_Arrow_Key_0	V56.0	在用户按向上键时置位
23	TD_Reset_0	V45.0	置位此位将导致 TD400C 重新从 VB0 读取其组态

表格 1 / 系统符号 / POU 符号 / I/O 符号 / TD_SYM_0

符号表 状态图表 数据块

图 6.32 按键地址分配

3. 定义用户菜单

第一步:定义用户菜单,并添加屏幕。如图 6.33 所示,用户单击“添加”按钮可以添加用户菜单,最多可添加 8 个菜单。可使用“复制”按钮在现有菜单的基础上创建新的菜单,也可使用“删除”按钮将现有菜单删除。在创建菜单时,通过单击“上移” 和“下移”按钮可以对菜单进行排序,使菜单按照所需的顺序显示在 TD 上。

创建好菜单之后,还需要添加画面,用来显示文本信息及嵌入数据。为菜单添加画面与添加菜单类似,在此不再赘述。每个菜单下面最多支持 8 个画面,一共可以组态 64 个用户画面。在图 6.33 中一共创建了 8 个菜单。

⚠ **注意:** 与 S7-200 CPU 类似,S7-200 SMART CPU 也无法通过编程的方式来控制某个菜单屏幕的显示,只能通过面板上的按键来切换。

第二步:进行画面信息文本编辑及数据嵌入。画面编辑及数据嵌入如图 6.34 所示。

图 6.34 中对应项的说明如下:

① 单击“编辑数据”后,可插入 S7-200 SMART 变量。

② 嵌入文本信息及嵌入数据。

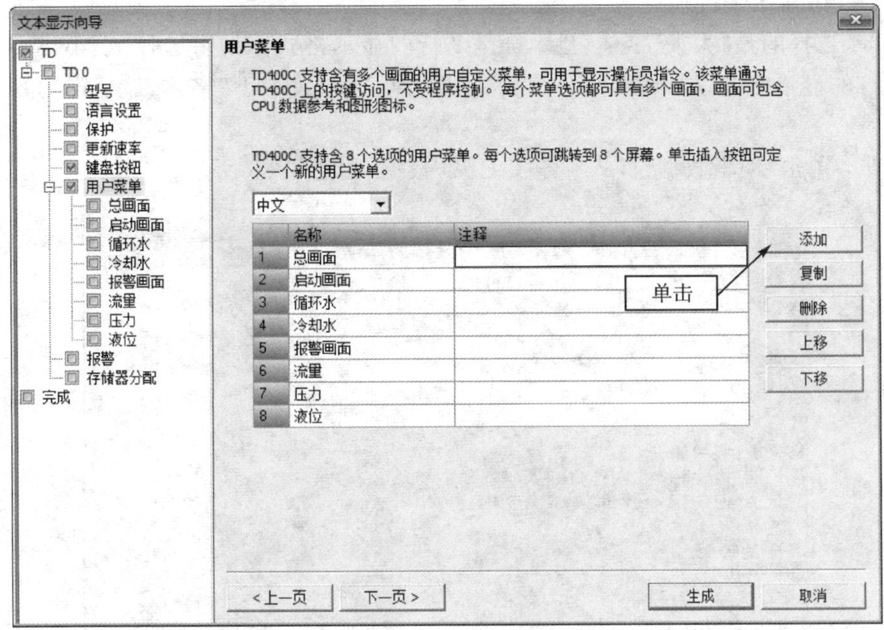

图 6.33　用户菜单

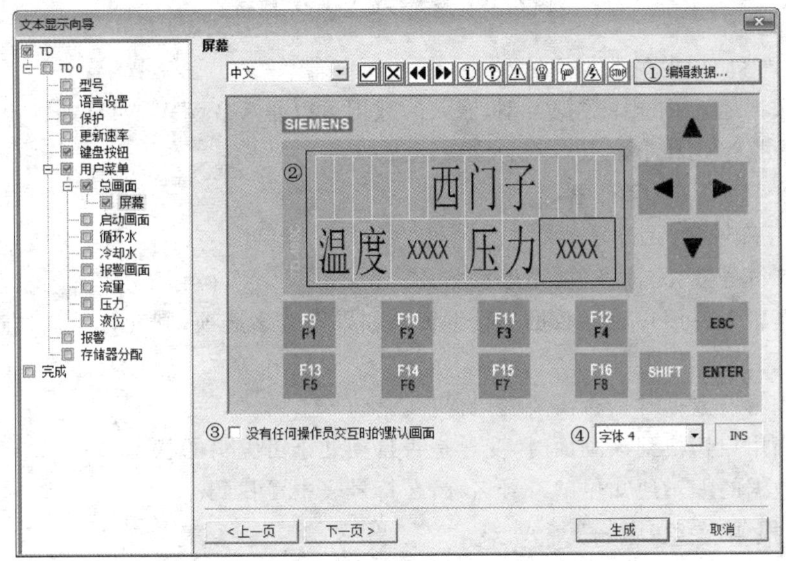

图 6.34　画面编辑及数据嵌入

③ 选中该选项后，本屏幕可作为默认的显示画面。

④ 设置画面显示字体，有以下五种显示方式：

- 小小小小(可显示 4 行)
- 小小大(可显示 3 行)
- 小大小(可显示 3 行)
- 大小小(可显示 3 行)

• 大大(可显示 2 行)

图 6.34 选择的是“大大”字体,显示屏是 2 行的显示格式。如果选择“小小小小”字体,显示屏是 4 行的显示格式;如果选择“小小大”、“小大小”和“大小小”字体,显示屏则是 3 行的显示格式。

第三步:单击“编辑数据”嵌入并定义 CPU 数据,如图 6.35 所示。

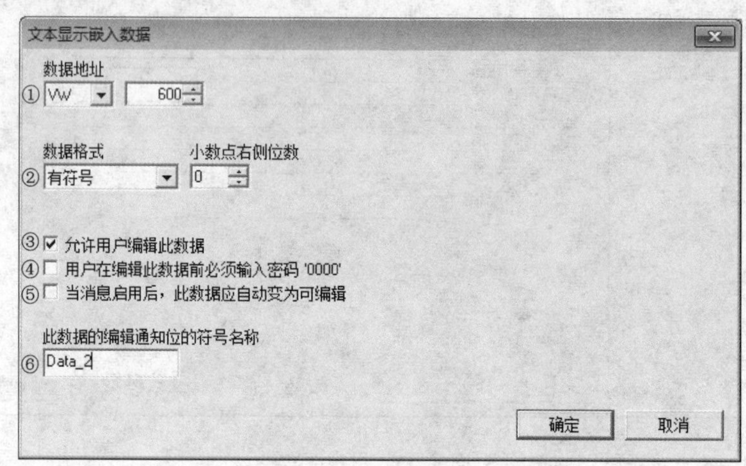

图 6.35　嵌入并定义 CPU 数据

图 6.35 中对应项的说明如下。

① 设置数据地址并选择数据类型,嵌入的数据可以是 VB、VW、VD。

② 定义数据格式和小数点右侧的位数:

• VB(数字字符串、字符串)

• VW(有符号数、无符号数)

• VD(有符号数、无符号数、浮点数)

③ 选择是否允许用户对该数据进行编辑。如果勾选该选项,则允许用户通过 TD 来修改该存储区地址对应的值。

④ 选择编辑该数据时是否需要密码保护。

⑤ 选择当用户切换到该画面时,变量是否自动处于可编辑的状态。

⑥ 嵌入数据的编辑通知位的符号名称,在符号表中可找到。

4. 定义报警信息

TD400C 最多支持 80 条报警信息,报警信息画面可以由用户程序逻辑控制是否显示。

第一步:定义报警画面并嵌入数据,如图 6.36 所示。

图 6.36 中对应项的说明如下。

① 单击“插入 CPU 数据”后,可嵌入 S7－200 SMART 变量。

② 嵌入文本信息及嵌入数据。

③ 输入当前报警的符号名称。

④ 设置报警画面的显示字体,有两种显示方式:“小小”和“大大”。选择“小小”字体,画面显示为半屏的两行。选择“大大”字体,画面显示为全屏的两行,如图 6.36 所示。

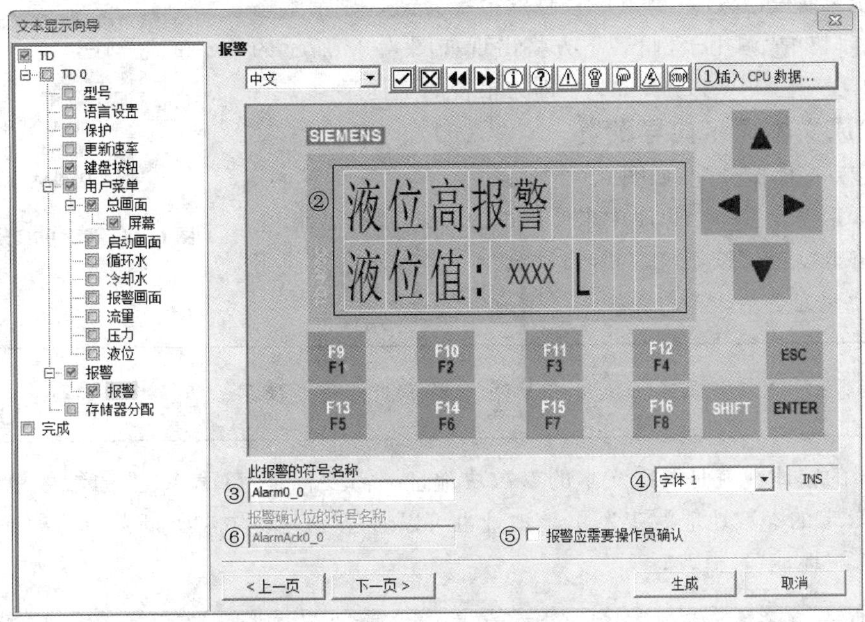

图 6.36　定义报警选项

⑤ 选择报警是否需要确认。如果勾选该选项，那么当显示的报警画面在报警使能条件清除后，且没有调用向导生成的子程序 TD_CTRL_x，用户只有按 Enter 键确认，此报警画面才能消失。如果报警条件未清除，报警画面是不能用 Enter 键确认掉的。

⑥ 报警确认位。当报警被确认后，此位被置位。报警确认位一旦置位，不会自动复位，用户必须编写复位程序。

注意： 普通报警将在触发条件消失后自动清除；需要确认的报警，必须在报警画面中按 Enter 键确认。

第二步：嵌入并定义 CPU 数据，如图 6.37 所示。该处的操作与上文的用户菜单画面中嵌入数据的方法完全相同。

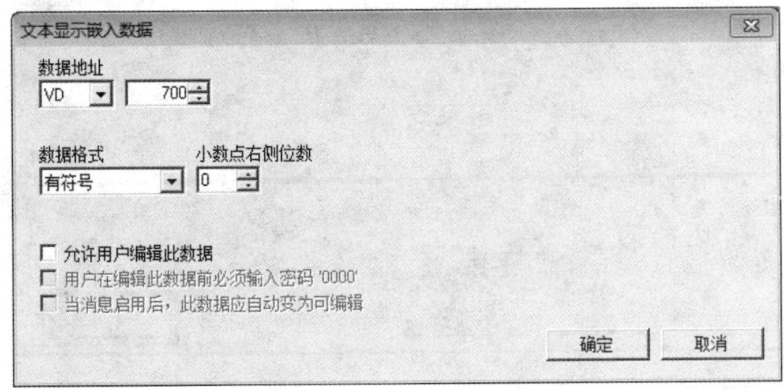

图 6.37　嵌入并定义 CPU 数据

第三步：编程，通过逻辑条件来触发报警。文本显示组态完成后，项目树的“调用子例程”下方将出现如图 6.38 所示的 TD400C 子程序，其中“TD_ALM_0”即为报警的子程序。

图 6.38　TD400C 子程序

5. 完成文本显示向导配置

第一步：存储器分配，如图 6.39 所示。

用户可手动设置一个程序中未使用过的 V 存储器地址，也可以通过单击“建议”按钮，由向导自动分配一个程序中未使用的 V 存储器地址。

⚠ **注意**：TD 文本配置所使用的 V 存储器不能被重复使用。

存储器的首地址就是 TD 文本的参数块地址。需要保证 TD400C 上的参数地址与之相同，TD400C 上的参数地址默认为 0，该地址也可以通过 TD 文本的“诊断菜单”→“TD400C 设置”→“参数块地址”来更改。

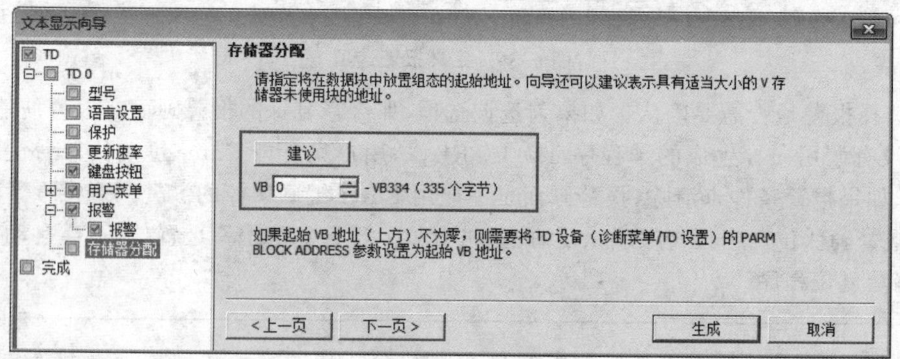

图 6.39　存储器分配

第二步：完成向导配置，如图 6.40 所示。当用户单击图 6.40 所示的“生成”按钮后，意味着 TD 文本的向导配置已经完成。

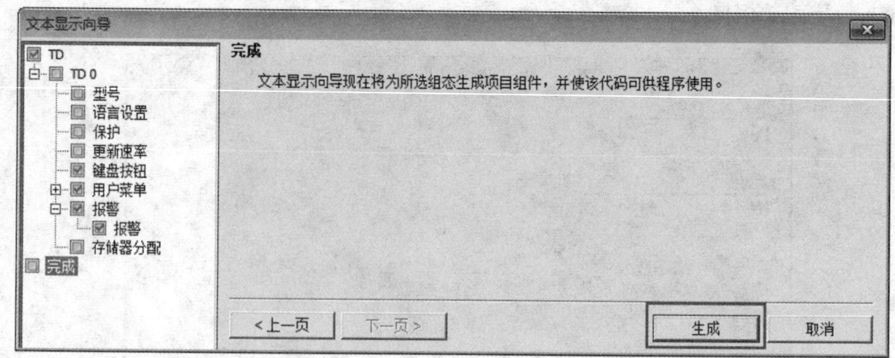

图 6.40　完成文本的显示向导配置

“文本显示”生成的子程序需要在程序中调用，调用子程序如图 6.41 所示。

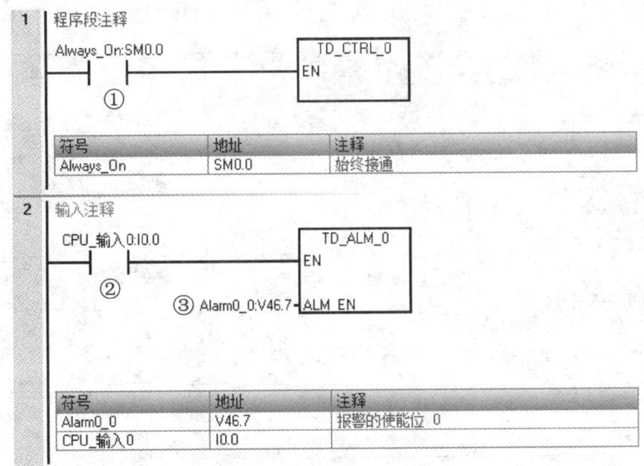

图 6.41　调用子程序

图 6.41 中对应项的含义如下所述。

① 使用 SM0.0 直接调用文本显示生成的子程序 TD_CTRL_x。该子程序必须在调用报警触发程序 TD_ALM_x 前调用。

② 组态报警信息的触发逻辑，以使 TD400C 显示该报警画面。

③ 选择报警使能位，即决定激活哪条报警信息。如果用户在文本显示向导中配置了多个报警，可以手动写入报警控制位的符号地址，也可以通过右键快捷菜单中的“选择符号”选项，选择要激活的报警使能位。

6.2.3　TD400C 显示可变文本

除了文字信息、嵌入 CPU 数据之外，TD 文本还支持字符串格式显示。通过下面的例子来说明如何依据信号状态在 TD400C 上显示设备的“运行”和“停止”文本。

第一步：添加画面并输入文本“电机运行状态”，并单击画面右上角的“插入 CPU 数据”，如图 6.42 所示。

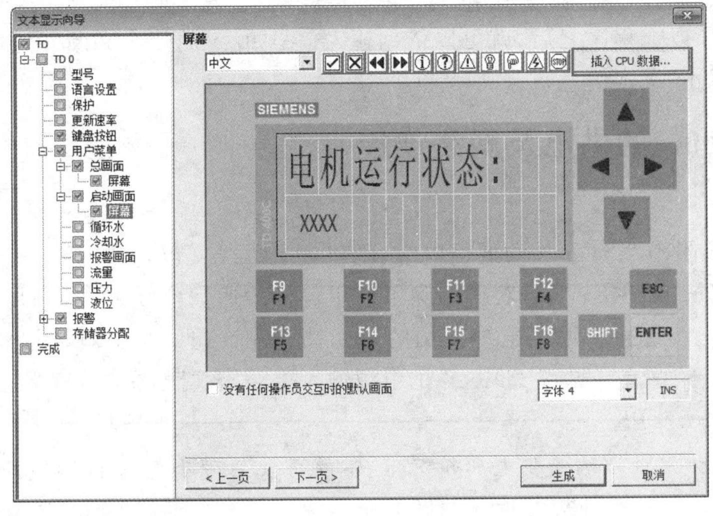

图 6.42　输入文本及插入 CPU 数据

第二步：设置数据地址，并选择数据格式为字符串，如图 6.43 所示。

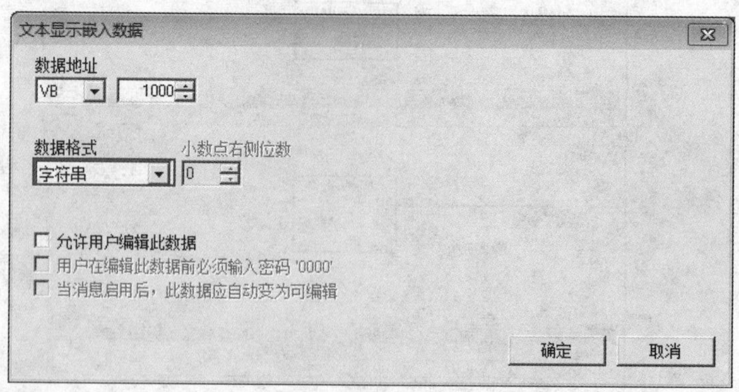

图 6.43　定义数据格式为字符串

第三步：编程，依据同一输入信号的不同状态值来触发不同的字符信息。此处选择输入信号 I0.1 作为触发位，当 I0.1 闭合时，TD 文本显示“运行”文本，当 I0.1 断开时，TD 文本显示“停止”文本，如图 6.44 所示。

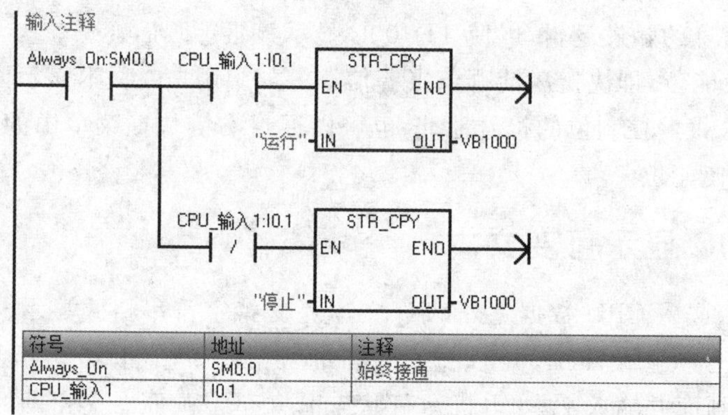

图 6.44　编程显示动态文本

用户在编写了以上程序之后，就可以依据输入信号 I0.1 的闭合和断开这两种状态来分别触发“运行”和“停止”文本信息。

6.2.4　TD400C 的供电及网络连接

1. 供　电

TD400C 随机附赠 2.5 m 长的通信电缆，既包含电源线又包含数据线，其中电源是从 S7－200 SMART CPU 的 RS485 端口获得。除了使用自带的通信电缆之外，TD400C 还可通过西门子的 Profibus 电缆连接。通信电缆使用的是 3 针和 8 针这两个引脚，因此还需另外提供电源，可通过外接 24 V 直流电源到 TD400C 的电源输入端子，该端子位于 TD 文本的编程口下方。

⚠ **注意：** 在使用电源端子供电的情况下，不要再使用带有电源传输线的通信电缆，否则会烧毁设备。

2. 连　接

S7－200 SMART CPU 本体集成的 RS485 接口同时最多可以连接 4 个 TD400C，信号板 RS232/RS485 接口最多能连接的 TD 数目也是 4 个，但每个 CPU 最多能组态的 TD 数目不能超过 5 个。每个 TD 文本的参数块地址需要单独分配，不能使用相同的 V 存储区地址。

以 S7－200 SMART CPU 本体集成的 RS485 接口为例，在连接 TD 文本之前，需要先设置其站地址和通信波特率。在 STEP 7－Micro/WIN SMART 软件的项目树中双击“系统块”选项，打开如图 6.45 所示的 RS485 端口配置对话框。本体集成的 RS485 接口默认的站地址是 2，波特率是 9.6 kbps。用户可依据实际项目需要在此处重新设置 RS485 接口的站地址和通信波特率，以便实现与 HMI 设备的 PPI 通信。

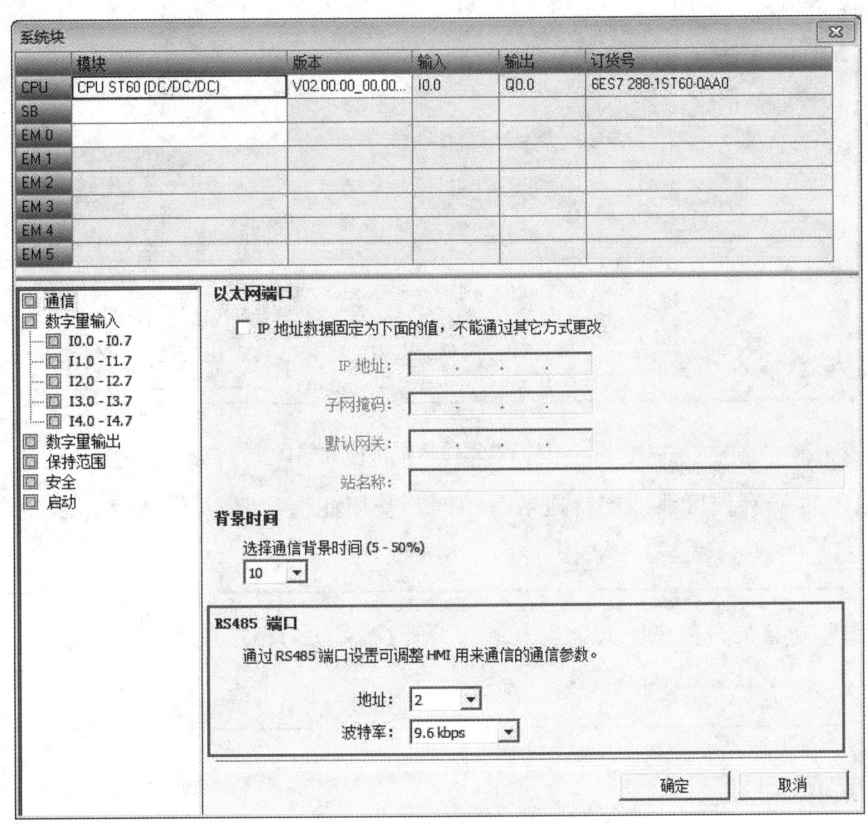

图 6.45　RS485 端口配置

3. 通信安全设置

S7－200 SMART CPU 连接 HMI 设备时，允许用户设置通信写访问范围，该范围仅限于 CPU 的 V 地址存储区。

单击 STEP 7－Micro/WIN SMART 软件项目树中的“系统块”，在弹出的“系统块”对话框中用户可看到“通信”、“数字量输入”、“数字量输出”、“安全”等可被编辑的系统信息，在此选择“安全”，如图 6.46 所示。

当用户勾选了“限制”选项，并将通信写访问限制在 VB200～VB300 的存储区范围之后，

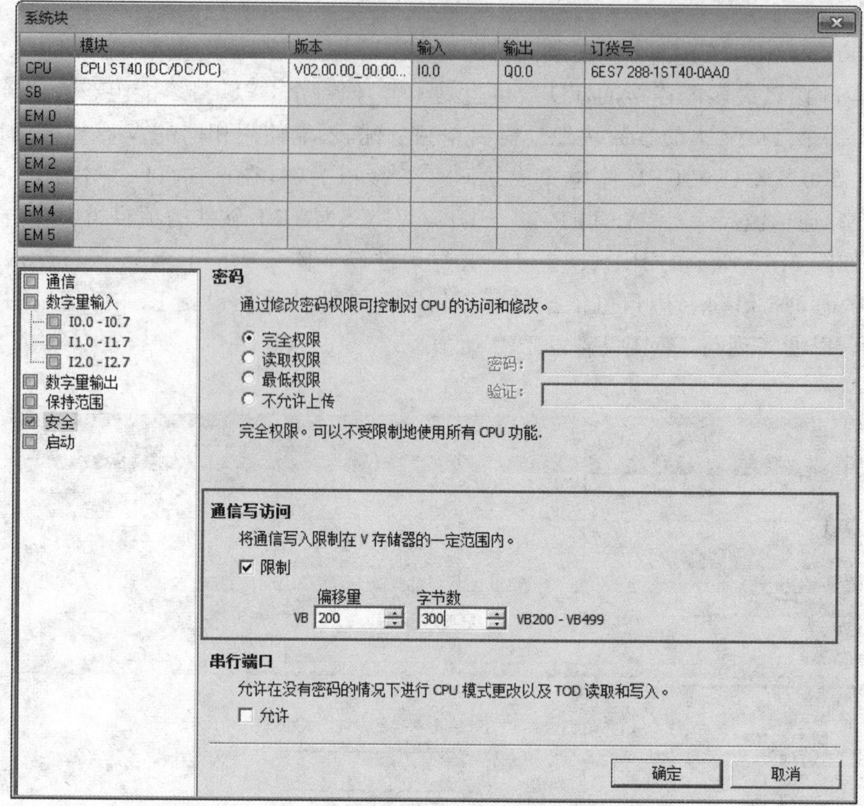

图 6.46　设置通信写访问存储区

只有该范围内的 V 存储区地址支持通信写访问。禁用此选项时，可写入存储区的全部范围，包括 I、Q、M、V、AQ。

⚠ **注意：** 通信写访问限制只适应于通信写入(例如从 HMI 或者 PC 访问等)，不适用于用户程序写入。

6.2.5　常问问题

1. 为什么 TD400C 显示无参数块？

可能性如下：

① 地址重复使用，为 TD 文本指定的 V 存储区在程序的其他地方被再次使用。

② 错误配置 TD 文本的起始地址，TD 文本的参数块地址出厂设置是 0，如果该地址不同于文本向导中组态的起始地址，文本将显示无参数块。

2. TD400C 本身自带的通信电缆能否延长？

TD 文本随机携带 2.5 m 长的通信电缆。如果文本的安装位置距离 CPU 超过 2.5 m 的话，用户可以通过 Profibus 电缆连接，通信电缆使用的是 3 针和 8 针这两个引脚，因此还需提供电源，可通过外接 24 V 直流电源到文本的电源输入端子。不建议用户延长自带的通信电缆。

3. 如果当前连接的 TD 文本出现故障，更换新的文本显示器需要注意什么？

TD 文本的配置信息集成在用户项目当中，用户在下载时一并将包含文本配置的项目下载到 CPU，因此在更换 TD 文本后不需要再次下载文本配置。但是，TD 文本的参数块地址、通信波特率以及站地址是需要重新设置的，具体的设置信息可参考 CPU 的项目文件。

4. 一个 S7－200 SMART CPU 最多能连接多少个 TD400C？

S7－200 SMART CPU 本体集成了一个 RS485 的物理接口，该接口默认的通信协议是 PPI 协议，能连接 TD400C 的个数是 4 个。信号板 RS232/RS485 接口最多能连接的 TD 数目也是 4 个，但每个 CPU 最多能组态的 TD 数目不能超过 5 个。

5. 一个 TD400C 在同一时刻最多能连接多少个 CPU？

一个 TD400C 在同一时刻最多只能连接一个 CPU。

6. 为什么 TD400C 的中文显示出现乱码？

原因有以下几个：文本信息所占用的 V 存储区地址被其他程序重复使用；文本信息所占用的 V 存储区地址长度不够或数据类型不正确。

7. 如何找到 TD400C 的按键对应的存储区地址？

文本向导配置完成之后，选中项目下方的“符号表”，接着在其子目录下选择“向导”，展开“向导”文件夹后就能看到文本向导对应的“TD_SYM_X”，用户双击该名称就能在打开的“符号表”中找到所有的按键地址。

8. 订货号为 6AV6 640－0AA00－0AX0 的 TD400C 和 6AV6 640－0AA00－0AX1 的 TD400C 有什么区别？

只有后者具有 UL 认证和 FM 认证，向导配置和使用与前者都是相同的。认证信息请参见以下链接：http://support. automation. siemens. com/CN/view/zh/26102189/appr。

9. 用户之前用 STEP 7－Micro/WIN 配置的 TD 文本向导能否导入到 STEP 7－Micro/WIN SMART 软件中继续使用？

STEP 7－Micro/WIN 中配置的 TD400C 向导是无法被 STEP 7－Micro/WIN SMART 软件直接转换打开的，用户只能重新编写。

10. 如何上传 TD400C 内的程序？

TD400C 的配置包含在 CPU 的用户项目中，从 CPU 上传的项目即包含 TD 文本的配置。

第 7 章　OPC 通信

OPC(OLE* for Process Control，用于过程控制的 OLE)是自动化行业及其他行业用于数据安全交换时的互操作性标准，它独立于平台，并确保来自多个厂商的设备之间信息的无缝传输。OPC 标准由行业供应商、终端用户和软件开发者共同制定的一系列规范，这些规范定义了客户端和服务器之间以及服务器与服务器之间的接口，比如访问实时数据、监控报警和事件、访问历史数据和其他应用程序等，都需要 OPC 标准的协调。

西门子公司提供了 PC Access SMART 和 SIMATIC NET 两个 OPC 服务器软件用于访问 S7－200 SMART PLC。

7.1　PC Access SMART

7.1.1　PC Access SMART 介绍

PC Access SMART 是西门子针对 S7－200 SMART CPU 与上位机通信推出的 OPC 服务器软件。其作用是与其他标准的 OPC 客户端(Client)通信并提供数据信息。PC Access SMART 与 S7－200 CPU 的 OPC 服务器软件 PC Access 类似，都具有 OPC 客户端测试功能，用户可以测试配置情况和通信质量。

PC Access SMART 可以支持西门子上位机软件，比如 WinCC，或是第三方支持 OPC 通信的上位机软件。

7.1.2　PC Access SMART 对操作系统和硬件的要求

1. 计算机和操作系统要求

- 操作系统：Windows 7(32 位和 64 位)或 Windows 10(32 位和 64 位)；
- 至少 350 MB 的空闲硬盘空间；
- 最小屏幕分辨率为 1 024×768 像素，小字体设置。

2. 运行环境要求

PC Access SMART 的安装和使用需要 Windows 用户拥有管理员权限。用户只有具备所需的权限，才能通过 PC Access SMART OPC 服务器读/写变量数据。

3. PC Access SMART 软件注意事项

- PC Access SMART 中没有打印工具；
- PC Access SMART 中通信数据条目的个数没有限制；
- PC Access SMART 专门用于 S7－200 SMART CPU，不能用于 S7－200、S7－300 或

* OLE：对象连接与嵌入，Object Linking and Enbedding。

S7-400 CPU；

• 客户测试端不支持写功能测试。

7.1.3　PC Access SMART 软件界面介绍

PC Access SMART 软件界面如图 7.1 所示。

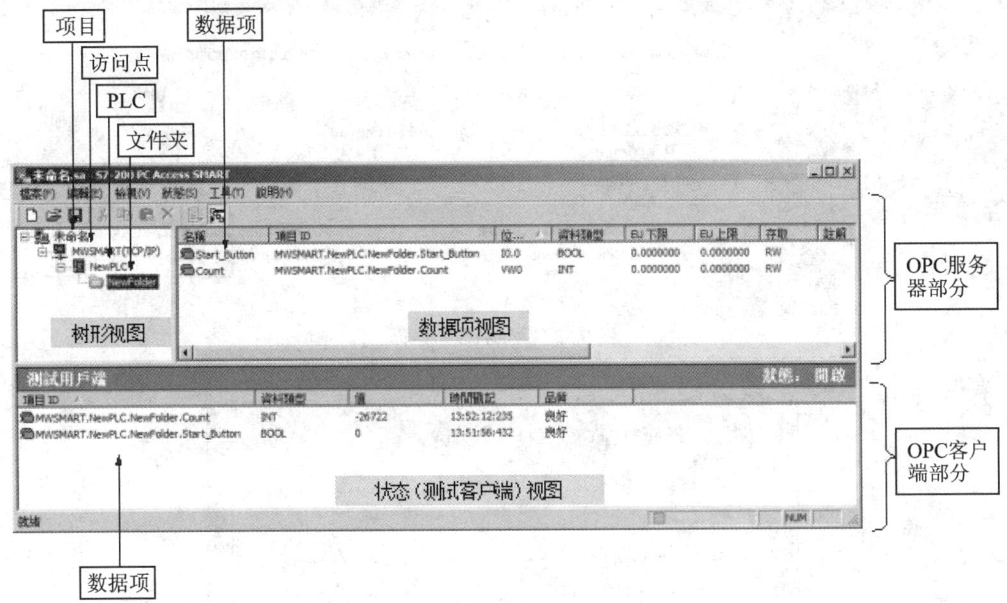

图 7.1　PC Access SMART 软件界面

7.1.4　与 S7-200 SMART CPU 建立连接

PC Access SMART 软件可以通过以太网方式与 S7-200 SMART CPU 建立连接，也可以通过 USB/PPI 多主站电缆与 S7-200 SMART CPU 进行 RS485 通信。本文以常用的以太网方式为例进行介绍。

1. 设置 PG 的 IP 地址

需要给计算机设置一个固定的 IP 地址，在 Windows 7 系统中单击工具栏的“网络连接”图标，出现如图 7.2 所示的计算机工具栏网络连接属性界面，选择 Open Network and Sharing Center 选项进入网络设置界面，或者从计算机控制面板里的网络连接中进入网络连接属性界面设置 IP 地址。

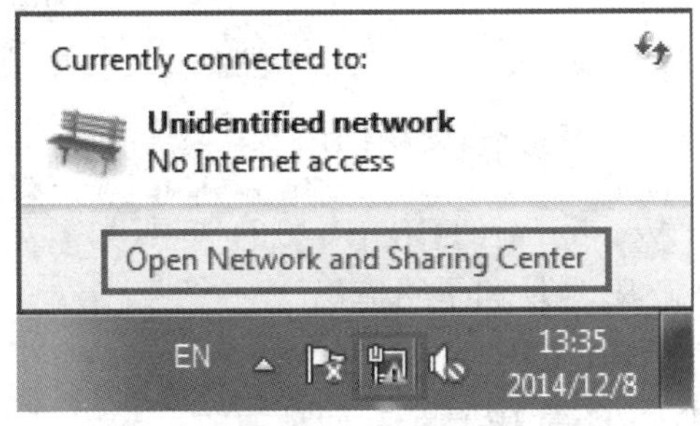

图 7.2　计算机工具栏网络连接属性

在网络设置界面中选择本地连接 Local Area Connection(如图 7.3 所示),在 Windows 7 系统中,计算机需要连接网线才能出现 Local Area Connection 选项。本地网络连接状态的设置如图 7.4 所示。

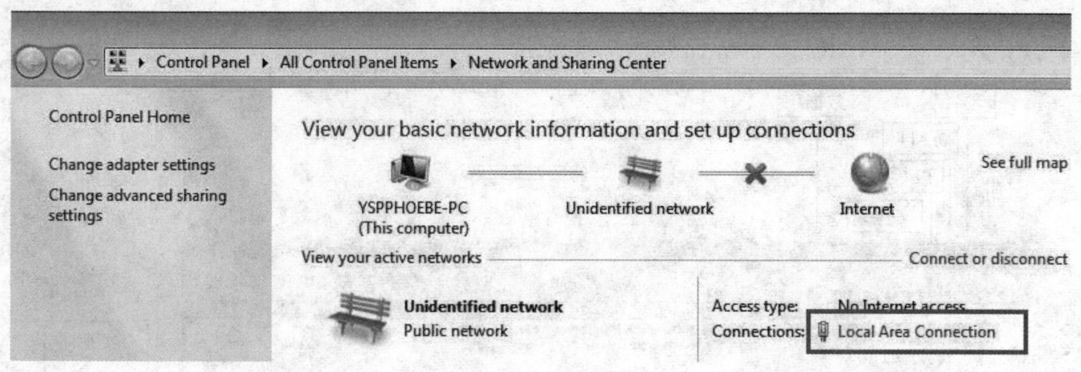

图 7.3　网络设置界面

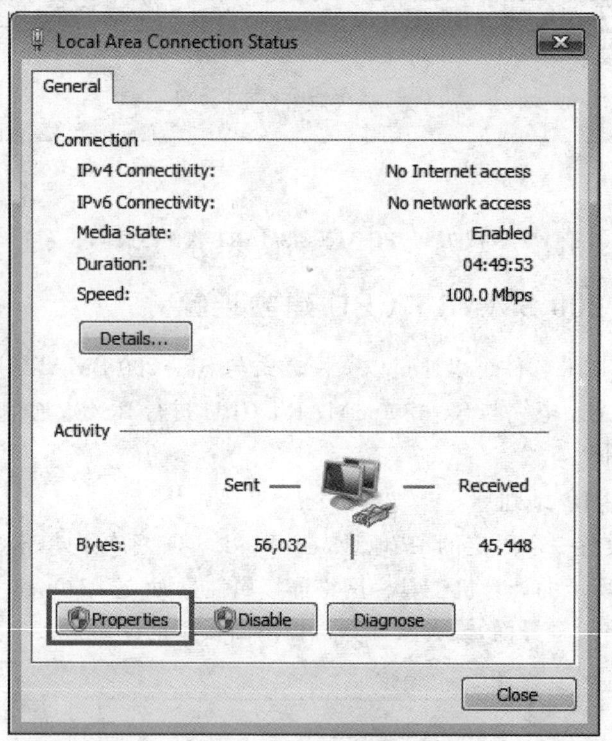

图 7.4　本地网络连接状态

选择 Internet Protocol Version 4 (TCP/IPv4)的选项(如图 7.5 所示),进入如图 7.6 所示对话框,为计算机设置固定 IP 地址和子网掩码。

2. 设置 S7－200 SMART CPU 的 IP 地址

设置 S7－200 SMART CPU 的 IP 地址有两种方式:

① 在 STEP 7 - Micro/WIN SMART 软件的“通信”窗口中编辑 CPU 的 IP 地址。这种方式能够编辑成功的前提是，STEP 7 - Micro/WIN SMART 软件的系统块“通信”属性中的“以太网端口”选项没有给 CPU 设置固定的 IP 地址，如图 7.7 所示。

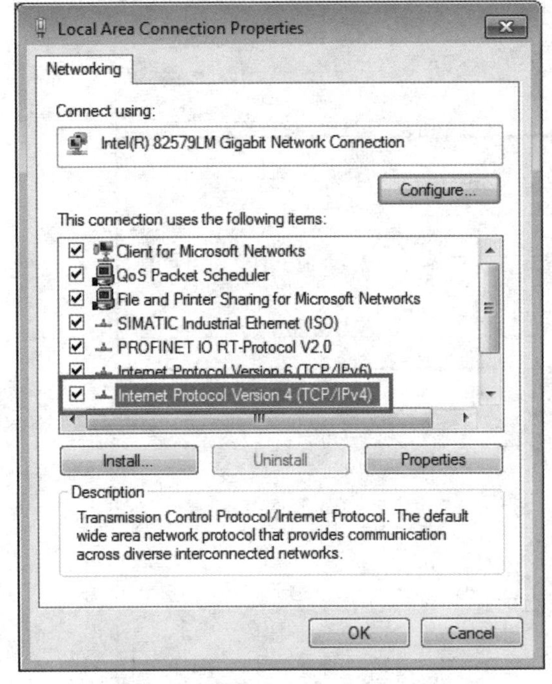

图 7.5　选择网络协议

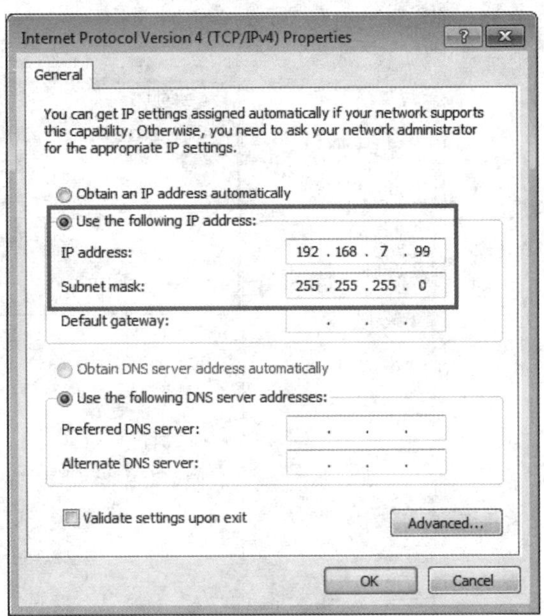

图 7.6　设置固定 IP 地址和子网掩码

第一步：选择连接方式：选择客户计算机实际网卡的硬件“. TCPIP. 1”进行通信，如图 7.8 所示。

第二步：单击“查找 CPU”按钮，会把网络上的所有 S7 - 200 SMART CPU 设备都搜索出来，如图 7.9 所示。

根据需要修改 S7 - 200 SMART CPU 的 IP 地址。在“IP 地址”、“子网掩码”、“默认网关”、“站名称”处设置相关内容，然后单击“设置”按钮完成地址设置，如图 7.10 所示。

② 在 STEP 7 - Micro/WIN SMART 软件的系统块中给 CPU 设置固定 IP 地址。

以方式①中所述的第一步和第二步搜索出 S7 - 200 SMART CPU 的 IP 地址，然后在 STEP 7 - Micro/WIN SMART 软件的系统块中选择“通信”选项，勾选“IP 地址数据固定为下面的值，不能通过其他方式更改”选项，按图 7.11 所示设置固定 IP 地址等参数，下载项目后，CPU 的固定 IP 地址生效。

⚠ **注意：** 给 CPU 设置了固定的 IP 地址后，不能通过其他方式更改 CPU 的 IP 地址，只能在这里对其修改。

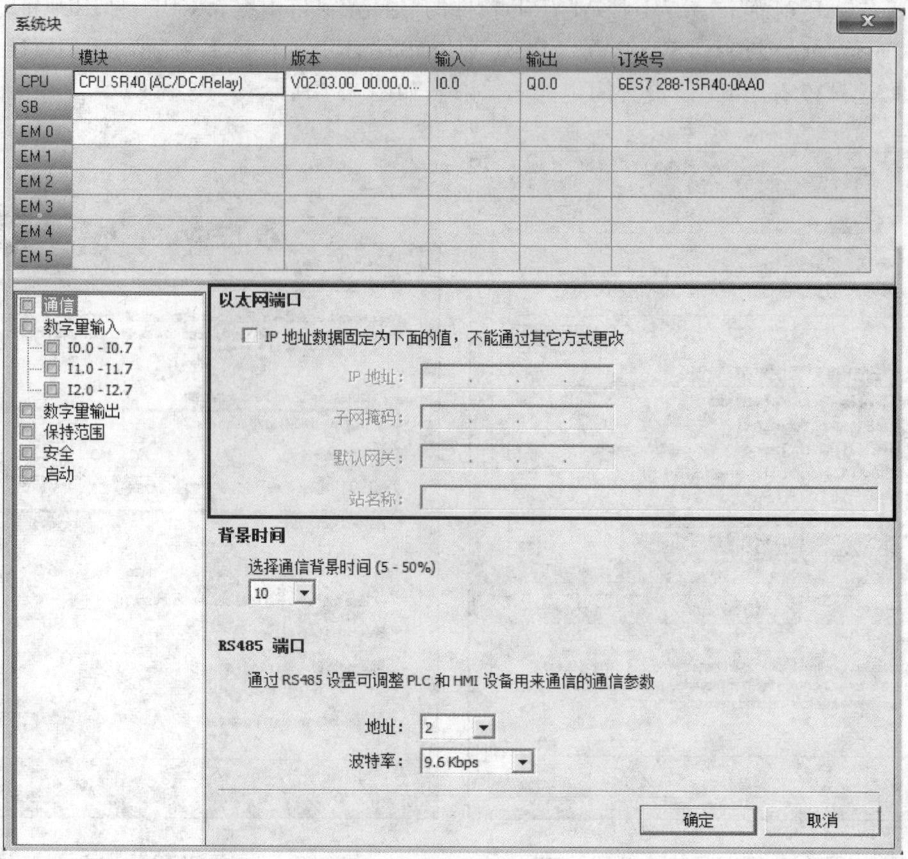

系统块

	模块	版本	输入	输出	订货号
CPU	CPU SR40 (AC/DC/Relay)	V02.03.00_00.00.0...	I0.0	Q0.0	6ES7 288-1SR40-0AA0
SB					
EM 0					
EM 1					
EM 2					
EM 3					
EM 4					
EM 5					

通信
数字量输入
I0.0 - I0.7
I1.0 - I1.7
I2.0 - I2.7
数字量输出
保持范围
安全
启动

以太网端口

IP 地址数据固定为下面的值，不能通过其它方式更改

IP 地址：

子网掩码：

默认网关：

站名称：

背景时间

选择通信背景时间 (5 - 50%)

10

RS485 端口

通过 RS485 设置可调整 PLC 和 HMI 设备用来通信的通信参数

地址：2

波特率：9.6 Kbps

确定　取消

图 7.7　S7－200 SMART CPU 设置固定 IP 地址

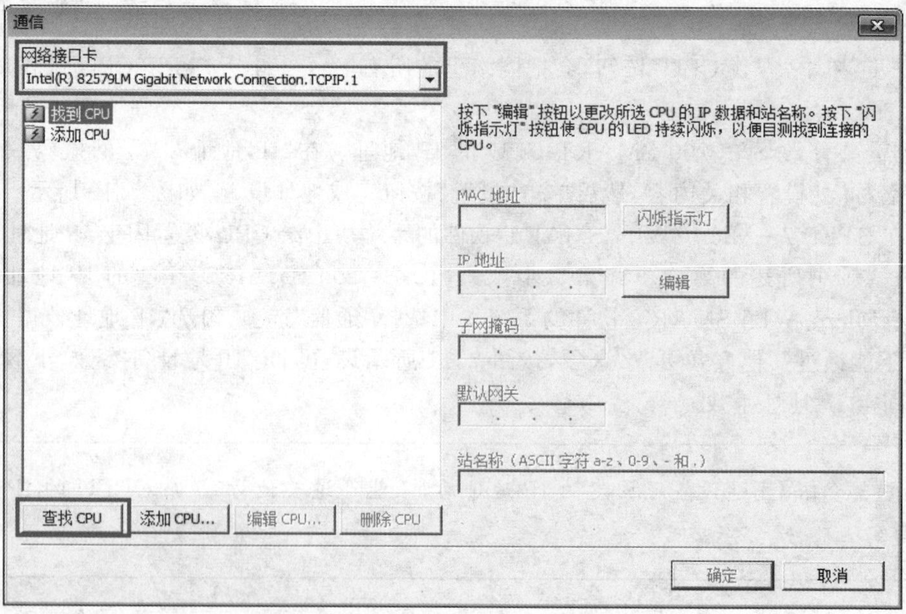

通信

网络接口卡

Intel(R) 82579LM Gigabit Network Connection.TCPIP.1

找到 CPU
添加 CPU

按下"编辑"按钮以更改所选 CPU 的 IP 数据和站名称。按下"闪烁指示灯"按钮使 CPU 的 LED 持续闪烁，以便目测找到连接的 CPU。

MAC 地址　闪烁指示灯

IP 地址　编辑

子网掩码

默认网关

站名称（ASCII 字符 a-z、0-9、- 和 .）

查找 CPU　添加 CPU...　编辑 CPU...　删除 CPU

确定　取消

图 7.8　选择计算机网卡

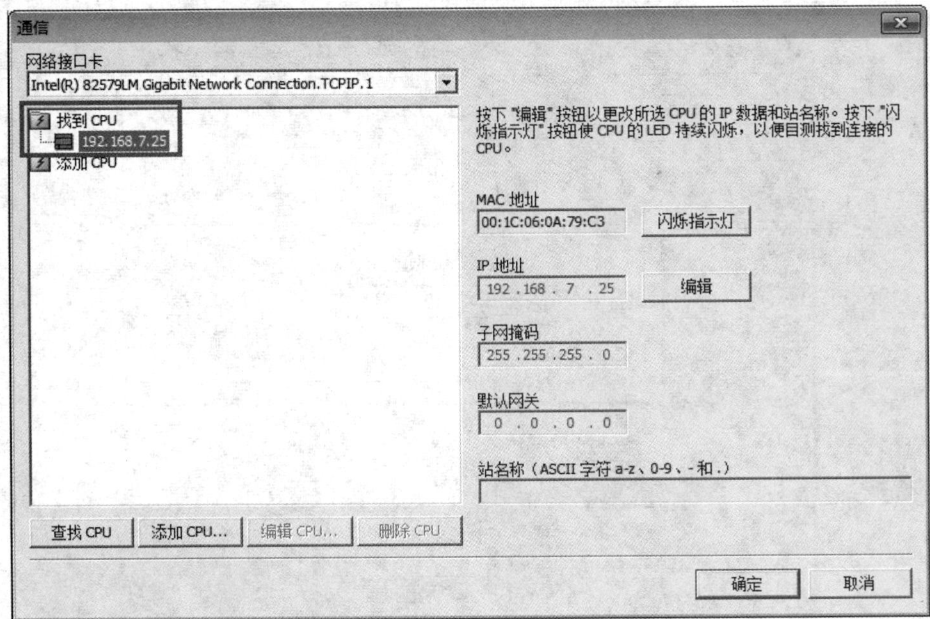

图 7.9　搜索出 S7－200 SMART CPU

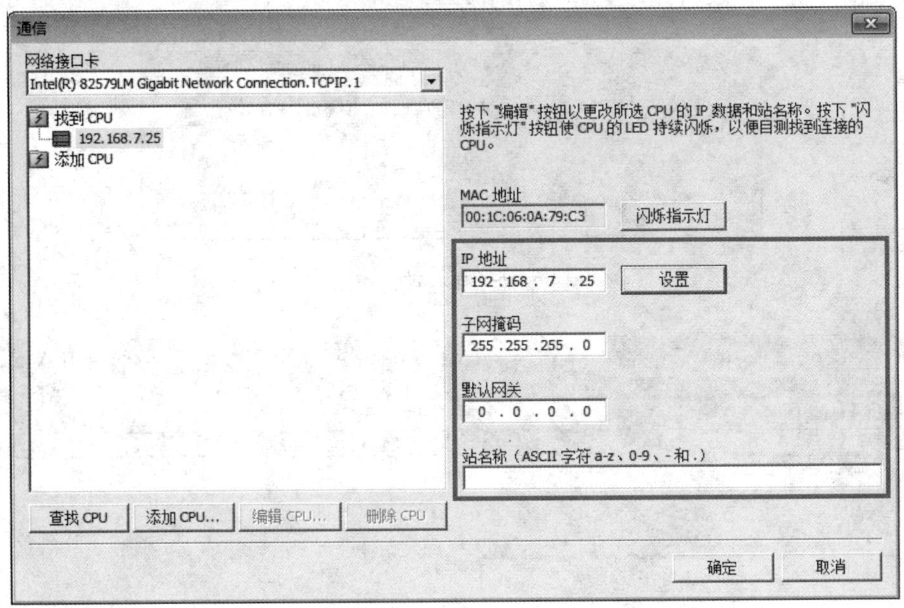

图 7.10　设置 S7－200 SMART CPU IP 地址

3. 设 PC Access SMART 软件

第一次打开 PC Access SMART 软件，会随软件同时出现一个提示界面，其内容是告知用户，在进行 OPC 通信之前，需要对 PC Access SMART 项目进行保存，如图 7.12 所示。

第一步：选择要通信的 S7－200 SMART CPU，右击“MWSMART(TCP/IP)”，再选择快捷菜单的“新建 PLC”选项，如图 7.13 所示。

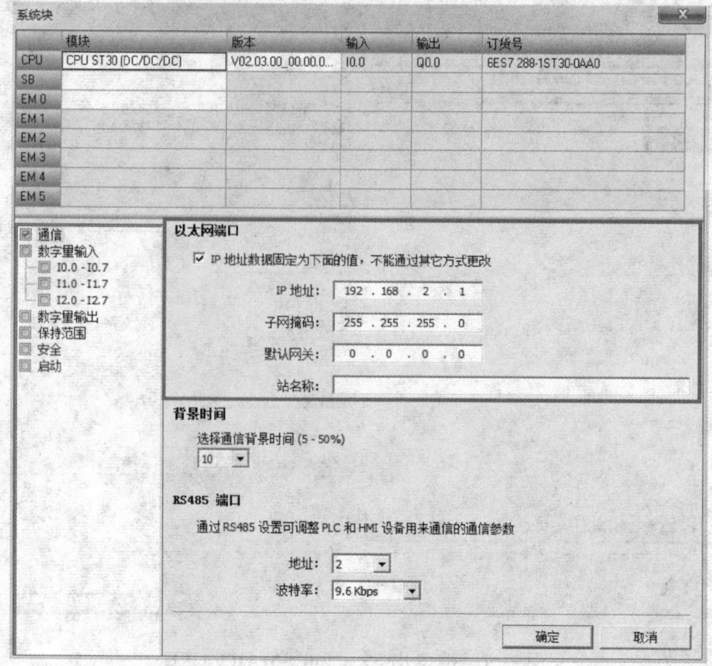

图 7.11　设置固定 IP 地址

图 7.12　保存项目提示

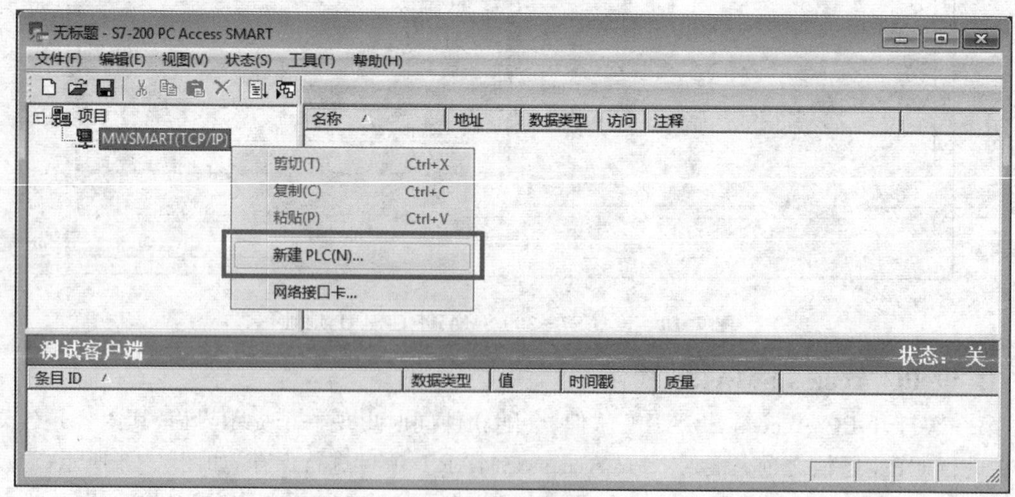

图 7.13　新建 PLC

第二步：在弹出的对话框中单击“查找 CPU”，在网络中选择要做 OPC 通信的 CPU，紧接着设置本地和远程的 TSAP 地址，如图 7.14 所示。

其中“本地”指的是 PC Access SMART，“远程”指的是 S7－200 SMART CPU。

TSAP 是 Transport Service Access Point 的缩写，表示的是连接资源的地址。当连接 S7－200 SMART CPU 时，本地和远程的 TSAP 地址只能设置下面的值：

- 02.00
- 02.01
- 03.00
- 03.01

该软件中 TSAP 地址不支持其他数值。若设置了其他数值，则不能单击“确认”按钮完成配置。

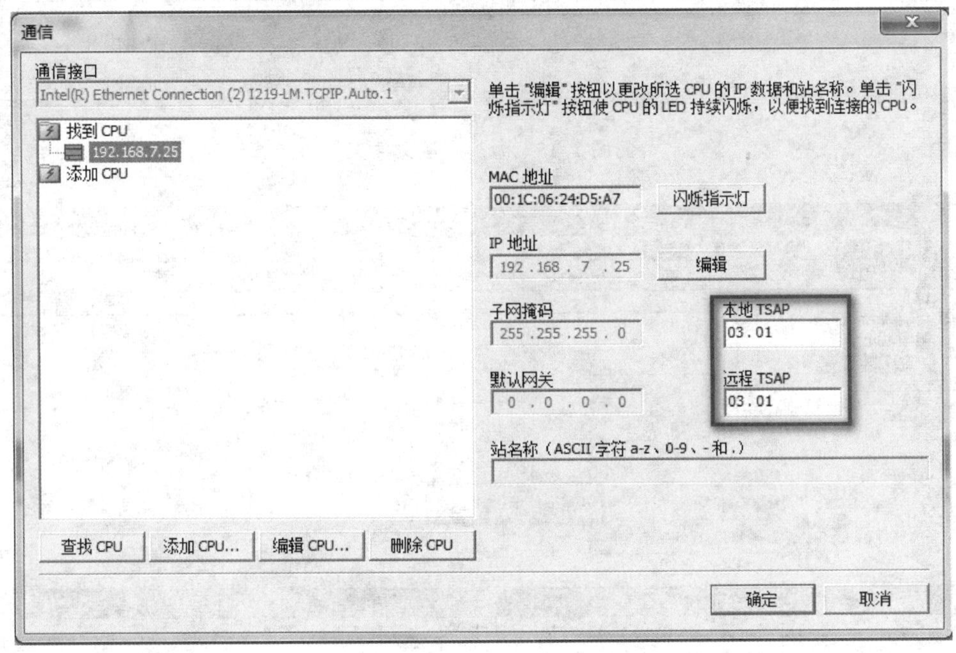

图 7.14　设置 TSAP 地址

第三步：添加 NewPLC 后，给该 CPU 新建“文件夹”，如图 7.15 所示。

第四步：在文件夹下添加需要通信的变量条目，如图 7.16 所示。

添加“条目”后会出现“条目属性”对话框，如图 7.17 所示。

图 7.17 中对应项的含义如下所述。

① 该变量的符号名。

② 变量 ID：添加新数据项时，PC Access SMART 会创建一个含有数据项的组态项，其中包含的数据项名称与层级路径（服务器访问点、CPU、文件夹和数据项名称）一起构成数据项 ID，数据项 ID 是数据项的唯一符号表示。

③ 变量地址：可以设置 S7－200 SMART CPU 支持的所有内存变量。

④ 设置上位机软件访问该数据的方式，有三种：读/写、写或读。

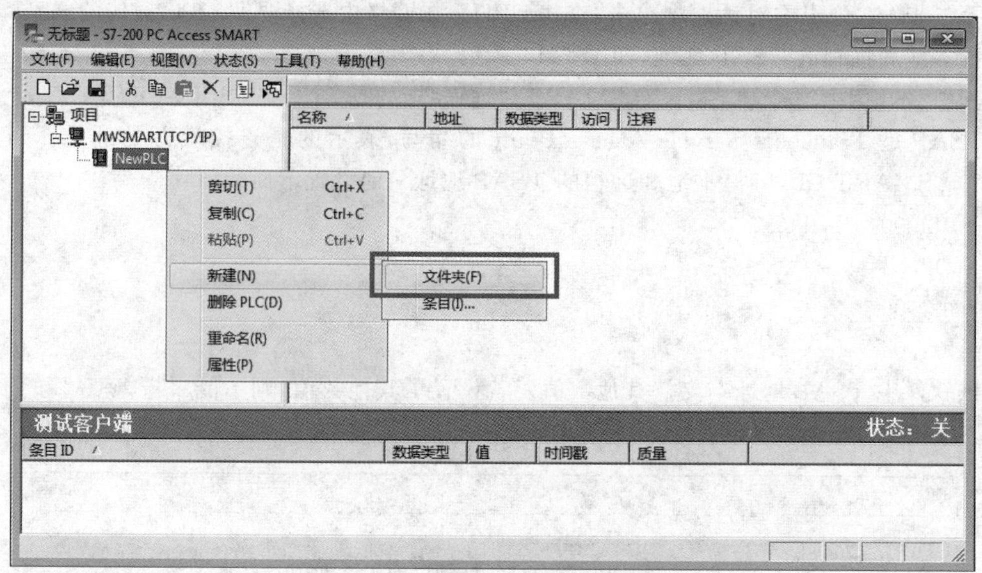

图 7.15 添加变量文件夹

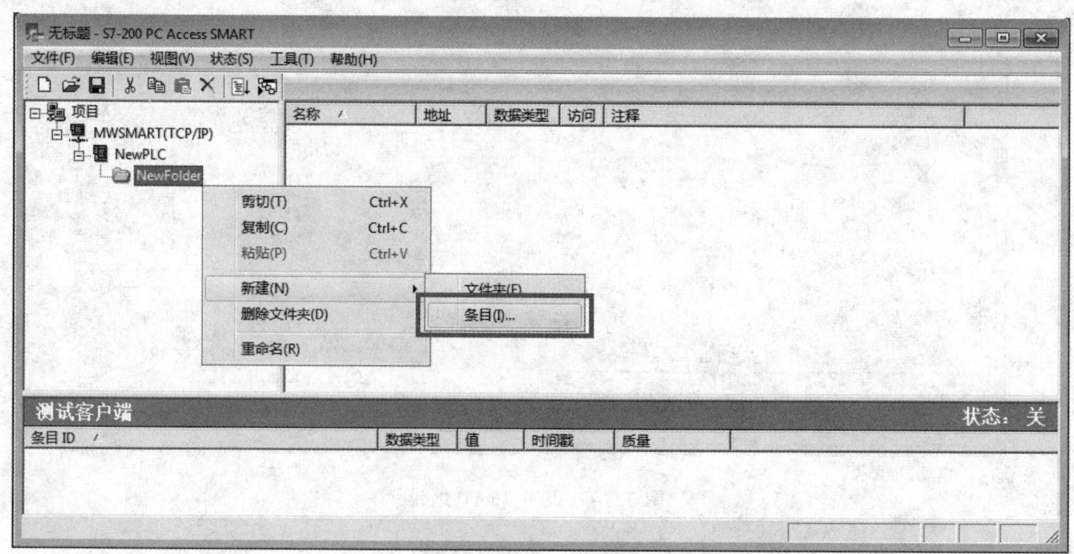

图 7.16 添加变量条目

⑤ 数据类型。

⑥ 数据工程单位的上下限。

⑦ 变量注释。

第五步：把需要测试的变量拖拽到测试区。可以通过单击图 7.18 中的“添加当前条目到测试客户端”按钮实现，也可以直接用鼠标选择变量拖拽到测试区。测试之前需要对 PC Access SMART 项目进行保存。

第六步：单击“测试”按钮进行测试，如图 7.19 所示。可以从测试区监控变量实时值、每次数据更新的时间戳，以及通信质量。如果测试质量良好，表示通信成功；相反如果为“差”，表

条目属性
符号名称：
①名称： NewItem
②ID： MWSMART.NewPLC.NewFolder.NewItem
存储器位置
③地址： VB0 ④ 读/写
⑤数据类型： BYTE
⑥工程单位
上限： 0.0000000
下限： 0.0000000
说明
⑦注释：
确定 取消

图 7.17 设置变量类型

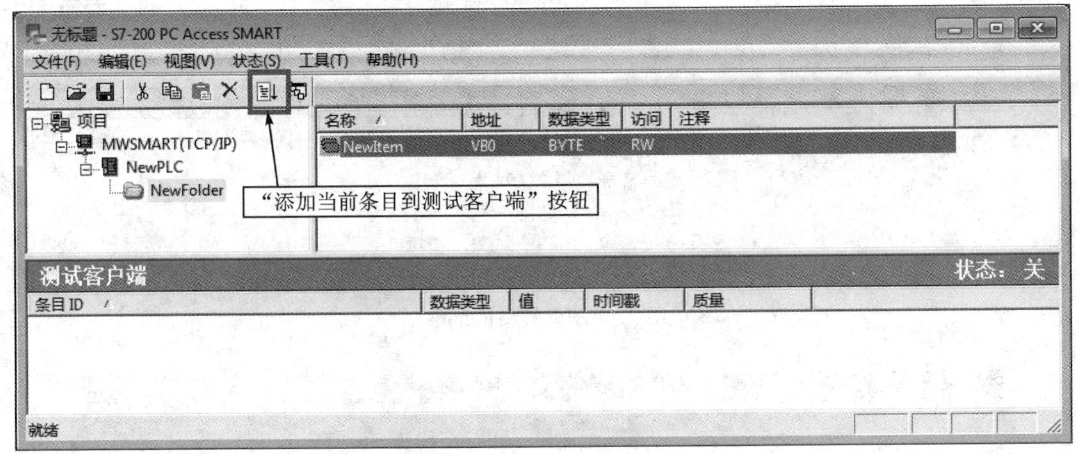

图 7.18 添加变量到测试区

示数据通信失败。查看测试结果如图 7.20 所示。

⚠ **注意：**客户端测试只能测试读取 CPU 变量，不能测试写 CPU 变量。

---

4. 向 PC Access SMART 导入 CPU 变量

首先需要用户的 S7－200 SMART CPU 程序中变量有符号名，打开 PC Access SMART 软件，选择“文件”→“导入符号”选项，如图 7.21 所示，就可以找到 S7－200 SMART CPU 项目，把 S7－200 SMART CPU 中有符号名的变量导入 PC Access SMART 中，如图 7.22 所示。

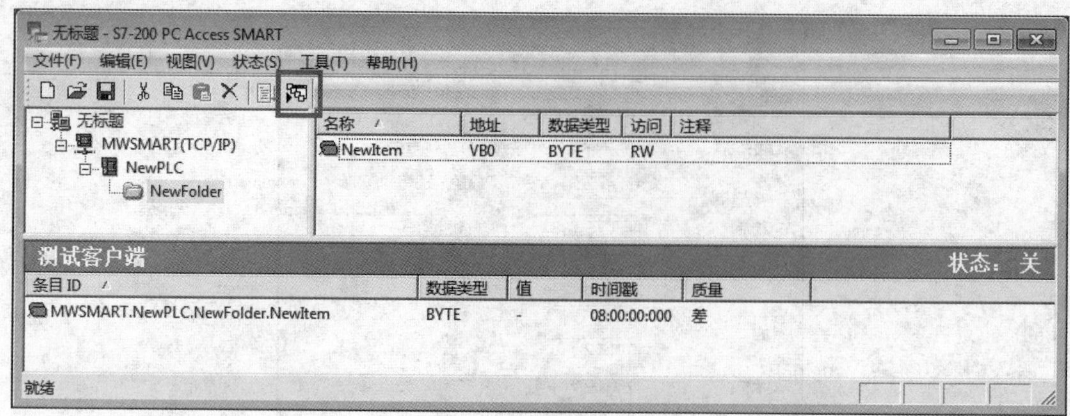

图 7.19　客户端测试

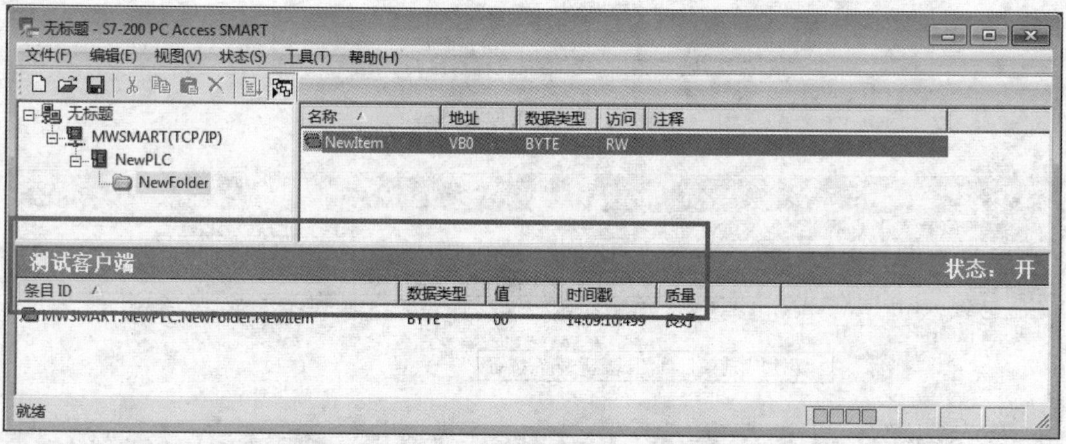

图 7.20　查看测试结果

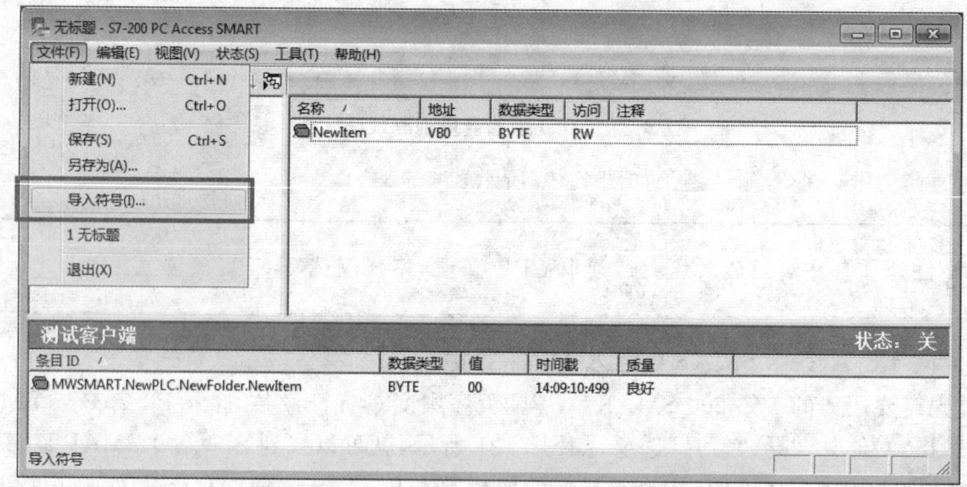

图 7.21　导入 STEP 7-Micro/WIN SMART 项目的符号表

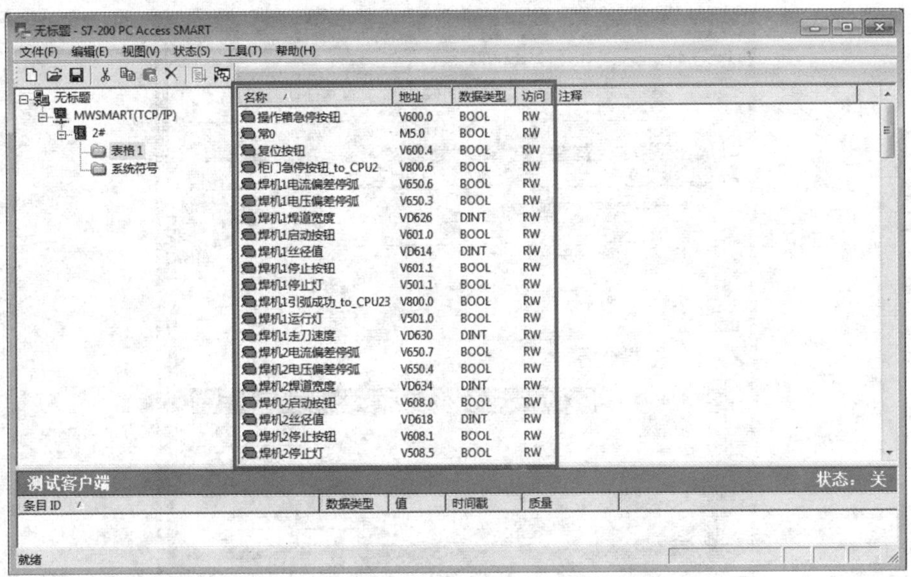

图 7.22　导入符号表

7.2　SIMATIC NET

SIMATIC NET 提供了针对用户的各种工业通信需求的解决方案，SIMATIC NET 中的通信网络和产品是西门子全集成自动化(TIA，Totally Integrated Automation)的重要组件。SIMATIC NET 的 OPC 服务器允许访问工业通信网络 PROFIBUS 和工业以太网。西门子监控组态软件 WinCC 或第三方 HMI 软件(作为 OPC 客户端)可通过 SIMATIC NET OPC 服务器访问 S7－200 SMART PLC。

7.2.1　通过以太网与 S7－200 SMART PLC 建立连接

SIMATIC NET OPC 服务器可以通过以太网与 S7－200 SMART 标准型 CPU 本体集成的以太网接口建立连接。本小节以 SIMATIC NET V14 为例，介绍配置 OPC 服务器的过程。

1. 组态 Station Configurator

组态 Station Configurator 时，需要在安装 WinCC 或第三方 HMI 软件的 PC 上安装 SIMATC NET V14 软件(SIMATIC NET 软件可以与 HMI 软件安装在不同的 PC 上，但是安装在相同的 PC 上可令调试更简单)。软件安装成功后，可以双击桌面文件打开 Station Configurator，或通过“开始”→“所有程序”→“Siemens Automation”打开 Station Configurator。

在 Station Configuration Editor 组态界面中，右击任意空白 Index 添加组件。本示例中，在 Index 1 中添加 IE General，在 index 2 中添加 OPC Server，并单击 Station Name 按钮为设备站点命名，如图 7.23 所示。

2. 创建 PC Station 的 TIA 博途项目

使用 TIA 博途软件创建新项目。在项目树下双击“添加新设备”，在弹出的界面中选择

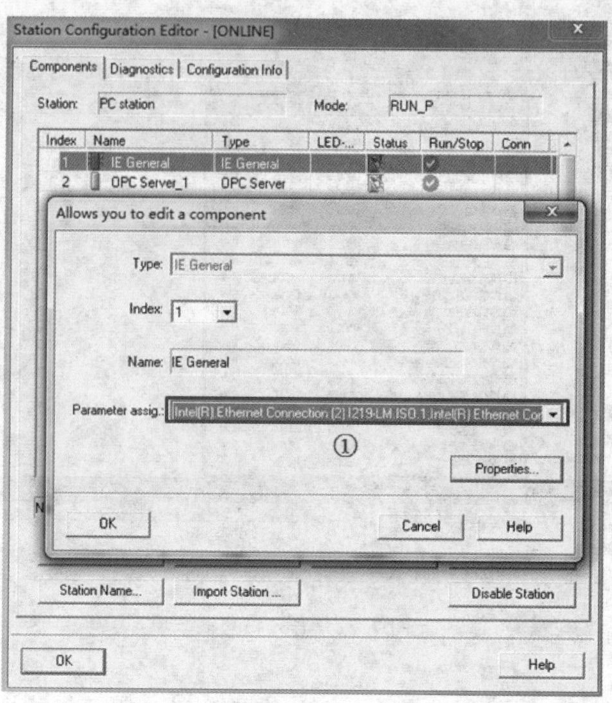

注:① 将要与 S7-200 SMART CPU 连接的网卡分配给"IE General"

图 7.23　配置 Station Configurator

"PC 系统"→"常规 PC"→"PC station"添加 PC 站,如图 7.24 所示。

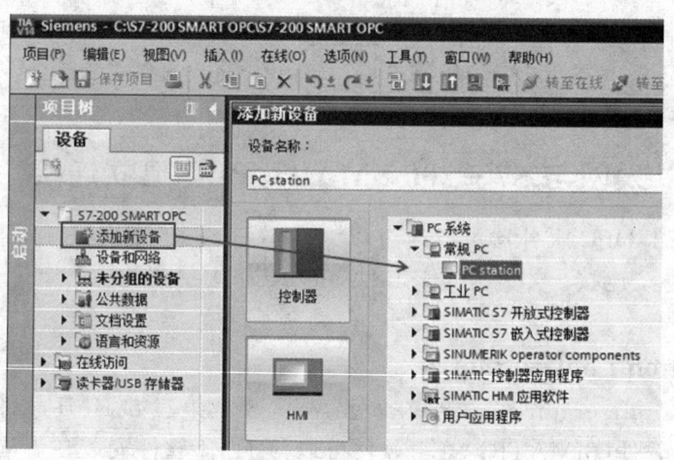

图 7.24　插入 PC station

打开 PC 站点的"设备视图",从硬件目录中通过拖拽的方式,分别在 Index 1 中插入"常规 IE",在 Index 2 中插入"OPC 服务器",如图 7.25 所示。

在 IE general 的属性中需要为网卡分配子网和 IP 地址,该 IP 地址应与 StationConfigurator 中选择的以太网网卡的 IP 地址相同。另外,还需要检查"OPC 服务器"的版本,要确保被拖入的版本与安装的 SIMATIC NET 软件的版本一致。

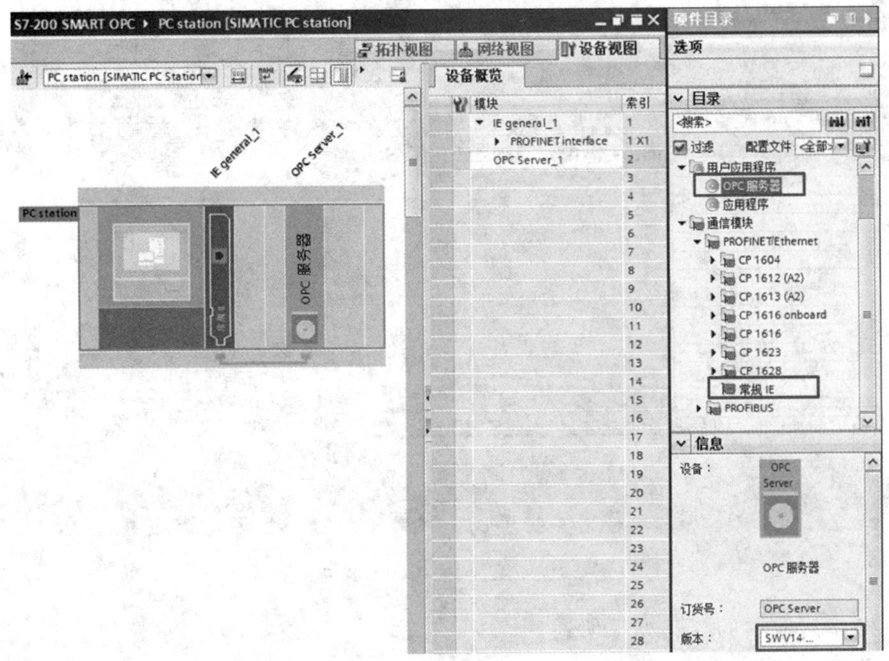

图 7.25 配置 PC Station

3. 创建 PC Station 与 S7－200 SMART CPU 之间的 S7 连接

在 TIA 博途软件的“网络视图”中为 PC station 添加与 S7－200 SMART CPU 之间的 S7 连接，创建 S7 连接的操作步骤如图 7.26 所示。

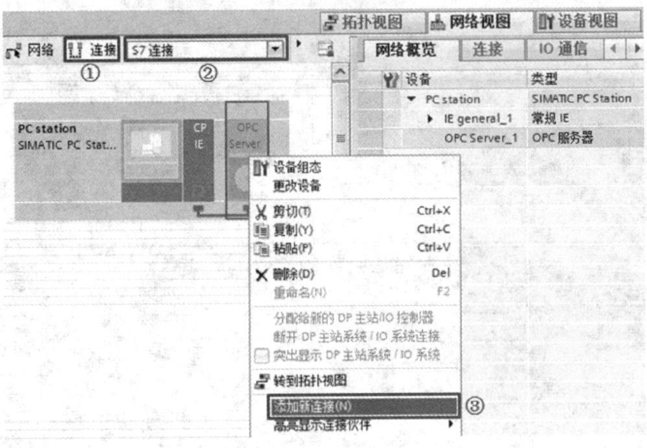

图 7.26 创建 S7 连接

图 7.26 中对应项的含义如下所述。

① 单击“连接”按钮。

② 在下拉菜单中选择“S7 连接”选项。

③ 右击 OPC Server 图标，在弹出的右键快捷菜单中选择“添加新连接”选项。

在弹出的“创建新连接”对话框中选择“未指定”，单击“添加”按钮后，将会创建一条“未指定”的 S7 连接，如图 7.27 所示。

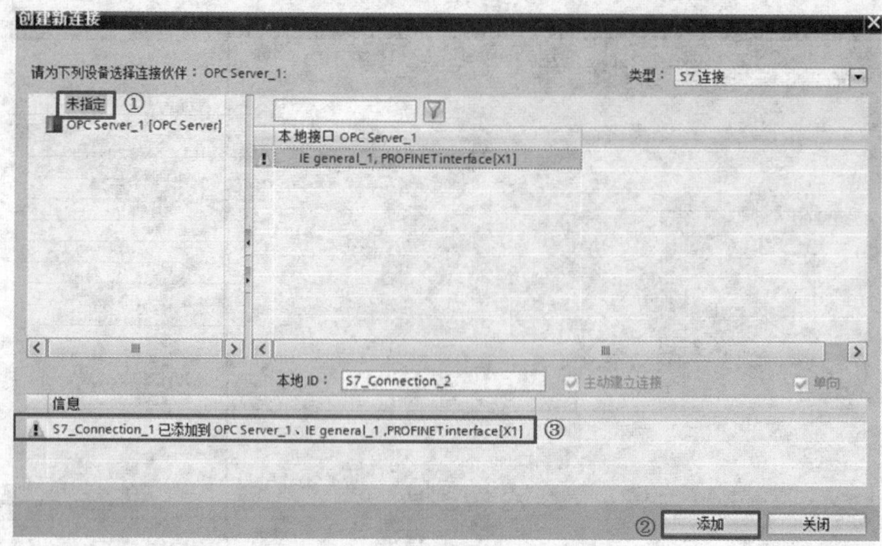

图 7.27　添加“未指定”S7 连接

图 7.27 中对应项的含义如下所述。

① 选择“未指定”。

② 单击“添加”按钮，创建 S7 连接。

③ 显示指定的 S7 连接已添加。

创建的 S7 连接将显示在“网络视图”右侧“连接”选项卡中。在巡视窗口中，需要在新建立的 S7 连接属性中设置伙伴 CPU 的 IP 地址，如图 7.28 所示。

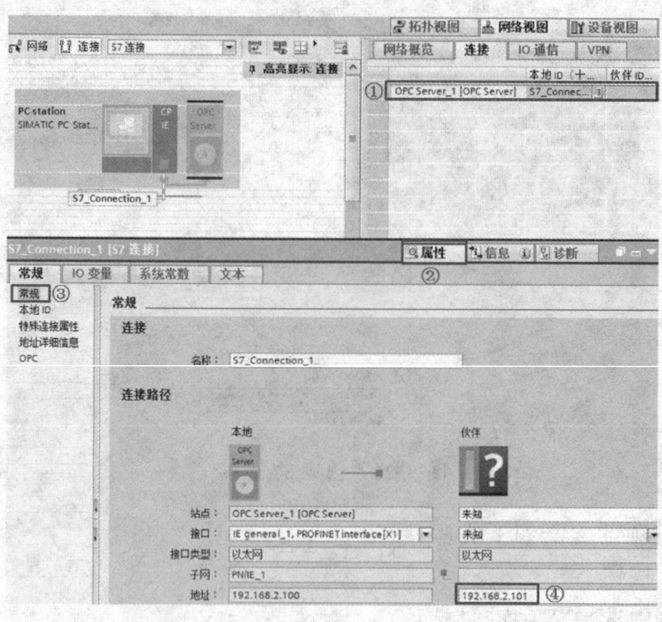

图 7.28　设置 S7－200 SMART CPU IP 地址

图 7.28 中对应项的含义如下所述。

① 在“连接”选项卡中选择 S7 连接。

② 在巡视窗口中选择“属性”。

③ 选择“常规”选项。

④ 设置 S7－200 SMART CPU 的 IP 地址。

S7 连接的“地址详细信息”属性中需要配置通信伙伴侧 TSAP。伙伴 TSAP 设置值与 CPU 类型有关，伙伴 CPU 侧 TSAP 可能设置值如下：

- 伙伴为 S7－200 SMART、S7－1200/1500 系列 CPU：03.00 或 03.01。
- 伙伴为 S7－300 系列 CPU：03.02。
- 伙伴为 S7－400 系列 CPU：03.XY，其中 X、Y 取决于 CPU 的机架和插槽号。

在本示例中，伙伴 CPU 为 S7－200 SMART CPU，因此伙伴方 TSAP 可设置为 03.00 或 03.01，如图 7.29 所示。

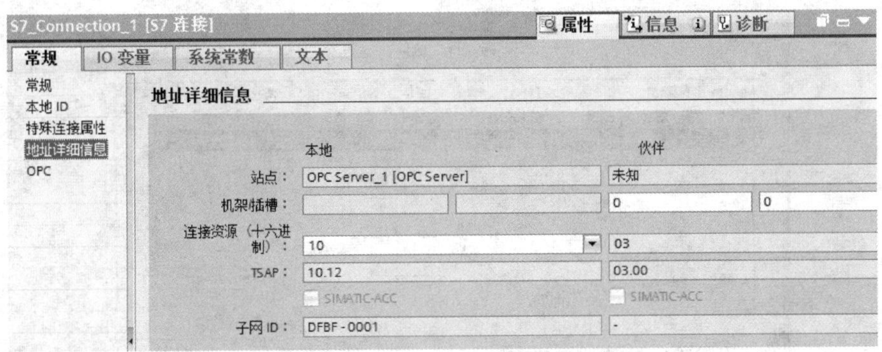

图 7.29　设置伙伴 TSAP

4. 生成 XDB 文件

在 PC station 的“属性”巡视窗口中需要为 PC station 分配站点名称，该名称应与“Station Configurator”中设置相同。PC station 的配置文件可以通过直接下载或文件导入方式传递到目标 PC 上。如果选择文件导入的方式，则需要激活“生成 XDB 文件”选项。站点编译完成后将自动生成 XDB 配置文件，如图 7.30 所示。

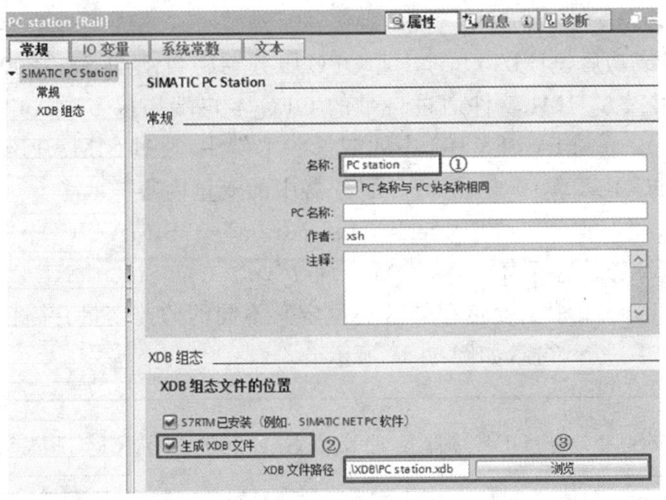

图 7.30　生成 XDB 文件

图 7.30 中对应项的含义如下所述。

① 分配站点名称，应与“Station Configurator”设置相同。

② 激活“生成 XDB 文件”选项。

③ 设置生成 XDB 文件的存储路径。

5. 在 Station Configurator 导入已生成的 XDB 文件

PC station 站点属性配置完成并编译后，可以通过直接下载或文件导入方式将 XDB 文件传送到 Station Configurator。如果选择文件导入的方式，则需要在 Station Configurator 组态界面中，单击 Import Station 按钮并选择已生成的 XDB 文件，如图 7.31 所示。

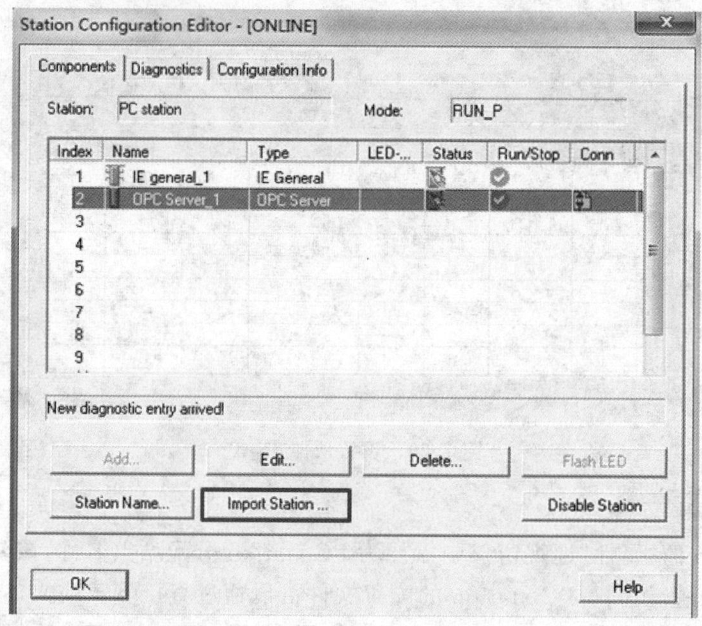

图 7.31　导入 XDB 文件

6. OPC 测试

XDB 文件导入成功后，SIMATIC NET OPC 服务器将自动与 S7－200 SMART CPU 之间建立 S7 通信。第三方 HMI 软件通过自带的 OPC 客户端连接 SIMATIC NET OPC 服务器，就可以访问 S7－200 SMART CPU 中的变量。本例中，通过 SIMATIC NET 软件自带的 OPC 客户端 OPC SCOUT V10 查看 OPC 服务器中的变量内容。

选择“开始”→“所有程序”→“Siemens Automation”→“SIMATIC”→“SIMATIC NET”，打开 OPC SCOUT V10。选择“Local COM server”→“OPC. SimaticNET”→“\S7:”，选择组态的 S7 连接，在 objects 下根据变量存储区类型定义不同的监控变量，并将变量拖拽到 Workbook 的 DA view 1 中进行监控，如图 7.32 所示。

⚠ **注意：** objects 目录下 DB1 存储区对应为 S7－200 SMART CPU 的 V 存储区。

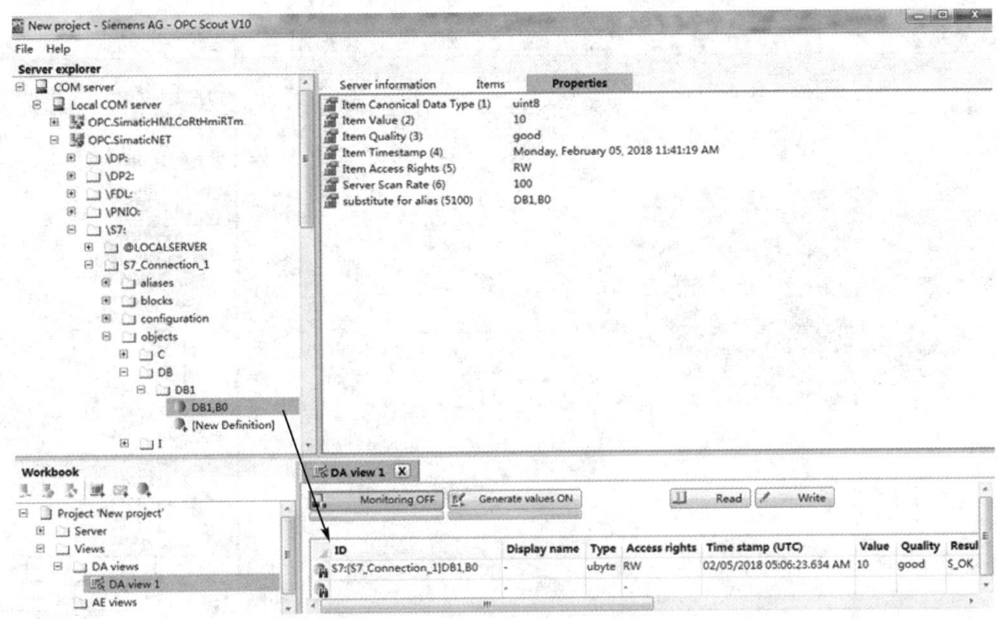

图 7.32　监控 OPC 变量

7.2.2　通过 PROFIBUS 与 S7－200 SMART CPU 建立连接

SIMATIC NET OPC 服务器除了可以通过以太网与 S7－200 SMART CPU 建立 OPC 连接，还可以通过 PROFIBUS 网络与 S7－200 SMART CPU 建立 OPC 连接。采用 PROFIBUS 方式连接 OPC 时，PC 侧需要安装 PROFIBUS CP 板卡，S7－200 SMART PLC 侧需要安装 EM DP 01 模块，本小节以安装 CP 5624 板卡和 SIMATIC NET V14 软件的 PC 站点为例，介绍通过 PROFIBUS 方式建立 OPC 连接的配置过程。

1. 创建 PC Station 的 TIA 博途项目

使用 TIA 博途软件创建新项目，在项目树下双击“添加新设备”，在弹出的界面中选择“PC 系统”→“常规 PC”→“PC station”添加 PC 站。打开 PC 站点的“设备视图”，从硬件目录中通过拖拽的方式分别在 Index 1 中插入 CP 板卡，在 Index 2 中插入“OPC 服务器”，如图 7.33 所示。

在 CP 板卡的属性中需要为其分配子网和 PROFIBUS 地址。另外，还需要检查“OPC 服务器”的版本，要确保被拖入的版本与安装的 SIMATIC NET 软件的版本一致。

2. 创建 PC Station 与 S7－200 SMART CPU 之间的 S7 连接

在 TIA 博途软件的“网络视图”中为 PC station 添加与 S7－200 SMART CPU 之间的 S7 连接，创建 S7 连接的操作步骤参考图 7.26、图 7.27。创建的 S7 连接将显示在“网络视图”右侧“连接”表中。在巡视窗口中，需要在新建立的 S7 连接属性中设置通信伙伴的 PROFIBUS 地址，如图 7.34 所示。

图 7.34 中对应项的含义如下所述。

① “连接”选项卡中选择 S7 连接。

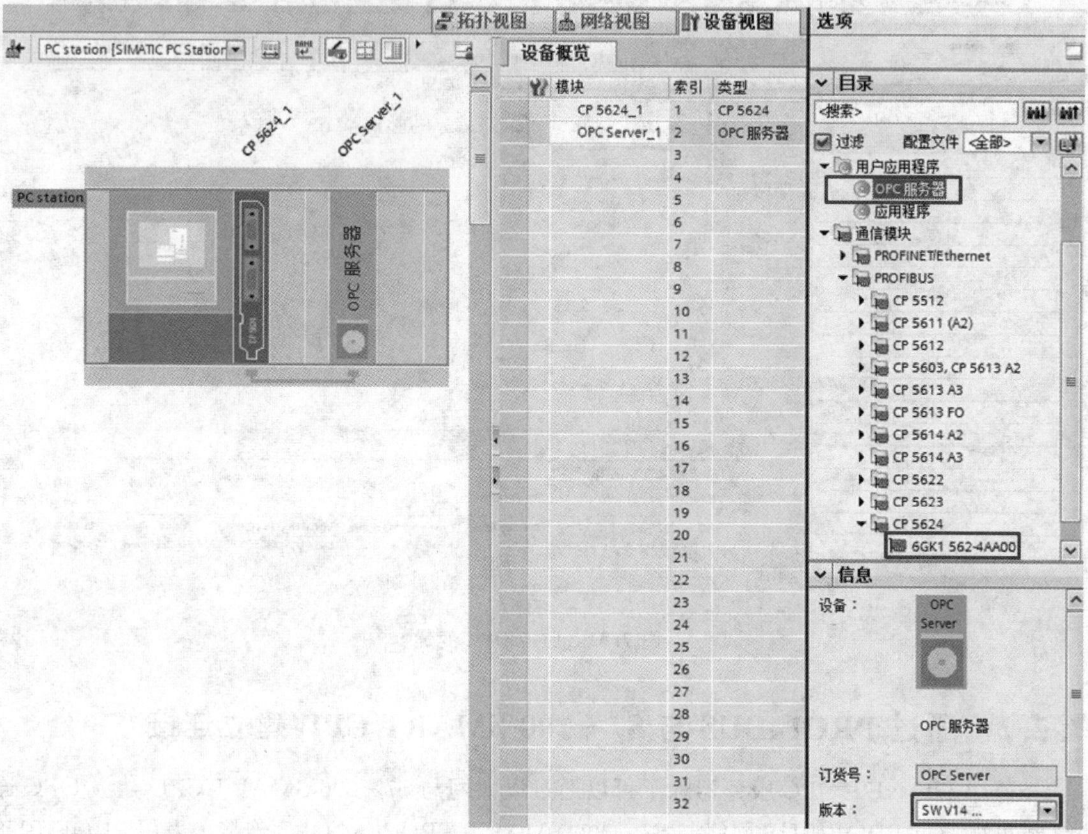

图 7.33　配置 PC station

② 巡视窗口中选择“属性”。

③ 选择“常规”。

④ 伙伴 PROFIBUS 地址要设置为 EM DP01 的 PROFIBUS 地址，本例为 4。

S7 连接的“地址详细信息”属性中需要配置通信伙伴侧 TSAP，本例中伙伴方 TSAP 可设置为 03.00 或 03.01，具体设置如图 7.29 所示。

3. 生成 XDB 文件

在 PC station 的属性巡视窗口中需要为 PC station 分配站点名称，并激活“生成 XDB 文件”选项，PC station 站点编译完成后将自动生成 XDB 配置文件，参考图 7.30。

4. Station Configurator 导入已生成的 XDB 文件

PC station 站点属性配置完成并编译后，可以通过文件导入方式将 XDB 文件传送到 Station Configurator。在 Station Configurator 软件组态界面中，单击 Import Station 按钮并选择已生成的 XDB 文件即可，参考图 7.31。

5. S7－200 SMART PLC 侧组态

S7－200 SMART PLC 通过 PROFIBUS 方式与 SIMATIC NET 建立 OPC 连接时，PLC 侧需要安装 EM DP01 模块。

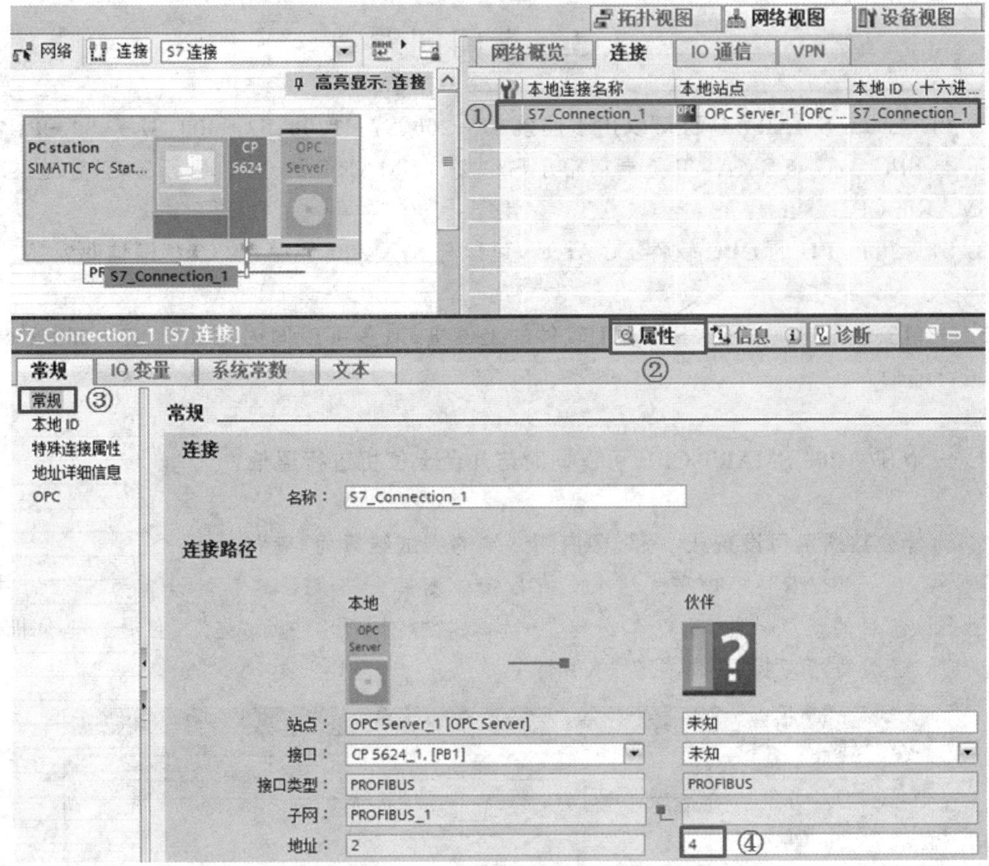

图 7.34　设置 S7－200 SMART PLC 的 PROFIBUS 地址

打开 STEP 7－Micro/WIN SMART 软件，在系统块中添加 EM DP01 模块，如图 7.35 所示。

系统块

	模块	版本	输入	输出	订货号
CPU	CPU ST60 (DC/DC/DC)	V02.03.00_00.00.00.00	I0.0	Q0.0	6ES7 288-1ST60-0AA0
SB					
EM 0	EM DP01 (DP)				6ES7 288-7DP01-0AA0
EM 1					
EM 2					

图 7.35　组态 EM DP

S7－200 SMART PLC 程序编译下载后，还需要设置 EM DP01 模块的 PROFIBUS 地址，本例中该地址要设置为 4。EM DP01 PROFIBUS 旋钮地址设置完成后，系统断电上电后该 PROFIBUS 地址生效。

6. OPC 测试

XDB 文件导入成功后，SIMATIC NET OPC 服务器将自动与 S7－200 SMART CPU 之间建立 S7 通信。可以使用 SIMATIC NET 软件自带的 OPC 客户端 OPC SCOUT V10 测试 OPC 连接，测试步骤可参考图 7.32。

7.3 常问问题

1. PC Access SMART 是否可以用于连接 S7－200、S7－1200、S7－300、S7－400 CPU?

不能,SPC Access SMART 是专门用于 S7－200 SMART 的 OPC 服务器,只能连接 S7－200 SMART CPU。

2. S7－200 CPU 的 OPC 软件 PC Access 可以与 S7－200 SMART CPU 通信吗?

不能。

3. 一台安装了 PC Access SMART 软件的上位机,最多可以同时与几个 S7－200 SMART CPU 进行通信?

8 个。

4. 一个 S7－200 SMART CPU 可以同时与几台上位机进行通信?

8 台。

5. 为什么数据条目设置成“写”,客户测试端的测试结果为“差”?

PC Access SMART 客户测试端不支持写功能测试。当条目的属性设置为“写”的时候,就取消了该条目的读取功能,所以客户端尝试读取数据时,质量显示“差”。但是在上位机软件上可以对该变量进行写操作,如图 7.36 所示。

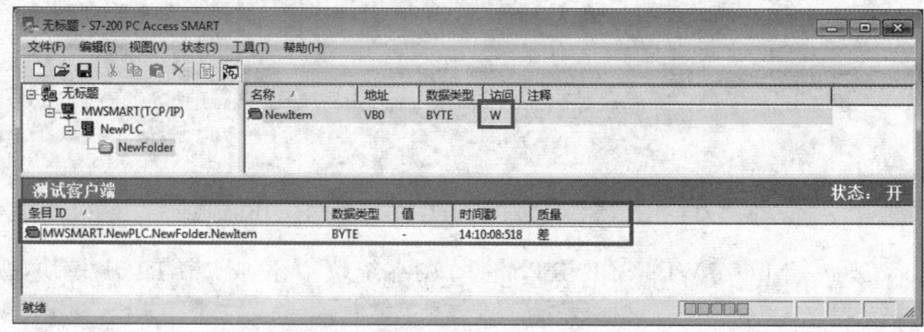

图 7.36 测试端测试“写”操作

6. 如何提高 S7－200 PC Access SMART 数据通信性能?

调整更新速率,选择菜单栏的“工具”→“选项”,如图 7.37 所示。在弹出的“选项”对话框中选择“状态”选项卡,在“更新速率”中设置更新时间,如图 7.38 所示。

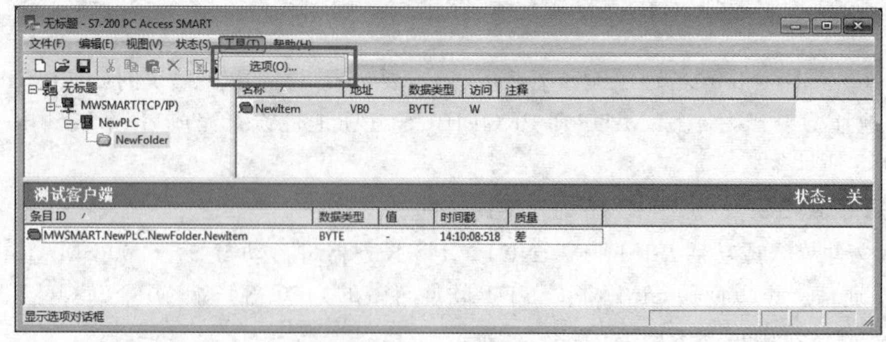

图 7.37 工具选项

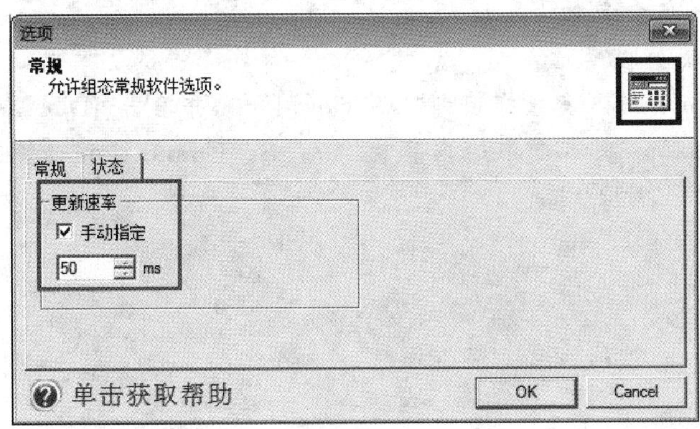

图 7.38　更改更新速率

⚠ **注意：**在默认情况下，"状态"选项卡中的手动更新速率是没有激活的，用户可以设置的最快更新时间是 50 ms。该值只能让 OPC 软件以这样的更新时间向 CPU 请求数据，实际的更新时间还受到通信速率、通信距离、通信数据量的影响。

7. 某些版本的 SIMATIC NET 与 S7－200 SMART CPU 建立 OPC 连接时，OPC Scout 是否可添加 V 存储区（DB 数据块）变量？

某些版本的 SIMATIC NET 软件与 S7－200 SMART CPU 建立 OPC 连接时，OPC Scout 在"objects"→"DB"目录下可能无法添加变量。如果需要监控 S7－200 SMART CPU 中的 V 存储区，可先添加 M 存储区变量，然后修改为 DB1 数据区数据即可，步骤如图 7.39 所示。

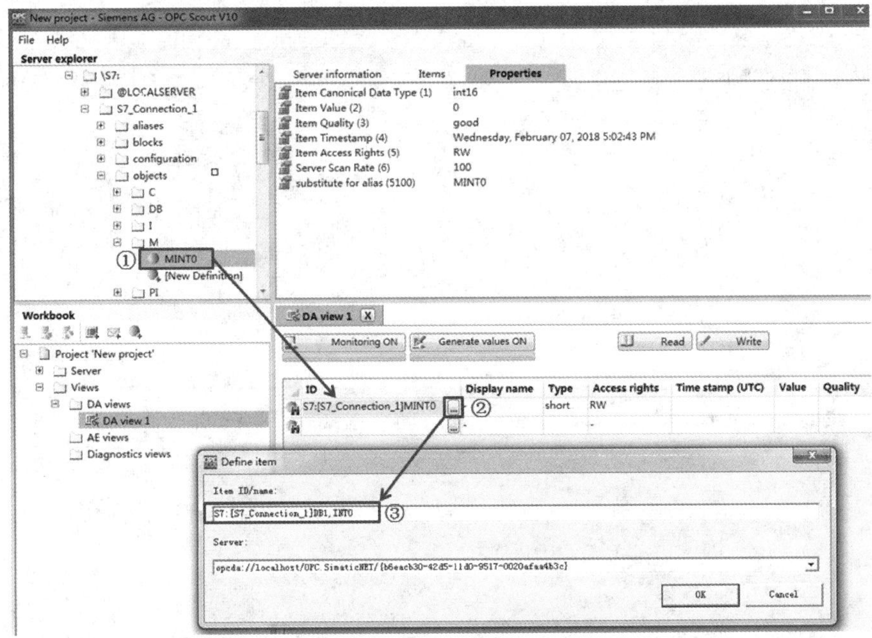

图 7.39　创建 DB1 监控变量

图 7.39 中对应项的含义如下所述。

① 添加 M 存储区监控变量。

② 将已编辑的 M 存储区变量拖拽到“DA view 1”中，并单击“ID”栏中的按钮。

③ 将“Item ID/name”文本框中的内容由“S7：[S7_Connection_1]MINT0”修改为“S7：[S7_Connection_1]DB1，INT0”。

第 8 章 工艺功能

8.1 高速计数器

高速计数器用于对高频脉冲信号进行测量和记录，并提供中断功能，在实际生产中有着广泛的应用，例如测量电机转速、设备运行距离以及对某些工艺的快速响应。S7－200 SMART 标准型 CPU 提供了 6 个高速计数器（HSC0～HSC5），最高可测量单相 200 kHz 的脉冲信号；紧凑型 CPU 提供了 4 个高速计数器（HSC0～HSC3），最高可测量单相 100 kHz 的脉冲信号。高速计数器独立于用户程序工作，不受程序扫描周期的限制。用户通过设置相应的特殊存储器控制高速计数器的工作。

8.1.1 高速计数器信号输入

使用普通计数器时，信号输入要经过光电隔离、数字滤波、脉冲捕捉、过程映像等多个环节才能进入 CPU 内部处理，且由于信号输入到过程映像区，所以受扫描周期影响。普通计数器信号输入如图 8.1 所示。

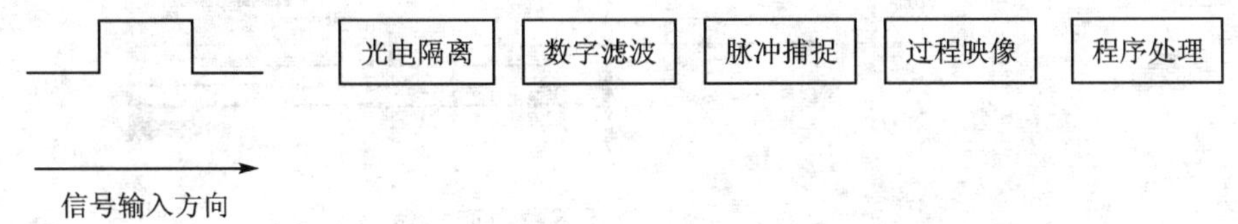

图 8.1 普通计数器信号输入

高速计数器在测量输入脉冲时，信号输入只经过光电隔离、数字滤波两个环节，且进入专用芯片测量，不需要经过过程映像区，所以其在使用时可以不受扫描周期影响。高速计数器信号输入如图 8.2 所示。

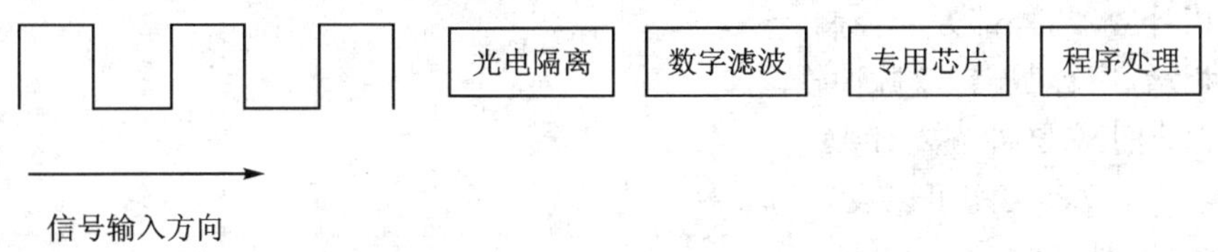

8.2 高速计数器信号输入

S7－200 SMART CPU 的高速计数器可以连接 NPN、PNP 信号，但无法连接差分信号，可支持 24 V 及 5 V 信号，但 5 V 信号并非所有输入点都支持。高速计数器信号输入参数如表 8.1 所列。

另外，高速计数器在连接集电极开路的信号输入时需要安装下拉电阻，以保证电平状态，防止丢失脉冲。高速计数器下拉电阻接线如图 8.3 所示。

表 8.1　高速计数器信号输入参数

CPU	逻辑 1(最小)	逻辑 0(最大)
ST20/ST30	I0.0～I0.3,I0.6～I0.7：8 mA 时 4 V DC 其他输入：2.5 mA 时 15 V DC	I0.0～I0.3,I0.6～I0.7：1 mA 时 1 V DC 其他输入：1 mA 时 5 V DC
ST40/ST60	I0.0～I0.3：8 mA 时 4 V DC 其他输入：2.5 mA 时 15 V DC	I0.0～I0.3：1 mA 时 1 V DC 其他输入：1 mA 时 5 V DC
SR20/SR30/SR40/SR60 CR20s/CR30s/CR40s/CR60s	2.5 mA 时 15 V DC	1 mA 时 5 V DC

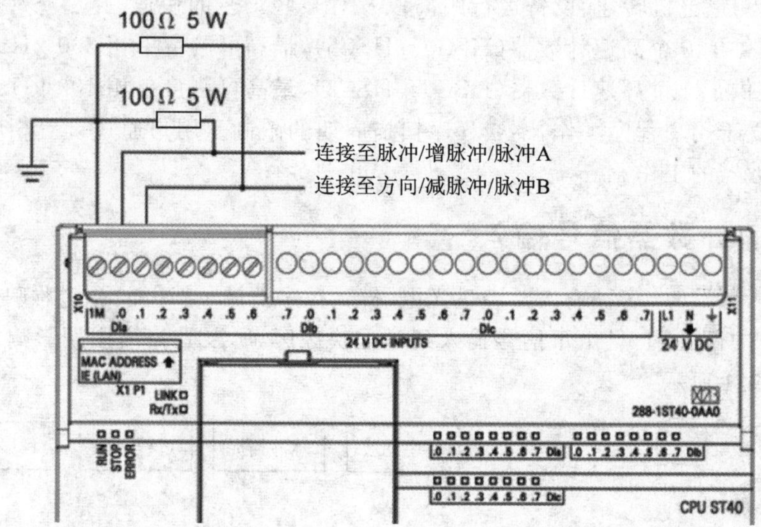

图 8.3　高速计数器下拉电阻接线

8.1.2　高速计数器工作模式

S7－200 SMART CPU 高速计数器可以分别定义为 4 种工作类型：

- 单相计数器,内部方向控制。
- 单相计数器,外部方向控制。
- 双相增/减计数器,双脉冲输入。
- A/B 相正交脉冲输入计数器。

每种高速计数器类型可以设定为 3 种工作状态：

- 无复位、无启动输入。
- 有复位、无启动输入。
- 既有复位、又有启动输入。

⚠ **注意**：高速计数器的实际工作状态需要根据模式设定与高速计数器号确定,比如 HSC1、HSC3 只支持内部方向控制,不支持外部方向控制及外部复位。

S7-200 SMART 高速计数器最多支持6路(HSC0～HSC5),其中 HSC0、HSC2、HSC4 和 HSC5 支持8种计数模式(模式0、1、3、4、6、7、9和10),HSC1 和 HSC3 只支持一种计数模式(模式0),各种计数模式如下:

① 单相计数器,内部方向控制(模式0,模式1),如图8.4所示。

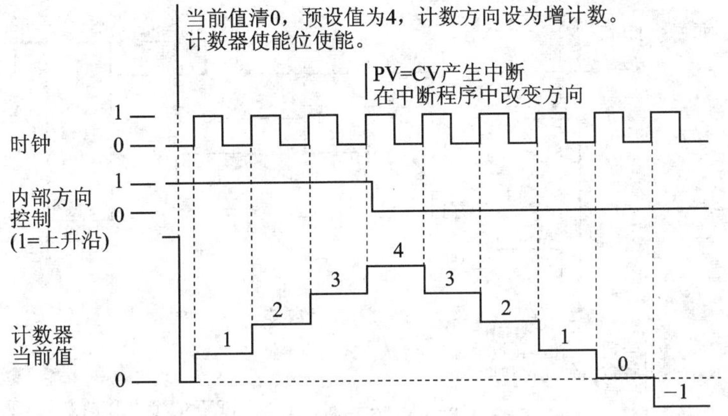

图8.4　单相计数器,内部方向控制

② 单相计数器,外部方向控制(模式3,模式4),如图8.5所示。

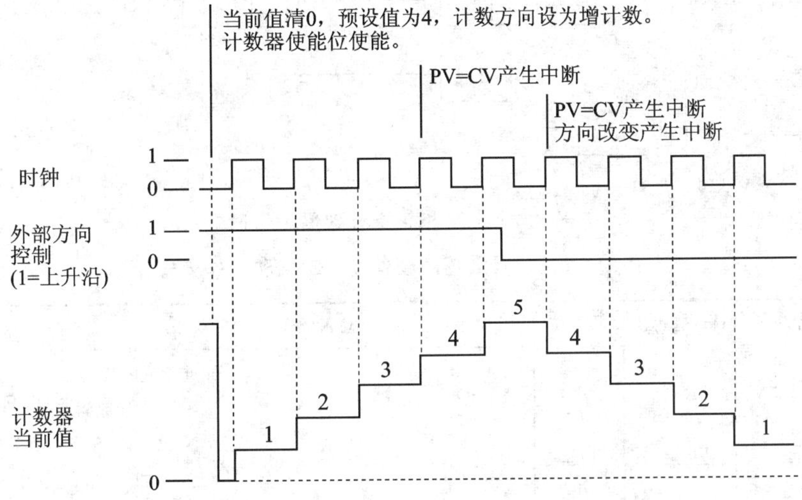

图8.5　单相计数器,外部方向控制

③ 双相增/减计数器,双脉冲输入(模式6,模式7),如图8.6所示。

④ A/B相正交脉冲输入计数器1倍速(模式9,模式10),如图8.7所示。

⑤ A/B相正交脉冲输入计数器4倍速(模式9,模式10),如图8.8所示。

高速计数器的硬件输入接口与普通数字量输入接口使用相同的物理输入点。已定义用于高速计数器的输入点不应再用于其他功能,但某个模式下没有用到的输入点还可以用作普通开关量输入点。由于硬件输入点的定义不同,不是所有的计数器都可以在任意时刻定义为任意工作模式。高速计数器的工作模式通过 HDEF(高速计数器定义)指令来选择。高速计数器的硬件输入定义和工作模式如表8.2所列。

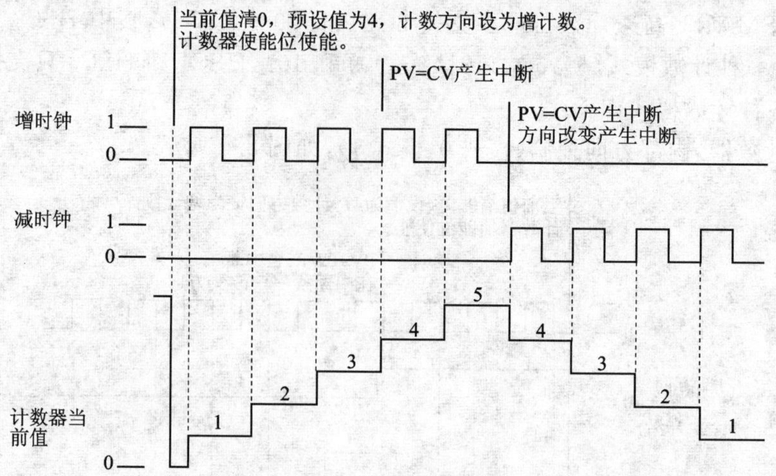

图 8.6 双相计数器

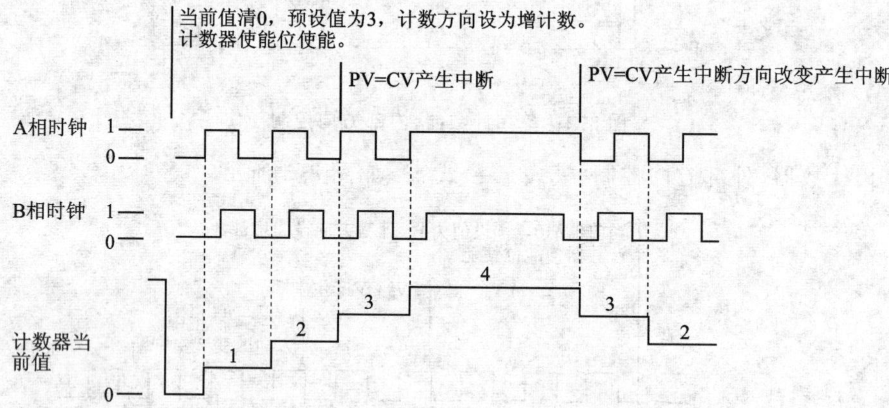

图 8.7 A/B 相正交计数器 1 倍速

表 8.2 高速计数器的硬件输入定义和工作模式

计数器号	脉冲 A	Dir/脉冲 B	复 位	单相最大脉冲/输入频率	双相/AB 正交相最大脉冲/输入频率
HSC0	I0.0	I0.1	I0.4	• 200 kHz(S 型号 CPU) • 100 kHz(C 型号 CPU)	标准型 CPU： • 1 倍计数频率＝100 kHz • 最大 4 倍计数频率＝400 kHz 紧凑型 CPU： • 1 倍计数频率＝50 kHz • 最大 4 倍计数频率＝200 kHz
HSC1	I0.1				—
HSC2	I0.2	I0.3	I0.5		标准型 CPU： • 1 倍计数频率＝100 kHz • 最大 4 倍计数频率＝400 kHz 紧凑型 CPU： • 1 倍计数频率＝50 kHz • 最大 4 倍计数频率＝200 kHz
HSC3	I0.3				—

续表 8.2

计数器号	脉冲 A	Dir/脉冲 B	复　位	单相最大脉冲/输入频率	双相/AB 正交相最大脉冲/输入频率
HSC4	I0.6	I0.7	I1.2	• 200 kHz(SR30 和 ST30) • 30 kHz(SR20、ST20、SR40、ST40、SR60 和 ST60) • C 型号 CPU:不适用	SR30 和 ST30: • 1 倍计数频率=100 kHz • 最大 4 倍计数频率=400 kHz SR20、ST20、SR40、ST40、SR60 和 ST60: • 1 倍计数频率=20 kHz • 最大 4 倍计数频率=80 kHz 紧凑型 CPU:不适用
HSC5	I1.0	I1.1	I1.3	• 30 kHz(S 型号 CPU) • C 型号 CPU:不适用	标准型 CPU: • 1 倍计数频率=20 kHz • 最大 4 倍计数频率=80 kHz 紧凑型 CPU:不适用

注:标准型 CPU:SR20、ST20、SR30、ST30、SR40、ST40、SR60 和 ST60;
紧凑型 CPU:CR20s、CR30s、CR40s 和 CR60s。

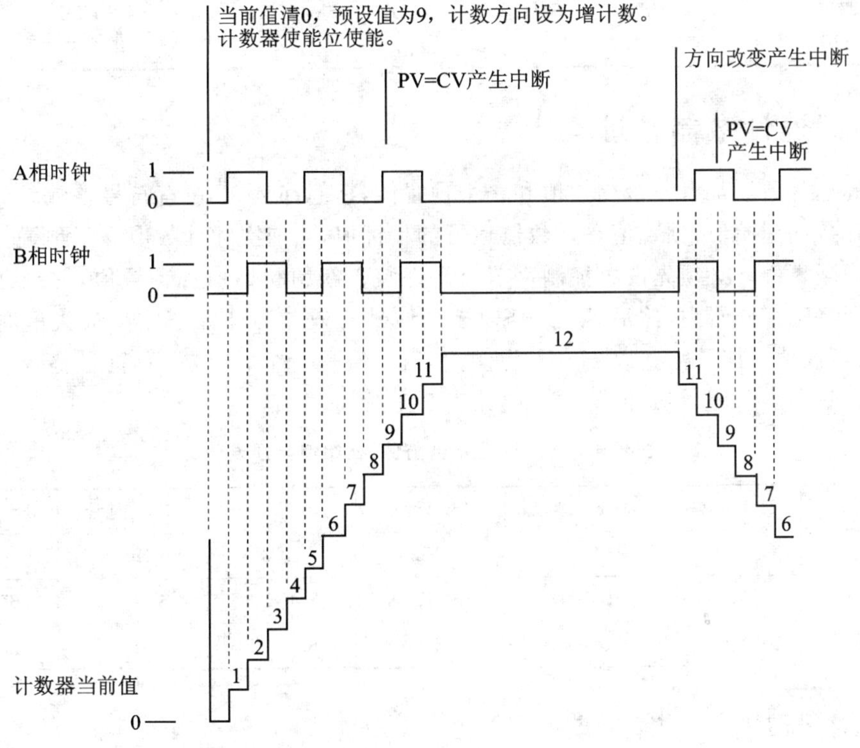

图 8.8　A/B 相正交计数器 4 倍速

8.1.3　高速计数器控制字节

每个高速计数器在 CPU 的特殊存储区中都拥有各自的控制字节。控制字节可以执行启用或禁止计数器、修改计数方向、更新计数器当前值或预置值等操作。控制字节的各个位的

0/1 状态具有不同的设置功能。高速计数器控制字节的位地址分配如表 8.3 所列。

表 8.3 高速计数器控制字节

HSC0	HSC1	HSC2	HSC3	HSC4	HSC5	说 明
SM37.3	SM47.3	SM57.3	SM137.3	SM147.3	SM157.3	计数方向控制位： • 0=减计数 • 1=加计数
SM37.4	SM47.4	SM57.4	SM137.4	SM147.4	SM157.4	向 HSC 写入计数方向： • 0=不更新 • 1=更新方向
SM37.5	SM47.5	SM57.5	SM137.5	SM147.5	SM157.5	向 HSC 写入新预设值： • 0=不更新 • 1=更新预设值
SM37.6	SM47.6	SM57.6	SM137.6	SM147.6	SM157.6	向 HSC 写入新当前值： • 0=不更新 • 1=更新当前值
SM37.7	SM47.7	SM57.7	SM137.7	SM147.7	SM157.7	启用 HSC： • 0=禁用 HSC • 1=启用 HSC

8.1.4 高速计数器寻址

每个高速计数器都有一个初始值和一个预置值，它们都是 32 位有符号整数。初始值是高速计数器计数的起始值；预置值是计数器运行的目标值，当前实际计数值等于预置值时会触发一个内部中断事件。必须先设置控制字节以允许装入新的初始值和预置值，并且把初始值和预置值存入特殊存储器中，然后执行 HSC 指令使其有效。当计数值达到最大值时会自动翻转，从负的最大值正向计数。以 HSC0 为例，其当前值是一个 32 位的有符号整数，从 HC0 读取。高速计数器当前值、初始值与预设值如表 8.4 所列。

表 8.4 高速计数器当前值、初始值与预设值

项 目	HSC0 地址	HSC1 地址	HSC2 地址	HSC3 地址	HSC4 地址	HSC5 地址
当前值	HC0	HC1	HC2	HC3	HC4	HC5
初始值	SMD38	SMD48	SMD58	SMD138	SMD148	SMD158
预设值	SMD42	SMD52	SMD62	SMD142	SMD152	SMD162

8.1.5 中断功能与输入点分配

所有的计数器模式都会在当前值等于预置值时产生中断；使用外部复位端的计数模式支持外部复位中断；除模式 0、1 之外，所有计数器模式还支持计数方向改变中断。每种中断条件都可以分别使能或者禁止。表 8.5 列出了 4 个高速计数器在不同模式下占用的输入点以及所支持的中断类型。S7 - 200 SMART CPU 还在特殊存储区中为高速计数器提供了状态字节，以在中断服务程序中使用，状态字节仅在中断程序中有效。

表 8.5　高速计数器输入分配及中断类型

	说　明	输入分配及中断类型		
模　式	HSC0	I0.0	I0.1	I0.4
	HSC1	I0.1		
	HSC2	I0.2	I0.3	I0.5
	HSC3	I0.3		
	HSC4	I0.6	I0.7	I1.2
	HSC5	I1.0	I1.1	I1.3
模式 0	具有内部方向控制的单相计数器	脉冲(预设值中断)		
模式 1		脉冲(预设值中断)		复位(外部复位中断)
模式 3	具有外部方向控制的单相计数器	脉冲(预设值中断)	方向(外部方向改变中断)	
模式 4		脉冲(预设值中断)	方向(外部方向改变中断)	复位(外部复位中断)
模式 6	具有 2 个时钟输入的双相计数器	增脉冲(预设值中断)	减脉冲(外部方向改变中断)	
模式 7		增脉冲(预设值中断)	减脉冲(外部方向改变中断)	复位(外部复位中断)
模式 9	A/B 正交相计数器	A 相脉冲(预设值中断)	A 相脉冲(外部方向改变中断)	
模式 10		A 相脉冲(预设值中断)	B 相脉冲(外部方向改变中断)	复位(外部复位中断)

8.1.6　高速计数器编程

有两种方式可以对高速计数器进行编程组态：向导或者直接设置控制字。

1）使用向导方式对高速计数器进行组态编程，打开方式如下(详细组态可参看 8.1.7 小节高速计数器向导组态)。

① 在 STEP 7 - Micro/WIN SMART 软件“工具”(Tools) 菜单功能区的“向导”(Wizards) 区域中选择“高速计数器”(High-Speed Counter)。

② 在 STEP 7 - Micro/WIN SMART 软件项目树的“向导”(Wizards) 文件夹中双击“高速计数器”(High-Speed Counter)。

2）使用直接设置控制字方式对高速计数器进行编程，步骤如下：

① 在 SM 存储器中设置控制字节。

② 在 SM 存储器中设置当前值(起始值)。

③ 在 SM 存储器中设置预设值(目标值)。

④ 分配并启用相应的中断例程。

⑤ 定义计数器和模式(对每个计数器只执行一次 HDEF 指令)。

⑥ 激活高速计数器(执行 HSC 指令)。

无论使用向导还是直接设置控制字，都调用了高速计数器的两个指令 HDEF 和 HSC，分别如图 8.9、图 8.10 所示。HDEF 用于在传送控制字后定义高速计数器号及模式，HSC 则在定义高速计数器后使能对应的计数器，通常在设置完所有参数后调用。调用这两个指令只需要一个扫描周期即可，可以使用边沿检测指令或 SM0.1 触发。如果每个扫描周期都调用这两个指令(例如使用 SM0.0)，则高速计数器会一直处于初始化状态，导致无法计数。

图 8.9 HDEF 指令

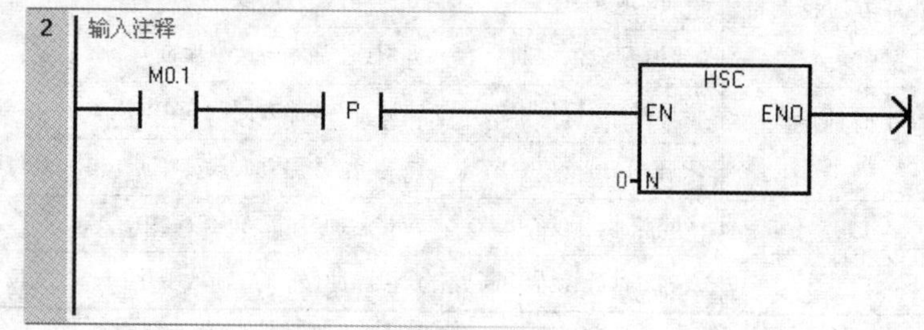

图 8.10 HSC 指令

8.1.7 高速计数器向导组态

向导组态可以使用户快速地根据工艺配置高速计数器,相对于设置控制字的组态方式,用户可以更加直观地定义功能,并最大限度地减小出错概率。向导组态完成后,用户可直接在程序中调用向导生成的子程序,也可将生成的子程序根据自己的要求进行修改,从而为用户提供了灵活的编程方式。通过向导编程步骤如下:

1) 在“高速计数器向导”对话框中选择需要组态的高速计数器,如图 8.11 所示。

图 8.11 中对应项的含义如下所述。

① 向导中的树形目录,所有选项的设置在此被归类。默认值若未被修改,对应选项的方框内没有“√”;如果有修改,则方框内有“√”。

② 具体选择哪个高速计数器,需要在选型环节根据实际工艺和 CPU 类型确定。

2) 高速计数器模式选择,如图 8.12 所示。

图 8.12 中对应项的含义如下所述。

① 模式设置。

② 下拉菜单选择模式 0,1,3,4,6,7,9,10。

3) 高速计数器初始化组态,如图 8.13 所示。

图 8.13 中对应项的含义如下所述。

① 高速计数器初始化设置。

② 初始化子程序名。

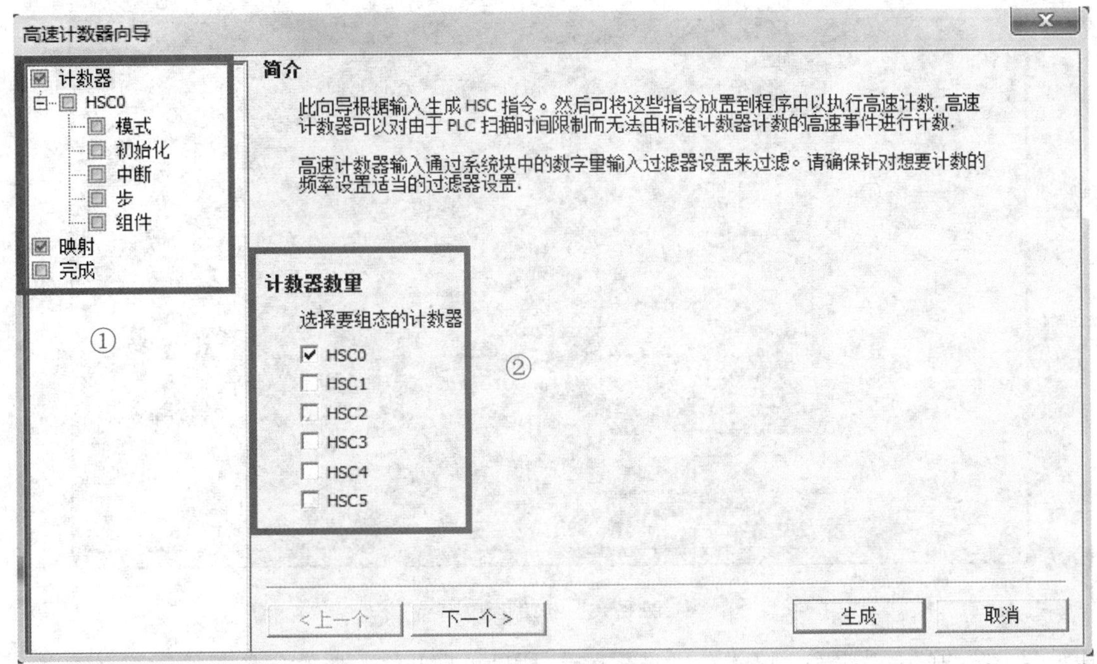

图 8.11　组态高速计数器

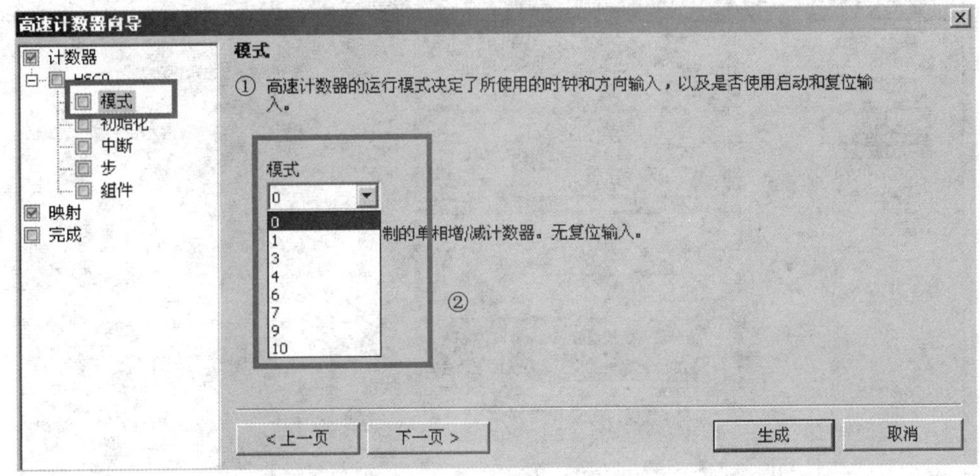

图 8.12　模式选择

③ 预设值(PV),用于产生预设值(CV=PV)中断。

④ 当前值(CV),设置当前计数器的初始值,可用于初始化或复位高速计数器。

⑤ 初始计数方向选择,对于没有外部方向控制的计数器,需要在此定义计数器的计数方向。

⑥ 复位信号电平选择,若有外部复位信号,则需要选择复位的有效电平,上限为高电平有效,下限为低电平有效。

⑦ A/B 相计数时倍速选择,可选 1 倍速(1X)与 4 倍速(4X)。1 倍速时,相位相差 90°的两个脉冲输入后,计数器值加 1。4 倍速时,相位相差 90°的两个脉冲输入后,计数器值加 4,由于

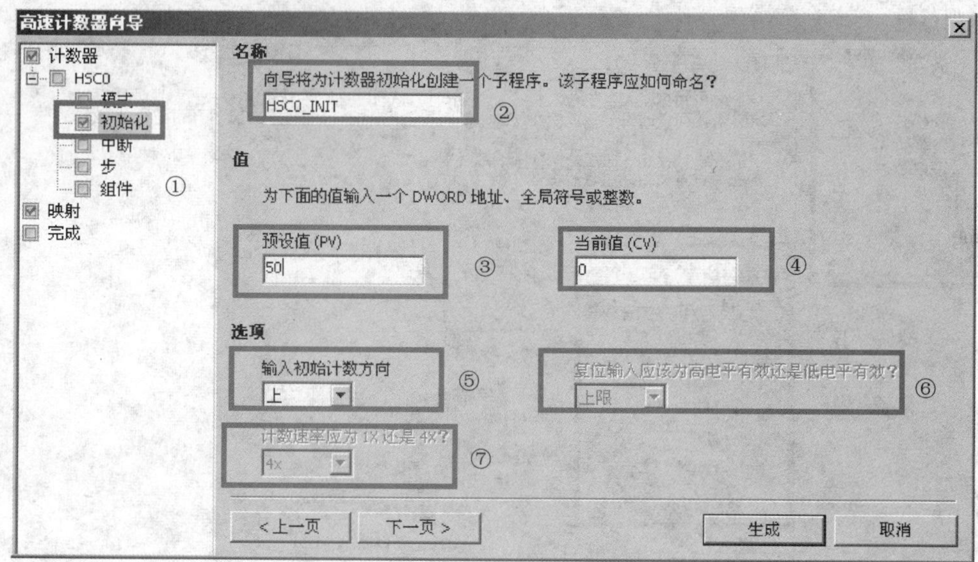

图 8.13　初始化组态

其对两个脉冲的上升沿和下降沿分别进行计数,所以可提升编码器的分辨率。

4）中断设置,如图 8.14 所示。

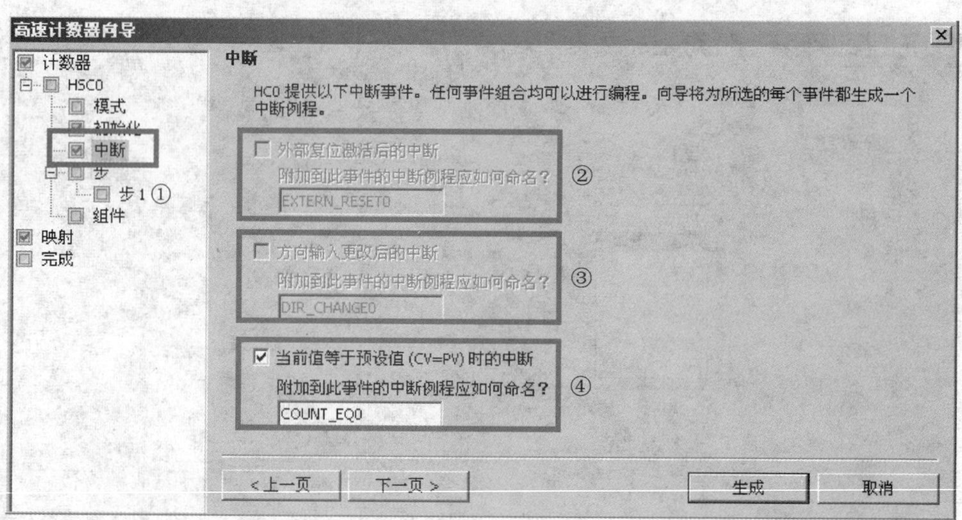

图 8.14　中断设置

图 8.14 中对应项的含义如下所述。

① 中断设置,高速计数器提供了多种中断以用于不同工艺场合。

② 外部复位中断使能与子程序命名,当外部复位信号有效时产生中断。

③ 方向改变中断使能与子程序命名,当外部方向输入信号变化时产生中断。

④ 当前值等于预设值(CV=PV)中断使能与子程序命名,计数器的当前值等于预设值时产生中断。

5）设置中断步,如图 8.15、图 8.16 所示。“步”选择,此功能仅在使能 CV=PV 中断后才

能激活，在已编程的中断程序中，可以选择将相同的中断事件重新连接到另一个中断程序，这个中断程序称之为一个“步”。在某些工艺应用中，需要在每次中断后修改预设值、当前值或计数方向，则可以使用多步编程的功能，每一个步都可以更改高速计数器的运行状态与参数。

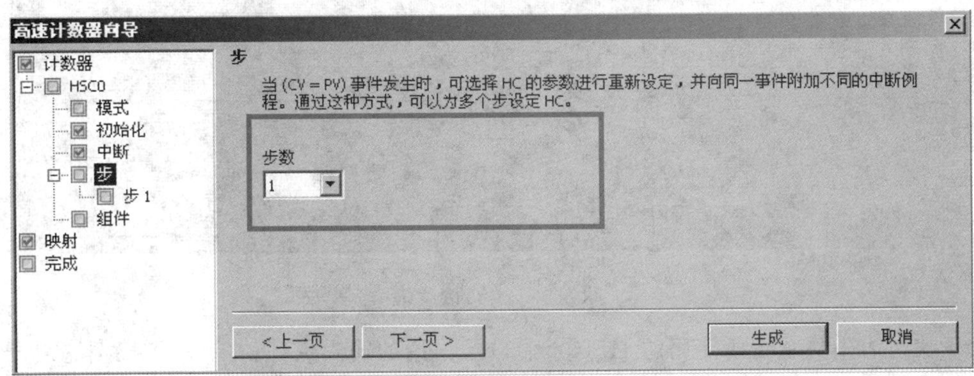

图 8.15　步选择

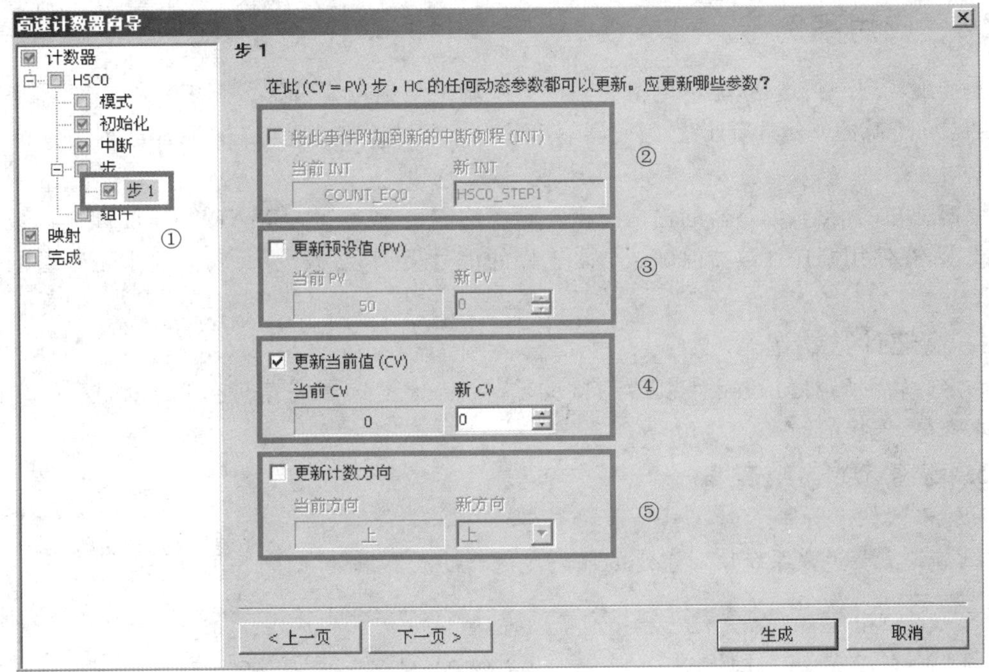

图 8.16　步设置

图 8.16 中对应项的含义如下所述。

① CV=PV 中断中的步设置。可在程序中设置多次 CV=PV 中断事件。

② 连接中断子程序，系统默认。

③ 在中断子程序中更新预设值。

④ 在中断子程序中更新当前值。

⑤ 在中断子程序中更新计数方向。

6）I/O 映射表，如图 8.17 所示。

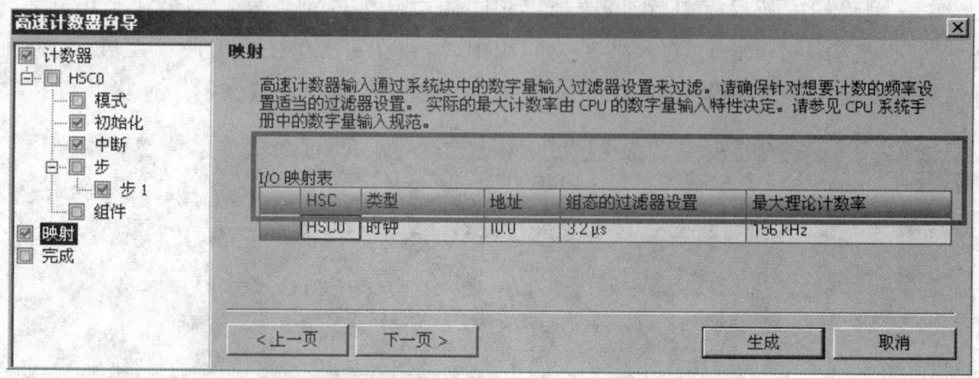

图 8.17 I/O 映射表

I/O 映射表中显示了所使用的 HSC 资源以及占用的输入点,同时显示了根据滤波器的设置,当前计数器所能达到的最大计数频率。由于 CPU 的 HSC 输入需要经过滤波器,所以在使用 HSC 之前一定要注意所使用的输入点的滤波时间。

8.1.8 应用案例

生产现场有一传送带,驱动电机的轴上有一增量型旋转编码器。根据生产工艺,编码器每发出 2 500 个脉冲就要重新计数,编码器输出的最大脉冲频率为 20 kHz,脉冲类型为单相 24 V PNP 输出。

根据已知的信息,编码器的输出类型与频率均满足 S7 - 200 SMART CPU 高速计数器的输入要求,在使用高速计数器前确认与之连接的信号类型、参数范围、功能要求是选型的重要环节。

1. 高速计数器选型

确定旋转编码器与高速计数器连接的输入点,这里选用高速计数器 0 和模式 0,根据表 8.2 查得,连接的输入点为 I0.0。

2. 高速计数器组态

具体步骤如下所述。

① 首先需要进入系统块对选定的输入点进行滤波器设置,如图 8.18 所示。

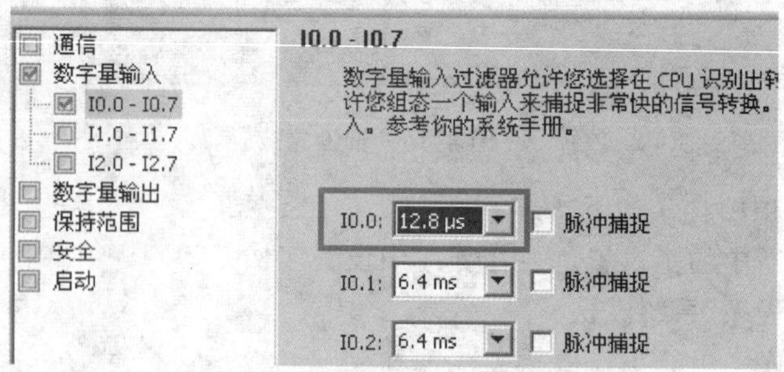

图 8.18 滤波器设置

② 进入高速计数器向导,选择 HSC0,如图 8.19 所示。

③ 选择模式 0，如图 8.20 所示。

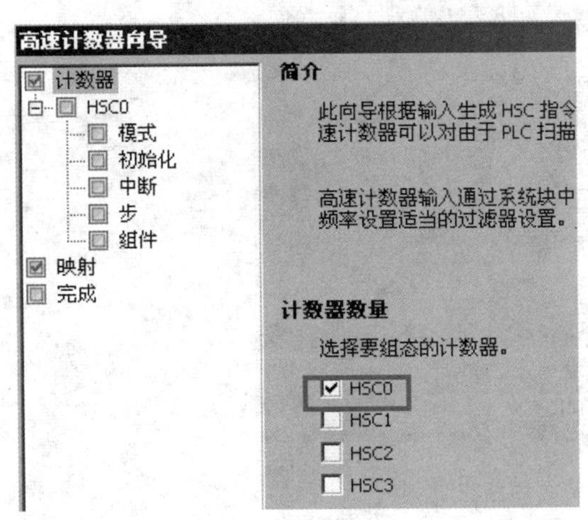

图 8.19　选择 HSC0

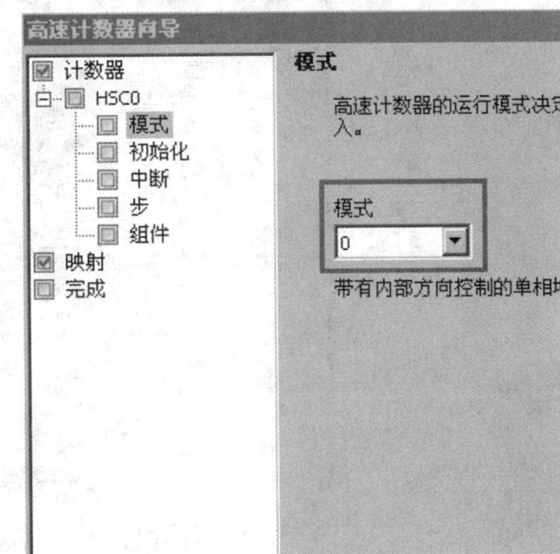

图 8.20　选择模式 0

④ 对高速计数器进行初始化。首先将初始化程序命名为"HSC0_INIT"，然后将预设值(PV)设置为 2500，初始值(CV)设置为 0，最后将初始计数方向设置为向上计数，如图 8.21 所示。

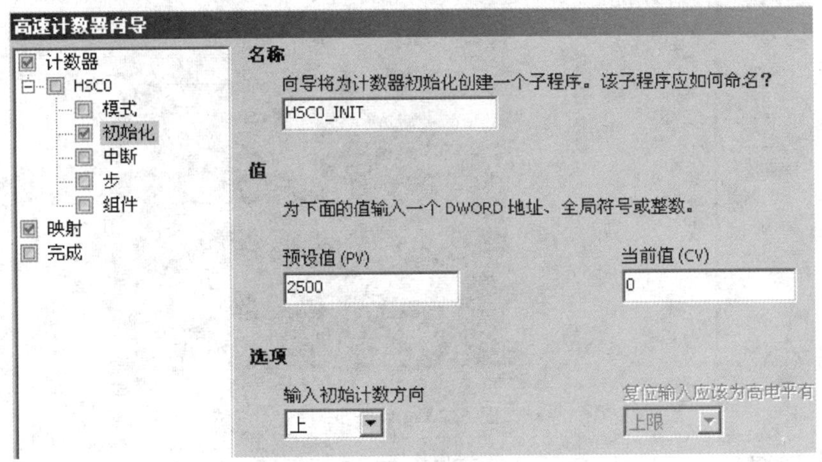

图 8.21　高速计数器初始化设置

⑤ 在中断设置中，选择使能预设值(CV＝PV)中断，并为此中断程序命名为"COUNT_EQ0"，如图 8.22 所示。

⑥ 在步数选择中，选择 1 步。

⑦ 步 1 组态。在此步中选择更新当前值(CV)，新的当前值(CV)设置为 0，如图 8.23 所示。

⑧ 单击向导界面中的"生成"按钮，项目中便生成了以"HSC0_INIT"为初始化程序及以"COUNT_EQ0"为中断程序的高速计数器子程序。

3. 程序调用

在项目树的程序块中，右击生成的 HSC_INIT 子程序，在弹出快捷菜单中选择"打开"选

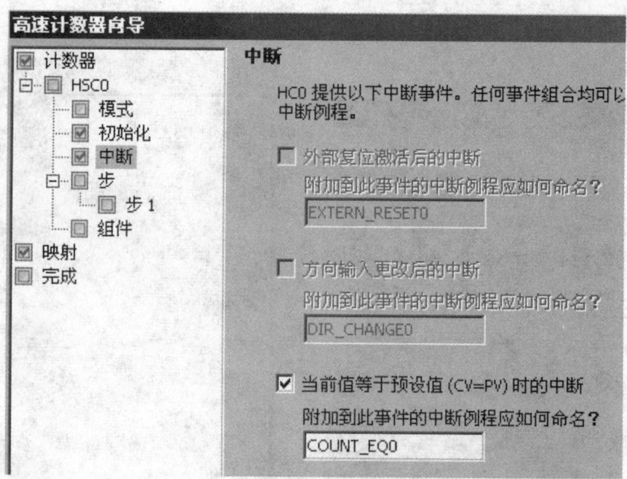

图 8.22　高速计数器中断设置

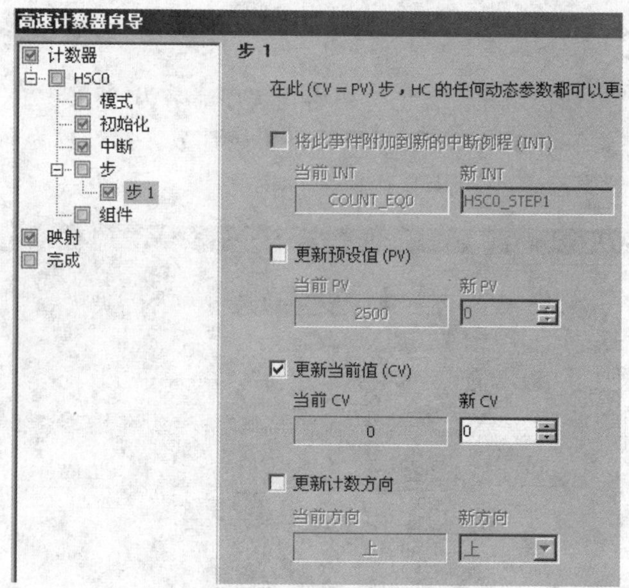

图 8.23　组态步

项即可在程序编辑器中打开对应的子程序，如图 8.24 所示。

使用 SM0.1 调用 HSC0_INIT 子程序，或者使用边沿检测指令调用也可以，此子程序只能调用一个扫描周期，如果一直调用，HSC 一直在初始化的状态，则无法正常计数，如图 8.25 所示。

向导完成后，直接调用 HSC0_INIT 即可完成高速计数器的初始化。用户也可以不用向导，而是自己写程序组态高速计数器的初始化程序，程序内容参考图 8.26 所示的例程初始化子程序。但更推荐用户使用向导生成程序，以便更快组态并减小出错概率。

将程序下载到 CPU，掉电上电后，CPU 将执行初始化子程序 HSC0_INIT，一旦初始化完成，即进入计数状态。当计到 2 500 个脉冲时，CPU 会触发 CV＝PV 中断，并执行中断程序 COUNT_EQ0，在中断程序中将 HSC 的当前值复位为 0，然后再重新开始计数，再到达 2 500 个脉冲时又产生 CV＝PV 中断，如此周而复始运行。例程中断程序如图 8.27 所示。

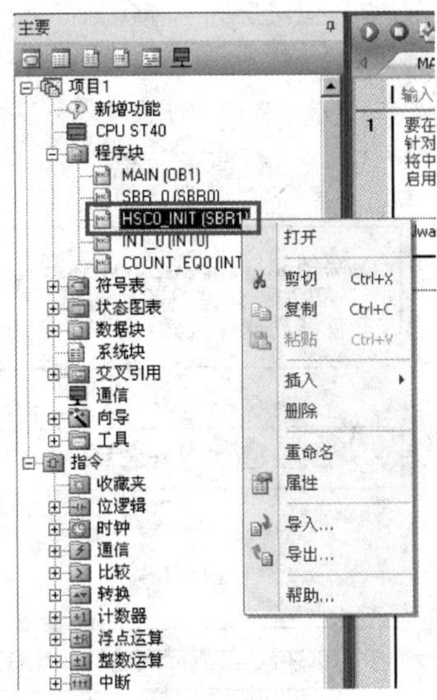

图 8.24　打开 HSC0_INIT 子程序

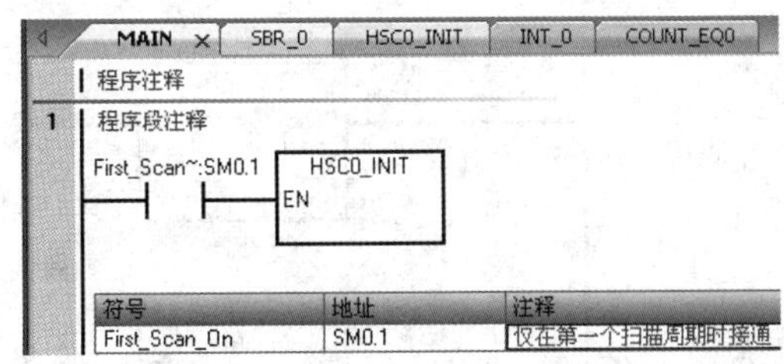

图 8.25　调用 HSC0_INIT 子程序

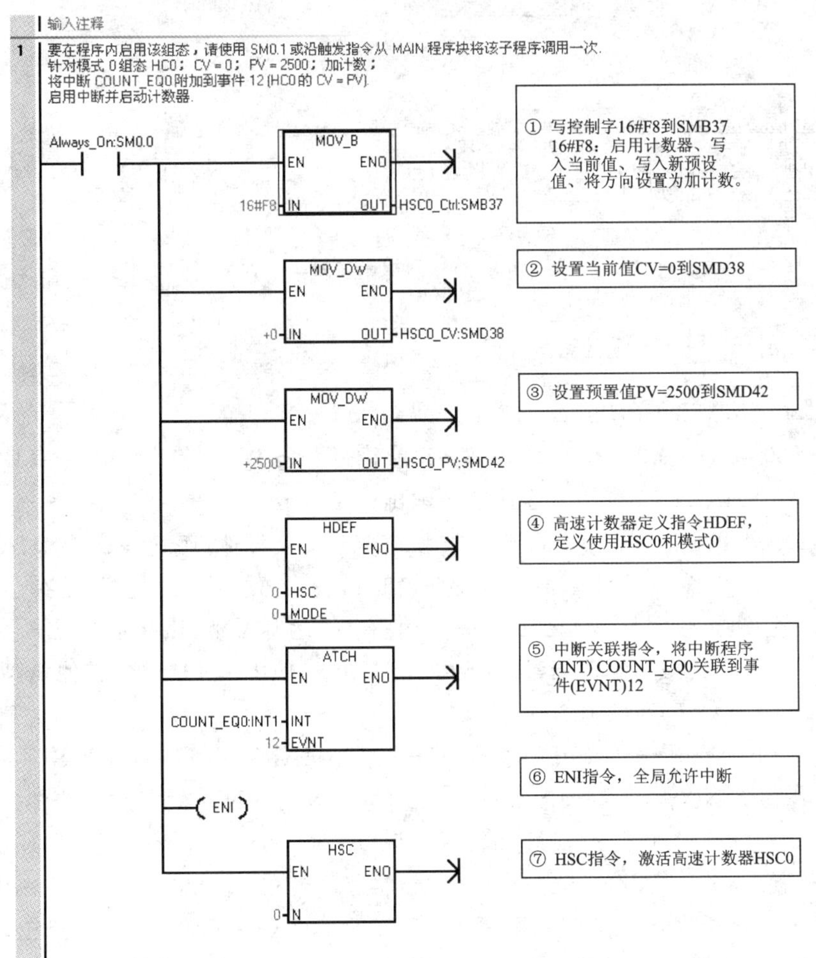

图 8.26　例程初始化子程序

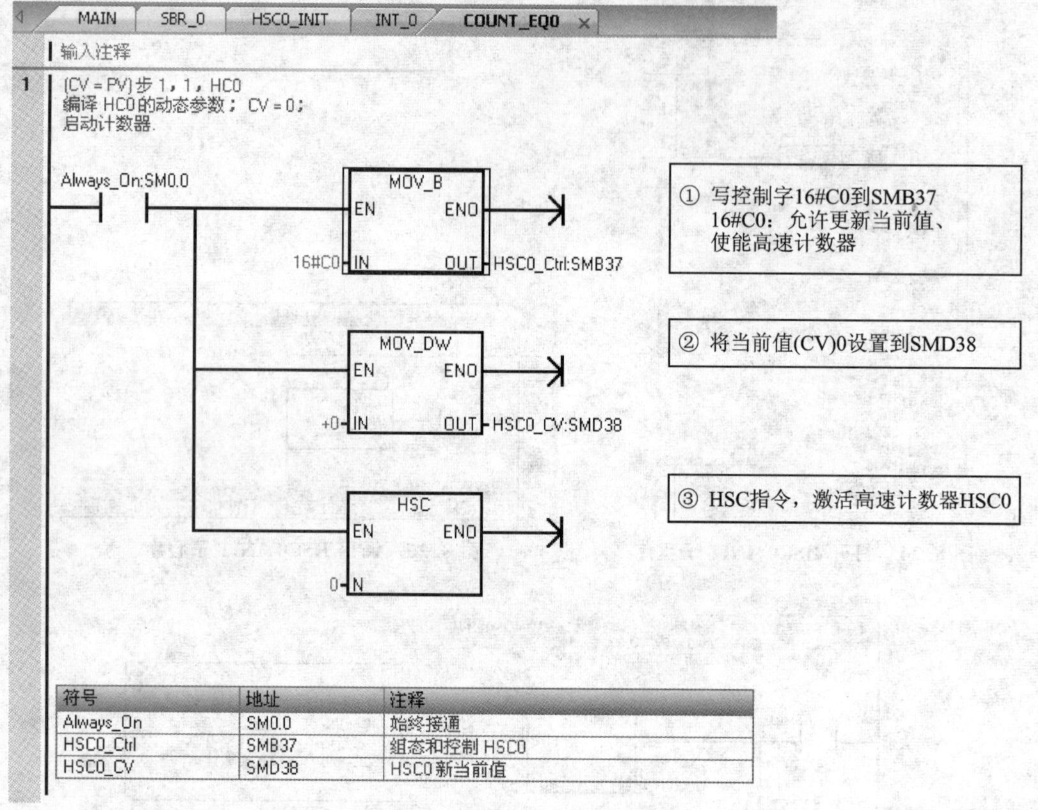

图 8.27　例程中断程序

8.1.9　常问问题

1. S7－200 SMART CPU 能否接 5 V 编码器?

ST20、ST30 CPU 的 I0.0～I0.3,I0.6～I0.7，ST40、ST60 CPU 的 I0.0～I0.3 可以支持。

2. S7－200 SMART CPU 能否连接差分输出的编码器?

不能。由于差分输出的信号需要专门的差分信号接收器件,而 S7－200 SMART CPU 不具备这样的差分接口,所以无法直接连接差分输出的编码器。有用户会将差分信号按照集电极开路的方式连接,但这种接法无法达到差分输出信号的标称值,比如传输距离。

3. NPN 和 PNP 类型的编码器都能接入 S7－200 SMART CPU 吗？其他类型信号源是否能接入 S7－200 SMART CPU,比如光栅尺?

NPN 与 PNP 类型的信号都可以接入 S7－200 SMART CPU,但由于 S7－200 SMART CPU 的集成数字量输入点只有一个公共端,所以,NPN 与 PNP 只能选择其中一种接入。比如选择了 PNP 类型的输入信号,则所有的数字量输入都应是 PNP,不能有 NPN 信号,反之亦然。除了编码器外,其他类型的器件也可以作为信号源连接 S7－200 SMART CPU,比如光栅尺,但前提是输入的高速脉冲信号必须符合 S7－200 SMART CPU 的输入规范,比如信号逻辑“1”和逻辑“0”的电压范围以及信号的最大频率等。详细参数可参考《S7－200 SMART 系统手册》的附录 A。

4. S7-200 SMART CPU 是否具有与 S7-200 高速计数器中的模式 12 相同的计数模式?

否。S7-200 SMART 取消了在 S7-200 上的模式 12 功能。模式 12 是 S7-200 高速计数器中的一种模式,可允许用户在不用外部接线的情况下,使用高速计数器测量 CPU 集成点 Q0.0 或 Q0.1 的高速脉冲输出。由于 S7-200 SMART 的高速脉冲输出使用运动控制指令,其当前的脉冲数可以通过指令引脚 C_POS 得到,但这种方式受制于更新机制,大约有 50 ms 的延迟。如果客户需要更快地得到当前位置值,则可以通过 AXISx_RDPOS 指令实现。关于此指令可以查看本书 8.3.2 小节运动控制指令的详细介绍。

5. 当输入的信号频率变高时为何 S7-200 SMART CPU 计不到数?

由于计数器的高频信号要进入滤波环节,所以滤波器时间的设定决定了 CPU 能够检测的最大频率,其对应关系可参见表 8.6。

表 8.6　高速计数器输入滤波时间与最大频率

输入滤波时间	可检测到的最大频率
0.2 μs	200 kHz S 型号 100 kHz C 型号
0.4 μs	200 kHz S 型号 100 kHz C 型号
0.8 μs	200 kHz S 型号 100 kHz C 型号
1.6 μs	200 kHz S 型号 100 kHz C 型号
3.2 μs	156 kHz S 型号 100 kHz C 型号
6.4 μs	78 kHz
12.8 μs	39 kHz
0.2 ms	2.5 kHz
0.4 ms	1.25 kHz
0.8 ms	625 Hz
1.6 ms	312 Hz
3.2 ms	156 Hz
6.4 ms	78 Hz
12.8 ms	39 Hz

在 STEP 7-Micro/WIN SMART 的系统块中进行输入信号滤波器的设置,如图 8.28 所示。

6. 如何复位高速计数器?有几种方式?

共有两种方式:

① 选用带外部复位模式的高速计数器,当外部复位输入信号有效时,高速计数器值复位为 0。

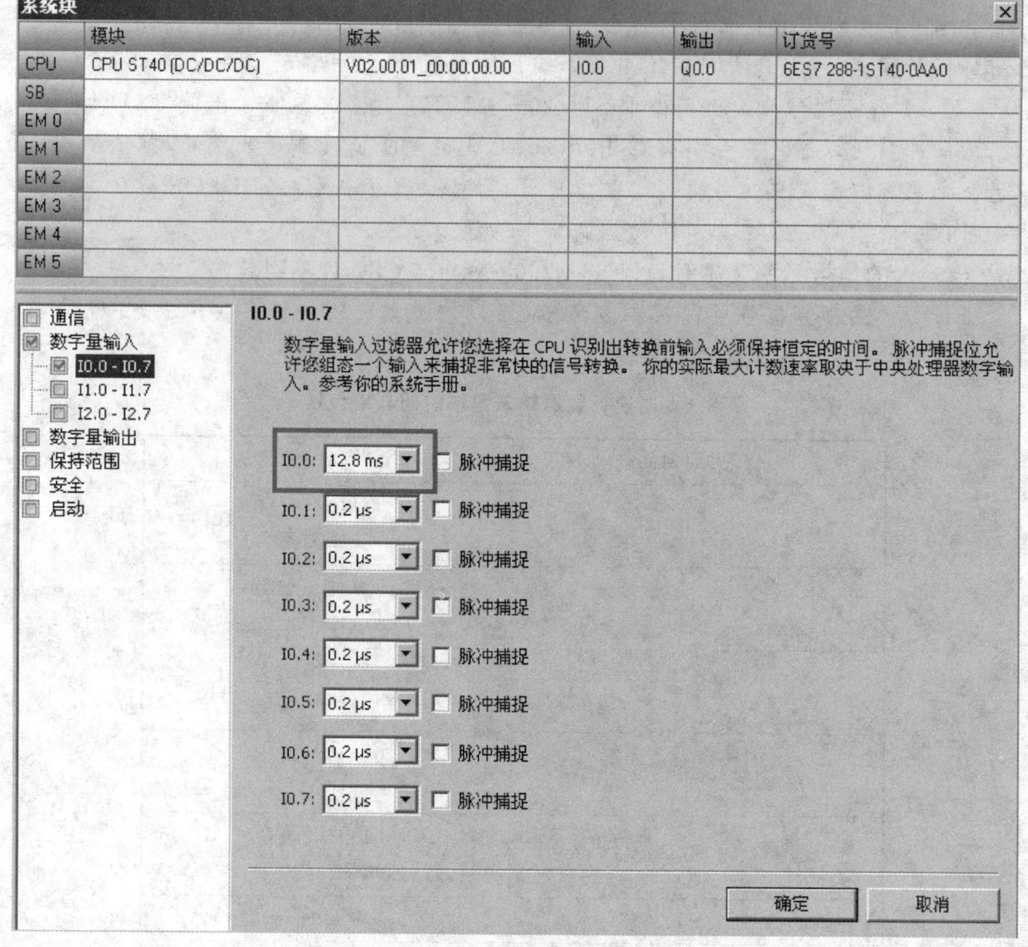

图 8.28　输入信号滤波器设置

② 也可使用内部程序复位，即将高速计数器设定为可更新初始值，并将初始值设为 0，执行 HSC 指令后，高数计数器值即复位为 0。

7. 高速计数器为什么会丢失脉冲？

① 要先确认丢失脉冲的结论是如何得到的，通过什么方式得知丢失脉冲，这种方式是否可靠。

② 确认脉冲发生源是否能够正常工作且与 HSC 的硬件输入指标匹配，比如逻辑电平阈值、最高频率等。

③ 确认传输过程是否可靠，电缆的长度与屏蔽是否都符合规范。

④ 确认 CPU 侧硬件工作是否正常。

⑤ 确认程序的使用是否正确。

⑥ 确认 HSC 的工作机制是否与客户工艺要求匹配，比如在初始化 HSC 时是否有脉冲输入，因为此时脉冲无法被检测到。

8.2　PID 控制

S7－200 SMART CPU 支持 PID 调节功能，PID 回路数量与 S7－200 CPU 一致，都是 8 个回路。PID 控制最初是在模拟控制系统中实现，随着离散控制理论的发展，PID 控制逐步在计算机化控制系统中实现。PID 控制器是根据设定值（给定）与被控对象的实际值（反馈）的差值，按照 PID 算法计算出控制器的输出量，控制执行机构去影响被控对象的变化。常见的被控对象有温度、压力、液位、流量、功率和电流等。

PID 控制是一种闭环的负反馈控制算法，其能够抑制闭环内的各种因素所引起的扰动，使反馈跟随给定变化。这里的闭环指的是控制器的输出发生变化时，被控对象的反馈也随之发生相应的变化。如果反馈始终保持不变，则有可能是反馈回路有误或者控制系统没有形成真正的闭环。

8.2.1　PID 向导

STEP 7－Micro/WIN SMART 软件提供了容易上手的 PID 向导，能让用户方便快捷地按照向导的提示逐步完成输入、输出和报警等组态设置。向导配置完成之后用户只需在主程序中直接调用 PID 向导生成的子程序，就能实现 PID 调节任务。向导最多允许配置的 PID 回路个数是 8 个，这与使用 PID 指令编程时允许的回路个数是一样的。

S7－200 SMART CPU 的 PID 控制既支持模拟量输出，也支持数字量输出，即 PWM 脉宽调制。依据控制要求用户可改变 PID 控制器的控制模式，比如自动模式下可切换到手动控制，反之亦然。需要注意的是，PID 控制器本身不具备无扰切换的功能，因此在控制器模式切换时须自行编程来防止被控对象有较大的波动。

⚠ **注意：**

- 建议用户使用 PID 向导来配置 PID 功能，配置简单且不容易出错。
- PID 控制器既支持正作用，也支持反作用。

---

1. 配置 PID 向导的步骤

在 STEP 7－Micro/WIN SMART 软件中打开 PID 向导的方法与 STEP 7－Micro/WIN 类似，在“工具”菜单功能区的“向导”区域单击“PID”按钮即可打开。

使用 PID 向导配置 PID 回路主要包括以下几个步骤。

第一步：选择要组态的 PID 回路号。由于 S7－200 SMART CPU 最多支持 8 个 PID 回路，所以可激活的 PID 回路名称依次是从“Loop 0”到“Loop 7”。用户勾选几个 PID 就意味着激活几个 PID 回路，被勾选的 PID 组态结构将自动在左侧显示。选择 PID 回路如图 8.29 所示。

第二步：设定 PID 回路参数，包括增益、采样时间、积分时间和微分时间，如图 8.30 所示。图 8.30 中对应项的含义如下所述。

① 增益即比例常数，其数值越大比例分量的作用越强。

② 采样时间，它是 PID 控制回路对反馈采样和重新计算输出值的时间间隔，默认值是

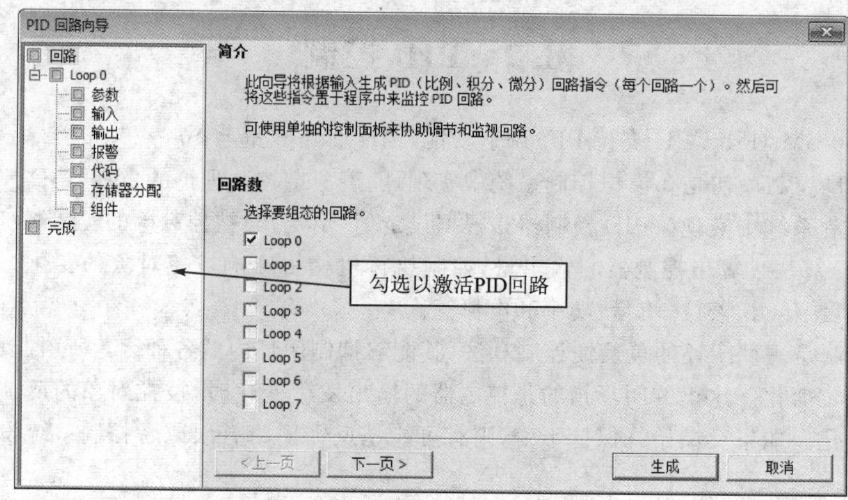

图 8.29　选择 PID 回路

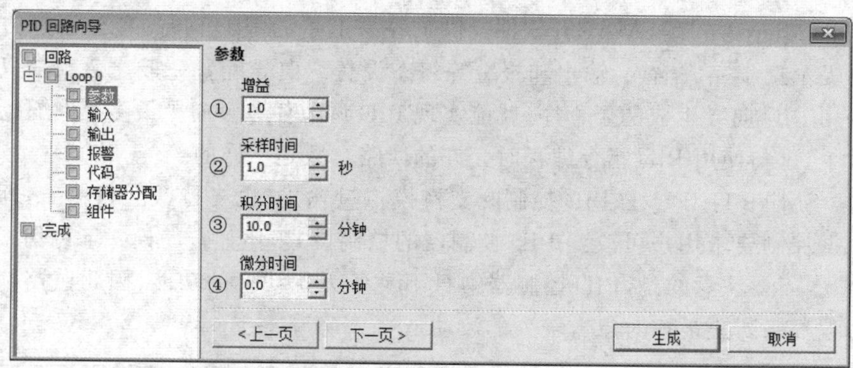

图 8.30　PID 回路参数

1.0 s。在生成向导后若需更改该参数，必须通过向导来修改，新的参数在项目重新下载后生效。不支持在 STEP 7－Micro/WIN SMART 软件的状态表、程序或 HMI 设备修改。

③ 积分时间默认值是 10.0 min。如果不需要积分作用，可以把积分时间设置为最大值 10 000.0 min。因为积分时间越大，积分分量的作用越小。

④ 微分作用反映系统偏差信号的变化率，可实现超前控制。如果不需要微分作用，可以把微分时间设置为 0.0 min，其默认值是 0.0 min。微分时间越大，微分分量的作用越强。

第三步：设定 PID 回路的输入参数，如图 8.31 所示。

① 过程变量标定，可以从以下五个选项中选择：

- 单极性：数值范围是 0～27 648，此时输入信号为正值。
- 单极性 20％的偏移量：数值范围是 5 530～27 648，如果输入信号是 4～20 mA 的电流，则应选择该选项，4 mA 对应 5 530，20 mA 对应 27 648。
- 双极性：数值范围是－27 648～27 648，此时输入信号在从负到正的范围内变化。
- 温度×10 ℃：测量模块采用 RTD 或 TC 模块时，可以选择该选项。
- 温度×10 ℉：测量模块采用 RTD 或 TC 模块时，可以选择该选项。

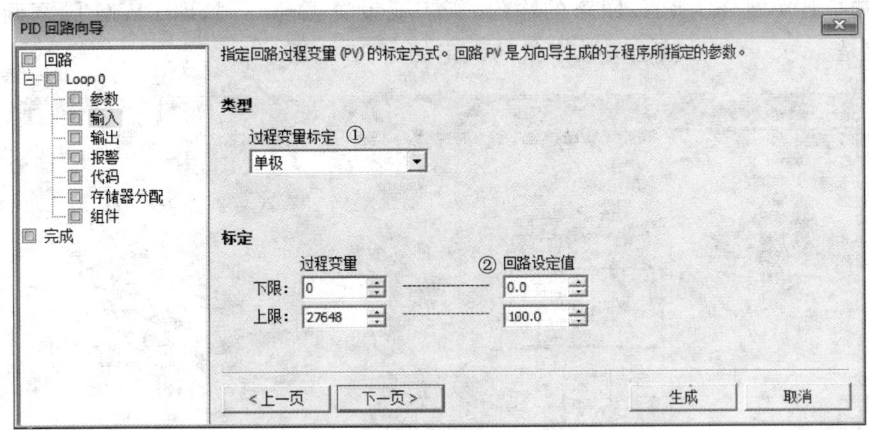

图 8.31 设定 PID 输入参数

② 回路设定值默认的下限和上限分别是 0.0 和 100.0，用户可依据项目要求重新进行标定。需要注意的是，回路设定值(SP)的下限必须对应于过程变量(PV)的下限，回路设定值的上限必须对应于过程变量的上限，以便 PID 算法能正确按比例缩放。

第四步：设定 PID 回路的输出参数，PID 输出参数的设定如图 8.32 所示。

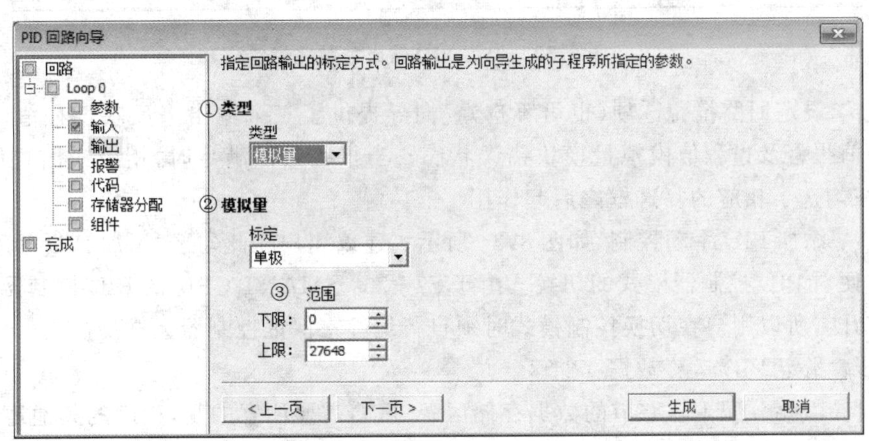

图 8.32 设定 PID 输出参数

① 输出类型：可以选择模拟量输出或数字量输出。模拟量输出用来控制一些需要模拟量给定的设备，如比例阀、变频器等；数字量输出实际上是控制输出点的通、断状态按照一定的占空比变化，比如控制固态继电器等。

② 选择模拟量输出后须设定回路输出变量值的范围，可从以下三个选项中选取：

单极性：单极性输出，对应的数值范围是 0～27 648。

单极性 20%的偏移量：对应的数值范围是 5 530～27 648，如果输出信号是 4～20 mA 的电流，则应选择该选项，4 mA 对应 5 530，20 mA 对应 27 648。

双极性：对应的数值范围是－27 648～27 648。

③ 输出范围：设定不同的模拟量输出类型后，模拟量的输出范围将随之变化，无需单独设置。

如果选择数字量作为 PID 回路的输出，则需要设置循环时间，即 PWM 脉宽调制的周期时间，单位是 s(秒)。PID 输出为数字量的设定如图 8.33 所示。

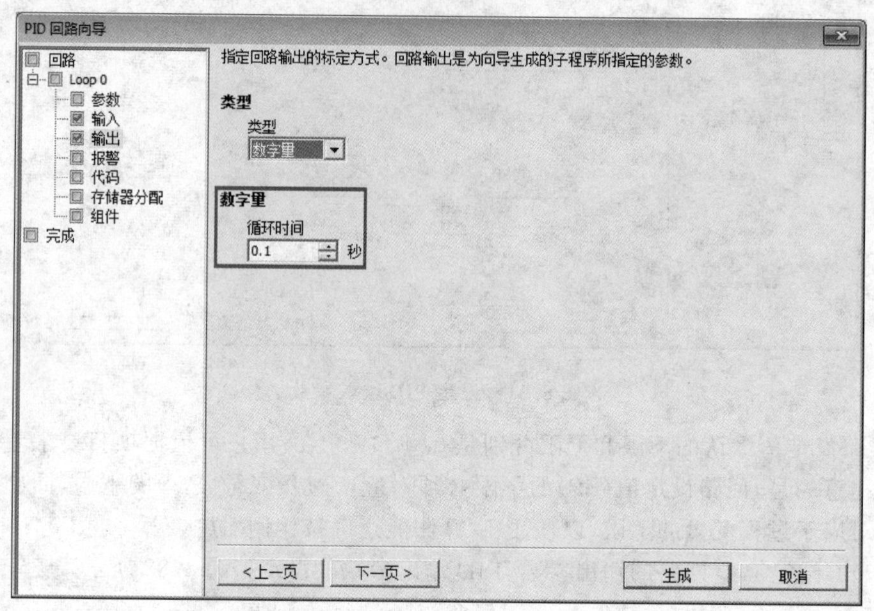

图 8.33　设定 PID 输出为数字量

第五步：设定回路报警选项(也可不选)。向导提供了三个输出来反映过程值(PV)的低值报警、高值报警及过程值模拟量模块错误状态。当报警条件满足时，相应输出置位为 ON。这些功能在勾选了相应的复选框之后起作用。

第六步：添加 PID 手动控制，如图 8.34 所示。建议用户在此勾选“添加 PID 的手动控制”复选框，方便对 PID 控制器模式的切换。由于 S7－200 SMART CPU 的 PID 控制器不具备无扰切换的功能，所以用户在切换控制模式时须自行编程来保证控制器无扰切换。

第七步：指定 PID 运算数据存储区。

PID 向导需要分配 120 字节的数据存储区(V 区)，需要注意的是，程序的其他地方不能再次使用该部分存储区地址。

第八步：生成 PID 子程序、中断程序及符号表等。

PID 向导配置完成之后，需要在主程序中调用该向导生成的子程序 PIDX_CTRL，其位于指令下方的“调用子例程”文件夹。调用 PID 向导生成的子程序如图 8.35 所示。

PIDX_CTRL 子程序中包括：

① 必须用 SM0.0 直接调用向导生成的子程序。

② 此处为被控对象的模拟量输入地址。

③ 设定值的输入地址，既可以是设定值常数，也可以是设定值变量的地址(VDxx)。

④ 手动/自动控制方式选择。当 I0.0 为 True 时 PID 控制器处于自动运行状态；当 I0.0 为 False 时 PID 控制器处于手动状态，此时 AQW16 的输出值为 ManualOutput 中的设定值。

⑤ 手动控制输出值，数值范围是 0.0～1.0 之间的实数。当其数值为 0 时，意味着当前的手动输出是 0，即没有输出；当其数值是 1.0 时，意味着当前的手动输出是 100%，即输出为最大值。

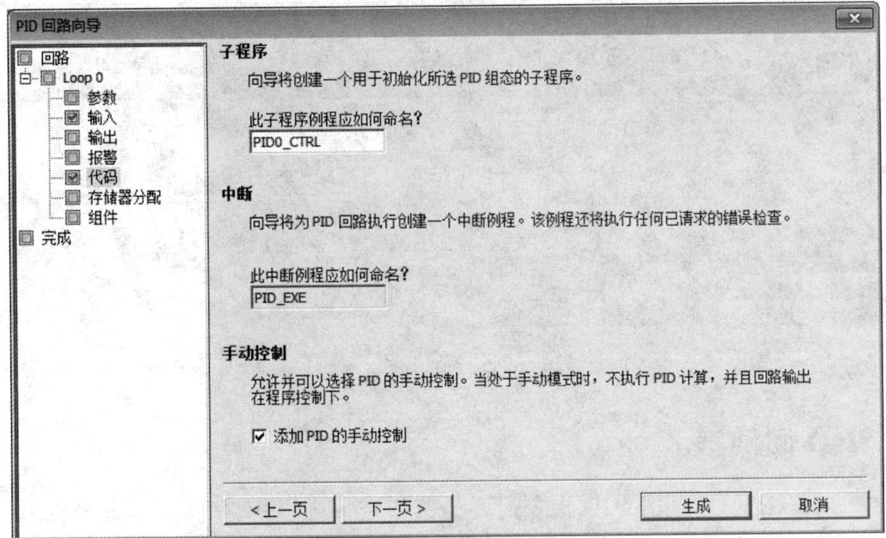

图 8.34　添加 PID 手动控制

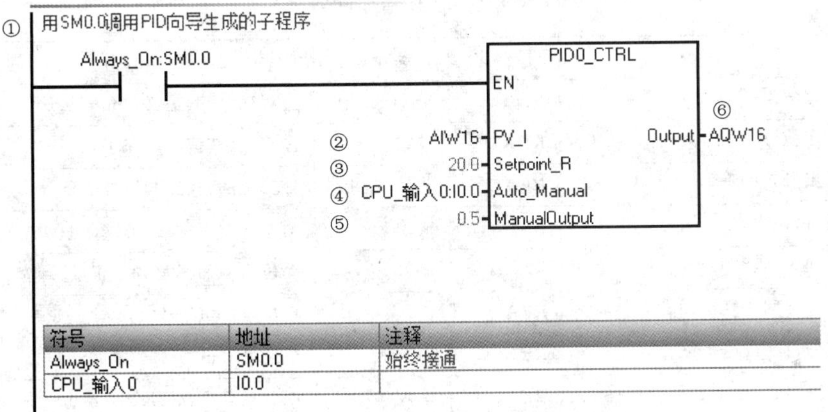

符号	地址	注释
Always_On	SM0.0	始终接通
CPU_输入0	I0.0	

图 8.35　调用 PID 向导生成的子程序

⑥ PID 控制输出值地址。

2. PID 向导符号表

PID 向导配置完成之后，如果用户希望在线修改 PID 参数，可通过 PID 向导生成的符号表找到回路增益(PIDx_Gain)、积分时间(PIDx_I_Time)及微分时间(PIDx_D_Time)等参数的地址。通过 STEP 7 - Micro/WIN SMART 软件的状态表、程序或 HMI 设备可以修改 PID 参数值。PID 符号表如图 8.36 所示。

⚠ **注意：**并不是所有符号表中的变量都支持在线修改，比如 PID 参数支持在线修改，而采样时间(PIDx_SampleTime)则不支持在线修改。若需要修改采样时间，必须通过向导进行修改，编译并下载后新的采样时间才能生效。

			符号	地址	注释
1			PID0_Table	VB0	PID 0的回路表起始地址
2			PID0_PV	VD0	标准化过程变量
3			PID0_SP	VD4	标准化过程设定值
4			PID0_Output	VD8	计算得出的标准化回路输出
5			PID0_Gain	VD12	回路增益
6			PID0_SampleTime	VD16	采样时间（要进行修改，请重新运行 PID 向导）
7			PID0_I_Time	VD20	积分时间
8			PID0_D_Time	VD24	微分时间
9			PID0_D_Counter	VW120	

图 8.36　PID 符号表

8.2.2　PID 回路表

S7－200 SMART CPU 的 PID 指令需要为其指定一个以 V 存储区地址开始的 PID 回路表以及 PID 回路号。该回路表为 80 个字节的长度，包括给定值、反馈值以及其他 PID 参数等，具体见表 8.7。

表 8.7　PID 指令回路表

偏　移	字　段	格　式	类　型	说　明
0	过程变量(PV_n)	REAL	输入	过程变量，其值必须介于 0.0～1.0 之间
4	设定值(SP_n)	REAL	输入	设定值，其值必须介于 0.0～1.0 之间
8	输出(M_n)	REAL	输入/输出	计算出的输出，其值必须介于 0.0～1.0 之间
12	增益(K_C)	REAL	输入	增益为比例常数，可以是正数或负数
16	采样时间(T_s)	REAL	输入	单位为 s(秒)，必须是正数
20	积分时间或复位(T_I)	REAL	输入	单位是 min(分钟)，必须是正数
24	微分时间或速率(T_D)	REAL	输入	单位是 min(分钟)，必须是正数
28	偏置(MX)	REAL	输入/输出	积分项前项，必须介于 0.0～1.0 之间
32	前一过程变量(PV_{n-1})	REAL	输入/输出	最近一次 PID 运算的过程变量值
36～79	PID 扩展表，用于 PID 自整定			

在调用 S7－200 SMART CPU 的 PID 指令前需要先定义好该回路表，回路表中各个变量的范围必须满足表 8.7 的要求，比如过程变量和设定值的数值需要换算成 0.0～1.0 之间的实数。

建议用户选择 PID 向导进行配置，这样操作的好处首先是不需要预先定义 PID 回路表，其次编程更简单且不易出错。不管是采用 PID 向导，还是调用 PID 指令，S7－200 SMART CPU 支持的 PID 回路个数都是 8 个。

8.2.3　PID 自整定

S7－200 SMART CPU 支持 PID 自整定功能，用户可以使用 PID 控制面板来启动自整定功能。与 SIMATIC S7－200 CPU 类似，S7－200 SMART CPU 在同一时间最多支持 8 个 PID 回路进行自整定。用户还可以运用程序来启动自整定功能，通过改变 PID 回路表中 AT

控制(ACNTL)的最低位,即可启动 PID 自整定。

进行 PID 自整定是为了得到最优化的整定参数,使用这些整定值可以使控制系统达到最佳的控制效果,真正优化控制程序。PID 自整定前须具备以下前提条件:

- PID 控制器处于自动模式。
- 过程变量已经达到设定值的控制范围中心附近,并且输出已经基本稳定。

⚠ **注意:** PID 自整定面板仅适用于向导配置的回路,不支持通过 PID 指令编程的回路。

在 STEP 7 - Micro/WIN SMART 软件的"工具"菜单功能区域单击"PID 控制面板"按钮即可打开 PID 调节控制面板,如图 8.37 所示。

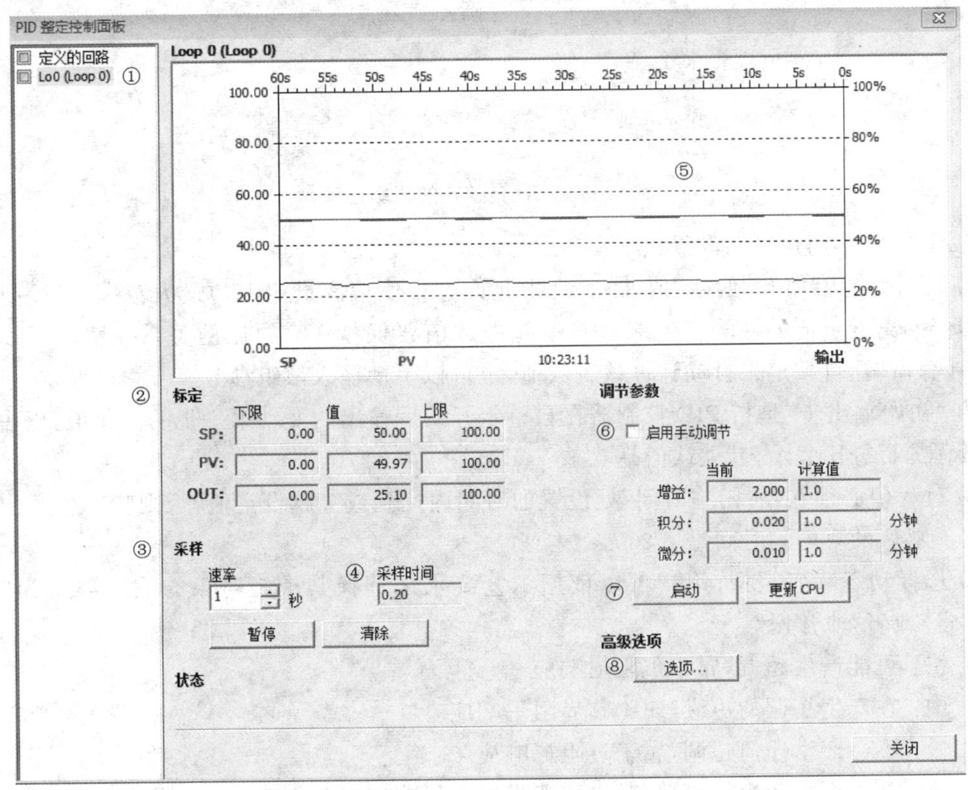

图 8.37　PID 自整定控制面板

面板中对应项的含义如下所述:

① 选择要监控的 PID 回路号。

② PID 控制器的设定值、过程值以及输出值。

③ 设置趋势图的时基,支持的范围是 1~240 s。

④ PID 控制器的采样时间。

⑤ 设定值、过程值以及输出值的实时趋势图,在此以绿色、红色及蓝色显示。

⑥ 手动调节 PID 参数,包括比例增益、积分时间以及微分时间。

⑦ 启动自整定功能。

⑧ 单击“选项”按钮后可打开自整定的“高级选项”对话框,如图 8.38 所示。

图 8.38　PID 自整定的高级选项

在图 8.38 中用户可以设置以下参数:

① 设置“滞后”值和“偏差”值,滞后是指允许过程值偏离设定值的最大范围,偏差是指允许过程值偏离设定值的峰峰值。滞后与偏差的数值要保持 1∶4的比例关系。用户可以勾选“自动计算值”让自整定来自动计算该组数值,也可以手动输入该组参数。

② “初始输出步”是指 PID 控制器在自整定开始后输出的变动第一步的变化值,以占实际输出量程的百分比表示,其默认值是 0.1。

③ 过程值必须在“看门狗时间”处设置的时间内达到或穿越设定值,否则将产生看门狗超时错误。默认的看门狗时间是 7 200 s。

④ 选择动态响应类型,用户可以依据工艺要求来选择其被控对象的响应类型为“快”、“中”、“慢”或者“非常慢”。

- 快:可能产生超调,属于欠阻尼响应
- 中:在产生超调的边缘,属于临界阻尼响应
- 慢:不会产生任何超调,属于过阻尼响应
- 非常慢:不会产生任何超调,属于严重过阻尼响应

启动 PID 自整定的步骤如下:

首先使 PID 控制器工作在自动模式下,接着在 PID 自整定控制面板中单击“启动”按钮即可启动 PID 自整定功能。当单击“启动”按钮后,该按钮的文字显示将变为“停止”。

在自整定过程中,CPU 将在回路的输出中加入一些小的阶跃,使得控制器产生小的震荡,系统经过 12 次零相交事件后,自动计算出优化的 PID 参数并将这组优化的参数显示在 PID 参数区。当按钮再次变为“启动”并且状态下面显示“调节算法正常完成”时,表示系统已经完成了 PID 自整定。PID 自整定过程如图 8.39 所示。

PID 自整定完成后,用户通过单击“更新 CPU”可以将自整定的计算值写入 PID 控制器的当前值。

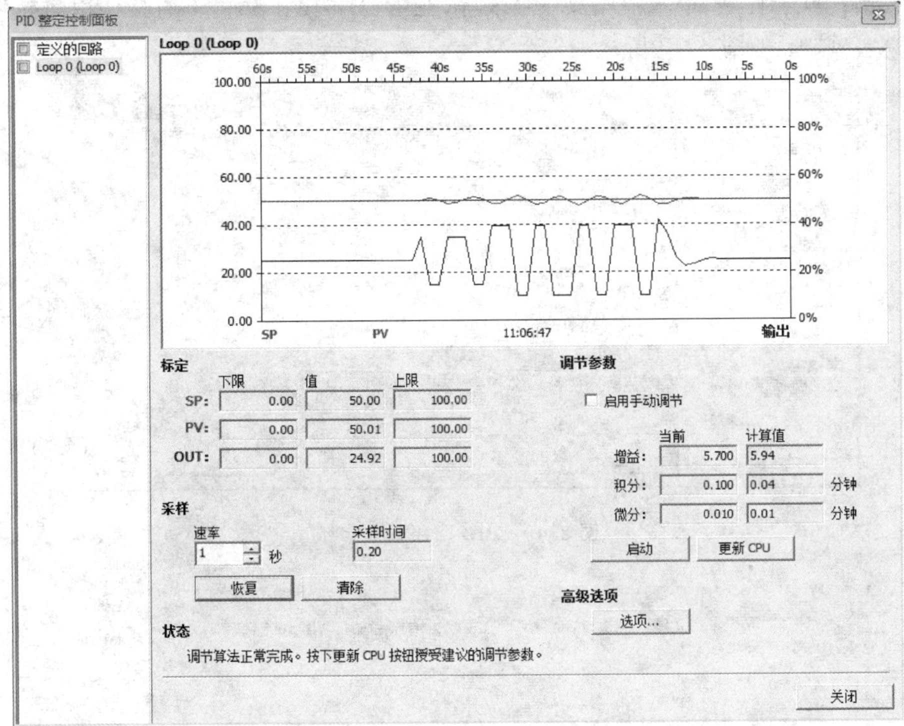

图 8.39　PID 自整定过程

⚠ **注意：** PID 自整定成功后，建议用户将整定出的 PID 参数写入到 PID 向导，再将整个项目重新下载到 CPU，从而使新参数永久保存在 CPU 中。

8.2.4　PID 应用实例

现以一个实际的温度控制系统为例来进一步说明 S7－200 SMART CPU 的 PID 功能如何使用。控制系统的控制对象是温度，测温设备的测量范围是 0～100℃。反馈信号经过转换器转换成 0～10 V 的标准电压信号后，输入到 EM AE04 模拟量输入模块中。PID 输出的执行机构是加热器，该加热器可对反馈元件进行加热从而实现升温。该系统是通过自然冷却的方式实现降温，所以升温和降温的时间差异较大。依据此控制要求，可以按照如下步骤进行 PID 向导配置。

① 选择要组态的回路，在此选择默认的回路 0。

② PID 回路参数设置，包括增益、采样时间、积分时间和微分时间。

③ 设定 PID 回路的输入参数，过程变量的范围是 0～27 648，对应的回路设定值是 0～100.0 ℃。PID 回路输入参数的设置如图 8.40 所示。

④ 设定 PID 回路的输出，类型选择数字量，如图 8.41 所示。此处的循环时间是 PWM 脉宽调制的占空比周期，其数值是采样时间的整数倍。

⑤ 配置过程对象 PV 的上下限报警，如图 8.42 所示。

⑥ 生成 PID 子程序、中断程序及符号表等,在主程序中用 SM0.0 直接调用向导生成的子程序 PIDX_CTRL,如图 8.43 所示。

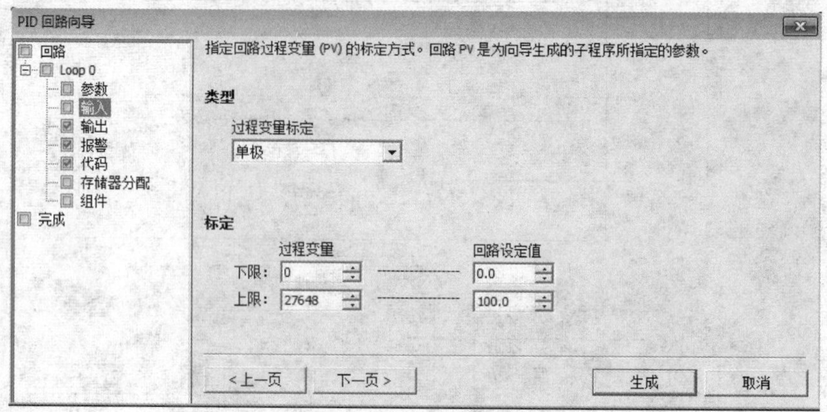

图 8.40 PID 回路输入参数

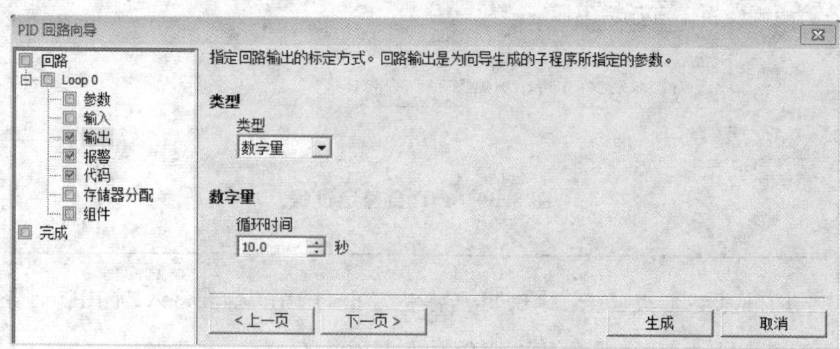

图 8.41 PID 回路输出参数

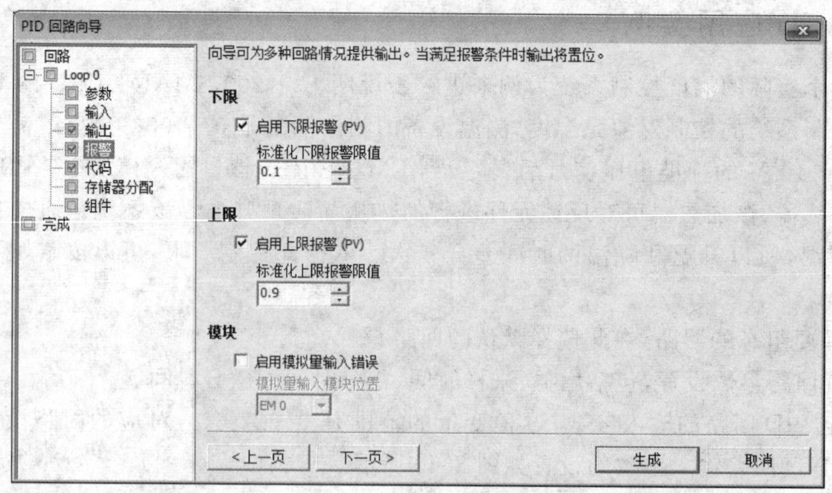

图 8.42 上下限报警参数

◆ PID 的例子程序请参见随书光盘中的例程:"8.2 例子:PID 温度控制.smart"。例子

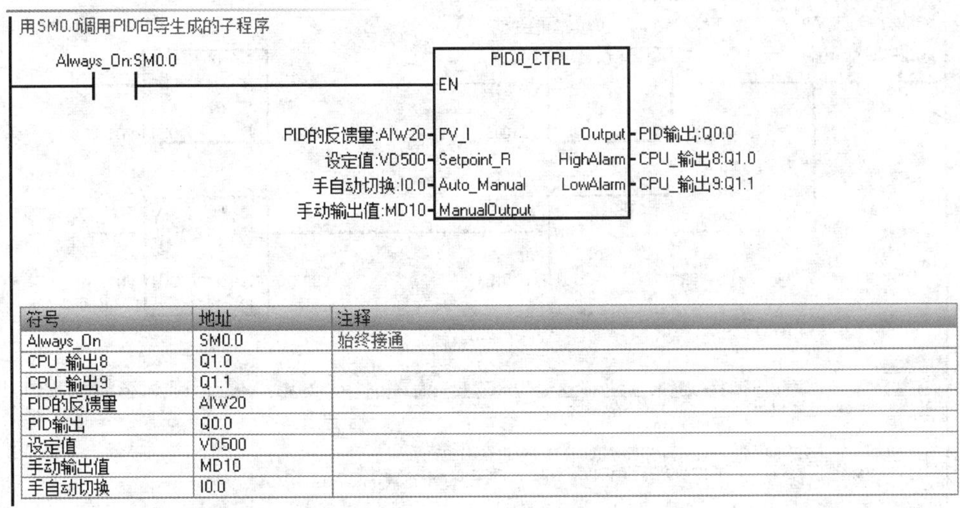

符号	地址	注释
Always_On	SM0.0	始终接通
CPU_输出8	Q1.0	
CPU_输出9	Q1.1	
PID的反馈量	AIW20	
PID输出	Q0.0	
设定值	VD500	
手动输出值	MD10	
手自动切换	I0.0	

图 8.43　调用 PID 向导生成的子程序

程序仅供参考，其中的 CPU 类型可能与用户实际使用的类型不同，用户可能需要先对例子程序做修改和调整，才能将其用于测试。

8.2.5　常问问题

1. 如何调用 PID 向导生成的子程序？

为了保证 S7－200 SMART CPU PID 控制器的正常工作，必须用 SM0.0 调用 PID 向导生成的子程序，并且 SM0.0 与 PID 子程序之间不能有任何指令。

用户要改变 PID 控制器的模式，比如自动模式切换为手动模式，不能直接断开调用 PID 子程序的使能条件，需要通过手动/自动模式切换，只有这样操作才能保证被控对象稳定且可控。

2. 如何实现 PID 控制的手/自动无扰切换？

S7－200 SMART CPU 的 PID 控制器不具备无扰切换的功能，用户需要通过自行编程来实现。以模拟量输出为例，当 PID 控制器的控制模式需要改变时，比如手动模式切换到自动模式，或者自动模式切换到手动模式，为了避免被控对象因此出现较大的跳变而影响到系统的稳定性，需要满足以下两个条件：

- 手动切换到自动时，把当前的反馈量换算为相应的设定值。
- 自动切换到手动时，使手动输出值等于当前的实际输出值。

无扰切换程序如图 8.44 所示，调用 PID 程序如图 8.45 所示。M0.0 为手自动控制位，“1”为自动，“0”为手动。从手动向自动切换时，把当前反馈量换算为相应的给定值 VD2000。从自动向手动切换时，使手动输出值 VD2004 等于 PID 实际控制输出值，无扰切换程序需要在 PID 程序之前调用。

3. S7－200 SMART CPU 的 PID 控制器是否有输出限幅的功能？如果没有，如何通过编程实现该功能？

S7－200 SMART CPU 的 PID 控制器无输出限幅的功能，若用户要实现该功能则需要自行编程实现。以模拟量输出(AQW16)为例，在 PIDX_CTRL 的输出“OUTPUT”处设置为保持寄存器的某个未曾使用过的字，比如 VW1002。随后编写限幅的程序，并将最终运算后的结

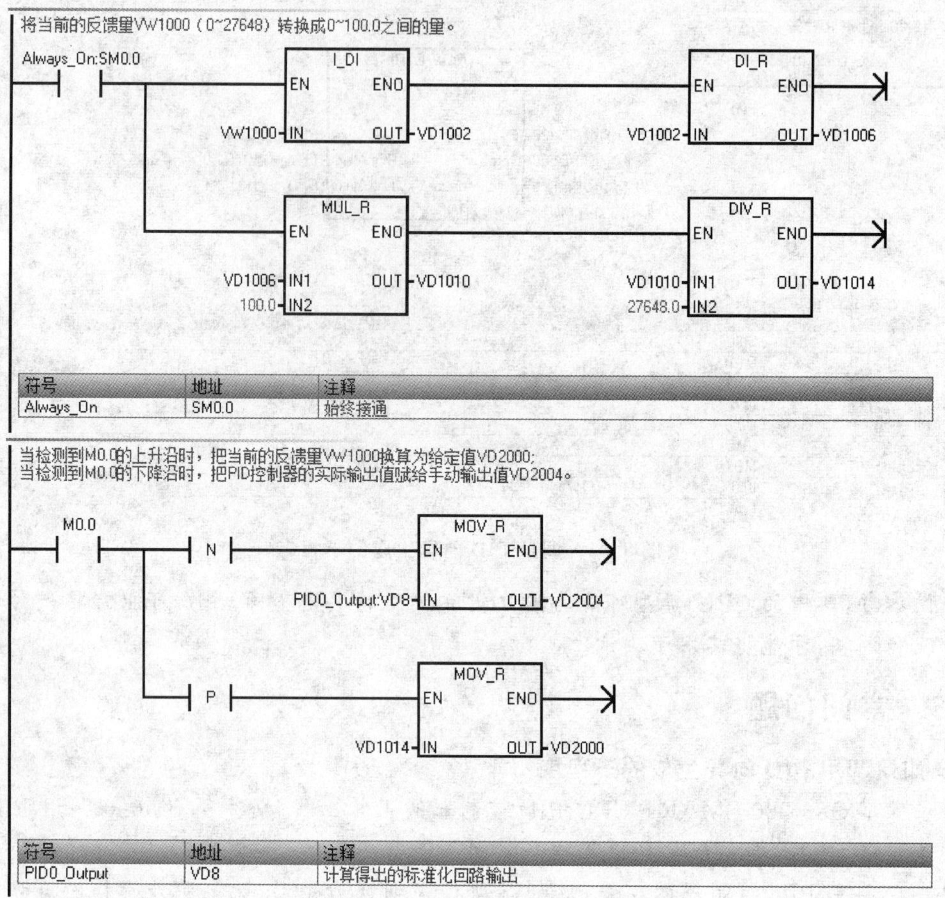

图 8.44　无扰切换程序

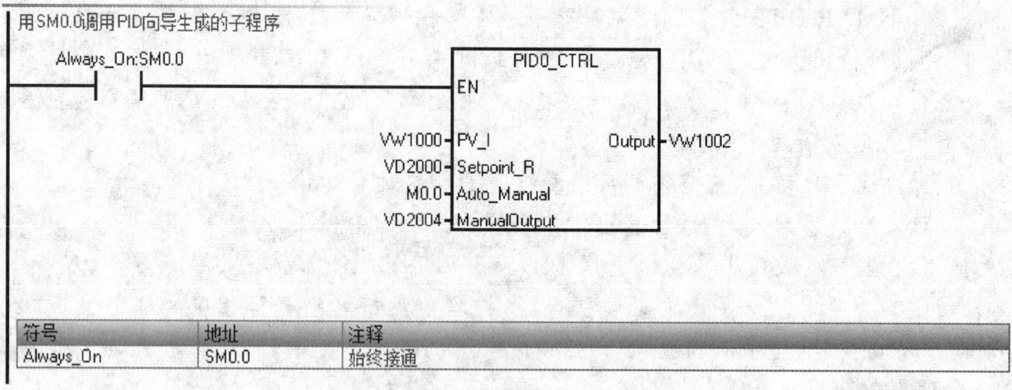

图 8.45　调用 PID 程序

果传送到模拟量输出地址 AQW16。限幅程序如图 8.46 所示。

4. S7－200 SMART CPU 的 PID 自整定需要多长时间？为什么会提示整定失败？

S7－200 SMART CPU 的 PID 自整定过程在上文中已经介绍，即在自整定过程中 CPU

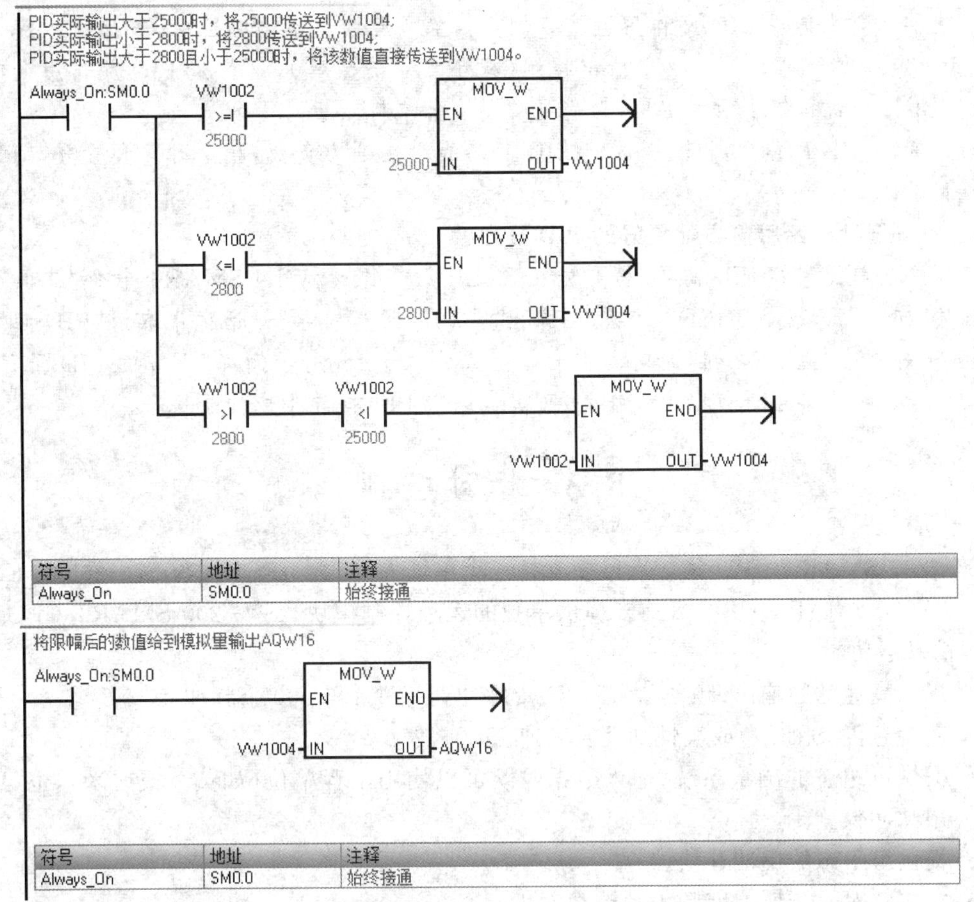

图 8.46　限幅程序

将在回路的输出中加入一些小的阶跃，使得控制器产生小的震荡，系统经过 12 次零相交事件后，自动计算出优化的 PID 参数并将这组优化的参数显示在 PID 参数区。虽然如此，自整定过程持续的时间与被控对象息息相关，一般来讲，越是简单的被控对象，比如惯性较小的系统，自整定需要的时间越短。反之，如果被控对象惯性较大，自整定需要的时间则会较长。

自整定是需要具备两个前提条件的，过程值要达到设置值附近，也就是说，用户必须先通过手动修改 PID 参数的方法得到一组较好的参数，该组参数可近乎满足当前的控制要求，能较好地跟踪设定值的变化；同时控制器必须处于自动运行状态。只有具备上述条件后才能启动 PID 自整定功能，所以说 PID 自整定是在已有的 PID 参数基础上整定出一组更优的参数。

5. 如果使用了 PID 向导，那么定时中断 SMB34/35 还能使用吗？

与 S7－200 类似，S7－200 SMART CPU 的 PID 向导也占用了 CPU 的一个定时中断资源。用户如果还要使用定时中断的话，不能选择同一个定时中断。比如 PID 向导占用了定时中断 SMB34，那么用户在程序中不能再次使用该 SMB34。

PID 向导最多可以激活 8 个 PID 回路，所有的 PID 回路都是在同一个中断中执行的。

6. 如何实现 PID 的反(负)作用?

在有些控制中需要 PID 反作用调节。例如:在夏天控制空调制冷时,若反馈温度(过程值)低于设定温度,需要关阀,减小输出控制(减小冷水流量等),这就是 PID 反作用调节(在 PID 正作用中若过程值小于设定值,则需要增大输出控制)。

若想实现 PID 反作用调节,需要把 PID 回路的增益设为负数,积分时间和微分时间不需要做任何更改。

7. 如何删除已经用向导配置好的 PID 程序?

要删除之前配置的 PID 向导,需要先在 STEP 7-Micro/WIN SMART 软件“工具”菜单功能区的“向导”区域单击“PID” 按钮,在弹出的“PID 回路向导”对话框中取消“PID 回路”的选中状态,并单击“生成”按钮,此时之前向导生成的位于“调用子例程”下方的 PID 子程序也将自动消失。用户必须进行以上操作,不可直接删除 PID 向导生成的子程序。

8.3 运动控制

S7-200 SMART CPU 集成点最多支持三个单轴控制,其组态方式与 S7-200 的 EM253 类似,S7-200 SMART CPU 目前未提供单独的运动控制模块。S7-200 SMART CPU 运动控制提供以下功能:

- 提供高速脉冲输出,频率从每秒 20 个脉冲到每秒 100 000 个脉冲。
- 支持急停(S 曲线)或线性加速及减速。
- 提供可组态的测量系统,输入数据时既可以使用工程单位(如英寸或厘米),也可以使用脉冲数。
- 提供可组态的反冲补偿。
- 支持绝对、相对、速度和手动控制方式。
- 提供多达 32 个移动曲线,每个曲线最多可有 16 种速度。
- 提供四种不同的参考点搜索模式,每种模式都可对起始的寻找方向和最终的接近方向进行选择。
- 提供 SINAMICS V90 驱动器的相关支持。

使用 STEP 7-Micro/WIN SMART 可以创建运动轴所使用的全部组态。这些组态和程序块需要一起下载到 CPU 中。

S7-200 SMART CPU 的运动控制能够实现主动寻找参考点功能,绝对运动功能,相对运动功能,单、双速连续旋转功能,速度可变功能(依靠 AXISX_MAN 指令实现)及曲线功能。所有的轴功能都是单轴开环控制,系统不提供轴与轴之间的耦合及轴的闭环控制,如果有这方面需求,则用户需要自己搭建功能,但最终的应用效果要根据实际环境验证,西门子无法提供保证。

S7-200 SMART CPU 的运动控制需要用到 CPU 集成输入/输出点,相关输入/输出点的地址分配如表 8.8 所列。

表8.8　I/O地址分配

类　型	信　号	描　述	CPU本体I/O分配		
输　入	STP	STP输入可让CPU停止脉冲输出。在位控向导中可选择所需要的STP操作	在位控向导中可被组态为I0.0～I0.7，I1.0～I1.3中的任意一个，但是同一个输入点不能被重复定义		
	RPS	RPS(参考点)输入可为绝对运动操作建立参考点或零点位置			
	LMT＋	LMT＋和LMT－是硬件限位			
	LMT－				
	ZP(HSC)	ZP(零脉冲)输入可帮助建立参考点或零点位置。通常，电机驱动器在电机的每一转产生一个ZP脉冲	CPU本体高速计数器输入(I0.0、I0.1、I0.2、I0.3)可被组态为ZP输入		
输　出			Axis0	Axis1	Axis2
	P0	P0和P1是源型晶体管输出，用以控制电机的运动和方向	Q0.0	Q0.1	Q0.3
	P1		Q0.2	Q0.7或Q0.3*	Q1.0
	DIS	DIS是一个源型输出，用来禁止或使能电机驱动器	Q0.4	Q0.5	Q0.6

注：* 如果Axis1组态为脉冲＋方向，则P1被分配到Q0.7。如果Axis1组态为双向输出或者A/B相输出，则P1被分配到Q0.3，但此时Axis2不能使用。

8.3.1　运动控制向导组态

具体步骤如下所述。

1）选择要组态的轴，如图8.47所示，用户可在需要激活的轴前打勾，S7－200 SMART CPU提供3个轴资源用于运动控制。

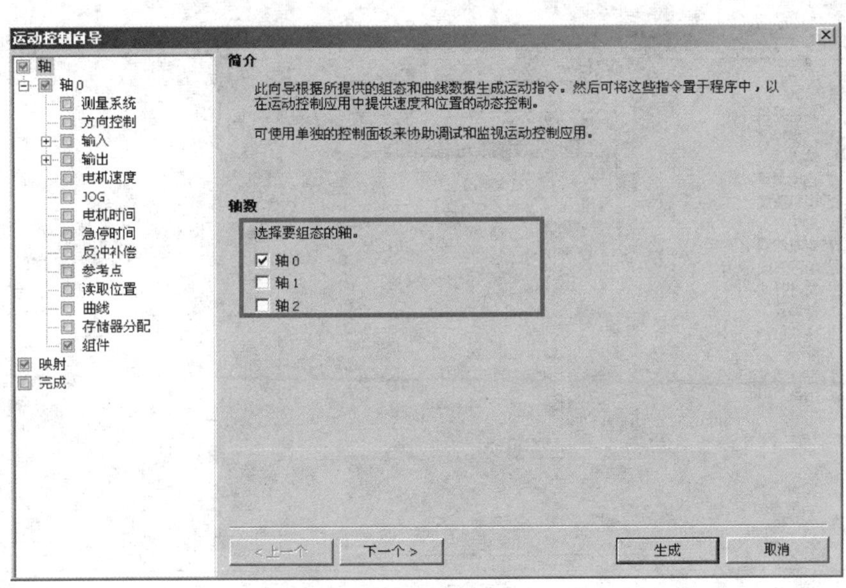

图8.47　运动轴选择

2) 测量系统组态,如图 8.48 所示。

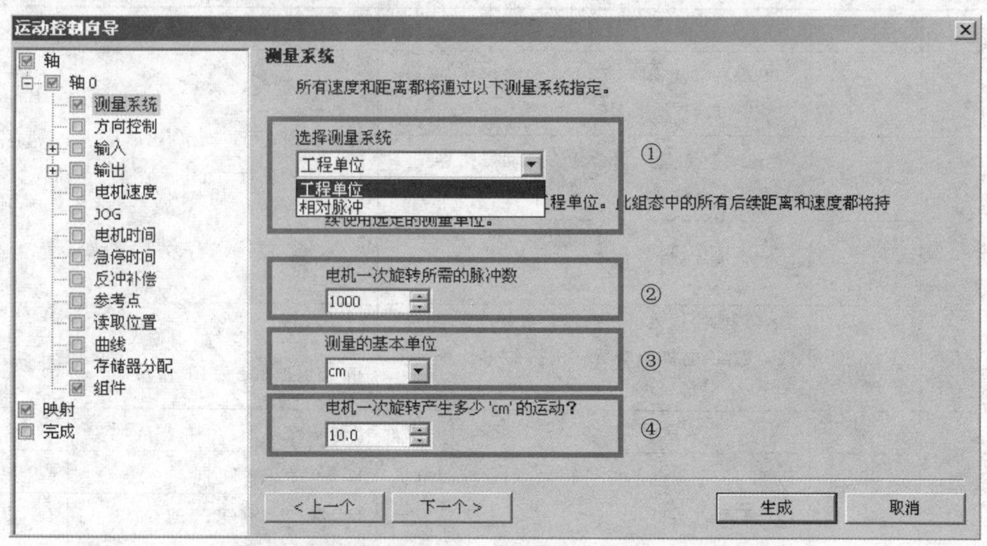

图 8.48　测量系统

图 8.48 中对应项的含义如下所述。

① 选择“工程单位”或是“相对脉冲”,如果选择“相对脉冲”则没有下面②~④项的设置。

② 当选择“工程单位”时,电机旋转一周所需脉冲数。此参数的确定要与伺服中的设置匹配,如电子齿轮比。

③ 当选择工程单位时所用的单位。

④ 当选择工程单位时,电机每转一周负载轴的实际位移。

3) 方向控制组态,如图 8.49 所示。

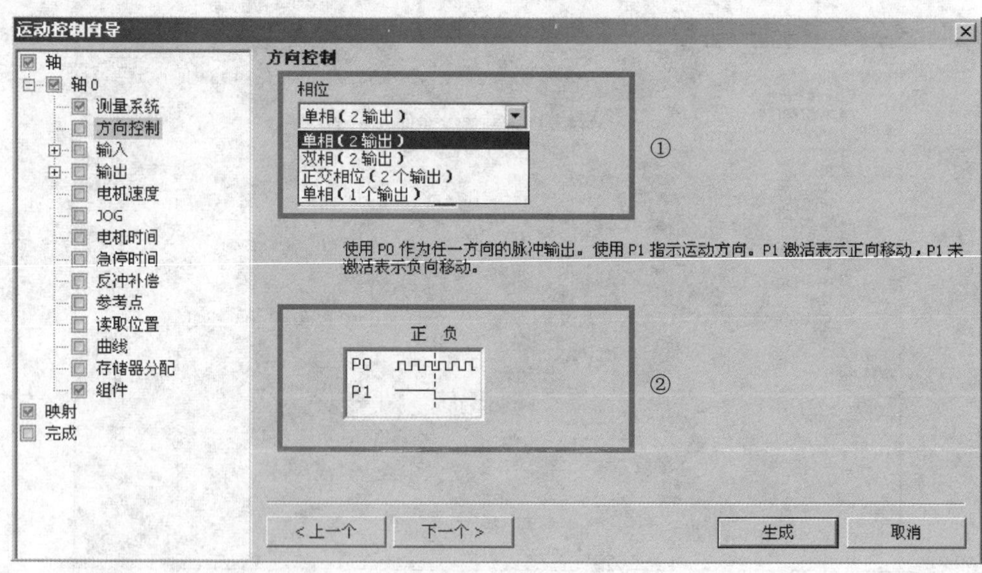

图 8.49　方向控制

图 8.49 中对应项的含义如下所述。

① 选择脉冲输出的形式，分为单相(脉冲+方向)、双相、正交与单相(仅脉冲)：

• 选择单相(脉冲+方向)，向导将为 S7-200 SMART 分配两个输出点，一个点用于脉冲输出，一个点用于控制方向。

• 选择双相，向导将为 S7-200 SMART 分配两个输出点，一个点用于发送正向脉冲，一个点用于发送负向脉冲。

• 选择正交，向导将为 S7-200 SMART 分配两个输出点，一个点发送 A 相脉冲，一个点发送 B 相脉冲，AB 相脉冲之间相位相差为 90°。

• 选择单相(仅脉冲)，向导将为 S7-200 SMART 分配一个输出点，此点用于脉冲输出。S7-200 SMART 的运动控制功能不再控制方向，方向可由用户自己编程控制。

② 该波形图是与选择的输出形式对应的示意图。

4) LMT 限位点组态，如图 8.50 所示。

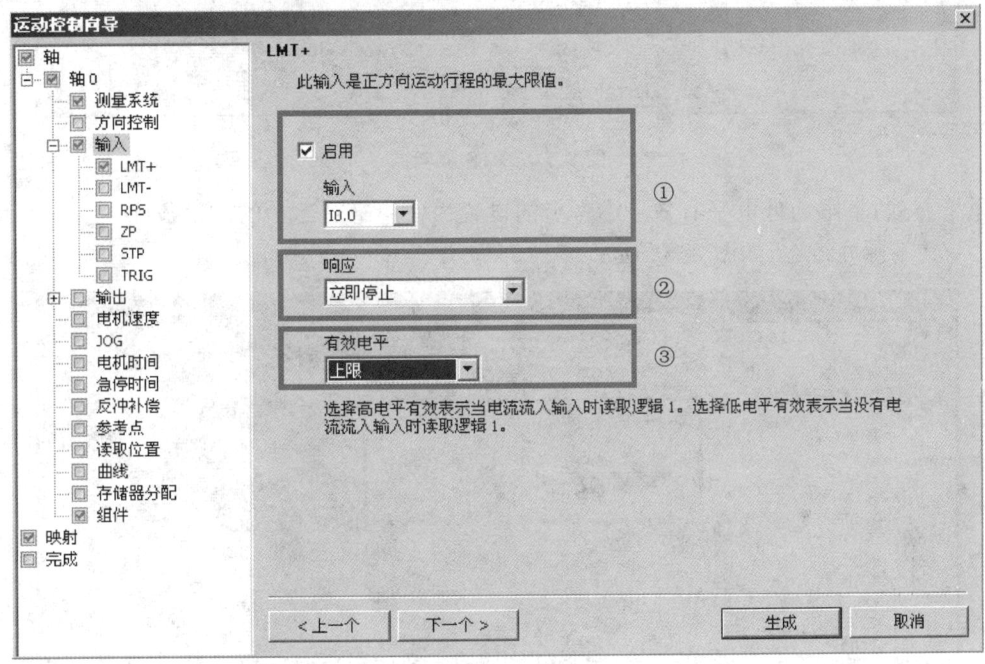

图 8.50　硬件限位点

图 8.50 中对应项的含义如下所述。

① 选择是否激活正向限位及选择正向限位点。

② 选择轴碰到限位开关时的停止方式：立即停止或减速停止。

③ 选择激活正向限位的电平状态，上限为高电平有效，下限为低电平有效。

注意： S7-200 SMART CPU 只提供硬件限位，不提供软件限位。

---

5) RPS 参考点组态，如图 8.51 所示。

选择是否激活参考点功能及使用哪个点作为参考点，并选择激活参考点的电平状态，上限

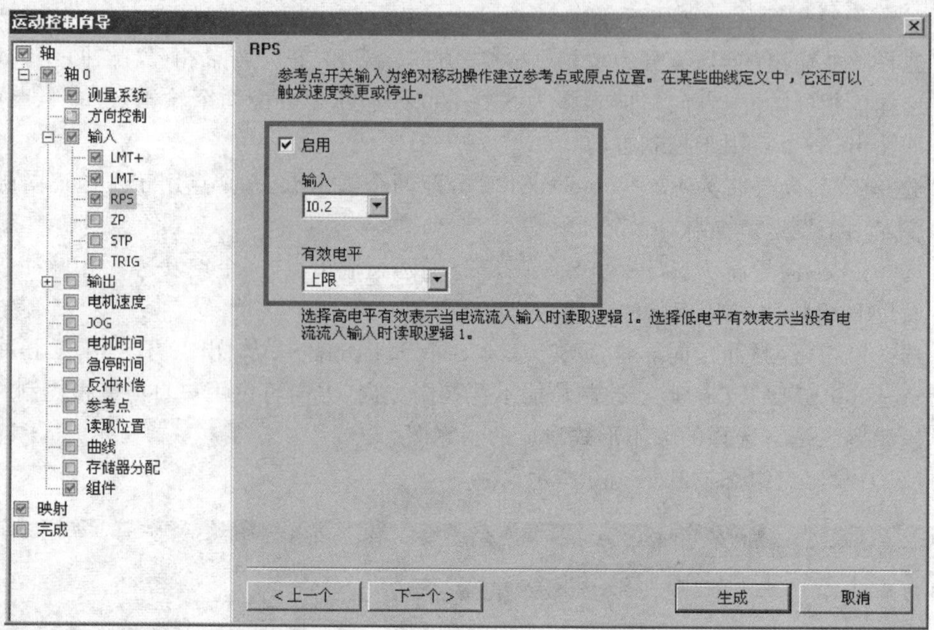

图 8.51 RPS 参考点

为高电平有效，下限为低电平有效。参考点的设置为使用绝对运动的前提条件。

6) ZP 零脉冲组态，如图 8.52 所示。

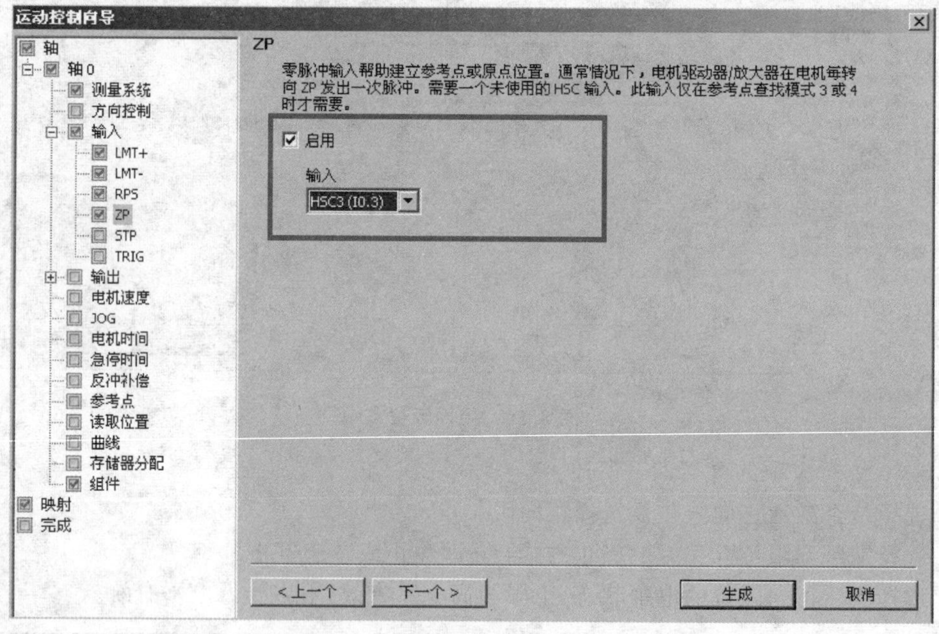

图 8.52 零脉冲点

选择是否激活编码器零脉冲信号及选择哪个点作为输入。此点需要与相应的回零模式配合使用，使用此种方式，可以实现更精确的参考点定位。ZP 信号输入点都为固定的点，用户无法自由选择输入点用于 ZP 的输入信号，所以若要使用此功能，需要提前规划好输入点分配。

7) STP 停止点组态,如图 8.53 所示。

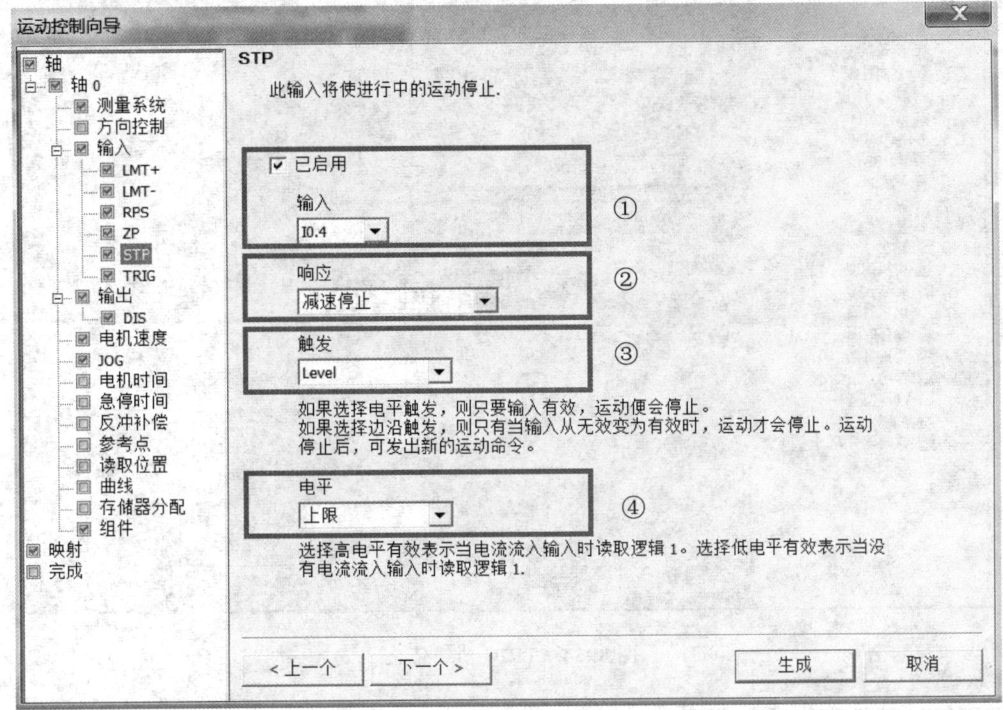

图 8.53　STP 停止点

图 8.53 中对应项的含义如下所述。

① 选择是否激活 STP 及将哪个点作为 STP。STP 是除硬件限位外唯一能实现急停的输入点。

② 选择激活 STP,并选择是减速停止还是立即停止。

③ 选择 STP 信号的触发方式,电平触发或沿触发。

- 选择电平触发时,只要 STP 信号输入有效,运动便会停止。
- 选择边沿触发时,只有当 STP 从无效变为有效时,运动才会停止。运动停止后,可发出新的运动命令。

④ 选择有效的激活电平,上限为高电平有效,下限为低电平有效。

8) TRIG 曲线停止功能组态,如图 8.54 所示。

图 8.54 中对应项的含义如下所述。

① 选择是否激活 TRIG 及使用哪个点作为 TRIG 输入点。此功能用于运行包络的项目中,可用于停止包络。

② 选择激活 TRIG 的有效电平,上限为高电平有效,下限为低电平有效。

9) DIS 驱动器禁用/启用功能组态,如图 8.55 所示。

选择是否激活 DIS。DIS 是伺服驱动器的使能信号,组态中只能使用系统分配的点,无法选择其他点,如果需要使用此功能,要提前规划好输出点的分配。

- 轴 0 的 DIS 始终组态为 Q0.4。
- 轴 1 的 DIS 始终组态为 Q0.5。

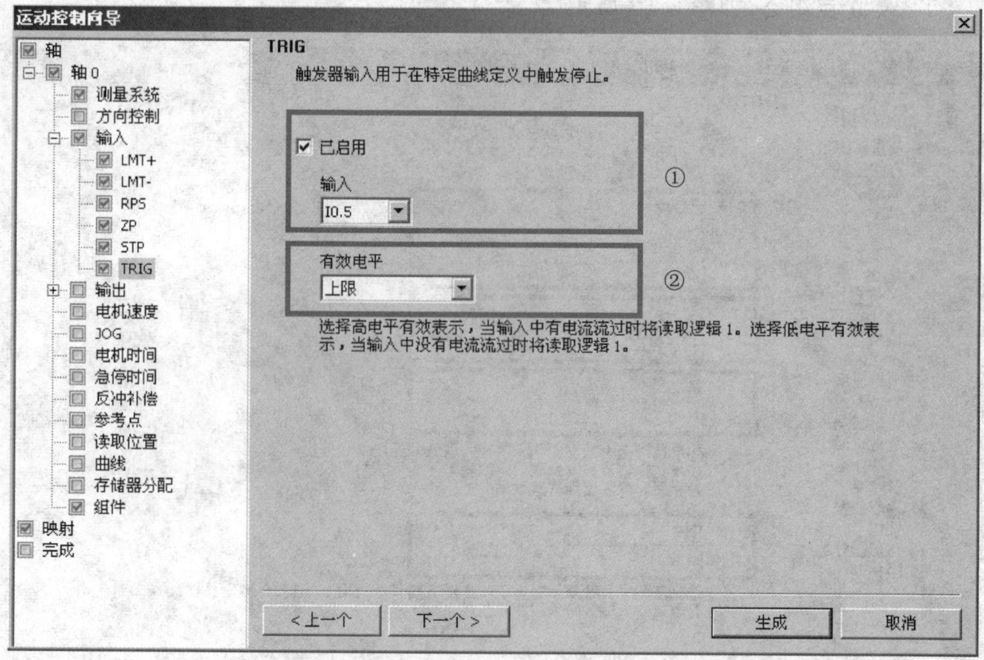

图 8.54　TRIG 曲线停止

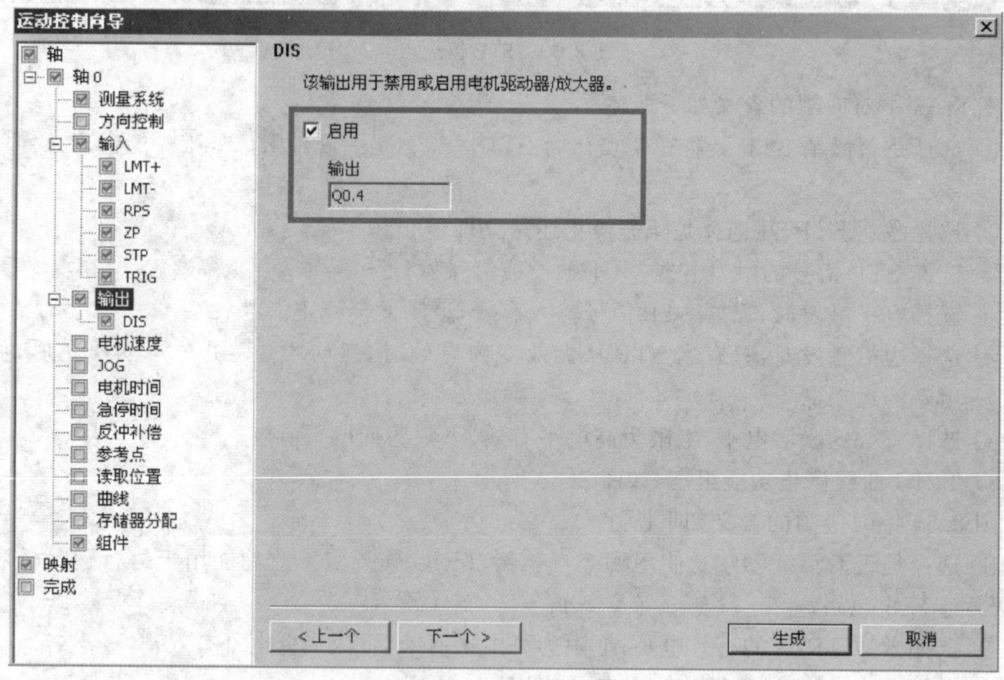

图 8.55　DIS 驱动器启用

- 轴 2 的 DIS 始终组态为 Q0.6。

10）电机速度组态，如图 8.56 所示。

图 8.56 中对应项的含义如下所述。

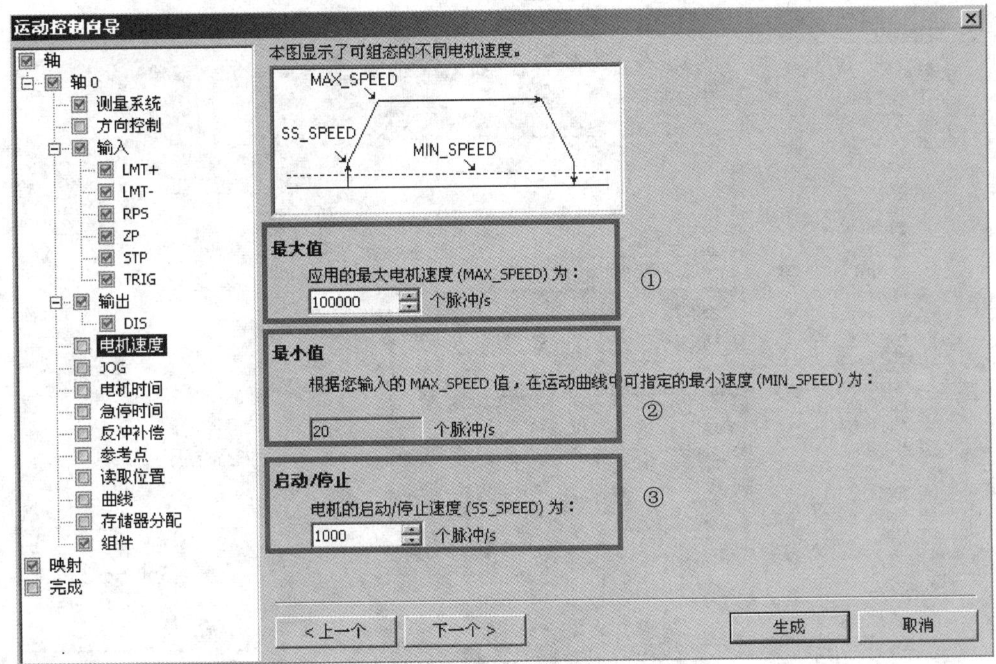

图 8.56　电机速度

① 电机的最大速度，电机扭矩范围内系统最大的运行速度。

② 电机的最小速度，此数值根据最大速度由系统自动计算给定。

③ 启动/停止速度，能够驱动负载的最小转矩对应速度，此数值建议参照电机的扭矩转速曲线图，并根据机械负载折合到电机轴的扭矩计算得出。如果不方便计算也可以考虑按最大速度(MAX_SPEED)值的 5%～15%设定。如果 SS_SPEED 数值过低，电机和负载在运动的开始和结束可能会摇摆或颤动。如果 SS_SPEED 数值过高，电机会在启动时丢失脉冲，并且负载在试图停止时会使电机超速。

11) 点动功能组态，如图 8.57 所示。

图 8.57 中对应项的含义如下所述。

① 点动时的速度。

② 点动时间小于 0.5 s 时所执行的位移。

点动一般用于手动调整，其速度的设置要根据现场的需求决定。增量设置则可以定义点动的最小运行距离，其数值一般取决于手动微调的最小幅度。

12) 电机时间组态，如图 8.58 所示。

图 8.58 中对应项的含义如下所述。

① 定义轴的加速时间，默认值为 1 000 ms。

② 定义轴的减速时间，默认值为 1 000 ms。

这两个参数需要根据工艺要求及实际的生产机械测试得出。如果需要系统有更高的响应特性，则将加减速时间减小。测试时在保证安全的前提下建议逐渐减小此值，直到电机出现轻微抖动时，基本就达到此系统加减速的极限。除此之外，还需要注意与 CPU 连接的伺服驱动器的加减速时间设置，向导中的设置只是定义了 CPU 输出脉冲的加减速时间，如果希望使用

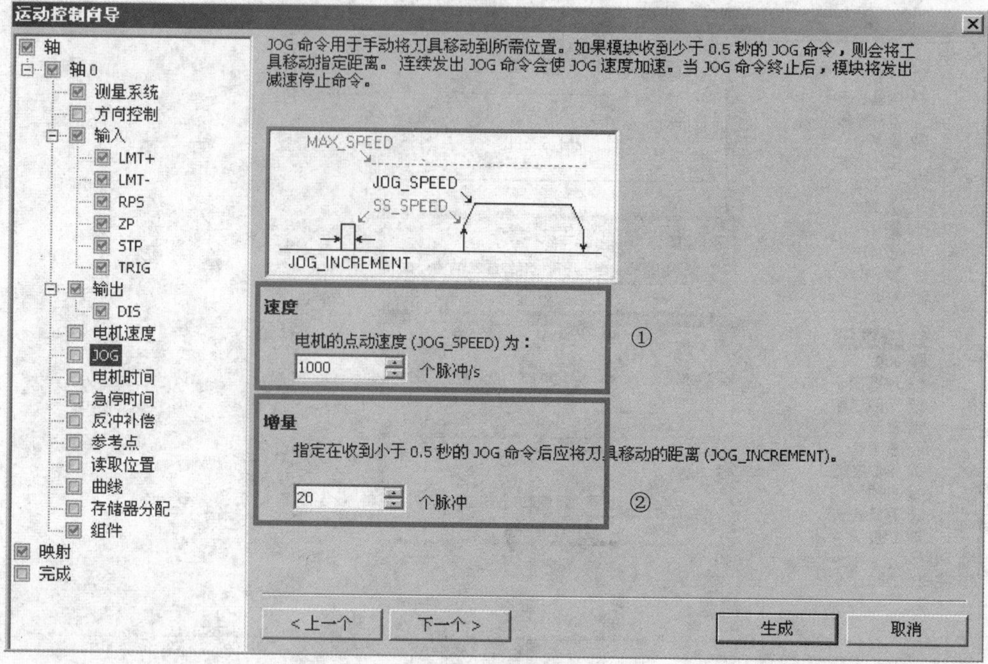

图 8.57　点动功能

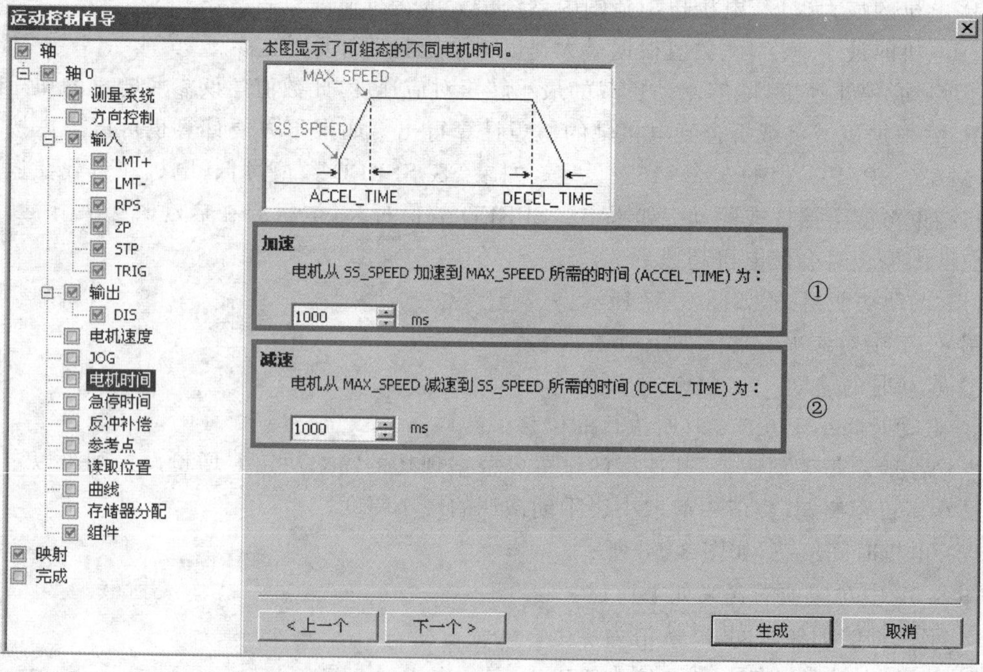

图 8.58　电机时间

此加减速时间作为整个系统的加减速时间，则可以考虑将驱动器侧的加减速时间设为最小，以尽快响应 CPU 输出脉冲的频率变化。

(13) S 曲线时间组态，如图 8.59 所示。

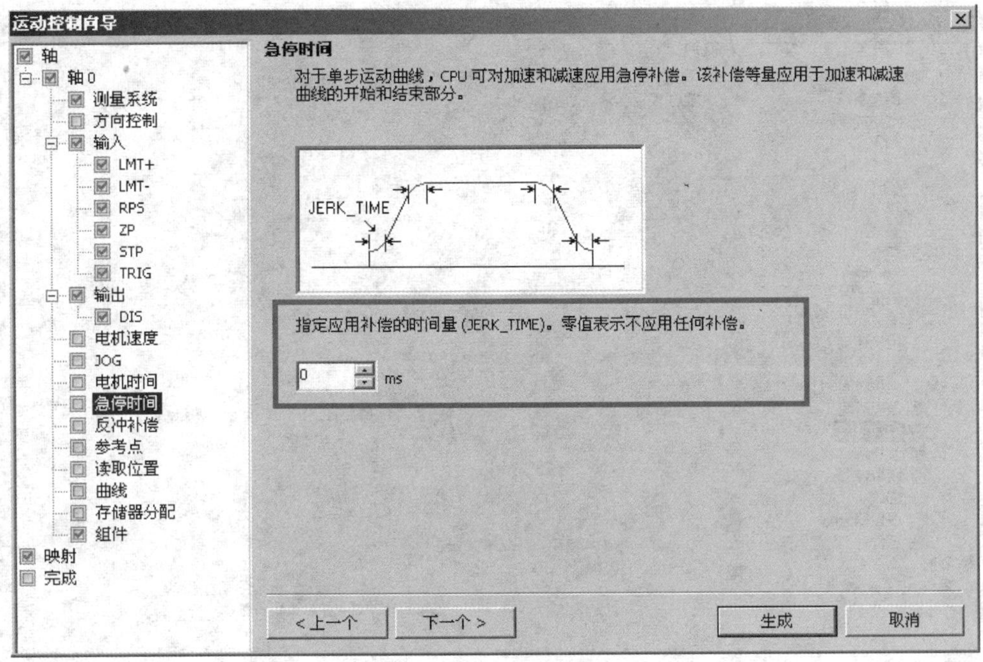

图 8.59　S 曲线时间

S 曲线功能可对频率突变部分进行圆滑处理，以减小设备抖动，得到更好的动态效果。在某些应用中，对机械抖动有较高要求，而频率突变的部分很容易导致抖动，S 曲线功能则可以在加速的初始与结束阶段，通过修改加速度使速度曲线在频率突变部分更为圆滑以起到减小抖动的作用。

14）反冲补偿组态，如图 8.60 所示。

反冲补偿是用于轴在反转时对机械磨损的补偿，如果是齿轮驱动的设备，在反转时会出现由于磨损而导致的间隙，则可以在此处设置补偿脉冲，以提高定位精度。

15）寻参速度、方向组态，如图 8.61 所示。

图 8.61 中对应项的含义如下所述。

① 设定寻找参考点速度的高速。

② 设定寻找参考点速度的低速。

③ 寻找参考点的起始方向。

④ 寻找参考点的逼近方向。

此处参考点的设置为主动寻找参考点，即触发寻参功能后，轴会按照预先确定的搜索顺序执行参考点搜索。首先轴将按照 RP_SEEK_DIR 设定的方向以 RP_FAST 设定的速度运行，在碰到 RP 参考点后会减速至 RP_SLOW 设定的速度，最后根据设定的寻参模式以 RP_APPR_DIR 设定的方向逼近 RPS。

16）寻参偏移量组态，如图 8.62 所示。

此处可进行参考点偏移量设置，此功能典型应用场景为：当实际的参考点位置不方便进行机械安装时，可以将参考点装置安装在其他位置，然后使用参考点偏移功能实现最终的参考点定位。

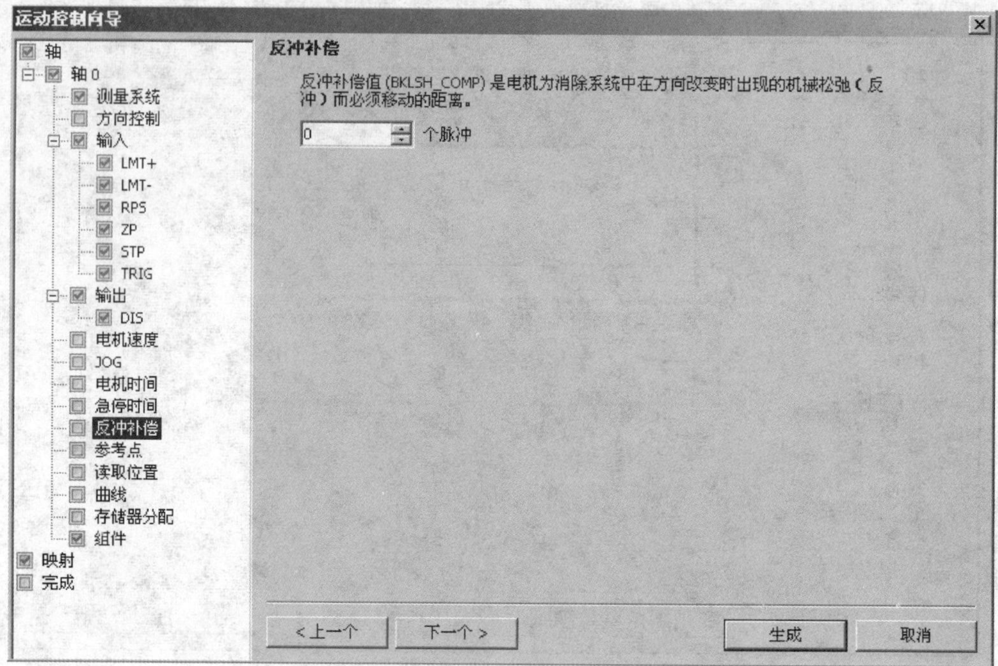

图 8.60 反冲补偿

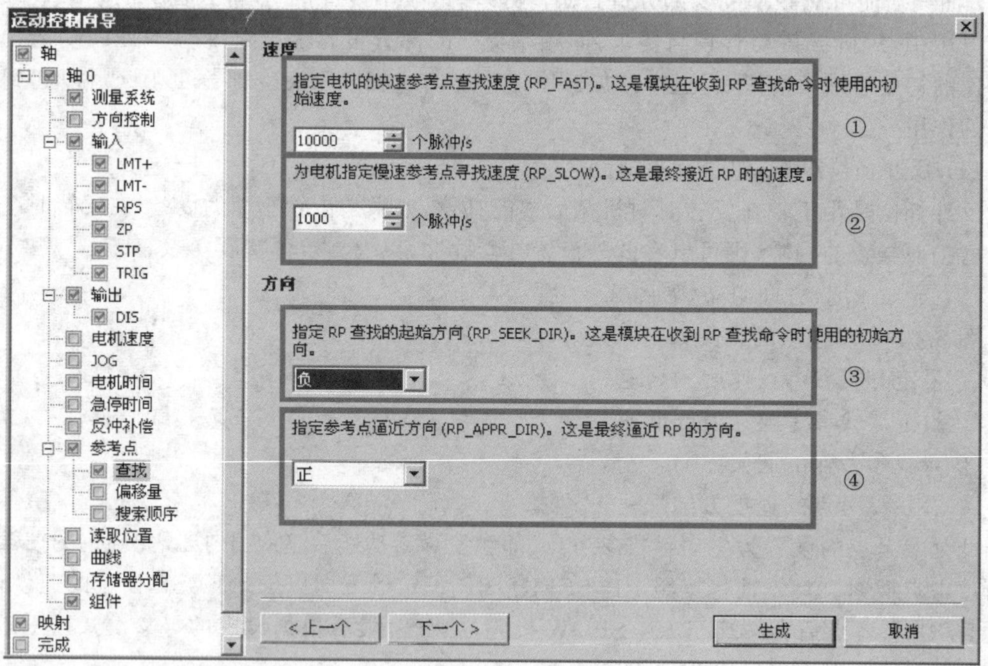

图 8.61 寻参速度、方向

17) 寻参搜索顺序组态,如图 8.63 所示。

寻参的搜索模式选择共有 4 种,这 4 种模式都为主动寻参模式。

- 模式 1:将 RP 定位在左右极限之间,RPS 区域的一侧。

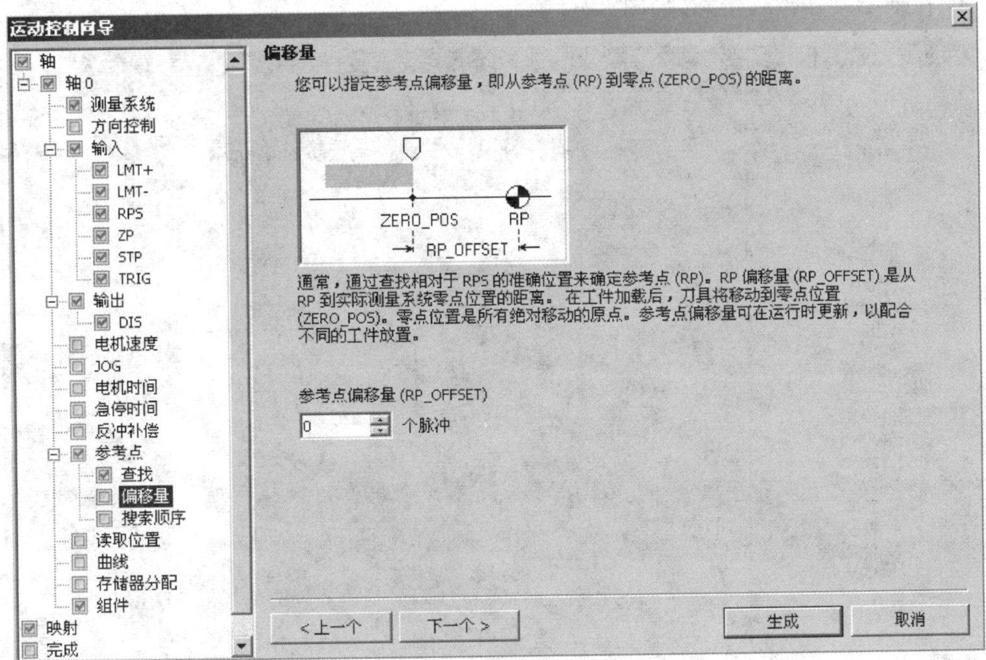

图 8.62　寻参偏移量

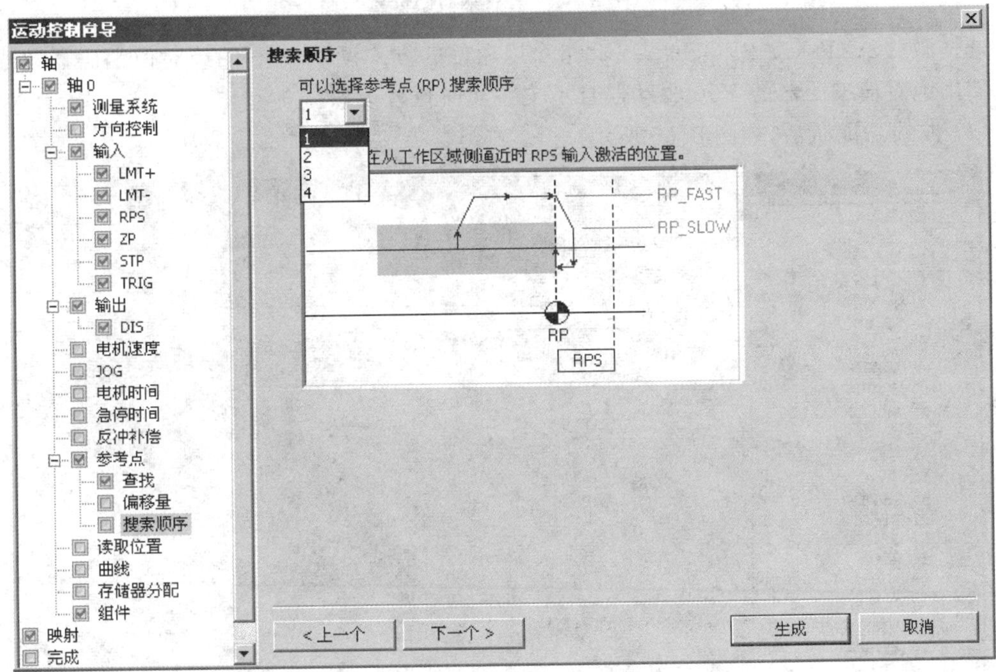

图 8.63　寻参搜索顺序

- 模式 2：将 RP 定位在 RPS 输入有效区的中心。
- 模式 3：将 RP 定位在超出 RPS 输入有效区的一个指定数目的零脉冲(ZP)处。
- 模式 4：将 RP 定位在 RPS 输入有效区内的一个指定数目的零脉冲(ZP)处。

18）读取驱动器位置组态，如图 8.64 所示。

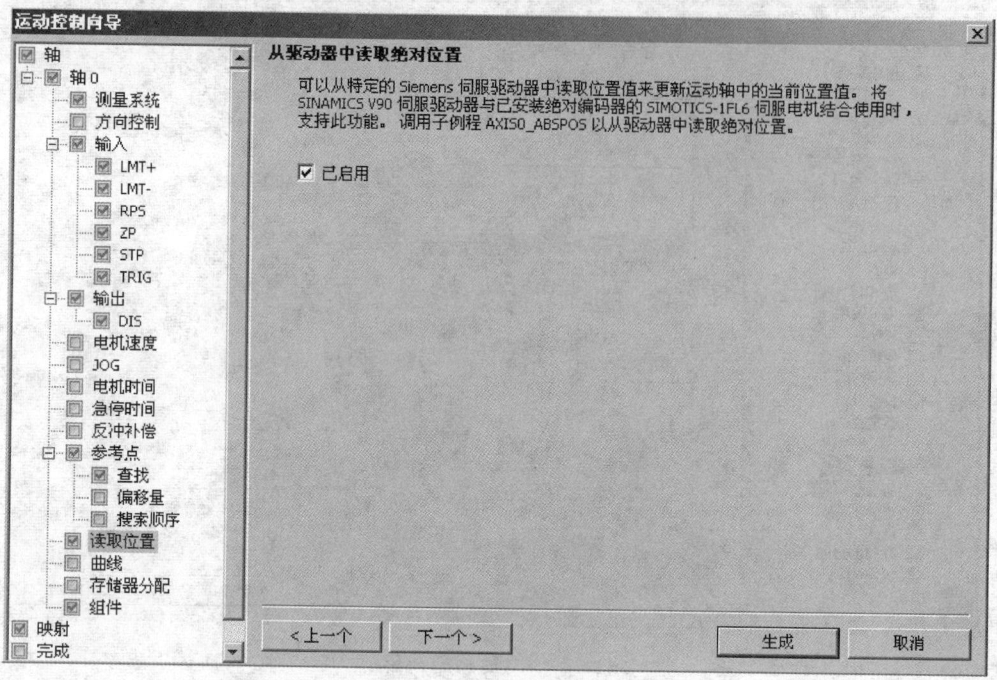

图 8.64　读取驱动器位置

选择激活 AXISX_ABPOS 指令，此指令以通信的方式读取 V90 的绝对值编码器数值，仅支持使用绝对值编码器的 V90 驱动器且不支持实时位置读取。

19）曲线功能激活，如图 8.65 所示。

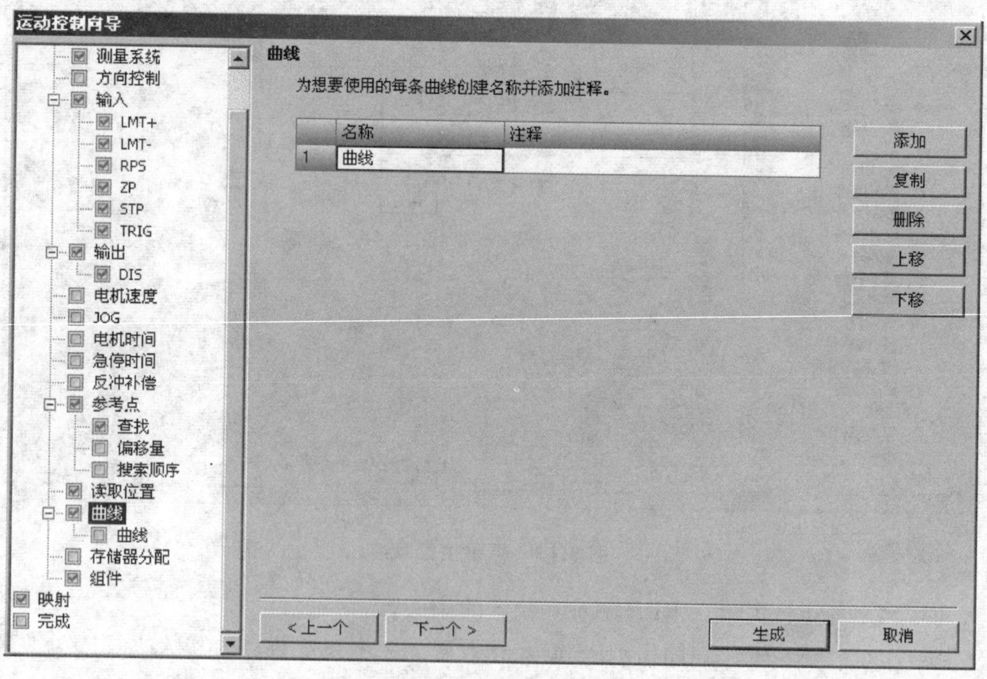

图 8.65　曲线功能激活

运动控制向导还提供曲线功能，此功能允许用户提前设置好运动距离及运动速度，对于运动路线、速度固定的工艺可以快速组态。曲线由多个步组成，每一步包含一个达到目标速度的加速/减速过程和以目标速度匀速运行的一串固定数量的脉冲。如果是单步运动或者是多步运动的最后一步，还应该包括一个由目标速度到停止的减速过程。每个运动轴最多支持 32 条曲线。

20）曲线运行模式组态，如图 8.66 所示。

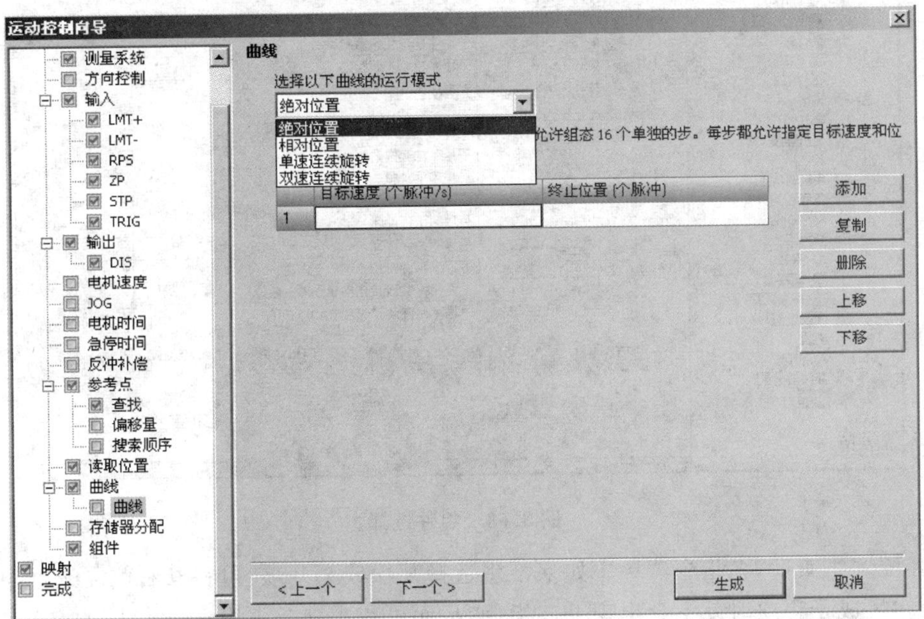

图 8.66　曲线运行模式

选择曲线中的运行模式，分为绝对位置、相对位置、单速连续旋转、双速连续旋转。在绝对位置或相对位置模式，向导的曲线功能只支持单向运动，不能出现使轴反向的组态。

21）存储器分配，如图 8.67 所示。

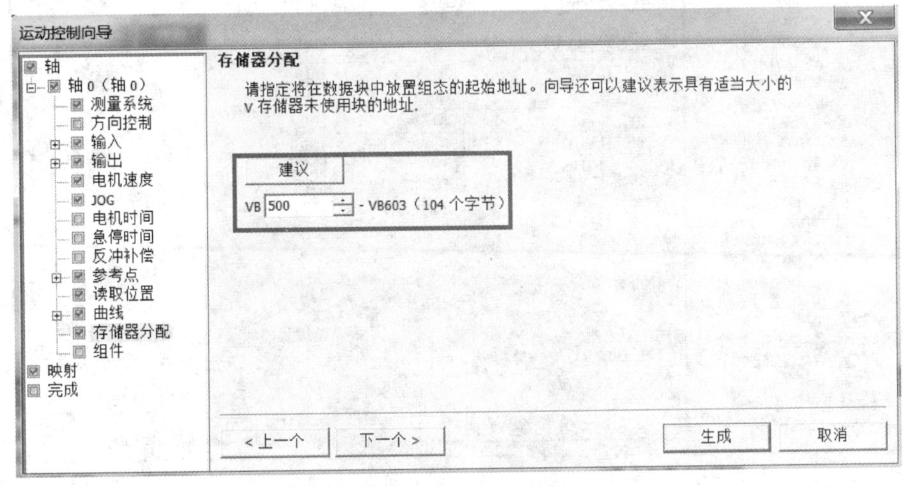

图 8.67　存储器分配

由于向导组态后会占用 V 存储区空间，因此用户需要特别注意，此连续数据区不能被其他程序使用。默认地址从 VB0 开始，建议使用较大地址，例如 VB500。

22）组件选择组态，如图 8.68 所示。

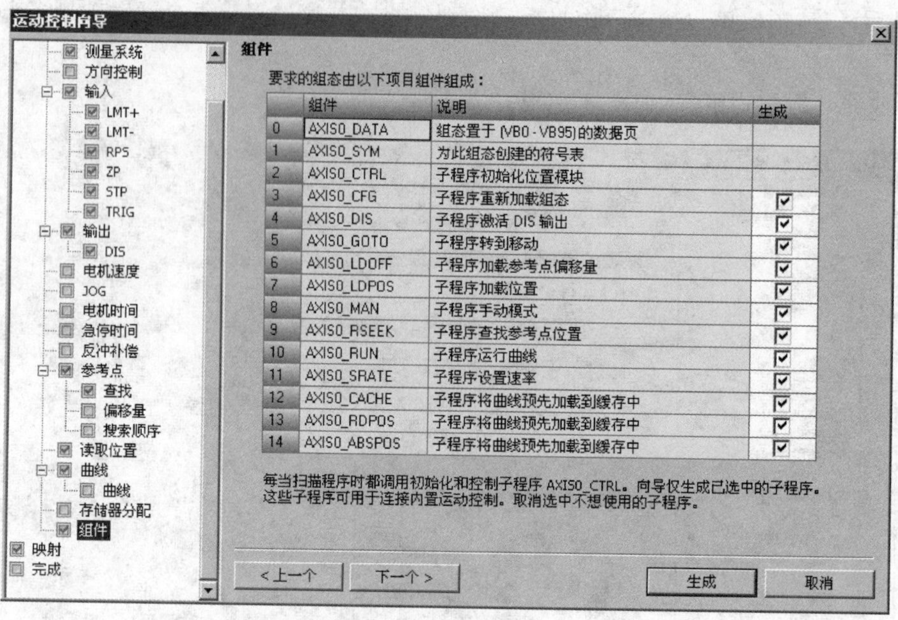

图 8.68　组件选择

向导配置结束后，在指令清单中如果不想选择某项或某几项，可将其右侧复选框中的勾去掉，最后在生成子程序时就不会出现上述指令，从而可减小向导占用 V 存储区的空间。

23）向导 I/O 映射，如图 8.69 所示。

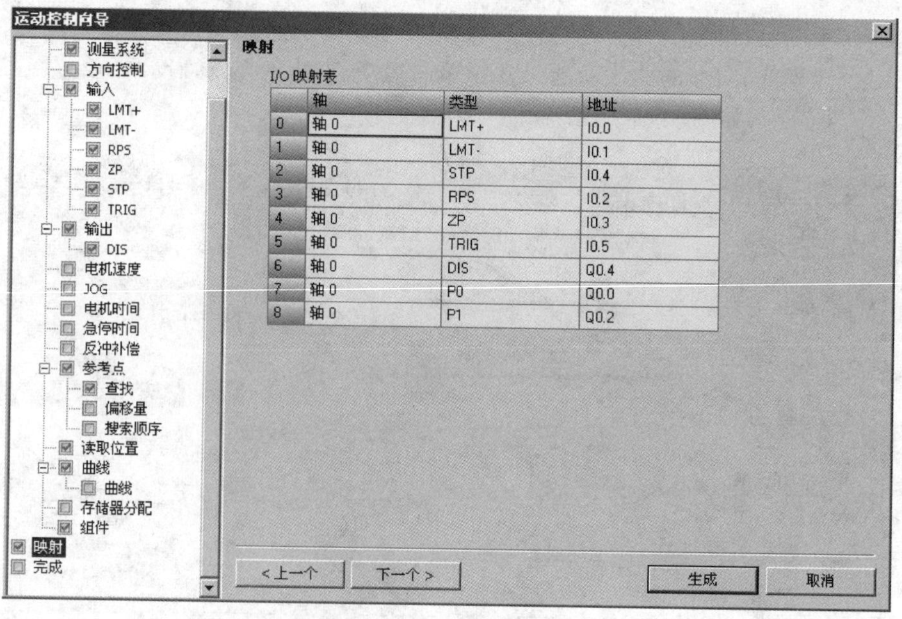

图 8.69　I/O 映射

向导结束后，用户可以在此查看组态的功能分别对应哪些输入/输出点，并据此安排程序与实际接线。

由于向导组态完成后会占用 V 存储区空间，用户需要特别注意此连续数据区不能被其他程序使用。

8.3.2 运动控制指令

运动控制指令根据向导组态的轴参数，按用户要求触发相关动作，多个指令组合使用可实现复杂的工艺控制。表 8.9 中给出了 S7－200 SMART CPU 支持的运动控制指令。

表 8.9　运动控制指令

指　令	功　能	指　令	功　能
AXISx_CTRL	启用和初始化运动轴	AXISx_SRATE	更改向导设置的加减速及 S 曲线时间
AXISx_MAN	手动模式		
AXISx_GOTO	命令运动轴移动到所需位置	AXISx_DIS	使能/禁止 DIS 输出
AXISx_RUN	运行曲线	AXISx_CFG	重新加载组态
AXISx_RSEEK	搜索参考点位置	AXISx_CACHE	缓冲曲线
AXISx_LDOFF	加载参考点偏移量	AXISx_ABSPOS	读取绝对位置
AXISx_LDPOS	加载位置	AXISx_RDPOS	返回当前轴位置

⚠ **注：** 对于晶体管输出的标准型 CPU 本体最多集成 3 个高速脉冲输出通道，可通过运动向导对轴 0、轴 1 或轴 2 进行组态配置并为已配置的轴生成运动子程序。每个运动子程序都有“AXISx_”前缀，其中“x”代表轴通道编号。例如，AXISx_CTRL 表示启用和初始化运动轴子程序，运动向导组态配置轴 0 后，生成的启用和初始化运动子程序为 AXIS0_CTRL。

1. 指令调用的基本原则

① AXISx_CTRL 指令使用 SM0.0 的常开点调用，且在所有运动指令之前调用。

② 要使用绝对定位功能，必须首先使用 AXISx_RSEEK 或 AXISx_LDPOS 指令建立零位置。

③ 要实现按照指定速度运动到指定位置（绝对运动）或运动指定距离（相对运动），则使用 AXISx_GOTO 指令。

④ 要运行位置控制向导组态的运动曲线，则使用 AXISx_RUN 指令。

⑤ 要使用速度控制，则调用 AXISx_MAN 指令。

⑥ 调用指令块时，除了 AXISx_CTRL 需要一直调用，其他指令块不能同时激活，同一个扫描周期只有一个指令块可以激活，如果多个指令块在同一扫描周期激活则会导致报错。

⑦ 要确认一个指令的功能是否完成，可以使用指令块 Done 位的上升沿来判断。以 AXISx_GOTO 为例：EN 激活后，若 START 参数未激活则 Done 位为“1”，若 START 参数则激活 Done 位为“0”，直到激活的运动控制功能完成，Done 位才由“0”变为“1”。

2. 部分指令说明

(1) AXISx_CTRL

功能：启用和初始化运动轴，EN 端使用 SM0.0 调用，如图 8.70 所示。

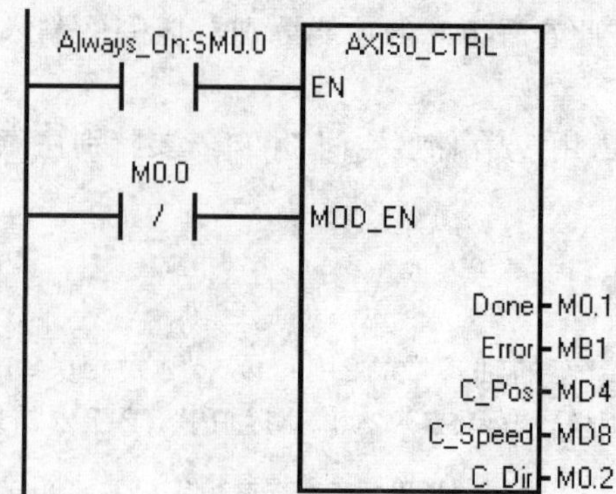

图 8.70　AXISx_CTRL

指令说明：

MOD_ EN	此参数必须为"1",其他运动控制子程序才能有效。如果 MOD_EN 参数为"0",运动轴会中止所有正在进行的命令。
Done	任何运动控制子程序完成时此参数都会置位。
Error	存储该子程序运行时的错误代码。
C_Pos	表示运动轴的当前位置。根据测量单位,该值是脉冲数（DINT）或工程单位数（REAL）。
C_Speed	提供运动轴的当前速度。如果组态时单位为脉冲数,则 C_Speed 是一个 DINT 型数值,单位为脉冲数/s。如果组态时使用工程单位,则 C_Speed 是一个 REAL 数值,单位为工程单位数/s(REAL)。
C_Dir	表示电机的当前方向：信号状态为 0=正向,信号状态为 1=反向。

（2）AXISx_DIS

功能:运动轴的 DIS 输出打开或关闭,可将 DIS 输出用于禁用或启用电机驱动器,如图 8.71 所示。

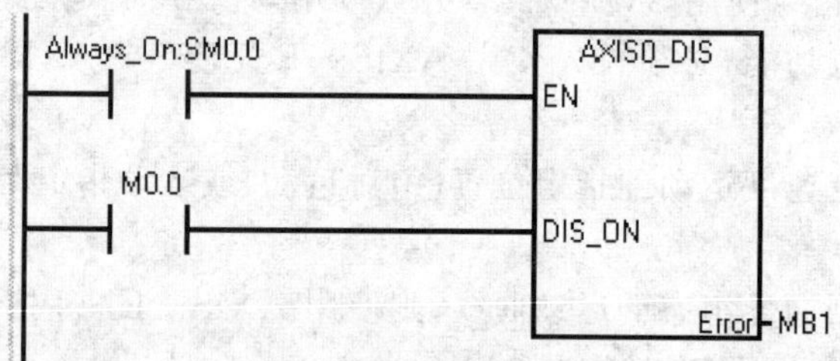

图 8.71　AXISx_DIS

指令说明：

EN	为"1"时启用子程序。
DIS_ON	控制运动轴组态的 DIS 输出点。

⚠ **注意**：如果在运动控制向导中未启用"DIS"输出,当使能 AXISx_DIS 指令的输入 EN、但不使能 DIS_ON 时,该指令输出 Error 将返回错误,错误代码 23(未定义 DIS 输出)。

(3) AXISx_MAN

功能：手动模式控制轴，可使电机按不同的速度运行，或正向、负向点动，如图 8.72 所示。

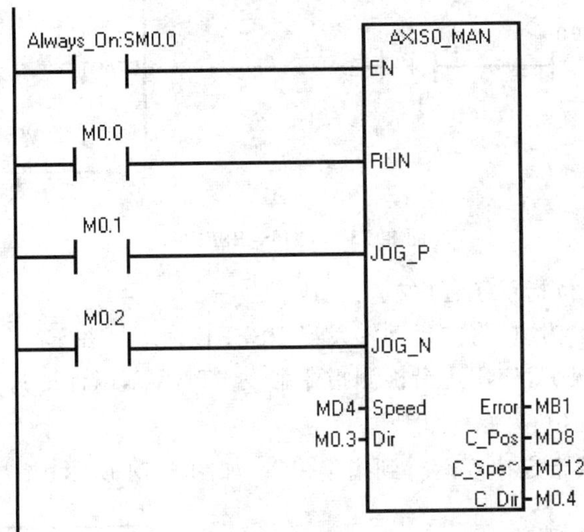

图 8.72　AXISx_MAN

指令说明：

RUN　　此参数为“1”时，运动轴按指定方向（Dir 参数）加速至指定的速度（Speed 参数），电机运行时可更改 Speed 参数值，但 Dir 参数必须保持不变。此参数由“1”改为“0”的下降沿时，运动轴将减速，直至电机停止。

JOG_P（点动正向旋转）或 JOG_N（点动反向旋转）：运动轴正向或反向点动。如果 JOG_P 或 JOG_N 参数保持启用的时间短于 0.5 s，则运动轴将根据向导组态，移动 JOG_INCREMENT 指定的距离。如果 JOG_P 或 JOG_N 参数保持启用的时间为 0.5 s 或更长，则运动轴将开始加速至 JOG_SPEED 指定的速度。

Speed　　此参数是启用 RUN 时的速度。如果组态时选择脉冲数为单位，则速度为 DINT 值（脉冲数/s）。如果组态时选择工程单位，则速度为 REAL 值（单位数/s）。

⚠ **注意：** 在 RUN 输入参数使能时，Speed 输入参数小于运动控制向导中的速度最小值时，电机将以该速度最小值输出脉冲。因此，当 Speed 输入负数值，Dir 输入参数为 0 时，电机不会反转，而是以该速度最小值输出脉冲。

---

(4) AXISx_RSEEK

功能：使用向导中组态的搜索方法执行参考点搜索。当运动轴找到参考点且移动停止时，运动轴将 RP_OFFSET 参数值载入当前位置。RP_OFFSET 的默认值为 0。可使用运动控制向导、运动控制面板或 AXISx_LDOFF（加载偏移量）子程序来更改 RP_OFFSET 值，如图 8.73 所示。

指令说明：

EN　　此位为“1”会启用 AXISx_RSEEK 子程序。确保 EN 位保持开启，直至

图 8.73　AXISx_RSEEK

Done 位指示子程序执行完成。

START　此参数为“1”将向运动轴发出 RSEEK 命令。在 EN 位使能且当前程序空闲的情况下，使用边沿检测指令触发 START，以保证只激活一个扫描周期。

(5) AXISx_GOTO

功能：命令运动轴按指定速度运行到指定位置，如图 8.74 所示。

图 8.74　AXISx_GOTO

指令说明：

START　此参数为“1”会向运动轴发出 GOTO 命令。在 EN 位使能且当前程序空闲的情况下，使用边沿检测指令触发 START，以保证只激活一个扫描周期。

Pos　此参数包含一个数值，指示要移动的位置(绝对移动)或要移动的距离(相对移动)。根据所选的测量单位，该值是脉冲数(DINT)或工程单位数(REAL)。

Speed　此参数确定轴运动的目标速度。根据所选的测量单位，该值是脉冲数/s (DINT) 或工程单位数/s(REAL)。

Mode　此参数选择移动的类型：

0：绝对位置

1：相对位置

2：单速连续正向旋转

3：单速连续反向旋转

Abort　此参数启动会命令运动轴停止当前运动并减速至电机停止。

(6) AXISx_RUN

功能：命令运动轴按照存储在向导组态的特定曲线执行运动操作，如图 8.75 所示。

图 8.75　AXISx_RUN

指令说明：

START　　此参数为“1”将向运动轴发出 RUN 命令。在 EN 位使能且当前程序空闲的情况下，使用边沿检测指令触发 START，以保证只激活一个扫描周期。

Profile　　此参数包含运动曲线的编号或符号名称。Profile 的输入必须介于 0～31 之间，否则将报错。

Abort　　此参数会命令运动轴停止当前曲线并减速至电机停止。

C_Profile　　此参数包含运动轴当前执行的曲线。

C_Step　　此参数包含目前正在执行的曲线中的步。

(7) AXISx_LDOFF

功能：建立一个与参考点处于不同位置的新的零位置，如图 8.76 所示。

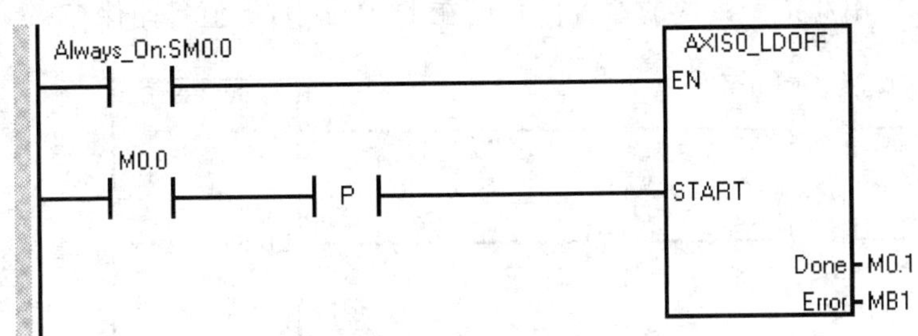

图 8.76　AXISx_LDOFF

指令说明：

START　　此参数为“1”时将向运动轴发送 LDOFF 命令。在 EN 位使能且当前程序空闲的情况下，使用边沿检测指令触发 START，以确保只激活一个扫描周期。

在执行该子程序之前，先确定参考点的位置并将机器移至起始位置。当子程序发送 LDOFF 命令时，运动轴计算起始位置（当前位置）与参考点位置之间的偏移量，然后将算出的偏移量存储到 RP_OFFSET 参数并将当前位置设为 0。

如果电机失去对位置的追踪（例如断电或手动更换电机的位置），可以使用 AXISx_RSEEK 子程序重新建立零位置。

(8) AXISx_LDPOS

功能:将运动轴中的当前位置值更改为新值。还可以使用本子程序为任何绝对移动命令建立一个新的零位置,如图 8.77 所示。

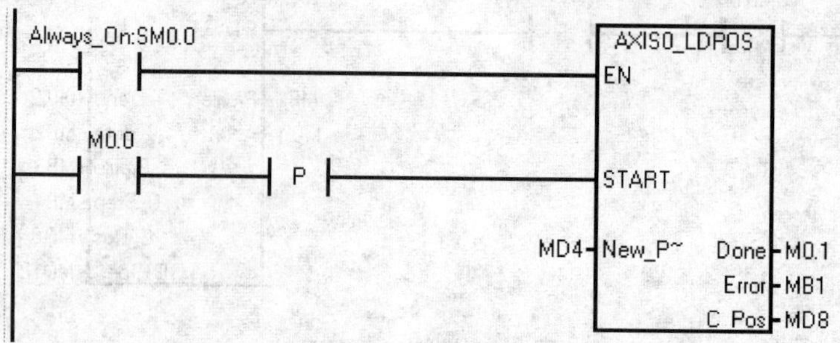

图 8.77　AXISx_LDPOS

指令说明:

START　此参数开启将向运动轴发出 LDPOS 命令。在 EN 位使能且当前程序空闲的情况下,使用边沿检测指令触发 START,以确保只激活一个扫描周期。

New_Pos　此参数提供新值,用于取代运动轴的当前位置值。根据测量单位,该值是脉冲数(DINT)或工程单位数(REAL)。

(9) AXISx_ABPOS

AXISx_ABSPOS 子程序通过特定的 Siemens 伺服驱动器(例如 V90)读取绝对位置,如图 8.78 所示。读取绝对位置值的目的是为了更新运动轴中的当前位置值。只有将 SINAMICS V90 伺服驱动器与安装了绝对值编码器的 SIMOTICS－1FL6 伺服电机结合使用时,才支持此功能。但要注意,使用此指令读取的位置值存储在 D_Pos 中,此值只能保存一个扫描周期。

图 8.78　AXISx_ABSPOS

指令说明:

EN　此参数为“1”时会启用 AXISx_ABSPOS 子程序。确保 EN 位保持开启,直至 DONE 位指示子程序执行完成。

START　此参数为"1"将通过指定驱动器获取当前绝对位置。在 EN 位使能且当前程序空闲的情况下，使用边沿检测指令触发 START，以确保只激活一个扫描周期。

RDY　此参数指示伺服驱动器处于就绪状态，而该状态通常通过驱动器的数字输出信号提供。仅当该参数为"1"时，此例程才会通过驱动器读取绝对位置。

INP　此参数指示电机处于静止状态，而该状态通常通过驱动器的数字输出信号提供。仅当该参数为"1"时，此例程才会通过驱动器读取绝对位置。

Res　此参数必须设置为与伺服电机相连的绝对编码器的分辨率。例如，连有绝对编码器的 SIMOTICS S－1FL6 伺服电机的单匝分辨率为 20 位，即 1048576。

Drive　此参数的设置必须与伺服驱动器的 RS485 地址相匹配。各驱动器的有效地址是 0～31。

Port　此参数指定用于与伺服驱动器通信的 CPU 端口：
0：板载 RS485 端口（端口 0）；
1：RS485/RS232 信号板（若存在，则为端口 1）。

（10）AXISx_RDPOS

功能：用于读取当前轴的位置，如图 8.79 所示。

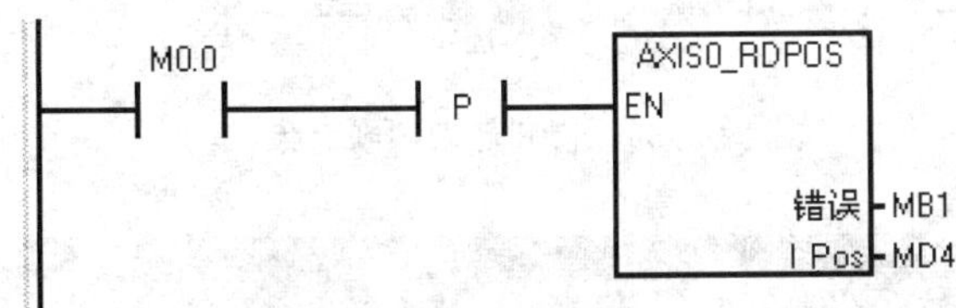

图 8.79　AXISx_RDPOS

相对于 C_Pos，I_Pos 可以更快地获取当前位置，C_Pos 数值是周期性更新，时间是几十毫秒，而使用 AXISx_RDPOS 则可以微秒级返回当前位置，对于需要及时获取当前位置的应用，则需要此指令。

8.3.3　运动控制面板

运动控制面板可脱离程序控制轴的运动，一般用于检查轴的基本组态是否正确及基本的功能是否正常。建议在使用指令控制之前先使用控制面板测试，测试成功之后再编制运动控制程序。

1. 启动控制面板的条件

① 将运动控制向导生成的所有组件（包括程序块、数据块和系统块）下载到 CPU 中，否则 CPU 无法得到操作所需要的有效程序组件。

② 将 CPU 的运行状态设置为"STOP"。

2. 打开运动控制面板

在 STEP 7－Micro/WIN SMART 软件的主界面选择"工具"（Tools），然后再选择"运动控制面板"（Motion Control Panel），如图 8.80 所示。

3. 运动控制面板布局

运动控制面板布局如图 8.81 所示。

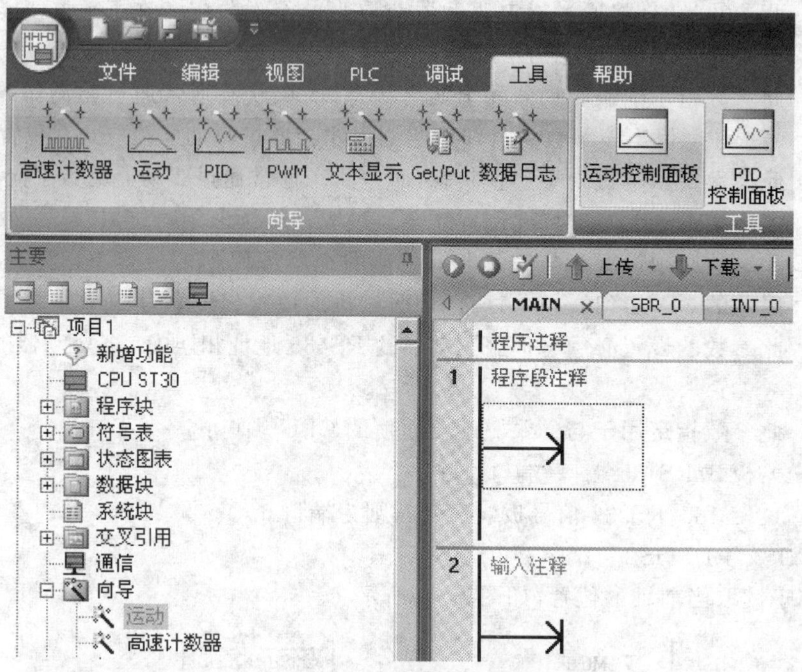

图 8.80　打开运动控制面板

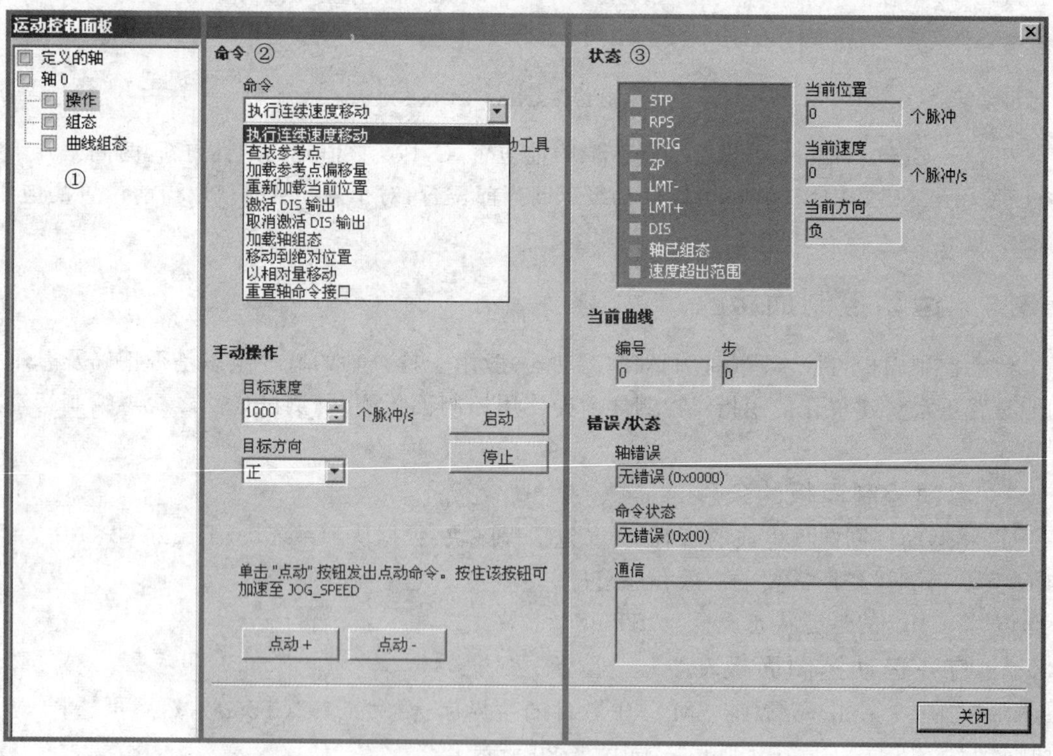

图 8.81　运动控制面板

图 8.81 中对应项的含义如下所述。

① 控制面板功能的项目树，可显示分配的轴，每个轴又分为操作、组态、曲线组态三部分。

② 操作模式下的"命令"面板，在"命令"下拉菜单中可选多个功能，如"执行连续速度移动"、"激活 DIS 输出"等，图 8.81 所示为选择"执行连续速度移动"后，需要设置的参数，如"目标速度"、"目标方向"等。除此之外，还可在此面板的底部执行点动功能。

③ 当前"状态"面板，主要为用户提供当前位置、速度、方向以及错误状态等信息，方便用户直观了解当前轴的运行状态及是否报错。

8.3.4 寻找参考点

参考点用于定义机械的坐标系，一般将参考点定义为坐标系原点。S7 - 200 SMART CPU 运动控制的寻参功能，需要使用外部物理点作为参考点的输入(若与使用绝对值编码器的 V90 连接，则可以使用指令读取零位)。如图 8.82 所示，通过执行寻找参考点，系统会对位于左右极限间的区域建立坐标系，之后，轴可以使用 AXISx_GOTO 指令中的绝对运动模式，直接设置坐标系中目标位置，系统会自动根据当前位置判断应该正转还是反转，无需单独设置运行方向。如果系统没有执行回原点功能，则只能使用相对运动模式，此模式需要定义运行的距离、方向和速度。

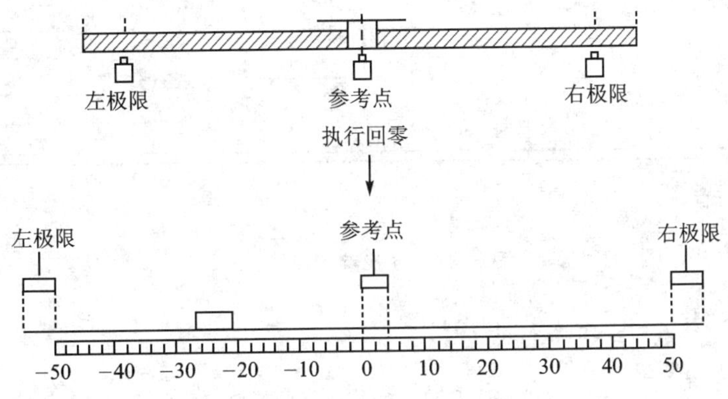

图 8.82 寻找参考点

S7 - 200 SMART CPU 共有 4 种寻参模式，分别是：

- 模式 1：将 RP 定位在左右极限之间，RPS 区域的一侧。
- 模式 2：将 RP 定位在 RPS 输入有效区的中心。
- 模式 3：将 RP 定位在超出 RPS 输入有效区的一个指定数目的零脉冲(ZP)处。
- 模式 4：将 RP 定位在 RPS 输入有效区内的一个指定数目的零脉冲(ZP)处。

RPS 指参考点，参考点一般使用接近开关，所以对于 CPU 来讲，其为一定宽度的"1"信号。整个"1"信号区间称为 RPS，而 RP 则指范围内的某一点，如边沿或区域中心。轴只有在寻找参考点成功后才能执行绝对位移功能，没有成功执行寻找参考点之前只能以相对位移功能进行定位。以模式 1 为例，寻找参考点的顺序如图 8.83 所示。

这里仅以模式 1 为例，其他模式可参考《S7 - 200 SMART 系统手册》中运动控制章节中的高级议题部分。

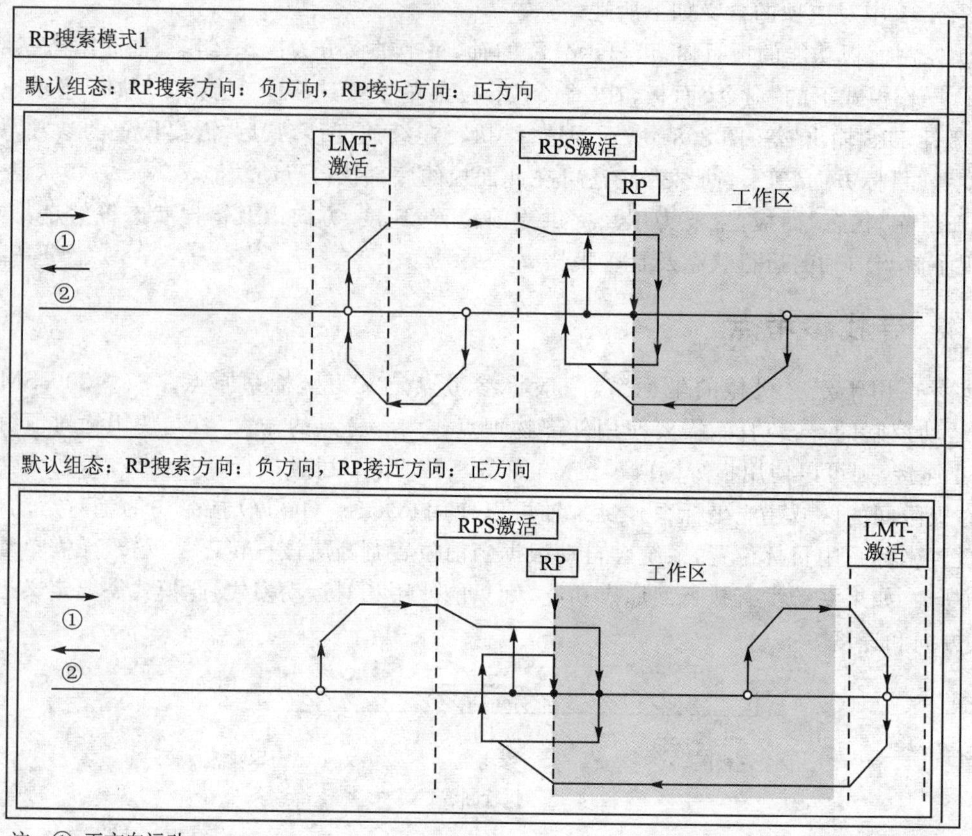

图 8.83 寻找参考点模式 1

8.3.5 使用 PLS 指令控制 PTO

通过设置 SM 特殊存储器，编程调用 PLS 指令可使 CPU 指定输出点按照设定的频率和脉冲个数输出高速脉冲。

⚠ **注意：**

- 如已经使用运动控制向导组态输出点进行运动控制，则无法再通过 PLS 指令激活 PTO。
- PTO/PWM 输出的最低负载必须至少为额定负载的 10%，才能实现启用与禁用之间的顺利转换。
- 在启用 PTO/PWM 操作前，请将过程映像寄存器中 Q0.0、Q0.1 和 Q0.3 的值设置为 0。

---

1. 脉冲输出指令 PLS

在编程软件中，选择“指令”→“计数器”→“PLS”选项，如图 8.84 所示。

可使用 PLS 指令最多创建三个 PTO 或 PWM 操作。PLS 指令在 EN 输入端使用上升沿触发，在 N 输入端设置脉冲输出通道，N 为常数：0＝Q0.0、1＝Q0.1 或 2＝Q0.3，如图 8.85 所示。

PTO 以指定频率和指定脉冲数量提供以占空比 50%输出的方波，如图 8.86 所示。PTO 可使用脉冲包络生成一个或多个脉冲串。用户可以指定脉冲的数量和频率，脉冲数范围为 1～2 147 483 647，单段 PTO 的频率范围为 1～65 535 Hz，多段 PTO 的频率范围为 1～100 000 Hz。使用公式 $f=1/T$ 可将周期转换为频率，其中 f 为频率(Hz)，T 为周期时间(s)。

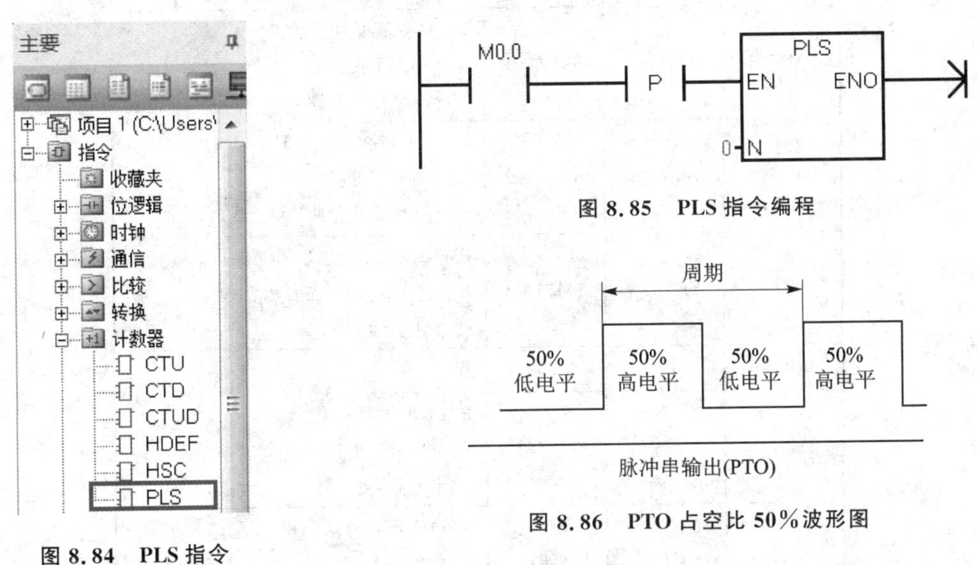

图 8.85　PLS 指令编程

图 8.86　PTO 占空比 50%波形图

图 8.84　PLS 指令

S7－200 SMART PTO 对频率和脉冲数的响应，如表 8.10 所列。

表 8.10　S7－200 SMART PTO 对频率和脉冲数的响应

脉冲频率或计数	响　应
频率<1 Hz	频率默认为 1 Hz
频率>100 000 Hz	频率默认为 100 000 Hz
脉冲计数＝0	脉冲计数默认为 1 个脉冲
脉冲计数>2 147 483 647	脉冲计数默认为 2 147 483 647 个脉冲

2. SM 特殊存储器

PLS 指令按照指定 SM 存储单元的数据发送 PTO 脉冲。SMB67 控制 PTO0，SMB77 控制 PTO1，SMB567 控制 PTO2。可通过修改 SM 区域(包括控制字节)中的数据，然后执行 PLS 指令，来改变 PTO 的特性。任何时候都可通过向 PTO 控制字节(SM67.7、SM77.7 或 SM567.7)使能位写入 0，然后执行 PLS 指令，来实现禁止 PTO 输出。如果 PTO 或 PWM 操作正在产生脉冲时被禁止，该脉冲将在内部完成其整个周期。但是，该脉冲不会出现在输出端，因为此时过程映像寄存器重新获得了对输出的控制。

(1) PTO 控制字节

若要 PTO 产生单段脉冲串或者多段脉冲串，应先组态 PTO 控制字节(SMB67、SMB77

和 SMB567)。PTO/PWM 控制寄存器 SM 单元的说明如表 8.11 所列。

表 8.11　PTO/PWM 控制寄存器的 SM 单元

PTO/PWM 控制地址			控制功能
Q0.0	Q0.1	Q0.2	
SM67.0	SM77.0	SM567.0	PTO/PWM 更新频率/周期： • 0=不更新 • 1=更新频率/周期
SM67.1	SM77.1	SM567.1	PWM 更新脉冲宽度： • 0=不更新 • 1=更新脉冲宽度
SM67.2	SM77.2	SM567.2	PTO 更新脉冲计数值： • 0=不更新 • 1=更新脉冲计数
SM67.3	SM77.3	SM567.3	PWM 时基： • 0=1 μs/时基 • 1=1 ms/时基
SM67.4	SM77.4	SM567.4	保留
SM67.5	SM77.5	SM567.5	PTO 单/多段操作 • 0=单段 • 1=多段
SM67.6	SM77.6	SM567.6	PTO/PWM 模式选择： • 0=PWM • 1=PTO
SM67.7	SM77.7	SM567.7	PWM 使能： • 0=禁用 • 1=启用

PTO/PWM 控制字节(SMB67、SMB77 和 SMB567)的说明如表 8.12 所列。

表 8.12　PTO/PWM 控制字节参考

控制寄存器(十六进制)	启　用	执行 PLS 指令的结果					
		选择模式	PTO 段操作	时　基	脉冲个数	脉冲宽度	周期或频率
16#80	是	PWM		1 μs/周期			
16#81	是	PWM		1 μs/周期			更新周期
16#82	是	PWM		1 μs/周期		更新	
16#83	是	PWM		1 μs/周期		更新	更新周期
16#88	是	PWM		1 ms/周期			
16#89	是	PWM		1 ms/周期			更新周期
16#8A	是	PWM		1 ms/周期		更新	
16#8B	是	PWM		1 ms/周期		更新	更新周期

续表 8.12

控制寄存器（十六进制）	启　用	执行 PLS 指令的结果					
		选择模式	PTO 段操作	时　基	脉冲个数	脉冲宽度	周期或频率
16#C0	是	PTO	单段				
16#C1	是	PTO	单段				更新频率
16#C4	是	PTO	单段		更新		
16#C5	是	PTO	单段		更新		更新频率
16#E0	是	PTO	多段				

除了组态 PTO 控制字节，还应该在执行 PLS 指令前装载或更新脉冲频率、脉冲数。

如果使用多段脉冲串，在执行 PLS 指令前还需要将包络表的起始地址偏移量装入 SMW168、SMW178、SMW578，如表 8.13 所列。

表 8.13　PTO/PWM 其他寄存器

Q0.0	Q0.1	Q0.2	功　能
SMW68	SMW78	SMW568	PTO 频率或 PWM 周期： • 1～65 535 Hz（PTO） • 2～65 535（PWM）
SMW70	SMW80	SMW570	PWM 脉冲宽度：0～65 535
SMD72	SMD82	SMD572	PTO 脉冲计数：1～2 147 483 647
SMB166	SMB176	SMB576	进行中段的编号：仅限多段 PTO 操作
SMW168	SMW178	SMW578	包络表的起始单元（相对 V0 的字节偏移）：仅限多段 PTO 操作

(2) PTO 状态字节

可通过监视 PTO 状态字节（SMB66、SMB76 和 SMB566），来诊断 PTO 输出状态，如表 8.14 所列。

表 8.14　PTO/PWM 状态位

Q0.0	Q0.1	Q0.2	状态位说明
SM66.4	SM76.4	SM566.4	PTO 包络计算错误而中止： • 0＝无错误 • 1＝因错误而中止
SM66.5	SM76.5	SM566.5	PTO 包络运行期间手动将其禁止： • 0＝不禁止 • 1＝手动禁止
SM66.6	SM76.6	SM566.6	PTO/PWM 管道上溢/下溢： • 0＝无上溢/下溢 • 1＝上溢/下溢
SM66.7	SM76.7	SM566.7	PTO 空闲： • 0＝进行中 • 1＝PTO 空闲

状态位 SM66.7、SM76.7 或 SM566.7 是 PTO 空闲位，可用来指示编程的脉冲串是否已结束。另外，可通过编程启用 PTO 脉冲计数来完成中断，用户可在中断程序中编写需要实现的功能程序。对于单段操作，在每个 PTO 脉冲串结束时产生 PTO 脉冲完成中断。对于多段操作，在 PTO 包络表完成时产生 PTO 脉冲完成中断。PTO 中断事件如表 8.15 所列。

表 8.15　PTO 中断事件

PTO 中断事件号	说　明
19	PLS0 PTO 脉冲计数完成中断
20	PLS1 PTO 脉冲计数完成中断
34	PLS2 PTO 脉冲计数完成中断

若要启用中断，必须在程序中调用 ATCH 和 ENI 指令。以 PLS0 PTO 脉冲计数完成中断为例，在主程序中使用 CPU 第一个扫描周期有效位 SM0.1 调用 ATCH 和 ENI 指令，如图 8.87 所示。

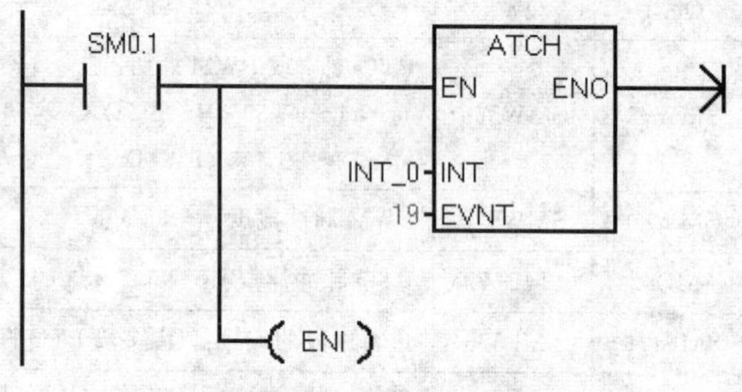

图 8.87　PLS0 PTO 中断

3. PLS 编程

PTO 功能允许脉冲串"链接"或"管道化"。有效脉冲串结束后，新脉冲串的输出会立即开始，这样便可持续输出后续脉冲串。使用 PLS 指令编程以实现 PTO 输出，可按照以下步骤编程：

第一步：设置 PTO 控制字节，以确定是使用单段操作还是多段操作，是否更新频率或脉冲数。

第二步：如果是单段操作，则装载或更新频率值、脉冲数；如果是多段操作，则装载包络表起始地址以及包络表每段起始频率、结束频率、脉冲数。

第三步：设置 PLS 指令通道，以确定是 Q0.0、Q0.1 还是 Q0.3 PTO 输出。

第四步：上升沿触发 PLS 指令。

(1) PTO 脉冲的单段管道化

在单段管道化中，用户通过 SM 设置 PTO，使其按照特定频率和脉冲数输出脉冲串，并可更新下一脉冲串的频率或脉冲数；更新后，再次执行 PLS 指令。单段管道化频率的上限为 65 535 Hz。如果需要更高的频率，比如 100 000 Hz，则必须使用多段管道化。

1) PTO 单段脉冲串排队

PTO 单段脉冲只能有一个脉冲串排队。PTO 具有在管道中存储第二个脉冲串的属性。在第一个脉冲串完成时，开始输出第二个脉冲串；然后可在管道中存储一个新脉冲串设置；之

后可重复此过程，设置下一脉冲串的特性。

PTO对溢出的脉冲串不响应。若在管道填满时试图装载新设置，将会导致PTO溢出位(SM66.6、SM76.6或SM566.6)置位并且PLS指令不执行溢出的脉冲串输出。

⚠ **注意**：PTO溢出位置位后不会自动复位，如果PTO溢出后还希望检测后续溢出，只能先手动将溢出位复位，或将CPU由STOP复位到RUN。

---

2) PTO单段管道化例程

下面以S7-200 SMART CPU Q0.0以100 Hz频率值输出1 000个脉冲为例，编写PTO脉冲的单段管道化例程。

S7-200 SMART CPU上电第一个扫描周期位SM0.1对SM特殊存储器赋值，如图8.88所示。设置PLS指令输出通道N为0，使用V0.0的上升沿触发PLS指令，如图8.89所示。

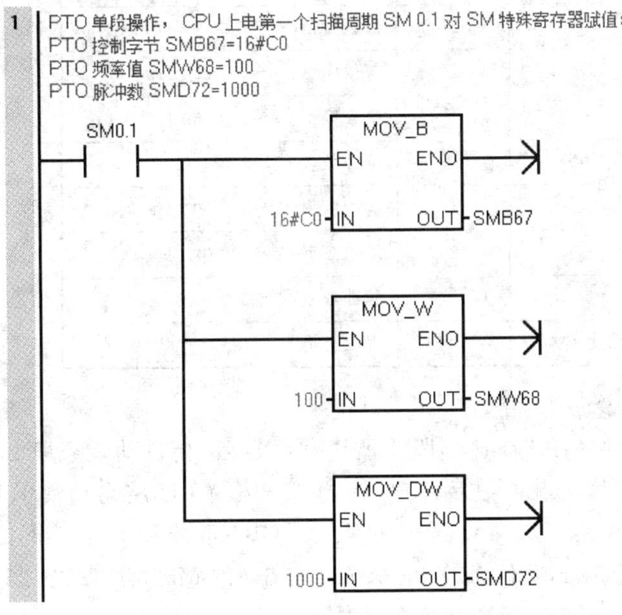

图8.88 PTO 0特殊存储器赋值

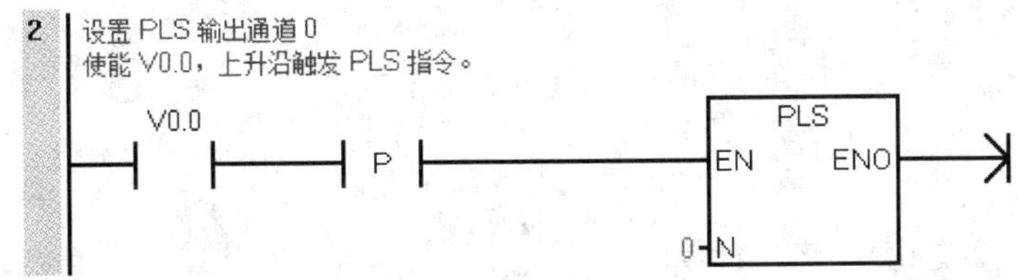

图8.89 触发PLS指令

◆ PTO脉冲的单段管道化编程请参见随书光盘中的例程："8.3.5例子：PTO脉冲的单段管道化.smart"。例子程序仅供参考，其中的CPU类型可能与用户实际使用的类型不同，用户可能需要先对例子程序做修改和调整，才能将其用于测试。

(2) PTO 脉冲的多段管道化

用户可通过 SM 和 V 存储器设置 PTO 脉冲多段管道,以包络的形式输出 PTO 脉冲串。对于 PTO 包络的每一段,脉冲串以包络表中分配的起始频率开始,PTO 生成器会自动将频率从起始频率线性提高或降低到结束频率,并在脉冲数量达到指定的脉冲计数时,立即装载下一个 PTO 段,该操作将一直重复至包络结束。对于多段脉冲串操作,必须装载包络表的起始偏移量(SMW168、SMW178 或 SMW578)和包络表值。执行 PLS 指令将启动多段操作。

1) PTO 包络表格式

在多段管道化期间,从 V 存储器的包络表中自动读取每段脉冲串的特性。对于多段 PTO,每段条目长 12 字节,由 32 位起始频率、32 位结束频率和 32 位脉冲计数值组成。V 存储器中组态的包络表的格式如表 8.16 所列。

表 8.16　多段 PTO 包络表的格式

字节偏移量	段	表格条目的描述
0		段数量:1～255
1	1	起始频率:1～100 000 Hz
5		结束频率:1～100 000 Hz
9		脉冲数量:1～2 147 483 647
13	2	起始频率:1～100 000 Hz
17		结束频率:1～100 000 Hz
21		脉冲数量:1～2 147 483 647
以此类推	3	以此类推

2) PTO 包络表的计算

PTO 开始时先运行段 1,PTO 达到段 1 所需脉冲数后,会自动装载段 2,以此类推,持续到最后一段。达到最后一段的脉冲数后,S7-200 SMART CPU 将自动禁止 PTO。包络表的每段持续时间应大于 500 μs。如果持续时间太短,CPU 可能没有足够的时间计算下一个 PTO 段值,导致 PTO 管道下溢位(SM66.6、SM76.6 和 SM566.6)被置"1",且 PTO 操作终止。

因此,计算包络表的段持续时间 T_s 和包络段的加减速度 A_s 有助于确定正确的包络表值,具体计算公式如下:

$$\Delta f = f_{Final} - f_{Initial}$$

$$T_s = PC/[f_{min} + (|\Delta f|/2)]$$

$$A_s = \Delta f / T_s$$

式中:Δf—段增量(总变化)频率 (Hz);

f_{Final}—段结束频率(Hz);

$f_{Initial}$—段起始频率(Hz);

T_s—段持续时间(s);

PC—段内脉冲数量;

f_{min}—段最小频率(Hz);

A_s—段频率加减速度(Hz/s)。

3) PTO 多段管道化例程

PTO 脉冲的多段管道化可用于许多场合，例如，使用带有脉冲包络的 PTO 通过简单的加速、运行和减速顺序来控制步进电机。下面以步进电机三段控制为例：

- 段 1：以 1 000 Hz 的启动频率加速步进电机；
- 段 2：以恒定频率 5 000 Hz 运行电机；
- 段 3：使电机从 5 000 Hz 频率减速，结束频率为 1 000 Hz。

输出包络段 1 的加速部分，约在 400 个脉冲后，输出波形达到脉冲频率 5 000 Hz，段 2 以恒定频率输出约 3 000 个脉冲，在段 3 输出约 600 个脉冲后完成包络表的减速部分。例如，包络表地址起始偏移量从 VB100 开始，包络表分配如表 8.17 所列。

表 8.17　步进电机三段 PTO 包络表

段	地　址	值	说　明
	VB100	3	总段数
1	VD101	1 000	段 1 起始频率
	VD105	5 000	段 1 结束频率
	VD109	400	段 1 脉冲数量
2	VD113	5 000	段 2 起始频率
	VD117	5 000	段 2 结束频率
	VD121	3 000	段 2 脉冲数量
3	VD125	5 000	段 3 起始频率
	VD129	1 000	段 3 结束频率
	VD133	600	段 3 脉冲数量

按照 PTO 多段包络表的分配，编写 PTO 脉冲的多段管道化例程如下。

使用 CPU 上电第一个扫描周期位 SM0.1 设置 SM 特殊存储器 SMB 67＝16＃E0，即多段包络，设置 SMW168＝100，即包络表起始地址偏移量为 VB100，如图 8.90 所示。

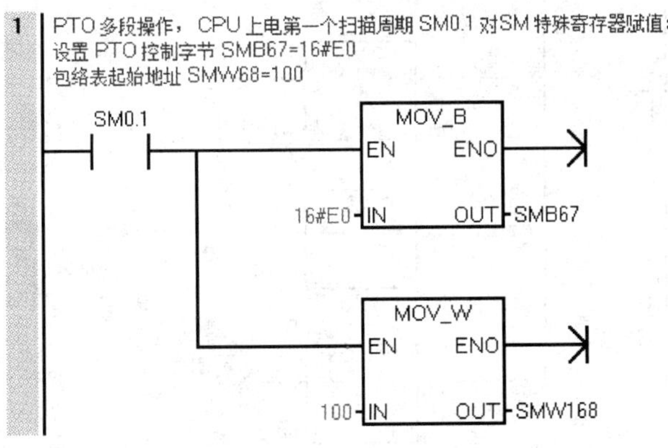

图 8.90　设置 PTO 多段包络和起始地址

使用 CPU 上电第一个扫描周期位 SM0.1 对 VB100 开始的 V 存储器赋值,设置 PTO 段 1～段 3 的起始频率、结束频率和脉冲数,如图 8.91 所示。

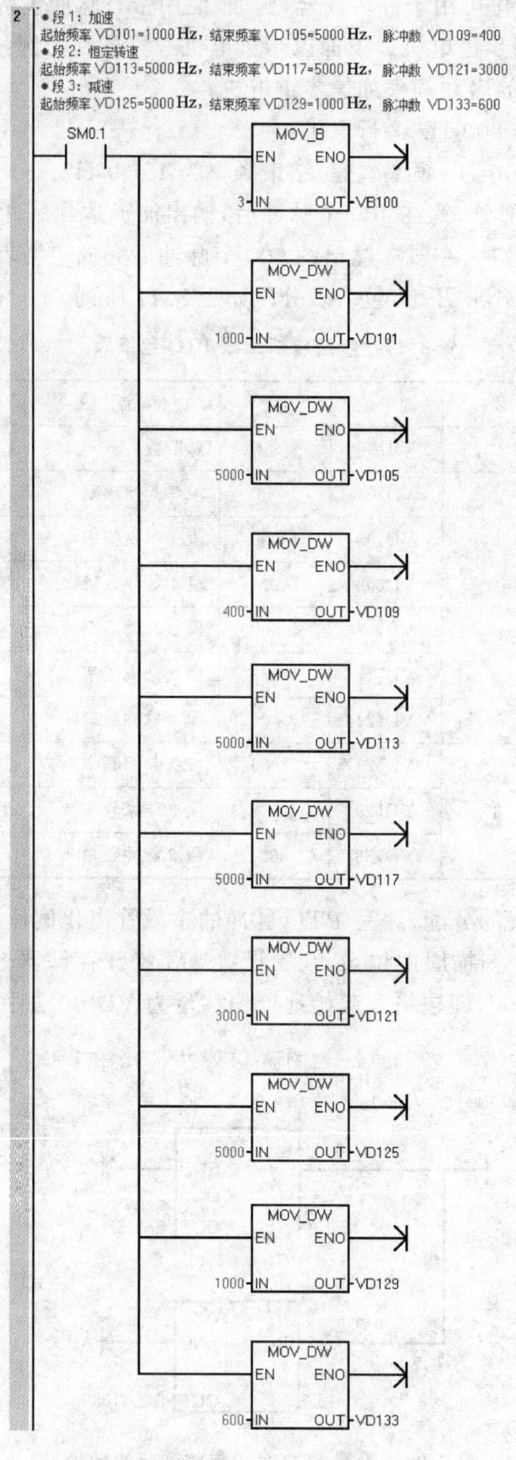

图 8.91　设置 PTO 段 1～段 3 的包络表值

设置 PLS 指令输出通道 N 为 0，使用 V0.0 的上升沿触发 PLS 指令，如图 8.92 所示。

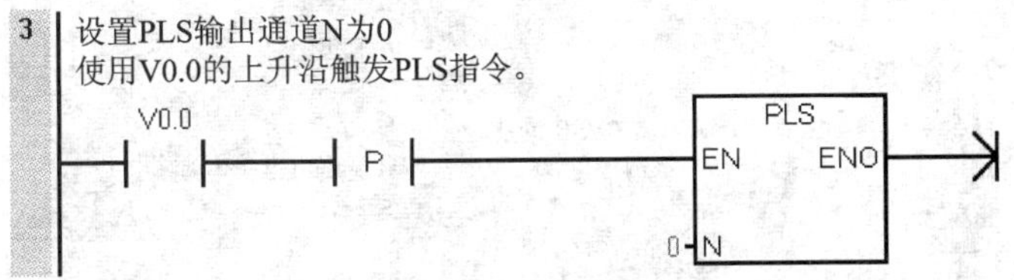

图 8.92 触发 PLS 指令

◆ PTO 脉冲的多段管道化编程请参见随书光盘中的例程："8.3.5 例子：PTO 脉冲的多段管道化.smart"。例子程序仅供参考，其中的 CPU 类型可能与用户实际使用的类型不同，用户可能需要先对例子程序做修改和调整，才能将其用于测试。

8.3.6 SINAMICS V90 简介

SINAMICS V90 是西门子推出的一款小型、高效的伺服系统，作为 SINAMICS 家族成员与 SIMOTICS 1FL6 伺服电机配合使用，可实现位置、速度、转矩控制。

主要性能参数如下。

- 伺服控制器进线电压：380～480 V(浮动范围 10%～15%)；
- 功率范围：0.4～7 kW；
- 1FL6 的额定转矩范围：1.27～33.4 N·m。

V90 伺服系统如图 8.93 所示，V90 伺服系统接线如图 8.94 所示。

图 8.93 V90 伺服系统

1. I/O 定义

V90 集成了 10 个数字量输入(DI1～DI10)和 6 个数字量输出(DO1～DO6)，其中 DI9 的功能固定为急停，DI10 的功能固定为控制模式切换，其他 DI 和 DO 的功能可通过参数设置。DI1～DI8 的功能通过参数 P29301[x]～P29308[x]设置，不同控制模式下的功能通过不同的 x 值进行区分：

- 外部脉冲位置控制模式：DI1～DI8 的功能通过参数 P29301[0]～P29308[0]设置；
- 内部设定值位置控制模式：DI1～DI8 的功能通过参数 P29301[1]～P29308[1]设置；

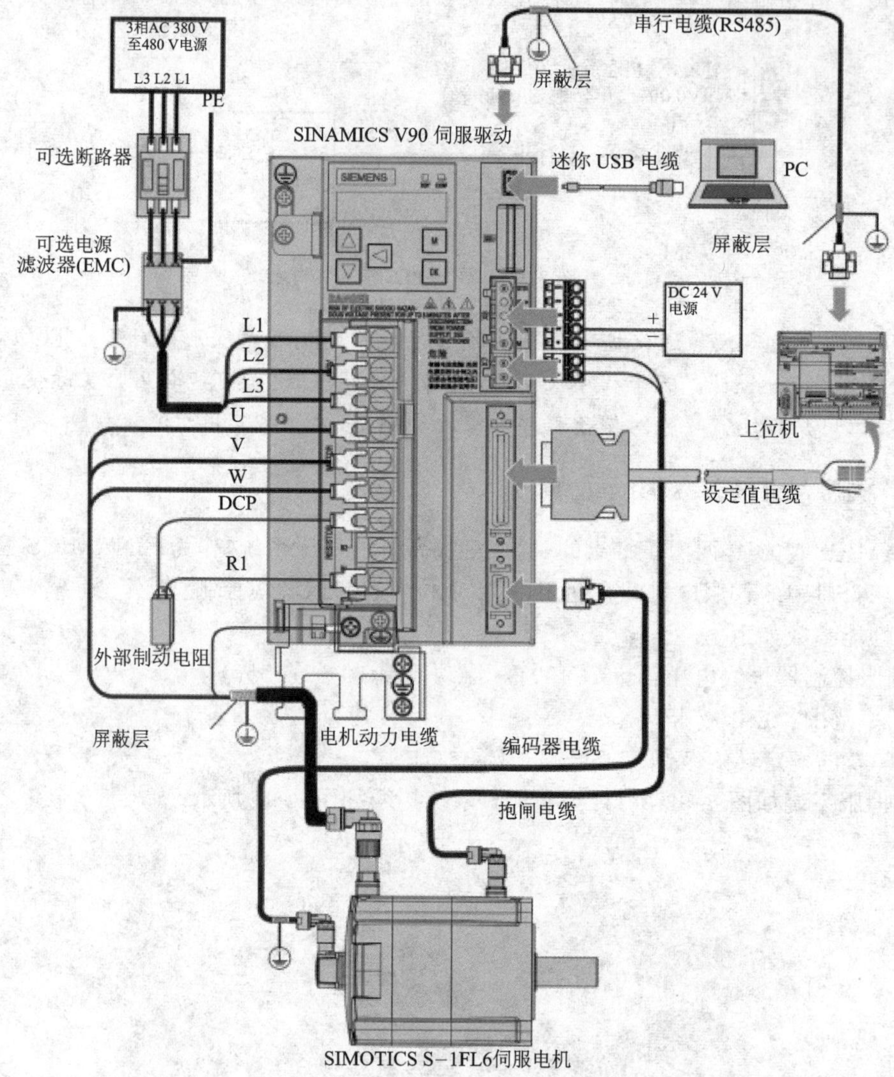

图 8.94 V90 伺服系统接线图

- 速度控制模式：DI1～DI8 的功能通过参数 P29301[2]～P29308[2]设置；
- 转矩控制模式：DI1～DI8 的功能通过参数 P29301[3]～P29308[3]设置。

DO1～DO6 功能通过参数 P29330～P29335 设置，不区分控制模式。

2. 脉冲输入通道

SINAMICS V90 支持两个脉冲信号输入通道，通过 P29014 参数进行脉冲输入通道选择。

- 24 V 单端脉冲输入通道，最高输入频率 200 kHz，如图 8.95 所示；
- 5 V 高速差分脉冲输入(RS485)通道，最高输入频率 1 MHz，如图 8.96 所示。

注意： 两个通道不能同时使用，同时只能有一个通道被激活。

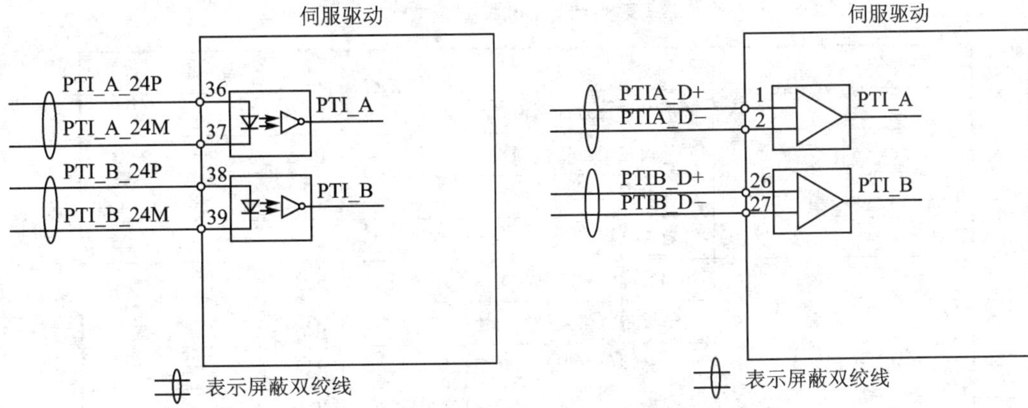

图 8.95　24 V 单端脉冲输入通道

图 8.96　5 V 高速差分脉冲输入法通道

3. 脉冲输入形式

SINAMICS V90 支持两种脉冲输入形式，两种形式都支持正逻辑和负逻辑，通过 P29010 参数选择脉冲输入形式，如图 8.97 所示。

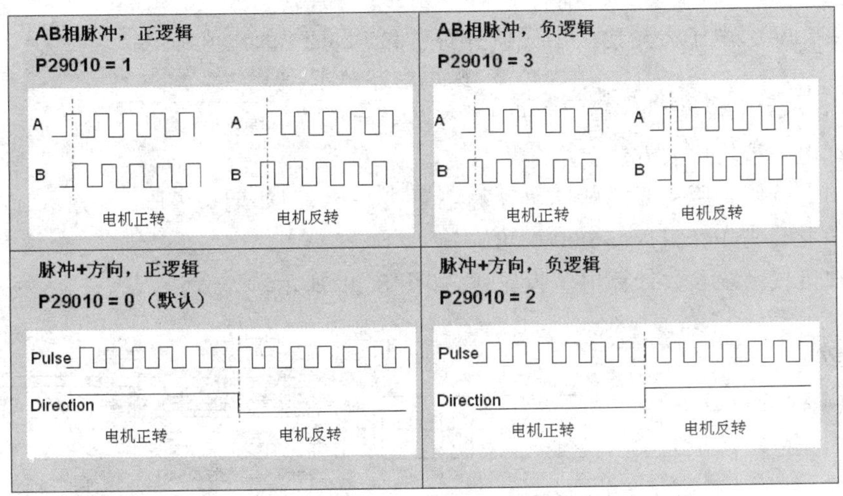

图 8.97　V90 脉冲输入形式

- AB 相脉冲，通过 A 相和 B 相脉冲的相位控制方向；
- 脉冲＋方向，通过方向信号高低电平控制方向。

4. V90 的控制模式

V90 可以支持 4 种基本控制模式和 5 种复合控制模式，如表 8.18 所列。

基本控制模式只能单独使用，而复合控制模式可根据 DI 点进行切换，V90 不仅可以使用外部脉冲控制定位功能，自己也可以完成简单的定位控制。

5. 电子齿轮比设置

SINAMICS V90 支持电子齿轮比设置，电子齿轮比功能用来设置 CPU 发送的设定值脉冲对应的电机转速，例如 CPU 发送 10 000 个脉冲电机转 1 圈，负载移动 10 mm。

表 8.18　V90 控制模式

控制模式		名　称
基本控制模式	外部脉冲位置控制模式	PTI
	内部设定值位置控制模式	IPos
	速度控制模式	S
	转矩控制模式	T
复合控制模式	外部脉冲位置控制与速度控制切换	PTI/S
	内部设定值位置控制与速度控制切换	IPos/S
	外部脉冲位置控制与转矩控制切换	PTI/T
	内部设定值位置控制与转矩控制切换	IPos/T
	速度控制与转矩控制切换	S/T

1) 电子齿轮比实际用于脉冲设定值的缩放，有两种设置方法：

① P29011＝0，电子齿轮比由 P29012 和 P29013 的比值确定；

$$电子齿轮比=\frac{P29012}{P29013}$$

② P29011≠0，电子齿轮比由编码器分辨率和 P29011 的比值确定：

$$电子齿轮比=\frac{编码器分辨率(参考表)}{P29011(电机转一圈所需要的脉冲数)}$$

2) 计算电子齿轮比的方法：

① 已知电机每转所需要的脉冲数计算电子齿轮比，例如期望 CPU 发送 5 000 个脉冲电机转 1 圈，直接设置 P29011＝5 000 即可。

② 已知机械系统参数计算电子齿轮比，如图 8.98 所示。

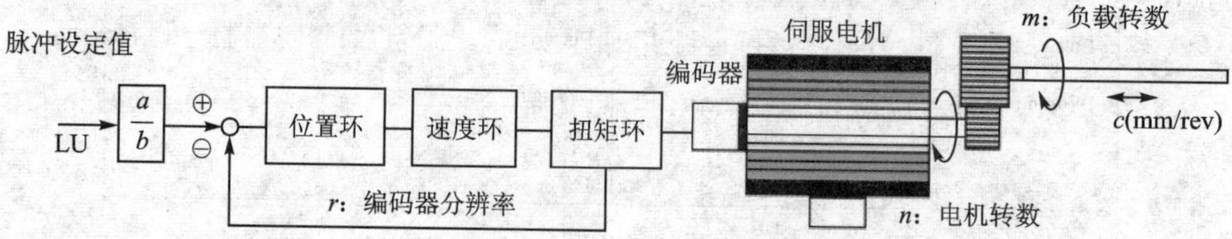

图 8.98　V90 电子齿轮比计算

利用如下公式计算：

$$电子齿轮比\left(\frac{a}{b}\right)=\frac{r}{d}=\frac{r}{\dfrac{C}{LU\times i}}=\frac{P29012}{P29013}$$

式中：

r—编码器分辨率，电机轴旋转一圈编码器反馈的脉冲数，参考表 8.19 和表 8.20；

d—电机每转期望的脉冲数；

LU—最小长度单位，CPU 发出一个脉冲时，丝杠移动的直线距离或旋转轴转动的度数，也是控制系统所能控制的最小距离；

C—节距，负载每转移动的距离或角度；

$i=n/m$—机械减速比，电机转速/负载转速。

表 8.19　减速比参数计算

编码器类型	编码器分辨率
增量型	10 000
绝对型	1 048 576

表 8.20　不同编码器的分辨率

步　骤	描　述		机械结构			
			滚珠丝杠		圆　盘	
			LU：1 μm 负载轴　工件 编码器分辨率 滚珠丝杠的螺距：6 mm		LU：0.01° 负载轴 电机 编码器分辨率	
1	机械结构		1. 滚珠丝杠螺距 $c=6$ mm 2. 机械减速比 $i=n/m=1$		1. 旋转角度 $c=360°$ 2. 机械减速比 $i=n/m=3/1$	
2	编码器分辨率 r		V90 伺服电机带增量编码器	V90 伺服电机带绝对值编码器	V90 伺服电机带增量编码器	V90 伺服电机带绝对值编码器
			10 000	1 048 576	10 000	1 048 576
3	定义 LU		1LU=1 μm	1LU=1 μm	1LU=0.01	1LU=0.01
4	每转期望脉冲数 d		$d=c/(\text{LU}\times i)=$ 6 000	$d=c/(\text{LU}\times i)=$ 6 000	$d=c/(\text{LU}\times i)=$ 36 000/3=12 000	$d=c/(\text{LU}\times i)=$ 36 000/3=12 000
5	计算电子齿轮比 a/b		$a/b=r/d=$ 10 000/6 000		$a/b=r/d=$ 100 000/120 000	
6	设置参数	P29102/P29013	=10 000/6 000=5/3	设置 P29011 = 6 000	=10 000/12 000 =5/6	设置 P29011 = 12 000

⚠ **注意：**

- 电子齿轮比的取值范围是 0.02～200；
- 仅可在伺服非激活状态下设置电子齿轮比。

8.3.7　应用案例

以滚珠丝杠为例，用 S7－200 SMART CPU 与 V90 实现控制，电机运转一圈，丝杆前进 10 mm，要求将丝杠以相对运动方式，10 kHz 的频率运行 1 cm。

具体实现步骤如下所述。

1）软硬件配置：

① CPU ST40 V2.3；

② V90＋1FL6；

③ STEP 7-Micro/WIN SMART V2.3。

2)硬件接线图如图 8.99 所示。PLC 输入/输出点定义如表 8.21 所列。

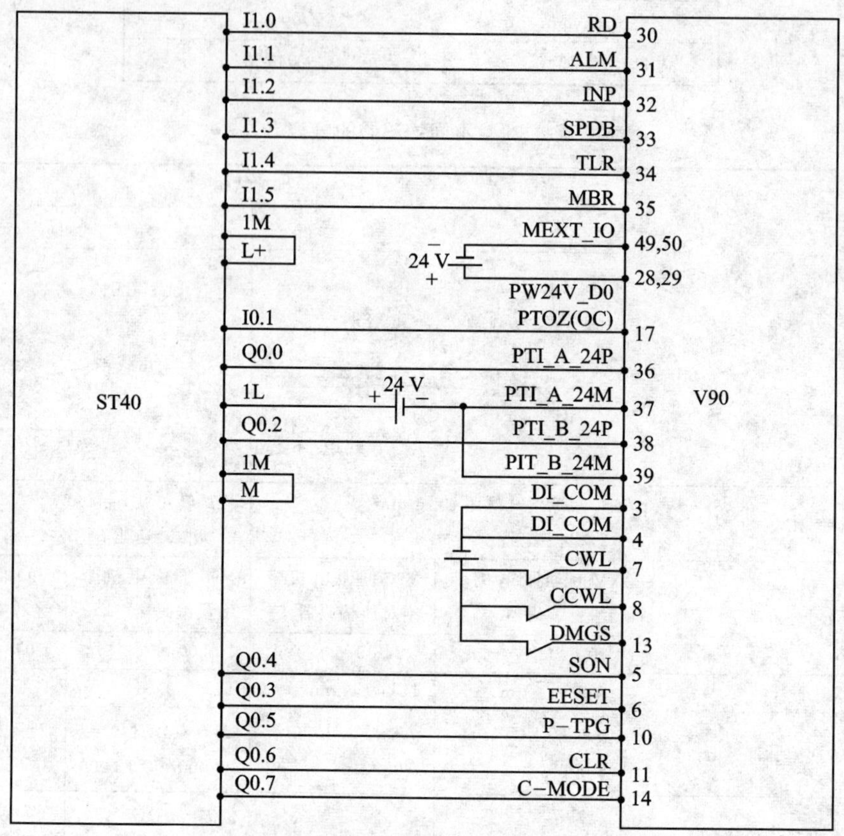

图 8.99　V90 与 S7-200 SMART CPU 接线

表 8.21　PLC 输入/输出点定义

PLC 输出	功　能	PLC 输入	功　能
Q0.0	脉冲信号(PTI_A)	I0.1	伺服电机编码器零脉冲(PTOZ)
Q0.2	方向信号(PTI_B)	I1.0	伺服准备就绪(RD)
Q0.4	伺服开启信号(SON)	I1.1	报警(ALM)
Q0.3	故障复位(RESET)	I1.2	位置到达(INP)

实际接线中可根据现场工艺需要选择连接必要的端子，图 8.99 只是给出了最大可能的接线方式。

3) 电机型号选择。配置 V90 伺服驱动器所连接的伺服电机型号，针对不同伺服电机有以下两种配置方法：

- 如果伺服电机带有增量编码器，则在参数 P29000 中配置电机 ID；
- 如果伺服电机带有绝对编码器，伺服驱动就可以自动识别伺服电机。

4）电子齿轮比。

此例中伺服电机直接驱动滚珠丝杠，所以机械减速比 $i=1$，螺距 $c=10$ mm，每个脉冲驱动负载轴运行 1 μm，即 LU=1 μm，根据公式：

$$d=c/(\mathrm{LU}\times i)=10\ 000$$

则可以设置 P29011=10 000。

5）向导配置：

① 选择激活轴 0。

② 测量系统选择相对脉冲数。

③ 方向控制选择单相(2 输出，脉冲+方向)，极性为正，如图 8.100 所示。

④ “输出”选项卡中 DIS 的设置，选择 Q0.4 作为伺服驱动器的使能点，如图 8.101 所示。

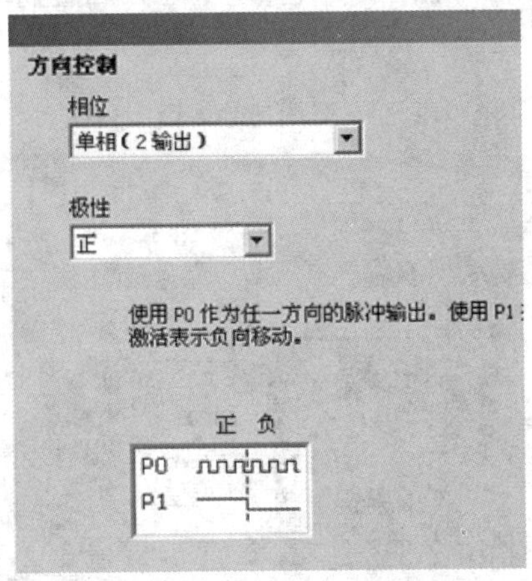

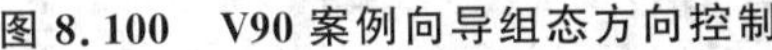
图 8.100　V90 案例向导组态方向控制

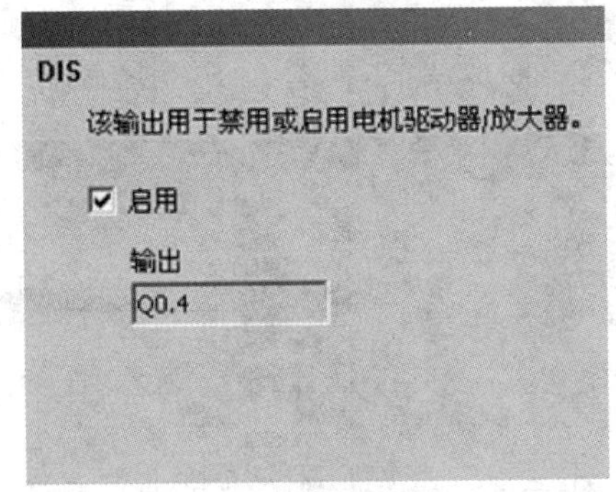

图 8.101　V90 案例向导组态 DIS 设置

⑤ 电机速度设定，最大速度设置为 100 000 脉冲/s，启动停止速度设置为 1 000 脉冲/s，如图 8.102 所示。

⑥ 电机时间设定，这里设定加减速时间都为 500 ms，如图 8.103 所示。

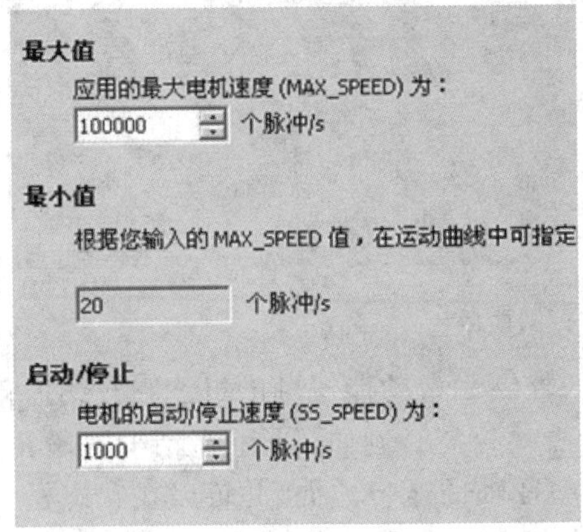

图 8.102　V90 案例向导组态电机速度

图 8.103　V90 案例向导组态加速时间

⑦ 为向导分配存储器,VB0～VB92 共 93 字节。一定要注意,此区域只能向导使用,其他程序不能占用此区域,否则会导致向导功能不正常。另外,向导虽然只分配到 VB92,如图 8.104 所示,但还是建议用户从 VB100 再开始再应用于其他程序。

⑧ 映射。在 I/O 映射部分,可以查看轴 0 组态完成后实际输出点的分配,伺服使能为 Q0.4,脉冲输出为 Q0.0,方向控制为 Q0.2,如图 8.105 所示。

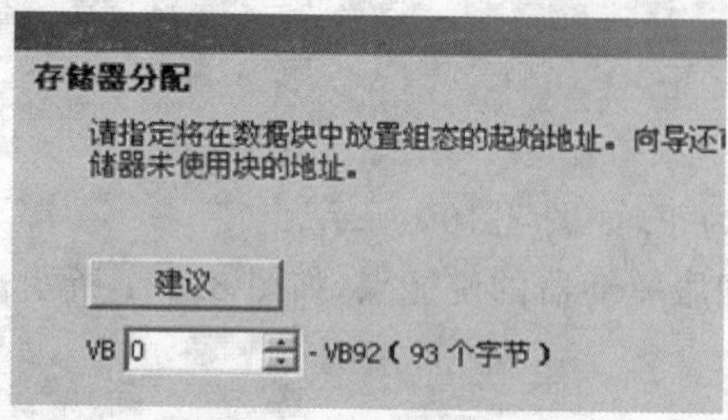

图 8.104 V90 案例向导组态存储器分配

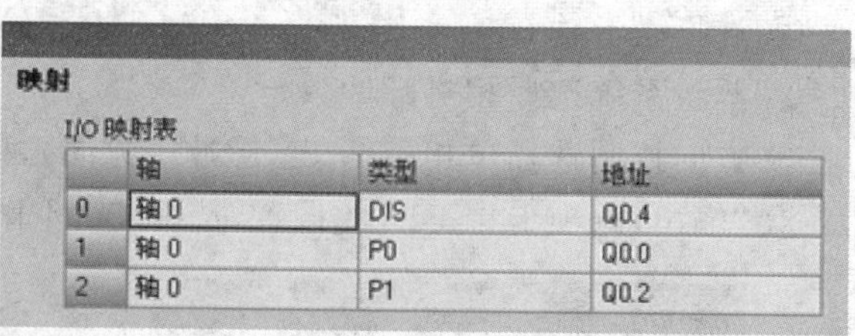
映射

I/O 映射表

	轴	类型	地址
0	轴 0	DIS	Q0.4
1	轴 0	P0	Q0.0
2	轴 0	P1	Q0.2

图 8.105 V90 案例向导组态 I/O 映射

6) 控制面板调试,如图 8.106 所示。

运动控制面板

定义的轴
轴 0
操作
组态
曲线组态

命令
命令
执行连续速度移动
执行连续速度移动
查找参考点
加载参考点偏移量
重新加载当前位置
激活 DIS 输出
取消激活 DIS 输出
加载轴组态
移动到绝对位置
以相对量移动
重置轴命令接口

手动操作
目标速度
1000 个脉冲/s
启动
目标方向
正
停止
单击 "点动" 按钮发出点动命令。按住该按钮可加速至 JOG_SPEED
点动 +
点动 -

状态
STP
RPS
TRIG
ZP
LMT-
LMT+
DIS
轴已组态
速度超出范围
当前位置
0 个脉冲
当前速度
0 个脉冲/s
当前方向
负
当前曲线
编号 0
步 0
错误/状态
轴错误
无错误 (0x0000)
命令状态
无错误 (0x00)
通信
关闭

图 8.106 V90 案例控制面板

在使用指令块控制之前,可以先使用软件自带的控制面板功能对轴的组态和接线进行实际验证,在保证能完成基本功能的情况下,再调用指令块控制。例如,使用“激活 DIS 输出”验证伺服使能的有效性;使用“点动+”“点动-”按钮验证轴的运行方向,并可以在状态栏中观察,当轴碰到限位开关时是否能正确激活对应的限位点,比如正向运行时激活的应当是正向限位点,如果因为接线错误而激活了负向限位点,则会导致轴卡住无法运行。只有在控制面板中将这些基本功能都验证无误的情况下,才可以进入到程序编制及调用环节。

7）程序调用：

① 在主程序中调用 AXIS0_CTRL，用于初始化轴。此程序块一定要在调用所有其他运动控制指令之前调用，如图 8.107 所示。

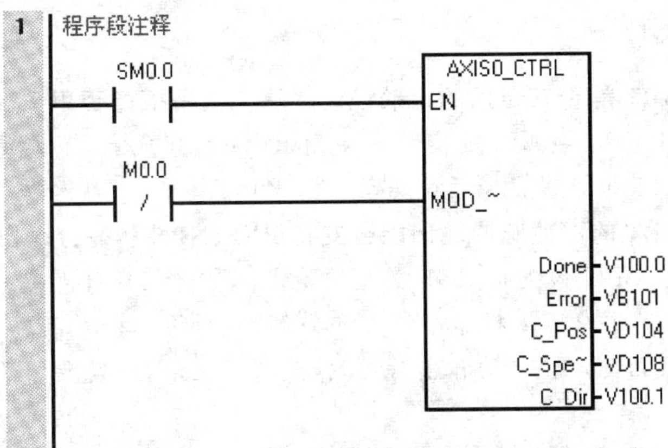

图 8.107　V90 案例程序调用 AXIS0_CTRL

② 调用 AXIS0_DIS，一旦 M0.1 置位，Q0.4 就会输出，如图 8.108 所示。

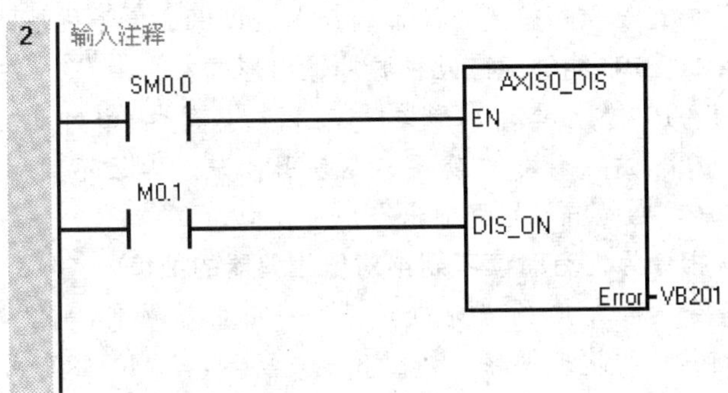

图 8.108　V90 案例程序调用 AXIS0_DIS

③ 调用 AXIS_GOTO 指令，选择相对运行模式（Mode=1），设置目标距离 Pos 与目标速度 Speed，如图 8.109 所示。

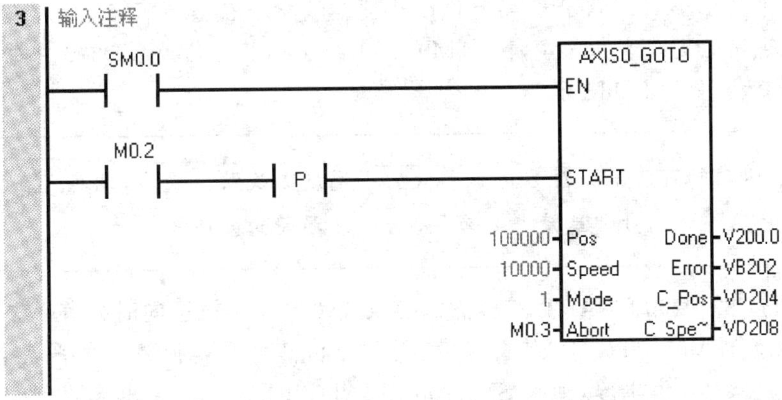

图 8.109　V90 案例程序调用 AXIS0_GOTO

◆ 运动控制向导生成的子程序请参见随书光盘中的例程："8.3.7 例子：运动控制向导编程示例.smart"。例子程序仅供参考，其中的CPU类型可能与用户实际使用的类型不同，用户可能需要先对例子程序做修改和调整，才能将其用于测试。

8.3.8 常问问题

1. S7－200 SMART 是否有专用的运动控制模块？信号板能否用于高速脉冲输出？

S7－200 SMART CPU的脉冲输出只能使用CPU的集成点，不能使用信号板和扩展模块，且S7－200 SMART也不提供专用的运动控制模块。

2. S7－200 SMART 的高速脉冲输出能否支持PNP、NPN和差分输出？

S7－200 SMART CPU仅支持PNP类型的输出，不支持NPN及差分类型的输出。对于如何区分PNP与NPN，用户可以根据电流方向做简单判断。对于CPU的输出来说，电流是由CPU内部向外流出，此为PNP的输出特性，据此选择驱动器，就要求驱动器能够支持电流从外部流入驱动器输入点。

3. S7－200 SMART 运动控制功能输出的高速脉冲占空比是否可调？

不能，S7－200 SMART CPU只能输出DC 24 V且占空比为50%的脉冲，并且要求输出点的负载至少为100 mA，才能提供较为陡直的方波信号。所以这就要求驱动器侧的负载要能够匹配此参数，必要时还要在传输线上添加辅助电阻以保证信号质量。

4. S7－200 SMART CPU 能够组态几种脉冲输出形式？

S7－200 SMART CPU在组态输出形式时，可以选择单相(脉冲+方向)、双相、A/B相、单相(仅脉冲)共四种方式，这四种方式需要与驱动器匹配。由于不同的方式占用的CPU输出点不一样，所以，用户需要提前规划好输出点地址分配。

5. 使用 ABSPOS 指令为何有时读不到绝对值编码器的数值？

由于ABSPOS指令读取V90的当前值只保留一个扫描周期，所以需要使用边沿检测指令，将读出的数值送到其他的地址保存。如图8.110所示，当M0.1置位后，AXIS0_ABSPOS指令将读取的编码器数值送入到D_POS，但此数值只能保持一个扫描周期，所以需要用完成位V500.0的上升沿将读到的数值送入VD508中。

6. 能否在行进过程中实现实时修改目标位置和速度？

在行进过程中，无法实时修改目标位置。

只可以使用AXISx_MAN指令实时修改速度。该指令在激活状态下，修改SPEED引脚的参数即可实现实时更改速度功能，保持M0.1一直为1，然后修改VD200中的数值，就可以实现速度实时变化，如图8.111所示。

⚠ **注意：** 运动轴可能不会对Speed参数的小幅度更改做出响应，尤其是在组态的加速或减速时间非常短且组态的最大速度与启动/停止速度之间的差值较大时。

---

7. 为何通过 S7－200 SMART PTO 方式控制 V90 PTI 定位换向时会有丢失脉冲的情况？

PTO方式控制V90 PTI定位换向时，换向信号由高电平转换为低电平状态的时间取决于外围电路的输入电阻和电容，如果S7－200 SMART CPU方向输出点的负载电流过小(应不小于额定电流的10%)，在高速时输出信号波形会发生畸变，使得换向切换时间过长，导致

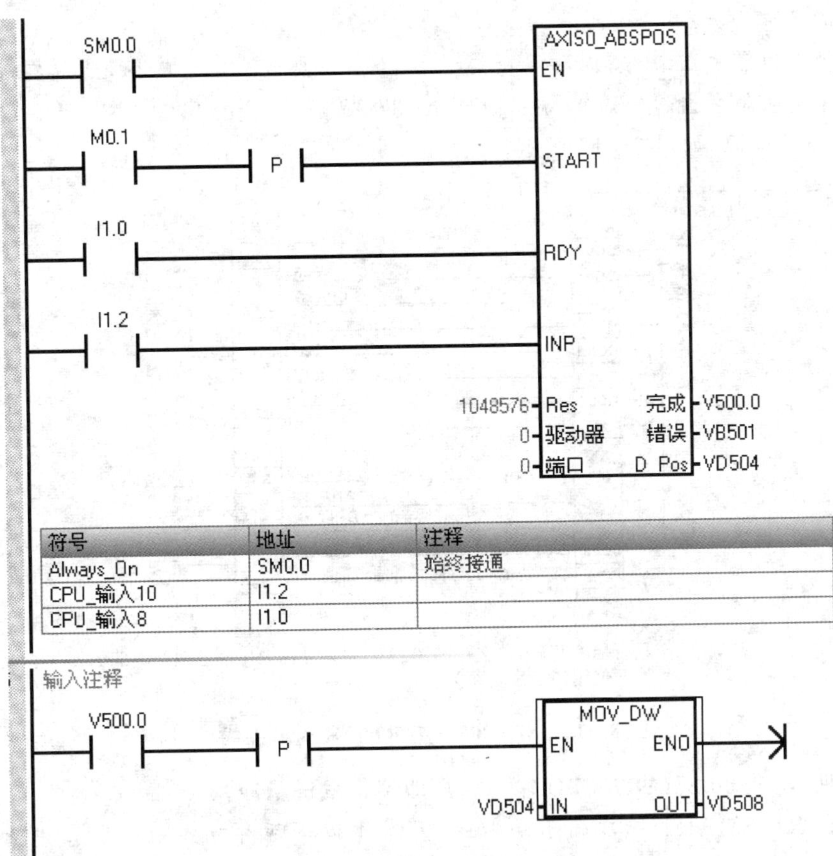

符号	地址	注释
Always_On	SM0.0	始终接通
CPU_输入10	I1.2	
CPU_输入8	I1.0	

图 8.110　读取绝对位置

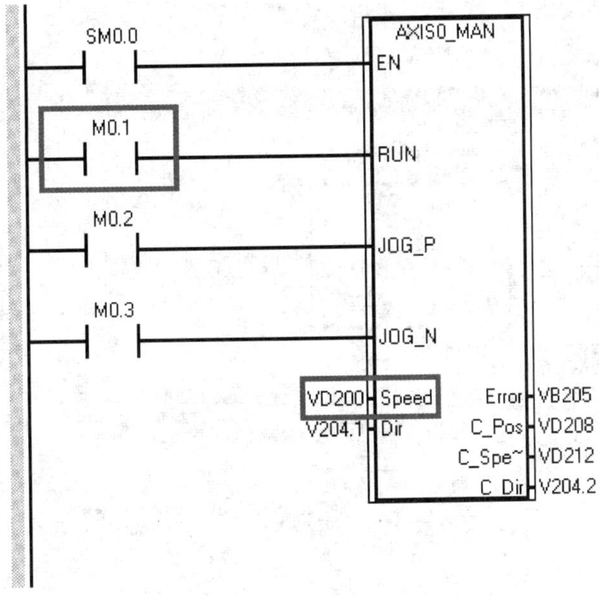

图 8.111　AXIS0_MAN

换向过程中的脉冲丢失。

为确保换向时不丢失脉冲，同时保证脉冲输出信号波形不发生畸变，建议在 SINAMICS V90 PTI 的方向控制信号 38、39 和脉冲信号 36、37 的端子间连接阻值为 200～500 Ω、最小功率为 5 W 的下拉电阻，如图 8.112 所示。

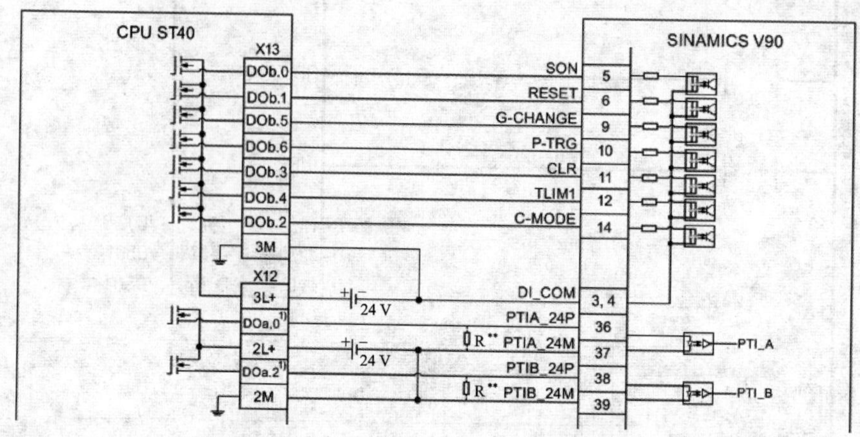

注：** 只有当PTI输入频率超过100 kHz时，才需要电阻器R(200~500 Ω，推荐使用的最小功率为5 W)

图 8.112　S7-200 SMART 控制 V90 接线

8. 如何使 S7-200 SMART CPU 输出点立即停止发送脉冲？

使用 S7-200 SMART 脉冲输出功能时，可采用以下两种方式来实现脉冲输出的立即停止：

(1) 使用 S7-200 SMART 创建运动控制向导，启用 STP 输入信号，实现立即停止。

例如，启用 I0.2 作为 STP 信号，选择响应为"立即停止"，可实现立即停止脉冲串的输出，如图 8.113 所示。

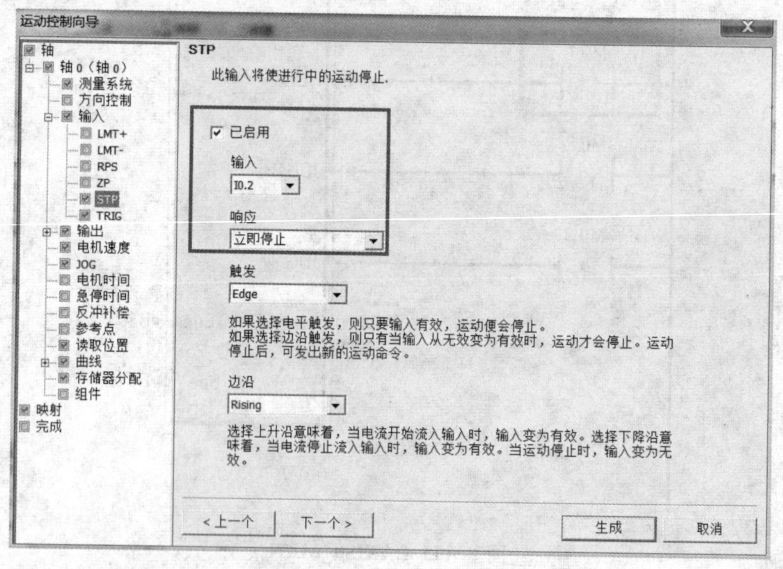

图 8.113　STP 信号组态

STP 信号的输入滤波时间和 PTO 频率有关。PTO 频率越大，输出脉冲串越快。为了最快响应 STP 输入信号，应注意在系统块里修改 STP 信号（例如 I0.2）的输入滤波时间为最小值 0.2 μs 如图 8.114 所示。

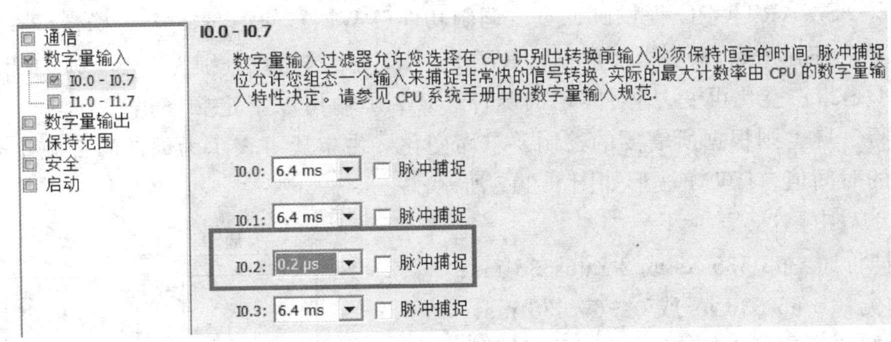

图 8.114　I0.2 输入滤波组态

(2) 使用 PLS 指令编程，禁止 PTO 操作，立即停止脉冲串输出。

举例说明如下，在主程序启用 I0.2 上升沿中断，对应的中断事件号 EVNT=4。在中断程序 INT_0 里编程，复位 PTO 控制位 SM67.7，并执行 PLS 指令，立即禁止 PTO，如图 8.115 和 8.116 所示。

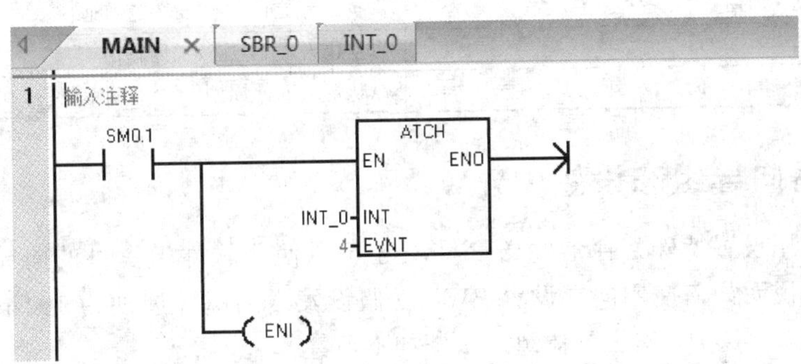

图 8.115　启用 I0.2 上升沿中断

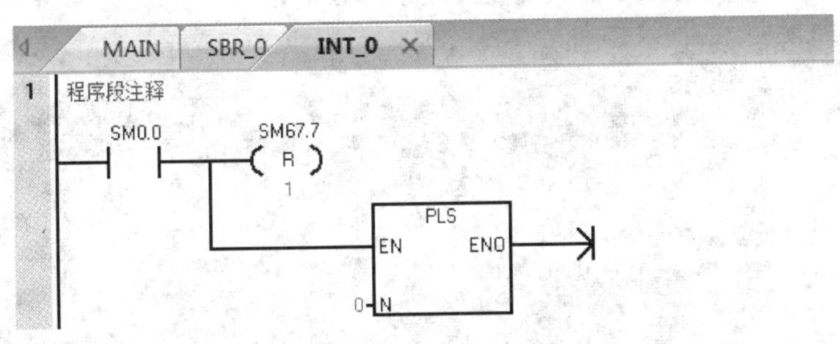

图 8.116　中断程序编程

⚠ **注意**：使用 PLS 指令停止脉冲串输出的响应时间与程序和指令执行时间有关。

8.4 PWM 输出

S7－200 SMART CPU 提供脉冲宽度调制功能(PWM)，使用向导或特殊寄存器(SM)控制 CPU 集成的高速输出点，最多可实现三路 PWM 输出，三个输出点分别为 Q0.0、Q0.1 和 Q0.3。

PWM 是指占空比可变、周期固定的脉冲。PWM 输出以指定频率(循环时间)启动之后将连续运行。脉宽则根据所需要的控制要求而变化。占空比可表示为周期的百分比或对应于脉冲宽度的时间值。PWM 波形如图 8.117 所示。

图 8.117 中：

- 周期：10～65 535 μs 或 2～65 535 ms；
- 脉宽：0～65 535 μs 或 0～65 535 ms；
- 脉宽的变化范围为 0%(无脉冲，始终为低电平)～100%(无脉冲，始终为高电平)，如表 8.22 所列。

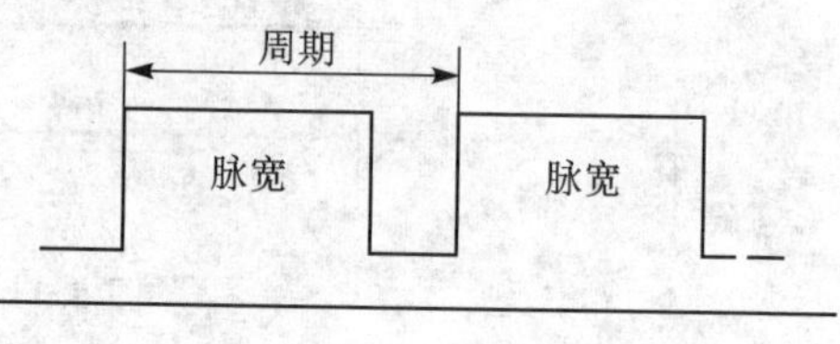

图 8.117 PWM 波形

表 8.22 脉冲宽度

脉宽或周期	响 应
脉宽≥周期	占空比为 100%：输出一直接通
脉宽＝0	占空比为 0%：连续关闭输出
周期<2 个时间单位	默认情况下，周期为两个时间单位

8.4.1 使用向导组态设置 PWM

除了直接使用设置特殊寄存器发送 PWM，还可以使用软件中提供的向导。下面使用一个具体的例子来说明如何使用向导设置 PWM。假设发送的脉冲周期为 100 ms，脉冲宽度为 50 ms，使用 Q0.0 发送 PWM。具体组态步骤如下所述。

① 首先，在“工具”菜单功能区选择 PWM，弹出向导组态界面，然后激活 PWM0，如图 8.118 所示，S7－200 SMART 总共支持 3 个 PWM 输出。

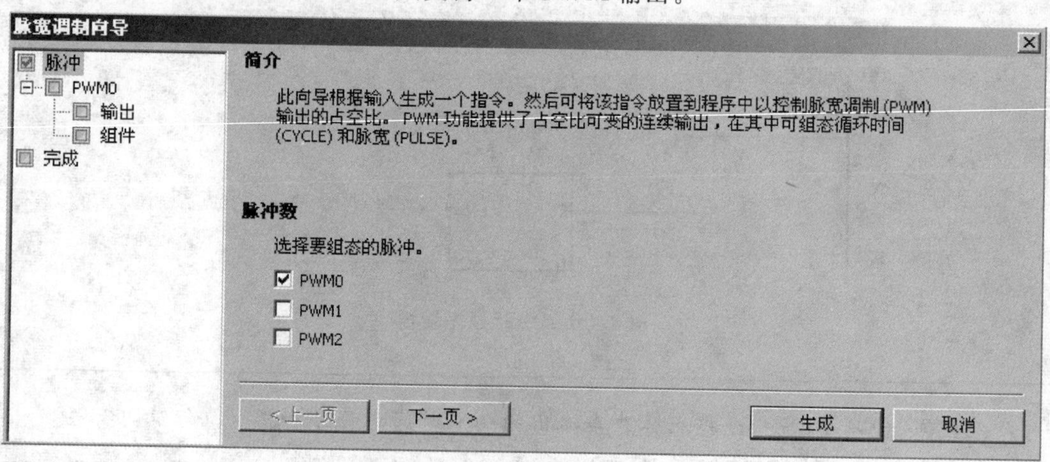

图 8.118 PWM 输出选择

② 选择脉冲的时基为毫秒或者微秒。PWM 时基设置如图 8.119 所示。

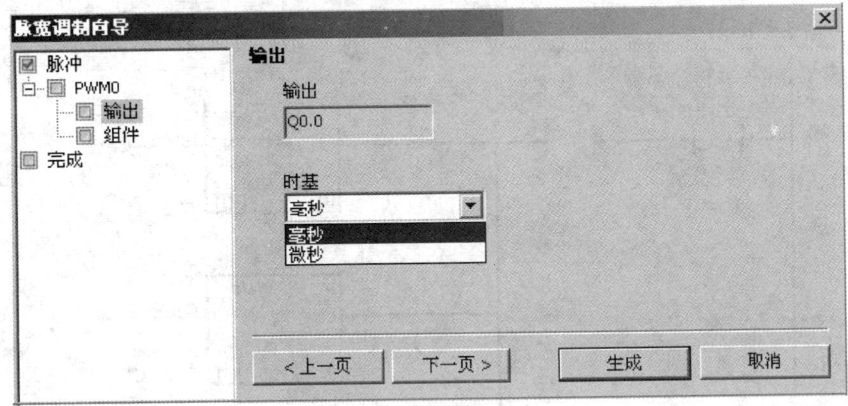

图 8.119　PWM 时基设置

③ 时基组态完毕，单击“生成”按钮，会生成一个名为 PWM0_RUN 的子程序，在项目树的调用子程序文件夹中可以找到此子程序，如图 8.120 所示。

④ 调用生成的程序块，如图 8.121 所示。

图 8.120　PWM 子程序

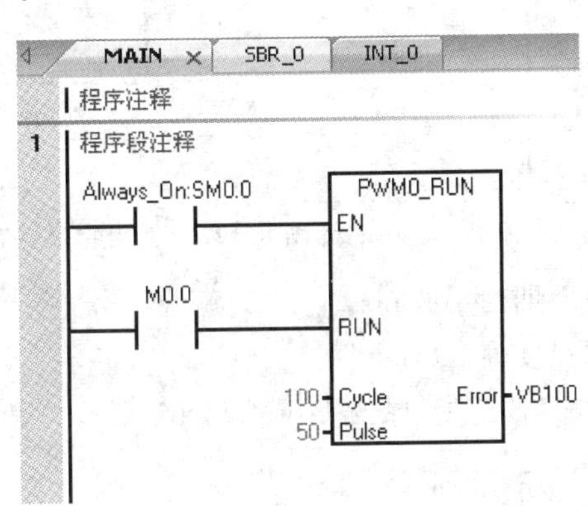

图 8.121　PWM0_RUN

调用 PWM0_RUN，设置 CYCLE(周期)＝100，Pulse(脉宽)＝50，触发 M0.0 后，Q0.0 就会输出周期为 100 ms、占空比为 50%的连续方波。

8.4.2　使用 SM 特殊寄存器设置 PWM

PWM 功能除了使用 PWM 向导配置以外，还可以使用特殊寄存器进行配置，特殊寄存器每个位的定义如表 8.11～表 8.13 所列，用户可以对照这些表，分别设置每个位，最后组成控制字节，由程序写入。

下面用一个具体的例子来说明，如何通过设置特殊寄存器来发送 PWM。假如需要发送的脉冲周期为 100 ms，脉宽为 30 ms，发送脉冲的输出点为 Q0.0。程序设置如图 8.122 所示。

图 8.122 中对应部分的说明如下。

① 使用 M0.0 上升沿触发，将控制字 16#8B 送入 SMB67，16#8B 对应的功能为：使能 Q0.0 的 PWM 功能，使能更新脉冲周期、脉冲宽度，使用 1 ms 时基。

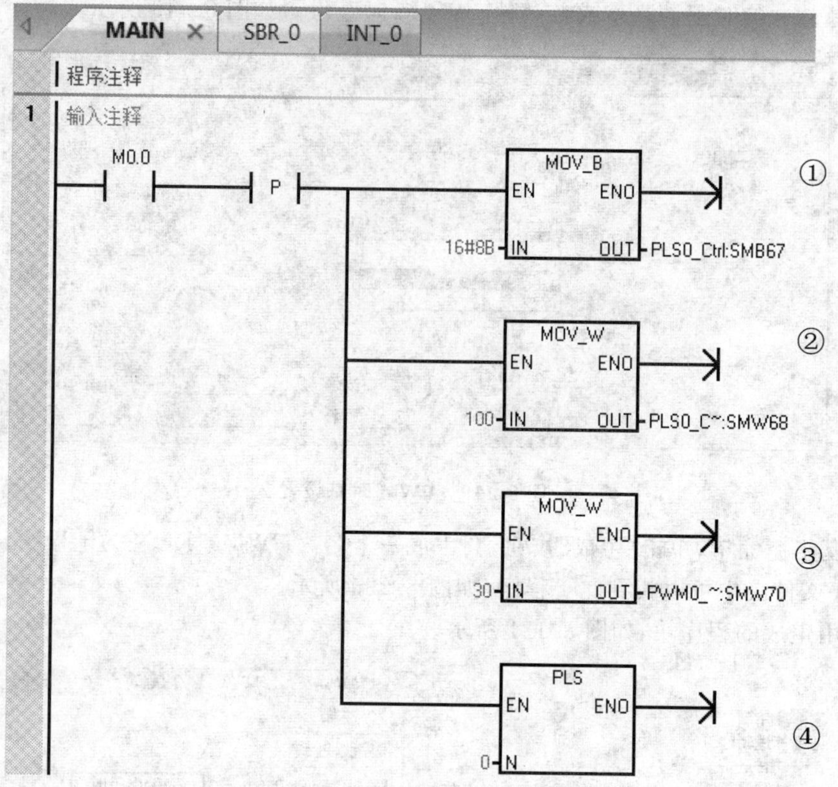

图 8.122　使用特殊寄存器设置 PWM

② 脉冲周期为 100 ms。

③ 脉冲宽度为 30 ms。

④ 执行 PLS 指令,触发 PWM 输出。

8.4.3　常问问题

S7－200 SMART PWM 能否实时修改周期和占空比?

可以,用户可以在当前脉冲发送过程中,通过向导生成的“PWMx_RUN”指令实时修改 Cycle 和 Pulse 的参数值,以实现修改 PWM 脉冲周期和占空比的功能。

第 9 章　存储卡的使用

S7－200 SMART 标准型 CPU 支持标准商用的 Micro SD 卡，支持的容量介于 4～16 GB之间，不支持 2 GB、更小容量以及大于 16 GB 容量的 Micro SD 卡。存储卡主要用于程序传递、恢复工厂设置以及 CPU 固件更新，其使用的是 FAT32 数据格式。

⚠ **注意：** 紧凑型 CPU 不支持 Micro SD 卡，CPU 模块上也没有存储卡插槽。只有标准型 CPU 才支持 Micro SD 卡的使用。对于紧凑型 CPU 可以通过软件操作实现固件更新及恢复出厂设置功能。

存储卡插槽位于 CPU 模块的右下角，打开 CPU 本体集成的数字量输出点端子盖板可清晰地看到存储卡指示，具体如图 2.9 所示。

无论存储卡是用于程序传递、恢复工厂设置，还是用于 CPU 固件更新，以下 CPU 行为都是共同的：

① 在 RUN 模式下插入存储卡会使 CPU 自动转换到 STOP 模式。

② 如果插入了存储卡，CPU 就无法切换到 RUN 模式。

③ CPU 只有在上电或暖启动时才能进行存储卡有关的操作。

④ 存储卡如果要使用不相关的文件和文件夹，必须保证其名称不能与程序传递、固件更新所使用的文件和文件夹名称冲突。

⚠ **注意：** 在安装 Micro SD 卡到 CPU 之前，请务必保证 CPU 处于离线模式或者处于安全状态，确保 CPU 并未运行任何进程。

9.1　程序传递

如果有多台装载相同程序的设备，逐个建立连接并下载程序势必会占用大量时间。如果要更新程序的 CPU 位于不同的区域（比如不同的城市），去往目的地并下载程序也将花费不少成本，在类似的情形之下通过存储卡传输程序的优势就显而易见。

在制作程序传输卡时，用户需要准备一张空的存储卡，即存储卡内不允许有任何数据，如 CPU 固件或其他不相关的文件等，否则可能导致程序传输失败。

制作程序传输卡的步骤如下：

① 确保 CPU 已经上电并处于 STOP 模式。

② 将 Micro SD 卡插入 CPU。可在 CPU 通电时插拔存储卡。

③ 下载源程序到 CPU，如果 CPU 中已经存在源程序则不需要该步骤。

④ 打开 STEP 7－Micro/WIN SMART 软件，在其菜单功能区选中“PLC”→“设定”，在弹出的对话框中选择需要复制到存储卡上的块，选中后单击“设定”按钮，如图 9.1 所示。

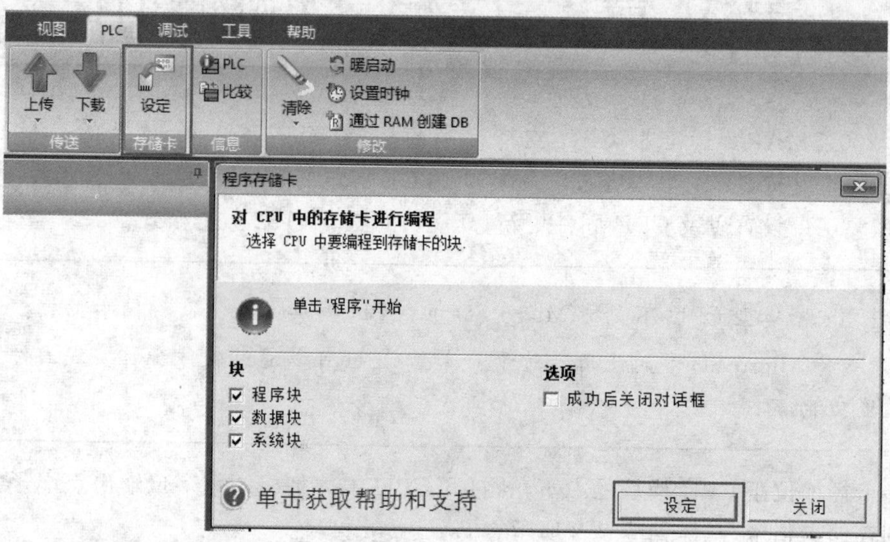

图 9.1　选择设定

⑤ 当“程序存储卡”对话框显示“编程已成功完成”时，表明已成功将 CPU 的程序复制到存储卡，如图 9.2 所示。

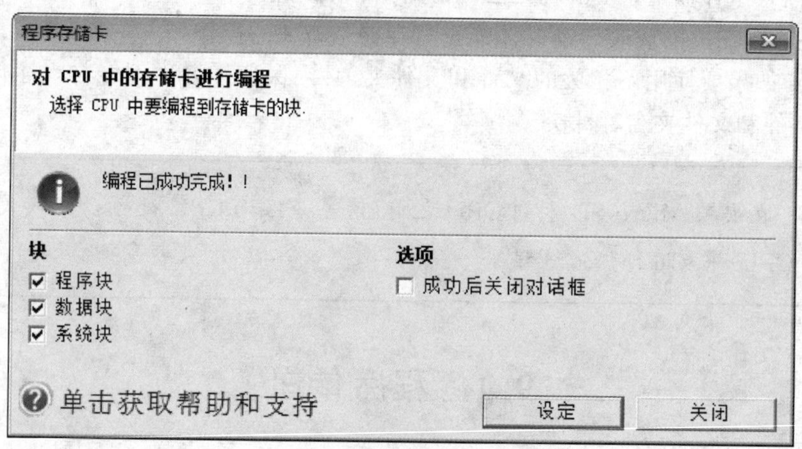

图 9.2　复制已完成

注意：“设定”存储卡是指将 CPU 的程序(而非软件中打开的程序)复制至存储卡，所以必须先将程序下载到 CPU 中，才能执行该操作。

当程序传输卡设定完成后，可通过以下步骤传输程序：

① 在 CPU 断电的状态下插入存储卡。

② CPU 上电后如果检测到插入的存储卡，将自动寻找并打开 S7_JOB.S7S 文件。如果

在该文件中发现字符串 TO_ILM，则 CPU 进入程序传递序列。程序传递过程中，CPU 的 RUN 指示灯和 STOP 指示灯以 2 Hz 的频率交替点亮。

③ 若 CPU 只有 STOP 灯开始闪烁，表示“程序传送”操作成功，则从 CPU 上取下存储卡。

9.2　恢复出厂设置

用户如果要清除 CPU 的程序和密码，或者要将 CPU 重置为出厂默认设置，可创建一个将 CPU 复位到出厂默认状态的存储卡。这张卡将清除 CPU 中所有内容。

⚠ **注意：** 紧凑型 CPU 因不支持存储卡的使用，故不能通过此方式恢复出厂设置，而只能通过软件操作来实现。

创建复位为出厂默认存储卡的步骤如下：

① 使用读卡器和 Windows 资源管理器删除 Micro SD 卡中的所有内容。

② 用记事本等编辑器创建一个包含一行字符串“RESET_TO_FACTORY”的简单文本文件(不要输入引号)，并命名文本名称为“S7_JOB. S7S”。

③ 复制该文本文件到 Micro SD 卡的根目录中。

④ 在 CPU 断电状态下插入 Micro SD 卡。

⑤ CPU 上电后如果检测到插入的存储卡，将自动寻找并打开“S7_JOB. S7S”文件。如果在该文件中发现字符串“RESET_TO_FACTORY”，则 CPU 进入恢复出厂设置序列。恢复出厂设置过程中，CPU 的 RUN 指示灯和 STOP 指示灯以 2 Hz 的频率交替点亮。

⑥ 若 CPU 只有 STOP 灯开始闪烁，表示复位出厂设置操作成功，从 CPU 上取下存储卡。

进行恢复出厂设置操作之后，CPU 中的程序块、数据块和系统块将被删除，如果为程序设置了密码保护，则密码也将被清除；IP 地址将恢复到出厂默认 IP 地址 192.168.2.1(如果通过软件操作恢复出厂设置，则 IP 地址保持不变)。

⚠ **注意：** 恢复出厂设置操作不能更改 CPU 的固件版本。如果恢复出厂设置之前 CPU 的固件版本是 V02.03.00，则恢复出厂设置之后固件版本仍保持为 V02.03.00。

9.3　固件升级

不同时期生产的设备，往往其固件是不同的。新的固件较之前的固件而言，除了具备新功能和新特性之外，运行中还具有更好的稳定性。

S7-200 SMART CPU 支持固件升级操作。通过固件升级可将当前固件升级到所支持的最高版本，从而使该设备具备更多新的功能和特性。

S7-200 SMART CPU 目前最新的固件版本是 V02.03.00,如果客户使用的是较早之前的设备,其固件版本是 V02.02.00,通过固件升级可将当前固件升级到 V02.03.00。

使用存储卡更新固件的步骤如下:

① 将最新固件复制到一张空的 Micro SD 卡中。固件包含两部分,工作文件"S7_JOB.S7S"和文件夹"FWUPDATE.S7S"(内含固件,其命名方式:CPU 订货号+固件版本号+扩展名,扩展名为.upd)。用记事本打开工作文件"S7_JOB.S7S"后将看到字符串"FWUPDATE"。最新的固件可从西门子下载中心免费下载,下载获得的固件以压缩包的形式显示(*zip 文件格式),用户通过解压缩操作可看到如图 9.3 所示的两个文件夹。

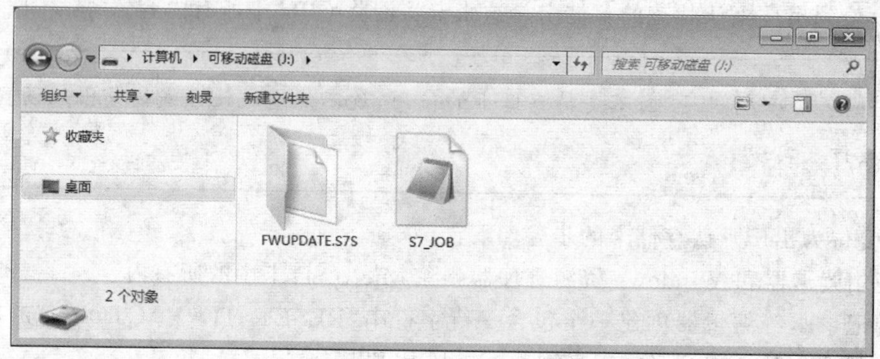

图 9.3　固件文件夹

② 在 CPU 断电状态下将包含固件文件的存储卡插入标准型 CPU。

③ CPU 上电后如果检测到插入的存储卡,将自动寻找并打开"S7_JOB.S7S"文件。如果在该文件中发现字符串"FWUPDATE",则 CPU 进入固件升级序列。

④ CPU 检查 FWUPDATE.S7S 文件夹中的每个更新文件(*.upd),如果更新文件中包含的设备订货号与连接设备的订货号匹配,则用更新文件内包含的固件内容替换该设备的固件。固件升级过程中 CPU 的 RUN 指示灯和 STOP 指示灯以 2 Hz 的频率交替点亮。

⑤ 若 CPU 只有 STOP 灯开始闪烁,表示"固件更新"操作成功,从 CPU 上取下存储卡。

⑥ 给 CPU 重新上电或者暖启动操作之后,在 STEP 7-Micro/WIN SMART 软件的菜单功能区选择"PLC"→"信息"→"PLC"选项,在弹出的对话框中可查看 CPU 当前的固件版本,如图 9.4 所示。

对于 V02.03.00 以上版本的 CPU 可以通过软件操作来实现固件更新。在线状态下,在 STEP 7-Micro/WIN SMART 软件的菜单功能区中,选择"PLC"→"信息"→"PLC"选项,在弹出的对话框中单击"固件更新"选项,并在文件夹中选择相应的固件更新文件来完成固件更新,如图 9.5 所示。

⚠ **注意:** 固件升级操作不会更改 CPU 中原有的用户程序和设置过的 IP 地址。

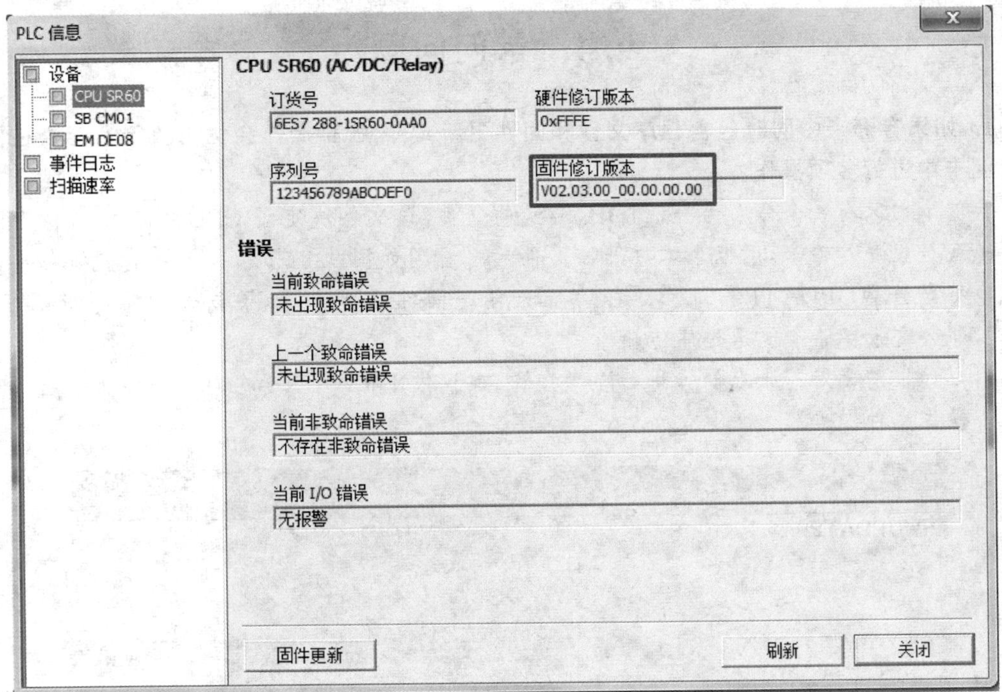

图 9.4　查看 CPU 固件

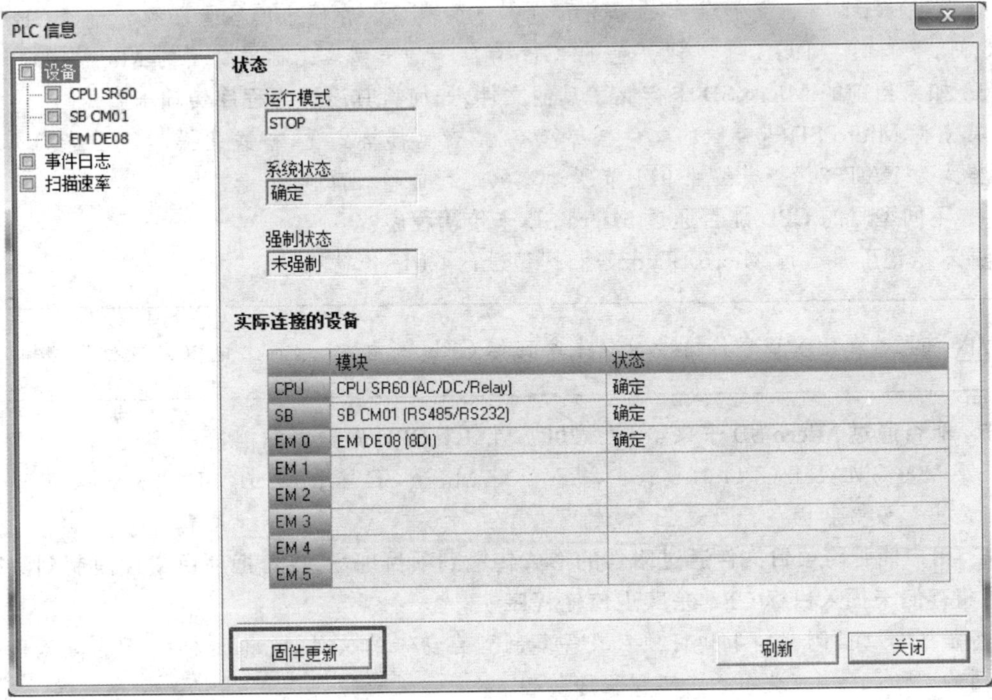

	模块	状态
CPU	CPU SR60 (AC/DC/Relay)	确定
SB	SB CM01 (RS485/RS232)	确定
EM 0	EM DE08 (8DI)	确定
EM 1		
EM 2		
EM 3		
EM 4		
EM 5		

图 9.5　软件操作固件更新

9.4　常问问题

1. 如果存储卡中同时包含程序文件和固件更新文件,哪种操作会优先执行?能否在同一张存储卡中进行多项操作?

存储卡内只有一个命名为“S7_JOB. S7S”的文件,该文件决定了 CPU 将存储卡视为固件更新卡还是程序传输卡,用记事本打开该文件后将看到如图 9.6 所示的字符串。如果此文件包含字符串“FWUPDATE”,那么这张存储卡便是固件更新卡;如果包含的字符串是“TO_ILM”,那么这张存储卡便是程序传输卡。

用户如果需要对一张存储卡进行多项操作,建议依次执行,不要在同一张存储卡上同时存储多个操作文件。

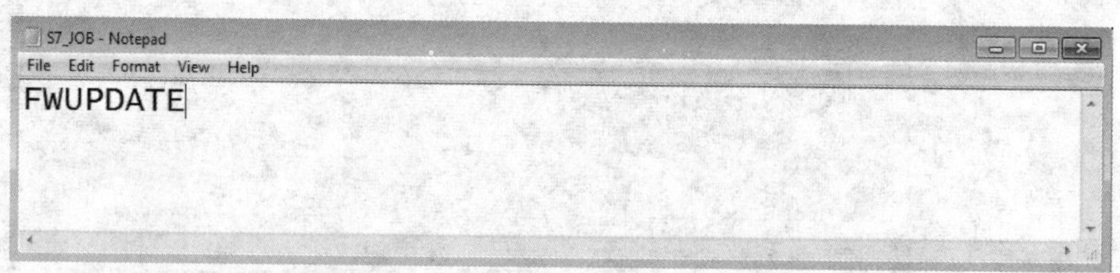

图 9.6　查看 S7_JOB. S7S 信息

2. 选择存储卡时应该注意什么?

选择存储卡时要注意存储卡的容量和存储卡的类型。存储卡的容量必须介于 4 GB 到 16 GB 之间,不能低于 4 GB,也不能高于 16 GB;存储卡的类型应是标准商用的 Micro SD 卡。

3. 如果当前的 Micro SD 卡存储了其他文件,如何将其设置为程序传输卡?

首先将 Micro SD 卡存储的文件全部清空,或者直接格式化,格式化操作时应选择文件的系统格式为 FAT32。接着按照 9.1 节所述步骤进行传输程序操作。

4. 不同型号的 CPU 能否通过 Micro SD 卡传输程序?

强烈建议用户通过 Micro SD 卡给相同型号的 CPU 传输程序。

⚠ **注意:** 在插入程序传输卡时要先给目标 CPU 断电,然后再上电以完成程序传输。

---

5. 能否通过 Micro SD 卡来给 S7－200 SMART CPU 做数据归档?

S7－200 SMART CPU 的数据归档不能用 Micro SD 卡。Micro SD 卡只能实现程序传输、恢复出厂设置和固件升级这三个功能。

6. 用户能否将项目文件通过附件的形式传输到项目现场,接着把项目文件复制到其存储卡,再将存储卡插入目标 CPU 来实现传输程序?

将程序“设定”到存储卡和将项目文件复制到存储卡的文件,无论是格式还是内容都是截然不同的,所以这样的操作不能实现程序传输。

用户可以采用这样的方法:首先制作程序传输卡,将存储卡中的内容复制到特定路径下,并将该文件传输到现场,用户再将该文件复制到其存储卡,最后将该存储卡插入现场 CPU 就能实现程序的传输。

7. 为什么紧凑型 CPU 使用软件更新固件的时间特别长?

通过使用软件给紧凑型 CPU 更新固件时，如果将 RS485 端口的通信波特率设置得过低，如 9.6 kbps，则会导致固件更新用时过长，所以在固件更新前，建议将通信波特率调整为最高值 187.5 kbps。

通过软件实现 CPU 固件更新的时间如下：

① 使用以太网时，CPU 固件更新大约需要 2 min；

② 使用 RS485 端口和 USB/PPI 多主站电缆时，CPU 固件更新需要的时间为

- 187.5 kbps 时为 5 min；
- 19.2 kbps 时为 25 min；
- 9.6 kbps 时为 55 min。

附录A 订货号一览表

订货号如表 A.1 所列。

附表 A.1 订货号

型号		说明	订货号
中央处理单元CPU	CPU SR20	标准型 CPU,继电器输出,12DI/8DO	6ES7 288 - 1SR20 - 0AA0
	CPU ST20	标准型 CPU,晶体管输出,12DI/8DO	6ES7 288 - 1ST20 - 0AA0
	CPU SR30	标准型 CPU,继电器输出,18DI/12DO	6ES7 288 - 1SR30 - 0AA0
	CPU ST30	标准型 CPU,晶体管输出,18DI/12DO	6ES7 288 - 1ST30 - 0AA0
	CPU SR40	标准型 CPU,继电器输出,24DI/16DO	6ES7 288 - 1SR40 - 0AA0
	CPU ST40	标准型 CPU,晶体管输出,24DI/16DO	6ES7 288 - 1ST40 - 0AA0
	CPU SR60	标准型 CPU,继电器输出,36DI/24DO	6ES7 288 - 1SR60 - 0AA0
	CPU ST60	标准型 CPU,晶体管输出,36DI/24DO	6ES7 288 - 1ST60 - 0AA0
	CPU CR20s	经济型 CPU,继电器输出,12DI/8DO	6ES7 288 - 1CR20 - 0AA1
	CPU CR30s	经济型 CPU,继电器输出,18DI/12DO	6ES7 288 - 1CR30 - 0AA1
	CPU CR40s	经济型 CPU,继电器输出,24DI/16DO	6ES7 288 - 1CR40 - 0AA1
	CPU CR60s	经济型 CPU,继电器输出,36DI/24DO	6ES7 288 - 1CR60 - 0AA1
扩展模块EM	EM DE08	数字量输入模块,8DI	6ES7 288 - 2DE08 - 0AA0
	EM DE16	数字量输入模块,16DI	6ES7 288 - 2DE16 - 0AA0
	EM DT08	数字量输出模块,晶体管输出,8DO	6ES7 288 - 2DT08 - 0AA0
	EM DR08	数字量输出模块,继电器输出,8DO	6ES7 288 - 2DR08 - 0AA0
	EM QR16	数字量输出模块,继电器输出,16DO	6ES7 288 - 2QR16 - 0AA0
	EM QT16	数字量输出模块,晶体管输出,16DO	6ES7 288 - 2QT16 - 0AA0
	EM DT16	数字量输入/输出模块,晶体管输出,8DI/8DO	6ES7 288 - 2DT16 - 0AA0
	EM DR16	数字量输入/输出模块,继电器输出,8DI/8DO	6ES7 288 - 2DR16 - 0AA0
	EM DT32	数字量输入/输出模块,晶体管输出,16DI/16DO	6ES7 288 - 2DT32 - 0AA0
	EM DR32	数字量输入/输出模块,继电器输出,16DI/16DO	6ES7 288 - 2DR32 - 0AA0
	EM AE04	模拟量输入模块,4AI	6ES7 288 - 3AE04 - 0AA0
	EM AE08	模拟量输入模块,8AI	6ES7 288 - 3AE08 - 0AA0
	EM AQ02	模拟量输出模块,2AO	6ES7 288 - 3AQ02 - 0AA0
	EM AQ04	模拟量输出模块,4AO	6ES7 288 - 3AQ04 - 0AA0
	EM AM03	模拟量输入/输出模块,2AI/1AO	6ES7 288 - 3AM03 - 0AA0
	EM AM06	模拟量输入/输出模块,4AI/2AO	6ES7 288 - 3AM06 - 0AA0
	EM AR02	热电阻输入模块,2AI	6ES7 288 - 3AR02 - 0AA0
	EM AR04	热电阻输入模块,4AI	6ES7 288 - 3AR04 - 0AA0
	EM AT04	热电偶输入模块,4AI	6ES7 288 - 3AT04 - 0AA0
	EM DP01	PROFIBUS DP	6ES7 288 - 7PD01 - 0AA0

续附表 A.1

型号		说明	订货号
信号板SB	SB DT04	数字量输入/输出信号板,晶体管输出,2DI/2DO	6ES7 288-5DT04-0AA0
	SB AE01	模拟量输入信号板,1AI	6ES7 288-5AE01-0AA0
	SB AQ01	模拟量输出信号板,1AO	6ES7 288-5AQ01-0AA0
	SB CM01	通信信号板,RS232/RS485	6ES7 288-5CM01-0AA0
	SB BA01	电池板	6ES7 288-5BA01-0AA0
其他	I/O 扩展电缆,1 m		6ES7 288-6EC01-0AA0
	USB/PPI 多主站电缆		6ES7 901-3DB30-0XA0
	RS232/PPI 多主站电缆		6ES7 901-3CB30-0XA0

附录B FAQ 总览

第 2 章 S7－200 SMART CPU 硬件安装、接线、诊断和使用

1. 同一个模块的数字量输入端可以同时接 NPN 和 PNP 两种信号的设备吗？
2. DO 分成晶体管和继电器两种类型，它们的区别是什么？
3. S7－200 SMART CPU 数字量输出可以接漏型的设备吗？
4. S7－200 SMART 普通模拟量模块可以连接 4～20 mA 的信号吗？
5. S7－200 SMART RTD 模块可以测量电阻值吗？
6. S7－200 SMART RTD 和 TC 模块如何得到实际温度值？
7. 模拟量模块分辨率和转换精度的区别是什么？
8. S7－200 SMART RTD 和 TC 模块 DIAG 指示灯以红色闪烁的原因是什么？
9. S7－200 SMART 模拟量通道值不稳定的原因是什么？
10. S7－200 SMART 模拟量通道值不稳定时，如何检查？
11. S7－200 SMART 标准型 CPU 使用 A/B 正交方式控制第三方驱动器时，高速脉冲输出时出现如图 2.53 所示的输出波形畸变情况，如何解决？

第 3 章 STEP 7 Micro/WIN SMART 软件的使用

1. 如何调节各个子窗口的大小和布局？
2. 在梯形图语言下，如何快速添加指令？
3. 如何更换指令？
4. 为什么在用户自定义符号表中定义地址 I0.0 的符号名为“电机启动”时会报错？
5. 为什么上传和下载按钮为灰色时不可用？
6. 为什么在通信窗口中已经查到了 CPU，但是单击“确定”后出现连接失败的提示？
7. CPU 连接若干个 I/O 扩展模块时，如何查看每个模块占用的 I/O 通道地址？
8. 通过 USB/PPI 编程电缆下载 S7－200 SMART 程序时，为什么提示“CPU 不支持该功能”？

第 4 章 基本编程

1. 如果在程序中已经使用了 VB100，那么是否还可以使用 VW100？
2. 为什么指令或者子程序的使能(EN)引脚前没有任何条件时，会有编译错误？
3. 为什么子程序已经不激活了，但是子程序的输出却没有复位？
4. 在子程序中如果使用了上升沿捕捉指令，那么此子程序被多次重叠调用时，为什么上升沿捕捉逻辑不能正常执行？
5. 为什么子程序中的定时器和计数器不工作或者工作不正常？
6. 为什么子程序的输出不正常？
7. 为什么顺控指令段对应的 S 标志位已经被复位了，但是顺控段中的程序似乎还能影响程序逻辑？
8. 为什么编译程序时没有任何错误，但是下载时提示错误？

9. 断电之前 CPU 能够无错误运行，为什么断电再上电后 CPU 进入停止状态？

10. 指令集没有的运算如何实现？比如 cot x，X^y。

11. 为什么无法通过执行 SIP_ADDR 指令修改 S7－200 SMART CPU 以太网口的 IP 地址？

12. 程序系统块内设置的密码忘记后，如何清除密码？

13. 为什么用编程软件执行 CPU 恢复出厂设置总是不成功？

第 5 章　S7－200 SMART CPU 通信功能

1. S7－200 SMART CPU 以太网通信端口支持哪些通信协议？

2. S7－200 SMART 标准型 CPU 产品是否都支持 GET/PUT 通信？

3. S7－200 SMART CPU 在同一时刻能否对同一个远程 CPU 调用多于 8 个 GET/PUT 指令？

4. 为什么有些第三方触摸屏不能与 STEP 7－Micro/WIN SMART 软件同时访问 S7－200 SMART CPU？

5. GET/PUT 指令可以传送的最大用户数据是多少？

6. GET/PUT 通信错误有哪些可能原因？

7. 开放式通信建立多个连接时，指令中 ConnID 如何填写？

8. S7－200 SMART CPU 进行 TCP 通信，端口号是否可以复用？

9. S7－200 SMART CPU 进行 TCP 通信时，连接不能成功建立的可能原因有哪些？

10. S7－200 SMART CPU TCP 发送指令为什么总是报错 24？

11. S7－200 SMART CPU RS485 通信端口具有 4 个连接资源用于 CPU 与 HMI 之间的通信，自由口通信时是否也只能连接 4 个设备？

12. S7－200 SMART CPU 与第三方设备自由口通信时，第三方设备接收到的消息内容与 CPU 发送的不同，造成该故障现象的可能原因有哪些？

13. 执行 RCV 指令或 XMT 指令时，为什么有时指令会出现红色错误？

14. S7－200 SMART CPU 通信端口当前正处于消息接收状态时，如何手动终止消息的接收？

15. S7－200 SMART CPU 为通信主站，对通信从站发送查询报文后需要调用 RCV 指令接收从站的应答报文，如果从站出现故障或者通信电缆损坏，S7－200 SMART CPU 的通信端口将始终处于接收状态。S7－200 SMART CPU 在指定时间段内对从站未发出任何应答的超时该如何处理？

16. S7－200 SMART CPU 是否支持 Modbus ASCII 通信模式？

17. S7－200 SMART CPU 集成的 RS485 端口（端口 0）以及 SB CM01 信号板（端口 1）两个通信端口能否同时作为 Modbus RTU 主站或者同时作为 Modbus RTU 从站？

18. S7－200 SMART CPU 作为 Modbus RTU 主站如何访问 Modbus 地址范围大于 49 999 的保持寄存器？

19. S7－200 SMART CPU 作为 Modbus RTU 主站，多次调用 MBUS_MSG 指令时，为什么该指令会出现 6＃错误代码？

20. S7－200 SMART CPU 作为 Modbus RTU 主站，出现从站故障或者通信线路断开时，主站会尝试发送多次请求报文，从而导致通信时间过长。如何减少主站的重发次数，以提高通信效率？

21．为什么有的 HMI 软件使用 Modbus RTU 协议可以读取作为 Modbus RTU 从站S7－200 SMART CPU 的数据，但是不能写入数据？

22．为什么有的 HMI 软件使用 Modbus RTU 协议读取作为 Modbus RTU 从站 S7－200 SMART CPU 的浮点型数据时会出现错误？

23．S7－200 SMART 紧凑型 CPU 作为 Modbus RTU 从站时，已经将 MBUS_INIT 指令的 Mode 输入参数设置为"1"了，但是为什么 MBUS_SLAVE 指令还会出现 10＃错误(从站功能未启用)？

24．S7－200 SMART CPU 作为 Modbus RTU 从站时，是否支持 Modbus RTU 主站发送的广播命令？

25．S7－200 SMART CPU USS 协议库能否与第三方变频器进行通信？其支持与哪些变频器通信？

26．S7－200 SMART CPU 与西门子变频器 USS 无法通信的可能原因是什么？

27．S7－200 SMART CPU 集成的 RS485 端口(端口 0)以及 SB CM01 信号板(端口 1)两个通信端口能否同时进行 USS 通信？

28．同一时刻触发多条 USS_RPM_x 或 USS_WPM_x 指令，为什么只有一条参数读/写指令被执行，其他参数读写指令报 8＃错误(通信端口忙于处理其他指令)？

29．USS_RPM_R 指令数据读取变频器参数时，为什么读出的数值会出现跳变？

30．是否可以通过 EM DP01 PROFIBUS DP 模块控制变频器？

31．为什么重新设置 EM DP01 PROFIBUS DP 模块的地址后不起作用？

32．主站中对 EM DP01 PROFIBUS DP 的 I/O 配置的数据通信区已经到了最大，而仍不能满足通信所需的数据量怎么办？

33．EM DP01 PROFIBUS DP 模块的联网能力如何？

第 6 章　S7－200 SMART 与 HMI 设备的通信

1．S7－200 SMART CPU 最多可以连接多少个 HMI 设备？

2．Smart 700 IE V3 和 Smart 1000 IE V3 的网口最多可以连接多少台 S7－200 SMART CPU？

3．Smart 700 IE V3 和 Smart 1000 IE V3 支持哪种方式下载项目？

4．为什么在 WinCC flexible 软件的"连接"界面找不到 S7－200 SMART CPU？

5．Smart 700 IE V3 和 Smart 1000 IE V3 的系统时间在什么地方可以修改？

6．为什么 TD400C 显示无参数块？

7．TD400C 本身自带的通信线能否延长？

8．如果当前连接的 TD 文本出现故障，更换新的文本显示器需要注意什么？

9．一个 S7－200 SMART CPU 最多能连接多少个 TD400C？

10．一个 TD400C 在同一时刻最多能连接多少个 CPU？

11．为什么 TD400C 的中文显示出现乱码？

12．如何找到 TD400C 的按键对应的存储区地址？

13．订货号为 6AV6 640－0AA00－0AX0 的 TD400C 和 6AV6 640－0AA00－0AX1 的 TD400C 有什么区别？

14. 用户之前用 STEP 7 - Micro/WIN 配置的 TD 文本向导能否导入到 STEP 7 - Micro/WIN SMART 软件中继续使用？

15. 如何上传 TD400C 内的程序？

第7章 OPC 通信

1. PC Access SMART 是否可以用于连接 S7 - 200、S7 - 1200、S7 - 300、S7 - 400 CPU？

2. S7 - 200 CPU 的 OPC 软件 PC Access 可以与 S7 - 200 SMART CPU 通信吗？

3. 一台安装了 PC Access SMART 软件的上位机，最多可以同时与几个 S7 - 200 SMART CPU 进行通信？

4. 一个 S7 - 200 SMART CPU 可以同时与几台上位机进行通信？

5. 为什么数据条目设置成“写”，客户测试端的测试结果是“差”？

6. 如何提高 S7 - 200 PC Access SMART 数据通信性能？

7. 早期版本的 SIMATIC NET 与 S7 - 200 SMART CPU 建立 OPC 连接时，OPC Scout 是否添加 V 存储区(DB 数据块)变量？

第8章 工艺功能

1. S7 - 200 SMART CPU 能否接 5 V 编码器？

2. S7 - 200 SMART CPU 能否连接差分输出的编码器？

3. NPN 和 PNP 类型的编码器都能接入 S7 - 200 SMART CPU 吗？其他类型信号源是否能接入 S7 - 200 SMART CPU，比如光栅尺？

4. S7 - 200 SMART CPU 是否具有与 S7 - 200 高速计数器中的模式 12 相同的计数模式？

5. 当输入的信号频率变高时为何 S7 - 200 SMART CPU 计不到数？

6. 如何复位高速计数器？有几种方式？

7. 高速计数器为什么会丢失脉冲？

8. 如何调用 PID 向导生成的子程序？

9. 如何实现 PID 控制的手/自动无扰切换？

10. S7 - 200 SMART CPU 的 PID 控制器是否有输出限幅的功能？如果没有，如何通过编程实现该功能？

11. S7 - 200 SMART CPU 的 PID 自整定需要多长时间？为什么会提示整定失败？

12. 如果使用了 PID 向导，那么定时中断 SMB34/35 还能使用吗？

13. 如何实现 PID 的反(负)作用？

14. 如何删除已经用向导配置好的 PID 程序？

15. S7 - 200 SMART 是否有专用的运动控制模块？信号板能否用于高速脉冲输出？

16. S7 - 200 SMART 的高速脉冲输出能否支持 PNP、NPN 和差分输出？

17. S7 - 200 SMART 运动控制功能输出的高速脉冲占空比是否可调？

18. S7 - 200 SMART CPU 能够组态几种脉冲输出形式？

19. 使用 ABSPOS 指令为何有时读不到绝对值编码器的数值？

20. 能否在行进过程中实现实时修改目标位置和速度？

21. 为何通过 S7 - 200 SMART PTO 方式控制 V90 PTI 定位换向时会有丢失脉冲的情况？

22. 如何使 S7-200 SMART CPU 输出点立即停止发送脉冲?

23. S7-200 SMART PWM 功能否实时修改周期和占空比?

第9章　存储卡的使用

1. 如果存储卡中同时包含程序文件和固件更新文件,哪种操作会优先执行? 能否在同一张存储卡中进行多项操作?

2. 选择存储卡应该注意什么?

3. 如果当前的 Micro SD 卡存储了其他文件,如何将其设置为程序传输卡?

4. 不同型号的 CPU 能否通过 Micro SD 卡传输程序?

5. 能否通过 Micro SD 卡来给 S7-200 SMART CPU 做数据归档?

6. 用户能否将项目文件通过附件的形式传输到项目现场,接着把项目文件复制到其存储卡,再将存储卡插入目标 CPU 来实现传输程序?

7. 为什么紧凑型 CPU 使用软件更新固件时间特别长?